Ponte a prueba

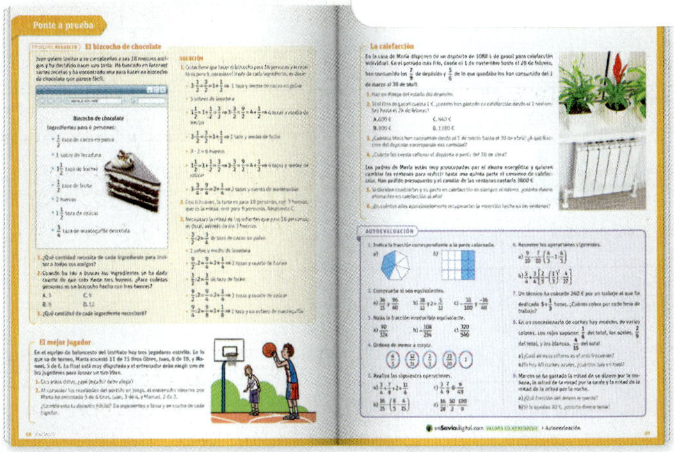

Problemas y actividades PISA

Problemas presentados desde un contexto, extraídos de las pruebas PISA o inspirados en ellas, para que puedas preparar este tipo de evaluaciones. La primera actividad se presenta resuelta paso a paso.

Autoevaluación

Preguntas para que evalúes los conocimientos adquiridos al finalizar la unidad. Las soluciones están disponibles en las páginas finales del libro.

Mates + Magia

En esta sección se presentan divertidos trucos de magia que podrás reproducir con tus compañeros, acompañados de la explicación matemática del truco.

CONOCE **Savia**digital www.sm**Savia**digital.com

Saviadigital te ofrece más recursos y actividades para aprender y profundizar en los contenidos.

PRACTICA	Actividades para que afiances tus conocimientos de forma interactiva.
MAT-TIC CON GEOGEBRA	Actividades interactivas con la aplicación Geogebra.
CALCULA	Actividades interactivas para que practiques el cálculo mental.
VALORA LO APRENDIDO	Autoevaluación de la unidad para que seas consciente de tu aprendizaje y prepares el examen.

En tu libro aparecen llamadas para que sepas qué recursos hay en **Savia**digital.

sm**Savia**digital.com
PRACTICA
Trabaja con fracciones.

MAT-TIC GeoGebra
Entra en sm**Savia**digital.com y practica con las fracciones gráficamente.

Para acceder a **Savia**digital sigue los pasos que encontrarás nada más abrir este libro.

ÍNDICE

Números y álgebra

1 Números naturales. Divisibilidad

- ¿Para qué sirven los números?
- ¿Cómo los utilizamos?
- ¿De cuántas formas podemos hacer grupos iguales con un determinado número de elementos?
- ¿Para qué sirven el mínimo común múltiplo y el máximo común divisor?

Analiza y reflexiona

¿Qué quiere expresar Pablo Neruda con el título de este poema?

¿Cómo sugiere Neruda la idea de cómo se generan los números naturales y la de que hay infinitos números?

Lee y comprende

Una mano hizo el número

28325674549
Una mano hizo el número.
Juntó una piedrecita
con otra, un trueno
con un trueno,
un águila caída
con otra águila,
una flecha con otra
y en la paciencia del granito
una mano
hizo dos incisiones, dos heridas,
dos surcos: nació el
número.
Creció el número dos y luego
el cuatro:
fueron saliendo todos
de una mano:
el cinco, el seis,
el siete,
el ocho, nueve, el cero,
como huevos perpetuos
de un ave
dura
como la piedra,
que puso tantos números
sin gastarse, y adentro
del número otro número
y otro adentro del otro,
prolíferos, fecundos,
amargos antagónicos,
numerando,
creciendo
en las montañas, en los intestinos,
en los jardines, en los subterráneos,
cayendo de los libros,
volando sobre Kansas y Morelia,
cubriéndonos, cegándonos, matándonos
desde las mesas, desde los bolsillos,
los números, los números,
los números.

PABLO NERUDA
Las manos del día
Ed. Losada, 1968

Piensa y saca conclusiones

¿Cómo interpretas los versos:

Creció el número dos y luego
el cuatro:
fueron saliendo todos
de una mano:
el cinco, el seis... ?

1 Sistemas de numeración. Los números naturales

Los números surgen por la necesidad de contar. Los pueblos primitivos usaban para contar los dedos, muescas, piedras, etc. Cuando necesitaron escribir cantidades cada vez más grandes, aparecieron los distintos **sistemas de numeración.**

Sistema de numeración romano

Observa la inscripción del monumento. Las letras representan en realidad un número, que está escrito usando el sistema de **numeración romano.**

Este sistema utiliza siete símbolos:

Símbolo	I	V	X	L	C	D	M
Valor	1	5	10	50	100	500	1000

Cada letra representa siempre el mismo valor, que se suma o se resta según su colocación. A este tipo de **sistemas de numeración** se les llama **no posicionales.**

Ejemplos

- VI = 6 — Como I = 1 está a la derecha de V = 5, se suma 5 + 1 = 6.
- IX = 9 — Como I = 1 está a la izquierda de X = 10, se resta 10 − 1 = 9.
- CMLXIII = 963 — CM = 900, LX = 60, III = 3 ⇒ 900 + 60 + 3 = 963
- MDCXLIV = 1644 — M = 1000, DC = 600, XL = 40, IV = 4 ⇒ 1000 + 600 + 40 + 4 = 1644
- $\overline{\text{VII}}$CXI = 7111 — Como la misma letra no se puede repetir más de 3 veces, para escribir números de 4000 en adelante añadimos una línea sobre las letras.
  $\overline{\text{VII}}$ = 7000, C = 100, XI = 11 ⇒ 7000 + 100 + 11 = 7111

Sistema de numeración decimal

Algunos sistemas de numeración, como el romano o el egipcio, son poco prácticos para efectuar cálculos. El sistema más utilizado en todo el mundo es el **sistema de numeración decimal**. Con las cifras de 0 a 9, es posible escribir cualquier número.

En el **sistema de numeración decimal**, cada diez unidades de un orden forman una del orden inmediatamente superior.

- 1 **decena** = 1 **D** = 10 U
- 1 **centena** = 1 **C** = 10 D = 100 U
- 1 **unidad de millar** = 1 **UM** = 10 C = 100 D = 1000 U
- 1 **decena de millar** = 1 **DM** = 10 UM = 100 C = 1000 D = 10 000 U

Es un **sistema posicional:** el valor que representa una cifra en un número depende de la posición que ocupe en dicho número.

Ejemplo ▸ El número 70 317 se puede descomponer así:

$$70\,317 = 7 \cdot 10\,000 + 3 \cdot 100 + 1 \cdot 10 + 7 = 7\text{ DM} + 3\text{ C} + 1\text{ D} + 7\text{ U}$$

La cifra 7 aparece dos veces, pero cada una representa un valor distinto: 7 decenas de millar y 7 unidades.

Sabías que...

La palabra **cálculo** procede de *calculus*, que en latín significa *piedra pequeña*, como las que se utilizaban para enseñar a los niños a contar.

Los números naturales

> El conjunto de los **números naturales** {0, 1, 2, 3, 4...} se representa con la letra ℕ.

Los números naturales se pueden utilizar para contar, para medir, para ordenar o como **códigos** que representen cualquier información.

smSaviadigital.com

AMPLIA Descubre los números triangulares, cuadrangulares y pentagonales.

Ejemplos

- En España, las matrículas de coche contienen un número de 4 cifras.

- El código postal es un número de cinco cifras. Las dos primeras indican la provincia y, las siguientes, la ubicación dentro de ella.
- Las cuentas bancarias están formadas por 2 letras y 22 dígitos divididos en 5 grupos.

ES07 5102 3214 60 0019136544

IBAN — Banco — Sucursal — Control — Nº de cuenta

Sabías que...

El término **dígito** procede de la palabra latina *digitus*, que significa *dedo*.

ACTIVIDADES

1. Escribe estos números en el sistema decimal.

a) MMXIV c) CMLXXXVII e) MDCCCVIII

b) XXXIX d) CXLIX f) MCMXCII

2. Escribe con números romanos.

a) 28 c) 257 e) 4900

b) 59 d) 825 f) 3456

3. Copia y completa la tabla en tu cuaderno.

Número	DM	UM	C	D	U
65 034	●●●	●●●	●●●	●●●	●●●
2008	●●●	●●●	●●●	●●●	●●●
●●●	5	0	7	4	1

4. En los siguientes números, indica qué valor representa la cifra 4 en cada caso.

a) 4251 b) 4 207 003 c) 104 045 041

5. Escribe cada número utilizando unidades de otro orden.

a) 200 U b) 120 C c) 12 D

6. Dos personas tienen los siguientes números de cuenta bancarios:

ES46 5306 1651 05 0200133254

ES32 5306 1561 32 0200135868

¿Corresponden al mismo banco? ¿Y a la misma oficina?

7. En el mapa aparecen las dos primeras cifras de los códigos postales de las provincias españolas.

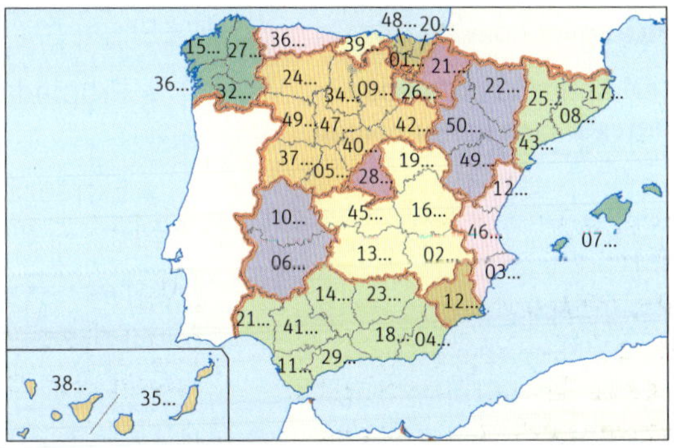

¿A qué provincia pertenecen estos códigos?

a) 05006 c) 08080 e) 01016

b) 14001 d) 16001 f) 39700

8. ¿Puede haber dos matrículas de coche en España que tengan exactamente el mismo número de cuatro cifras?

9. Averigua el número a partir de las siguientes pistas:

- Es un número de cinco cifras.
- Es capicúa, es decir, se lee igual de derecha a izquierda que de izquierda a derecha.
- La suma de sus cifras es 17.
- Ninguna cifra se repite más de dos veces.

¿Hay más de una solución?

2 Operaciones con números naturales. Propiedades

Las cuatro operaciones básicas son suma, resta, multiplicación y división. Estas operaciones cumplen varias propiedades.

Propiedades de la suma y del producto

Propiedad conmutativa: El orden de los sumandos o factores no altera el resultado.

Ejemplos

- $7 + 3 = 3 + 7 = 10$
- $7 \cdot 3 = 3 \cdot 7 = 21$

Ten en cuenta

La multiplicación $5 \cdot 33 \cdot 2$ se puede realizar mentalmente de forma muy sencilla. Se calcula primero $2 \cdot 5 = 10$ y después se multiplica $10 \cdot 33 = 330$.

Propiedad asociativa: El orden en el que se realizan las sumas o productos de tres o más números no varía el resultado.

Ejemplos

- $(5 + 2) + 8 = 7 + 8 = 15$
  $5 + (2 + 8) = 5 + 10 = 15$
- $(7 \cdot 4) \cdot 6 = 28 \cdot 6 = 168$
  $7 \cdot (4 \cdot 6) = 7 \cdot 24 = 168$

Propiedad distributiva del producto respecto de la suma o de la resta: El producto de un número por una suma o una resta es igual a la suma o la resta de los productos del primer número por cada uno de los términos.

Extraer factor común es el proceso contrario a aplicar la propiedad distributiva.

smSaviadigital.com

PRACTICA Aplica la propiedad distributiva y saca factor común.

Ejemplos

- Propiedad distributiva: $3 \cdot (2 + 7) = 3 \cdot 9 = 27$
  $3 \cdot 2 + 3 \cdot 7 = 6 + 21 = 27$
- Extraer factor común: $800 - 300 = 8 \cdot 100 - 3 \cdot 100 = 100 \cdot (8 - 3) = 500$

Propiedades de la resta y de la división

Si a los dos términos de una resta se les suma o resta la misma cantidad, su diferencia no varía.

Ten en cuenta

La resta no cumple la propiedad conmutativa.

Si Lola gana 1000 € y gasta 300, le quedan 700 €. Si se cambia el orden de los números, el resultado varía: si gana 300 € y gasta 1000, le faltarán 700 €, tendrá deudas.

Ejemplos

- $74 - 27 = (74 + 3) - (27 + 3) = 77 - 30 = 47$
- $74 - 27 = (74 - 4) - (27 - 4) = 70 - 23 = 47$

En una división, el dividendo es igual al divisor por el cociente más el resto.

$$D = d \cdot c + r$$

Ejemplo ▸ Alfonso ha dividido 528 entre 37, ha obtenido como cociente 14 y como resto 10. Para comprobar si ha hecho bien la división, realiza la siguiente prueba:

$$37 \cdot 14 + 10 = 518 + 10 = 528$$

Como obtiene el dividendo, puede asegurar que ha hecho bien la división.

Jerarquía de las operaciones

Para realizar operaciones combinadas es necesario seguir un orden o jerarquía a la hora de operar.

Deben realizarse primero las operaciones del interior de corchetes y paréntesis y después el resto, siguiendo esta jerarquía:

1.º **Multiplicaciones** y **divisiones**, de izquierda a derecha

2.º **Sumas** y **restas**, de izquierda a derecha

MAT-TIC GeoGebra

Entra en sm**Savia**digital.com y multiplica utilizando el algoritmo Indio.

Ejemplos

- $5 + 3 \cdot (6 - 2) + 1 \rightarrow 5 + 3 \cdot 4 + 1 \rightarrow 5 + 12 + 1 \rightarrow 17 + 1 \rightarrow 18$
- $5 + 3 \cdot 6 - 2 + 1 \rightarrow 5 + 18 - 2 + 1 \rightarrow 23 - 2 + 1 \rightarrow 21 + 1 \rightarrow 22$

sm**Savia**digital.com

PRACTICA Elige qué operación hay que resolver en cada paso.

ACTIVIDADES

10. Copia y completa en tu cuaderno, indicando en cada caso la propiedad que has utilizado.

a) $23 + 14 = \bullet\bullet\bullet + 23 = \bullet\bullet\bullet$

b) $12 \cdot \bullet\bullet\bullet = \bullet\bullet\bullet \cdot 12 = 60$

c) $(4 + 3) + 9 = 4 + (\bullet\bullet\bullet + \bullet\bullet\bullet) = \bullet\bullet\bullet$

11. Realiza cada operación de dos formas distintas, comprobando que se cumple la propiedad distributiva.

a) $10 \cdot (25 + 13)$

b) $(15 + 6) \cdot 4$

c) $7 \cdot (12 - 5)$

d) $100 \cdot (58 - 49)$

12. ¿Cuáles de las siguientes igualdades son incorrectas? Corrígelas en tu cuaderno.

a) $12 + 7 \cdot 5 = 19 \cdot 5$

b) $(12 + 7) \cdot 5 = 12 \cdot 5 + 7 \cdot 5$

c) $12 + (7 \cdot 5) = 12 \cdot 7 + 12 \cdot 5$

13. Comprueba las divisiones usando la propiedad de la división y corrige las incorrectas.

D	*d*	*c*	*r*
38	9	3	1
234	6	39	0

14. Calcula los datos que faltan en cada división a partir de los datos indicados.

a) $D = 425,\ d = 31,\ c = 13$

b) $d = 13,\ c = 8,\ r = 4$

15. Realiza las siguientes operaciones.

a) $13 + 5 - 12 - 4 + 9 - 3$

b) $61 - 37 + 45 - 22 + 12$

c) $80 - 43 - 15 - 6 + 9 - 4$

d) $100 - 40 + 90 + 35 - 85 - 20$

16. Efectúa las siguientes operaciones combinadas.

a) $3 + 2 \cdot 5 - 4 + 9$

b) $3 + 2 \cdot (5 - 4) + 9$

c) $3 + 2 \cdot (5 - 4 + 9)$

d) $(3 + 2) \cdot 5 - 4 + 9$

e) $(3 + 2) \cdot (5 - 4) + 9$

f) $(3 + 2) \cdot 5 - (4 + 9)$

17. Resuelve.

a) $[12 - 3 \cdot (17 - 4 \cdot 3)] + 15 - 4 \cdot 3$

b) $(12 - 5) \cdot (14 - 6) : (8 - 6)$

c) $16 : 2 \cdot 4 - 3 \cdot (10 - 3 \cdot 3)$

d) $21 - (16 - 11) \cdot 2 + (8 + 5)$

e) $[31 - 5 \cdot (27 - 8 \cdot 3)] + 25 - 8 : 2$

f) $18 : 3 \cdot 2 - 4 \cdot (12 - 3 \cdot 4)$

18. Copia y coloca en tu cuaderno los paréntesis necesarios para que las operaciones sean correctas.

a) $7 - 3 \cdot 4 + 6 = 1$

b) $7 - 3 \cdot 4 + 6 = 22$

c) $18 : 2 \cdot 9 = 1$

d) $3 + 12 : 2 \cdot 6 = 39$

19. sm**Savia**digital.com

PRACTICA Realiza más operaciones.

3 Múltiplos y divisores

Múltiplos de un número

Ejemplo ▸ Raúl ha ido al quiosco a comprar chicles para 15 amigos.

Raúl podrá comprar 6, 12, 18, 24, 36..., chicles, es decir, todos aquellos números que resulten al multiplicar 6 por los números naturales:

$6 \cdot 1 = 6$ $\quad 6 \cdot 2 = 12$ $\quad 6 \cdot 3 = 18$ $\quad 6 \cdot 4 = 24$...

Raúl tendrá que comprar 3 paquetes de 6 chicles.

Un número es **múltiplo** de otro si es el resultado de multiplicar el segundo por algún número natural.

Ejemplo ▸ 18 es múltiplo de 6 porque 18 es el resultado de multiplicar 6 por 3, o lo que es lo mismo, 6 cabe en 18 exactamente 3 veces.

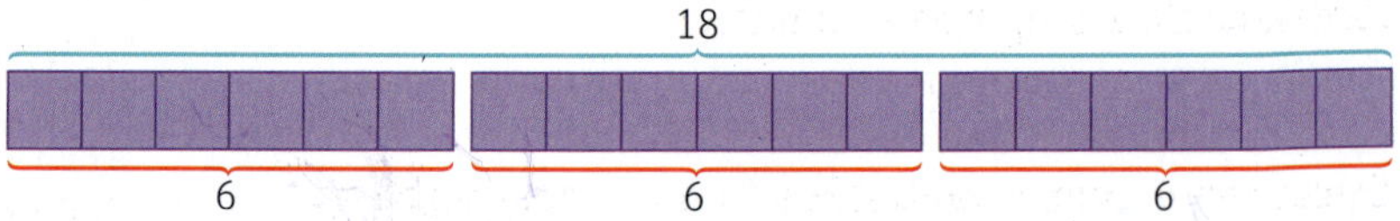

Ten en cuenta

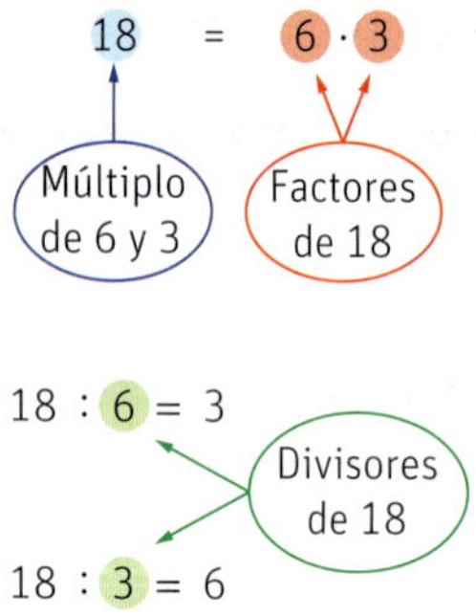

Divisores de un número

Se han definido los múltiplos a partir de la multiplicación, pero también pueden obtenerse a partir de la división.

Ejemplo ▸ Ya sabemos que 18 es múltiplo de 6, pero ¿que ocurre si los dividimos?

$18 : 6 = 3 \Rightarrow$ La división es exacta.

Si un número es múltiplo de otro, al dividirlos el resto es 0.

Un número es **divisor** o **factor** de otro si la división del segundo entre el primero es exacta.

Para **encontrar todos los divisores** de un número lo dividimos entre 1, 2, 3... hasta que el cociente sea menor que el divisor. Si la división es exacta, el número por el que hemos dividido y el resultado son divisores del número.

Ejemplo ▸ Vamos a calcular todos los divisores de 21.

- $21 : 1 = 21 \Rightarrow$ Divisores: 1 y 21
- $21 : 2 \Rightarrow$ No es exacta.
- $21 : 3 = 7 \Rightarrow$ Divisores: 3 y 7
- $21 : 4 \Rightarrow$ No es exacta.
- $21 : 5 \Rightarrow$ No es exacta. Como el cociente es $4 < 5$ no continuamos dividiendo.

Todos los divisores de 21 son 1, 3, 7 y 21.

smSaviadigital.com

PRACTICA Calcula todos los divisores de un número.

Relación entre múltiplos y divisores

La relación entre dos números cuya división $a : b$ es exacta, se puede expresar de varias formas equivalentes.

- a es **múltiplo** de b.
- b es **divisor** de a.
- a es **divisible** entre b.

Ejemplo ▸ La división $21 : 3 = 7$ es exacta, por tanto se cumple:

- 21 es múltiplo de 3.
- 3 es divisor de 21.
- 21 es divisible entre 3.

ACTIVIDADES

20. Escribe los diez primeros múltiplos de cada uno de estos números.

a) 5 b) 9 c) 11 d) 13

21. Escribe tres múltiplos comprendidos entre 30 y 200 de cada uno de los siguientes números.

a) 7 b) 22 c) 45

22. Encuentra el primer múltiplo de 21 que tenga tres cifras.

23. Averigua un número que cumpla:

24. Comprueba en cada caso si el primer número es múltiplo del segundo.

a) 87 y 7 b) 126 y 9 c) 1234 y 12

25. Comprueba en cada caso si el primer número es divisor del segundo.

a) 3 y 28 b) 8 y 424 c) 16 y 400

26. Indica cuáles de las siguientes expresiones son ciertas y corrige las falsas en tu cuaderno.

a) 325 es múltiplo de 5.
b) 25 es múltiplo de 450.
c) 4500 no es múltiplo de 50.
d) 48 es divisor de 6.

27. Encuentra todos los divisores de los siguientes números.

a) 20 b) 28 c) 41 d) 55

28. Escribe todos los divisores de 12.

a) ¿Cuántos hay?

b) Sabiendo que 36 es igual a $3 \cdot 12$, ¿cuántos divisores crees que tendrá? Comprueba si es cierto.

29. Señala cuáles de los siguientes números tienen exactamente dos divisores.

a) 5 b) 55 c) 48 d) 6

30. Los alumnos de una clase han colocado sus mesas separadas, formando un rectángulo.

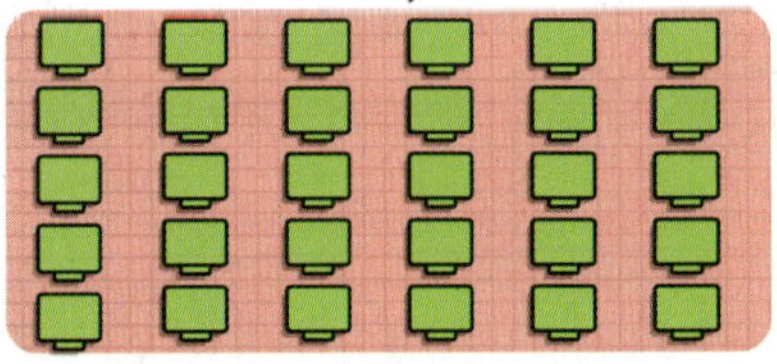

Si la clase tiene 30 alumnos, ¿de cuántas formas distintas se pueden colocar?

31. Un grupo de amigos va de excursión. Antes de reservar el autobús, han visto que pueden ir de 2 en 2, de 3 en 3 o de 5 en 5, sin que sobre ninguno.

a) ¿Es posible que sean en total 24 amigos?

b) ¿Y 40 amigos?

c) Encuentra al menos tres valores que cumplan esas condiciones.

d) En otra excursión han intentado contar de la misma forma, pero al hacer grupos de 2 en 2, de 3 en 3 o de 5 en 5 siempre sobraba una persona. ¿Cuál puede ser el número de amigos que forman este grupo?

4 Criterios de divisibilidad. Números primos y compuestos

Criterios de divisibilidad

Para saber si un número es divisible por otro, se realiza la división y se comprueba si la división es exacta.

Pero si el número es muy grande, hacer la división puede ser una tarea muy larga.

Los **criterios de divisibilidad** son reglas que permiten conocer si un número es divisible por otro sin hacer la división.

En la siguiente tabla aparecen los criterios de divisibilidad más utilizados.

Por	Criterio	Ejemplos
2	El número termina en cifra par.	20, 42, 108
3	La suma de sus cifras es un múltiplo de 3.	3, 45, 336
4	Sus dos últimas cifras son 0 o forman un múltiplo de 4.	16, 128, 300
5	El número acaba en 0 o en 5.	20, 35, 105
9	La suma de sus cifras es un múltiplo de 9.	27, 108, 1224
10	El número acaba en 0.	200, 330, 720
11	– Se suman las cifras que ocupan posiciones pares. – Se suman las cifras que ocupan posiciones impares. – Se restan ambos resultados. – El número inicial es divisible por 11 si el resultado obtenido es 0 o es múltiplo de 11.	132, 1540, 28424
25	Sus dos últimas cifras son 0 o forman un múltiplo de 25.	100, 150, 475
100	Sus dos últimas cifras son 0.	100, 1700, 2500

Ten en cuenta

- Si un número no es divisible por otro, tampoco lo será por sus múltiplos.

  Así, si un número no es divisible por 2, tampoco lo será por 4, 6, 8, 10, etc.
- Un número es divisible por otro si lo es por todos sus divisores.

  Así, un número es divisible por 6 si lo es por 2 y por 3, ya que $6 = 2 \cdot 3$.

Ejemplo ▸ Mariano quiere hacer paquetes con 1527 caramelos y que no le sobre ninguno. Utiliza los criterios de divisibilidad para ver qué tipo de paquetes puede utilizar.

Solo puede hacer paquetes de 3 caramelos.

Números primos y compuestos

Un número es **primo** si solo tiene dos divisores, el mismo número y el 1.

Un número es **compuesto** si tiene más de dos divisores.

El número 1 solo tiene un divisor, él mismo. El 1 no es primo ni compuesto.

Ejemplo ▸ ¿Qué divisores tiene el número 31?

Para encontrarlos se aplican los criterios de divisibilidad:

- No es múltiplo de 2, ya que acaba en 1, impar.
- No es múltiplo de 3, ya que sus cifras suman 4, que no es múltiplo de 3.
- No es múltiplo de 4, por no ser múltiplo de 2.
- No es múltiplo de 5, por no acabar en 0 ni en 5.
- No es múltiplo de 6, ya que no es múltiplo de 2 ni de 3.

Pero $6 \cdot 6 = 36$, que es mayor que 31. Se puede dejar de buscar: 31 solo tiene dos divisores, 1 y 31 y, por tanto, es un número primo.

MAT-TIC GeoGebra

Eratóstenes (s. III a.C.) ideó un método para hallar la lista de los primeros números primos. El procedimiento se conoce como criba de Eratóstenes.

Entra en sm**Savia**digital.com y utiliza la criba.

ACTIVIDADES

32. Aplica los criterios de divisibilidad y completa en tu cuaderno la siguiente tabla.

Número	Divisible por								
	2	3	4	5	9	10	11	25	100
88	●	●	●	●	●	●	●	●	●
249	●	●	●	●	●	●	●	●	●
429	●	●	●	●	●	●	●	●	●
2700	●	●	●	●	●	●	●	●	●

33. Escribe un número de cuatro cifras que sea divisible por 2 y por 3 y que no lo sea por 5.

34. Escribe un número capicúa de seis cifras. Comprueba si el número es divisible por 11.

35. Aplicando los criterios de divisibilidad, comprueba que 86 328 es múltiplo de 3 y de 11. Haciendo la división, comprueba que también es múltiplo de $11 \cdot 3 = 33$.

ACTIVIDAD **RESUELTA**

36. Halla los números primos menores que 20.

Utilizamos la criba de Eratóstenes:

- Se escriben los números del 2 al 20.
- El primer número, el 2, es primo. A partir de él, se tachan sus múltiplos: 4, 6, 8, 10, 12, 14, 16, 18 y 20.
- El siguiente número, el 3, es primo. A partir de él, se tachan sus múltiplos: 9, 15.
- Siguiendo el procedimiento se obtienen los demás números primos: 5, 7, 11, 13, 17 y 19.

37. Halla todos los números primos menores que 50. Puedes usar la criba de Eratóstenes.

38. Comprueba si 101 y 397 son números primos.

39. ¿Cuántos números primos pares hay? Razona la respuesta.

40. Escribe un número que sea igual al producto de tres números primos distintos, y calcula todos sus divisores.

41. Al multiplicar un número por 9, Carolina ha obtenido el siguiente resultado:

3 3 7 [illegible] 6 5

Por desgracia, una mancha de tinta tapa una de las cifras, que no se distingue. ¿Podrías decir cuál es?

42. Halla en cada caso todos los valores de A para los que el número indicado cumpla la propiedad pedida.

a) $26A$ es divisible por 4.

b) $32A$ es divisible por 5.

c) $A0A$ es divisible por 11.

43. Escribe tu altura en centímetros y averigua si es divisible por 2, 3, 4, 5, 6, 9, 10 y 11. ¿Es un número primo?

44. Encuentra tres números primos mayores que 450.

45. El número 37 es primo. ¿Cómo es el número 3737?

5 Máximo común divisor y mínimo común múltiplo

Máximo común divisor

Ejemplo ▸ Los alumnos de 1.º ESO de un instituto están organizando un viaje. En total participan 24 chicos y 30 chicas. Se van a alojar en un albergue y quieren utilizar habitaciones iguales, del mayor tamaño posible y que los chicos estén separados de las chicas. ¿Qué capacidad deberán tener las habitaciones?

Como todas las habitaciones deben tener la misma capacidad, ese número debe ser divisor común de 24 y 30. Hallamos todos sus divisores.

- Divisores de 24: 1, 2, 3, 4, 6, 8, 12, 24
- Divisores de 30: 1, 2, 3, 5, 6, 10, 15, 30

Los divisores comunes son: 1, 2, 3 y 6. De todos ellos, el mayor es 6.

Las habitaciones deberán tener capacidad para 6 personas.

MAT-TIC GeoGebra

Entra en sm**Savia**digital.com y comprueba gráficamente si sabes calcular el m.c.d.

> El **máximo común divisor (m.c.d.)** de varios números es el mayor de los divisores comunes.

Dos números siempre tienen como mínimo un divisor común, el 1. Puede ocurrir que sea su único divisor común y en consecuencia su máximo común divisor es 1.

> Dos números son **primos entre sí** si su máximo común divisor es 1.

Ejemplo ▸ Comprueba que los números 24 y 35 son primos entre sí.

- Divisores de 24: 1, 2, 3, 4, 6, 8, 12 y 24
- Divisores de 35: 1, 5, 7, 35

El único divisor que tienen en común es el 1. Por tanto, m.c.d. (24, 35) = 1

ACTIVIDADES

46. Escribe todos los divisores de los siguientes números y encuentra su máximo común divisor.

a) 8 y 12
b) 3 y 18
c) 9 y 15
d) 9, 12 y 15
e) 20, 24 y 32
f) 18, 12 y 42

47. Comprueba si los siguientes pares de números son primos entre sí.

a) 48 y 49 b) 110 y 33 c) 36 y 81

48. Isabel quiere calcular el m.c.d. de 120, 240 y 360. Se ha dado cuenta de que los tres números son múltiplos de 10, así que decide dividirlos todos entre 10 y hallar el m.c.d. de 12, 24 y 36.

a) ¿Cuál es el m.c.d. de 12, 24 y 36?
b) ¿Cuál es el m.c.d. de 120, 240 y 360?
c) A partir de los resultados anteriores, ¿cuál será el m.c.d. de 12 000, 24 000 y 36 000?

49. Calcula el m.c.d. de los siguientes pares de números, en los que el segundo es siempre múltiplo del primero.

a) 12 y 24 b) 25 y 50 c) 15 y 45

¿Qué ocurre en todos los casos? Copia y completa la frase en tu cuaderno:

Si un número es múltiplo de otro, el máximo común divisor de ambos números es ●●●.

50. En una frutería quieren colocar 48 aguacates y 60 caquis en bandejas iguales, sin mezclar las frutas y sin que sobre ninguna. ¿Cuál es el mayor tamaño que pueden tener las bandejas?

Mínimo común múltiplo

Ejemplo ▸ Juan Carlos va a visitar a su abuela cada 6 días y su hermana Lola cada 4. Hoy han coincidido y quieren saber cuánto tardarán en volver a coincidir.

Para ello, calculamos los múltiplos de 6 y los de 4 y buscamos las coincidencias.

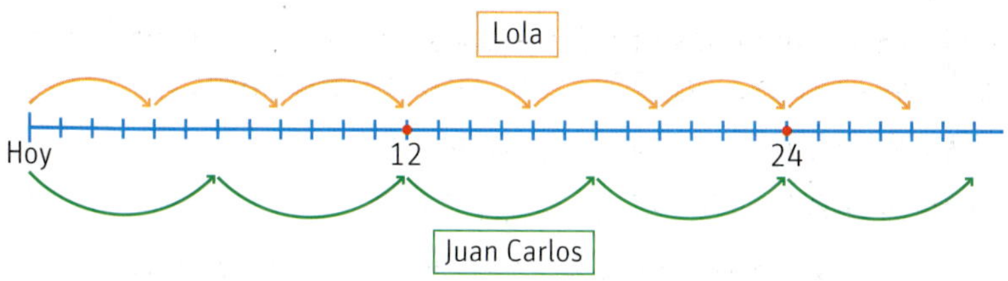

Es posible encontrar varios múltiplos comunes, en el gráfico aparecen dos, 12 y 24, pero también lo serán 36, 48...

El menor de esos múltiplos comunes es 12. Por tanto volverán a coincidir por primera vez cuando pasen 12 días.

El **mínimo común múltiplo (m.c.m.)** de varios números es el menor de los múltiplos comunes distinto de 0.

MAT-TIC GeoGebra

Entra en sm**Savia**digital.com y comprueba gráficamente si sabes calcular el m.c.m.

ACTIVIDADES

51. Calcula el m.c.m. de los siguientes grupos de números.

a) 15 y 24
b) 20 y 25
c) 2, 3 y 18
d) 14, 21 y 35
e) 3, 4 y 5
f) 15, 20 y 25

52. Calcula el m.c.m. de los números 2, 3, 5 y 30. ¿Qué observas?

53. Tres músicos locos tocan sus instrumentos de una forma muy curiosa.

- El primero toca una tecla del piano cada 4 segundos.
- El segundo toca los platillos cada 6 segundos.
- El tercero toca el silbato cada 15 segundos.

Si tocan la primera nota a la vez, ¿cuánto tardarán en volver a coincidir los tres?

54. La profesora de Educación Física agrupa a sus alumnos de tres maneras sin que sobre ninguno: por parejas, en grupos de tres y en grupos de cuatro.

a) ¿Cuántos alumnos tiene la clase como mínimo?

b) ¿Es posible que haya entre 20 y 30 alumnos?

55. Un póster gigante mide 240 cm de largo y 180 cm de alto. Para transportarlo mejor se decide cortarlo en cuadrados, que deben ser del mayor tamaño posible. Calcula la longitud que debe tener el lado de cada cuadrado.

56. Varios amigos preparan un mosaico cuadrado, uniendo piezas de 10 cm de largo y de 12 cm de alto. No quieren romper ninguna pieza, y los colocan siempre en la misma posición, con el lado mayor en la base.

a) ¿Cuáles serán sus dimensiones mínimas?

b) ¿Cuántas piezas tendrá la base? ¿Y la altura?

c) ¿Cuántas piezas habrá en total?

57. Comprueba si los números 8 y 9 son primos entre sí y calcula su m.c.m. Haz lo mismo con los números 6 y 8.

a) ¿Cuándo coincide el m.c.m. de dos números con su producto?

b) ¿Ocurre así siempre? Prueba con más pares de números y comprueba lo que ocurre en cada caso.

6 Descomposición en factores primos. Cálculo del máximo común divisor y del mínimo común múltiplo

Descomposición en factores primos

Cuando un número no es primo, se puede descomponer en producto de factores hasta que todos sean primos.

smSaviadigital.com
PRACTICA Descompón en factores primos.

Para **descomponer en factores primos** seguimos estos pasos:

1.º Buscamos un divisor primo del número. Normalmente el menor.

2.º Dividimos el número entre el divisor primo encontrado.

3.º Repetimos el proceso hasta que el cociente que obtengamos sea 1.

Ten en cuenta

Si en un producto aparece el mismo factor varias veces, se escribe en forma de potencia.

$$2 \cdot 2 \cdot 2 \cdot 2 = 2^4$$

El número de veces que se repite (4) se llama exponente de la potencia.

Ejemplo ▸ Calcula la descomposición en factores primos de 45.

El primer divisor primo de 45 es 3:	$45 : 3 = 15 \rightarrow$	45	3
El primer divisor primo de 15 es 3:	$15 : 3 = 5 \rightarrow$	15	3
El primer divisor primo de 5 es 5:	$5 : 5 = 1 \rightarrow$	5	5
Termina el proceso porque el cociente es 1.		1	

factores primos

La descomposición queda así: $45 = 3 \cdot 3 \cdot 5 = 3^2 \cdot 5$

Cálculo del máximo común divisor

El **máximo común divisor** de varios números es igual al producto de sus factores primos comunes elevados al menor exponente.

smSaviadigital.com
PRACTICA Calcula el m.c.d.

Ejemplo ▸ Calcula el m.c.d. de 8, 28 y 44.

En primer lugar, descomponemos los tres números.

8	2		28	2		44	2
4	2		14	2		22	2
2	2		7	7		11	11
1			1			1	

$8 = 2^3$ $\quad 28 = 2^2 \cdot 7$ $\quad 44 = 2^2 \cdot 11$

El único factor primo que es divisor de los tres números es 2 y, en los tres casos podemos dividir entre 2 dos veces, por tanto el m.c.d. (8, 28 y 44) = $2^2 = 4$.

ACTIVIDADES

58. Descompón en factores primos los siguientes números.

a) 18 b) 56 c) 120 d) 144

ACTIVIDAD **RESUELTA**

59. Descompón mentalmente en factores primos 240.

El número 240 se puede factorizar fácilmente como $24 \cdot 10$.

24 es $8 \cdot 3$, es decir, $2 \cdot 2 \cdot 2 \cdot 3$.

10 es $2 \cdot 5$.

Por tanto, $240 = 2 \cdot 2 \cdot 2 \cdot 3 \cdot 2 \cdot 5 = 2^4 \cdot 3 \cdot 5$

60. Descompón mentalmente en factores primos los siguientes números.

a) 81 c) 2000

b) 360 d) 11000

61. Descompón los siguientes números en factores primos y calcula su m.c.d.

a) 320 y 180 d) 72, 81 y 126

b) 400 y 125 e) 100, 150 y 325

c) 56 y 156 f) 63, 49 y 57

Cálculo del mínimo común múltiplo

El **mínimo común múltiplo** de varios números es igual al producto de sus factores primos comunes y no comunes, elevados al mayor exponente.

Ejemplo ▸ Calcula el m.c.m. de 24, 33 y 60.

Calculamos su descomposición factorial:

24	2
12	2
6	2
3	3
1	

33	3
11	11
1	

60	2
30	2
15	3
5	5
1	

$24 = 2^3 \cdot 3$ $\quad 33 = 3 \cdot 11$ $\quad 60 = 2^2 \cdot 3 \cdot 5$

El m.c.m. tiene que ser múltiplo de los tres números, así que sus factores serán 2, 3, 5 y 11. Como el factor 2 aparece 3 veces en 24, en el m.c.m. también deberá de estar 3 veces. Por tanto el m.c.m. (24, 33 y 60) = $2^3 \cdot 3 \cdot 5 \cdot 11 = 1320$.

smSaviadigital.com
PRACTICA Calcula el m.c.m.

ACTIVIDADES

62. **Halla el m.c.m. de los siguientes números.**

a) 32 y 18
b) 40 y 25
c) 52 y 156
d) 72, 81 y 90
e) 100, 150 y 300
f) 63, 49 y 57

63. **Copia y completa en tu cuaderno la descomposición en factores primos de los siguientes números.**

825	●
275	5
●	5
●	●
1	●

208	●
104	●
52	●
●	●
●	13
1	

●	2
244	2
●	2
●	●
●	●

Calcula el m.c.d. y el m.c.m. de los tres números.

64. **Los siguientes pares de números ya están descompuestos en factores primos. Escribe la descomposición en factores primos del m.c.d. y el m.c.m. en cada caso.**

a) $2^4 \cdot 3^4 \cdot 5$ y $2^2 \cdot 3^3$
b) $2^7 \cdot 3^6 \cdot 5^4$ y $2^{21} \cdot 5^3$

65. **Un número se descompone en factores primos de la siguiente forma:**

$$2^3 \cdot 5^2 \cdot 7$$

Indica si estos números son múltiplos, divisores o ninguna de las dos cosas del número dado.

a) $2 \cdot 5^2$
b) $2^5 \cdot 3 \cdot 5^4 \cdot 7$
c) $2^3 \cdot 3^2 \cdot 7$
d) $2^3 \cdot 3^2 \cdot 5 \cdot 7$

66. **Inés está haciendo un solitario con cartas. Ha juntado varias barajas y ha perdido la cuenta del número de cartas que tiene.**

Para determinarlo, en lugar de contar todas, las ha ido agrupando en montones.

- Si las separa en cuatro montones iguales, no le sobra ninguna carta.
- Si en lugar de cuatro montones forma cinco, tampoco le sobra ninguna.
- Si hace seis montones, también coloca todas sin que sobre ninguna.

a) ¿Cuántas cartas puede tener?
b) Si sabe que por lo menos tiene 100 cartas, ¿cuántas tendrá como mínimo?

67. **Un coche tarda 70 segundos en dar una vuelta completa a un circuito, y otro, 80 segundos en realizar el mismo trayecto.**

a) Si salen a la vez, ¿cuánto tardarán en volver a coincidir?
b) ¿Cuándo coincidirán por segunda vez?

68. **smSaviadigital.com**
PRACTICA Utiliza el m.c.d. y el m.c.m.

Organiza tus ideas

SISTEMAS DE NUMERACIÓN. LOS NÚMEROS NATURALES

Sistema de numeración romano

- Utiliza siete símbolos: I, V, X, L, C, D y M
- No es posicional.

Sistema de numeración decimal

- Utiliza diez cifras: 0, 1, 2, 3, 4, 5, 6, 7, 8, y 9
- Cada diez unidades de un orden forman una unidad del orden inmediatamente superior.
- Es posicional.

PROPIEDADES DE LAS OPERACIONES CON NÚMEROS NATURALES

Suma y multiplicación

	Suma	Multiplicación
Conmutativa	$4 + 5 = 5 + 4$	$4 \cdot 5 = 5 \cdot 4$
Asociativa	$(4 + 5) + 6 = 4 + (5 + 6)$	$(4 \cdot 5) \cdot 6 = 4 \cdot (5 \cdot 6)$
Distributiva	$4 \cdot (5 + 6) = 4 \cdot 5 + 4 \cdot 6$	

Resta

Si se suma o resta a los dos términos el mismo número, la diferencia no varía.

División

Dividendo = divisor · cociente + resto

Jerarquía de las operaciones

Primero se efectúan las operaciones del interior de **corchetes** y **paréntesis** y después el resto en este orden estricto:

1.º **Multiplicaciones** y **divisiones**, de izquierda a derecha

2.º **Sumas** y **restas**, de izquierda a derecha

MÚLTIPLOS Y DIVISORES. DIVISIBILIDAD

- Un número es **múltiplo** de otro si es el resultado de multiplicar el segundo por algún número natural.
- Un número es **divisor** o **factor** de otro si la división del segundo entre el primero es exacta.
- Un número es **primo** si solo tiene dos divisores, el mismo número y el 1.
- Un número es **compuesto** si tiene más de dos divisores.

Por	Criterio de divisibilidad
2	El número termina en cifra par.
5	Acaba en 0 o en 5.
10 o 100	Acaba en 0 o en 00, respectivamente.
4 o 25	Sus dos últimas cifras son 0 o forman un múltiplo de 4 o de 25, respectivamente.
3 o 9	La suma de sus cifras es múltiplo de 3 o 9, respectivamente.
11	La diferencia entre la suma de las cifras que ocupan posiciones pares y la de las cifras que ocupan posiciones impares es 0 o múltiplo de 11.

Máximo común divisor

El máximo común divisor (m.c.d.) de varios números es el mayor de los divisores comunes.

$$\left.\begin{array}{l} 12 = 2^2 \cdot 3 \\ 20 = 2^2 \cdot 5 \end{array}\right\} \Rightarrow \text{m.c.d.}\ (12, 20) = 2^2 = 4$$

Mínimo común múltiplo

El mínimo común múltiplo (m.c.m.) de varios números es el menor de los múltiplos comunes.

$$\left.\begin{array}{l} 12 = 2^2 \cdot 3 \\ 20 = 2^2 \cdot 5 \end{array}\right\} \Rightarrow \text{m.c.m.}\ (12, 20) = 2^2 \cdot 3 \cdot 5 = 60$$

Actividades

EJERCICIOS PARA PRACTICAR

Sistemas de numeración. Los números naturales

69. Escribe las siguientes cantidades utilizando números romanos.

a) 35 b) 76 c) 87 d) 128 e) 192 f) 451 g) 820 h) 901 i) 2349

70. Escribe las siguientes cantidades usando el sistema de numeración decimal.

a) XXXIX
b) $\overline{\text{LIX}}$
c) LXXIV
d) CLXVIII
e) DCCXXXI
f) DCCCXCIV
g) MMDCXXXVII
h) MMMCMXCIX

71. Copia y completa en tu cuaderno la siguiente tabla.

Número	DM	UM	C	D	U
4008	●●●	●●●	●●●	●●●	●●●
56 061	●●●	●●●	●●●	●●●	●●●
●●●	12	3	5	7	4
●●●	●●●	48	1	0	5
99 009	●●●	●●●	●●●	●●●	●●●

72. Escribe las siguientes cantidades usando el sistema de numeración decimal.

a) Quince mil cuatrocientos dos
b) Trescientos dos mil dieciséis
c) Siete millones cuarenta y dos mil uno
d) Veinte millones cuarenta

73. Escribe cómo se leen los siguientes números.

a) 23 577 b) 18 002 c) 2 400 035 d) 79 105 e) 2 002 100 f) 20 021 001

74. Indica el valor de la cifra 9 cada vez que aparece en los siguientes números.

a) 925 b) 10 091 c) 297 451 d) 232 909 e) 90 001 987 f) 90 919 929

Operaciones con números naturales

75. Comprueba si las siguientes divisiones son correctas sin realizarlas.

D	d	c	r
340	20	15	4
15 004	47	32	1
784	112	7	0
14 223	31	458	23

ACTIVIDAD RESUELTA

76. Indica la propiedad que se ha utilizado en cada caso.

a) $55 + 23 + 15 = 55 + 15 + 23$
b) $7 \cdot 25 \cdot 4 = 7 \cdot (25 \cdot 4)$
c) $5 \cdot (8 + 18) = 5 \cdot 8 + 5 \cdot 18$
d) $87 - 23 = 84 - 20 = 64$

a) Propiedad conmutativa de la suma
b) Propiedad asociativa de la multiplicación
c) Propiedad distributiva
d) Si se suma o resta a los dos términos el mismo número, en este caso 3, la diferencia no varía.

77. Indica la propiedad que se aplica en cada caso.

a) $226 + 378 = 378 + 226$
b) $45 \cdot 5 \cdot 15 = 15 \cdot 5 \cdot 45$
c) $32 + (58 + 49) = (32 + 58) + 49$
d) $6 \cdot (5 \cdot 23) = (6 \cdot 5) \cdot 23$

78. Utiliza las propiedades de la resta para calcular las siguientes diferencias mentalmente.

a) $325 - 75$ b) $802 - 43$ c) $129 - 61$ d) $433 - 105$

79. Realiza las operaciones aplicando la propiedad distributiva.

a) $25 \cdot (16 + 40)$ b) $16 \cdot (40 - 12)$ c) $30 \cdot (75 - 17)$ d) $100 \cdot (21 + 79)$

80. Saca factor común en las siguientes expresiones.

a) $5 \cdot 7 + 5 \cdot 8$ b) $3 \cdot 6 - 3 \cdot 2$ c) $8 \cdot 7 - 6 \cdot 8$ d) $5 \cdot 9 + 25$

81. Efectúa las siguientes operaciones teniendo en cuenta la jerarquía de las operaciones.

a) $32 + 8 \cdot 40 - 10 \cdot 7$
b) $[(43 + 15) \cdot 2 - 74] \cdot 5 - 9$
c) $11 \cdot [36 + 4 - 2 \cdot (24 : 3)]$
d) $48 : 6 \cdot [15 - (6 + 3)]$
e) $21 + 13 \cdot (6 - 2 \cdot 2)$
f) $(9 + 6 \cdot 3 - 17) : 5 \cdot 5$

82. Copia en tu cuaderno y coloca los paréntesis que sean necesarios para que se cumplan las igualdades.

a) $3 \cdot 6 + 8 : 2 - 18 : 3 = 24$
b) $7 - 2 \cdot 5 - 3 \cdot 3 + 5 \cdot 3 = 31$
c) $18 : 9 : 3 + 15 \cdot 7 - 5 = 36$
d) $5 - 2 \cdot 2 \cdot 12 - 3 \cdot 3 + 15 - 4 = 14$

Actividades

Múltiplos y divisores. Divisibilidad

83. Escribe cinco múltiplos de cada número.

a) 12 c) 25 e) 48

b) 16 d) 50 f) 124

84. Comprueba que 217 es múltiplo de 7.

85. Encuentra todos los divisores de cada uno de los siguientes números.

a) 13 c) 30 e) 48

b) 24 d) 32 f) 96

86. Encuentra los cinco primeros múltiplos de 7 mayores que 1000.

87. Escribe tres números que solo tengan cuatro divisores y otros tres que solo tengan tres divisores.

88. Encuentra algún divisor de 1056 que tenga dos cifras iguales.

Criterios de divisibilidad. Números primos y compuestos

ACTIVIDAD **RESUELTA**

89. Completa la tabla, utilizando los criterios de divisibilidad.

Número	Entre	¿Es divisible?
248	2	Sí, acaba en cifra par.
111	6	No, porque no es divisible entre 2.
3555	3	Sí, $3+5+5+5=18$, múltiplo de 3.
1414	9	No, $1+4+1+4=10$, no es múltiplo de 9.
20 548	11	Sí, $(2+5+8)-(0+4)=11$
32 448	4	Sí, acaba en 48, que es múltiplo de 4.
15 650	25	Sí, acaba en 50, que es múltiplo de 25.

90. Copia y completa en tu cuaderno la siguiente tabla, utilizando los criterios de divisibilidad.

Divisible por	72	253	628	888	901
2	●●●	●●●	●●●	●●●	●●●
3	●●●	●●●	●●●	●●●	●●●
4	●●●	●●●	●●●	●●●	●●●
5	●●●	●●●	●●●	●●●	●●●
9	●●●	●●●	●●●	●●●	●●●
11	●●●	●●●	●●●	●●●	●●●

91. Indica si los siguientes números son primos o compuestos.

a) 57 c) 107 e) 347

b) 91 d) 117 f) 803

92. Encuentra todos los números primos menores que 100.

93. Halla en cada caso los posibles valores de *A* para que se cumpla la condición pedida.

a) 23*A*4 es divisible entre 3 y 4.

b) *A*28 es múltiplo de 11.

c) 140*A* es divisible entre 6.

d) 34*A* es divisible por 2 y 3, pero no por 5.

Máximo común divisor y mínimo común múltiplo

94. Escribe todos los divisores de los siguientes números y calcula el máximo común divisor.

a) 27 y 80 c) 18, 28 y 48

b) 36 y 48 d) 40, 56 y 60

95. Calcula el mínimo común múltiplo de los siguientes números sin utilizar la descomposición en factores primos.

a) 24 y 80 d) 8, 12 y 28

b) 36 y 48 e) 9, 12 y 24

c) 30 y 42 f) 5, 8 y 40

ACTIVIDAD **RESUELTA**

96. Calcula el máximo común divisor y el mínimo común múltiplo de los siguientes números.

90, 135, 162

Descomponemos los números en factores primos:

90	2	135	3	162	2
45	3	45	3	81	3
15	3	15	3	27	3
5	5	5	5	9	3
1		1		3	3
				1	

$90 = 2 \cdot 3^2 \cdot 5$ $135 = 3^3 \cdot 5$ $162 = 2 \cdot 3^4$

– Para hallar el m.c.d. buscamos los factores comunes, en este caso 3, con el menor exponente con el que aparece, que es 2.
Por tanto, m.c.d. (90, 135, 162) = $3^2 = 9$

– Para hallar el m.c.m. necesitamos todos los factores primos, en este caso 2, 3 y 5, eligiendo para cada uno el mayor exponente con el que aparece.
Por tanto, m.c.m. (90, 135, 162) = $2 \cdot 3^4 \cdot 5 = 810$

97. Escribe la descomposición en factores primos de los siguientes números.

a) 48 d) 96 g) 495
b) 54 e) 128 h) 729
c) 84 f) 154 i) 1024

98. Factoriza los números comprendidos entre 200 y 210, e indica cuáles de ellos son primos.

99. A partir de la descomposición en factores primos de estos números, calcula su m.c.d. y su m.c.m.

a) $2^2 \cdot 3^2 \cdot 5$ y $2^2 \cdot 5^2$

b) $3^3 \cdot 5$ y $2 \cdot 5^3$

c) $2^3 \cdot 3^2$ y $2^4 \cdot 3^2$

100. Usando la descomposición en factores primos, calcula el m.c.d. y el m.c.m. de los siguientes números.

a) 16, 28 y 48 c) 33, 88 y 121
b) 160, 280 y 480 d) 14, 21 y 35

101. Comprueba si los siguientes números son primos entre sí.

a) 48 y 84 d) 72 y 385
b) 11 y 482 e) 243 y 256
c) 11 y 484 f) 324 y 675

102. Escribe dos números cuyo m.c.m. sea 210. ¿Puedes encontrar más de una solución?

103. Escribe dos números cuyo m.c.d. sea 210 y que estén entre 10 000 y 10 100.

104. La descomposición en factores primos de un número es la siguiente.

$$2^3 \cdot 5^2 \cdot 7$$

Encuentra en cada caso otro número de forma que se cumpla la condición pedida.

a) m.c.d. = 10

b) m.c.m. = $2^4 \cdot 5^2 \cdot 7^2$

c) m.c.d. = 1

d) m.c.m. = $2^3 \cdot 5^2 \cdot 7$

105. El mínimo común múltiplo de tres números es 1200. Copia y completa en tu cuaderno los términos que faltan en cada número.

$2^{\bullet} \cdot 5^2$ $2^3 \cdot 3^{\bullet} \cdot 5$ $2^{\bullet} \cdot \bullet^2$

¿Cuál es su máximo común divisor?

106. ¿Hay algún número capicúa entre 200 y 300 que sea primo? ¿Y entre 500 y 600?

Encuentra un número primo capicúa entre 100 y 200.

Actividades de síntesis

107. Si dos números distintos son primos, ¿son también primos entre sí? ¿Por qué?

108. ¿La suma de dos números primos es siempre un número primo? ¿Y su diferencia?

109. Dos números tienen un divisor común, 8.

a) ¿Su suma es múltiplo de 8?

b) ¿Su diferencia es múltiplo de 8?

c) ¿Podemos asegurar que su suma es múltiplo de 16? Escribe los primeros múltiplos de 8 y busca dos cuya suma no sea múltiplo de 16.

110. Estudia qué números puedes añadir a la derecha de 235 para obtener uno de cuatro cifras que cumpla en cada caso la condición pedida.

a) Que sea múltiplo de 4.

b) Que sea divisible entre 6.

c) Que sea múltiplo de 11.

111. Estudia qué números puedes añadir a la izquierda de 235 para obtener uno de cuatro cifras que cumpla en cada caso la condición pedida.

a) Que sea múltiplo de 4.

b) Que sea divisible entre 6.

c) Que sea múltiplo de 11 y de 2.

112. Al dividir 26 entre un número natural n, el resto es 2. ¿Cuáles son los posibles valores de n?

113. El producto de cualquier par de números naturales es igual al resultado de multiplicar su máximo común divisor por su mínimo común múltiplo.

Sabiendo que el m.c.d. de dos números es 12, su m.c.m. es 144 y uno de ellos es 36, calcula el otro número.

114. Se dice que un número es perfecto si es igual a la suma de sus divisores propios (menores que él). Por ejemplo, 6 es perfecto, ya que es igual a la suma de 1, 2 y 3.

a) Encuentra un número perfecto entre 20 y 30.

b) Comprueba si el número 36 es un número perfecto.

c) Comprueba que 496 es un número perfecto.

115. Se dice que dos números son amigos si cada uno es igual a la suma de los divisores propios (menores que él) del otro.

a) Comprueba que 220 y 284 son números amigos.

b) Comprueba si 84 y 48 son números amigos.

c) Los números perfectos de la actividad anterior, ¿son amigos de ellos mismos?

PROBLEMAS PARA RESOLVER

PROBLEMA **RESUELTO**

116. José María tiene una colección de chapas. En total ha reunido 30 chapas, y quiere colocarlas sobre la mesa en filas del mismo tamaño. ¿De cuántas formas las podrá colocar?

Hay que encontrar todos los divisores de 30.

Usando los criterios de divisibilidad obtenemos que 30 es divisible entre 2, 3, 5 y 10. Por tanto también lo es por $6 = 2 \cdot 3$ y por $15 = 3 \cdot 5$. Teniendo esto en cuenta construimos la siguiente tabla.

Chapas en cada fila	N.º de filas	Producto
1	30	30
2	15	30
3	10	30
5	6	30
6	5	30
10	3	30
15	2	30
30	1	30

Hay ocho formas distintas.

117. Una banda de música está formada por 40 personas. Durante las fiestas del pueblo van a desfilar por las calles, de forma que en todas las filas haya el mismo número de músicos.

¿De cuántas formas distintas podrán desfilar?

118. Álex ha calculado todos los divisores de 58 y de 84:

58: 1, 2, 29, 58

84: 1, 2, 3, 4, 6, 7, 12, 14, 21, 28, 42, 84

¿Alguna de estas tres afirmaciones es falsa?

a) Cuanto mayor es el número, más divisores tiene.

b) 58 tiene tres divisores primos y 84 tiene cuatro.

c) 58 y 84 solo tienen dos divisores comunes.

119. Una empresa elabora aceites de tres calidades distintas. Del primer aceite se elaboran 4800 L, del segundo, 1350 L, y del tercero, 2646 L.

Si se quiere envasar el aceite en contenedores del mismo tamaño, sin mezclar los de distinto tipo, ¿cuál será el mayor tamaño que puede tener el contenedor?

120. El planeta Mercurio tarda 88 días terrestres en dar una vuelta completa alrededor del Sol. El planeta Venus tarda 225 días en completar su órbita.

a) Si Mercurio y Venus están alineados con el Sol, ¿cuánto tardará en volver a producirse esta alineación?

b) Si Venus y la Tierra están alineados, ¿dentro de cuántos días volverán a estarlo?

c) Si los tres planetas están alineados en un momento dado, ¿cuánto tiempo pasará hasta que los tres planetas vuelvan a coincidir?

121. En un instituto hay 64 alumnos y 80 alumnas entre todos los grupos de 1.º ESO. Se quiere organizar a esos alumnos en varios grupos, de forma que en cada grupo haya el mismo número de chicos y el mismo número de chicas sin que sobre ningún alumno.

a) ¿Qué tamaño puede tener como mínimo cada grupo?

b) ¿Cuántos grupos de ese tamaño se pueden hacer?

122. Tres atletas entrenan todas las semanas en la misma pista. Carmen tarda 60 segundos en dar una vuelta completa, Javier, 75 segundos en completar la vuelta, y Rosa, 85 segundos.

a) Si salen los tres a la vez, ¿cada cuánto tiempo coincidirán todos?

b) ¿Cuántas vueltas a la pista habrá dado cada uno de ellos?

123. Una parcela mide 180 m de largo por 160 m de ancho. El agricultor decide dividirla en parcelas iguales, de forma cuadrada y del máximo tamaño posible.

a) ¿Cuánto medirán los lados de cada parcela pequeña?

b) ¿Cuántas parcelas pequeñas quedarán?

PROBLEMA **RESUELTO**

124. Aitor ha comprado una gran cantidad de botes de refresco. Si hace montones de 4 botes, le sobran 2. Curiosamente, también le sobran 2 si los coloca en grupos de 5 o en grupos de 6.

a) Quitando esos dos botes que sobran, ¿qué número de botes tiene como mínimo?

b) ¿Cuántos botes ha comprado como mínimo?

c) ¿Puede haber comprado más de 150 botes y menos de 200?

a) El número mínimo de botes tiene que ser múltiplo de 4, 5 y 6.

m.c.m. $(4, 5, 6) = 2^2 \cdot 5 \cdot 3 = 60$ botes como mínimo.

b) Añadiendo los 2 que sobran, como mínimo ha comprado 62 botes.

c) Puede haber comprado cualquier múltiplo de 60 más los dos botes que sobran. Entre 150 y 200, ha podido comprar $180 + 2 = 182$ botes.

125. Rubén ha comprado flores para regalárselas a sus amigas. Puede hacer ramos de 4 flores, de 6 y de 9, sin que le sobre ninguna.

Al hacer los ramos se da cuenta de que si hubiera comprado dos flores más, podría hacer ramos de 10 flores sin que le sobrara ninguno.
¿Cuántas flores compró?

126. Los alumnos de una clase se colocan en filas. Si en cada fila hay 3 alumnos, quedan 2 sin colocar. En cambio, si en cada fila se colocan 4 alumnos, solamente sobra 1.

a) ¿Cuál es el número mínimo de alumnos de esa clase?

b) ¿Es posible encontrar más números menores que 30 que cumplan esa condición?

ACTIVIDADES **PARA PENSAR MÁS**

127. ¿De cuántas formas puedes escribir el número 2009 como suma de dos números primos?

A. 1 **B.** 2 **C.** 3 **D.** De ninguna

128. Cuando sumamos los números de tres cifras $6a3$ y $2b5$, el resultado es un número divisible entre 9. ¿Cuál es el mayor valor posible para $a + b$?

A. 20 **B.** 12 **C.** 11 **D.** 9

129. El año 2002 fue el primer año del siglo XXI en el que el número del año fue capicúa. ¿En cuántos otros años del siglo XXI volverá a ocurrir esto?

A. Ninguno **B.** 1 **C.** 9 **D.** 81

Encuentra el error

130. Lorenzo tiene que dividir 24 600 entre 360. Para que la división sea más sencilla, decide quitar un 0 del dividendo y del divisor, y calcula 2460 entre 36.

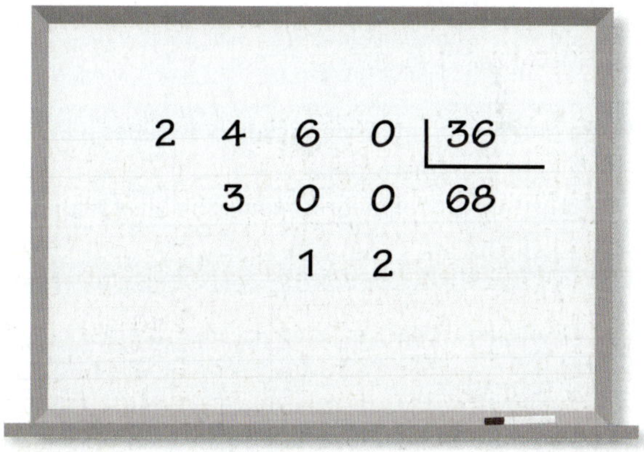

Como no está seguro de haberla hecho bien, comprueba la división.

$$d \cdot c + r = 68 \cdot 36 + 12 = 2448 + 12 = 2460 = D$$

¿Es correcta la división?

131. Marta va a pagar una reparación al fontanero. La factura consta de dos partes: 60 € de desplazamiento y otros 30 € por hora trabajada.

Como el fontanero ha estado en total dos horas, Marta hace el siguiente cálculo:

$$60 + 30 \cdot 2 = 90 \cdot 2 = 180$$

Marta pagará en total 180 €.

¿Es correcto?

Ponte a prueba

PROBLEMA **RESUELTO**

El estadio de fútbol

El estadio de Maracaná, en Río de Janeiro, Brasil, es uno de los más conocidos del mundo. Fue reformado para el Mundial de Fútbol de 2014, y tras esa reforma tiene capacidad para 78 838 espectadores y el terreno de juego mide 110 m de largo y 75 m de ancho. También fue la sede de las ceremonias de inauguración y clausura de los Juegos Olímpicos de 2016.

1. Una empresa recibe el encargo de renovar el césped del estadio. Para facilitar el transporte del nuevo césped, se decide transportarlo en tepes (piezas) de forma cuadrada del mayor tamaño posible. ¿Cuánto medirán esas piezas?
2. A un partido determinado asistieron 76 000 personas. Por cada 800 personas había cinco encargados de seguridad. ¿Cuántos había en total?
3. Muchos grandes acontecimientos deportivos, como los Mundiales de Fútbol o los Juegos Olímpicos, se celebran cada 4 años. Si los Juegos Olímpicos de Sidney se celebraron en el año 2000, ¿cuántos se celebrarán entre 2001 y 2091?
4. El año 2016 es múltiplo de 7 y de 3. ¿Cuántos años tendrán que pasar para que se celebren unos Juegos Olímpicos en un año múltiplo de 7 y de 3?

SOLUCIÓN

1. Para que quepa un número exacto de tepes a lo largo y ancho del terreno de juego, el número debe ser divisor de 110 y 75. Para que las piezas además tengan el mayor tamaño posible calculamos el m.c.d. (110, 75).

110	2
55	5
11	11
1	

75	3
25	5
5	5
1	

$110 = 2 \cdot 5 \cdot 11$ $\qquad 75 = 3 \cdot 5^2$

m.c.d. $(110, 75) = 5 \Rightarrow$ Los tepes son de 5 m de lado.

2. $76\,000 : 800 = 95$

$95 \cdot 5 = 475 \rightarrow$ Había 475 personas de seguridad en el estadio.

3. Entre 2001 y 2091 habrá los mismos que entre 2003 y 2091.

$2091 - 2003 = 88$ años

$88 : 4 = 22$. Se celebrarán 22 Juegos Olímpicos.

4. Además de ser múltiplo de 3 y 7, también tendrá que ser múltiplo de 4.

m.c.m. $(7, 3, 4) = 84$. Dentro de 84 años.

Los números mayas

Los mayas utilizaban un sistema de numeración de base 20. La unidad se representaba con un punto y cada grupo de 5 unidades con una raya. También usaban un símbolo para el cero, el "caracol".

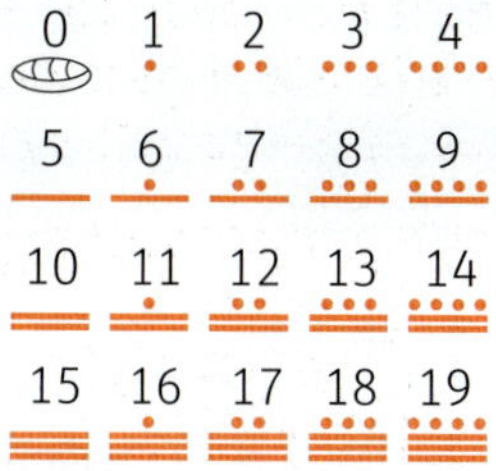

Para representar números mayores, utilizaban varios niveles. De esta forma, el valor de cada unidad del segundo nivel estaba multiplicado por 20 y cada una del tercer nivel valía $20 \cdot 20 = 400$.

Por ejemplo, el número 427 se representaría así:

$1 \cdot 20 \cdot 20 = 400$

$1 \cdot 20 = 20$

$7 \cdot 1 = 7$

1. Copia en tu cuaderno la primera tabla y escribe la equivalencia en números romanos. ¿Qué observas?
2. Escribe los números 84, 816 y 1200 usando ambos sistemas de numeración.
3. Escribe tu fecha de nacimiento usando la numeración maya.

Números capicúas

Los números capicúas son aquellos que se leen igual de izquierda a derecha que de derecha a izquierda. La palabra capicúa viene del catalán *cap i cua*, cabeza y cola.

También se puede utilizar el término palíndromo, válido para números y palabras que se leen igual de izquierda a derecha que de derecha a izquierda.

1. En una rifa se venden billetes del 000 al 999. ¿Cuántos son capicúas?

   A. 18 **C.** 27

   B. 90 **D.** 99

2. ¿Cuántos capicúas de esa rifa son números primos?
3. En España se usa más la palabra palíndromo para palabras o frases. Así, son palíndromos Ana, sanas, reconocer, etc. En psiquiatría, la fobia a los palíndromos se llama aibofobia. ¿Qué tiene de especial esa palabra? ¿Conoces más palíndromos?

AUTOEVALUACIÓN

1. Calcula el número y escríbelo con palabras.
   a) 27 centenas y 42 unidades
   b) 13 millares, 77 centenas y 123 unidades
   c) 20 millares, 40 decenas y 2 unidades
2. Escribe en el sistema de numeración romano.
   a) 1582 c) 403
   b) 735 d) 523
3. Copia y completa las siguientes operaciones en tu cuaderno, indicando en cada caso la propiedad que se aplica.
   a) $48 + 99 = 99 + ●●●$
   b) $3 \cdot 8 \cdot 15 = 3 \cdot (●●● \cdot ●●●)$
   c) $4 \cdot (●●● - 9) = 52 - 36$
   d) $121 - 49 = (121 + ●●●) - (49 + ●●●) = 122 - 50$
4. Realiza las siguientes operaciones.
   a) $94 - 14 \cdot (8 - 2 \cdot 3)$ c) $128 : 4 \cdot 8$
   b) $(94 - 14) \cdot (8 - 2) \cdot 3$ d) $128 : 8 \cdot 4$
5. Escribe todos los múltiplos de 6 comprendidos entre 200 y 250.
6. Escribe todos los divisores de 60.
7. Aplica los criterios de divisibilidad y completa la tabla en tu cuaderno.

Número	Divisible entre								
	2	3	4	5	9	10	11	25	100
124	●	●	●	●	●	●	●	●	●
165	●	●	●	●	●	●	●	●	●
2348	●	●	●	●	●	●	●	●	●
90 915	●	●	●	●	●	●	●	●	●

8. Escribe la descomposición en factores primos de los siguientes números.
   a) 80 b) 124 c) 384 d) 2520
9. Calcula el máximo común divisor y el mínimo común múltiplo de los siguientes números.
   a) 48 y 90 b) 220 y 284 c) 320, 242 y 400
10. El perro de Roque está enfermo. El veterinario ha prescrito un tratamiento combinando tres pastillas. La primera se toma cada 45 minutos, la segunda, cada 72 minutos, y la tercera, cada dos horas. A las doce del mediodía Roque le da las tres pastillas. ¿A qué hora volverá a coincidir que se tenga que tomar las tres a la vez?

2 Números enteros

- ¿Qué significa una temperatura de –3 ºC?
- ¿Cuándo está el buzo a mayor profundidad, a –5 m o a –3 m?
- Si en la cuenta tienes 80 € y te cobran 110 €, ¿qué saldo tienes?

Analiza y contesta

¿Crees que es necesario que exista el número 0?

Si no existiese, ¿cómo escribirías que no hay nada? ¿Y el número 10?

Siguiendo el planteamiento del anciano, ¿cuál es la diferencia entre el –1 y el –2?

¿Qué significa el número –1?

¿Cuándo crees que es necesario poner un signo negativo delante de un número?

¿Qué representa?

Lee y comprende

El cero

El anciano extendió
su bastón y toco uno de los gigantescos unos.
Enseguida empezó a encogerse, hasta que estuvo,
cómodo y manejable, a la altura de Robert.

–Bien, calcula.

–No sé calcular –afirmó Robert.

–Absurdo: **1 – 1 =**

–Uno menos uno es cero –dijo Robert–. Está claro.

–¿Ves? Sin el cero no es posible.

–Pero ¿para qué hemos de escribirlo? Si no queda nada, tampoco hace falta escribir nada. ¿Para qué un número aposta para algo que no existe?

–Entonces calcula: **1 – 2 =**

–Uno menos dos es menos uno.

–Correcto. Sólo que... sin el cero, tu serie numérica tiene el siguiente aspecto:

...4, 3, 2, 1, –1, –2, –3, –4...

"La diferencia entre 4 y 3 es uno, entre 3 y 2 otra vez uno, entre 2 y 1 otra vez uno, ¿y entre 1 y –1?"

–Dos –aseguró Robert.

–Así que tienes que haberte comido un número ente 1 y –1.

–¡El maldito cero! –exclamó Robert.

–Ya te he dicho que sin él las cosas no funcionan.

HANS MAGNUS ENZENSBERGER
El diablo de los números
Siruela 1997

Reflexiona y pon en común

¿Has utilizado alguna vez números negativos en una situación cotidiana? ¿Y el cero?

¿En qué situaciones?

Compara tu respuesta con tus compañeros.

1 Números enteros

Los números enteros se utilizan con frecuencia en situaciones de la vida cotidiana.

- Al medir la temperatura, indicamos con un signo menos las temperaturas por debajo de 0 °C, como −3 °C, y con un signo más las que están por encima, como +23 °C.
- Al medir la altitud, el signo menos indica que se trata de un punto situado bajo el nivel del mar, −50 m, y el signo más, sobre el nivel del mar, +1500 m.

Los **números enteros** comprenden:

- Los números enteros positivos: +1, +2, +3, +4,...
- Los números enteros negativos: −1, −2, −3, −4,...
- El cero

El conjunto de todos los números enteros se representa con la letra $\mathbb{Z}$.

$$\mathbb{Z} = \{ \dots -3, -2, -1, 0, +1, +2, +3, \dots \}$$

Ten en cuenta

- El cero no es positivo ni negativo, por lo que no se escribe +0 ni −0.
- Los números enteros positivos se corresponden con los números naturales: +1 = 1, +20 = 20. Por eso, el signo + de un número entero positivo no se suele escribir.

Representación de números enteros

Para representar los números enteros:

1.º Señalamos en la recta el 0 y el 1 a su derecha, a una distancia cualquiera.

2.º Usamos dicha distancia para ir situando los demás números. Los números enteros positivos se sitúan a la derecha del cero, y los negativos, a su izquierda.

Valor absoluto de un número entero

El **valor absoluto** de un número entero *a*, **|*a*|**, representa su distancia al 0 y es igual al número natural que resulta al eliminar el signo.

Ten en cuenta

Si un número es positivo, coincide con su valor absoluto.

Ejemplo ▸ Indica a que distancia se encuentran del 0 los números +3 y −5 y su valor absoluto.

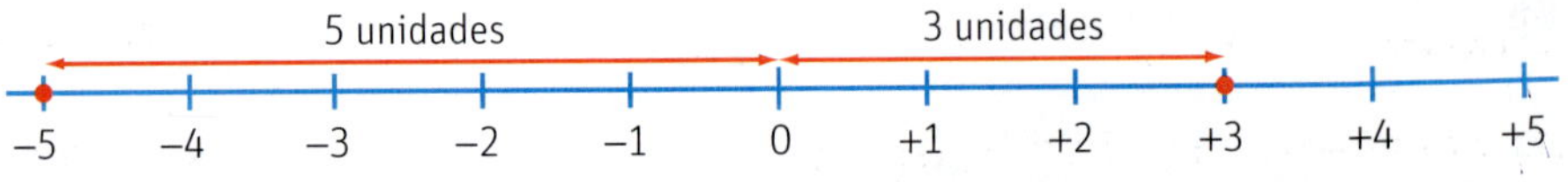

El número +3 se encuentra a 3 unidades de distancia del 0 y −5, a 5 unidades.

$$|+3| = 3 \text{ y } |-5| = 5$$

Opuesto de un número entero.

El **opuesto** de un número entero *a*, **op(*a*)**, es otro número entero con el mismo valor absoluto y signo contrario.

Ejemplos

▸ El opuesto de 9 es op(9) = −9.

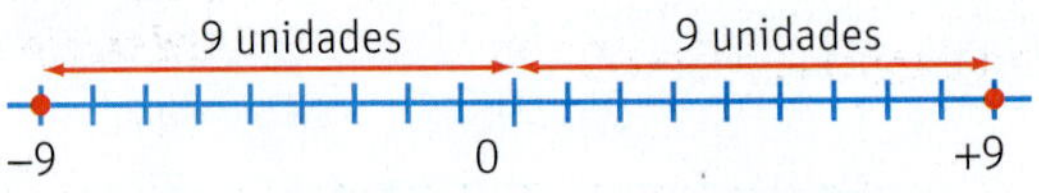

▸ El opuesto de −4 es op(−4) = +4.

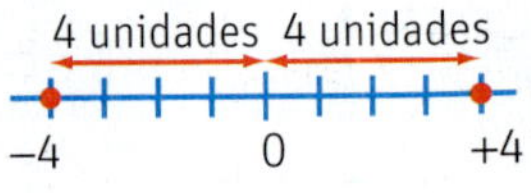

Ordenación de números enteros

Si representamos varios números en la recta, el mayor es el que está más a la derecha y el menor el que se sitúa más a la izquierda.

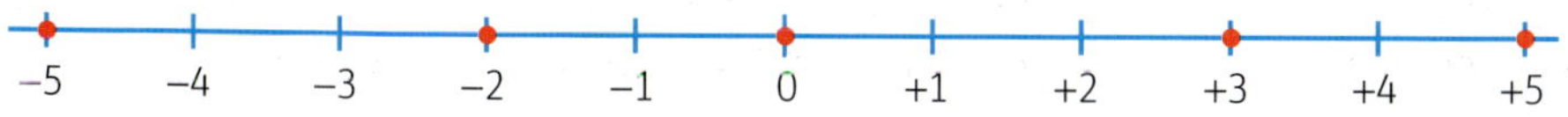

En este caso, $-5 < -2 < 0 < 3 < 5$.

- Cualquier número entero positivo es mayor que cualquier número entero negativo.
- El 0 es menor que cualquier número entero positivo y mayor que cualquier número entero negativo.
- Dados dos números enteros positivos, es mayor el que tiene mayor valor absoluto.
- Dados dos números enteros negativos, es mayor el que tiene menor valor absoluto.

Ten en cuenta

El signo < significa "menor que" y el signo > significa "mayor que".

smSaviadigital.com

PRACTICA Ordena números enteros.

ACTIVIDADES

1. Expresa estos datos usando números enteros.

a) Luis debe 55 € a un amigo.

b) El pueblo está al nivel del mar.

c) El agua hierve a 100 °C.

d) La fosa de las Marianas tiene unos 11 000 m de profundidad.

2. Representa 0, +4, +2, –5, –3, +3 en la recta.

3. Escribe en tu cuaderno los números representados.

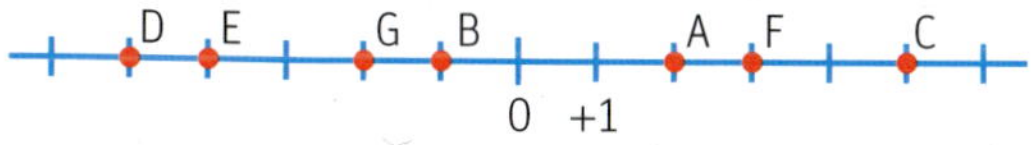

4. Calcula el valor absoluto de estos números.

a) +9 b) –8 c) –4 d) –32 e) 0

5. Los números 5 y –5 son opuestos.

a) Halla sus valores absolutos.

b) ¿A qué distancia está cada uno del 0?

c) ¿A qué distancia se encuentra el 5 del –5?

ACTIVIDAD **RESUELTA**

6. Coloca el signo de comparación adecuado.

a) 7 ● –4 b) 0 ● –2 c) –5 ● –7

a) $7 > -4$, ya que 7 es positivo y –4 es negativo.

b) $0 > -2$, ya que 0 es mayor que cualquier número entero negativo.

c) $-5 > -7$, ya que $|-5| = 5$, es menor que $|-7| = 7$.

7. Copia y completa en tu cuaderno las siguientes expresiones usando los signos < y >.

a) 12 ● 7 c) –3 ● –8 e) 4 ● –3

b) –12 ● 7 d) –5 ● 0 f) 4 ● 0

8. Ordena de menor a mayor los números enteros.

6, –5, 2, 0, –3, –4, 3, 1, –200

9. Escribe tres números enteros comprendidos entre –5 y 2.

10. Escribe tres números enteros negativos cuyo valor absoluto sea menor que 5.

11. Halla todos los números enteros a que cumplen que $|a| < 4$.

12. Calcula el opuesto del opuesto de –9.

13. Carolina está en un ascensor con su abuela y va apuntando las plantas en las que va parando.

5, 1, –2, 0, 3, 4, –1, 5, –3, 0

a) ¿Cuál es la planta más alta en la que ha estado? ¿Y la más baja?

b) ¿Cuántas plantas hay de diferencia entre ambas plantas?

c) Dibuja una recta numérica vertical y traza en ella los trayectos de Carolina. ¿Cuál ha sido el más largo? ¿Y el más corto?

d) Ordena de mayor a menor los números de las plantas visitadas.

2 Sumas y restas de números enteros

Suma de números enteros

Para **sumar números enteros del mismo signo**, se suman sus valores absolutos y se deja el mismo signo.

Ejemplo ▸ Un submarinista desciende 3 m, y luego desciende otros 5 m más. ¿Cuántos metros ha bajado en total?

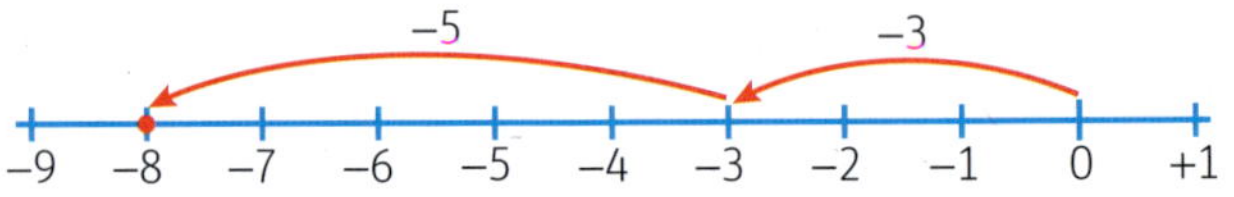

$(-3) + (-5) = -8 \Rightarrow$ En total baja 8 m.

Para **sumar números enteros de distinto signo**, se restan sus valores absolutos y se deja el signo del sumando que tenga mayor valor absoluto.

Ejemplo ▸ Si el submarinista baja 8 m y luego sube 5 m, ¿a qué profundidad está?

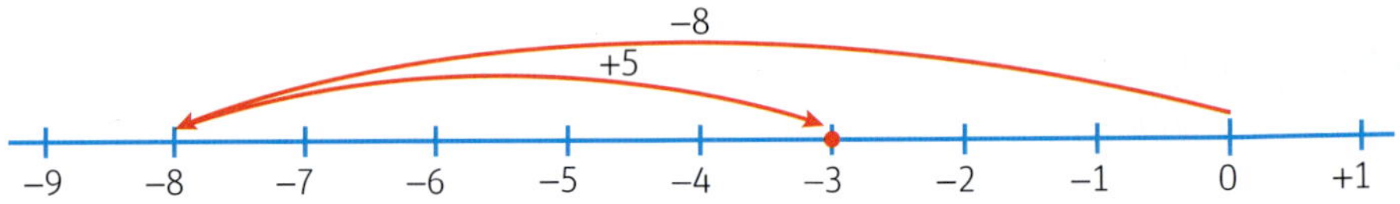

$(-8) + (+5) = -3 \Rightarrow$ Está a 3 m de profundidad.

La **suma de más de dos números enteros** se puede realizar de dos formas:

- Sumamos paso a paso en el orden en que aparecen los números.

$$(+8) + (-4) + (-3) + (+20) = (+4) + (-3) + (+20) = (+1) + (+20) = +21$$

- Sumamos por separado los números positivos y los negativos.

$$(+8) + (-4) + (-3) + (+20) = (+28) + (-7) = +21$$

Ten en cuenta

Las propiedades de la suma de números naturales también se cumplen para los números enteros.

- **Propiedad conmutativa:** el orden de los sumandos no altera el resultado.

$$4 + (-3) = (-3) + 4$$

- **Propiedad asociativa:** el resultado de la suma no depende de cómo se agrupen los sumandos.

$$((-3) + 2) + 4 = (-3) + (2 + 4)$$

Resta de números enteros

Para **restar dos números enteros** se suma al primero el opuesto del segundo.

Ejemplos

▸ $(-3) - (+8) = (-3) + \text{op}(+8) = (-3) + (-8) = -11$

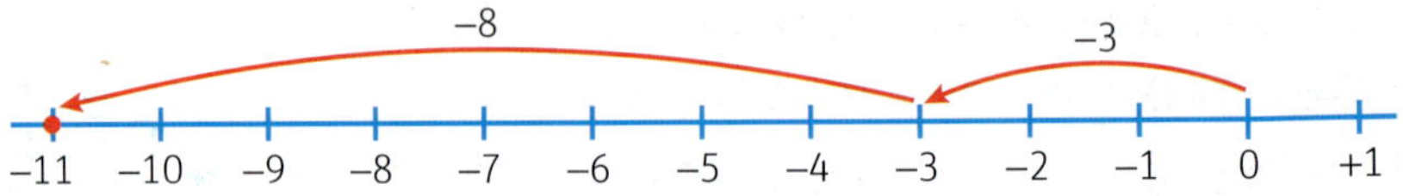

▸ $(+7) - (-4) = (+7) + \text{op}(-4) = (+7) + (+4) = +11$

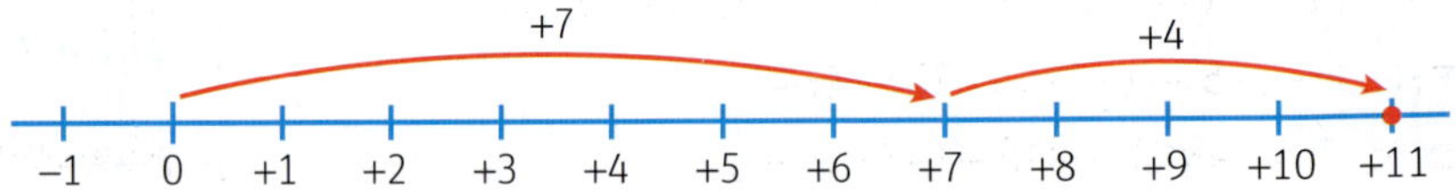

MAT-TIC GeoGebra

Entra en sm**Savia**digital.com y suma y resta números enteros.

Sumas y restas combinadas

Como op(−8) = −(−8) = +8, un signo menos delante de un paréntesis cambia de signo el número que está dentro, pero un signo más delante de un paréntesis no lo cambia.

Para realizar **sumas y restas dentro de un paréntesis**, se puede eliminar el paréntesis teniendo en cuenta que:

- Si al paréntesis le precede un signo +, los sumandos se quedan con el mismo signo.
- Si al paréntesis le precede un signo −, los sumandos cambian de signo.

Ten en cuenta

+(+2) = 2 +(−7) = −7

−(+4) = −4 −(−1) = +1

Ejemplo ▸ Para hallar −(3 − 8) + (3 − 4) podemos proceder de dos formas:

- Resolvemos primero las operaciones dentro de los paréntesis:

$$-(3-8)+(3-4)=-(-5)+(-1)=5-1=4$$

- Quitamos paréntesis, cambiando los signos cuando sea preciso:

$$-(3-8)+(3-4)=-3+8+3-4=4$$

smSaviadigital.com

PRACTICA Resuelve sumas y restas combinadas.

ACTIVIDADES

14. Realiza las siguientes sumas de números enteros.

a) (+5) + (+4)
b) (−6) + (−3)
c) (+12) + (−5)
d) (−8) + (+3)
e) (+15) + (+7) + (+8)
f) (−16) + (−30) + (−9)
g) (−7) + (−43) + (+65)
h) (−8) + (+3) + (+5)

ACTIVIDAD **RESUELTA**

15. Expresa la resta (+48) − (+20) como suma de dos números enteros y calcula su valor.

Restar un número es lo mismo que sumar su opuesto:

(+48) − (+20) = (+48) + op(+20) = (+48) + (−20) = 28

16. Realiza las siguientes restas de números enteros.

a) (+15) − (+4)
b) (−6) − (−8)
c) (+12) − (+25)
d) (+12) − (−35)
e) (−12) − (+35)
f) (+48) − (+48)

17. Efectúa gráficamente estas sumas y restas.

a) (+5) + (+4)
b) (−6) + (−3)
c) (+2) + (−5)
d) (−2) − (+5)
e) (−3) − (−4)
f) (+4) − (+4)

18. Escribe las operaciones sin paréntesis y calcula.

a) (+3) − (+5) − (−9) + (−23) + (+4)
b) −(−7) − (+45) − (+8) + (−7) + (+6)

19. Realiza las siguientes operaciones.

a) 7 − (32 − 45) − 6 + (12 − 45)
b) −(−5 + 7) − (4 − (−6)) + 12
c) (9 − 4) − (6 − 2) + (12 − 4) − (7 − 9)
d) (3 − 6) + (4 − 3) − (8 − 5) − 3
e) 20 − (30 − 37) + (18 − 25) − (−7) − (+20)

ACTIVIDAD **RESUELTA**

20. La temperatura de la Tierra más alta registrada fue de 58 °C, y la más baja, de 89 °C bajo cero. ¿Qué diferencia hay entre ambas?

Hay que hallar la diferencia entre la temperatura mayor, que es positiva, y la menor, que es negativa:

(+58) − (−89) = 58 + 89 = 147 °C

21. El pico Aneto tiene 3404 m de altitud y la Torca del Cerro, en los Picos de Europa, tiene la entrada a 2019 m de altitud y tiene 1589 m de profundidad.

¿Qué diferencia de altitud hay entre ambos puntos?

3 Multiplicación y división de números enteros

Multiplicación de números enteros

Para **multiplicar dos números enteros**, se multiplican sus valores absolutos.

- Si los dos factores tienen el mismo signo, el resultado es positivo.
- Si tienen distintos signos, el resultado es negativo.

Para determinar el signo del producto, se utiliza la **regla de los signos**:

+ · + = +	− · + = −
+ · − = −	− · − = +

Ejemplos

- (+3) · (+4) = +12
- (−5) · (+2) = −10
- (+5) · (−7) = −35
- (−2) · (−7) = +14

La **multiplicación de varios números enteros** se puede realizar de dos formas:

- Multiplicamos de dos en dos de forma sucesiva.

Ejemplo ▸ (−3) · (+2) · (+5) · (−10) · (−1) =

= (−6) · (+5) · (−10) · (−1) =

= (−30) · (−10) · (−1) =

= (+300) · (−1) = −300

- Determinamos primero el signo del resultado y multiplicamos todos los valores absolutos:

Ejemplo ▸ (−3) · (+2) · (+5) · (−10) · (−1)

- El signo del producto es negativo: (−) · (+) · (+) · (−) · (−) = (−).
- El producto de los valores absolutos es 3 · 2 · 5 · 10 · 1 = 300.

Por tanto, el resultado de la operación es −300.

Ten en cuenta

Las propiedades de la multiplicación de números naturales también se cumplen para los números enteros.

- **Propiedad conmutativa:** El orden de los factores no altera el producto.

  4 · (−3) = (−3) · 4

- **Propiedad asociativa:** El producto de varios factores no depende de cómo se agrupen para hacer los cálculos.

  [(−3) · 2] · 4 = (−3) · [2 · (+4)]

Ten en cuenta

Si el número de factores negativos es impar, el resultado es negativo. Si es par, el resultado es positivo.

División de números enteros

Para **dividir dos números enteros** se dividen sus valores absolutos.

- Si los dos números tienen el mismo signo, el resultado es positivo.
- Si tienen signos opuestos, el resultado es negativo.

En la división de números enteros también se utiliza la **regla de los signos**.

+ : + = +	− : + = −
+ : − = −	− : − = +

Ejemplos

- (+8) : (+2) = +4
- (−56) : (+8) = −7
- (+6) : (−3) = −2
- (−60) : (−12) = +5

Ten en cuenta

Los **divisores enteros** de un número son todos los divisores naturales y sus opuestos.

Multiplicaciones y divisiones combinadas

Al combinar multiplicaciones y divisiones o varias divisiones consecutivas, es necesario seguir el orden en el que aparecen, de izquierda a derecha.

Ejemplo ▸ $(-8) : (-2) \cdot 4 = 4 \cdot 4 = 16$

El resultado es incorrecto si se opera en otro orden:

$$(-8) : (-2) \cdot 4 = (-8) : (-8) = 1$$

MAT-TIC GeoGebra

Entra en smSaviadigital.com y multiplica y divide números enteros.

ACTIVIDADES

22. Realiza las siguientes multiplicaciones.

a) $(+3) \cdot (+8)$
b) $(-2) \cdot (+5)$
c) $(+7) \cdot (-3)$
d) $(+3) \cdot (+8) \cdot (+20)$
e) $(+5) \cdot (-20) \cdot (+5)$
f) $(-7) \cdot (-8) \cdot (-5)$

23. Indica, sin realizar cálculos, el signo que tiene el resultado de cada operación.

a) $(-3) \cdot 345 \cdot (-222) \cdot (-11)$
b) $5 \cdot (-2) \cdot (-32) \cdot (-222) \cdot (-23) \cdot 7$

24. Averigua el término que falta en cada una de estas igualdades.

a) $(-3) \cdot \bullet = 24$
b) $5 \cdot \bullet = 40$
c) $7 \cdot \bullet = -35$
d) $(-2) \cdot \bullet = 2$
e) $(-3) \cdot \bullet \cdot (-4) = -24$
f) $(-3) \cdot (+8) \cdot \bullet = 24$

25. Realiza las siguientes divisiones.

a) $(+30) : (+2)$
b) $(-20) : (+5)$
c) $(+72) : (-3)$
d) $(+20) : (+5)$
e) $(-45) : (+15)$
f) $(-400) : (-25)$

ACTIVIDAD **RESUELTA**

26. En una división exacta, el divisor es –34 y el cociente es 12. ¿Cuál es el dividendo?

Se aplica la propiedad de la división:

Dividendo = divisor · cociente + resto

En este caso: $(-34) \cdot 12 + 0 = -408$

El dividendo es –408.

27. Indica en cada caso el número que falta en estas divisiones exactas.

a) $30 : \bullet = 5$
b) $\bullet : 5 = -20$
c) $\bullet : (-3) = -15$
d) $(-84) : \bullet = 7$
e) $(-45) : \bullet = -5$
f) $\bullet : (-15) = 1$

ACTIVIDAD **RESUELTA**

28. Expresa el número –54 como producto de números enteros de dos formas posibles.

$-54 = (-9) \cdot (+6)$ y $-54 = (+27) \cdot (-2)$

29. Escribe cada uno de estos números como producto de dos números enteros. Busca para cada uno dos formas distintas.

a) 48 b) –36 c) –6 d) 29

30. Escribe cada uno de estos números como cociente de dos números enteros.

a) 4 b) –8 c) –25 d) 1

31. Realiza estas operaciones combinadas.

a) $-28 : (-4) \cdot (-5)$
b) $-30 \cdot (-4) : (-5)$
c) $20 \cdot (-4) : (-5)$
d) $20 : (-4) : (-5)$
e) $(-16) \cdot (-2) : (-2)$
f) $(-16) : (-2) : (-2)$

32. Un buzo desciende a una velocidad de 3 m por minuto. ¿Cuánto habrá descendido después de 8 minutos? Expresa el resultado con un número entero.

33. Un avión vuela a 30 000 pies de altura sobre el nivel del mar. Al aproximarse a su destino, desciende a una velocidad de 1500 pies por minuto.

a) ¿A qué altura se encontrará dentro de 7 minutos?
b) Si el aeropuerto se encuentra al nivel del mar, ¿cuanto tiempo tardará el avión en tomar tierra?

34. smSaviadigital.com

PRACTICA Utiliza los numeros enteros y realiza operaciones con ellos.

4 Propiedad distributiva. Factor común

Propiedad distributiva

En los números enteros, como en los naturales, se cumple la propiedad distributiva del producto respecto de la suma.

Propiedad distributiva. El producto de un número entero por una suma es igual a la suma de los productos de dicho número por cada sumando.

$$a \cdot (b + c) = a \cdot b + a \cdot c$$

a, ***b*** y ***c*** son números enteros.

La propiedad distributiva también se cumple para las restas, ya que restar un número equivale a sumar su opuesto.

Ejemplo ▸ Para hallar $(-3) \cdot [5 - (-2)]$ se puede proceder de dos formas:

- Realizamos primero las operaciones del corchete y después la multiplicación.

$$(-3) \cdot [5 - (-2)] = (-3) \cdot [5 + 2] = (-3) \cdot (+7) = -21$$

- Aplicamos la propiedad distributiva.

$$(-3) \cdot [5 - (-2)] = (-3) \cdot 5 - (-3) \cdot (-2) = -15 - 6 = -21$$

En los dos casos se obtiene el mismo resultado.

Ten en cuenta

Cuando en una operación aparecen unos paréntesis dentro de otros, se suelen usar también otros símbolos, como los corchetes, que sustituyen a los paréntesis exteriores.

$$3 \cdot [(-5) + 4 \cdot (-6 + 7)]$$

Extraer factor común

La propiedad distributiva permite transformar multiplicaciones en sumas y restas.

$$3 \cdot [(-4) - (-5)] = 3 \cdot (-4) - 3 \cdot (-5)$$

Pero si la leemos de derecha a izquierda, permite transformar sumas y restas en multiplicaciones.

$$3 \cdot (-4) - 3 \cdot (-5) = 3 \cdot [(-4) - (-5)]$$

Extraer factor común consiste en expresar en forma de multiplicación una suma o resta en la que hay un factor que se repite en todos los sumandos.

Ejemplos

▸ $7 \cdot (-2) - 7 \cdot (-11) - 7$

Como el factor 7 se repite en los tres sumandos, 7 es el factor común.

Aplicamos la propiedad distributiva en sentido inverso:

$$7 \cdot (-2) - 7 \cdot (-11) - 7 = 7 \cdot [(-2) - (-11) - 1] = 7 \cdot 8 = 56$$

▸ $-240 - 310 + 520$

Como todos los sumandos son múltiplos de 10, el factor común es 10.

$$-24 \cdot 10 - 31 \cdot 10 + 52 \cdot 10 = (-24 - 31 + 52) \cdot 10 = (-3) \cdot 10 = -30$$

El resultado es el mismo si realizamos directamente la operación:

$$-240 - 310 + 520 = -30$$

Ten en cuenta

Sacar factor común nos puede servir en muchas ocasiones como una buena estrategia de cálculo mental.

ACTIVIDADES

35. Realiza las siguientes operaciones aplicando la propiedad distributiva.

a) $(-5) \cdot [-7-(-3)]$

b) $8 \cdot [10-(-5)]$

c) $(-3) \cdot [-6+(-4)]$

d) $9 \cdot (-1+2)$

e) $(-11) \cdot [25-17-(-12)]$

f) $[-(-20)+(-52)-41] \cdot (-3)$

36. Realiza estas operaciones de dos formas.

a) $5 \cdot (-4)+3 \cdot (-4)$

b) $12 \cdot (-7)+(-7) \cdot (-10)$

c) $3 \cdot (-9)+3 \cdot (-5)-3 \cdot (-4)$

d) $(-1) \cdot 3-(-1) \cdot (-8)+(-1) \cdot (+4)-(-1) \cdot 5$

37. Copia y completa en tu cuaderno.

a) $(-3) \cdot [\bullet - 7] = (-3) \cdot (20) = \bullet$

b) $5 \cdot [12 - \bullet] = \bullet + 15 = \bullet$

c) $\bullet \cdot [-5 + \bullet] = 30 - 12 = \bullet$

d) $[\bullet + \bullet] \cdot (-9) = 27 + \bullet = -45$

e) $[-15 + \bullet - \bullet] \cdot (-2) = \bullet + 20 - 16 = \bullet$

38. Extrae factor común y calcula el resultado.

a) $(-5) \cdot 14+(-5) \cdot 6$

b) $3 \cdot (-5)-3 \cdot (+9)$

c) $(-2) \cdot (-4)-(-3) \cdot (-4)$

d) $(-6) \cdot 5+(-6) \cdot 9-(-6) \cdot (-10)$

ACTIVIDAD **RESUELTA**

39. Extrae factor común y calcula el resultado de la operación $(-8) \cdot 5+4 \cdot 7$.

En los dos sumandos hay un factor que es múltiplo de 4.

$(-8) \cdot 5+4 \cdot 7 = 4 \cdot (-2) \cdot 5+4 \cdot 7 =$
$= 4 \cdot [(-2) \cdot 5+7] = 4 \cdot [-10+7] = 4 \cdot (-3) = -12$

40. Extrae factor común y calcula el resultado.

a) $(-5) \cdot 15+10 \cdot (-11)$

b) $(-3) \cdot (-5)-6 \cdot (+7)$

c) $(-5) \cdot (-8)-(-3) \cdot (-4)$

d) $6 \cdot 5+(-12) \cdot 9-(-6) \cdot (-17)$

41. Escribe un producto de un número por una suma de tres sumandos, de forma que el resultado de la operación sea -40.

ACTIVIDAD **RESUELTA**

42. Al multiplicar un número entero por una suma de varios sumandos, se obtiene 18. ¿Qué valores puede tener el primer número? ¿Y la suma?

El primer número debe ser un divisor entero de 18. Los divisores enteros de 18 son:

$$1, -1, 2, -2, 3, -3, 6, -6, 9, -9, 18, -18$$

Para que el producto sea 18, los valores de la suma deben ser, en el orden correspondiente:

$$18, -18, 9, -9, 6, -6, 3, -3, 2, -2, 1, -1$$

43. La multiplicación de un número entero por la suma de varios es -24. Halla los valores que puede tomar el número y los correspondientes de la suma.

44. Encuentra todos los divisores enteros de los números.

a) 48	c) 36	e) 27	g) 45
b) 20	d) 56	f) 180	h) 72

45. Observa las siguientes sumas y restas. Conviértelas en productos extrayendo el mayor factor común posible.

a) $48-36+(-20)-56$

b) $27-36+90-(-45)$

c) $72-(-48)-180-(-18)$

46. Busca en cada caso tres factores comunes distintos y realiza cada operación extrayendo cada factor común encontrado.

a) $40 \cdot 15-(-20) \cdot 7+(-32) \cdot (-13)$

b) $(-6) \cdot (-7)-(-12) \cdot (-1)+(-18) \cdot 35$

c) $-64+48-(-120)-40+(-20)$

47. David ha comprado esta mañana 7 paquetes de cromos, pero de vuelta a casa ha perdido 2. Por la tarde, su madre le ha regalado 12 paquetes más y, por la noche, su tío ha llegado con 6 paquetes más para que David y su hermana se los repartan.

Si hay 6 cromos en cada paquete, ¿cuántos cromos tiene David al final de la jornada? Calcúlalo de dos formas distintas.

5 Operaciones combinadas con números enteros

Al realizar varias operaciones encadenadas con números enteros, es preciso hacer los cálculos en el orden adecuado.

Jerarquía de las operaciones

Se resuelven primero las operaciones que aparecen dentro de **paréntesis y corchetes** y después el resto, siguiendo este orden:

1.º Se realizan las **multiplicaciones y divisiones**, de izquierda a derecha.

2.º Se realizan las **sumas y restas**.

Ejemplo ▸ $(-3) + (-2) \cdot (-4)$

Observa cómo influye el orden al resolver las operaciones, aunque solo uno de ellos es correcto:

- Haciendo primero la suma: $(-3) + (-2) \cdot (-4) = (-5) \cdot (-4) = 20$ INCORRECTO
- Haciendo primero el producto: $(-3) + (-2) \cdot (-4) = (-3) + (+8) = 5$ CORRECTO

Teniendo en cuenta la jerarquía, la forma correcta de operar en el ejemplo es la segunda.

Conviene tener en cuenta que:

- En operaciones con corchetes y paréntesis metidos unos dentro de otros, el orden en el que se resuelven es siempre desde dentro hacia fuera.
- Se puede hacer más de una operación en cada paso.

Ejemplos

▸ $[-1 - (+3) \cdot (-2)] - [+3 \cdot (+5 - 7)] =$

$= [-1 - (-6)] - [+3 \cdot (-2)] =$

$= [-1 + 6] - (-6) =$

$= 5 + 6 =$

$= 11$

▸ $(-2) \cdot [[(-5) - (+3) \cdot (-7)] - 16 : (-8)] + 5 =$

$= (-2) \cdot [[(-5) - (-21)] - 16 : (-8)] + 5 =$

$= (-2) \cdot [[(-5) + 21] - 16 : (-8)] + 5 =$

$= (-2) \cdot [16 - 16 : (-8)] + 5 =$

$= (-2) \cdot [16 - (-2)] + 5 =$

$= (-2) \cdot [16 + 2] + 5 =$

$= (-2) \cdot 18 + 5 =$

$= -36 + 5 =$

$= -31$

ACTIVIDADES

48. Realiza las siguientes operaciones.

a) $(-2) + (-3) \cdot (-4)$

b) $5 - 2 \cdot (-8)$

c) $-(-4) - (-16) : 2$

d) $25 - 20 : (-5)$

e) $-(-30) + 20 \cdot (-4)$

f) $(-6) \cdot 3 - 3$

g) $48 : (-4) - (-8)$

h) $(-4) - (-8) \cdot 3$

49. Resuelve las operaciones siguientes.

a) $2 - (-3) \cdot 5 + 4 \cdot (-7)$

b) $-4 \cdot (-3) + (-3) \cdot (-2) - 12 : (-3)$

c) $(-1) \cdot (-12) - 12 \cdot (-3) + 20$

d) $32 - (-27) \cdot 3 + (-48) : 6$

e) $45 : (-5) - 6 \cdot (-4) - (-5) \cdot (-3)$

50. Comprueba los resultados y corrige en tu cuaderno los que tengan errores.

a) $[(-2) + (-3)] \cdot (-4) = +20$

b) $12 - 5 \cdot [30 - 28 : 2] = -78$

c) $[3 - (4 - 3 \cdot (-5))] - 12 : (-3) = -12$

d) $(10 - 3) \cdot [28 + (-20) \cdot 4] = -264$

e) $[(-2) - (-5)] \cdot (-3) - (-3) = +6$

f) $[(-2) - (-5) \cdot (-3)] - (-3) = -14$

51. Realiza las siguientes operaciones.

a) $-3 - (-2) \cdot 4 + 20 : (-4) + (-1) \cdot [28 + 3 \cdot (-6)]$

b) $[-3 - (-2)] \cdot [4 + 20] : (-4) + (-1) \cdot 28 + 3 \cdot (-6)$

c) $24 : (-4) : 2 - (-5) \cdot (-10) : 2 - [6 - (-4) \cdot (-9)]$

d) $(-7 - 3 \cdot 2) - [26 - (-3) \cdot (-12)] - (-1) \cdot (-8)$

e) $[(-49) : 7 - (-6)] - [50 - (-6) \cdot (-8)] - [-3 - (-7)]$

f) $33 : (-3) \cdot 2 + (-7) \cdot (-8) : 2 - [13 - (-9) \cdot (-5)]$

52. En estas operaciones falta uno de los números. Copia cada una en tu cuaderno y complétala.

a) $(-4) \cdot 6 + \bullet \cdot 3 = -9$

b) $[5 - (-3) \cdot (-7)] + \bullet = 0$

c) $[-8 - 3 \cdot (+6)] - [(-5) - \bullet] = -20$

d) $(-28) : \bullet + (-42) : (-6) = 3$

e) $8 - 4 \cdot (-7) = 16 - \bullet \cdot 2$

f) $(-2) \cdot [(-7) + (-3) \cdot \bullet] = 50$

g) $13 + 24 \cdot (-3) = -25 \cdot \bullet - 9$

h) $[7 - 5 \cdot (-3)] - [8 - \bullet] = 9$

53. Los dos miembros de estas igualdades se diferencian únicamente en los paréntesis. Comprueba si es cierta cada una de ellas.

a) $-[5 - (-3) \cdot 2] = -5 - (-3) \cdot 2$

b) $48 : (-6) : (-2) = 48 : [(-6) : (-2)]$

c) $48 : (-6) : (-2) = [48 : (-6)] : (-2)$

d) $[-26 + 15 \cdot (-2)] - (-7) = -26 + 15 \cdot (-2) - (-7)$

e) $-[-26 + 15 \cdot (-2)] - (-7) = -26 + 15 \cdot (-2) - (-7)$

54. Coloca los paréntesis necesarios para que estas igualdades sean ciertas.

a) $(-8) \cdot (-5) + (-4) = 72$

b) $4 - 9 \cdot (6 - 7) = 5$

c) $4 - 9 \cdot 6 - 7 = -57$

d) $5 - 8 - (-3) + 4 = -4$

55. Alfonso tenía 100 sellos en su colección, pero ha estado cambiando sellos con cuatro amigos. Le dio 15 sellos a cada amigo y a cambio recibió 20 de cada uno. Hoy su abuelo le ha dado 50 sellos más, de los que 10 son para su hermana.

Escribe las operaciones combinadas necesarias para hallar los sellos que tiene ahora y calcúlalos.

56. Escribe en tu cuaderno las operaciones combinadas para obtener cada resultado, según las condiciones.

Condiciones	Resultado	Operaciones
Utiliza las 4 operaciones aritméticas.	−5	●●●
Hay al menos dos paréntesis y tres operaciones distintas.	−6	●●●
Hay una división y un paréntesis dentro de un corchete.	0	●●●
Solo hay enteros negativos y, como mínimo, cuatro operaciones y dos corchetes.	36	●●●

57. smSaviadigital.com

PRACTICA Realiza operaciones con números enteros.

Organiza tus ideas

LOS NÚMEROS ENTEROS. REPRESENTACIÓN

Los números enteros son: $\mathbb{Z} = \{...-6, -5, -4, -3, -2, -1, 0, 1, 2, 3, 4, 5, 6...\}$

Enteros negativos — Enteros positivos

- Se representan sobre la recta numérica:

−10 −9 −8 −7 −6 −5 −4 −3 −2 −1 0 +1 +2 +3 +4 +5 +6 +7 +8 +9 +10

- El **valor absoluto** de un número entero es igual al número natural que resulta al tomarlo con signo positivo.

$$|+3| = 3,\ |-7| = 7$$

- El **opuesto** de un número entero *a* es otro número entero con el mismo valor absoluto y signo contrario.

$$\text{op}(+3) = -3,\ \text{op}(-7) = +7$$

- Al **comparar dos números enteros**, el mayor es el que está más a la derecha en la recta.

$$-3 < -1 < 0 < 2 < 3$$

OPERACIONES CON NÚMEROS ENTEROS

Sumar dos enteros

- Del **mismo signo:** se suman sus valores absolutos y se deja el mismo signo.

$$(-3) + (-5) = -8$$

- De **distinto signo**: se restan sus valores absolutos y se deja el signo del sumando que tenga mayor valor absoluto.

$$(+3) + (-5) = -(5 - 3) = -2$$

Restar dos enteros

Restar un entero equivale a sumar su opuesto:

$$(-5) - (+4) = (-5) + (-4) = -9$$

Multiplicar o dividir dos enteros

1.º Se multiplican (o dividen) sus valores absolutos.

2.º Se añade un signo + si ambos tienen el mismo signo o un signo − si son de distinto signo.

$$(-5) \cdot (+4) = -20 \qquad (-2) \cdot (-4) = +8$$

$$(-36) : (+3) = -12 \qquad (-16) : (-8) = +2$$

Regla de los signos

+ · + = +	− · + = −
+ · − = −	− · − = +

+ : + = +	− : + = −
+ : − = −	− : − = +

Propiedad distributiva

$$3 \cdot [(-4) - (-5)] = 3 \cdot (-4) - 3 \cdot (-5)$$

Factor común

$$7 \cdot (+3) + 7 \cdot (-5) = 7 \cdot (3 - 5) = 7 \cdot (-2) = -14$$

Operaciones combinadas con enteros

Jerarquía de las operaciones.

Se resuelven primero las operaciones que aparecen dentro de **paréntesis y corchetes** y después el resto, siguiendo este orden:

1.º Multiplicaciones y divisiones, de izquierda a derecha

2.º Sumas y restas

$$-[-5 \cdot (+4)] - (-2) \cdot (+4) - (-3) \cdot [2 - (-3) \cdot (-6)] =$$

$$= -[-20] - (-8) - (-3) \cdot [2 - 18] =$$

$$= -[-20] + 8 - (-3) \cdot [-16] =$$

$$= +20 + 8 - 48 = -20$$

Actividades

EJERCICIOS **PARA PRACTICAR**

Los números enteros. Representación y ordenación

58. Asocia un número entero a cada situación.

a) Debo 20 € a Carlos.

b) La temperatura en invierno bajó hasta los 10 grados bajo cero.

c) He subido a la quinta planta a ver a Paloma.

d) Veraneamos en un pueblo al nivel del mar.

59. Describe estas situaciones utilizando números enteros.

60. Explica el significado del signo menos en estas situaciones.

a) La temperatura en Teruel fue de −8 °C.

b) El saldo de mi tarjeta es −43 €.

c) El coche está aparcado en la planta −3.

ACTIVIDAD **RESUELTA**

61. Dados los siguientes números:

$$-2, +5, 0, -3, +4, -1, +1$$

a) Escribe el valor absoluto y el opuesto de cada uno.

b) Represéntalos en la recta y ordénalos de menor a mayor.

a) El valor absoluto se obtiene eliminando el signo del número.

$|-2| = 2$ $\quad |+5| = 5$ $\quad |0| = 0$ $\quad |-3| = 3$

$|+4| = 4$ $\quad |-1| = 1$ $\quad |+1| = 1$

El opuesto es el mismo número cambiado de signo.

op(−2) = +2; op(+5) = −5; op(0) = 0; op(−3) = +3;

op(+4) = −4; op(−1) = +1; op(+1) = −1

b)

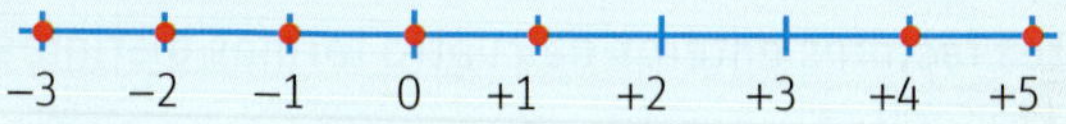

Cuanto más a la derecha se encuentre en la recta, mayor es el número.

$$-3 < -2 < -1 < 0 < 1 < 4 < 5$$

62. Represente en la misma recta los siguientes números y calcula su valor absoluto.

a) −4	c) 0	e) −3
b) +7	d) +5	f) −2

63. Escribe los números enteros que tienen por valor absoluto los siguientes números.

a) 5	c) 0	e) 10 000
b) 3	d) 128	f) −1

64. Representa en la recta estos números y sus opuestos.

a) 3	c) −6	e) 1
b) −2	d) 4	f) 0

65. ¿Cuál es el número que es igual a su opuesto?

66. Copia y completa en tu cuaderno las siguientes expresiones usando los signos < y >.

a) 2 ● 8	c) 2 ● −8	e) 14 ● −25
b) −2 ● 8	d) −2 ● −8	f) −12 ● 0

67. Ordena estos enteros de menor a mayor.

$$-3, 5, 6, -2, 2, 0, 3, -4, 1$$

68. Escribe tres números enteros comprendidos entre −5 y su opuesto.

69. Representa los siguientes pares de números y halla la distancia entre ellos.

a) 8 y 5	d) 0 y 7
b) −5 y 0	e) −3 y −10
c) −4 y 7	f) −8 y −5

ACTIVIDAD **RESUELTA**

70. Escribe tres números enteros negativos cuyo valor absoluto sea mayor que 3.

Se eligen tres números naturales mayores que 3, como, por ejemplo, 4, 5 y 6.

Los números negativos que tienen esos valores absolutos son −4, −5 y −6, respectivamente.

71. Escribe todos los números enteros que cumplen cada una de estas condiciones.

a) $-3 < a < 0$	d) $-5 < a < -1$
b) $0 < a < 4$	e) $-11 < a < -4$
c) $-3 < a < 4$	f) $-5 < a < 0$

72. Halla los números enteros a que cumplen que $|a| < 6$.

a) Da tres ejemplos de números enteros que cumplen que $|a| > 6$.

b) ¿Cuántos números enteros a cumplen que $|a| < 0$?

Actividades

Operaciones con números enteros

73. Realiza las siguientes sumas.

a) $(+8)+(+22)$
b) $(-16)+(-5)$
c) $(+11)+(+11)$
d) $(-16)+(-23)$
e) $(+15)+(-15)$
f) $(-12)+(+12)$
g) $(-9)+(+14)$
h) $(-8)+(+4)$

74. Resuelve las siguientes restas, escribiéndolas previamente como sumas de números enteros.

a) $(+8)-(+22)$
b) $(-16)-(-5)$
c) $(+11)-(+11)$
d) $(-16)-(-23)$
e) $(+15)-(-15)$
f) $(-12)-(+12)$
g) $(-9)-(+14)$
h) $(-8)-(+4)$

75. Realiza las operaciones, eliminando previamente los paréntesis.

a) $(-12)+(-5)-(-7)+(-10)$
b) $(+5)-(-8)-(+16)+(-3)$
c) $(-25)+(-49)-(-88)+(-36)$
d) $(-3)-(-7)+(-9)-(-8)-(+25)-(-34)$

ACTIVIDAD **RESUELTA**

76. Resuelve la operación gráficamente.

$$(-5)-(+4)-(-3)$$

En primer lugar, se escriben las restas en forma de sumas: $(-5)-(+4)-(-3)=(-5)+(-4)+(+3)$

A continuación representamos -5 y a partir de él nos desplazamos 4 unidades a la izquierda y después 3 a la derecha.

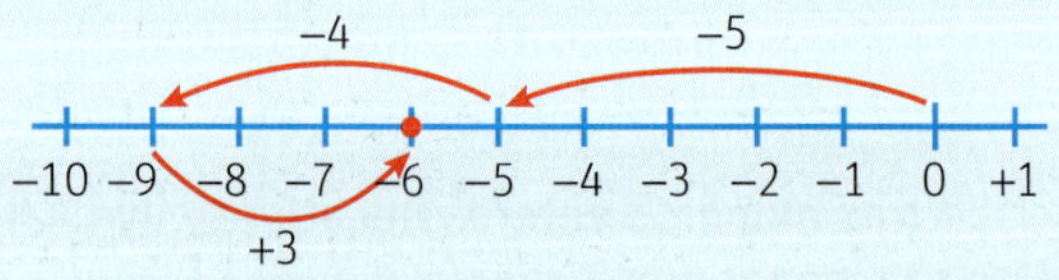

El resultado de la operación es -6.

77. Realiza las operaciones gráficamente.

a) $(+8)+(-3)-(-2)$
b) $(-3)-(-9)+(-4)$
c) $(-2)-(-5)-(+3)$
d) $(-3)-(-7)+(-6)-(-5)$

78. Opera eliminando los paréntesis y corchetes.

a) $[(-8)+(-5)]-[(-3)-(+5)]$
b) $(+7)-[(-12)+(-24)-(-16)]$
c) $(-26)-[(-45)+(+82)]+[(-6)-(-54)]$
d) $[(+54)-[(-12)-(+6)]-(-9)]-(+63)$
e) $[(-16)-[(+6)-(-4)+(-9)]+12]$

79. Resuelve las operaciones del ejercicio anterior, efectuando primero las operaciones de los corchetes.

80. Calcula el resultado de estas operaciones.

a) $20\cdot(+5)$
b) $(-45)\cdot 32$
c) $28\cdot(-15)$
d) $(-40)\cdot(-122)$
e) $5\cdot(-4)\cdot(-9)\cdot(-1)$
f) $6\cdot(-1)\cdot(-2)\cdot 50\cdot(-1)$
g) $(-1)\cdot(-1)\cdot(-1)\cdot(-1)\cdot(-1)\cdot(-1)\cdot(-1)\cdot(-1)$

81. Realiza las siguientes operaciones.

a) $(-24):3$
b) $(-100):(-10)$
c) $48:(-4)$
d) $(-154):7$
e) $22:2$
f) $45:(-9)$
g) $(-1200):(-16)$
h) $(-347):347$

82. Completa y corrige en tu cuaderno los deberes que está haciendo Luis.

83. Copia en tu cuaderno y completa las siguientes multiplicaciones.

a) $(-10)\cdot 5=\bullet$
b) $10\cdot\bullet=-70$
c) $(-7)\cdot\bullet=56$
d) $2\cdot\bullet=16$
e) $(-20)\cdot\bullet=0$
f) $(-17)\cdot(-23)=\bullet$
g) $(-11)\cdot\bullet=121$
h) $13\cdot\bullet=-1300$

84. Copia en tu cuaderno y completa.

a) $(-10):5=\bullet$
b) $60:\bullet=-5$
c) $(-56):\bullet=7$
d) $28:\bullet=-1$
e) $\bullet:(-6)=0$
f) $(-100):\bullet=-4$
g) $(-132):\bullet=12$
h) $130:\bullet=-130$

85. Escribe en tu cuaderno el número 8 como producto de tres factores enteros de cuatro formas distintas.

a) ¿Pueden ser todos los factores negativos?

b) ¿Cuántos factores positivos hay en cada una de esas descomposiciones? ¿Es siempre un número par o impar? ¿Por qué?

Propiedad distributiva. Factor común

86. Realiza las siguientes operaciones de dos formas distintas.

a) $(-3) \cdot [(-5) - (-4)]$

b) $10 \cdot [3 - (-4)]$

c) $10 \cdot [3 - (-4) + (-2)]$

d) $(-5) \cdot [(-4) - 9 + 13]$

87. Extrae factor común y calcula el resultado.

a) $60 \cdot (-3) - (-7) \cdot (-3)$

b) $4 \cdot (-8) - 4 \cdot 9$

c) $(-25) \cdot (-16) - (-15) \cdot (-16)$

d) $(-1) \cdot 7 - (-1) \cdot (-5)$

88. Copia en tu cuaderno y completa.

a) $10 \cdot [\bullet - 5] = 10 \cdot (-20) = \bullet$

b) $6 \cdot [30 - \bullet] = \bullet + 54 = \bullet$

c) $\bullet \cdot [-15 + \bullet] = 30 - 2 = \bullet$

d) $[\bullet + \bullet] \cdot (-9) = 27 + (-63) = \bullet$

ACTIVIDAD **RESUELTA**

89. Extrae todos los factores comunes y calcula:

$$(-6) \cdot 15 + 24 \cdot (-10)$$

Los números 6 y 24 son múltiplos de 6.

Los números 15 y 10 son múltiplos de 5.

En los dos sumandos se repiten los factores 6 y 5. Por tanto, el factor común es $6 \cdot 5 = 30$.

$(-6) \cdot 15 + 24 \cdot (-10) =$
$= (-6) \cdot 5 \cdot 3 + 6 \cdot 4 \cdot 5 \cdot (-2) =$
$= 30 \cdot [(-1) \cdot 3 + 4 \cdot (-2)] =$
$= 30 \cdot [-3 - 8] = 30 \cdot (-11) = -330$

90. Extrae factor común y calcula cada una de las siguientes operaciones.

a) $(-1) \cdot (-32) + (-16) \cdot 5$

b) $14 \cdot 4 - 7 \cdot 16$

c) $36 \cdot 5 - 18 \cdot 7 + 45$

d) $15 \cdot (-6) - (-25) \cdot (-13)$

e) $22 \cdot (-5) + (-121) \cdot 2 - 99$

91. Extrae todos los factores comunes y halla el resultado. Compara tus resultados con un compañero.

a) $+20 \cdot (-21) - (-16) \cdot (-49)$

b) $-100 \cdot 11 + (-75) \cdot 33$

c) $15 \cdot 6 - 10 \cdot 9$

d) $200 \cdot 7 - 300 \cdot (-14) + (-400) \cdot (-21)$

Operaciones combinadas con números enteros

ACTIVIDAD **RESUELTA**

92. Realiza las operaciones combinadas.

a) $20 - 18 \cdot [18 + (-4) \cdot 4]$

b) $4 - 3 \cdot 2 - [16 - (-3) \cdot (-8)]$

a) $20 - 18 \cdot [18 + (-4) \cdot 4] = 20 - 18 \cdot [18 - 16] =$
$= 20 - 18 \cdot 2 = 20 - 36 = -16$

b) $4 - 3 \cdot 2 - [16 - (-3) \cdot (-8)] = 4 - 6 - [16 - 24] =$
$= -2 - (-8) = -2 + 8 = 6$

93. Realiza las siguientes operaciones.

a) $(-3) \cdot 7 - 3 \cdot (-2)$

b) $8 + 2 \cdot [-(-5) - 3 \cdot (-2)]$

c) $(7 - (-2)) \cdot [6 + (-2) \cdot (-8 + 7)]$

d) $15 : (-3) \cdot [6 - (-2) \cdot (-1)]$

94. Corrige en tu cuaderno las igualdades falsas.

a) $-5 + 5 \cdot 6 = (-5 + 5) \cdot 6$

b) $15 - [(-6) + 9] = 15 + 6 + 9$

c) $-18 : (-3) \cdot 2 = [(-18) : (-3)] \cdot 2$

d) $-[(-5) + (-3)] + (-4) = 5 + 3 + 4$

ACTIVIDAD **RESUELTA**

95. Coloca los paréntesis necesarios para que la igualdad sea cierta.

$$12 - 5 + 7 \cdot (-3) = -42$$

Si no se colocan paréntesis, se obtiene:

$$12 - 5 + 7 \cdot (-3) = 7 - 21 = -14$$

Dado que la multiplicación tiene prioridad, el paréntesis debe agrupar algunos sumandos, de forma que (-3) multiplique a un número mayor y el producto sea -42.

La solución es $(12 - 5 + 7) \cdot (-3) = -42$

96. Coloca los paréntesis necesarios para que las igualdades sean ciertas.

a) $-3 + 4 \cdot 5 = 5$

b) $-3 + 4 \cdot 5 = -35$

c) $5 - 2 \cdot 6 - 4 : 2 = -5$

d) $5 - 2 \cdot 6 - 4 : 2 = 16$

e) $5 - 2 \cdot 6 - 4 : 2 = 3$

f) $4 \cdot 5 - 2 \cdot 4 = -12$

97. En las siguientes expresiones sobran algunos paréntesis. Cópialas en tu cuaderno e indica los paréntesis que no son necesarios.

a) $((-5) - (-6)) + (4 \cdot 2)$

b) $(-3) + [(-4) \cdot (2 \cdot 5)] - (5 - 1)$

c) $(+3) + (5 - (-7)) - (-6) : [3 \cdot 2]$

d) $(+3) - (5 + (6 - 7)) - [(-6) : 3] \cdot 2$

Actividades de síntesis

98. El opuesto de la suma es igual a la suma de los opuestos de los sumandos. Pon ejemplos en los que se cumpla esta propiedad.

a) Con dos sumandos positivos

b) Con dos sumandos negativos

c) Con dos sumandos de distinto signo

d) Con varios sumandos de ambos signos

99. Encuentra en cada caso el número o los números que cumplen la condición especificada.

a) Está a 7 unidades de distancia del 4 y es negativo.

b) Está dos unidades a la derecha del −6.

c) Su valor absoluto es igual a su opuesto y es dos unidades menor que un número cuyo valor absoluto es 5.100.

100. Dos números tienen distinto signo, uno de ellos está a tres unidades del 0 y la distancia entre ellos es 10. ¿Qué números pueden ser?

101. Copia en tu cuaderno las siguientes expresiones y asocia cada una con el número al que se refiere.

El opuesto de este número es el mismo número.	5
La distancia de este número a su opuesto es de 8 unidades y la distancia de este número al 2 es de 6 unidades.	11
El valor absoluto del número menos su opuesto es 10.	−6
Al multiplicar el número por el valor absoluto de su opuesto el resultado es −36.	−4
Al sumar 10 al opuesto de este número se obtiene −1.	0

102. El producto de dos números enteros es −16 y el negativo tiene mayor valor absoluto que el positivo. ¿Cuáles pueden ser esos números? Halla todas las soluciones posibles.

103. Busca cuatro números distintos tales que al multiplicar el primero por la suma de los otros tres, el resultado sea el opuesto del primero. ¿Puede haber más de una posibilidad?

PROBLEMAS PARA RESOLVER

104. Un equipo tiene una diferencia de goles de +28 y otro tiene −13. ¿Qué significan estos números?

www.e-sm.net/sv1esomaLIGA

Clasificación | Últimas noticias | Blogs

		Puntos	Goles a favor	Goles en contra	Dif. de goles
1.	Las marmotas	47	43	15	+28
2.	Los manatíes	42	34	22	+12
3.	Los suricatos	38	35	20	+15
4.	Las mangostas	24	21	28	−7
5.	Los pangolines	23	18	31	−13

105. Un comerciante está revisando sus cuentas. Empezó el mes con 3000 €, pagó 1200 € de alquiler del local, y otros 200 € de luz. Después, tuvo que pagar a sus proveedores 1900 € y, más tarde, cobró una factura de 900 € y pagó 1200 € de impuestos. Al final, ingresó 8200 € por unas ventas.

a) Halla cuánto tiene al acabar ese periodo.

b) ¿Ha estado alguna vez en números rojos?

PROBLEMA **RESUELTO**

106. En un concurso televisivo, cada concursante comienza con 100 €.

Jorge ha contestado bien 40 preguntas, ha fallado 8 y ha pasado en otras dos. ¿Cuánto dinero ha obtenido? Calcúlalo usando operaciones combinadas con enteros.

El dinero obtenido es el resultado de las siguientes operaciones:

$100 + 40 \cdot 25 + 8 \cdot (-15) + 2 \cdot (-10) =$
$= 100 + 1000 - 120 - 20 = 960$

Al finalizar el programa, Jorge tiene 960 €.

107. Lola se ha preparado un café, pero está demasiado caliente. El café se enfría 3 °C cada minuto. Si inicialmente el café estaba a 85 °C, y a Lola le gusta a menos de 60 °C, ¿cuánto tendrá que esperar?

108. **Manuel tiene ahorrados 2500 €. Cada mes tiene que pagar 300 € de varios recibos.**

a) ¿Cuántos recibos puede pagar sin tener un saldo negativo?

b) ¿Cuál será su saldo dentro de un año?

c) Si cada mes mete en esa cuenta 100 €, ¿cómo será su saldo dentro de un año, positivo o negativo?

109. **Para indicar la temperatura utilizamos los grados Celsius (°C), pero podemos usar otra unidad: el grado Kelvin (K). Una diferencia de temperatura de 1 K equivale a una de 1 °C. Solo se distinguen porque la temperatura 0 K equivale a –273 °C, aproximadamente.**

a) ¿A qué temperatura en grados Kelvin equivalen 35 °C? ¿Y 100 °C?

b) ¿A qué temperatura en grados Celsius equivalen 100 K? ¿Y 200 K?

c) Un hielo después de descongelarse, se calienta a un ritmo de 2 °C por minuto, hasta alcanzar la temperatura ambiente. Si su temperatura inicial era 0 °C, ¿cuánto tardará en alcanzar los 293 K que hay de temperatura ambiente?

110. **Emprende**

Un examen tipo test tiene 10 preguntas. Cada respuesta correcta suma 3 puntos, cada respuesta errónea resta 2 puntos y cada pregunta sin contestar resta 1 punto.

a) Analiza la nota mínima y la nota máxima que se puede obtener en el examen.

b) ¿Es posible obtener 0 puntos?

c) Elabora una estrategia para obtener más de 15 puntos y aprobar el examen.

111. **Durante una exhibición aérea, una avioneta ha volado a diferentes alturas. La gráfica muestra su recorrido.**

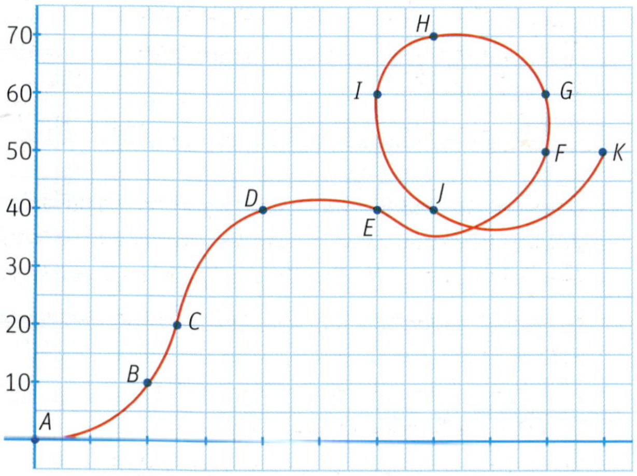

a) Describe su recorrido, desde cada punto al siguiente, usando números enteros.

b) Calcula la diferencia de altitud del punto *E* al punto *K* usando sumas de números enteros, y comprueba el resultado en el gráfico.

ACTIVIDADES **PARA PENSAR MÁS**

112. **¿Qué signos hay que cambiar para que el resultado de la operación 17 + 31 + 14 + 23 + 50 sea lo más cercano al 0?**

A. 1.°, 2.° y 4.° **C.** 1.°, 3.° y 4.°

B. 2.°, 3.° y 4.° **D.** 1.°, 2.° y 3.°

113. **Si p es un entero positivo y q es un entero negativo, ¿cuál de los siguientes números es el mayor?**

A. $p - q$ **C.** $p + q$

B. $q - p$ **D.** $-p - q$

114. **Calcula el resultado de la siguiente operación con números enteros:**

$$1 - 2 + 3 - 4 + \ldots - 2008 + 2009 - 2010$$

A. 1005 **C.** 1010

B. –1005 **D.** –1010

115. **Los números x, y, z son enteros tales que:**

- $x \cdot z$ e $y \cdot z$ son del mismo signo.
- x y $x \cdot y \cdot z$ son de signo distinto.
- x e $y \cdot z$ son de signo distinto.

Entonces, los signos de x, y, z son, respectivamente:

A. + – + **C.** + + –

B. + + + **D.** + – –

Encuentra el error

116. **Tres amigos realizan esta operación:**

$$5 + (-4) \cdot [7 - (-3) \cdot (-2)]$$

Nacho

$5 + (-4) \cdot [7 - (-3) \cdot (-2)] =$
$= 5 + (-4) \cdot [7 - 6] =$
$= 5 + (-4) \cdot 7 + 4) \cdot (-6) =$
$= 5 - 28 + 24 = 1$

Andrea

$5 + (-4) \cdot [7 - (-3) \cdot (-2)] =$
$= 5 + (-4) \cdot [7 - 6] =$
$= 5 + (-4) \cdot 1 = 5 - 4 = 1$

Roberto

$5 + (-4) \cdot [7 - (-3) \cdot (-2)] =$
$= 1 \cdot [7 - (-3) \cdot (-2)] =$
$= 7 - (-3) \cdot (-2) = 7 - 6 = 1$

Los tres obtienen el mismo resultado, que coincide con el que aparece en el solucionario, así que están seguros de haber resuelto bien el ejercicio. ¿Alguno de los amigos ha cometido algún error?

Ponte a prueba

ACTIVIDAD RESUELTA — Husos horarios

Raúl, Félix y Akinori son tres amigos que viven en distintas partes del mundo. Raúl vive en Bilbao, Félix, en México D.F., y Akinori, en Tokio.

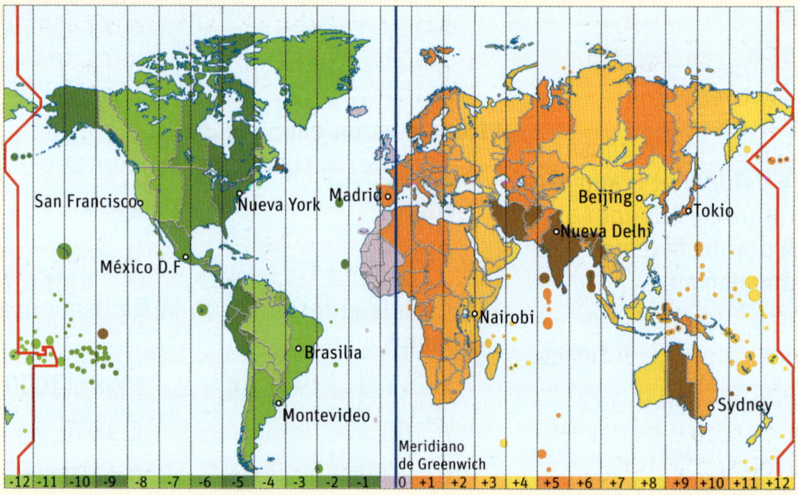

- Zonas con hora de Greenwich
- Zonas en las que se restan horas con respecto a Greenwich
- Zonas en las que se suman horas con respecto a Greenwich
- Zonas en las que se suma o resta $\frac{1}{2}$ hora a la de su huso horario
- Límite de zona horaria
- Línea internacional de cambio de fecha

1. Observa el mapa y averigua qué hora es en Tokio y México D.F. cuando en Bilbao son las 15.00 del 28 de agosto.

2. ¿A qué hora podrían chatear los tres amigos si suponemos que todos duermen de 00.00 a 7.00 hora local?

SOLUCIÓN

1. La hora de Tokio se obtiene sumando 9 horas a la de nuestro huso horario, y la de México, restando 7 horas. Pero en nuestro horario de verano en España llevamos dos horas de adelanto (en invierno, solo una), por tanto:

Tokio: $15 - 2 + 9 = 22$ México: $15 - 2 - 7 = 6$

En Tokio son las 22.00, y en México, las 6.00.

2. Entre las 15.00 y las 17.00 horas en Bilbao. Entre 22.00 y 00.00 en Tokio. Entre 7.00 y 9.00 en México D.F.

El examen

El profesor de Virginia ha puesto un examen. A cada pregunta le asigna una puntuación positiva, si se responde bien, o negativa, en caso de fallo. En la tabla aparecen las puntuaciones.

Pregunta	1	2	3	4	5	6	7	8	9	10
Acierto	+12	+15	+8	+6	+9	+10	+10	+15	+8	+7
Fallo	−4	−5	−2	−2	−3	−3	−3	−5	−2	−2

1. Calcula la puntuación máxima y la puntuación mínima que se pueden obtener en este examen.

2. Para aprobar, el profesor pide que la nota final sea como mínimo de 50 puntos. Virginia contestó bien a 7 preguntas, pero falló en las 3 que más puntuaban. ¿Consiguió aprobar?

3. Su compañera Victoria falló en las 4 preguntas que menos puntuaban. ¿Consiguió aprobar?

Beneficios y pérdidas

Ricardo tiene una tienda de venta por internet. Sus beneficios han variado en los últimos tres años.

- Creó su empresa con 50 000 €, pero empezó perdiendo 3000 € cada mes durante el primer semestre.
- En el segundo semestre, la empresa empezó a dar beneficios, y cerró el año con una ganancia total de 10 000 €.
- Durante el siguiente año, sus beneficios fueron de 45 000 € al trimestre.
- En este último año han descendido sus beneficios. Durante el primer cuatrimestre perdió 8000 € al mes, pero después se recuperó, y ganó 2000 € al mes durante el resto del año.

1. Calcula los beneficios o pérdidas que tiene la tienda cada año.
2. ¿Cuál ha sido el resultado total después de estos tres años? Hállalo con operaciones combinadas.

Prominencias

Los escaladores usan el término prominencia para comparar la altura de una montaña con las de su alrededor. Este término indica cuánto hay que descender desde la cima para ascender a la montaña más cercana que sea más alta. En el gráfico siguiente puedes ver representada la prominencia de tres montañas.

Por ejemplo, el monte Lhotse tiene 8516 m de altura, pero una prominencia de solo 610 m, ya que es vecino del Everest.

1. Bajando desde el monte Lhotse, ¿a qué altura comenzará la ascensión al Everest?
2. El K2 es la segunda montaña más alta del mundo, con 8611 m. Para ascender al Everest, hay que bajar hasta una altura de 3216 m. ¿Cuál es la prominencia del K2?
3. Busca la altura de las 5 montañas más altas del mundo después del Everest y halla su prominencia.

AUTOEVALUACIÓN

1. Expresa estas cantidades usando enteros.
   a) Debo 200 €.
   b) El barco está hundido a 200 m de la superficie.
   c) La temperatura era de 10 grados bajo cero.
2. Ordena de menor a mayor los siguientes números y represéntalos en la recta.
   $+4, -1, 0, +5, -3, -8, +7, -2$
3. Un número es cinco unidades menor que −2. Escribe su valor absoluto y su opuesto.
4. Resuelve estas operaciones.
   a) $(-3) - (+5) - (-4)$
   b) $6 - (-7) - [-3 + (-2) - (-5)]$
   c) $-[-6 - (-7)] - [(-9) - (-2) - 5]$
5. Resuelve estas operaciones.
   a) $(-4) \cdot (+3) \cdot (-5)$
   b) $-60 : (+12) : (-5)$
   c) $48 : (-2) \cdot (-3)$
   d) $40 \cdot 12 : (-6)$
6. Calcula estos productos de dos formas distintas.
   a) $12 \cdot [(-5) + (-4)]$
   b) $(-6) \cdot [25 - 19]$
   c) $(-7) \cdot [6 - 9 + 14]$
   d) $[-4 + 5 - (-20)] \cdot (-3)$
7. Saca factor común y realiza las operaciones.
   a) $4 \cdot (-45) - 4 \cdot (+43)$
   b) $(-3) \cdot 70 - 3 \cdot (-73)$
   c) $12 \cdot (-3) + 16 \cdot (-3) - 3 \cdot 21$
8. Realiza las siguientes operaciones combinadas.
   a) $12 : [-5 + 3 - (-4)]$
   b) $60 : (-3) \cdot [10 - 40 : 4 \cdot 2]$
   c) $(-2) \cdot (5 + 3 - 7) - (-4) \cdot [-6 + 9 : (-3)]$
9. Una piscina tiene una fuga por la que pierde 12 L por minuto y otra por la que pierde 9 L por minuto. El técnico cierra la primera fuga en 10 minutos, pero la segunda sigue perdiendo agua durante 15 minutos más. Si la piscina tenía 30 000 L, ¿cuánta agua le queda al terminar la reparación?

3 Potencias y raíz cuadrada

- ¿Cómo puedes escribir de forma abreviada 5 · 5 · 5?
- ¿Puedes realizar operaciones con estas "abreviaturas"?
- ¿Cuántas casillas tiene un tablero cuadrado si uno de sus lados tiene 8?
- Y, si tienes 20 casillas, ¿cuál es el mayor tablero cuadrado que puedes formar? ¿Cuántas casillas sobran?

Analiza y saca conclusiones

En cada fila del tablero de ajedrez hay 8 casillas. ¿Cuántos granos de trigo habrá en la primera fila del tablero de ajedrez?, ¿y en la segunda? Mucho más del doble, ¿verdad?

Si tuviésemos un minitablero de 4 x 4 casillas, es decir la cuarta parte del tablero de ajedrez, ¿cuántos granos habría en la última casilla?, ¿y en todo el tablero?

Lee y comprende

La hora del recreo

Cuando se multiplica cualquier número natural por sí mismo varias veces, sorprende la cantidad tan elevada que resulta de su suma.

Incluso cuando se multiplica el número más bajo posible, 2, por sí mismo, la suma asciende como un remolino hacia el cielo a un ritmo vertiginoso. Pon un grano de trigo en la casilla de la torre de un tablero de ajedrez. Pon dos granos en la casilla adyacente, y luego sigue llenando el resto del tablero duplicando los granos de trigo de cada casilla. ¿Cuántos granos necesitarías para la última casilla? ¿Varios camiones, quizá, o un contenedor?

En un tablero de ajedrez hay 64 escaques, lo que significa que hemos duplicado la cantidad 63 veces; esto equivale a multiplicar el número 2 por sí mismo 63 veces, es decir, 2^{63}. En granos, esta cantidad es unas cien veces mayor que la producción mundial anual de trigo en la actualidad. O, para expresarlo de otro modo, si en el instante del Big Bang (acontecido hace unos 13 000 millones de años) hubieras empezado a contar un grano de trigo por segundo, ahora mismo ni siquiera habrías llegado a la décima parte de 2^{63}.

ALEX BELLOS
Alex en el país de los números.
Ed. Grijalbo. 2011

Piensa y decide

¿Conoces el juego de adivinar un número pensado por una persona en pocos pasos? Una persona piensa un número de tres cifras y tú vas diciendo un número y él sólo te dice si el número pensado es mayor o menor que el tuyo. Así hasta que aciertas.

¿Crees que puedes adivinar cualquier número de hasta tres cifras en menos de 10 jugadas?, ¿y en menos de 8?

Juega con un compañero, ¿cuántas jugadas has necesitado?

1 Potencias de base entera y exponente natural

MAT-TIC GeoGebra

4^2 se lee **"4 al cuadrado"**, porque es el área de un cuadrado de 4 unidades de lado.

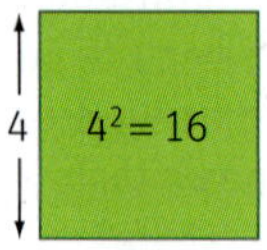

4^3 se lee **"4 al cubo"**, porque es el volumen de un cubo de 4 unidades de arista.

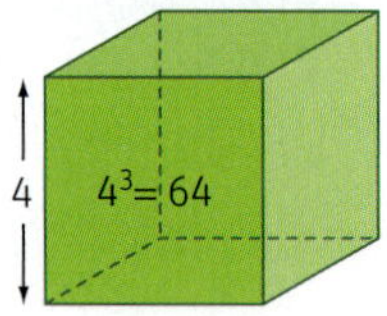

Entra en sm**Savia**digital.com y trabaja los cubos.

En una biblioteca hay seis salas y en cada una de ellas hay seis armarios. Cada armario tiene seis estanterías con seis baldas cada una, y en cada balda caben seis libros. Para contar el número total de libros, hay que calcular $6 \cdot 6 \cdot 6 \cdot 6 \cdot 6$.

Una **potencia** es una forma de escribir una multiplicación de un mismo factor repetido varias veces.

$\underbrace{a \cdot a \cdot a \cdot \ldots \cdot a}_{n \text{ veces}} = a^n$

- El **exponente** es el número de veces que se repite el factor.
- La **base** es el factor que se repite.

- Cuando la base es un número entero positivo, el resultado es positivo.

$$2^5 = 2 \cdot 2 \cdot 2 \cdot 2 \cdot 2 = 32$$

- Cuando la base es un entero negativo, el signo del resultado dependerá de si el exponente es par o impar.
  - Al calcular una potencia de **base negativa** y **exponente impar**, el resultado es **negativo**.

$$(-3)^3 = (-3) \cdot (-3) \cdot (-3) = -27$$

  - Al calcular una potencia de **base negativa** y **exponente par**, el resultado es **positivo**.

$$(-3)^4 = (-3) \cdot (-3) \cdot (-3) \cdot (-3) = 81$$

ACTIVIDADES

1. Expresa en forma de potencia estas multiplicaciones.

a) $6 \cdot 6 \cdot 6 \cdot 6 \cdot 6 \cdot 6$
b) $37 \cdot 37 \cdot 37$
c) $(-5) \cdot (-5) \cdot (-5)$
d) $a \cdot a$
e) $(-b) \cdot (-b) \cdot (-b) \cdot (-b)$
f) $c \cdot c \cdot c \cdot c \cdot c$

2. Indica la base y el exponente de estas potencias.

a) 2^5
b) $(-2)^3$
c) 4^7
d) 5^1
e) a^3
f) $(-m)^n$

3. Calcula el valor de las siguientes potencias.

a) 2^3
b) 5^2
c) 10^6
d) $(-2)^3$
e) $(-5)^4$
f) $(-1)^{30}$

4. Copia y completa.

a) $2^{\bullet} = 16$
b) $2^5 = \bullet$
c) $10^{\bullet} = 100\,000$
d) $(-3)^{\bullet} = 81$
e) $(-4)^{\bullet} = 16$
f) $(-2)^{\bullet} = 64$
g) $-2^{\bullet} = -32$
h) $5^{\bullet} = 125$

5. Copia en tu cuaderno y completa la tabla.

Potencia	Base	Exponente	Resultado
3^4	●●●	●●●	●●●
●●●	-2	9	●●●
●●●	●●●	3	125
●●●	$-a$	5	●●

6. Sin realizar la operación, indica el signo del resultado.

a) $(-2)^5$
b) $(-5)^2$
c) 6^8
d) $(-9)^{37}$
e) x^{100}
f) y^{1001}

ACTIVIDAD **RESUELTA**

7. Escribe los números 16 y 4 en forma de potencia de dos formas distintas.

$16 = 4^2$, pero también $16 = (-4)^2$

$4 = 2^2$, pero también $4 = (-2)^2$

8. Escribe en forma de potencia de todas las formas que puedas los siguientes números.

a) 81
b) 64
c) 10 000
d) -27
e) 1
f) 625

9. Un peligroso virus informático se propaga a través de internet. Se calcula que cada minuto el número de ordenadores infectados se multiplica por 3.

a) Inicialmente hay un solo ordenador infectado. ¿Cuántos habrá después de 2 minutos? ¿Y de 3 minutos? ¿Y de 5?

b) Escribe la potencia que utilizarías para calcular el número de ordenadores infectados después de 9 minutos.

Copia y completa la tabla en tu cuaderno para ayudarte.

Tiempo (min)	0	1	2	3	5
Número de virus	1	3	●	●	●

2 Potencia de una multiplicación y de una división

La **potencia de la multiplicación** de dos números enteros *a* y *b* es igual al producto de las potencias de sus factores.

$$(a \cdot b)^n = a^n \cdot b^n$$

Ejemplo ▸ Calcula $(2 \cdot 3)^4$ de dos maneras distintas.

- Resolvemos el paréntesis primero: $(2 \cdot 3)^4 = 6^4 = 6 \cdot 6 \cdot 6 \cdot 6 = \mathbf{1296}$
- Utilizamos la definición de potencia y las propiedades de la multiplicación:

$$(2 \cdot 3)^4 = (2 \cdot 3) \cdot (2 \cdot 3) \cdot (2 \cdot 3) \cdot (2 \cdot 3) =$$
$$= 2 \cdot 3 \cdot 2 \cdot 3 \cdot 2 \cdot 3 \cdot 2 \cdot 3 =$$
$$= (2 \cdot 2 \cdot 2 \cdot 2) \cdot (3 \cdot 3 \cdot 3 \cdot 3) =$$
$$= 2^4 \cdot 3^4 = 16 \cdot 81 = \mathbf{1296}$$

De las dos formas se obtiene el mismo resultado.

Ten en cuenta

La **potencia de una suma** no es igual a la **suma de las potencias** de cada uno de los sumandos.

$$(3 + 4)^2 = 7^2 = \mathbf{49}$$
$$3^2 + 4^2 = 9 + 16 = \mathbf{25}$$

Lo mismo ocurre con la resta.

$$(5 - 4)^2 = 1^2 = \mathbf{1}$$
$$5^2 - 4^2 = 25 - 16 = \mathbf{9}$$

La **potencia de la división** de dos números enteros *a* y *b* es igual al cociente de la potencia del dividendo entre la potencia del divisor.

$$(a : b)^n = a^n : b^n$$

Ejemplo ▸ Calcula $(15 : 3)^2$ de dos maneras distintas.

- $(15 : 3)^2 = 5^2 = \mathbf{25}$
- $(15 : 3)^2 = 15^2 : 3^2 = 225 : 9 = \mathbf{25}$

También podemos utilizar estas propiedades para **agrupar productos y cocientes** de potencias que tengan el mismo exponente, y **reducirlos a una única potencia.**

Ejemplos

▸ $4^5 \cdot 5^5 : 2^5 = (4 \cdot 5 : 2)^5 = 10^5 = 100\,000$

▸ $(-6)^3 : 2^3 \cdot 3^3 = ((-6) : 2 \cdot 3)^3 = (-9)^3 = -729$

smSaviadigital.com

PRACTICA ¿Juegas al dominó de potencias?

ACTIVIDADES

10. Calcula $(2 \cdot 5)^6$ y $(40 : 4)^3$ de dos formas distintas.

11. Realiza estas operaciones.

a) $(5 \cdot 2 \cdot 4)^4$
b) $[2 \cdot (-3) \cdot 5]^3$
c) $[(-16) : 8]^3$
d) $[6 : (-3)]^5$

12. Copia y completa estas igualdades.

a) $(2 \cdot 5)^3 = \bullet^3 \cdot 5^\bullet = 8 \cdot \bullet = \bullet$
b) $[(-3) \cdot 10]^\bullet = \bullet \cdot 10^3 = -27 \cdot \bullet = \bullet$
c) $[(-12) : (-2)]^3 = (-12)^\bullet : \bullet = \bullet : \bullet = \bullet$

13. Reduce a una sola potencia y calcula.

a) $7^3 \cdot 5^3 \cdot 4^3$
b) $15^3 \cdot 6^3 : (-9)^3$
c) $[10^4 : 2^4] : [20^4 : (-4)^4]$
d) $[(-24) : 6]^5 \cdot 3^5$

ACTIVIDAD **RESUELTA**

14. Reduce el producto $25 \cdot 36 \cdot 100$ a una sola potencia.

Se factoriza cada término de la multiplicación.

$$25 = 5^2 \qquad 36 = 6^2 \qquad 100 = 10^2$$

Se sustituyen los factores en el producto y se reduce a una sola potencia.

$$25 \cdot 36 \cdot 100 = 5^2 \cdot 6^2 \cdot 10^2 = (5 \cdot 6 \cdot 10)^2 = 300^2$$

15. Expresa los números como producto de factores y reduce a una única potencia.

a) $8 \cdot 27 \cdot 125$
b) $32 \cdot 7^5$
c) $49 \cdot 9 \cdot 25$
d) $625 \cdot 16 \cdot 7^4$
e) $(-5)^2 \cdot 36 \cdot 100$
f) $(-6)^3 \cdot (-27) \cdot 1000$

3 Operaciones con potencias

El **producto de potencias de la misma base** es igual a otra potencia de la misma base, cuyo exponente es la suma de los exponentes de los factores.

$$a^m \cdot a^n = a^{m+n}$$

Ejemplos

- $2^5 \cdot 2^3 = \underbrace{2 \cdot 2 \cdot 2 \cdot 2 \cdot 2}_{5 \text{ factores}} \cdot \underbrace{2 \cdot 2 \cdot 2}_{3 \text{ factores}} = 2^8 = 2^{5+3}$
- $(-7)^2 \cdot (-7)^3 = (-7) \cdot (-7) \cdot (-7) \cdot (-7) \cdot (-7) = (-7)^5 = (-7)^{2+3}$

Ten en cuenta

La **suma de dos potencias de la misma base** no es igual a la **potencia de la suma** de los exponentes.

$2^7 + 2^3 = 128 + 8 = 136$

$2^{10} = 1024$

En estos casos, hay que calcular las potencias y después sumar los resultados.

El **cociente de potencias de la misma base** es igual a otra potencia de la misma base, cuyo exponente es la diferencia entre los exponentes del dividendo y del divisor.

$$(a^m : a^n) = \frac{a^m}{a^n} = a^{m-n}$$

Ejemplos

- $2^7 : 2^3 = \frac{2^7}{2^3} = \frac{2 \cdot 2 \cdot 2 \cdot 2 \cdot 2 \cdot 2 \cdot 2}{2 \cdot 2 \cdot 2} = \frac{\cancel{2} \cdot \cancel{2} \cdot \cancel{2} \cdot 2 \cdot 2 \cdot 2 \cdot 2}{\cancel{2} \cdot \cancel{2} \cdot \cancel{2}} = 2 \cdot 2 \cdot 2 \cdot 2 = 2^4 = 2^{7-3}$
- $(-5)^5 : (-5)^2 = \frac{(-5)^5}{(-5)^2} = \frac{(-\cancel{5}) \cdot (-\cancel{5}) \cdot (-5) \cdot (-5) \cdot (-5)}{(-\cancel{5}) \cdot (-\cancel{5})} = (-5) \cdot (-5) \cdot (-5) = (-5)^3 = (-5)^{5-2}$

MAT-TIC GeoGebra

Entra en smSaviadigital.com y haz magia con potencias.

La **potencia de una potencia** es igual a otra potencia de la misma base, cuyo exponente es el producto de los exponentes.

$$(a^m)^n = a^{m \cdot n}$$

Ejemplos

- $(3^4)^2 = 3^4 \cdot 3^4 = 3^{4+4} = 3^8 = 3^{4 \cdot 2}$
- $((-3)^2)^3 = (-3)^2 \cdot (-3)^2 \cdot (-3)^2 = (-3)^{2+2+2} = (-3)^6 = (-3)^{2 \cdot 3}$

Potencias de exponente 1 y 0

Cualquier número se puede escribir en forma de **potencia de exponente 1**.

$$a^1 = a$$

Para comprobar esta propiedad expresamos el exponente 1 como una diferencia:

$$5^1 = 5^{3-2} = 5^3 : 5^2 = 125 : 25 = 5$$

Una **potencia de base distinta de 0 y exponente 0** es igual a 1.

$$a^0 = 1$$

Para comprobar esta propiedad expresamos el exponente 0 como una diferencia:

$$(-3)^0 = (-3)^{3-3} = (-3)^3 : (-3)^3 = (-27) : (-27) = 1$$

Ten en cuenta

Las potencias de **base 10** y **exponente natural** dan como resultado la unidad seguida de tantos ceros como indique el exponente.

- $10^2 = 100$
- $10^3 = 1000$
- $10^4 = 10\,000$
- ...

ACTIVIDADES

16. Escribe los siguientes productos de potencias como una única potencia.

a) $2^5 \cdot 2^3 \cdot 2^4$
c) $(-5)^3 \cdot (-5) \cdot (-5)^2$
b) $3^4 \cdot 3^7 \cdot 3$
d) $3^2 \cdot 3^2 \cdot 3^2 \cdot 3^2$

17. Calcula de dos formas diferentes estos productos de potencias.

a) $2^2 \cdot 2^3 \cdot 2$
c) $10^3 \cdot 10^4 \cdot 10$
b) $(-5)^4 \cdot (-5)$
d) $(-1)^6 \cdot (-1)^9 \cdot (-1)^8$

18. Escribe como una única potencia los siguientes cocientes.

a) $2^{25} : 2^5$
c) $(-5)^4 : (-5)$
b) $3^{16} : 3^8$
d) $9^9 : 9^3$

19. Calcula estos cocientes de potencias de dos formas diferentes.

a) $2^8 : 2^2$
c) $10^6 : 10$
b) $(-5)^3 : (-5)^2$
d) $(-10)^5 : (-10)^3$

20. Escribe como una única potencia.

a) $(2^3)^4$
e) $(3^2)^5$
b) $((-5)^3)^7$
f) $((-2)^3)^7$
c) $((-1)^{10})^5$
g) $((3^4)^5)^2$
d) $((-2)^3)^0$
h) $(((-2)^3)^3)^3$

21. Corrige en tu cuaderno los resultados que sean incorrectos.

a) $(2^3)^2 = 2^5$
c) $((-2)^3)^4 = 2^{12}$
b) $(10^4)^2 = 10^8$
d) $((-1)^6)^4 = -1$

22. Expresa cada una de las siguientes potencias como potencia de potencias.

a) 16^5
c) 1000^4
e) 64^3
b) 27^3
d) 25^8
f) 8^5

23. Escribe como una única potencia y calcula.

a) $2^2 \cdot 4^3$
c) $((-5)^3)^2 : (-5)^4$
b) $(2^3)^2 \cdot 2^4$
d) $4^6 : 2^5$

24. Copia y completa las siguientes igualdades.

a) $3^{\bullet} = 81$
d) $3^6 : 3^{\bullet} = 3^6$
b) $2^{\bullet} \cdot 2^3 = 2^8$
e) $(3^{\bullet})^3 = 3^6$
c) $5^{\bullet} : 5^7 = 5$
f) $((2^3)^{\bullet})^5 = 2^{45}$

ACTIVIDAD **RESUELTA**

25. Reduce a una sola potencia $(3^2 + 4^2)^3 \cdot 5^4$.

En el paréntesis aparece una suma, pero no se puede desarrollar directamente. La expresión $(3^2 + 4^2)^3$ no es igual a $(3^2)^3 + (4^2)^3$.

Como $3^2 + 4^2 = 9 + 16 = 25 = 5^2$, entonces:

$$(3^2 + 4^2)^3 \cdot 5^4 = (5^2)^3 \cdot 5^4 = 5^6 \cdot 5^4 = 5^{10}$$

26. Reduce a una sola potencia.

a) $(3^2 - 5)^3 \cdot 2^7$
c) $(5^2 - 4^2)^6 \cdot 3^2$
b) $(2^3 + 2)^2 \cdot 10^4$
d) $(3^3 - 25)^5 \cdot 16^3$

27. Reduce a una sola potencia.

a) $a^5 \cdot a^3 \cdot a^7$
c) $(a^6 \cdot a^3) : a^8$
b) $a^9 \cdot a \cdot a^6$
d) $(a^{12} \cdot a^7)^3 : (a^4 \cdot a)^{11}$

ACTIVIDAD **RESUELTA**

28. Factoriza las bases de las potencias y escribe los resultados en forma de producto o de cociente usando las propiedades de las potencias.

a) $12^4 \cdot 9^5 \cdot 18^2$
b) $12^5 : 18^2$

a) Se descomponen las bases en factores primos.

$$12 = 2^2 \cdot 3 \qquad 9 = 3^2 \qquad 18 = 2 \cdot 3^2$$

$$12^4 \cdot 9^5 \cdot 18^2 = (2^2 \cdot 3)^4 \cdot (3^2)^5 \cdot (2 \cdot 3^2)^2 =$$
$$= 2^8 \cdot 3^4 \cdot 3^{10} \cdot 2^2 \cdot 3^4 = 2^{10} \cdot 3^{18}$$

b) $12^5 : 18^2 = (2^2 \cdot 3)^5 : (2 \cdot 3^2)^2 =$
$$= (2^{10} \cdot 3^5) : (2^2 \cdot 3^4) =$$
$$= (2^{10} : 2^2) \cdot (3^5 : 3^4) = 2^{10-2} \cdot 3^{5-4} = 2^8 \cdot 3$$

29. Factoriza y escribe el resultado como producto, agrupando las potencias con la misma base.

a) $6^2 \cdot 15^3$
d) $15^2 \cdot 10^3 \cdot 18^4$
b) $40^3 : 16^2$
e) $(12^3 \cdot 18)^5 : 9^6$
c) $100^3 \cdot 10^7 \cdot 1000^2$
f) $(32 : 16)^4 : (16 : 8)^3$

30. smSaviadigital.com

PRACTICA Realiza operaciones con potencias.

4 Raíces cuadradas

Raíz cuadrada exacta

El tablero de ajedrez es un cuadrado con 64 casillas. Está formado por el mismo número de filas que de columnas. Para calcular cuántas son se utiliza la raíz cuadrada.

Un número *a* es la **raíz cuadrada exacta** de otro número *b* si al elevar *a* al cuadrado se obtiene *b*.

$$\sqrt{b} = a \text{ si } a^2 = b$$

Ejemplo ▸ ¿Cuántas filas y columnas tiene un tablero de ajedrez?

La raíz cuadrada exacta de 64 es 8 porque $8^2 = 64$.

El número de filas y columnas es 8.

Un número es un **cuadrado perfecto** si su raíz cuadrada es exacta.

Ten en cuenta

Al elevar −4 al cuadrado también se obtiene 16, por lo que la raíz cuadrada de 16 tiene dos soluciones:

$$\sqrt{16} = 4 \text{ y } \sqrt{16} = -4$$

Ejemplos

- 9 es un cuadrado perfecto, ya que $\sqrt{9} = 3 \Rightarrow 3^2 = 9$.
- 16 es un cuadrado perfecto, ya que $\sqrt{16} = 4 \Rightarrow 4^2 = 16$.

Si un número es un cuadrado perfecto, se puede representar formando un cuadrado.

$\sqrt{9} = 3$ $\sqrt{16} = 4$

MAT-TIC GeoGebra

Si tienes el cuadrado, ¿puedes hallar la raíz? Inténtalo en smSaviadigital.com.

Raíz cuadrada entera

¿Qué ocurre cuando la raíz cuadrada no es exacta?

Ejemplo ▸ Calcula la raíz cuadrada de 18.

Al intentar colocar 18 fichas formando un cuadrado, obtenemos un cuadrado de 4 filas y 4 columnas pero sobran 2 fichas.

Como 18 no es un cuadrado perfecto, no tiene raíz cuadrada exacta.

$$18 = 4^2 + 2 \Rightarrow \sqrt{18} = 4, \text{ resto } 2$$

smSaviadigital.com

PRACTICA Resuelve raíces cuadradas exactas y enteras.

La **raíz cuadrada entera** de un número *b* es el mayor número entero cuyo cuadrado es menor que *b*.

$$\sqrt{b} = a \text{ si } a^2 < b$$

El **resto** de esa raíz es la diferencia entre el número y el cuadrado de su raíz cuadrada entera.

Cálculo de raíces cuadradas enteras por estimación

Para calcular la raíz entera de números grandes es más sencillo estimar entre que dos cuadrados perfectos se encuentra dicho número. Así podemos estimar el valor de la raíz cuadrada y obtener la raíz cuadrada entera y su resto.

Ejemplo ▸ Calcula la raíz cuadrada de 135.

$$11^2 < 135 < 12^2$$

$$\sqrt{11^2} < \sqrt{135} < \sqrt{12^2}$$

$$11 < \sqrt{135} < 12$$

La raíz cuadrada de 135 es un número entre 11 y 12.

$135 = 11^2 + 14$. La raíz cuadrada entera de 135 es 11 y el resto es 14.

Ten en cuenta

Al calcular la raíz cuadrada de un número elevado al cuadrado, el resultado es dicho número.

$$\sqrt{9} = 3$$

$$\sqrt{3^2} = 3$$

ACTIVIDADES

31. Escribe los cuadrados de los diez primeros números naturales.

32. Encuentra los números de la lista que son cuadrados perfectos y cópialos en tu cuaderno.

111, 121, 135, 144, 158, 169, 188, 196, 200

33. Los invitados al concierto son entre 30 y 45 personas. Si las sillas se han colocado formando un cuadrado, ¿cuántos invitados asistirán?

34. Copia y completa en tu cuaderno.

a) $\bullet < 157 < \bullet$

La raíz entera de 157 es ●.

El resto es $\bullet - \bullet = \bullet - \bullet = \bullet$.

b) $\bullet < 875 < \bullet$

La raíz entera de ● es ●.

El resto es $\bullet - \bullet = \bullet - \bullet = \bullet$.

c) $\bullet < 950 < \bullet$

La raíz entera de ● es ●.

El resto es $\bullet - \bullet = \bullet - \bullet = \bullet$.

d) $32^2 < \bullet < 33^2$

La raíz entera de ● es 32.

El resto es $\bullet - 32^2 = \bullet - 1024 = 26$.

35. Calcula las raíces cuadradas de los siguientes números. Indicar el resto si no son exactas.

a) 19	d) 56	g) 150
b) 25	e) 81	h) 625
c) 45	f) 131	i) 908

36. Fíjate en la actividad anterior y contesta: ¿cuántas cifras puede tener la raíz cuadrada de un número de dos cifras? ¿Y de tres cifras? ¿Y los de 4 cifras?

ACTIVIDAD **RESUELTA**

37. Calcula la raíz cuadrada entera de 3366.

Como el número tiene cuatro cifras, su raíz cuadrada no puede tener más de dos.

Para reducir la búsqueda, se utilizan números terminados en 0, ya que sus cuadrados son fáciles de calcular: 3366 está entre $50^2 = 2500$ y $60^2 = 3600$.

Como está más cerca de 3600, probamos con valores cerca de 60.

- $59^2 = 3481$ (se pasa).
- $58^2 = 3364$ (no llega).

Por tanto, la raíz entera de 3366 es 58, y el resto es: $3366 - 3364 = 2$.

38. Calcula la raíz cuadrada entera y el resto.

a) 1385	c) 2345	e) 6478
b) 2600	d) 4390	f) 16 214

39. Si la raíz cuadrada entera de un número es 15, ¿qué valores puede tener dicho número? ¿Cuánto puede valer, como máximo, el resto?

5 Jerarquía de las operaciones

Para realizar una operación combinada, primero se resuelven las operaciones incluidas dentro de los **paréntesis** y **corchetes** y, a continuación, el resto de operaciones según el siguiente orden:

1.º **Potencias** y **raíces**

2.º **Multiplicaciones** y **divisiones**, de izquierda a derecha

3.º **Sumas** y **restas**

Además, para resolver operaciones combinadas debemos tener en cuenta que:

- Los paréntesis y corchetes encadenados, se van calculando desde dentro hacia fuera.

Ejemplo

$$[2-(3^2+1)]^2=[2-(9+1)]^2=[2-10]^2=(-8)^2=64$$

- Para poder aplicar algunas propiedades de las potencias, deben tener la misma base.

Ejemplo Observa como podemos transformar potencias de base negativa en potencias de base positiva.

- $(-2)^2=(-2)\cdot(-2)=4=2^2$
- $(-2)^3=(-2)\cdot(-2)\cdot(-2)=-2^3$
- $-2^2=-(2^2)=-(2\cdot 2)=-4$
- $-2^3=-(2^3)=-(2\cdot 2\cdot 2)=-8$

- Si aparecen operaciones entre potencias se simplifican aplicando las propiedades de las potencias antes de calcular su valor.

Ejemplo

$$-5^3\cdot(-5)^2=-5^3\cdot 5^2=-5^{3+2}=-5^5$$

- Al resolver operaciones combinadas debemos tener en cuenta estas propiedades.

Ejemplos

$$-5^3\cdot(3-8)^2:\sqrt{25}+\sqrt{625}=$$
$$=-5^3\cdot(-5)^2:5+25=$$
$$=-5^3\cdot 5^2:5+25=$$
$$=-5^{3+2-1}+25=$$
$$=-5^4+25=$$
$$=-625+25=-600$$

$$\left(\sqrt{49}-5\cdot 2^3\right)^2:[(8-6)^5-23]=$$
$$=(7-5\cdot 8)^2:[2^5-23]=$$
$$=(7-40)^2:(32-23)=$$
$$=(-33)^2:9=$$
$$=1089:9=121$$

smSaviadigital.com

PRACTICA Trabaja la jerarquía de las operaciones.

ACTIVIDADES

ACTIVIDAD **RESUELTA**

40. Resuelve las siguientes operaciones.

a) $[(-2)^4]^5 : 2^6$ b) $(-2^2)^3 \cdot 2^3$

a) Como $(-2)^4$ es una potencia de base negativa la transformamos en potencia de base positiva.

$$[(-2)^4]^5 = (2^4)^5 = 2^{20}$$

Operamos con las potencias de base (−2):

$$[(-2)^4]^5 : 2^6 = 2^{20} : 2^6 = 2^{20-6} = 2^{14} = 16\ 384$$

b) Transformamos la potencia $(-2^2)^3$ en una potencia de base positiva.

$$(-2^2)^3 = -2^6$$

Operamos con las potencias de base 2:

$$(-2^2)^3 \cdot 2^3 = -2^6 \cdot 2^3 = -2^{6+3} = -2^9 = -512$$

41. Resuelve las siguientes operaciones, escribiendo las potencias con base positiva, si es necesario.

a) $(-3)^2 \cdot 3^2$ c) $\left[(-6)^2\right]^3 : (-6^2)$ e) $(-12^3)^5 \cdot (-12^0)$

b) $-5^2 \cdot 5^3$ d) $(-12^6)^5 : 12^{10}$ f) $\left[-(-2^4)\right]^5 : (2^5)^3$

42. Calcula las siguientes expresiones.

a) $6 \cdot (-1)^3 - 3^2 \cdot 2 : \sqrt{6^2}$ d) $5^2 \cdot (\sqrt{64} + 8 : 2)$

b) $(4-3)^2 - 5 \cdot (2^2 - 7)$ e) $(9^2 - 7^2) : \sqrt{64}$

c) $\left[(\sqrt{9} - \sqrt{25})^4\right]^5$ f) $(-\sqrt{49} + 3^4 : 3^2)^5$

43. Resuelve las siguientes operaciones.

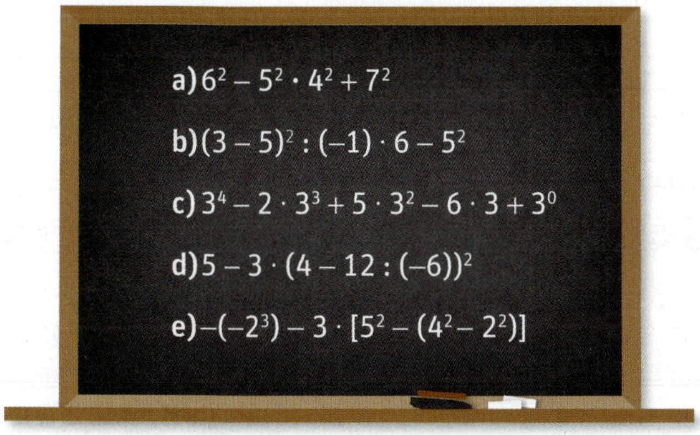

44. Copia en tu cuaderno y añade los paréntesis necesarios para que se cumplan las igualdades.

a) $5^2 - 2^4 \cdot 2^3 - 3^2 = -9$

b) $-2^2 - 2^4 + (-2)^3 = -12$

c) $7^2 - (2^6 - 5^2) + 8 = 18$

45. Realiza las siguientes operaciones.

a) $3^2 - \sqrt{(5-3)^4} \cdot (-2^2)$

b) $\sqrt{(-8)^2} : (-2)^2 \cdot (-1^6)$

c) $3 \cdot \sqrt{5^2} - 3^2 + 4^3 : (1^{23} + 3^0)^4$

d) $3^2 \cdot \sqrt{49} - \sqrt{36} \cdot (6^2 - 4^2)$

e) $\sqrt{10^2} - [2 \cdot (-2)^2]^2 - 2 \cdot 5^2$

f) $(6 - 2^2) - (-2)^3 \cdot [2^4 - 4^2 \cdot (5-3)^2]$

g) $5 - 2 \cdot 7 - (-1^4) \cdot [3^2 - (-2)^2 \cdot (-5) : (-2^2)]$

h) $[-2 \cdot (4-5)]^4 : (-4) - 2 \cdot \left[-(-1^3) \cdot (2 \cdot 3 - \sqrt{9})^2 - 4^2\right]$

ACTIVIDAD **RESUELTA**

46. Completa las operaciones, rellenando los huecos que faltan.

$$(-2^{\bullet} + 3 \cdot 2^2)^3 = \bullet^3 = 1000$$

El último hueco debe ser 10, ya que $1000 = 10^3$.

Para que el resultado del primer paréntesis sea 10, debe ocurrir que $-2^{\bullet} + 3 \cdot 2^2 = -2^{\bullet} + 12$ valga 10. Por tanto, $-2^{\bullet}$ es igual a −2, y el exponente que falta es un 1.

La solución es: $(-2^1 + 3 \cdot 2^2)^3 = 10^3 = 1000$.

47. En estas operaciones faltan algunos números. Cópialas en tu cuaderno y complétalas.

a) $\bullet^3 - (-1^3) = -8 + \bullet = \bullet$

b) $\sqrt{\bullet^2 - 17} = \sqrt{64} = \bullet$

c) $5 - \bullet^3 \cdot (3^2 - 2^2 \cdot 4)^2 = 5 - 8 \cdot \bullet = \bullet$

d) $10 - \bullet^3 : (-4) = 10 - \bullet = 8$

48. En estas operaciones faltan algunos números. Cópialas en tu cuaderno y complétalas.

a) $\bullet^3 - 2 \cdot 3 = 64 - \bullet = \bullet$

b) $\bullet^2 - (5 - \sqrt{\bullet})^3 = \bullet - (-1)^3 = 10$

c) $\bullet^4 - (-\bullet^2)^3 = 1 - (-2^{\bullet}) = \bullet$

d) $(-2^2)^{\bullet} + (\bullet^2)^3 = \bullet + 64 = 0$

49. smSaviadigital.com

PRACTICA Realiza operaciones con raíces y potencias.

Organiza tus ideas

POTENCIAS DE EXPONENTE NATURAL

- Una **potencia** es la forma de expresar un producto de factores iguales.

  La **base** es el factor que se repite y el **exponente** es el número de veces que se repite.

  $\underbrace{a \cdot a \cdot a \cdot \ldots \cdot a}_{n \text{ veces}} = a^n$ → Exponente (n), Base (a)

- Si la **base** de una potencia es **positiva**, el resultado es **positivo**: $8^2 = 64$
- Si la **base** de una potencia es **negativa**, el signo del resultado depende de si el exponente es par o impar.
  - Si el **exponente** es **par**, el resultado es **positivo**: $(-3)^4 = 81$
  - Si el **exponente** es **impar**, el resultado es **negativo**: $(-4)^3 = -64$

POTENCIA DE UNA MULTIPLICACIÓN Y DE UNA DIVISIÓN

Potencia de una multiplicación	Potencia de una división
$(a \cdot b)^2 = a^2 \cdot b^2$	$(a : b)^2 = a^2 : b^2$
$(3 \cdot (-4))^2 = 3^2 \cdot (-4)^2$	$(-8 : 2)^2 = (-8)^2 : 2^2$

OPERACIONES CON POTENCIAS

Multiplicación de potencias de la misma base	División de potencias de la misma base	Potencia de una potencia
$a^n \cdot a^m = a^{n+m}$	$a^n : a^m = a^{n-m}$	$(a^n)^m = a^{n \cdot m}$
$3^3 \cdot 3^8 = 3^{3+8} = 3^{11}$	$(-5)^9 : (-5)^3 = (-5)^{9-3} = (-5)^6$	$(4^5)^3 = 4^{5 \cdot 3} = 4^{15}$

RAÍCES CUADRADAS

- Un número es la **raíz cuadrada exacta** de otro si el segundo es el cuadrado del primero.

  $$\sqrt{b} = a \text{ si } a^2 = b$$

- Un número es un **cuadrado perfecto** si su raíz cuadrada es exacta.

  16 es un cuadrado perfecto, ya que $16 = 4^2$

- La **raíz cuadrada entera** de un número es el mayor entero cuyo cuadrado es menor que dicho número.

  $7^2 < 52 < 8^2 \Rightarrow$ La raíz cuadrada entera de 52 es 7.

- El **resto** de la raíz es la diferencia entre el número y el cuadrado de su raíz cuadrada entera.

  El resto es $52 - 7^2 = 52 - 49 = 3$

JERARQUÍA DE LAS OPERACIONES

Se resuelven primero las operaciones de **corchetes** y **paréntesis**, de dentro hacia afuera, y luego el resto, siguiendo este orden:

1.º Se calculan **potencias** y **raíces**.

2.º Se realizan las **multiplicaciones** y **divisiones**, de izquierda a derecha.

3.º Se operan las **sumas** y **restas**.

$[-3 \cdot (5-3)^2] - \sqrt{25} =$

$= [-3 \cdot 2^2] - \sqrt{25} =$

$= [-3 \cdot 4] - 5 =$

$= -12 - 5 =$

$= -17$

Actividades

EJERCICIOS **PARA PRACTICAR**

Potencias de exponente natural

50. Escribe en forma de potencia los siguientes productos.

a) $3 \cdot 3 \cdot 3 \cdot 3 \cdot 3$

b) $(-5) \cdot (-5) \cdot (-5) \cdot (-5) \cdot (-5) \cdot (-5) \cdot (-5)$

c) $10 \cdot 10 \cdot 10 \cdot 10$

d) $(-3) \cdot (-3)$

e) $100 \cdot 100 \cdot 100 \cdot 100 \cdot 100 \cdot 100$

51. Desarrolla en forma de producto y calcula las siguientes potencias.

a) 2^6 | d) $(-1)^{10}$
b) $(-3)^5$ | e) $(-1)^9$
c) 10^7 | f) 6^3

52. Indica la base, el exponente y el valor de cada una de las siguientes potencias.

a) 2^4 | d) $(-1)^{21}$
b) $(-3)^3$ | e) $(-10)^4$
c) 5^2 | f) 6^1

53. Completa la tabla en tu cuaderno.

Potencia	Base	Exponente	Resultado
$(-1)^5$	●●●	●●●	●●●
●●●	3	4	●●●
●●●	−2	●●●	16
●●●	●●●	3	−1000
●●●	−5	2	●●●
●●●	100	●●●	1

54. Calcula la base de cada potencia en tu cuaderno.

a) $\bullet^2 = 49$ | d) $\bullet^3 = 8000$
b) $\bullet^3 = -125$ | e) $\bullet^5 = 1024$
c) $\bullet^4 = 10\,000$ | f) $\bullet^0 = 1$

55. Halla los exponentes de estas potencias y completa en tu cuaderno.

a) $8^\bullet = 64$ | d) $5^\bullet = 25$
b) $3^\bullet = 9$ | e) $4^\bullet = 64$
c) $(-8)^\bullet = 64$ | f) $(-4)^\bullet = -64$

56. Copia en tu cuaderno y completa las igualdades.

a) $2^5 = \bullet$ | e) $\bullet^5 = -1$
b) $(-2)^5 = \bullet$ | f) $\bullet^9 = 1$
c) $(-3)^\bullet = 81$ | g) $23^\bullet = 23$
d) $3^\bullet = 27$ | h) $12^\bullet = 1$

57. Averigua el valor de m, n, p y q.

a) $11^m = 121$ | c) $p^5 = -243$
b) $(-14)^2 = n$ | d) $q^{10} = 1$

58. Sin hallar su valor, indica el signo de las siguientes potencias.

a) $(-2)^{17}$ b) 2^{17} c) 2^{16} d) $(-2)^{16}$

59. Escribe los siguientes números en forma de potencia de dos formas distintas.

a) 100 c) 4 e) 256
b) 49 d) 125 f) 1 000 000

Operaciones con potencias

60. Calcula las siguientes potencias.

a) $(2 \cdot 3)^2$ | e) $3^2 \cdot 7^2$
b) $(3 \cdot 2 \cdot 7)^2$ | f) $6^4 : 3^4 \cdot 2^4$
c) $(20 : 4)^3$ | g) $(-2)^3 \cdot 5^3 \cdot 2^3$
d) $[(-2) \cdot 7]^2$ | h) $(-5)^4 \cdot (-5)^4 \cdot (-1)^4$

ACTIVIDAD **RESUELTA**

61. Realiza estas operaciones de dos formas distintas.

$$(100 : 4 \cdot 2)^3$$

1. Realizando las operaciones del paréntesis y elevando el resultado al cubo.

$(100 : 4 \cdot 2)^3 = (25 \cdot 2)^3 = 50^3 = 125\,000$

2. Aplicando las propiedades de las potencias.

$(100 : 4 \cdot 2)^3 = 100^3 : 4^3 \cdot 2^3 = 1\,000\,000 : 64 \cdot 8 =$
$= 15\,625 \cdot 8 = 125\,000$

62. Realiza estas operaciones de dos formas distintas.

a) $(2 \cdot 3)^3$ | e) $2^2 \cdot 3^2 \cdot 5^2$
b) $(16 : 8)^5$ | f) $10^3 : 5^3 \cdot 2^3$
c) $(2 \cdot 5 \cdot 3)^3$ | g) $(-2)^3 \cdot 2^3 \cdot 2^3$
d) $[(-2) \cdot (-3) \cdot (-1)]^5$ | h) $5^4 \cdot 2^4 : 10^3$

63. Expresa en forma de potencia.

a) $(2^2)^3$ c) $[(-1)^6]^3$ e) $[(-3)^3]^5$
b) $(-10^3)^5$ d) $(5^7)^3$ f) $[(-3^2)^2]^3$

Actividades

ACTIVIDAD **RESUELTA**

64. Escribe en forma de una única potencia.

a) $5^2 \cdot 5 \cdot 5^6$ b) $(2^3)^6 : 2^5$ c) $4^6 \cdot 2^8 : 8^5$

a) $5^2 \cdot 5 \cdot 5^6 = 5^{2+1+6} = 5^9$

b) $(2^3)^6 : 2^5 = 2^{3 \cdot 6} : 2^5 = 2^{18} : 2^5 = 2^{18-5} = 2^{13}$

c) $4^6 \cdot 2^8 : 8^5 = (2^2)^6 \cdot 2^8 : (2^3)^5 = 2^{12} \cdot 2^8 : 2^{15} = 2^{20} : 2^{15} = 2^5$

65. Escribe como una única potencia.

a) $2^5 \cdot 2^{10} \cdot 2$

b) $(-3)^4 \cdot (-3)^9$

c) $(-3)^9 : (-3)^5$

d) $(-2)^{10} : (-2)^5$

e) $(2^6)^7 \cdot 2^3$

f) $[(-3)^4]^4 \cdot (-3)$

g) $(2^4)^3 : (2^2)^3$

h) $\left(((-5)^3)^1\right)^3 : (-5)^2$

66. Reduce a una sola potencia.

a) $2^5 \cdot (2^2)^7 : 2^{12}$

b) $(-3)^3 \cdot (-3)^5 : (-3)^6$

c) $3^5 \cdot (3^4 \cdot 3^3)^6$

d) $(5^6 : 5^3)^7 : (5^5 \cdot 5)^3$

e) $(7^2)^3 \cdot 7^5 : 7^7$

f) $2^{10} : (2^2)^4 \cdot 2^7 \cdot (2^5 \cdot 2)^3$

67. Reduce a una sola potencia.

a) $a^3 \cdot (a^5 \cdot a^4)^6$

b) $(a^2 \cdot a^3)^4 : a^{17}$

c) $a^9 : (a^{12} : a^4)$

d) $a^2 \cdot (a^3 \cdot a^2)^2$

68. Factoriza las bases de las potencias y opera las que tengan la misma base.

a) $24^5 : 12^4$

b) $100^5 \cdot (5^2)^2$

c) $40^5 : 8^4 \cdot 5^6$

d) $27^6 \cdot 2^5 : 54^4$

69. Escribe como una sola potencia y después calcula el resultado.

a) $[(-2)^2 \cdot (-2)^4] : (-2)^5$

b) $(8^3 : 4^3) : (6^2 : 3^2)$

c) $(-2)^4 \cdot [(-8)^2 : (-4)^2]$

d) $[3^3 \cdot (3^2)^5]^2 : (3^6)^4$

e) $(27 \cdot 3^4) : (3^3)^2$

f) $(-25)^3 \cdot 5^4 : 5^2$

Raíces cuadradas

70. Calcula la raíz cuadrada exacta.

a) 100 b) 144 c) 10 000 d) 256

71. Al calcular las raíces cuadradas exactas de varios números se han obtenido los resultados que aparecen a continuación. ¿Cuáles eran esos números?

a) 24 c) 30 e) 50

b) 27 d) 36 f) 81

ACTIVIDAD **RESUELTA**

72. Calcula la raíz cuadrada entera de estos números, e indica si alguna de ellas es exacta.

a) 70 b) 144 c) 361 d) 408

a) $8^2 = 64$ y $9^2 = 81 \Rightarrow 8^2 < 70 < 9^2$

La raíz cuadrada entera es 8 y el resto es $70 - 64 = 6$.

b) $12^2 = 144$. La raíz cuadrada es exacta, 12. El resto es 0.

c) $19^2 = 361$. La raíz cuadrada es exacta, 19. El resto es 0.

d) $20^2 = 400$ y $21^2 = 441 \Rightarrow 20^2 < 408 < 21^2$.

La raíz cuadrada entera es igual a 20 y el resto es $408 - 400 = 8$.

73. Halla la raíz cuadrada entera de los siguientes números, indicando el resto en cada caso.

a) 77 d) 125

b) 99 e) 918

c) 101 f) 1000

ACTIVIDAD **RESUELTA**

74. Calcula el número conociendo su raíz cuadrada entera y su resto.

Raíz = 6; resto = 5

Para calcular el número, se resuelve la operación:

$$6^2 + 5 = 36 + 5 = 41$$

El número buscado es 41.

75. Halla el número conociendo su raíz cuadrada entera y su resto.

a) Raíz = 20; resto = 10

b) Raíz = 12; resto = 10

c) Raíz = 35; resto = 19

d) Raíz = 48; resto = 47

76. Observa los cuadrados de los números comprendidos entre 0 y el 9.

a) ¿En qué cifras terminan?

b) Calcula los cuadrados de 14, 24, 34 y 44. ¿En qué acaban los cuadrados de los números terminados en 4? ¿Y los de los números terminados en 7?

c) ¿Qué terminaciones puede tener un cuadrado perfecto?

d) ¿Puede ser 31 629 377 un cuadrado perfecto?

77. Sin realizar la operación, indica en qué cifra acaban los siguientes cuadrados.

a) 70^2 d) 224^2

b) 89^2 e) 455^2

c) 123^2 f) $87\,368^2$

78. Indica cuáles de los siguientes números son cuadrados perfectos, razonando la respuesta.

a) 15 c) 484

b) 10 000 d) 99

79. Escribe todos los números cuya raíz cuadrada (exacta o entera) vale 17. Indica en cada caso cuál es el resto de la raíz.

Jerarquía de las operaciones

ACTIVIDAD **RESUELTA**

80. Realiza estas operaciones combinadas.

a) $10-3^2\cdot(5-2\cdot3^2)$

b) $\sqrt{4^2}+3\cdot(6^3:3^3)+3^2$

c) $-(-2)^2-(-3^2)$

a) $10-3^2\cdot(5-2\cdot3^2)=10-9\cdot(5-2\cdot9)=$
$=10-9\cdot(5-18)=10-9\cdot(-13)=10+117=127$

b) $\sqrt{4^2}+3\cdot(6^3:3^3)+3^2=\sqrt{16}+3\cdot(2^3)+9=$
$=4+3\cdot8+9=4+24+9=37$

c) $-(-2)^2-(-3^2)=-(+4)-(-9)=$
$=-4-(-9)=-4+9=5$

81. Resuelve las siguientes operaciones combinadas.

a) $3^2+4\cdot5-\sqrt{36}$

b) $-3^4+(4-5\cdot2)^2$

c) $[3\cdot(4^2-3^2)]:(-\sqrt{49})$

d) $[2\cdot(-4^2-3^2)]\cdot(-5)$

e) $\left[\sqrt{5^2}\cdot(-1)^3+3\right]^2-28:(-2^2)$

f) $\left(-(-10^2)^3\right)^1:(11^4\cdot11^2)$

82. Realiza las siguientes operaciones.

a) $(10^2+11^2+12^2):(13^2+14^2)$

b) $(3^2+4^2+3^2\cdot4^2):(5-2\cdot3^2)$

c) $(-2)^3+(-2^3)-(-2^4)-(-2)^4$

d) $16-3\cdot2^2-(-2)^2\cdot[6\cdot2^0-(3-5)^2]$

83. Resuelve las operaciones siguientes.

a) $5-7\cdot(-1)^3+\sqrt{(-1)^4}+2\cdot5$

b) $3^2-2^2\cdot[5-3\cdot(-1)^5]$

c) $\sqrt{2^2}-3\cdot(-2)^2\cdot5+4^3:2^4$

d) $\sqrt{16}-3\cdot2^2-(-2)^0\cdot[3\cdot2^2-(5-3)^2]$

84. En estas operaciones faltan algunos números. Cópialas en tu cuaderno y complétalas.

a) $●^3-5\cdot2^2=8-●=●$

b) $\sqrt{●^2-20}=4$

c) $●^5-(-●^2)=-1-●=8$

d) $\sqrt{24+37^●}=\sqrt{25}=●$

Ejercicios de síntesis

85. ¿Cuántos números naturales tienen como cuadrado 16? ¿Y cuántos números enteros?

86. Si un número acaba en 12, ¿cuáles serán las dos últimas cifras de su cuadrado? Averígualo elevando al cuadrado varios números terminados en 12.

87.

> El cuadrado de la suma de dos números no es igual a la suma de los cuadrados de ambos.

Compruébalo con algunos ejemplos.

88. Los cuadrados de los números que acaban en 5 son fáciles de obtener mentalmente. Para calcularlos, se siguen los siguientes pasos:

- Se toma el número quitando la última cifra, el 5.
- Se multiplica por el número siguiente.
- Se añade al final la terminación 25.

Por ejemplo, 35^2 se halla multiplicando $3\cdot4=12$ y añadiendo la terminación 25; es decir, $35^2=1225$.

a) Calcula mentalmente estos cuadrados:

25^2 45^2 75^2 85^2 105^2 1005^2

b) El número 4225 tiene raíz cuadrada exacta. ¿Podrías hallarla mentalmente?

Actividades

ACTIVIDAD **RESUELTA**

89. **Comprueba si 4096 es un cuadrado perfecto.**

Se descompone 4096 y se obtiene que $4096 = 2^{12}$. Buscamos un número que cumpla $\bullet^2 = 2^{12}$. El número deberá ser una potencia de 2.

De esa forma, $(2^{\bullet})^2 = 2^{12}$, y el exponente que falta tendrá que valer 6 y el número buscado es $2^6 = 64$.

En efecto, $64^2 = 64 \cdot 64 = 4096$.

90. Comprueba si los siguientes números tienen raíz cuadrada exacta factorizándolos.

a) 256 b) 72 c) 2401 d) 512

91. Un cubo perfecto es un número que es igual al cubo de otro. Por ejemplo, 8 es un cubo perfecto, ya que $8 = 2^3$.

a) Escribe los 10 primeros cubos perfectos.

b) ¿Alguno de ellos es un cuadrado perfecto?

92. ¿Es posible encontrar algún número primo que tenga raíz cuadrada exacta? Justifícalo.

93. Al hallar $(2^4 \cdot 5^2)^3$ se obtiene un número cuya raíz cuadrada es exacta. ¿Cuánto vale esa raíz?

PROBLEMAS PARA RESOLVER

94. Unos caramelos vienen en envases de 10. A su vez, estos envases se empaquetan en cajas de 10 unidades, y estas cajas se almacenan en contenedores con capacidad para 10 cajas. ¿Cuántos caramelos hay en total en un contenedor?

95. Una caja contiene ocho *packs* de botes de refrescos, y cada *pack* está formado por ocho botes. Expresa el número total de botes de las siguientes formas:

a) Usando potencias de 8.

b) Usando potencias de 2.

c) Usando potencias de 4.

96. Los alumnos de una clase se han colocado formando un cuadrado con cinco alumnos en cada fila y han sobrado 3. ¿Cuántos alumnos hay?

97. Silvia se entera de un rumor, y al minuto se lo ha contado a 2 amigos, con lo que en total hay 3 personas que lo saben. Un minuto después, cada uno se lo ha contado a otras dos personas distintas, así que ya lo saben en total 9 personas. Cada una de ellas hace lo mismo, y así sucesivamente.

a) ¿Cuántas personas conocerán el rumor después de 5 minutos?

b) ¿Cuántas lo sabrán a los 60 minutos? ¿Y despúes de n minutos? Exprésalo en forma de potencia.

Ayúdate de la tabla para contestar a estas preguntas:

Tiempo transcurrido (en minutos)	0	1	2	5	60	n
N.º de personas que lo saben	1	3	9	●	●	●

PROBLEMA **RESUELTO**

98. **El profesor de Matemáticas ha mezclado los nombres y los apellidos de sus alumnos. Sabe que todos los nombres son distintos y todos los apellidos también. Si en clase hay 29 alumnos, ¿cuántas combinaciones distintas de nombre y apellido se pueden formar?**

Para el nombre hay 29 posibilidades, y para cada una de ellas hay 29 apellidos posibles.

En total habrá $29 \cdot 29 = 29^2$ combinaciones, es decir, 841 posibilidades.

99. David tiene 12 camisetas y 12 pantalones, distintos. ¿De cuántas formas puede vestirse combinando una camiseta y un pantalón?

100. En informática, 1 GB equivale a 2^{10} MB. Si un lápiz de memoria tiene 32 GB, ¿cuántos MB son?

A. 2^{15} B. 2^{50} C. 4^{15} D. 4^{50}

101. Juan participa en el desfile de carnaval. Su comparsa forma 9 filas de 6 personas cada una.

a) ¿Podrían desfilar formando un cuadrado, sin que sobrara nadie? Si no es así, ¿cuántas personas sobrarían?

b) ¿Cuántas personas más necesitarían para formar un cuadrado?

102. Un contenedor tiene forma cúbica y su arista mide 120 cm. En su interior se apilan cajas de forma cúbica de 10 cm de arista.

a) ¿Cuántas cajas se necesitan para hacer una torre de la misma altura del contenedor?

b) ¿Cuántas cajas serán necesarias para rellenar completamente el contenedor?

103. Elena cuenta sus canicas. Para hacerlo, las coloca en filas. Su hermano menor intenta ayudar, pero no coloca en todas las filas el mismo número de canicas. El resultado es el siguiente:

a) ¿Cuántas canicas tiene?

b) ¿Se pueden volver a colocar todas las canicas formando un cuadrado?

c) ¿Cuál es la raíz cuadrada entera del número de canicas? ¿Y el resto?

d) ¿Cuál es el número mínimo de canicas que habría que añadir para formar un cuadrado?

104. Un póster cuadrado mide 8100 cm^2. ¿Cuánto mide su lado? ¿Y su perímetro?

105. Jesús tiene colocados todos sus cromos formando un cuadrado de 13 cromos de lado. Un amigo se ha llevado varios cromos, de forma que el número que queda tiene raíz entera 12 y resto 8. ¿Cuántos cromos se llevó su amigo?

106. Una de las preguntas de un concurso televisivo es el año del descubrimiento de América. El concursante no lo recuerda y el presentador le da unas pistas.

– *Su raíz cuadrada entera es 38, y le faltan 29 años para ser un cuadrado perfecto.*

– *¡Pues vaya ayuda!* – piensa el concursante

Con estas pistas, ¿serías capaz de averiguar el año?

107. Un cuadrado está formado por 64 puntos.

a) ¿Cuántos puntos habría que quitar para formar un cuadrado cuyo lado tuviera 3 puntos menos?

b) ¿Y cuántos habría que añadir para formar un cuadrado cuyo lado tuviera 3 puntos más?

108. La raíz cuadrada exacta de un número es 63. ¿Cuántas unidades como mínimo habrá que sumarle para obtener otro cuya raíz cuadrada sea exacta?

ACTIVIDADES PARA PENSAR MÁS

109. ¿A qué número hay que elevar 4^4 para obtener 8^8?

A. 2 B. 3 C. 4 D. 8

110. ¿Cuál es el valor de $\sqrt{2^4+\sqrt{3^4}}$?

A. 4 B. $\sqrt{20}$ C. 5 D. $\sqrt{97}$

111. ¿Cuántas cifras tiene el número $5^{17} \cdot 4^9$?

A. 7 B. 10 C. 17 D. 18

112. Si m y n son dos números enteros positivos, ¿cuál es el menor valor de m para el que se cumple que $2940 \cdot m = n^2$?

A. 3 B. 5 C. 15 D. 30

113. María y Esteban tienen algunos euros. María tiene más que Esteban, de hecho, el número de euros que tiene Esteban es la raíz cuadrada del doble del número de euros que tiene María. Si entre los dos tienen más de 80 €, ¿cuánto tiene, como poco, María?

A. 128 B. 98 C. 72 D. 50

114. ¿Cuántos enteros positivos verifican que su cuadrado es un factor de 2000?

A. 3 B. 6 C. 10 D. 12

Encuentra el error

115. Algunas de estas igualdades no son ciertas. Averigua cuáles son y corrige el resultado.

a) $10^2+5^2=15^2$

b) $3^2\cdot5^2=15^2$

c) $7^4\cdot7^4=14^4$

d) $(7+7)^2=7^2+7^2$

e) $\sqrt{10^2-6^2}=10-6$

f) $\sqrt{5^2}+\sqrt{4^2}=5+4$

g) $(2^3)^3=2^6$

h) $\sqrt{3^4}=3^{4:2}$

116. Victoria ha encontrado una forma de calcular la raíz de una diferencia. Para hacerlo, se ha fijado en un par de ejemplos:

$$\sqrt{10^2-6^2}=(10+6):2=8$$
$$\sqrt{5^2-3^2}=(5+3):2=4$$

a) ¿Comprueba las dos igualdades anteriores.

b) ¿Se podrá hallar la raíz de cualquier diferencia de dos cuadrados de esta forma? Compruébalo.

Ponte a prueba

PROBLEMA **RESUELTO** **El carbono 14**

El carbono 14 (C-14) o radiocarbono, es un isótopo radiactivo del carbono. Esta sustancia permite datar restos de seres vivos. Si en el momento de morir un ser vivo tiene 1000 unidades de C-14, tras 6000 años tendrá 500 unidades, tras 12 000 años tendrá 250 unidades, y así sucesivamente.

1. Completa la siguiente tabla y explica cómo obtienes los números que faltan.

Años transcurridos desde la muerte	0	6000	12 000	●●●	24 000	●●●
Unidades de Carbono 14	1000	500	●●●	125	●●●	31,25

2. ¿Qué pueden deducir los científicos si comprueban que un fósil encontrado tiene 12,5 unidades de C-14 y saben que esa especie tiene 200 unidades cuando está viva?

3. La prueba del C - 14 deja de ser útil para fósiles de más de 60 000 años. ¿Podrías explicar por qué?

SOLUCIÓN

1. Cada 6000 años, las unidades de C-14 se reducen a la mitad. En la tabla, los años transcurridos se calculan añadiendo 6000 al dato anterior, las unidades de C-14 se calculan dividiendo entre 2 el dato correspondiente a 6000 años antes.

Años transcurridos desde la muerte	0	6000	12 000	18 000	24 000	30 000
Unidades de carbono 14	1000	500	250	125	62,5	31,25

2. Dividiendo entre 2 sucesivamente: 200; 100; 50; 25; 12,5... vemos que han tenido que pasar 4 períodos de 6000 años. Por tanto, el fósil encontrado vivió hace 24 000 años.

3. Porque la cantidad de carbono 14 es casi imperceptible después de tanto tiempo.

El mensaje

Imagina que quieres distribuir una información y eliges alguna de las redes sociales de internet. Mandas la información a todos tus contactos (20 personas) a las 10.00 horas y cada una de estas personas reenvía tu mensaje a todos sus contactos en el plazo de una hora, y así sucesivamente. Como habrá contactos repetidos, supón que cada persona tiene 10 contactos nuevos.

1. ¿Cuántas personas habrán recibido la información a las 13.00? ¿Y a las 14.00?

Hora	10.00	11.00	12.00	13.00	14.00
N.º de personas	20	$20 \cdot 10 = 2 \cdot 10^2$	$20 \cdot 10 \cdot 10 = 2 \cdot 10^3$	●●●	●●●

2. ¿Cuánto tiempo debe pasar para que 2 000 000 de personas hayan recibido tu mensaje?

   A. 3 h B. 4 h C. 5 h D. 6 h

3. Si suponemos que en la Tierra hay 6 000 millones de personas, ¿a qué hora habrá llegado el mensaje a todas las personas del mundo, si todas usan la misma red social?

4. Y si los mensajes se hubieran reenviado en el plazo de media hora, hubieran llegado a todas las personas del mundo...

   A. ... en la mitad de tiempo.

   B. ... en la cuarta parte de tiempo.

   C. ... en el doble de tiempo.

   D. ... en la décima parte de tiempo.

Numeros grandes

Cuando trabajamos con números muy grandes, suele ser útil utilizar potencias de 10.

Por ejemplo, hay 14 348 907 formas de rellenar una quiniela. Para hacernos una idea, podemos redondear el número a 14 000 000, 14 millones, o $14 \cdot 10^6$.

El uso de potencias de 10 permite estimar de forma sencilla la relación entre dos números muy grandes y operar con ellos.

1. En 2011 la población terrestre llegó a los siete mil millones de habitantes. Expresa ese número usando potencias de 10.
2. Según los especialistas, el peso medio de un ser humano es de algo más de 60 kg. ¿Cuánto pesan todos los habitantes de la Tierra?
3. Si la Tierra pesa unos $6 \cdot 10^{24}$ kg, ¿a cuántos humanos equivale?
4. ¿Cuál es la masa de Marte si es, aproximadamente, la décima parte de la masa de la Tierra?

   A. $6 \cdot 10^{14}$ B. $6 \cdot 10^{23}$ C. $6 \cdot 10^{25}$ D. $6 \cdot 10^{22}$
5. Para calcular de forma aproximada el valor de algunas potencias, es conveniente compararlas con potencias de 10.

   Por ejemplo:

   $2^{10} = 1024$ se puede aproximar por $1000 = 10^3$

   $2^{20} = (2^{10})^2 = 1\,048\,576 \Rightarrow 1000^2 = 1\,000\,000$

   ¿A qué potencia de base 2 se aproxima el peso de todos los habitantes de la Tierra?

   A. 2^{10} B. 2^{30} C. 2^{39} D. 2^{40}
6. Una bacteria se divide en dos cada minuto. Dentro de 64 minutos, habrá 2^{64} bacterias. Halla el número aproximado (descompón $2^{64} = 2^{60} \cdot 2^4$).

AUTOEVALUACIÓN

1. Indica la base y el exponente de estas potencias y calcula el resultado.

   a) 2^7 b) 3^6 c) 3^4 d) 1^{53}
2. Copia y completa las siguientes expresiones.

   a) $3^{\bullet} = 81$ c) $\bullet^4 = 10\,000$

   b) $(-2)^{\bullet} = -32$ d) $5^{\bullet} = 1$
3. Expresa como producto o cociente de potencias.

   a) $(5 \cdot 7)^3$ c) $[(-2) \cdot 7 \cdot (-2)]^5$

   b) $(42 : 7)^6$ d) $[(-18) : 2]^4$
4. Realiza las siguientes operaciones utilizando las propiedades de las potencias.

   a) $2^2 \cdot 2^4 \cdot 2^5$ c) $2^{100} : 2^{97}$ e) $(2^5)^2$

   b) $(-3)^2 \cdot (-3)^3$ d) $(-4)^3 : (-4)$ f) $(-2^2)^5$
5. Factoriza y opera usando las propiedades de las potencias.

   a) $(12^3 \cdot 2)^2 : 2^{12}$ c) $16^3 : 8^3 \cdot 2^3$

   b) $400^3 \cdot 100^2 : 200^5$ d) $(-16)^3 : [2^3 \cdot (-4)^4]$
6. Entre los siguientes números, ¿cuáles son cuadrados perfectos? Cópialos en tu cuaderno y justifica tu respuesta.

   36, 55, 81, 101, 120, 144, 169, 194, 200, 225
7. Halla la raíz cuadrada de los siguientes números. Indica cuál es el resto si la raíz cuadrada no es exacta.

   a) 61 b) 196 c) 420 d) 6400
8. El número 7000 está entre 80^2 y 90^2. Halla su raíz entera y su resto.
9. Un pastelero coloca sus 130 pasteles en una bandeja, formando el mayor cuadrado posible.

   a) ¿Cuántos sobrarán?

   b) ¿Cuántos más tendrá que preparar para formar un cuadrado que tenga 3 pasteles más de lado?
10. Realiza las siguientes operaciones combinadas.

    a) $5^2 - 2^2 \cdot \sqrt{4^2 + 9}$ c) $\sqrt{4 - 3 \cdot (\sqrt{4^3} - 7)}$

    b) $(5-2)^2 - 3^2 \cdot (-2^2 \cdot 2)^3$ d) $-(-3^2)^2 \cdot (-2)^4 : 6^3 + 4^3$

4 Fracciones

- ¿Qué significa "un tercio de tarta"?
- ¿Es lo mismo la mitad que dos cuartos?
- ¿Quieres media tarta o un tercio de tarta?
- Si coges un cuarto de tarta y yo un tercio, ¿cuánta queda?

Piensa y decide

Indica otras situaciones en las que hagas partes iguales para repartir.

Piensa en otros métodos para repartir un pastel entre los tres hermanos sin que intervenga el padre o la madre.

Lee y comprende

Un cuchillo movedizo

En casa de los Gómez ha llegado un hermanito que crece rápidamente y se vuelve contendiente en el reparto del pastel...

[...] El papá Gómez encontró una manera de hacer que sus tres hijos se sintieran contentos con el reparto y fue usando lo que él llama el método del cuchillo movedizo.

- Escuchad bien – dijo a sus hijos -. Voy a mover el cuchillo lentamente y cualquiera de vosotros puede decir “corta”. Cortaré el pastel y le daré el primer pedazo de pastel al que primero diga “corta”. A los otros dos les asignaré el resto de la misma manera. Es importante que os deis cuenta que tenéis que decir “corta” en el momento en que creáis que la porción de pastel que marca el cuchillo sea algo que consideréis justo.

Así fue como se acabaron los gritos de protesta en la casa de los Gómez.

R. Berlanga, C. Bosch y J.J. Rivaud
Las matemáticas, perejil de todas las salsas.
Ed. FCE. México, 1999

Y tú, ¿qué opinas?

En los repartos equitativos todas las partes han de ser iguales, pero no siempre es fácil conseguirlo. ¿Te parece justo el método de “el cuchillo movedizo”?

Analiza y saca conclusiones

Una manera justa de repartir una tarta entre dos, es que uno haga las partes y sea el otro el que elija el trozo.

¿Funcionaría este método para tres personas haciendo tres trozos en lugar de dos?

1 Fracciones. Interpretación

Cuando partimos una tarta en partes iguales, compramos medio kilo de manzanas o vemos el tercer cuarto de un partido de baloncesto, estamos utilizando fracciones.

Ten en cuenta

El denominador de una fracción no puede ser 0, pero el numerador sí:

$$\frac{0}{10} = 0$$

Una **fracción** expresa partes de una unidad.

- El **denominador** indica el número de partes iguales en que se divide la unidad.
- El **numerador** indica el número de partes que se toman de la unidad.

$$\frac{a}{b}$$

a → Numerador
b → Denominador

El numerador o el denominador de una fracción pueden ser números negativos. El signo menos suele escribirse en el numerador o delante de la fracción.

$$\frac{-20}{4} = -\frac{20}{4}$$

Interpretación de una fracción

Una fracción se puede interpretar de varias formas.

- Como **partes de una unidad**.

Ejemplo ▸ La madre de Alberto, Isabel y Jorge les ha dejado una tortilla de patata para cenar. ¿Cómo se la repartirán?

Partirán la tortilla en 3 trozos iguales y cada uno cogerá un trozo.

La fracción $\frac{1}{3}$ representa la parte de tortilla que corresponde a cada hermano.

- Como **cociente indicado de dos números**.

Ejemplo ▸ Además de la tortilla tienen 6 alitas para repartir entre los 3.

Expresado como fracción es $\frac{6}{3}$.

$$\frac{6}{3} = 6 : 3 = 2$$

A cada uno le corresponden 2 alitas.

- Como la **fracción de una cantidad**.

Ejemplo ▸ De postre tienen 18 fresas, pero Jorge no quiere y le da su parte a Alicia. A Alicia le corresponden $\frac{2}{3}$ de 18 fresas.

Para calcularlo, se divide la cantidad, 18, entre el denominador y se multiplica por el numerador.

$$(18 : 3) \cdot 2 = 6 \cdot 2 = 12 \Rightarrow \text{A Alicia le corresponden 12 fresas.}$$

El resultado es el mismo si primero se multiplica la cantidad por el numerador y el resultado se divide entre el denominador.

MAT-TIC GeoGebra

Entra en smSaviadigital.com y practica con las fracciones gráficamente.

smSaviadigital.com

PRACTICA Trabaja con fracciones

PON EN VALOR

La Antártida es un territorio de gran atractivo turístico y con muchos recursos naturales. Muchos países están interesados en repartirse este continente para poder explotarlo, pero es muy importante que este reparto y su posterior explotación se haga desde el **respeto a la naturaleza**. Entra en **Saviadigital** y elabora un mural con las causas y consecuencias del reparto de la Antártida.

ACTIVIDADES

1. Escribe la fracción correspondiente a cada enunciado.

a) Tres cuartos de hora

b) Medio litro de agua

c) Doce de los 25 alumnos de la clase

d) Dos quintas partes del camino

2. Escribe en cada caso qué fracción corresponde a la parte coloreada.

a)

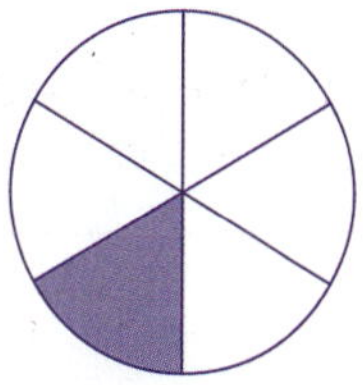

c)

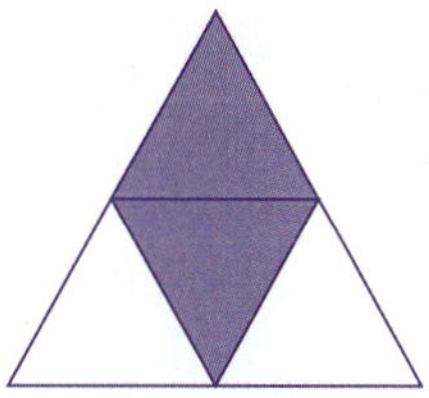

b)

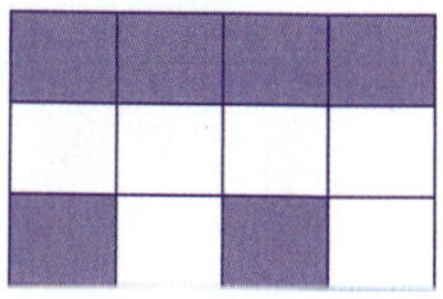

d)

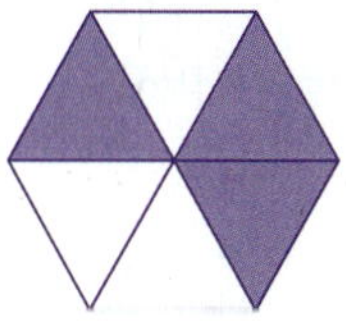

ACTIVIDAD **RESUELTA**

3. Representa gráficamente de dos formas distintas la fracción $\frac{2}{5}$.

Representamos la fracción tomando como unidad un rectángulo y un círculo. Dividimos cada figura en 5 partes iguales y señalamos dos.

4. Representa en tu cuaderno gráficamente estas fracciones.

a) $\frac{3}{4}$ b) $\frac{3}{8}$ c) $\frac{2}{3}$ d) $\frac{3}{10}$

5. Estas fracciones representan cocientes de dos números. Indica a qué número entero corresponde cada una.

a) $\frac{18}{3}$ b) $\frac{20}{10}$ c) $\frac{-45}{9}$ d) $-\frac{36}{4}$

6. Copia y completa en tu cuaderno los números que faltan.

a) $\frac{\bullet}{5} = 300$

b) $\frac{-270}{\bullet} = 90$

c) $\frac{\bullet}{9} = 18$

d) $\frac{\bullet}{12} = -12$

7. Calcula las siguientes cantidades.

a) $\frac{7}{8}$ de 200

b) $-\frac{5}{12}$ de 3600

c) $\frac{3}{7}$ de −98

d) $\frac{17}{100}$ de 20 000

ACTIVIDAD **RESUELTA**

8. Completa para que se cumpla la igualdad.

$$\frac{\bullet}{7} \text{ de } 1050 = 750$$

Dividimos 1050 entre el denominador: 1050 : 7 = 150

Buscamos un número que al multiplicarlo por 150 de 750 ⇒ 150 · 5 = 750.

El numerador de la fracción es 5: $\frac{5}{7}$ de 1050 = 750.

9. Copia en tu cuaderno y completa las siguientes igualdades.

a) $\frac{\bullet}{8}$ de 2000 = 750

b) $\frac{5}{\bullet}$ de 512 = 320

c) $\frac{\bullet}{4}$ de 320 = −1360

d) $\frac{2}{3}$ de ● = 400

10. En una clase de 1.º de ESO hay 12 chicos y 15 chicas. ¿Qué fracción del total de alumnos son chicas? ¿Y chicos?

11. En un pueblo de 1524 habitantes, $\frac{5}{12}$ de la población son menores de edad. ¿Cuantos mayores de edad hay?

12. Juan ha leído dos novenas partes de un libro.

a) ¿Qué fracción le falta por leer?

b) Si el libro tiene 459 páginas, ¿cuántas le quedan para acabar el libro?

13. Álex se da cuenta de que puede comparar todas las monedas con la de 1 €. Por ejemplo, para tener 1 € en monedas de 50 CENT necesita 2 monedas, por lo que la moneda de 50 CENT vale $\frac{1}{2}$ de la moneda de 1 €.

Calcula la fracción de 1 € que representan las monedas de 1, 2, 5, 10 y 20 CENT.

2 Fracciones equivalentes. Simplificación

Ejemplo ▸ Un grupo de amigos ha reservado entradas en un teatro. La sala tiene 8 filas de 6 asientos. Al sentarse, uno de los amigos le dice a otro:

¿Cuál de los dos amigos tiene razón?

Observando el dibujo, vemos que ambos tienen razón, ya que las fracciones $\frac{18}{48}$ y $\frac{3}{8}$ representan la misma parte del teatro.

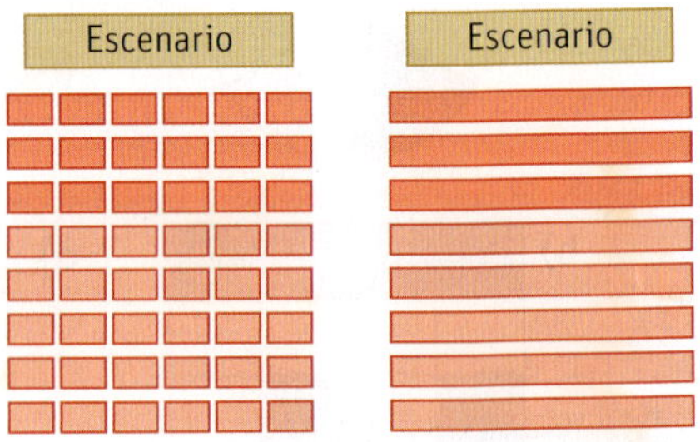

Dos fracciones son **equivalentes** si representan la misma parte de la unidad.

Si dos fracciones son equivalentes, sus **productos cruzados** (multiplicando el numerador de cada una por el denominador de la otra) son **iguales**.

$$\frac{18}{48} = \frac{3}{8} \Rightarrow \begin{cases} 18 \cdot 8 = 144 \\ 48 \cdot 3 = 144 \end{cases}$$

smSaviadigital.com
PRACTICA Identifica fracciones equivalentes.

Cómo obtener fracciones equivalentes

Para obtener fracciones equivalentes a una dada:

- Se pueden multiplicar sus términos por un mismo número distinto de 0. Esta operación se llama **amplificación**.
- Se pueden dividir sus términos entre un mismo número distinto de 0. Esta operación se llama **simplificación**.

Ten en cuenta

Si en una fracción el numerador es múltiplo del denominador, la fracción equivale a un número entero.

$$\frac{12}{3} = 4$$

Todo número entero se puede escribir también en forma de fracción.

$$-3 = \frac{-3}{1} = \frac{-6}{2} = \ldots$$

Ejemplo ▸ Encuentra dos fracciones equivalentes a $\frac{6}{8}$.

Por simplificación $\frac{6:2}{8:2} = \frac{3}{4}$ $\frac{6}{8}$ **Por amplificación** $\frac{6 \cdot 2}{8 \cdot 2} = \frac{12}{16}$

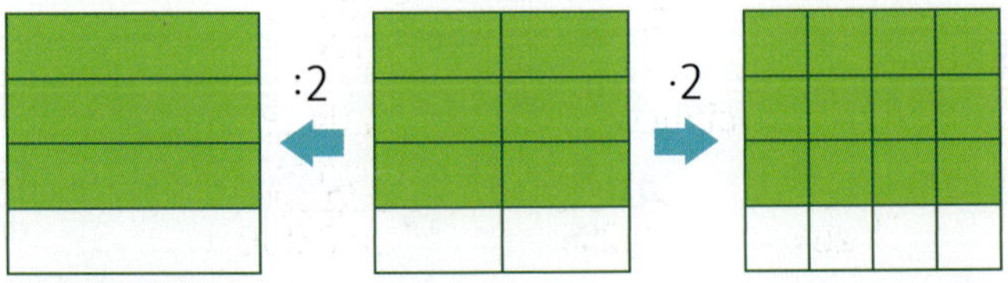

Cuando una fracción no se puede simplificar más se llama **fracción irreducible**.

Ejemplo ▸ Calcula la fracción irreducible de $\frac{16}{24}$.

$$\frac{16}{24} \xrightarrow{:2} \frac{8}{12} \xrightarrow{:2} \frac{4}{6} \xrightarrow{:2} \frac{2}{3} \qquad \frac{16}{24} = \frac{8}{12} = \frac{4}{6} = \frac{2}{3}$$

La fracción $\frac{2}{3}$ no se puede simplificar más, por eso $\frac{2}{3}$ es irreducible.

En lugar de dividir varias veces entre 2, es más rápido dividir el numerador y el denominador de $\frac{16}{24}$ entre el máximo común divisor de 16 y 24.

$$\text{m.c.d. } (16, 24) = 8 \Rightarrow \frac{16}{24} \overset{:8}{=} \frac{2}{3}$$

Ten en cuenta

Si dos fracciones tienen la misma fracción irreducible, son equivalentes.

Las fracciones $\frac{12}{20}$ y $\frac{6}{10}$ tienen como fracciones irreducibles:

$$\frac{12}{20} = \frac{3}{5} \text{ y } \frac{6}{10} = \frac{3}{5}$$

Como son iguales, las fracciones iniciales son equivalentes.

ACTIVIDADES

14. Comprueba si estas fracciones son equivalentes.

a) $\frac{5}{12}$ y $\frac{11}{24}$ b) $\frac{24}{36}$ y $\frac{60}{90}$ c) $\frac{21}{48}$ y $\frac{15}{42}$

ACTIVIDAD **RESUELTA**

15. Completa el término que falta para que las fracciones sean equivalentes.

$$\frac{\bullet}{18} \text{ y } \frac{5}{30}$$

Para que las fracciones sean equivalentes, sus productos cruzados deben ser iguales.

Como $18 \cdot 5 = 90$, buscamos un número que multiplicado por 30 de 90. El número buscado es $90 : 30 = 3$.

16. Completa para que las fracciones sean equivalentes.

a) $\frac{36}{16}$ y $\frac{\bullet}{4}$ b) $\frac{\bullet}{10}$ y $\frac{7}{70}$ c) $\frac{\bullet}{24}$ y $\frac{5}{15}$

17. Escribe dos fracciones amplificadas de cada una.

a) $\frac{3}{4}$ b) $\frac{5}{8}$ c) $\frac{1}{6}$ d) $\frac{12}{24}$

18. Escribe dos fracciones simplificadas de cada una.

a) $\frac{30}{40}$ b) $\frac{56}{84}$ c) $\frac{12}{36}$ d) $\frac{42}{105}$

19. Halla la fracción irreducible equivalente a cada una.

a) $\frac{300}{400}$ b) $\frac{198}{264}$ c) $\frac{128}{256}$ d) $\frac{320\,000}{360\,000}$

20. Escribe en cada caso una fracción con denominador 100 equivalente a cada una de estas.

a) $\frac{3}{4}$ b) $\frac{7}{20}$ c) $\frac{12}{25}$

21. Copia y colorea la fracción correspondiente.

a) $\frac{24}{32}$ 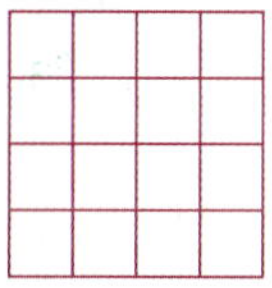

c) $\frac{6}{15}$ 

b) $\frac{15}{40}$ 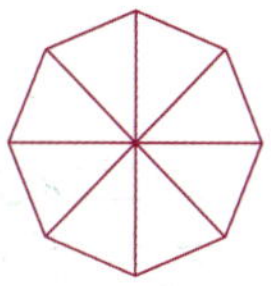

d) $\frac{75}{100}$ 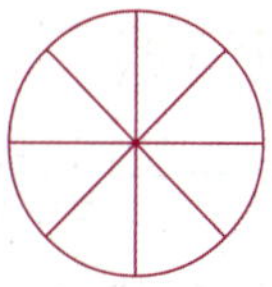

22. Busca las fracciones equivalentes, calculando la fracción irreducible correspondiente a cada una.

$$\frac{56}{84}, \frac{28}{35}, \frac{32}{40}, \frac{34}{51}, \frac{102}{153}, \frac{92}{138}, \frac{1200}{1500}$$

23. Juan Alberto decide regalar $\frac{2}{5}$ de sus cromos. Si en total ha regalado 12 cromos, ¿cuántos tenía al principio?

3 Comparación de fracciones. Reducción a común denominador

Comparación de fracciones con el mismo denominador

Cuando dos fracciones tienen el mismo denominador, comparamos el número de partes que se toman, es decir, los numeradores.

Ejemplo ▸ ¿Es mayor $\frac{4}{10}$ o $\frac{7}{10}$?

Se toman 4 partes. Se toman 7 partes.

▸ $\frac{4}{10} < \frac{7}{10}$

Si dos fracciones tienen el **mismo denominador**, es mayor la que tiene el **mayor numerador**.

Comparación de fracciones con el mismo numerador

Si dos fracciones tienen el mismo numerador, comparamos el tamaño de las partes que se toman, es decir, los denominadores.

Ejemplo ▸ ¿Es mayor $\frac{2}{3}$ o $\frac{2}{5}$?

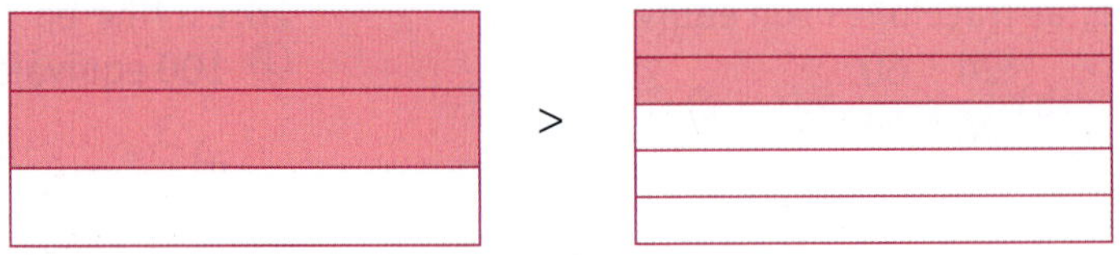

Las partes son más grandes.

→ $\frac{2}{3} > \frac{2}{5}$

Si dos fracciones tienen el **mismo numerador**, es mayor la que tiene el **menor denominador**.

Comparación de fracciones con distinto denominador y numerador

Para comparar fracciones que tienen distinto numerador y distinto denominador, **se buscan fracciones equivalentes** a ellas que tengan el mismo denominador y **se comparan**.

Ejemplo ▸ ¿Es mayor $\frac{5}{6}$ o $\frac{7}{9}$?

Buscamos dos fracciones equivalentes que tengan el mismo denominador. Para ello multiplicamos los dos términos de cada fracción por el denominador de la otra.

$$\frac{5}{6} = \frac{5 \cdot 9}{6 \cdot 9} = \frac{45}{54} \qquad \frac{7}{9} = \frac{7 \cdot 6}{9 \cdot 6} = \frac{42}{54}$$

Por tanto, $\frac{45}{54} > \frac{42}{54} \Rightarrow \frac{5}{6} > \frac{7}{9}$

MAT-TIC GeoGebra

Entra en smSaviadigital.com y compara fracciones con el mismo y con distinto denominador.

Reducción de fracciones a mínimo común denominador

Para simplificar cálculos es conveniente utilizar el denominador común más pequeño posible, es decir, el mínimo común múltiplo.

Para **reducir** fracciones a **mínimo común denominador**, se calcula el mínimo común múltiplo de los denominadores, y se amplifican las fracciones tomando el m.c.m como denominador común.

Ejemplo ▸ Reduce las fracciones $\frac{3}{4}, \frac{5}{8}$ y $\frac{7}{6}$ al mínimo denominador común.

1.º Calculamos el mínimo común múltiplo. m.c.m. (4, 8, 6) = 24

2.º Dividimos el m.c.m. entre cada denominador y multiplicamos por el numerador correspondiente.

$$24:4=6 \Rightarrow \frac{3}{4}=\frac{3\cdot 6}{4\cdot 6}=\frac{18}{24}$$

$$24:8=3 \Rightarrow \frac{5}{8}=\frac{5\cdot 3}{8\cdot 3}=\frac{15}{24}$$

$$24:6=4 \Rightarrow \frac{7}{6}=\frac{7\cdot 4}{6\cdot 4}=\frac{28}{24}$$

Ten en cuenta

Antes de reducir fracciones a común denominador se deben **simplificar** lo máximo posible.

ACTIVIDADES

24. Ordena las fracciones de menor a mayor.

a) $\frac{3}{50}, \frac{19}{50}$ y $\frac{7}{50}$ c) $\frac{3}{5}, \frac{3}{7}$ y $\frac{3}{4}$

b) $\frac{7}{9}, \frac{-4}{9}$ y $\frac{8}{9}$ d) $\frac{23}{41}, \frac{23}{40}$ y $\frac{23}{39}$

25. Escribe una fracción mayor y una menor, cambiando solo los numeradores y, después, cambiando solo los denominadores.

a) $\frac{5}{7}$ b) $\frac{12}{17}$ c) $\frac{3}{100}$ d) $\frac{13}{20}$

26. Indica cuál es la fracción mayor.

a) $\frac{7}{9}$ o $\frac{5}{6}$ b) $\frac{3}{8}$ o $\frac{5}{16}$ c) $\frac{7}{10}$ o $\frac{3}{35}$

ACTIVIDAD **RESUELTA**

27. Escribe una fracción comprendida entre $\frac{3}{5}$ y $\frac{4}{5}$.

Tienen el mismo denominador, pero no hay naturales entre 3 y 4, por lo que es necesario amplificarlas.

$\frac{3}{5}=\frac{6}{10}$ y $\frac{4}{5}=\frac{8}{10}$. Por tanto $\frac{7}{10}$ está entre ambas.

28. Escribe dos fracciones comprendidas entre cada uno de los pares siguientes.

a) $\frac{6}{8}$ y $\frac{7}{8}$ b) $\frac{5}{6}$ y $\frac{7}{8}$ c) $\frac{17}{100}$ y $\frac{17}{36}$

ACTIVIDAD **RESUELTA**

29. Reduce $\frac{4}{5}, \frac{25}{75}$ y $\frac{60}{100}$ a mínimo común denominador y ordénalas de mayor a menor.

Antes de reducir las fracciones a común denominador, simplificamos las que no sean irreducibles:

$$\frac{25}{75}=\frac{1}{3} \qquad \frac{60}{100}=\frac{3}{5}$$

El denominador común será: m.c.m. (5, 3, 5) = 15

Las fracciones equivalentes son:

$$\frac{4}{5}=\frac{12}{15} \qquad \frac{25}{75}=\frac{1}{3}=\frac{5}{15} \qquad \frac{60}{100}=\frac{3}{5}=\frac{9}{15}$$

Ahora podemos ordenarlas de mayor a menor:

$$\frac{12}{15}>\frac{9}{15}>\frac{5}{15} \Rightarrow \frac{4}{5}>\frac{60}{100}>\frac{25}{75}$$

30. Reduce a mínimo común denominador.

a) $\frac{2}{3}$ y $\frac{5}{6}$ b) $\frac{3}{10}$ y $\frac{3}{15}$ c) $\frac{1}{6}, \frac{5}{12}$ y $\frac{7}{28}$

31. Reduce a mínimo común denominador y ordena las fracciones de menor a mayor.

a) $\frac{36}{100}, \frac{24}{40}$ y $\frac{200}{1000}$ b) $\frac{48}{96}, \frac{32}{128}$ y $\frac{117}{234}$

32. smSaviadigital.com

PRACTICA Comprueba qué sabes de fracciones.

4 Suma y resta de fracciones. Fracciones propias e impropias

Suma y resta de fracciones con el mismo denominador

Para **sumar o restar fracciones con el mismo denominador**, se suman o restan los numeradores y se deja el mismo denominador.

Ejemplo ▸ José ha partido una *pizza* en 8 partes y se ha comido 2 de ellas; su hermana se ha comido otra más. ¿Cuánta *pizza* han comido entre los dos? ¿Cuánta queda?

Entre los dos han comido: $\frac{2}{8}+\frac{1}{8}=\frac{2+1}{8}=\frac{3}{8}$

Como de los 8 trozos se han comido 3, quedan: $\frac{8}{8}-\frac{3}{8}=\frac{8-3}{8}=\frac{5}{8}$

Suma y resta de fracciones con distinto denominador

Si las fracciones tienen distinto denominador, el primer paso será reducirlas a denominador común. Para que las operaciones sean lo más sencillas posibles, es aconsejable utilizar el mínimo común múltiplo.

Ejemplo ▸ Realiza la operación: $\frac{1}{3}+\frac{1}{4}-\frac{1}{6}$.

$\frac{1}{3} \quad + \quad \frac{1}{4} \quad - \quad \frac{1}{6}$

Hallamos el mínimo común múltiplo de 3, 4 y 6: m.c.m. (3, 4, 6) = 12.

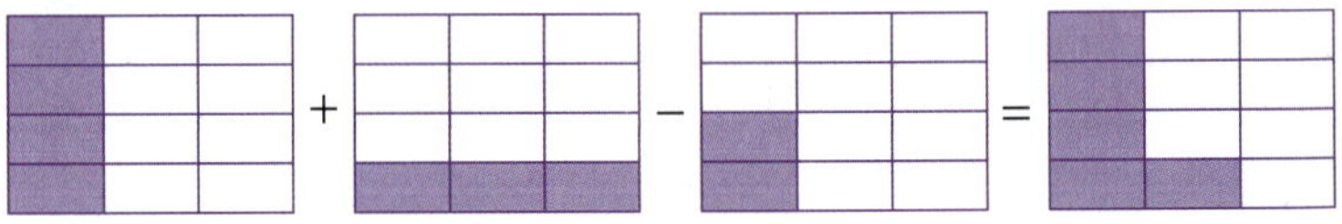

$\frac{4}{12} \quad + \quad \frac{3}{12} \quad - \quad \frac{2}{12} \quad = \quad \frac{5}{12}$

Para **sumar o restar fracciones con distinto denominador**, se reducen a común denominador y se suman o restan las fracciones obtenidas.

MAT-TIC GeoGebra

Entra en smSaviadigital.com y practica la suma y resta de fracciones.

Ejemplo ▸ Realiza la operación: $3-\frac{2}{5}+\frac{10}{12}-\frac{3}{10}$.

Simplificamos las fracciones que no sean irreducibles: $\frac{10}{12}=\frac{5}{6} \Rightarrow 3-\frac{2}{5}+\frac{5}{6}-\frac{3}{10}$.

Hallamos el mínimo común múltiplo de los denominadores: m.c.m. (5, 6, 10) = 30

Escribimos el número entero 3 como una fracción con denominador 30:

$$3=\frac{3}{1}=\frac{3\cdot 30}{1\cdot 30}=\frac{90}{30}$$

Ahora, calculamos las fracciones equivalentes con denominador 30 y operamos:

$$3-\frac{2}{5}+\frac{5}{6}-\frac{3}{10}=\frac{90}{30}-\frac{12}{30}+\frac{25}{30}-\frac{9}{30}=\frac{90-12+25-9}{30}=\frac{94}{30}=\frac{47}{15}$$

Fracciones propias e impropias

Una fracción es **propia** si el numerador es menor que el denominador, e **impropia** si el numerador es mayor que el denominador. Las fracciones impropias son mayores que la unidad.

Ejemplo ▸ Representa la fracción impropia $\frac{11}{4}$.

Dibujamos la unidad dividida en 4 partes iguales y tomamos 11 partes.

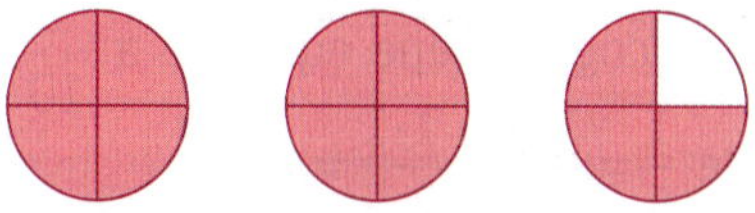

Hay 2 círculos enteros coloreados y $\frac{3}{4}$ del siguiente, por tanto $\frac{11}{4}=2+\frac{3}{4}$.

Ten en cuenta

El número $2+\frac{3}{4}$ se llama **número mixto** y se puede escribir así: $2\frac{3}{4}$.

Se calcula realizando la división:

$$\begin{array}{r|l} 11 & 4 \\ \hline 3 & 2 \end{array} \Rightarrow \frac{11}{4}=2+\frac{3}{4}$$

ACTIVIDADES

33. Calcula y simplifica el resultado cuando sea posible.

a) $\frac{7}{5}+\frac{6}{5}$
b) $\frac{12}{7}-\frac{1}{7}$
c) $\frac{8}{3}-\frac{2}{3}-\frac{4}{3}$
d) $\frac{5}{12}+\frac{5}{12}+\frac{5}{12}$

34. Reduce a común denominador y calcula el resultado.

a) $\frac{16}{15}+\frac{7}{30}$
b) $\frac{7}{8}+\frac{7}{5}$
c) $\frac{3}{12}-\frac{1}{3}$
d) $\frac{4}{30}-\frac{9}{42}$

35. Reduce a común denominador y calcula el resultado.

a) $\frac{3}{2}+\frac{3}{4}+\frac{3}{8}$
b) $\frac{27}{4}+\frac{31}{10}+\frac{3}{8}$
c) $\frac{7}{48}-\frac{5}{36}+\frac{9}{42}$
d) $\frac{48}{96}+\frac{27}{81}-\frac{40}{48}$

36. Efectúa las operaciones, simplificando los resultados.

a) $1+\frac{3}{10}-\frac{1}{4}$
b) $3-\frac{3}{5}+\frac{9}{4}$
c) $\frac{3}{20}-\frac{4}{5}+\frac{9}{10}-\frac{4}{80}$
d) $\frac{12}{6}-\frac{15}{5}+\frac{35}{7}-\frac{32}{16}$
e) $\frac{5}{6}-2-\frac{7}{4}+\frac{7}{20}$
f) $27+\frac{2}{45}-\frac{20}{3}+\frac{13}{10}$

37. Copia y completa las igualdades.

a) $\frac{1}{2}+\frac{\bullet}{5}=\frac{7}{10}$
b) $\frac{3}{8}+\frac{\bullet}{4}=\frac{5}{8}$
c) $\frac{4}{\bullet}-\frac{2}{5}=\frac{6}{35}$
d) $\frac{\bullet}{6}-\frac{1}{3}=\frac{1}{6}$

38. Escribe la fracción impropia correspondiente a cada figura y exprésala como un número mixto.

a)

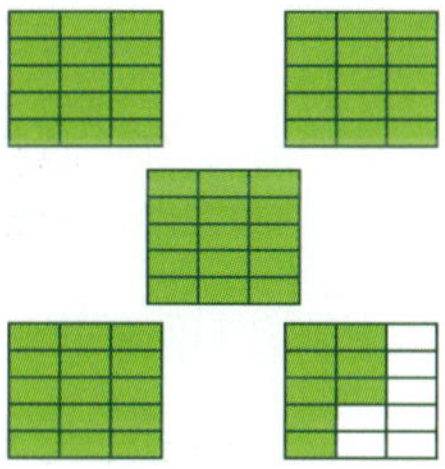

b)

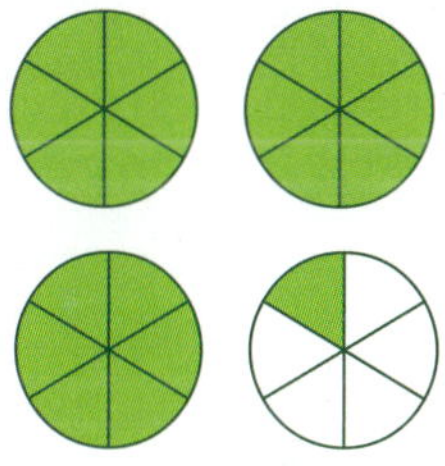

39. Expresa cada fracción como suma de un número entero más una fracción propia.

a) $\frac{25}{6}$ b) $\frac{13}{4}$ c) $\frac{39}{4}$ d) $\frac{140}{25}$

40. Gabriel dedica $\frac{1}{3}$ del día a dormir, $\frac{1}{4}$, a ir a clase, y $\frac{1}{12}$, a hacer sus tareas. ¿Que fracción del día tiene libre?

a) Elige la operación que resuelve el problema.

A. $\frac{1}{3}+\frac{1}{4}+\frac{1}{12}$ B. $1-\frac{1}{3}-\frac{1}{4}-\frac{1}{12}$ C. $1-\frac{1}{3}+\frac{1}{4}+\frac{1}{12}$

b) Calcula el resultado. ¿Cuántas horas son?

41. Arturo se ha gastado la mitad de su paga el sábado y una quinta parte el domingo.

a) ¿Qué fracción ha gastado? ¿Qué fracción le queda?

b) Si su paga era de 30 €, ¿cuánto tiene todavía?

42. Las *pizzas* de *La mia pizza* cuestan 12 €. Julia se ha comido $1+\frac{5}{6}$ de *pizza*. ¿Cuánto tendrá que pagar?

5 Multiplicación y división de fracciones. Potencias

Multiplicación de fracciones

Ejemplo ▸ Mario ha cortado un bizcocho en 5 partes iguales. Su amigo Pepe quiere un trozo más pequeño, así que corta una de ellas en 2 partes iguales y coge 1. ¿Qué fracción del bizcocho se comerá?

La parte que ha cogido Pepe es $\frac{1}{2}$ de $\frac{1}{5}$, que es lo mismo que el producto $\frac{1}{2} \cdot \frac{1}{5}$.

Si se cortan los demás trozos en 2 partes iguales, se puede ver que la porción que ha cogido Pepe equivale a $\frac{1}{10}$ del bizcocho. Por tanto, $\frac{1}{2}$ de $\frac{1}{5} = \frac{1}{2} \cdot \frac{1}{5} = \frac{1 \cdot 1}{2 \cdot 5} = \frac{1}{10}$.

El **producto de dos fracciones** es otra fracción, cuyo numerador es el producto de los numeradores y cuyo denominador es el producto de los denominadores.

$$\frac{a}{b} \cdot \frac{c}{d} = \frac{a \cdot c}{b \cdot d}$$

Ten en cuenta

La fracción de una cantidad:

$$\frac{2}{3} \text{ de } 27 = \frac{2 \cdot 27}{3} = \frac{54}{3} = 18$$

coincide con el producto:

$$\frac{2}{3} \cdot 27 = \frac{2}{3} \cdot \frac{27}{1} = \frac{2 \cdot 27}{3 \cdot 1} = \frac{54}{3} = 18$$

Fracción inversa

Dos fracciones son **inversas** si su producto es 1.

Ejemplo ▸ Comprueba si las fracciones $\frac{3}{4}$ y $\frac{4}{3}$ son inversas.

$\frac{3}{4} \cdot \frac{4}{3} = \frac{3 \cdot 4}{4 \cdot 3} = \frac{12}{12} = 1 \Rightarrow$ Son inversas.

Para calcular la fracción inversa, intercambiamos el numerador y el denominador.

Ejemplos

- La inversa de $\frac{5}{12}$ es $\frac{12}{5}$.
- La inversa de 5 es $\frac{1}{5}$.

Ten en cuenta

Como cualquier entero equivale a una fracción de denominador 1, la fracción inversa de un entero, *n*, distinto de 0 es $\frac{1}{n}$.

El 0 no tiene inversa, ya que no se puede dar $\frac{1}{0}$.

División de fracciones

El **cociente de dos fracciones** es igual al producto de la primera por la inversa de la segunda. También se puede calcular multiplicando "en cruz".

$$\frac{a}{b} : \frac{c}{d} = \frac{a}{b} \cdot \frac{d}{c} = \frac{a \cdot d}{b \cdot c}$$

Ejemplo ▸ Realiza la división $\frac{3}{4} : \frac{1}{8}$.

Para dividir $\frac{3}{4} : \frac{1}{8}$ multiplicamos $\frac{3}{4}$ por la inversa de $\frac{1}{8} \Rightarrow \frac{3}{4} : \frac{1}{8} = \frac{3}{4} \cdot \frac{8}{1} = \frac{24}{4} = 6$

Obtenemos el mismo resultado multiplicando en cruz: $\frac{3}{4} : \frac{1}{8} = \frac{3 \cdot 8}{4 \cdot 1} = \frac{24}{4} = 6$

MAT-TIC GeoGebra

Entra en **smSavia**digital.com y multiplica y divide fracciones con ayuda de su representación.

Potencia de una fracción

Para hallar la potencia de una fracción usamos la definición de potencia:

$$\left(\frac{3}{2}\right)^4=\frac{3}{2}\cdot\frac{3}{2}\cdot\frac{3}{2}\cdot\frac{3}{2}=\frac{3\cdot3\cdot3\cdot3}{2\cdot2\cdot2\cdot2}=\frac{3^4}{2^4}$$

La **potencia de una fracción** es la fracción que resulta al elevar el numerador y el denominador a dicha potencia.

$$\left(\frac{a}{b}\right)^n=\frac{a^n}{b^n}$$

Ejemplos

- $\left(\frac{1}{7}\right)^2=\frac{1}{7^2}-\frac{1}{49}$
- $\left(\frac{5}{4}\right)^3=\frac{5^3}{4^3}=\frac{125}{64}$

ACTIVIDADES

43. Realiza estas multiplicaciones, expresando el resultado en forma de fracción irreducible.

a) $\frac{5}{6}\cdot\frac{4}{9}$ c) $\frac{8}{27}\cdot\frac{81}{16}$ e) $\frac{3}{4}\cdot\frac{5}{6}\cdot\frac{1}{8}$

b) $\frac{3}{4}\cdot7$ d) $8\cdot\frac{5}{16}$ f) $\frac{1}{2}\cdot\frac{2}{3}\cdot\frac{3}{4}\cdot\frac{4}{5}$

44. Calcula.

a) Dos tercios de 600 m

b) La mitad de medio kilogramo

c) La mitad de la mitad de la mitad

d) Las tres décimas partes de dos tercios

45. Escribe la fracción inversa.

a) $\frac{3}{8}$ b) $\frac{6}{5}$ c) $\frac{1}{9}$ d) 12

46. Realiza estas divisiones y simplifica el resultado.

a) $\frac{8}{9}:\frac{4}{9}$ c) $8:\frac{4}{5}$ e) $\frac{21}{5}:\frac{7}{10}$

b) $\frac{9}{7}:\frac{5}{2}$ d) $\frac{5}{12}:10$ f) $\frac{1}{4}:\frac{1}{12}$

47. Calcula las siguientes potencias.

a) $\left(\frac{3}{5}\right)^2$ b) $\left(\frac{1}{2}\right)^6$ c) $\left(\frac{3}{10}\right)^4$

48. Completa los términos que faltan.

a) $\frac{3}{4}\cdot\frac{\bullet}{3}=1$ c) $\frac{2}{3}:\frac{2}{5}=\frac{2}{3}\cdot\frac{\bullet}{\bullet}=\frac{\bullet}{\bullet}$

b) $\frac{5}{8}=1:\frac{8}{\bullet}$ d) $\frac{4}{3}:\frac{\bullet}{\bullet}=\frac{8}{27}$

ACTIVIDAD **RESUELTA**

49. Realiza la división y escribe el resultado en forma de fracción irreducible.

$$\frac{16}{32}:\frac{200}{500}$$

Antes de realizar la división, simplificamos las fracciones que no sean irreducibles.

$$\frac{16}{32}:\frac{200}{500}=\frac{1}{2}:\frac{2}{5}=\frac{1\cdot5}{2\cdot2}=\frac{5}{4}$$

50. Opera y escribe el resultado como fracción irreducible simplificando antes las fracciones.

a) $\frac{24}{72}:\frac{125}{250}$ b) $\frac{30}{200}:\frac{12}{36}$

ACTIVIDAD **RESUELTA**

51. Multiplica $\frac{8}{3}\cdot\frac{9}{10}\cdot\frac{5}{32}$ y simplifica.

Antes de realizar la multiplicación, podemos agrupar algunos de los factores para simplificarlos.

$$\frac{8}{3}\cdot\frac{9}{10}\cdot\frac{5}{32}=\frac{8\cdot9\cdot5}{3\cdot10\cdot32}=\frac{8\cdot9\cdot5}{32\cdot3\cdot10}=\frac{1\cdot3\cdot1}{4\cdot1\cdot2}=\frac{3}{8}$$

52. Calcula y expresa el resultado en forma de fracción irreducible.

a) $\frac{32}{25}\cdot\frac{100}{21}$ c) $\frac{125}{35}:\frac{14}{50}$

b) $\frac{100}{3}\cdot\frac{81}{75}\cdot\frac{35}{900}$ d) $\frac{45}{77}:\frac{90}{121}$

6 Operaciones combinadas con fracciones

Para realizar operaciones combinadas con fracciones es preciso recordar la jerarquía de las operaciones. El orden de operaciones es el mismo que se utiliza en las operaciones combinadas con números enteros.

Jerarquía de las operaciones

Se resuelven primero las operaciones que aparecen dentro de corchetes y paréntesis y después el resto, siguiendo este orden:

1.º **Potencias**

2.º **Multiplicaciones** y **divisiones** de izquierda a derecha

3.º **Sumas** y **restas**

Los resultados deben darse en forma de fracción irreducible.

smSaviadigital.com

PRACTICA Realiza operaciones combinadas con fracciones.

Ejemplo ▸ Vamos a resolver paso a paso la siguiente operación combinada:

$$\frac{5}{12}:\frac{7}{6}-5\cdot\left(\frac{1}{5}-\left(\frac{4}{10}\right)^2\right)$$

1.º Resolvemos el paréntesis:

- Primero se calcula la potencia:

$$\frac{5}{12}:\frac{7}{6}-5\cdot\left(\frac{1}{5}-\left(\frac{4}{10}\right)^2\right)$$

- Luego la resta, para lo que calculamos un denominador común:

  m.c.m. (5, 100) = 100

$$\frac{5}{12}:\frac{7}{6}-5\cdot\left(\frac{1}{5}-\frac{16}{100}\right)$$

  Escribimos las fracciones equivalentes con el mínimo común denominador y restamos.

$$\frac{5}{12}:\frac{7}{6}-5\cdot\left(\frac{20}{100}-\frac{16}{100}\right)$$

2.º Simplificamos el resultado de la resta antes de seguir operando.

$$\frac{5}{12}:\frac{7}{8}-5\cdot\frac{4}{100}$$

3.º Realizamos la división y la multiplicación.

$$\frac{5}{12}:\frac{7}{6}-5\cdot\frac{1}{25}$$

4.º Simplificamos el resultado de los resultados anteriores.

$$\frac{30}{84}-\frac{5}{25}$$

5.º Restamos las dos fracciones resultantes, para lo que hallamos un denominador común:

m.c.m. (14, 5) = 70.

$$\frac{5}{14}-\frac{1}{5}$$

Calculamos las fracciones equivalentes y realizamos la resta.

$$\frac{25}{70}-\frac{14}{70}$$

$$\frac{11}{70}$$

Ten en cuenta

Si simplificas los pasos intermedios de tus operaciones evitarás obtener números muy grandes que dificulten los cálculos en pasos posteriores, como al calcular el común denominador.

ACTIVIDADES

53. Realiza las siguientes operaciones.

a) $\frac{5}{6}+\frac{1}{3}\cdot\frac{2}{5}$

b) $\frac{5}{6}\cdot\frac{1}{3}+\frac{2}{5}$

c) $\frac{7}{4}-\frac{3}{10}\cdot\frac{5}{6}$

d) $\frac{13}{2}-\frac{1}{2}\cdot\frac{11}{4}$

e) $\frac{5}{6}+\frac{1}{3}:\frac{2}{5}$

f) $\frac{5}{6}:\frac{1}{3}+\frac{2}{5}$

g) $\frac{7}{4}-\frac{3}{10}:\frac{5}{6}$

h) $\frac{13}{2}-\frac{1}{2}:\frac{11}{4}$

54. Resuelve las operaciones siguientes.

a) $\frac{19}{6}+\frac{5}{3}\cdot 4$

b) $7\cdot\frac{1}{3}+\frac{3}{4}$

c) $12-\frac{3}{10}\cdot 6$

d) $\frac{23}{2}-\frac{1}{2}\cdot 11$

e) $9+\frac{10}{3}:\frac{5}{6}$

f) $10:\frac{7}{9}+\frac{4}{9}$

g) $\frac{11}{4}-\frac{3}{10}:6$

h) $\frac{121}{20}-8:\frac{4}{3}$

55. Calcula estas operaciones.

a) $\frac{5}{6}-\frac{3}{4}\cdot\frac{2}{5}+\frac{3}{2}$

b) $\frac{5}{6}-\frac{3}{4}:\frac{2}{5}+\frac{3}{2}$

c) $\frac{1}{2}:\frac{3}{4}\cdot\frac{3}{5}+\frac{3}{2}$

d) $\frac{1}{2}\cdot\frac{3}{4}:\frac{3}{5}+\frac{3}{2}$

e) $6-\frac{3}{8}:\frac{5}{4}-\frac{1}{20}$

f) $\frac{3}{4}:\frac{2}{5}-\frac{1}{3}\cdot\frac{4}{9}$

g) $2:\frac{8}{5}-\frac{16}{3}:4$

h) $\frac{1}{2}:10-10:\frac{1}{2}$

56. Resuelve las siguientes operaciones.

a) $\frac{3}{4}-\frac{1}{4}\cdot\left(\frac{3}{5}-\frac{1}{10}\right)$

b) $5+\frac{7}{3}:\left(\frac{4}{3}+2\right)$

c) $\frac{3}{8}-\frac{1}{4}:\left(\frac{2}{3}\cdot\frac{3}{4}\right)$

d) $\frac{8}{3}-\left(\frac{1}{3}+\frac{1}{2}\right):\frac{5}{4}$

e) $\left(\frac{8}{3}-\frac{1}{3}+\frac{1}{2}\right):\frac{5}{4}$

f) $\frac{8}{3}-\left(\frac{1}{3}+\frac{1}{2}:\frac{5}{4}\right)$

ACTIVIDAD **RESUELTA**

57. Calcula y simplifica $\left(\frac{2}{3}-\frac{1}{2}\right)^2$.

$\left(\frac{2}{3}-\frac{1}{2}\right)^2$ no es igual a $\left(\frac{2}{3}\right)^2-\left(\frac{1}{2}\right)^2$.

El orden correcto es:

$$\left(\frac{2}{3}-\frac{1}{2}\right)^2=\left(\frac{4}{6}-\frac{3}{6}\right)^2=\left(\frac{1}{6}\right)^2=\frac{1^2}{6^2}=\frac{1}{36}$$

58. Calcula y simplifica.

a) $\left(\frac{2}{3}\right)^2-\left(\frac{1}{2}\right)^2$

b) $\left(\frac{3}{4}-\frac{5}{4}:2\right)^2$

c) $\left(\frac{2}{3}\right)^2+\left(\frac{2}{3}\right)^2$

d) $\left(3-\frac{7}{2}\right)^3+2^3$

59. Calcula y simplifica.

a) $\left(\frac{3}{4}\cdot\frac{2}{3}\right)^3:\frac{5}{8}$

b) $\left(1-\frac{1}{3}\right)^3-\left(1+\frac{1}{3}\right)^3$

c) $\left(1-\frac{1}{2}\right)\cdot\left(1-\frac{1}{3}\right)^2-\frac{2}{3^2}$

d) $\left(\frac{1}{2}\right)^4-\left(3-\frac{7}{3}\right)^3$

ACTIVIDAD **RESUELTA**

60. Calcula y simplifica.

$$\frac{7}{15}+\frac{1}{15}\cdot\left[\frac{3}{5}-\left(\frac{1}{2}\right)^3\cdot 8\right]$$

1.º Resolvemos el paréntesis, realizando las operaciones en el orden adecuado.

$$\frac{3}{5}-\left(\frac{1}{2}\right)^3\cdot 8=\frac{3}{5}-\frac{1}{8}\cdot 8=\frac{3}{5}-\frac{8}{8}=\frac{3}{5}-1=\frac{3}{5}-\frac{5}{5}=-\frac{2}{5}$$

2.º Realizamos la suma y el producto, en el orden correcto. ¡Cuidado con los signos!

$$\frac{7}{15}+\frac{1}{15}\cdot\left[\frac{3}{5}-\left(\frac{1}{2}\right)^3\cdot 8\right]=\frac{7}{15}+\frac{1}{15}\cdot\left(-\frac{2}{5}\right)=\frac{7}{15}-\frac{2}{75}=$$
$$=\frac{35}{75}-\frac{2}{75}=\frac{33}{75}=\frac{11}{25}$$

61. Calcula y simplifica.

a) $\frac{5}{6}+\frac{1}{6}\cdot\left(\frac{3}{4}-\frac{1}{5}:\frac{4}{11}\right)$

b) $\frac{1}{8}-\left[\frac{5}{6}:\frac{1}{5}\cdot\frac{9}{10}-\left(2-\frac{7}{5}\right)\right]$

c) $\frac{5}{2}-\frac{7}{4}-\left(5-\frac{1}{4}\cdot 30:\frac{5}{6}\right)$

d) $2-\frac{9}{25}:\left[\frac{3}{5}-\left(\frac{6}{7}-\frac{4}{5}\right)\cdot\frac{7}{2}\right]^2$

e) $\left[\left(\frac{1}{2}\right)^3:\left(\frac{3}{8}-2\right)\right]-\frac{6}{7}\cdot\frac{(5-4\cdot 3)}{3}$

62. smSaviadigital.com

PRACTICA Realiza operaciones con fracciones.

7 Problemas con fracciones

En la vida cotidiana aparecen las fracciones con mucha frecuencia. Los problemas con fracciones son muy variados, y se resuelven usando diferentes métodos.

MAT-TIC GeoGebra
Resuelve problemas en los que intervienen fracciones en smSaviadigital.com.

Ejemplo ▸ En una clase de educación física, $\frac{3}{5}$ partes de los alumnos juegan al baloncesto, y los 12 alumnos restantes, al fútbol. ¿Cuántos alumnos hay en clase?

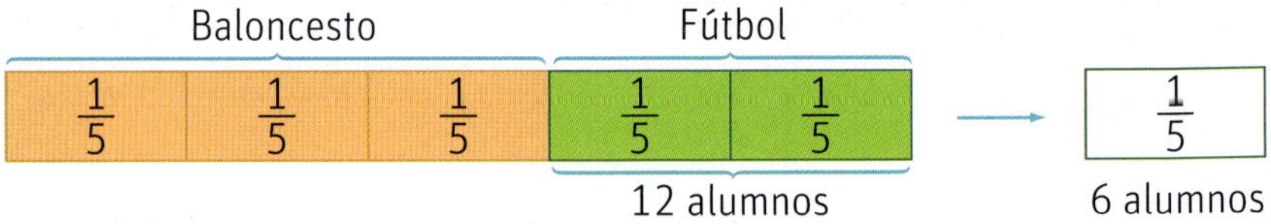

La clase entera tendrá $6 \cdot 5 = 30$ alumnos.

Ejemplo ▸ ¿Qué cantidad está pidiendo la abuela de Lola?

La abuela de Lola esta pidiendo un cuarto de kilo y la mitad de un cuarto de kilo. Para calcular esta cantidad, podemos usar dos métodos:

- Hallar las cantidades en gramos: $\frac{1}{4}$ de kilo equivale a $1000\text{ g} : 4 = 250\text{ g}$, la mitad de un cuarto de kilo es $250\text{ g} : 2 = 125\text{ g}$.
  La abuela ha pedido $250\text{ g} + 125\text{ g} = 375$ gramos de jamón.
- Operar con fracciones: $\frac{1}{4}+\frac{1}{2}\cdot\frac{1}{4}=\frac{1}{4}+\frac{1}{8}=\frac{2}{8}+\frac{1}{8}=\frac{3}{8}$.
  La abuela ha pedido $\frac{3}{8}$ de $1000\text{ g} = \frac{3}{8}\cdot 1000\text{ g} = \frac{3\cdot 1000}{8} = 375\text{ g}$.

MAT-TIC GeoGebra
¿Qué fracciones esconde el Tangram? Entra en smSaviadigital.com.

Ejemplo ▸ Félix ha sembrado la tercera parte de su huerto con patatas, y dos quintas partes del resto con tomates. Quedan 60 m² de huerto, en los que sembrará lechugas. ¿Cuánto mide su parcela?

1.º Representamos la parcela mediante un rectángulo dividido en tres partes, marcando la parte que ocupan las patatas.

2.º Dividimos ahora en cinco partes iguales y coloreamos la parte correspondiente a los tomates. El resto, corresponde a las lechugas.

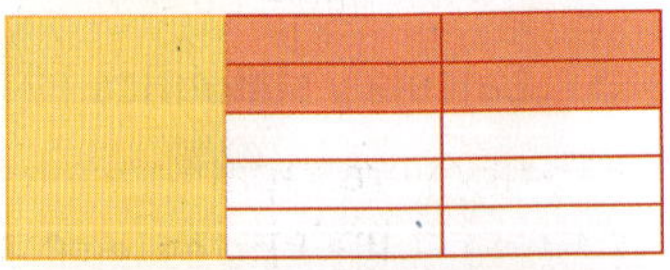

La parte de las lechugas mide 60 m² y está formada por 6 rectángulos, por lo que cada uno de ellos mide $60 : 6 = 10\text{ m}^2$.
Como el huerto equivale a 15 rectángulos, este medirá $15 \cdot 10 = 150\text{ m}^2$.

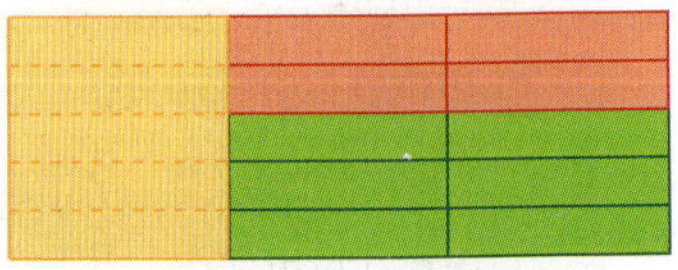

ACTIVIDADES

63. Un pueblo tiene 3600 habitantes. Las dos terceras partes de sus habitantes son españoles, $\frac{1}{9}$ son de otros países europeos, $\frac{1}{9}$ son de origen africano y el resto son americanos.

a) ¿Qué fracción del total representan los habitantes americanos?

b) ¿Cuántos habitantes hay de cada continente?

64. Lucía pasa 8 horas diarias durmiendo, 2 horas comiendo y 6 horas en el colegio. ¿Qué fracción del día dedica a cada tarea? ¿Qué fracción le queda?

65. Ana y David están pintando una casa.

a) ¿Cuál de los dos ha trabajado más?

b) Si el trabajo ha durado 96 h, ¿cuántas horas ha trabajado cada uno?

c) Si el sueldo por el trabajo completo son 1440 €, ¿cuánto debe cobrar cada uno?

66. Un billete de lotería cuesta 200 €. Se vende en décimos, cada uno de los cuales cuesta $\frac{1}{10}$ del precio del billete. Diego ha comprado un décimo y lo reparte entre sus cinco hermanos.

a) ¿Qué fracción del billete inicial representa la parte que tiene cada hermano?

b) Si el billete obtiene un premio de 3000 €, ¿qué premio corresponderá a cada hermano?

67. Un padre reparte una herencia entre sus tres hijos. Al mayor le deja la mitad; al mediano, la tercera parte, y al pequeño, la novena parte.

a) ¿Ha repartido toda la herencia?

b) Si el pequeño se llevó 1800 €, ¿cuánto se llevaron los otros hermanos?

68. Un vendedor de refrescos quiere utilizar botellas de dos tamaños: $\frac{1}{3}$ de litro y $\frac{1}{5}$ de litro.

a) ¿Cuántas botellas de $\frac{1}{3}$ de litro necesita para envasar 40 L? ¿Y cuántas de $\frac{1}{5}$ de litro?

b) Si quiere envasar cada mitad de los 40 L en un tipo de botellas, ¿cuántas botellas de cada tipo usará?

c) ¿Es posible envasar los 40 L de forma que haya el mismo número de botellas de cada tipo?

69. Roberto ha hecho un viaje en varias etapas. El primer día ha cubierto $\frac{3}{10}$ del recorrido, el segundo día ha hecho $\frac{1}{4}$ del camino, el tercer día, $\frac{1}{5}$, y todavía le faltan 100 kilómetros para llegar a su destino.

¿Cuántos kilómetros habrá recorrido al terminar?

70. Pilar está leyendo un libro. El primer día leyó $\frac{2}{7}$ del libro, el segundo, la mitad de lo que le quedaba, y el tercero, $\frac{3}{5}$ del resto. Le faltan 70 páginas por leer. ¿Cuántas páginas tiene el libro?

71. Cuatro amigos han comprado tres *pizzas* para compartir. Cada uno ha ido anotando las fracciones de *pizza* que se ha comido, para saber cuánto tienen que pagar.

Jesús: $\frac{13}{16}$	Rosa: $\frac{3}{4}$
Javier: $\frac{9}{16}$	Andrea: $\frac{5}{8}$

a) ¿Cuánta *pizza* han comido entre todos?

b) Si todos hubieran comido lo mismo, ¿qué fracción hubiera consumido cada uno?

c) Deciden pagar las *pizzas* según las porciones que han comido. ¿Qué fracción debería pagar cada uno?

Organiza tus ideas

FRACCIONES

Definición

$\frac{3}{7}$ — 3 → Numerador; 7 → Denominador

Interpretación

- Partes de una unidad
- Cociente indicado de dos números enteros
- Partes de una cantidad

FRACCIONES EQUIVALENTES. SIMPLIFICACIÓN

- Dos **fracciones equivalentes** representan la misma parte de la unidad. Se pueden obtener multiplicando o dividiendo por un mismo número distinto de 0.

  Sus productos cruzados son iguales: $\frac{2}{3} = \frac{4}{6} \Leftrightarrow 2 \cdot 6 = 3 \cdot 4$

- Una **fracción** es **irreducible** cuando no se puede simplificar más. Sus términos son primos entre sí.

REDUCCIÓN A COMÚN DENOMINADOR. COMPARACIÓN

Reducción de fracciones a mínimo común denominador

1.º Se calcula el mínimo común múltiplo de los denominadores.

2.º Se amplifican las fracciones tomando como denominador común el m.c.m. Se divide el denominador común entre su denominador y se multiplica el resultado por su numerador.

Comparación de fracciones

- Con el **mismo denominador**: es mayor la que tiene **mayor numerador**.
- Con el **mismo numerador**: es mayor la que tiene **menor denominador**.
- Si tienen **distinto numerador y denominador**, se reducen a común denominador para poder compararlas.

TIPOS DE FRACCIONES

Fracciones propias	El numerador es menor que el denominador.	$\frac{3}{4}$
Fracciones impropias	El numerador es mayor que el denominador.	$\frac{11}{4}$
	Una fracción impropia puede expresarse como un entero más una fracción propia (número mixto)	$\frac{25}{4} = 6 + \frac{1}{4} = 6\frac{1}{4}$

OPERACIONES CON FRACCIONES

Suma	Resta
$\frac{1}{2} + \frac{2}{3} = \frac{3}{6} + \frac{4}{6} = \frac{7}{6}$	$\frac{3}{4} - \frac{2}{3} = \frac{9}{12} - \frac{8}{12} = \frac{1}{12}$
Multiplicación	**Potencia**
$\frac{2}{5} \cdot \frac{3}{4} = \frac{2 \cdot 3}{5 \cdot 4} = \frac{6}{20} = \frac{3}{10}$	$\left(\frac{2}{3}\right)^2 = \frac{2^2}{3^2} = \frac{4}{9}$
División	**Fracción inversa**
$\frac{3}{5} : \frac{2}{7} = \frac{3 \cdot 7}{5 \cdot 2} = \frac{21}{10}$	$\frac{3}{4}$ y $\frac{4}{3} \Rightarrow \frac{3}{4} \cdot \frac{4}{3} = 1$

Jerarquía de las operaciones:

Se resuelven primero las operaciones que aparecen dentro de corchetes y paréntesis y después el resto, siguiendo este orden:

1.º **Potencias**

2.º **Multiplicaciones** y **divisiones**, de izquierda a derecha

3.º **Sumas** y **restas**

Los resultados deben darse siempre en forma de fracciones irreducibles.

Actividades

EJERCICIOS **PARA PRACTICAR**

Fracciones. Interpretación

72. Escribe en tu cuaderno la fracción correspondiente a cada enunciado.

a) La botella contiene tres cuartos de litro.

b) Ha trabajado dos horas y tres cuartos.

c) Nueve de cada diez dentistas recomiendan este cepillo.

d) Ha escrito cinco páginas de un trabajo de 30.

73. Escribe la fracción correspondiente a la parte coloreada.

a)

c)

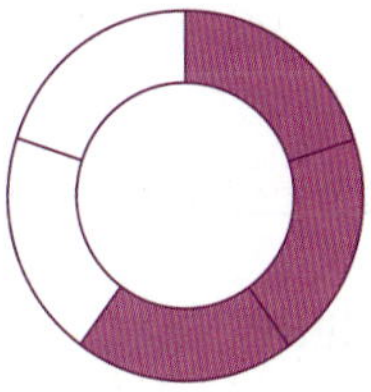

b)

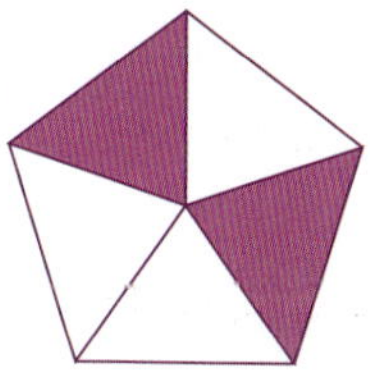

d)

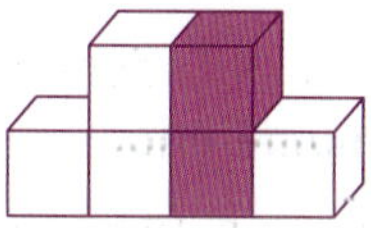

74. Representa gráficamente las siguientes fracciones.

a) $\frac{4}{7}$

c) $\frac{7}{20}$

b) $\frac{5}{9}$

d) $\frac{19}{4}$

Fracciones equivalentes. Simplificación

ACTIVIDAD **RESUELTA**

75. Comprueba si las siguientes fracciones son equivalentes.

a) $\frac{12}{35}$ y $\frac{20}{50}$ **b)** $\frac{18}{135}$ y $\frac{14}{105}$

Dos fracciones son equivalentes si los productos cruzados coinciden.

a) $\left.\begin{matrix} 12 \cdot 50 = 600 \\ 35 \cdot 20 = 700 \end{matrix}\right\} \Rightarrow$ No son equivalentes.

b) $\left.\begin{matrix} 18 \cdot 105 = 1890 \\ 14 \cdot 135 = 1890 \end{matrix}\right\} \Rightarrow$ Son equivalentes.

76. Comprueba si estas fracciones son equivalentes.

a) $\frac{7}{12}$ y $\frac{15}{11}$

c) $-\frac{24}{64}$ y $\frac{-60}{160}$

b) $\frac{12}{30}$ y $\frac{30}{75}$

d) $\frac{65}{32}$ y $\frac{194}{96}$

77. Representa las siguientes fracciones e indica si son equivalentes a partir de su gráfica.

a) $\frac{9}{12}$ y $\frac{6}{8}$

b) $\frac{3}{9}, \frac{7}{18}$ y $\frac{2}{6}$

78. Escribe tres fracciones equivalentes a cada una de las siguientes por amplificación.

a) $\frac{4}{5}$

c) $\frac{7}{3}$

b) $\frac{1}{9}$

d) $\frac{-6}{5}$

79. Escribe tres fracciones equivalentes a cada una de las siguientes por simplificación.

a) $\frac{400}{500}$

c) $\frac{140}{42}$

b) $\frac{30}{42}$

d) $\frac{66}{99}$

ACTIVIDAD **RESUELTA**

80. Simplifica todo lo posible las siguientes fracciones.

a) $\frac{64}{160}$ **b)** $\frac{64}{243}$

Calculamos el máximo común divisor del numerador y el denominador de cada fracción y dividimos ambos por el resultado.

a) m.c.d. (64, 160) = 32

$$\frac{64}{160} = \frac{64:32}{160:32} = \frac{2}{5}$$

b) m.c.d. (64, 243) = 1 $\Rightarrow$ Como el numerador y el denominador son primos entre sí, la fracción es irreducible.

81. Simplifica las siguientes fracciones hasta conseguir una fracción irreducible.

a) $\frac{80}{124}$

c) $-\frac{3600}{540}$

b) $\frac{88}{242}$

d) $\frac{162}{216}$

82. Halla la fracción equivalente en cada caso, que cumpla la condición dada.

a) Equivalente a $\frac{3}{4}$, con denominador 80

b) Equivalente a $\frac{16}{40}$, con denominador 60

c) Equivalente a $\frac{15}{90}$, con numerador 90

d) Equivalente a $\frac{3}{4}$, con numerador 75

Actividades

Reducción a común denominador

83. Reduce al denominador común que se indica.

a) $\frac{1}{5}$ y $\frac{7}{30}$, con denominador 60

b) $\frac{23}{15}$ y $\frac{16}{30}$, con denominador 150

c) $\frac{40}{96}$ y $\frac{35}{16}$, con denominador 192

84. Reduce a mínimo común denominador los siguientes pares de fracciones.

a) $\frac{5}{6}$ y $\frac{4}{5}$

b) $\frac{7}{9}$ y $\frac{2}{18}$

c) $\frac{11}{24}$ y $\frac{5}{36}$

d) $\frac{12}{25}$ y $\frac{-4}{15}$

85. Reduce a mínimo común denominador estas fracciones.

a) $\frac{3}{2}, \frac{5}{4}$ y $\frac{7}{8}$

b) $\frac{11}{8}, \frac{17}{6}$ y $\frac{13}{48}$

c) $\frac{-33}{20}, \frac{23}{15}$ y $-\frac{13}{12}$

d) $\frac{19}{24}, \frac{61}{56}$ y $\frac{17}{18}$

Ordenación de fracciones

86. Sin hacer operaciones, ordena las fracciones de menor a mayor.

a) $\frac{3}{16}$ y $\frac{1}{16}$

b) $\frac{24}{35}, \frac{22}{35}$ y $\frac{29}{35}$

c) $\frac{12}{5}$ y $\frac{12}{7}$

d) $\frac{32}{9}, \frac{32}{29}$ y $\frac{32}{49}$

87. Reduce a común denominador y ordena.

a) $\frac{1}{4}, \frac{2}{5}$ y $\frac{1}{8}$

b) $\frac{7}{12}, \frac{12}{28}$ y $\frac{11}{20}$

c) $\frac{32}{25}, \frac{16}{15}$ y $\frac{3}{4}$

d) $\frac{27}{48}, \frac{17}{36}$ y $\frac{47}{60}$

88. Completa en tu cuaderno para que se cumplan las desigualdades.

a) $\frac{5}{7} < \frac{\bullet}{3}$

b) $\frac{\bullet}{2} > \frac{3}{8}$

89. Escribe dos fracciones comprendidas entre las siguientes.

a) $\frac{19}{12}$ y $\frac{23}{12}$

b) $\frac{4}{9}$ y $\frac{4}{7}$

c) $\frac{11}{12}$ y $\frac{14}{15}$

d) $\frac{5}{12}$ y $\frac{1}{2}$

e) $\frac{-20}{21}$ y $\frac{-3}{7}$

f) 4 y $4\frac{1}{9}$

Operaciones con fracciones

90. Realiza las siguientes operaciones.

a) $\frac{3}{8}+\frac{7}{8}+\frac{15}{8}$

b) $\frac{32}{27}-\frac{4}{27}+\frac{1}{27}-\frac{11}{27}$

c) $\frac{13}{45}-\frac{7}{20}$

d) $\frac{13}{4}+\frac{5}{12}+\frac{7}{24}$

e) $\frac{25}{12}-\frac{5}{6}+\frac{17}{18}$

f) $\frac{37}{200}-\frac{29}{100}+\frac{49}{50}$

91. Calcula.

a) $12-\frac{27}{16}+\frac{43}{12}$

b) $2+\frac{1}{3}-3+\frac{3}{4}+7+\frac{5}{6}$

c) $5-\frac{27}{8}+4+\frac{1}{6}$

d) $\frac{19}{5}-\frac{33}{10}+2-2+\frac{1}{6}$

92. Resuelve.

a) $\frac{3}{4}\cdot\frac{4}{27}$

b) $\frac{5}{4}\cdot\frac{9}{4}$

c) $\frac{2}{3}\cdot\frac{3}{7}\cdot\frac{7}{9}$

d) $\frac{24}{35}\cdot\frac{50}{21}\cdot\frac{3}{16}$

e) $\frac{23}{4}\cdot 30$

f) $\frac{2}{5}\cdot\left(3+\frac{3}{4}\right)$

93. Escribe la fracción inversa.

a) $\frac{22}{5}$

b) $\frac{13}{16}$

c) $\frac{1}{23}$

d) 30

e) 1

f) 0

94. Resuelve las operaciones siguientes.

a) $\frac{8}{5}:\frac{16}{5}$

b) $\frac{5}{4}:\frac{5}{12}$

c) $\frac{15}{7}:30$

d) $12:\frac{4}{9}$

95. Calcula las siguientes potencias.

a) $\left(\frac{3}{7}\right)^2$

b) $\left(\frac{1}{4}\right)^4$

c) $\left(\frac{1}{10}\right)^6$

d) $\left(\frac{3}{2}\right)^4$

96. Realiza las siguientes operaciones combinadas.

a) $\frac{3}{8}-\frac{1}{8}\cdot\frac{4}{5}$

b) $\frac{5}{12}-\frac{7}{20}+\frac{5}{4}\cdot\frac{1}{10}$

c) $\frac{12}{25}:\frac{6}{15}\cdot\frac{9}{2}$

d) $3-\frac{1}{4}\cdot\frac{6}{9}-2:\frac{3}{5}$

e) $\frac{25}{18}-\frac{1}{3}:4\cdot\frac{12}{5}$

f) $6:\frac{3}{4}-\frac{1}{4}:\frac{6}{5}+\frac{9}{5}$

ACTIVIDAD **RESUELTA**

97. Calcula $\frac{3}{4}-\left(\frac{1}{2}\right)^2\cdot\left[\frac{4}{5}-3:\frac{15}{2}\right]$.

1.º Resolvemos el interior del corchete, empezando por la división.

$$\frac{3}{4}-\left(\frac{1}{2}\right)^2\cdot\left[\frac{4}{5}-3:\frac{15}{2}\right]=$$
$$=\frac{3}{4}-\left(\frac{1}{2}\right)^2\cdot\left[\frac{4}{5}-\frac{3\cdot 2}{15}\right]=$$
$$=\frac{3}{4}-\left(\frac{1}{2}\right)^2\cdot\left[\frac{4}{5}-\frac{6}{15}\right]=$$

2.º Simplificamos la fracción obtenida en la división y realizamos la resta.

$$=\frac{3}{4}-\left(\frac{1}{2}\right)^2\cdot\left[\frac{4}{5}-\frac{2}{5}\right]=$$
$$=\frac{3}{4}-\left(\frac{1}{2}\right)^2\cdot\frac{2}{5}=$$

3.º Elevamos al cuadrado.

4.º Calculamos la multiplicación.

$$=\frac{3}{4}-\frac{1}{4}\cdot\frac{2}{5}=$$

5.º Hallamos el mínimo común denominador entre 4 y 20, m. c. m. (4, 20) = 20, y restamos las fracciones.

$$=\frac{3}{4}-\frac{2}{20}=$$
$$=\frac{15}{20}-\frac{2}{20}=\frac{13}{20}$$

98. Realiza las siguientes operaciones.

a) $\frac{5}{16}-\frac{1}{16}\cdot\left(\frac{4}{5}-\frac{3}{4}\cdot 6\right)$

b) $3+\frac{1}{4}:\left(3+\frac{1}{4}:\frac{5}{8}\right)$

c) $\frac{4}{3}-\frac{1}{5}\cdot\left(\frac{3}{4}-\frac{1}{6}\right)^2$

d) $\frac{1}{2}+\frac{1}{2^3}:\left(6-\frac{7}{4}:2\right)-\frac{1}{41}$

e) $3\cdot\left(\frac{4}{5}-\frac{1}{3}\right)-\left(\frac{7}{6}-\frac{3}{4}\cdot\frac{5}{9}\right)$

f) $\frac{35}{12}-\frac{7}{4}\cdot\left(6-\frac{4}{3}:32\right)+\frac{12}{25}$

ACTIVIDAD **RESUELTA**

99. Resuelve $\dfrac{\frac{4}{3}-\frac{1}{6}\cdot\frac{4}{5}}{\frac{2}{3}-\frac{1}{4}}$.

Resolvemos las operaciones de numerador y denominador, y dividimos los resultados.

$$\frac{\frac{4}{3}-\frac{1}{6}\cdot\frac{4}{5}}{\frac{2}{3}-\frac{1}{4}}=\frac{\frac{4}{3}-\frac{4}{30}}{\frac{2}{3}-\frac{1}{4}}=\frac{\frac{40}{30}-\frac{4}{30}}{\frac{8}{12}-\frac{3}{12}}=\frac{\frac{36}{30}}{\frac{5}{12}}=\frac{\frac{6}{5}}{\frac{5}{12}}=$$
$$=\frac{6}{5}:\frac{5}{12}=\frac{6\cdot 12}{5\cdot 5}=\frac{72}{25}$$

100. Resuelve.

a) $\dfrac{\frac{5}{8}-\frac{1}{8}\cdot\frac{6}{5}}{\frac{9}{10}-\frac{5}{8}}$

b) $\dfrac{3-2\cdot\left(\frac{17}{12}-\frac{5}{16}\right)}{\frac{2}{3}:16}$

Actividades de síntesis

101. En un cuadrado mágico la suma por filas, por columnas o en diagonal da siempre el mismo resultado.

Por ejemplo, en el siguiente cuadrado, cualquiera de esas sumas da 15.

4	9	2
3	5	7
8	1	6

Copia y completa en tu cuaderno los siguientes cuadrados mágicos.

a)

$\frac{6}{13}$	$\frac{1}{13}$	$\frac{8}{13}$
•	$\frac{5}{13}$	•
•	•	•

b)

$\frac{6}{16}$	•	•
•	$\frac{5}{16}$	•
$\frac{1}{2}$	•	$\frac{2}{8}$

102. Calcula la inversa de una fracción impropia. ¿Cómo es esa fracción? ¿Y de una fracción propia?

103. Si se divide un número positivo entre una fracción propia positiva, ¿el resultado es mayor o menor que el número inicial? Pon algunos ejemplos.

ACTIVIDAD **RESUELTA**

104. Ordena $\frac{2}{3}, \frac{9}{5}, \frac{14}{9}, \frac{26}{7}$ y 2 de menor a mayor.

No siempre es necesario reducir todas las fracciones a común denominador. Como hay varias fracciones impropias, empezamos expresándolas como suma de un entero más una fracción propia.

$$\frac{9}{5}=1+\frac{4}{5}\qquad\frac{14}{9}=1+\frac{5}{9}\qquad\frac{26}{7}=3+\frac{5}{7}$$

El único número menor que 1 es $\frac{2}{3}$.

Para ordenar los números con parte entera 1, comparamos las fracciones.

$\frac{4}{5}=\frac{36}{45}$ y $\frac{5}{9}=\frac{25}{45}$. Por tanto, es menor $1+\frac{5}{9}=\frac{14}{9}$.

El orden es: $\frac{2}{3}<\frac{14}{9}<\frac{9}{5}<2<\frac{26}{7}$.

105. Ordena de menor a mayor en tu cuaderno.

a) $\frac{3}{5}, \frac{-7}{6}, \frac{13}{15}, 1, -\frac{1}{4}$

b) $-3, \frac{8}{15}, \frac{-34}{9}, -\frac{11}{3}, \frac{15}{224}, 1$

Actividades

PROBLEMAS PARA RESOLVER

PROBLEMA **RESUELTO**

106. En la biblioteca del instituto hay libros de varios géneros: $\frac{1}{4}$ de ellos son de literatura juvenil, $\frac{1}{6}$, obras de teatro, $\frac{2}{15}$, de poesía, y el resto de otros géneros.

a) Calcula la fracción correspondiente a los libros de otros géneros.

b) Si hay 40 libros de poesía, ¿cuántos libros tiene la biblioteca?

a) Entre literatura juvenil, teatro y poesía suman:

$$\frac{1}{4}+\frac{1}{6}+\frac{2}{15}=\frac{15}{60}+\frac{10}{60}+\frac{8}{60}=\frac{33}{60}=\frac{11}{20}$$

Por tanto, como el total de los libros debe sumar 1, los otros géneros suponen $1-\frac{11}{20}=\frac{20}{20}-\frac{11}{20}=\frac{9}{20}$ del total.

b) Como los libros de poesía suponen $\frac{2}{15}$ del total, hay que calcular la fracción equivalente que tiene numerador 40.

$$\frac{2}{15}=\frac{40}{?}$$

Para obtener 40 a partir de 2, multiplicamos por 20, por lo que para calcular la fracción equivalente habrá que multiplicar por 20 también el denominador:

En total hay $20 \cdot 15 = 300$ libros.

107. **Emprende**

Realiza una encuesta en tu clase sobre la asignatura favorita de tus compañeros.

a) Anota los datos en una tabla y represéntalos en un diagrama de barras.

b) ¿Qué fracción de alumnos prefiere cada asignatura?

c) ¿Es posible calcular fracciones equivalentes a las dadas con denominador 100? En caso afirmativo, calcúlalas. ¿Cómo puedes interpretar estas fracciones?

108. La parte de un iceberg que queda por debajo del agua y no es visible es $\frac{9}{10}$ de su volumen total.
Si en un iceberg la parte visible tiene un volumen de 220 km^3, ¿cuál es su volumen total?

109. Esther tiene que devolver un préstamo de 5000 €. Si ya ha devuelto 375 €, ¿qué fracción del préstamo le queda por devolver?

110. La tienda *El PC Feliz* aplica en todos sus productos un descuento de $\frac{1}{10}$. El ordenador del escaparate se ha vendido por 820 €.

¿Se ha aplicado el descuento correctamente?

111. Unas botellas de zumo tienen una capacidad de $\frac{3}{4}$ de litro. ¿Cuántas harán falta para envasar 600 L? ¿Y para envasar $94+\frac{1}{2}$ L?

112. Un listón de madera mide $6+\frac{1}{4}$ m. Si lo dividimos en ocho partes iguales, ¿cuál será la medida de cada una de esas partes?

PROBLEMA **RESUELTO**

113. María y Marta están leyendo el mismo libro. María ha leído $\frac{8}{45}$ de las páginas, y Marta, $\frac{17}{60}$.

a) ¿Es posible que el libro tenga 200 páginas?

b) ¿Cuántas tendrá, como mínimo?

a) No puede tener 200 páginas, ya que el número de páginas que ha leído María es $\frac{8}{45}\cdot 200=\frac{1600}{45}=35+\frac{5}{9}$, que no es un número natural.

b) Las dos fracciones son irreducibles. El mínimo denominador común es 180, así que el libro tendrá como mínimo 180 páginas.

114. En 1.º ESO A han aprobado $\frac{5}{8}$ de los alumnos, y en 1.º ESO B han aprobado $\frac{7}{11}$.

a) ¿En qué grupo la fracción que representa el número de aprobados ha sido mayor?

b) ¿Es posible que las dos clases tengan el mismo número de alumnos? ¿Por qué?

115. El ancho de un campo de fútbol es $\frac{3}{4}$ del largo.

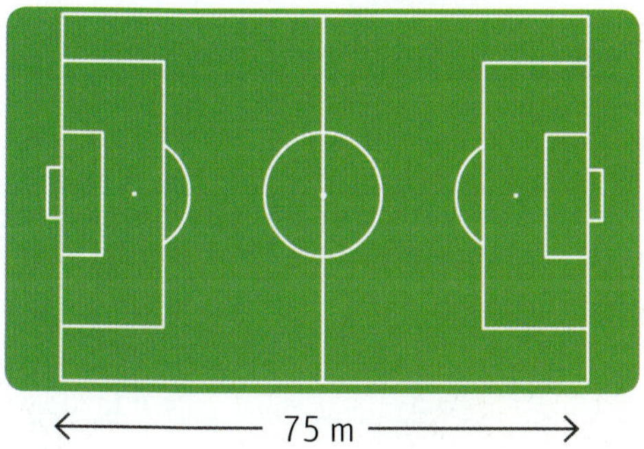

Si un jugador ha dado 10 vueltas completas al campo, qué distancia ha recorrido?

116. En una fiesta de disfraces, $\frac{1}{4}$ de los asistentes van disfrazados de vampiros, $\frac{2}{3}$ del resto se disfrazaron de zombis y los 3 que quedan, de orcos. ¿Cuántas personas asistieron a la fiesta? ¿Cuántas llevaban cada disfraz?

117. En casa de Inés, el gasto en electricidad supone $\frac{1}{12}$ del presupuesto mensual. De ese gasto, $\frac{4}{5}$ corresponden al consumo de los electrodomésticos, y de este consumo, $\frac{3}{4}$ corresponden a los aparatos de la cocina. Si el gasto de los aparatos de la cocina fue de 80 € el mes pasado, ¿cuál era el presupuesto completo?

118. Un jardinero cultiva rosas, geranios, amapolas y otras flores. En su terreno ha dedicado $\frac{3}{10}$ a las rosas, $\frac{3}{16}$, a los geranios, y $\frac{1}{4}$, a las amapolas. Si entre geranios y amapolas ocupan 35 m^2, calcula el área total de su terreno y el área dedicada a cada tipo de flor.

ACTIVIDADES PARA PENSAR MÁS

119. En la figura, los tres segmentos tienen la misma longitud. ¿Qué número representa *A*?

A. $\frac{13}{24}$ B. $\frac{7}{18}$ C. $\frac{29}{36}$ D. $\frac{5}{12}$

120. Si todas las verticales son paralelas y todas las horizontales están igualmente separadas, ¿qué fracción de la figura está sombreada?

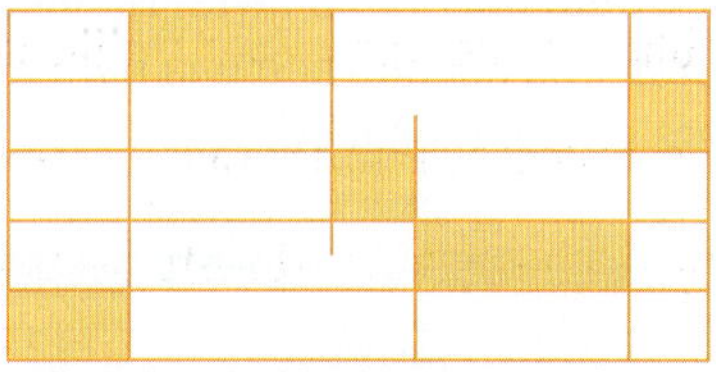

A. $\frac{13}{48}$ B. $\frac{5}{18}$ C. $\frac{5}{16}$ D. $\frac{1}{5}$

121. En un teatro de 100 butacas hay más de 30 espectadores. $\frac{2}{3}$ de los asistentes son mujeres, $\frac{5}{8}$ de los espectadores son menores de edad, y los adultos son un número impar. ¿Cuánto suman las cifras del número total de espectadores que hay en la sala?

A. 9 B. 8 C. 7 D. 6

122. El resultado del producto de estos 2009 factores $\left(1-\frac{1}{2}\right)\cdot\left(1-\frac{1}{3}\right)\cdot\left(1-\frac{1}{4}\right)\cdot\ldots\cdot\left(1-\frac{1}{2010}\right)$ es:

A. $\frac{1}{2\cdot3\cdot\ldots\cdot2010}$ C. 1

B. $\frac{1}{2010}$ D. $\frac{1}{1005}$

123. La vinagreta se elabora mezclando zumo de limón, aceite y vinagre. Juan ha preparado una taza en la proporción 1:2:3 y su hermana otra taza igual en la proporción 3:4:5. Si juntan las dos tazas, ¿cuál es, ahora, la proporción de zumo de limón, aceite y vinagre en esta nueva vinagreta?

A. 2:5:8 B. 4:5:6 C. 3:5:7 D. 5:8:11

Encuentra el error

124. En estas operaciones se ha cometido algún error... aunque, sorprendentemente, el resultado final es correcto. Encuentra los errores, escribe la operación correcta y comprueba que el resultado es el mismo.

a) $\frac{1}{4}+\frac{3}{4}\cdot\left(\frac{5}{4}-\frac{1}{4}\right)=\frac{4}{4}\cdot\left(\frac{4}{4}\right)=1$

b) $\frac{16}{64}=\frac{1\cancel{6}}{\cancel{6}4}=\frac{1}{4}$

c) $\left(\frac{6}{8}-\frac{6}{4}\right)\cdot\left(\frac{14}{4}-\frac{7}{2}\right)=\left(\frac{6-6}{8-4}\right)\cdot\left(\frac{14-7}{4-2}\right)=\frac{0}{4}\cdot\frac{7}{2}=\frac{0}{4}=0$

d) $\frac{9}{12}+\frac{3}{4}=\frac{9+3}{12-4}=\frac{12}{8}=\frac{3}{2}$

Ponte a prueba

PROBLEMA RESUELTO El bizcocho de chocolate

Juan quiere invitar a su cumpleaños a sus 18 mejores amigos y ha decidido hacer una tarta. Ha buscado en Internet varias recetas y ha encontrado una para hacer un bizcocho de chocolate que parece fácil.

www.e-sm.net/

Bizcocho de chocolate

Ingredientes para 6 personas:

- $\frac{1}{2}$ taza de cacao en polvo
- 1 sobre de levadura
- $1\frac{1}{2}$ taza de harina
- $\frac{1}{2}$ taza de leche
- 2 huevos
- $1\frac{1}{2}$ taza de azúcar
- $\frac{3}{4}$ taza de mantequilla derretida

1. ¿Qué cantidad necesita de cada ingrediente para invitar a todos sus amigos?
2. Cuando ha ido a buscar los ingredientes se ha dado cuenta de que solo tiene tres huevos. ¿Para cuántas personas es un bizcocho hecho con tres huevos?

   A. 3   C. 9

   B. 8   D. 12
3. ¿Qué cantidad de cada ingrediente necesitará?

SOLUCIÓN

1. Como tiene que hacer el bizcocho para 18 personas y la receta es para 6, necesita el triple de cada ingrediente, es decir:
   - $3\cdot\frac{1}{2}=\frac{3}{2}=1+\frac{1}{2}\Rightarrow$ 1 taza y media de cacao en polvo
   - 3 sobres de levadura
   - $1\frac{1}{2}=1+\frac{1}{2}=\frac{3}{2}\Rightarrow 3\cdot\frac{3}{2}=\frac{9}{2}=4+\frac{1}{2}\Rightarrow$ 4 tazas y media de harina
   - $3\cdot\frac{1}{2}=\frac{3}{2}=1+\frac{1}{2}\Rightarrow$ 1 taza y media de leche
   - $3\cdot 2=6$ huevos
   - $1\frac{1}{2}=1+\frac{1}{2}=\frac{3}{2}\Rightarrow 3\cdot\frac{3}{2}=\frac{9}{2}=4+\frac{1}{2}\Rightarrow$ 4 tazas y media de azúcar
   - $3\cdot\frac{3}{4}=\frac{9}{4}=2+\frac{1}{4}\Rightarrow$ 2 tazas y cuarto de mantequilla
2. Con 6 huevos, la tarta es para 18 personas, con 3 huevos, que es la mitad, será para 9 personas. Respuesta C.
3. Necesitará la mitad de ingredientes que para 18 personas, es decir, además de los 3 huevos:
   - $\frac{3}{2}:2=\frac{3}{4}$ de taza de cacao en polvo
   - 1 sobre y medio de levadura
   - $\frac{9}{2}:2=\frac{9}{4}=2+\frac{1}{4}\Rightarrow$ 2 tazas y cuarto de harina
   - $\frac{3}{2}:2=\frac{3}{4}$ de taza de leche
   - $\frac{9}{2}:2=\frac{9}{4}=2+\frac{1}{4}\Rightarrow$ 2 tazas y cuarto de azúcar
   - $\frac{9}{4}:2=\frac{9}{8}=1+\frac{1}{8}\Rightarrow$ 1 taza y un octavo de mantequilla

El mejor jugador

En el equipo de baloncesto del instituto hay tres jugadores estrella. En lo que va de torneo, Marta encestó 11 de 15 tiros libres, Juan, 8 de 10, y Manuel, 5 de 6. La final está muy disputada y el entrenador debe elegir uno de los jugadores para lanzar un tiro libre.

1. Con estos datos, ¿qué jugador debe elegir?
2. Al consultar los resultados del partido en juego, el entrenador observa que Marta ha encestado 5 de 6 tiros, Juan, 3 de 4, y Manuel, 2 de 3.

   ¿Cambia esto tu decisión inicial? Da argumentos a favor y en contra de cada jugador.

La calefacción

En la casa de María disponen de un depósito de 1080 L de gasoil para calefacción individual. En el periodo más frío, desde el 1 de noviembre hasta el 28 de febrero, han consumido los $\frac{7}{9}$ de depósito y $\frac{5}{6}$ de lo que quedaba los han consumido del 1 de marzo al 30 de abril.

1. Haz un dibujo del estado del depósito.
2. Si el litro de gasoil cuesta 1 €, ¿cuánto han gastado en calefacción desde el 1 noviembre hasta el 28 de febrero?

   A. 600 € C. 840 €

   B. 900 € D. 1380 €
3. ¿Cuántos litros han consumido desde el 1 de marzo hasta el 30 de abril? ¿A qué fracción del depósito corresponde esa cantidad?
4. ¿Cuánto les cuesta rellenar el depósito a partir del 30 de abril?

Los padres de María están muy preocupados por el ahorro energético y quieren cambiar las ventanas para reducir hasta una quinta parte el consumo de calefacción. Han pedido presupuesto y el cambio de las ventanas costaría 3800 €.

5. Si deciden cambiarlas y su gasto en calefacción es siempre el mismo, ¿cuánto dinero ahorrarían en calefacción al año?
6. ¿En cuántos años aproximadamente recuperarían la inversión hecha en las ventanas?

AUTOEVALUACIÓN

1. Indica la fracción correspondiente a la parte coloreada.

   a) 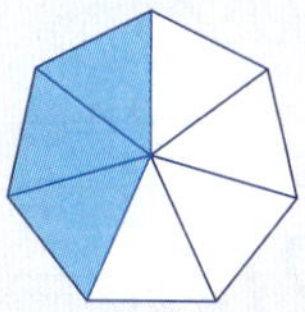

   b) 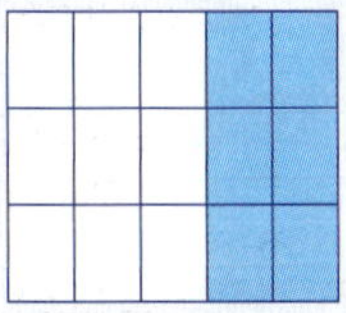

2. Comprueba si son equivalentes.

   a) $\frac{36}{15}$ y $\frac{96}{40}$ b) $\frac{28}{12}$ y $2+\frac{5}{12}$ c) $-\frac{35}{100}$ y $\frac{-16}{40}$

3. Halla la fracción irreducible equivalente.

   a) $\frac{90}{324}$ b) $-\frac{108}{234}$ c) $\frac{320}{540}$

4. Ordena de menor a mayor.

   $\frac{6}{5}$ $\frac{12}{11}$ $\frac{2}{3}$ $\frac{23}{20}$ 1

5. Realiza las siguientes operaciones.

   a) $\frac{3}{4}+\frac{7}{8}+2+\frac{11}{6}$ c) $\frac{3}{4}\cdot\frac{7}{9}\cdot 8\cdot\frac{6}{49}$

   b) $\frac{16}{25}-\left(\frac{8}{5}-\frac{4}{15}\right)$ d) $\frac{16}{28}:\frac{50}{3}\cdot\frac{100}{9}$

6. Resuelve las operaciones siguientes.

   a) $\frac{9}{10}-\frac{7}{10}\cdot\left(\frac{4}{3}-1:\frac{6}{5}\right)$

   b) $\frac{5}{4}+\frac{3}{4}:\left[\frac{2}{5}-\left(\frac{1}{3}\right)^2:\frac{4}{27}\right]$

7. Un técnico ha cobrado 240 € por un trabajo al que ha dedicado $5+\frac{1}{3}$ horas. ¿Cuánto cobra por cada hora de trabajo?

8. En un concesionario de coches hay modelos de varios colores. Los rojos suponen $\frac{1}{6}$ del total, los azules, $\frac{2}{9}$ del total, y los blancos, $\frac{4}{15}$ del total.

   a) ¿Cuál de esos colores es el más frecuente?

   b) Si hay 40 coches azules, ¿cuántos hay en total?

9. Marcos se ha gastado la mitad de su dinero por la mañana, la mitad de la mitad por la tarde y la mitad de la mitad de la mitad por la noche.

   a) ¿Qué fracción del dinero le queda?

   b) Si le quedan 30 €, ¿cuánto dinero tenía?

5 Números decimales

- ¿Cuánto es 2,25 €?
- Si mides 1,52 m, ¿estás más próximo a 1,5 m o a 1,6 m?
- Si entre 3 amigos compran un videojuego que cuesta 36,90 €, ¿cuánto pagará cada uno?

Analiza y saca conclusiones

Observa las notaciones de Stevin. ¿Qué representan en cada caso los números encerrados en círculos?

Las cifras que hay detrás de la coma representan fracciones decimales, cuyo denominador es una potencia de 10. ¿Cómo escribirías el número 0,356 como suma de fracciones decimales?

Lee y comprende

Números y cifras: un viaje en el tiempo

A partir del 2002 [entrada en vigor del euro] los precios de los productos más habituales están dominados por completo por los decimales. [...] Ha sido la segunda gran batalla de estos números. Sí, la segunda, y no la más terrible.

Colón no los utilizó en sus cálculos de navegación. Luca Pacioli escribe en 1509 "La divina proporción", un precioso tratado sobre el número áureo, un número con infinitas cifras decimales, sin utilizar ni una sola vez números decimales. Ni Leonardo, ni Miguel Ángel, ni Durero...

[...] A finales del siglo XVI, en 1585, el matemático belga Simon Stevin dio a conocer en Europa occidental el denominado método turco de cálculo, que se utilizaba en Bizancio, y que no es otro que nuestros números decimales. Aunque Stevin utilizó notaciones diversas y muy distintas de la actual:

$$8 \; \textcircled{0} \; 9 \; \textcircled{1} \; 3 \; \textcircled{2} \; 7 \; \textcircled{3} = 8{,}937$$

$$\begin{matrix} \textcircled{0} & \textcircled{1} & \textcircled{2} & \textcircled{3} & & \\ 5 & 7 & 8 & 9 & = & 5{,}789 \end{matrix}$$

$$5 \; \textcircled{2} \; 4 \; \textcircled{5} = 0{,}05004$$

$$7 \; \textcircled{3} \; 2 = 7{,}32$$

El primero en usar la coma decimal, como la utilizamos hoy, fue el matemático holandés Willebrord Snel a principios del siglo XVII.

ANTONIO PÉREZ SANZ
Documental: Números y cifras: un viaje en el tiempo. Serie Universo Matemático.
RTVE 2001

Busca información y reflexiona

Busca información de la moneda anterior al euro en España, la peseta. Encuentra el valor de un euro en pesetas. ¿Por qué crees que con la peseta no se utilizaban casi números decimales?

1 Cifras decimales

En muchas ocasiones, al hacer la compra, el precio del producto no es un número entero. En este caso, el precio de los cereales está entre 3 € y 4 €. Para expresar ese número hay que utilizar los **números decimales**.

Ten en cuenta

El nombre de cada unidad decimal está relacionado con el denominador correspondiente.

Por ejemplo:

$$\frac{1}{1000000} = 0{,}000001$$

Se lee "una millonésima", ya que el denominador es un millón.

Las **unidades decimales** se obtienen a partir de fracciones con numerador 1 cuyo denominador es una potencia de 10 (la unidad seguida de ceros).

Décima	Centésima	Milésima
$\frac{1}{10} = 0{,}1 = 1$ d	$\frac{1}{100} = 0{,}01 = 1$ c	$\frac{1}{1000} = 0{,}001 = 1$ m

Un **número decimal** tiene dos partes separadas por una coma.

105,743 { Parte entera: 105; Parte decimal: 0,743

Los números decimales se pueden descomponer en los distintos órdenes de unidades.

Ten en cuenta

No confundas C (centenas) con c (centésimas). Para las unidades, decenas, centenas... se usan mayúsculas.

Ejemplo ▸ El número 105,743 se descompone de la siguiente forma:

C	D	U	d	c	m
1	0	5	7	4	3

$$105{,}743 = 100 + 5 + 0{,}7 + 0{,}04 + 0{,}003 =$$
$$= 1 \cdot 100 + 5 \cdot 1 + 7 \cdot 0{,}1 + 4 \cdot 0{,}01 + 3 \cdot 0{,}001 =$$
$$= 1\text{ C} + 5\text{ U} + 7\text{ d} + 4\text{ c} + 3\text{ m}$$

Es decir, 1 Centena, 5 Unidades, 7 décimas, 4 centésimas y 3 milésimas.

Se suele expresar la parte entera en unidades y la parte decimal en la menor unidad decimal que aparezca, en este caso en milésimas:

105,743 = 105 unidades y 743 milésimas

smSaviadigital.com

PRACTICA Conoce mejor las unidades y los órdenes decimales.

ACTIVIDADES

1. Escribe los siguientes números en forma de número decimal y en forma de fracción decimal.

a) 3 centésimas
b) 9 décimas
c) 5 milésimas
d) 1 diezmilésima

2. Descompón los siguientes números en los distintos órdenes de unidades.

a) 3,5471
b) 12,998
c) 1254,3917
d) 200 545,230 028

3. Indica el orden de unidad que representa la cifra 2 en cada uno de los siguientes números.

a) 325,741
b) 100,492
c) 2,02002
d) 201,522

4. Expresa cada número en unidades.

a) 54 milésimas
b) 6802 décimas
c) 37 centésimas
d) 12,3 décimas
e) 0,007 millones
f) 15,482 milésimas

2 Representación y ordenación de números decimales

Los números decimales se pueden representar en la **recta numérica**. Para ello:

1.º Dibujamos la parte de la recta numérica en la que se encuentra el número decimal que queremos representar.

2.º Para representar las décimas, dividimos cada unidad de la recta numérica en 10 partes iguales.

3.º Para representar las centésimas, dividimos cada décima anterior en 10 partes iguales. Seguiríamos este proceso para representar milésimas, diezmilésimas...

Ejemplo ▸ La representación del número 3,45 en la recta numérica es:

MAT-TIC GeoGebra

Entra en smSaviadigital.com y practica con los números decimales y la recta numérica.

Comparación y ordenación de números decimales

Para **comparar** números decimales, se comparan las cifras de los distintos órdenes de unidades, empezando por la izquierda, hasta llegar a la primera que no coincida, que determinará cuál de los números es mayor.

Ten en cuenta

Que un número sea mayor o menor que otro no depende de la cantidad de cifras decimales.

3,2 > 3,146576 89034

Ejemplo ▸ ¿Quién ha llegado primero en una carrera de 100 m?

Corredor	Diego	Enrique
Tiempo (s)	10,308	10,352

- Comparamos los números fijándonos en sus cifras:

  1.º Empezando por la izquierda, buscamos la primera cifra que sea distinta:

  Diego: 10,308 Enrique: 10,352

  2.º Comparamos dichas cifras e identificamos quién ha llegado primero:

  Como 0 < 5, el tiempo de Diego es menor: 10,308 < 10,352.

- Representamos los números en la recta numérica. Es mayor el que se encuentra más a la derecha.

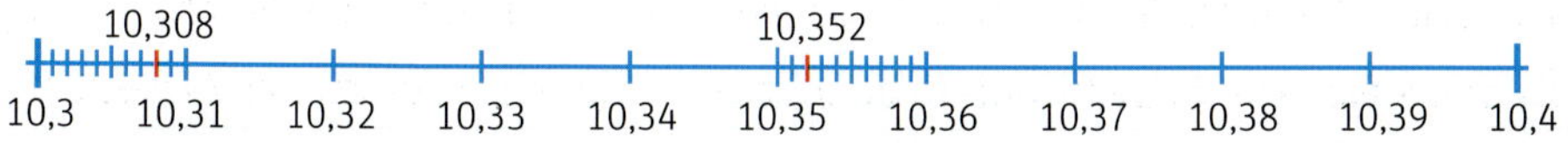

smSaviadigital.com

PRACTICA Representa y compara números decimales.

ACTIVIDADES

5. Representa en la recta numérica los siguientes números decimales.

a) 1,2 b) 0,3 c) 1,85 d) 0,12

6. Ordena de menor a mayor estos números.

a) 102,29; 120,09; 102,9; 102,0076; 120,0906

b) 1,02; 1,022; 1,002; 1,0202; 1,0002; 1,2002; 1,2

7. Escribe tres números decimales comprendidos entre los siguientes.

a) 34,506 y 34,508 b) 4,5 y 4,50003

8. En un Gran Premio de Fórmula 1, diez pilotos han obtenido estos tiempos en la clasificación.

A	1 min 30,908 s	F	1 min 30,220 s
B	1 min 30,757 s	G	1 min 30,059 s
C	1 min 30,979 s	H	1 min 30,736 s
D	1 min 30,962 s	I	1 min 30,955 s
E	1 min 29,607 s	J	1 min 30,211 s

¿Cuál es el orden de salida?

3 Aproximación de números decimales

Al calcular notas medias, precios o medidas, es posible obtener más decimales de los necesarios, por lo que hay que **aproximar** el número decimal que se ha obtenido.

Podemos aproximar un número decimal por **truncamiento** o por **redondeo**.

Truncar un número decimal a un orden determinado es eliminar todas las cifras decimales siguientes a la de ese orden.

Ejemplo ▸ Al calcular la nota media del primer trimestre de Matemáticas, Alfredo ha obtenido un 5,667. Pero la nota solo debe tener dos decimales.

Si truncamos 5,667 a las centésimas, obtenemos el número 5,66.

Cuando necesitamos que la aproximación sea más precisa, utilizamos el redondeo.

MAT-TIC GeoGebra

¿Eres capaz de aproximar a simple vista? Inténtalo en smSaviadigital.com

Para **redondear** un número decimal a un orden determinado hay que fijarse en la cifra siguiente a la de ese orden:

- Si es menor que 5, se redondea por truncamiento.
- Si es mayor o igual que 5, se añade una unidad a la última cifra del número truncado.

Ejemplo ▸ El profesor de Alfredo les ha dicho que va a redondear la nota. Veamos como redondear 5,667 a diferentes órdenes:

Orden	Cifra del siguiente orden	Redondeo
Décimas	5,667	5,7
Centésimas	5,667	5,67

Podemos ver que 5,667 está más cerca del 5,67 que del 5,66 si lo representamos, por lo que el resultado de redondear es más preciso que el de truncar.

ACTIVIDADES

9. Aproxima por truncamiento a las centésimas.

a) 22,547 c) 0,795

b) 3,0049 d) 0,995

10. Aproxima a las milésimas los siguientes números, primero por truncamiento y luego por redondeo.

a) 4,0107 c) 0,1295

b) 5,0023 d) 0,9995

11. Redondea cada número a las centésimas.

a) 22,547 c) 0,795

b) 3,0049 d) 0,995

12. Aproxima a las decenas, unidades, décimas y centésimas el número 49,99.

13. Aproxima por truncamiento y por redondeo el número 4,5095 a las décimas, a las centésimas y a las milésimas.

14. Copia y completa la tabla en tu cuaderno. La T indica truncamiento y la R, redondeo.

	Décimas		Centésimas		Milésimas	
	T	R	T	R	T	R
3,5429	●	●	●	●	●	●
0,0645	●	●	●	●	●	●
1,3579	●	●	●	●	●	●
3,4596	●	●	●	●	●	●

15. smSaviadigital.com

PRACTICA Descubre en cuántas situaciones es necesario aproximar.

4 Fracciones y decimales

Las cantidades decimales pueden expresarse en forma de fracción y, cualquier fracción, puede expresarse en forma decimal.

$$50 \text{ CENT} = 0{,}50 \text{ €} = \frac{1}{2} \text{ €}$$

Las **fracciones** se pueden expresar en **forma decimal**, dividiendo el numerador entre el denominador.

MAT-TIC GeoGebra
Entra en sm**Savia**digital.com y relaciona fracciones y decimales.

Ejemplo ▸ Al dividir el numerador entre el denominador en la fracción $\frac{3}{4}$ se obtiene el número decimal 0,75.

Al representar la fracción y el decimal obtenemos el mismo valor.

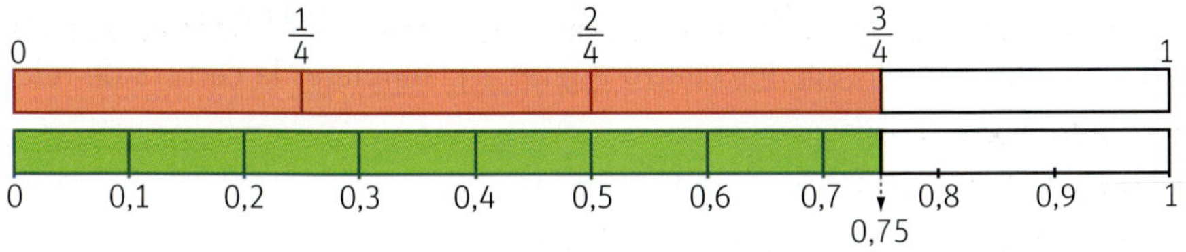

Al dividir el numerador entre el denominador de una fracción, se pueden obtener números de varios tipos:

- **Entero**, si el numerador es múltiplo del denominador: $\frac{12}{3} = 4$
- **Decimal exacto**, si el número de cifras decimales es limitado: $\frac{7}{4} = 1{,}75$
- **Decimal periódico**, si en la parte decimal hay un grupo de cifras que se repite indefinidamente, llamado **período.** Se indica con un arco encima. Pueden ser:
  - **Periódico puro**, si toda su parte decimal es periódica.

    $\frac{7}{3} = 2{,}333... = 2{,}\overset{\frown}{3}$ → parte entera (2) → período (3)

  - **Periódico mixto**, si hay cifras decimales, que no se repiten delante del período, llamadas **anteperíodo**.

    $\frac{13}{6} = 2{,}1666... = 2{,}1\overset{\frown}{6}$ → parte entera (2) → período (6) → anteperíodo (1)

Ten en cuenta

Los **decimales exactos** se pueden escribir en forma de **fracción decimal**, cuyo denominador es la unidad seguida de tantos ceros como cifras decimales tenga el número.

$$2{,}38 = \frac{238}{100}$$

ACTIVIDADES

16. Clasifica los siguientes números decimales.

a) 3,45 c) 3,4545... e) 0,0888...
b) 3,4545 d) 0,088 f) 1,27333...

17. Indica el período de estos números decimales.

a) 0,555... c) 1,21232323...
b) 5,424242... d) $9{,}6\overset{\frown}{95}$

18. Halla los números que cumplen estas condiciones.

a) Parte entera = 4, anteperíodo = 67, período = 1
b) Parte entera = 7, anteperíodo = 0, período = 12

ACTIVIDAD **RESUELTA**

19. Escribe la fracción decimal correspondiente al número 5 D + 2 U + 3 d + 7 c + 4 m.

Expresamos el número en unidades y escribimos la fracción cuyo denominador es la unidad seguida de ceros.

$$5 \text{ D} + 2 \text{ U} + 3 \text{ d} + 7 \text{ c} + 4 \text{ m} = 52{,}374 = \frac{52374}{1000}$$

20. Escribe la fracción decimal correspondiente a cada uno de los siguientes números.

a) 548 d b) 6 D + 3 m c) 7 C + 5 U + 2 c + 9 m

5 Suma y resta de números decimales

Para calcular el precio de la compra o el dinero que te tienen que devolver después de pagar, es necesario **sumar** o **restar** números decimales.

Para **sumar** o **restar números decimales** se siguen los siguientes pasos:

1.º Se colocan unos debajo de otros, haciendo coincidir las unidades del mismo orden y la coma decimal. Si algún número tiene menos cifras decimales, se completa con ceros a la derecha.

2.º Se realizan las operaciones como si fueran números enteros y en el resultado se coloca la coma, debajo de las comas.

Ejemplo ▸ Los corredores de un relevo han obtenido los siguientes tiempos:

9,9 s 9,992 s 10,02 s 10,165 s

- El tiempo que han tardado los cuatro atletas en completar la carrera de relevos ha sido:

$$\begin{array}{r} 9{,}900 \\ 9{,}992 \\ 10{,}020 \\ +\ 10{,}165 \\ \hline 40{,}077 \end{array}$$

- La diferencia de tiempos entre el primero y el cuarto ha sido:

$$\begin{array}{r} 10{,}165 \\ -\ 9{,}900 \\ \hline 0{,}265 \end{array}$$

ACTIVIDADES

21. Suma 2,015 a cada uno de estos números.

a) 3,6 c) 0,0092

b) 2,855 d) 3,985

22. Realiza las siguientes sumas.

a) 11,98 + 7,56 d) 0,03 + 0,06 + 0,21

b) 40,052 + 12,788 e) 1,4 + 3,906 + 8,88

c) 3,1046 + 0,049 f) 3,12 + 0,85 + 1,41

23. Copia en tu cuaderno las siguientes sumas y completa los términos que faltan.

a) $$\begin{array}{r} 38{,}837 \\ \bullet 6{,}\bullet 49 \\ +\ 2\bullet{,}9\bullet 5 \\ \hline 94{,}82\bullet \end{array}$$

b) $$\begin{array}{r} 35{,}\bullet \\ +\ 1\bullet{,}1\bullet 5 \\ \hline \bullet 4{,}82\bullet \end{array}$$

24. Realiza las siguientes restas.

a) 23,48 – 12,23 d) 5,6 – 3,894

b) 3,69 – 2,11 e) 10 – 0,7425

c) 15,315 – 2, 217 f) 83,718 – 33,7512

25. Copia en tu cuaderno las siguientes restas y completa los términos que faltan.

a) $$\begin{array}{r} 88{,}16\bullet \\ -\ 1\bullet{,}4\bullet 7 \\ \hline \bullet 4{,}\bullet 27 \end{array}$$

b) $$\begin{array}{r} \bullet 3{,}69\bullet \\ -\ 1\bullet{,}9\bullet 9 \\ \hline 51{,}\bullet 05 \end{array}$$

26. Realiza las siguientes operaciones.

a) 5,88 – 2,369 + 6,65

b) 26,408 – 4,999 + 1,002

c) 4,562 + 17,898 – 15,349

d) 16 – 2,45 + 37,112 – 1,972

27. Copia y completa los números que faltan.

a) 32,507 – ●●● = 17,908

b) 16,192 + ●●● = 30,6

c) ●●● – 7,4401 = 15,446

d) ●●● + 25,104 = 50,38

28. smSaviadigital.com

PRACTICA Realiza sumas y restas de decimales.

6 Multiplicación de números decimales

Los **números decimales** se **multiplican** como si fueran números enteros y se coloca la coma en el resultado de forma que queden tantas cifras decimales como la suma del número de cifras decimales de los factores.

Ejemplo ▸ Una mesa rectangular mide 2,28 m de largo y 0,9 m de ancho. Calcula el área.

- Multiplicamos $228 \cdot 9 = 2052$.
- El resultado debe tener tres cifras decimales:

$$2{,}\underbrace{28}_{} \cdot 0{,}\underbrace{9}_{} = 2{,}\underbrace{052}_{}$$

2 decimales + 1 decimal = 3 decimales

El área de la mesa es 2,052 m^2.

Ten en cuenta

Cuando uno de los factores es un número entero, la posición de la coma dependerá del número de decimales del otro.

Por ejemplo, $2{,}64 \cdot 35$ es:

$$264 \cdot 35 = 9240$$

$$2{,}\underbrace{64}_{2} \cdot 35 = 92{,}\underbrace{40}_{2} = 92{,}4$$

Algunas multiplicaciones se pueden realizar de forma más sencilla.

- Al **multiplicar un número decimal por 10, 100, 1000...**, se desplaza la coma hacia la derecha 1, 2, 3... lugares, respectivamente.
- Al **multiplicar un número decimal por 0,1; 0,01; 0,001...**, se desplaza la coma hacia la izquierda 1, 2, 3... lugares, respectivamente.

Ejemplos

▸ $4{,}58 \cdot 10 = 45{,}80$

▸ $4{,}58 : 0{,}1 = 0{,}458$

MAT-TIC GeoGebra

Entra en smSaviadigital.com y practica la multiplicación de números decimales.

ACTIVIDADES

29. Realiza las siguientes multiplicaciones.

a) $4 \cdot 5{,}6$
b) $4{,}6 \cdot 5{,}5$
c) $2{,}75 \cdot 6{,}48$
d) $32{,}056 \cdot 4{,}98$
e) $0{,}038 \cdot 0{,}5771$
f) $136{,}85 \cdot 0{,}024$

30. Copia y completa en tu cuaderno esta tabla.

·	1000	10	0,1	0,001
0,654	●	●	●	●
●	●	●	●	1,75
●	9458	●	●	●
●	●	232,5	●	●

ACTIVIDAD **RESUELTA**

31. Calcula $(1{,}2 + 0{,}4) - 0{,}3 \cdot 0{,}2$.

Resolvemos primero las operaciones de dentro de los paréntesis y luego el resto, siguiendo esta jerarquía:

1.º Multiplicaciones y divisiones, de izquierda a derecha.

2.º Sumas y restas

$$(1{,}2 + 0{,}4) - 0{,}3 \cdot 0{,}2 = 1{,}6 - 0{,}06 = 1{,}54$$

32. Realiza estas operaciones combinadas.

a) $4{,}8 - 1{,}5 \cdot (3{,}8 - 2{,}15 \cdot 0{,}4)$

b) $3 + 4{,}2 \cdot (2{,}1 - 5{,}2 \cdot 0{,}25 + 1{,}25)$

c) $(12{,}3 \cdot 0{,}1 + 12{,}3 \cdot 10) - 0{,}1 \cdot 100$

33. José ha comprado 20 botellines de refresco de 0,25 L de capacidad. ¿Cuántos litros ha adquirido?

34. Laura tiene una tarifa de teléfono en la que paga solo por el tiempo que dura cada llamada. Si un minuto cuesta 0,16 € y su última llamada duró 3,15 min, ¿cuánto tendrá que pagar?

35. El entrenador de un equipo de fútbol ha penalizado a uno de sus jugadores por llegar tarde y le hace dar 12 vueltas alrededor del campo, siguiendo las líneas.

¿Qué distancia tendrá que recorrer?

7 División de números decimales

Dividir un número decimal entre un entero

Al repartir la cuenta de un restaurante entre los comensales, al calcular cuantas baldas caben en la pared de una habitación... necesitamos realizar divisiones en las que intervienen números decimales.

Ejemplo ▸ Entre tres amigos le han comprado un regalo a Jairo por su cumpleaños. Si les ha costado 83,49 €, ¿cuánto tendrá que pagar cada uno?

Pasamos los euros a céntimos, y dividimos:

83,49 € = 8349 CENT

8349 : 3 = 2783 CENT = 27,83 €

Por tanto:

83,49 € : 3 = 27,83 €

Para **dividir un número decimal entre un número entero**, se hace la división como si ambos fueran números enteros y al bajar la cifra de las décimas se coloca la coma en el cociente.

MAT-TIC GeoGebra

Entra en smSaviadigital.com y divide por un número menor que la unidad.

Ejemplo ▸ Al dividir 45,35 entre 2, obtenemos el siguiente resultado:

```
4 5, 3 5 |2
0 5       22,67
  1 3
    1 5
      1
```

El resto de esta división es 1 centésima, ya que se encuentra debajo de la cifra de las centésimas del dividendo.

```
4 5, 3 5 |2
0 5       22,675
  1 3
    1 5
      1 0
        0
```

Para seguir dividiendo, se puede convertir la centésima del resto en 10 milésimas, añadiéndole un cero.

Ten en cuenta

El resto de una división con decimales es del mismo orden que la cifra del dividendo debajo de la cual se encuentra.

Dividir dos números decimales

Para **dividir dos números decimales**:

1.º Se multiplican dividendo y divisor por la unidad seguida de tantos ceros como cifras decimales tenga el divisor, para convertirlo en un número entero.

2.º Se realiza la división, colocando la coma en el cociente cuando se baje la cifra de las décimas del dividendo.

smSaviadigital.com

PRACTICA Divide números decimales.

Ejemplo ▸ Divide 2,98 entre 0,4.

Multiplicamos ambos números por 10 para que el divisor sea un número entero.

```
2 9, 8  |4
  1 8    7,45
    2 0
      0
```

Al bajar el 8 añadimos la coma en el divisor.

Para seguir dividiendo cuando ya no quedan cifras en el dividendo, añadimos un cero y convertimos las 2 décimas del resto en 20 centésimas.

Dividir entre 10, 100, 1000... o 0,1; 0,01; 0,001...

- Para **dividir un número decimal entre 10, 100, 1000...**, se desplaza la coma hacia la izquierda 1, 2, 3... lugares, respectivamente.
- Para **dividir un número decimal entre 0,1; 0,01; 0,001...**, se desplaza la coma hacia la derecha 1, 2, 3... lugares, respectivamente.

Ejemplos

- $45{,}8 : 10 = \frac{458}{10} : 10 = \frac{458}{10} \cdot \frac{1}{10} = \frac{458}{100} = 4{,}58$
- $45{,}8 : 0{,}1 = \frac{458}{10} : 0{,}1 = \frac{458}{10} : \frac{1}{10} = \frac{458 \cdot 10}{10} = 458$

Ten en cuenta

Multiplicar por $0{,}1 = \frac{1}{10}$ es lo mismo que dividir entre 10 y viceversa.

ACTIVIDADES

36. Realiza las siguientes divisiones.

a) 13,48 : 4 c) 31,446 : 6

b) 0,73 : 8 d) 148,23 : 27

37. Calcula.

a) 438 : 0,8 c) 45,696 : 1,28

b) 22,457 : 0,85 d) 0,273 : 0,05

ACTIVIDAD **RESUELTA**

38. **Halla el cociente de la división 54 : 7,3 con una cifra decimal.**

Como el divisor tiene una cifra decimal, multiplicamos el dividendo y el divisor por 10.

```
5 4 0     | 73
0 2 9 0     7,3
  0 7 1
```

El resultado pedido es 7,3 y el resto es 71 centésimas.

39. Halla los cocientes de las siguientes divisiones con una cifra decimal.

a) 3,741 : 4,1 c) 12,43 : 2,5

b) 25,463 : 12,4 d) 33,547 : 0,06

40. Halla los cocientes de las siguientes divisiones con dos cifras decimales.

a) 43,2 : 5,6 c) 28,3 : 4,33

b) 100 : 0,084 d) 10,01 : 1,2

41. Completa en tu cuaderno estas igualdades.

a) 13,8 : ●●● = 1,5 c) 5,88 : ●●● = 14,2884

b) ●●● : 0,36 = 8,9 d) ●●● : 7,2 = 277,56

42. Haz mentalmente las siguientes divisiones:

a) 4,58 : 10 c) 10,075 : 0,1

b) 34,7 : 100 d) 58,4 : 0,01

43. Copia y completa en tu cuaderno.

a) 1,765 : ●●● = 17,65 c) 22,84 : ●●● = 0,02284

b) ●●● : 0,001 = 4 d) ●●● : 1000 = 9,99

ACTIVIDAD **RESUELTA**

44. **El número decimal correspondiente a la fracción $\frac{15}{11}$ es periódico. Halla su período.**

Dividimos el numerador entre el denominador:

```
1 5         | 11
0 4 0         1,363
  0 7 0
    4 0
      7
```

Obtenemos sucesivamente las cifras 4 y 7 de resto, de forma que en el cociente aparecerán 3 y 6 sucesivamente.

Por tanto, el cociente será 1,363636..., es decir, $1{,}\widehat{36}$, y el período será 36.

45. Las siguientes fracciones dan como resultado números periódicos. Hállalos.

a) $\frac{16}{45}$ b) $\frac{1000}{999}$ c) $\frac{124}{33}$ d) $\frac{1}{7}$

46. Una parcela rectangular tiene un área de 309,925 m^2. Uno de sus lados mide 25,3 m. ¿Cuánto mide el otro lado?

(El área de un rectángulo es: Área = base · altura).

Organiza tus ideas

CIFRAS DECIMALES. ORDENACIÓN

Números decimales

105,743 { Parte entera: 105; Parte decimal: 0,743 }

C	D	U	d	c	m
1	0	5	7	4	3

Ordenación

Los números decimales se ordenan comparando sus cifras del mismo orden.

10,308 < 10,352

0 c < 5 c

APROXIMACIÓN DE DECIMALES

- Por **truncamiento**, eliminando los siguientes decimales:

  Truncar a las centésimas: 3,141592... → 3,14

- Por **redondeo**, se trunca si la primera cifra eliminada es menor que 5, y se aumenta una unidad la última cifra del truncamiento en caso contrario:

  Redondear a las centésimas: 3,141592... → 3,14

  Redondear a las diezmilésimas: 3,141592... → 3,1416

FRACCIONES Y DECIMALES

Decimal exacto	Decimal periódico puro	Decimal periódico mixto
$\frac{27}{4} = 6{,}75$	$\frac{37}{99} = 0{,}373737... = 0{,}\widehat{37}$ Período: 37	$\frac{3}{22} = 0{,}1363636... = 0{,}1\widehat{36}$ Período: 36 Anteperíodo: 1

OPERACIONES CON NÚMEROS DECIMALES

Suma y resta

1.º Se escriben los números en columna, haciendo coincidir las unidades del mismo orden y la coma decimal.

2.º Se hace la operación como si fueran números enteros, y se coloca la coma alineada en el resultado.

```
    9, 9 0 0
    9, 9 9 2
  1 0, 0 2 0
+ 1 0, 1 6 5
------------
  4 0, 0 7 7
```

```
  1 0, 1 6 5
-   9, 9 0 0
------------
    0, 2 6 5
```

Multiplicación

$2{,}28 \cdot 0{,}9 = 2{,}052$

2 decimales + 1 decimal = 3 decimales

- **Multiplicación por 10, 100, 1000...** : se desplaza la coma hacia la derecha 1, 2, 3... lugares, respectivamente.
- **Multiplicación por 0,1; 0,01; 0,001...**: se desplaza la coma hacia la izquierda 1, 2, 3... lugares, respectivamente.

División

1.º Se multiplican dividendo y divisor por la unidad seguida de ceros para convertir al divisor en un número entero.

2,19 : 0,3 ⇒ 21,9 : 3
· 10

2.º Después, se realiza la división colocando la coma en el cociente cuando se baje la cifra de las décimas del dividendo.

```
2 1, 9 | 3
  0 9    7,3
    0
```

- **División entre 10, 100, 1000...** : se desplaza la coma hacia la izquierda 1, 2, 3... lugares, respectivamente.
- **División entre 0,1; 0,01; 0,001...** : se desplaza la coma hacia la derecha 1, 2, 3... lugares, respectivamente.

Actividades

EJERCICIOS PARA PRACTICAR

Cifras decimales. Ordenación

47. Descompón los siguientes números en los distintos órdenes de unidades.

a) 86,5472
b) 39,645
c) 100,447
d) 3060,103

48. Escribe el número decimal correspondiente a cada una de estas descomposiciones.

a) 5 C + 3 D + 1 U + 7 d
b) 6 D + 3 U + 2 d + 4 c + 5 m
c) 1 UM + 1 U + 1 m

49. Escribe cada número en unidades.

a) 548 m
b) 3072 c
c) 10,48896 UM
d) 37 m

50. Escribe cómo se leen los siguientes números.

a) 206,357
b) 1012,0045
c) 3 C + 7 D + 2 d
d) 5 U + 4 c + 9 m

51. Representa en la recta numérica los siguientes números decimales.

a) 5,4 b) 5,35 c) 6,85 d) 6,12

ACTIVIDAD **RESUELTA**

52. Ordena los siguientes números de menor a mayor.

2,45 2,545 2,445 2,4545 2,4 2,409

Como la parte entera es la misma, empezamos comparando las décimas, después las centésimas y por último las milésimas.

$2,4 < 2,409 < 2,445 < 2,45 < 2,4545 < 2,545$

53. Ordena de menor a mayor en cada caso.

a) 5,36 y 5,92
b) 10,01; 10,11 y 10,101
c) 48,0305; 48,031 y 48,02999
d) 2,26; 2,226; 2,262; 2,2226; 2,2262

54. Escribe un número que sea una centésima menor que cada uno de los siguientes.

a) 3,88
b) 2,4956
c) 3,405
d) 8
e) 11,097
f) 0,011

55. Escribe tres números comprendidos entre los dos que se indican.

a) 2,37 y 2,39
b) 3,5 y 4
c) 4,822 y 4,823
d) 3,65 y 3,656565...

Aproximación de decimales

ACTIVIDAD **RESUELTA**

56. Aproxima los siguientes números a las centésimas, por truncamiento y por redondeo.

a) 9,9875 b) 1,0843 c) 4,3656 d) 0,9971

a) Truncamiento: 9,98.
Redondeo: 9,99 ya que la cifra siguiente es un $7 > 5$.

b) Truncamiento: 1,08.
Redondeo: 1,08 ya que la cifra siguiente es un $4 < 5$.

c) Truncamiento: 4,36.
Redondeo: 4,37 ya que la cifra siguiente es un 5.

d) Truncamiento: 0,99.
Redondeo: 1,00 ya que la siguiente cifra es un $7 > 5$.

57. Redondea y trunca a las décimas.

a) 0,078
b) 43,612
c) 3,497
d) 88,91
e) 88,96
f) 1,99
g) 2,09782
h) 16,75
i) 0,05

58. Copia y completa en tu cuaderno esta tabla. Aproxima por truncamiento (T) y por redondeo (R).

	Décimas		Centésimas		Milésimas	
	T	R	T	R	T	R
92,1874	●	●	●	●	●	●
3,1495	●	●	●	●	●	●
0,0028	●	●	●	●	●	●
261,54559	●	●	●	●	●	●

Fracciones y decimales

59. Escribe la fracción decimal correspondiente a cada uno de los siguientes números.

a) 33,3
b) 12,05
c) 0,036
d) 200,004
e) 2 U + 5 d
f) 3 D + 5 U + 3 d + 3 c + 6 m
g) 5 C + 5 m
h) 2 UM + 2 U + 2 m

60. Copia y completa en tu cuaderno esta tabla.

	Decimal exacto	Periódico puro	Periódico mixto	Período
4,83	Sí	No	No	No tiene
3,4222...	●	●	●	●
2,5353...	●	●	●	●
0,0111...	●	●	●	●
4,03030...	●	●	●	●

61. Escribe un número cuya parte entera sea igual que su período, y cuyo anteperíodo tenga dos cifras.

Actividades

EJERCICIOS **PARA PRACTICAR**

Operaciones con decimales

62. Realiza las siguientes sumas y restas.

a) 2,19 + 3, 41
b) 6,25 + 4,25
c) 3,02 + 25,776
d) 12,58 + 2,777
e) 16,5 − 1,3
f) 28,19 − 20,12
g) 20 − 4,963
h) 10,502 − 9,495

63. Resuelve las siguientes operaciones.

a) 124,499 − 32,057 + 1,222
b) 5,9 + 6,882 − 3,3131
c) 265 − 34,48 − 200,29
d) 100 − [48,56 − (23,19 + 15,44)]

64. Copia en tu cuaderno estas igualdades y completa los números que faltan.

a) 7,634 − ●●● = 1,8
b) 93,221 + ●●● = 100
c) ●●● − 11,29 = 15,91
d) ●●● + 3,008 = 6,071

ACTIVIDAD **RESUELTA**

65. Realiza esta multiplicación: 5,8 · 4,025.

		4,	0	2	5	← 3 decimales
		×		5,	8	← 1 decimal
	3	2	2	0	0	
2	0	1	2	5		
2	3,	3	4	5	0	← 4 decimales

Por tanto, 5,8 · 4,025 = 23,345.

66. Realiza las siguientes multiplicaciones.

a) 12,4 · 3,8
b) 5,49 · 3,2
c) 6,61 · 2,03
d) 3,502 · 4,5
e) 1,992 · 3,17
f) 0,0035 · 0,06
g) 122 · 3,555
h) 101,0101 · 4,96

ACTIVIDAD **RESUELTA**

67. Multiplica mentalmente.

a) 0,9 · 3 **b) 0,5 · 0,02**

a) 9 · 3 = 27. Como hay 1 decimal, 0,9 · 3 = 2,7.
b) 5 · 2 = 10. Como hay 3 decimales, 0,5 · 0,02 = 0,01.

68. Opera mentalmente.

a) 0,8 · 7
b) 2,5 · 0,3
c) 1,2 · 400
d) 0,6 · 0,6
e) 0,222 · 0,03
f) 0,25 · 0,4
g) 0,0007 · 6000
h) 1100 · 0,004

69. Opera mentalmente y resuelve.

a) 9,998 · 100
b) 37,4 · 1000
c) 0,00517 · 10
d) 22,58 · 10 000
e) 3 · 0,001
f) 94,006 · 0,01
g) 0,38 · 0,1
h) 52,52 · 0,01

ACTIVIDAD **RESUELTA**

70. Divide 1,746 : 0,36.

Multiplicamos dividendo y divisor por 100 para transformar el divisor en un número entero.

Se divide 174,6 entre 36:

1 7 4, 6				36
	3 0 6			4,85
		1 8 0		
			0	

71. Realiza las siguientes divisiones.

a) 5,28 : 3,3
b) 14,641 : 1,21
c) 2,183 : 5,9
d) 0,32 : 0,064
e) 15,038 : 3,65
f) 228,4968 : 4,02
g) 6,666 : 0,88
h) 12,4 : 4,96

72. Divide en cada caso.

a) 26,4 : 3,7
b) 12,56 : 3,8
c) 401,4 : 7
d) 166,3 : 4,2
e) 2,85 : 3,06
f) 1,4 : 0,42
g) 24,4 : 0,03
h) 0,0244 : 0,03

ACTIVIDAD **RESUELTA**

73. Divide mentalmente.

a) 0,9 : 3 **b) 8 : 0,02**

a) 9 : 3 = 3. Como hay un decimal en el dividendo, dividimos el resultado entre 10 ⇒ 0,9 : 3 = 0,3.
b) 8 : 2 = 4. Como el divisor tiene dos decimales, tendríamos que haber multiplicado por 100 ⇒ 8 : 0,02 = 400.

74. Realiza mentalmente estas operaciones.

a) 24,8 : 2
b) 5,6 : 7
c) 0,56 : 0,7
d) 100 : 0,2
e) 6,4 : 8
f) 6,4 : 0,08
g) 6,4 : 80
h) 0,064 : 8

75. Haz mentalmente las siguientes divisiones.

a) 56,45 : 10
b) 2,003 : 100
c) 300,45 : 100
d) 1234,5 : 1000
e) 16,48 : 0,1
f) 2,004 : 0,01
g) 555 : 0,01
h) 0,00001 : 0,001

ACTIVIDAD **RESUELTA**

76. Completa las siguientes igualdades.

a) $3{,}276 \cdot$ ●●● $= 327{,}6$ c) $3{,}276 :$ ●●● $= 32{,}76$

b) $3{,}276 \cdot$ ●●● $= 0{,}003276$ d) $3{,}276 :$ ●●● $= 0{,}0003276$

a) $3{,}276 \cdot 100 = 327{,}6$

b) $3{,}276 \cdot 0{,}001 = 0{,}003276$

c) $3{,}276 : 0{,}1 = 32{,}76$

d) $3{,}276 : 10\,000 = 0{,}0003276$

77. Copia la tabla en tu cuaderno, fíjate en el ejemplo y complétala.

	· 10	· 0,1	: 100	: 0,01
5,48	54,8	0,548	0,0548	548
16,5	●●●	●●●	●●●	●●●
99,99	●●●	●●●	●●●	●●●
●●●	●●●	●●●	2,36	●●●
●●●	●●●	12	●●●	●●●
●●●	●●●	●●●	●●●	0,2
●●●	11,3	●●●	●●●	●●●

78. Completa en tu cuaderno las siguientes igualdades.

a) $39{,}06 :$ ●●● $= 6{,}3$

b) ●●● $: 0{,}5 = 0{,}042$

c) $3{,}31 \cdot$ ●●● $= 19{,}529$

d) ●●● $: 0{,}0045 = 0{,}6$

79. Realiza estas operaciones combinadas.

a) $2{,}25 + 2{,}25 \cdot 0{,}2$

b) $30{,}6 - 3{,}5 : (2{,}4 + 5{,}6)$

c) $(6{,}4 - 5{,}08) \cdot (2{,}2 + 2{,}8 \cdot 0{,}5)$

d) $26 - 5 \cdot (3{,}1 + 2{,}4 : 0{,}25)$

e) $106{,}2 - 4 \cdot (15{,}26 - 9{,}375)$

80. Realiza las siguientes operaciones combinadas.

a) $3{,}15 + 28{,}07 - 4^2 : 2{,}5$

b) $64 : 2{,}25 \cdot 3{,}8 - 6950 : 100$

c) $(75{,}2 - 80{,}2)^2 : (0{,}2 : 0{,}1)^2$

d) $(28{,}44 - 33{,}6 : 10^2 - 14{,}3) : 0{,}2$

e) $0{,}05 : 0{,}1 + 25{,}5 : 100 - 250 \cdot 0{,}01$

f) $18{,}5 : (2 + 0{,}5) \cdot 10 + 6^2$

g) $\sqrt{36} \cdot 0{,}01 - 6{,}5 \cdot 0{,}1 + (2+3)^2$

h) $3{,}33 : 3 \cdot [(0{,}75 + 1{,}5) \cdot 10] + 0{,}25$

Actividades de síntesis

81. Calcula el resultado de la siguiente operación con un decimal de dos formas.

$$3{,}48 + 5{,}23 - 2{,}97$$

a) Efectuando la operación y redondeando el resultado a las décimas.

b) Redondeando a las décimas cada número y operando después.

c) ¿Obtienes el mismo resultado?

82. ¿Es posible que el resultado de una multiplicación sea menor que los dos factores? Busca algún ejemplo. ¿Qué tienen en común esos números?

83. Si un número tiene dos cifras decimales, ¿cuántas tendrá su cuadrado? ¿Y su cubo? ¿Y su décima potencia?

ACTIVIDAD **RESUELTA**

84. Expresa estas fracciones en forma decimal, indicando qué tipo de número se obtiene.

a) $\frac{15}{4}$ b) $\frac{28}{9}$ c) $\frac{36}{3}$ d) $\frac{47}{6}$

a) Dividimos el numerador entre el denominador:

```
1 5        |4
  3 0       3,75
    2 0
      0
```

$15 : 4 = 3{,}75$: Es decimal exacto.

b)
```
2 8        |9
  1 0       3,11
    1 0
      1
```

$28 : 9 = 3{,}111...$: Es decimal periódico puro.

c) $36 : 3 = 12$: Es un número entero

d)
```
4 7          |6
  5 0         7,833
    2 0
      2 0
        2
```

$47 : 6 = 7{,}8333...$: Es decimal periódico mixto.

85. Halla el número decimal correspondiente a cada fracción y clasifica los decimales obtenidos.

a) $\frac{16}{5}$ c) $\frac{29}{8}$ e) $\frac{51}{17}$ g) $\frac{59}{18}$

b) $\frac{47}{16}$ d) $\frac{37}{2}$ f) $\frac{124}{9}$ h) $\frac{1}{7}$

86. Ordena de menor a mayor las fracciones de la actividad anterior a partir de los números decimales obtenidos.

Actividades

87. Para saber qué tipo de decimal corresponde a cada fracción irreducible, se descompone el denominador.

- Si solo tiene como factores primos 2 o 5 o ambos, dará un decimal exacto.
- Si no tiene 2 ni 5, dará un decimal periódico puro.
- Si aparecen 2 o 5 y otros factores distintos, dará un decimal periódico mixto.

Sin hacer la división, indica cómo serán los números decimales obtenidos.

a) $\frac{5}{16}$ c) $\frac{7}{30}$ e) $\frac{12}{35}$ g) $\frac{13}{81}$

b) $\frac{3}{20}$ d) $\frac{3}{58}$ f) $\frac{73}{400}$ h) $\frac{23}{6}$

88. Las fracciones con denominador 7 tienen una curiosa propiedad: las cifras del período son siempre las mismas, solo cambia la cifra por la que hay que empezar.

$\frac{1}{7}=0,\widehat{142857}$ $\frac{4}{7}=0,\widehat{571428}$

$\frac{2}{7}=0,\widehat{285714}$ $\frac{5}{7}=0,\widehat{714285}$

$\frac{3}{7}=0,\widehat{428571}$ $\frac{6}{7}=0,\widehat{857142}$

a) ¿Cuál será el período de $\frac{8}{7}$?

b) ¿Cómo calcularías el período de $\frac{3349}{7}$?

ACTIVIDAD **RESUELTA**

89. Representa en la recta numérica los siguientes números y ordenalos de mayor a menor.

$\frac{2}{5}$ 0,6 −0,2 1,3 $\frac{7}{10}$

Representamos la recta numérica dividida en décimas.

Para poder representar $\frac{2}{5}$, debemos dividir la unidad en 5 partes iguales.

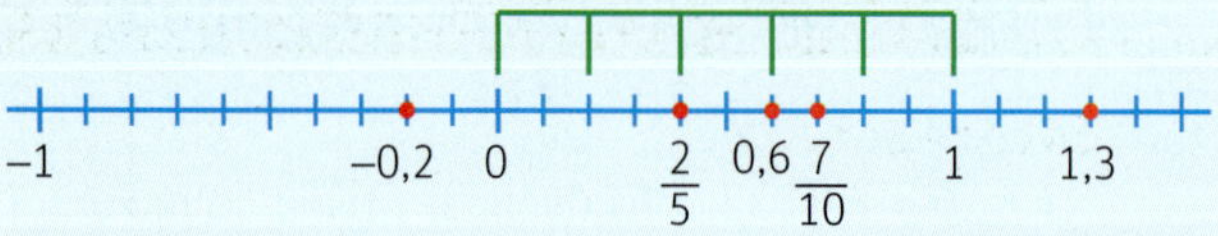

Un número es mayor cuanto más a la derecha se encuentre en la recta:

$$1,3 > \frac{7}{10} > 0,6 > \frac{2}{5} > -0,2$$

90. Representa en la recta numérica los siguientes números y ordenalos de menor a mayor.

$\frac{2}{3}$ −0,3 0,5 1,3 $-\frac{1}{5}$ −1

PROBLEMAS **PARA RESOLVER**

91. Unos ratones han hecho un agujero en el fondo del saco y se están comiendo el trigo. Cuando el granjero se da cuenta, los animales ya se han comido la quinta parte del contenido del saco. ¿Cuánto trigo queda?

92. En un concurso de televisión, los concursantes deben pulsar un botón para responder a las preguntas. Estos han sido sus tiempos en la última pregunta:

Concursante	Tiempo (s)
Ana	1,235
Belén	1,212
Clara	1,194
Diego	1,2
Eduardo	1,197

a) Ordena los tiempos de menor a mayor.

b) ¿Qué diferencia ha habido entre el más rápido y el más lento?

93. Las estaturas de cinco de los jugadores de un equipo de baloncesto son:

¿Cuál es la estatura media de esos cinco jugadores? Redondéala a las centésimas.
(Recuerda: la media es la suma de todos los datos dividida por el número de ellos.)

94. Cinco personas entran en el ascensor. Sus pesos son: 22,315 kg; 56,825 kg; 70,2 kg; 36,625 kg y 56,625 kg.
La carga máxima es de 300 kg.

a) ¿Sobrepasan entre todos la carga máxima?

b) ¿Cuánto falta o sobra hasta los 300 kg?

95. Una piscina con capacidad de 15 000 L se ha llenado durante 5 horas, con 1763,5 L cada hora.

a) ¿Cuántos litros se han vertido en la piscina?

b) ¿Cuántos litros faltan para llenarla?

c) Si se sigue llenando al mismo ritmo, ¿cuántas horas faltan para llenarla? Redondea el resultado a las décimas.

96. El supermercado del barrio vende la botella de suavizante a 2,85 €. Esta semana hay una oferta.

a) ¿A qué precio sale cada botella si compras 3?

b) ¿Cuánto se ahorra en cada una?

97. Un albañil utiliza losetas cuadradas para cubrir el suelo de una habitación rectangular. Cada loseta mide 0,24 m de lado, y necesita colocar 16 losetas de largo y 23 de ancho. ¿Cuánto mide la habitación?

98. Gonzalo ha fabricado varios juguetes pequeños. Hacer cada uno cuesta 7,38 € en materiales. Por cada hora de trabajo cobra además 20 €.

a) Gonzalo ha hecho 13 juguetes en una hora. ¿Cuánto dinero han costado en total? ¿Cuánto cuesta cada juguete, redondeando a los céntimos?

b) Si Gonzalo vende cada juguete a 14,99 €, ¿qué beneficio obtiene?

99. Después de un viaje a California, a Ana le sobran 115,43 $. Al llegar a España decide cambiarlos a euros. En ese momento, por cada dólar le dan 0,76164 €.

a) Calcula cuántos euros recibirá, redondeando a los céntimos.

b) Si el banco cobra una comisión de 7,49 € por hacer el cambio, ¿cuánto dinero le queda?

ACTIVIDADES **PARA PENSAR MÁS**

100. Si $3{,}84 \cdot 2{,}75 = 10{,}56$, ¿cuál es el resultado de la división $1{,}056 : 0{,}00275$?

A. 38,4 B. 3,84 C. 384 D. 0,38

101. ¿En cuál de las siguientes listas se verifica que los números no son cada vez mayores?

A. $\frac{1}{5}$; 0,25; $\frac{3}{10}$; 0,5

C. $\frac{2}{5}$; 0,5; $\frac{7}{10}$; 0,95

B. $\frac{3}{5}$; 0,7; $\frac{4}{5}$; 1,5

D. $\frac{3}{5}$; 0,5; $\frac{4}{5}$; 0,9

102. En una fiesta de fin de curso el cociente entre chicos y chicas es 0,75 y el cociente entre chicas y adultos es $\frac{5}{7}$. ¿Cuál es el cociente entre chicos y adultos?

A. 0,8 B. 1,25 C. $\frac{12}{7}$ D. $\frac{15}{28}$

103. Arturo compra la fruta por unidades. Si por cuatro manzanas y dos naranjas paga 1,54 € y por dos naranjas y cuatro plátanos paga 1,70 €, ¿cuánto pagará por una manzana, una naranja y un plátano?

A. 0,77 € B. 0,78 € C. 0,79 € D. 0, 81 €

Encuentra el error

104. Cinco amigos pagan una *pizza* a partes iguales, poniendo 3,4 € cada uno. Después llega otro, y para que todos pongan lo mismo el paga 3,4 €, que se reparten entre los primeros cinco amigos, de forma que cada uno recibe 3,4 : 5 = 0,68 €.

¿Es correcto?

105. Pilar y Raúl han hecho la misma división, pero cada uno ha obtenido un resultado distinto.

Pilar	Raúl
$3{,}4\overset{\frown}{56}$	$3{,}45\overset{\frown}{65}$

¿Cuál es el correcto?

Ponte a prueba

ACTIVIDAD **RESUELTA** Decimales en la prensa

Lee atentamente estos titulares de prensa. En ellos aparecen números decimales para indicar diversas cantidades.

La Consejería de Educación invertirá 7,3 millones de euros hasta 2016 en seis provincias de la región para la adecuación de centros escolares "desbordados" por la escolarización.

(Heraldo de Soria, 25-8-2014)

BANCA El margen de intereses ha aumentado un 25,3% interanual

Navarra fomenta la implantación de las energías renovables

Destinará 4,2 millones de euros para ayudas a la I+D+I y al fomento de las energías renovables lo que favorecerá el uso de recursos energéticos. ■

(eseficiencia.es, 19-1-2015)

1. ¿De qué tratan los artículos? ¿Cuál es la magnitud que se mide en todos ellos?
2. Escribe cada uno de los números que aparecen en los artículos como números enteros.
3. ¿Por qué crees que se utilizan números decimales si las cifras que se dan son números enteros?

SOLUCIÓN

1. Inversiones económicas. Se miden cantidades de dinero.
2. 7,3 millones de € = 7 300 000 €

   4,2 millones de € = 4 200 000 €
3. Porque son números muy grandes, con muchos ceros, lo que dificulta su lectura. Es más sencillo usar la expresión decimal.

La compra

Carlos ha ido a hacer la compra. Al llegar a casa, revisa el tique para ver cuánto ha pagado, pero el total está borroso y no lo ve bien.

Producto	Cantidad	Precio (€)
Leche	6 × 0,56	3,36
Galletas	1	1,68
Patatas	3 kg	2,67
Zumo de tomate	1 L	0,91
Yogures	*Pack* de 4	1,00
Atún	*Pack* de 6	2,96
Lechuga	1 unidad	0,85
Tomates	1 kg	2,60
Refrescos	6 latas	2,76
TOTAL		[illegible]

1. ¿Cuánto ha gastado en total?

   A. 55,73 € **B.** 15,24 € **C.** 18,79 € **D.** 23,75 €
2. ¿Cuánto cuesta el kilo de patatas? ¿Y una lata de refresco?
3. Su vecino ha ido a hacer la compra el mismo día, y se ha llevado 8 L de leche, 5 kg de patatas, 3 kg de tomates y 8 latas de atún. ¿Con 20 € tiene suficiente? ¿Qué tendría que quitar para poder pagar la cuenta, de forma que el precio pagado fuera lo más cercano posible a 20 €?

El examen

En un examen de 10 preguntas, David ha obtenido las siguientes puntuaciones:

Pregunta	Puntuación
1	0,5
2	0,75
3	0,25
4	0
5	1

Pregunta	Puntuación
6	0,75
7	0,75
8	0,5
9	0,75
10	0,75

1. La puntuación máxima de cada pregunta es 1 punto. David ha dejado una pregunta sin contestar. ¿Cuál fue?
2. ¿Qué nota ha obtenido en el examen?
3. La profesora descuenta 0,1 puntos por cada falta de ortografía, y 0,05 por cada tilde incorrecta. David ha tenido 4 faltas y ha dejado de poner 5 tildes. ¿Cuál es su nota final?
4. Como las cinco primeras preguntas eran del tema anterior, que David aprobó con buena nota, la profesora decide contar solo la puntuación de las últimas cinco preguntas, y que valgan doble. ¿Qué nota tendrá ahora David? ¿Y con el descuento por la ortografía?

Precio de la gasolina

El coche de Mónica tiene un consumo de 6,4 L cada 100 km. El coche funciona con diésel, y durante el último mes el precio medio de un litro ha sido de 1,314 €.

Mónica utiliza el coche para ir al trabajo durante todo este mes. En esos 21 días, descontando los fines de semana, ha hecho dos viajes diarios (ida y vuelta) a su lugar de trabajo, que está a una distancia de 23 km.

1. Calcula los litros de combustible que gasta el coche para recorrer 1 km.
2. Calcula los litros que ha necesitado gastar Mónica para ir a trabajar.
3. Calcula el dinero que ha empleado en comprar ese combustible.
4. Mónica puede ir a trabajar también en transporte público, pagando un abono mensual de 63,70 €. ¿Qué medio de transporte le resulta más económico?

Pulgadas, pies, pintas y galones

En los países anglosajones se utilizan con frecuencia otras unidades de medida.

1. Un vendedor irlandés decide vender sus botellas de una pinta en Portugal. Para ello debe indicar su capacidad en litros. ¿Qué cantidad tendrá que poner?
2. Para cantidades superiores se utiliza el galón. Un galón equivale a 8 pintas. Expresa esa medida en litros.
3. Halla la altura en pies de una persona que mide 1,75 m.
4. Un pie equivale a 12 pulgadas. ¿Cuánto mide una pulgada en centímetros?

   A. 25,4 cm **B.** 2,54 cm **C.** 36,57 cm **D.** 365.76 cm

AUTOEVALUACIÓN

1. Ordena estos números decimales de menor a mayor.

   1,036; 1,306; 1,33; 1,333...; 1,336; 1,3

2. Aproxima a las décimas por truncamiento y por redondeo los siguientes números.

   a) 6,744 c) 8,93 e) 6,052
   b) 0,49 d) 3,96 f) 2,007

3. Indica si los siguientes decimales son exactos, periódicos puros o periódicos mixtos, y escribe su período cuando sea posible.

   a) 2,5333... c) 20,111 e) 7,4949...
   b) 3,5 d) 0,0888... f) 1,111...

4. Realiza las siguientes operaciones.

   a) $2,571 + 9,68$
   b) $56,42 - 20,595$
   c) $4,96 - 3,77 + 12,23$
   d) $39,785 \cdot 4$
   e) $4,26 \cdot 2,508$

5. Calcula el resultado de estas operaciones.

   a) $0,429 : 3$
   b) $600 : 0,24$
   c) $133,938 : 1,8$
   d) $33,327 : 3,45$

6. Resuelve estas operaciones.

   a) $92,45 \cdot 10$
   b) $127,36 : 1000$
   c) $6,809 \cdot 0,001$
   d) $2,5 : 0,01$

7. Pablo ha comprado un periódico por 1,30 €, un diario deportivo por 1,10 €, una revista de coches por 2,50 €, y una de moda por 2,75 €. Si antes de hacer estas compras tenía 10,73 €, ¿cuánto dinero le queda?

8. La distancia que se recorre en una maratón es de 42,195 km. Andrea ha corrido una maratón en 3,45 h. ¿Cuál ha sido su velocidad media? Divide la distancia entre el tiempo y redondea a las centésimas.

smSaviadigital.com VALORA LO APRENDIDO > Autoevaluación.

MATES + MAGIA

EL GRAN CALCULISTA

Vamos a ver cómo hacer creer a tus amigos que eres "la calculadora humana". Necesitas un calendario y pedir a una mano inocente que dibuje en él un cuadrado que agrupe nueve números.

Después, pide que sumen el total de los números recuadrados usando si quieren la calculadora. Sin embargo, tú vas a dar el resultado mucho antes que la calculadora... Pero, ¿cómo?

¿Cuál es el secreto?

Tendrás que hacer un cálculo mental muy sencillo. Fíjate en el número central del cuadrado (en nuestro ejemplo el 13). Solo tienes que multiplicar este número por 9 y obtendrás la suma total.

¡Más difícil todavía!

Hazlo ahora con un cuadrado de 4×4. En este caso la operación a realizar es distinta pero también sencilla:

Suma el número menor (5) y el mayor (29) de los recuadrados y multiplícalo por 8. ¿Por qué?

Veámoslo:

$5 + 29 = 34$

$6 + 28 = 34$

Y así sucesivamente.

Como hay 16 números en el recuadro, hay 8 parejas.

Así que la suma total es:

$(5 + 29) \cdot 8 = 34 \cdot 8 = 272$

¿Te atreves... ...a descubrir por qué funciona la fórmula del cuadrado 3×3?

Este método nos recuerda la historia del gran matemático ▸ **CARL FRIEDERICH GAUSS (1777-1855)**

"El príncipe de las matemáticas" fue un niño prodigio criado en el seno de una familia humilde y analfabeta. Dicen que aprendió a leer él sólo y sin ninguna ayuda.

A los 9 años su profesor de matemáticas pidió a los alumnos de su clase que sumasen los números del 1 a 100. Al instante, el jovencito Gauss trazó un número en su pizarrín y lo depositó en la mesa del maestro exclamando –"Ligget se!"–.

Se había dado cuenta de que

$1 + 100 = 2 + 99 = 3 + 98...$

Así que, solo necesitaba multiplicar 101×50 para llegar al resultado en menos de un minuto.

Puedes conocer más sobre Gauss en www.e-sm.net/sv1esoma01.

UNA APUESTA GANADORA **El Truco**

- Coloca trece cartas de un mismo palo boca arriba y en círculo.
- Pide a una persona del público que elija un número del 2 al 12.
- Indícale que empiece a contar, a partir del rey, el número de cartas que ha elegido y dé la vuelta a la carta a la que llega.
- Ha de repetir la misma cuenta y en la misma dirección, contando, tanto las cartas que están boca arriba como las que están boca abajo, hasta que quede una única carta boca arriba.
- Antes de que empiece a contar, véndate los ojos y colócate de espaldas para no quede duda de que no puedes ver nada.
- Cuando termine el proceso y sólo quede una carta destapada, harás tu predicción:

–¡La carta boca arriba es el rey!

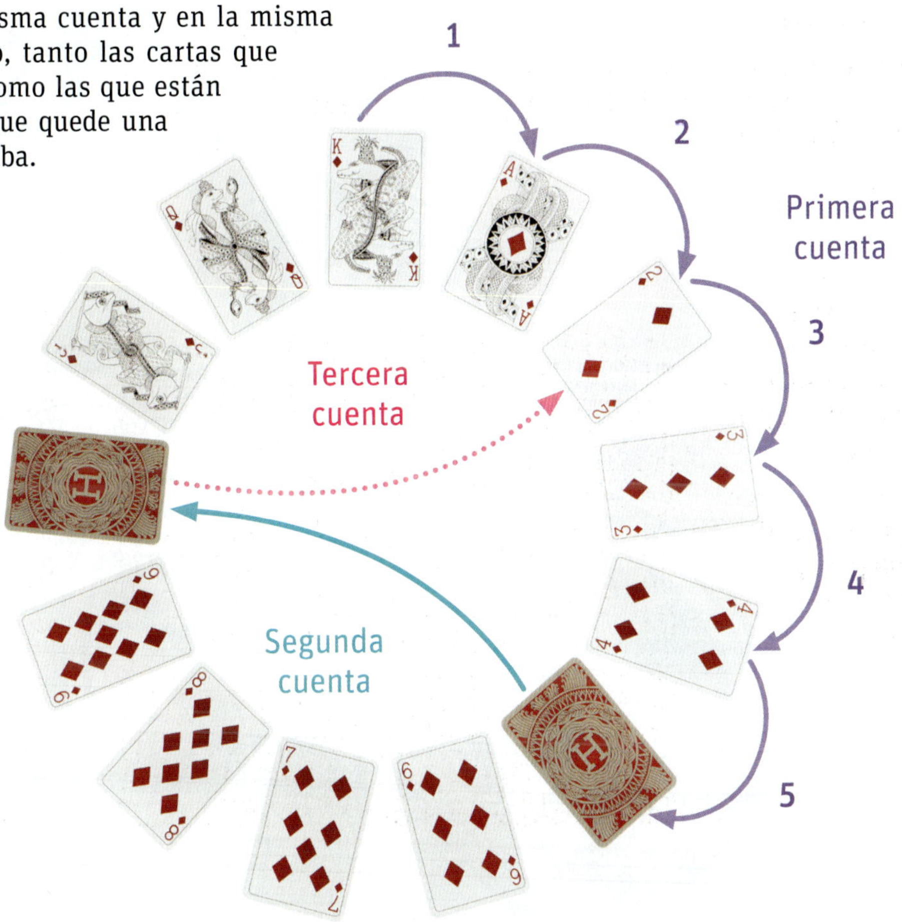

¿Cuál es el secreto?

Si en lugar de 13 cartas pruebas con 12, comprobarás que si el número elegido es:

- 2, 3, 4 o 6, el truco no funciona.
- 5, 7, 8, 9, 10 u 11, el truco sí funciona.

¿Ves alguna relación entre estos números?

El truco falla cuando escogemos un número que sea divisor del número de cartas del círculo. Los números 2, 3, 4, y 6 son divisores de 12, por eso no siempre funciona el truco con 12 cartas.

¿Y por qué funciona siempre con 13? Porque 13 es un número primo, y los números primos casi no tienen divisores. En realidad, 13 solo se puede dividir por 1 y por 13. Por eso, solo dejamos elegir los números entre 2 y 12.

Así, realmente, el truco funciona con cualquier número primo de cartas en el círculo, aunque es mejor que no sea demasiado grande.

6 Magnitudes proporcionales. Porcentajes

- ¿Cuándo son proporcionales dos magnitudes?
- ¿Cómo calculamos términos desconocidos de una proporción?
- ¿Qué significa una rebaja del 30 %?

Analiza y reflexiona

Fíjate en el título. ¿Sabes lo que significa en el lenguaje ciclista? ¿Has visto alguna carrera "contrarreloj"?

¿Por qué hay que hacer menos esfuerzo en los terrenos llanos que para subir una cuesta?

Lee y comprende

Contrarreloj

Siempre le había gustado el ciclismo y nunca había dejado de practicarlo (...). Era un deporte lleno de atractivos, que enseguida convertía en adeptos a quienes lo practicaban. Por una parte, no era aburrido como el jogging, exigía menos intensidad en terrenos llanos y tenía un recorrido espacial más largo que permitía mayor movilidad, gozar de más variedad de paisajes. Y no había que estar siempre moviendo las piernas. En toda ruta, siempre hay una bajada, un descanso. Por otra parte, no requería el largo y tedioso aprendizaje de una técnica hasta llegar al momento de disfrutarlo, como le había ocurrido con el tenis. Montar en bicicleta le parecía algo tan sencillo como caminar. Además, no se necesitaba a alguien más para practicarlo: era un placer que se podía gozar solo o en compañía.

EUGENIO FUENTES
Contrarreloj. Tusquets 2009

Piensa y saca conclusiones

Si utilizas bien las matemáticas, el esfuerzo será mucho menor. Al dar pedales, gira el plato, y mediante una cadena el movimiento se transmite al piñón. El plato tiene más dientes que el piñón, pero ambos giran el mismo número de dientes. Cuando el piñón da una vuelta la rueda trasera también da una vuelta.

El ciclista selecciona un plato y un piñón según la inclinación de la ruta. Esa combinación se llama "desarrollo" o "relación de cambio" y puede ser $\frac{44}{22}$.

¿Qué relación usarías para subir una cuesta, una $\frac{44}{22}$ o una $\frac{44}{32}$?

¿Qué significa una relación $\frac{44}{22}$?

1 Relaciones de proporcionalidad. Razón y proporción

Razón numérica

En la vida cotidiana se utilizan los distintos tipos de números para informar sobre situaciones diversas. Pero a veces, como en el caso del plato y el piñón de la bicicleta, se necesita relacionar dos números como 44 y 22.

Esta relación, $\frac{44}{22} = 2$, entre los dientes del plato y los del piñón permite deducir que por cada vuelta del plato, es decir, por cada pedalada, el piñón trasero da dos vueltas y, con él, la rueda trasera.

La **razón entre dos números** *a* y *b* es el cociente entre dichos números, $\frac{a}{b}$.

- Una razón no tiene unidades.
- Los números *a* y *b* que forman una razón pueden ser enteros o decimales.

Sabías qué...

La razón más famosa de la historia es la **razón áurea**.

La utilizaron los griegos como modelo de armonía en sus esculturas y en sus templos.

También se la conoce como **número de oro**.

Puedes descubrir la historia de la razón áurea con este vídeo:

www.e-sm.net/sv1esoma02

Ejemplo ▸ Encuentra la razón entre las dimensiones de un rectángulo que mide 50 cm de ancho y 20 cm de alto.

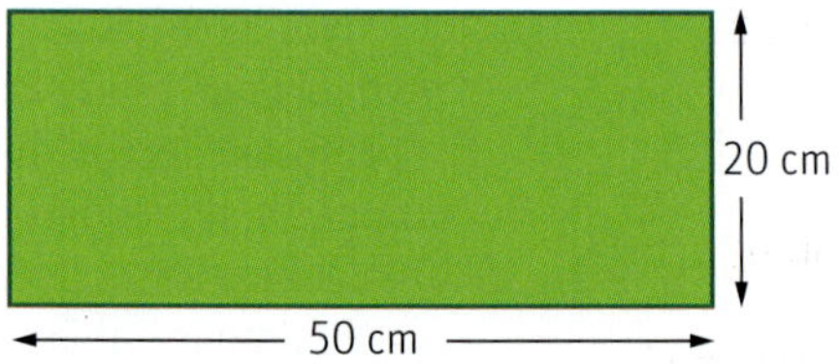

La relación entre su anchura y su altura es $\frac{50}{20} = 2,5$.

Esta relación nos indica que la anchura es 2,5 veces la altura.

Proporción numérica

Las razones $\frac{44}{22} = 2$ y $\frac{10}{5} = 2$ son iguales, por lo que podemos escribir: $\frac{44}{22} = \frac{10}{5}$.

Se dice que los cuatro números 44, 22, 10 y 5 forman una proporción.

Una **proporción** es la igualdad entre dos razones:

$$\frac{a}{b} = \frac{c}{d}$$

La proporción está formada por cuatro términos: ***a*** y ***d*** se llaman **extremos**, ***b*** y ***c*** se llaman **medios**.

MAT-TIC GeoGebra

Entra en sm**Savia**digital.com y utiliza las razones para montar en bicicleta.

Ejemplo ▸ Comprueba si las siguientes razones forman proporción.

- $\frac{20}{8}$ y $\frac{30}{12}$ ⇒ Sí forman proporción, ya que $\frac{20}{8} = 2,5$ y $\frac{30}{12} = 2,5$.
- $\frac{14}{5}$ y $\frac{11}{4}$ ⇒ No forman proporción, ya que $\frac{14}{5} = 2,8$, mientras que $\frac{11}{4} = 2,75$.
- $\frac{5,5}{22}$ y $\frac{11}{44}$ ⇒ Sí forman proporción, ya que $\frac{5,5}{22} = 0,25$ y $\frac{11}{44} = 0,25$.

Propiedad de las proporciones

Para comprobar si dos razones forman una proporción, no es necesario hallar el valor de cada una de ellas, podemos usar la propiedad fundamental de las proporciones.

En todas las proporciones se cumple que el **producto de los extremos es igual al producto de los medios**.

$$\frac{a}{b}=\frac{c}{d}\Rightarrow a\cdot d=b\cdot c$$

Ejemplo ▸ Comprobamos esta propiedad en la proporción $\frac{10}{8}=\frac{20}{16}$.

$$\frac{10}{8}=\frac{20}{16}=1{,}25\Rightarrow 10\cdot 16=8\cdot 20=160$$

Si en una proporción conocemos tres de los cuatro términos podemos calcular el cuarto aplicando la propiedad anterior.

Ejemplos

▸ Para calcular el valor de x en la proporción $\frac{5}{8}=\frac{15}{x}$, aplicamos la propiedad:

$$5\cdot x=8\cdot 15\Rightarrow 5\cdot x-120$$

Hay que encontrar un número que multiplicado por 5 dé 120.

Ese número es: $x=\frac{120}{5}=24$.

▸ Para calcular el valor de x en la proporción $\frac{5}{8}=\frac{x}{24}$, aplicamos la propiedad:

$$5\cdot 24=8\cdot x\Rightarrow 120=8\cdot x$$

Hay que encontrar un número que multiplicado por 8 dé 120.

Ese número es: $x=\frac{120}{8}=15$.

Ten en cuenta

Si en una proporción intercambiamos entre sí los medios (o los extremos) obtenemos otra proporción:

$$\frac{7}{5}=\frac{21}{15} \quad y \quad \frac{7}{21}=\frac{5}{15}$$

El producto de medios sigue siendo igual al producto de extremos.

ACTIVIDADES

1. Elige la respuesta correcta en cada caso.

a) La razón entre 8 y 12 es: A. $\frac{1}{2}$ B. $\frac{2}{3}$ C. $\frac{3}{4}$

b) La razón entre 15 y 20 es: A. $\frac{3}{2}$ B. $\frac{3}{5}$ C. $\frac{3}{4}$

2. Escribe tres parejas de números cuya razón sea $\frac{3}{5}$.

3. Indica qué colecciones de números forman proporción.

A. 2, 5, 12, 30 C. 13, 14, 26, 27

B. 4, 12, 12, 36 D. 6; 3; 1; 0,5

4. Encuentra el valor de la x en las siguientes proporciones.

a) $\frac{2}{x}=\frac{3}{15}$ b) $\frac{x}{14}=\frac{3}{21}$ c) $\frac{13}{11}=\frac{39}{x}$ d) $\frac{3}{16}=\frac{x+5}{32}$

5. Calcula el valor de x para que los siguientes números formen una proporción.

a) 7, 5, x, 20 b) 6, x, 18, 15

6. La razón entre las edades de Juan y de su padre es $\frac{2}{7}$. La razón entre las edades del padre y de la madre de Juan es $\frac{6}{5}$. Si Juan tiene 12 años, ¿cuántos años tiene su padre? ¿Y su madre?

7. Un ciclista lleva en su bici un plato de 42 y un piñón de 22 dientes. Otro lleva un plato de 50 y un piñón de 26 dientes. Si la razón entre el número de dientes del plato y del piñón indica el número de vueltas que da la rueda trasera por cada pedalada, ¿cuál avanza más en cada pedalada?

2 Magnitudes directamente proporcionales

Una **magnitud** es cualquier propiedad que puede medirse mediante un número:

- La longitud, el peso, el precio o la superficie son magnitudes.
- La alegría, el dolor o la diversión no se pueden medir y no son magnitudes.

Proporcionalidad directa

5 metros en un segundo

Ejemplo ▸ En la siguiente tabla podemos ver la distancia que recorre una atleta que corre con velocidad constante en distintos tiempos:

Distancia (m)	5	10	15	...	50	...	100
Tiempo (s)	1	2	3	...	10	...	20

(·2, ·3)

- Al multiplicar el tiempo por un número (por 2, por 3, ..., por 10...) la distancia también queda multiplicada por ese mismo número.
- Las razones que se forman a partir de los pares de valores de la tabla son iguales entre sí:

$$\frac{5}{1}=\frac{10}{2}=\frac{15}{3}=\frac{50}{10}=\frac{100}{20}=5$$

El valor de las razones coincide con la velocidad del atleta, 5 metros por segundo.

Ten en cuenta

Si al aumentar una de las magnitudes, la otra disminuye en la misma medida, decimos que son **inversamente proporcionales**.

Dos **magnitudes** son **directamente proporcionales** si al multiplicar o dividir una de ellas por un número distinto de cero, la otra queda multiplicada o dividida por ese mismo número.

Las parejas de valores correspondientes forman proporción:

1.ª magnitud	a	b	c	...
2.ª magnitud	a'	b'	c'	...

$$\Rightarrow \frac{a}{a'}=\frac{b}{b'}=\frac{c}{c'}=\ldots=r$$

Se llama a r, **razón de proporcionalidad** o **constante de proporcionalidad**.

Conociendo un par de valores de dos magnitudes directamente proporcionales, se puede obtener el resto mediante la reducción a la unidad o la regla de tres simple.

Reducción a la unidad

MAT-TIC GeoGebra

Entra en smSaviadigital.com y resuelve situaciones cotidianas usando la proporcionalidad.

Ejemplo ▸ Un grifo arroja 12 L de agua en 4 minutos. ¿Cuántos arrojará en 6 minutos? ¿Y en 10 minutos?

Calculamos los litros que arroja en un minuto: 12 : 4 = 3 L en 1 minuto.

Multiplicamos ese valor por 6 y por 10 para hallar los litros pedidos.

Tiempo (m)	1	4	6	10
Agua (L)	3	12	18	30

Para **reducir a la unidad** se asigna a una de las magnitudes la unidad y se calcula el valor correspondiente de la otra. Para conocer otro par de valores basta con multiplicar por el número indicado.

Regla de tres simple

Ejemplo ▸ Tres amigos han comido en un restaurante el menú del día y han pagado en total 40,5 €. Si 5 amigos piden el mismo menú, ¿cuánto tendrán que pagar?

Observa que el precio total es proporcional al número de amigos.

Número de amigos	3	5
Precio total (€)	40,5	x

Aplicando la propiedad de la proporcionalidad:

$$\frac{3}{40{,}5}=\frac{5}{x}\Rightarrow 3\cdot x=5\cdot 40{,}5\Rightarrow x=\frac{5\cdot 40{,}5}{3}=\frac{202{,}5}{3}=67{,}5\ €$$

También se puede disponer la información según este esquema:

Número de amigos		Precio total
3	→	40,5 €
5	→	x

$$\Rightarrow x=\frac{5\cdot 40{,}5}{3}=67{,}5\ €$$

A partir de tres términos de una proporción, se puede calcular el cuarto aplicando la propiedad fundamental de las proporciones. Esta técnica se conoce con el nombre de **regla de tres** simple directa.

Sabías qué...

La regla de tres simple directa es una técnica que nació en la India y fue traída a Europa por los árabes.

ACTIVIDADES

8. ¿Estas relaciones son de proporcionalidad directa?

a) El número de chicles comprados y el dinero que cuestan.

b) El número de calzado de una persona y su estatura.

c) El número de máquinas que asfaltan una carretera y el tiempo que tardan en hacerlo.

ACTIVIDAD **RESUELTA**

9. **Completa la tabla de proporcionalidad directa, encontrando previamente la razón de proporcionalidad:**

A	1	4	y
B	x	10	25

La razón de proporcionalidad es: $\frac{4}{10}=0{,}4$

Calculamos x: $\frac{1}{x}=0{,}4\Rightarrow x=\frac{1}{0{,}4}=2{,}5$

Calculamos y: $\frac{y}{25}=0{,}4\Rightarrow y=0{,}4\cdot 25=10$

10. **Las magnitudes *A* y *B* son directamente proporcionales. Copia y completa la tabla.**

A	2	4	6	10	12
B	●	1	1,5	●	3

11. **De cada 4 bombones de una caja, 3 son de chocolate con leche. Si en la caja hay 36 bombones, ¿cuántos son de chocolate con leche?**

12. **Si 4 kg de manzanas cuestan 4,60 €, ¿cuánto cuesta un kilo? ¿Y 5 kg?**

13. **Una rueda gira 1500 veces en 10 minutos.**

a) ¿Cuántas vueltas dará en 7 minutos?

b) ¿Cuánto tardará en girar 2000 veces?

14. **Un coche gasta 6,4 L de gasolina cada 100 km.**

a) ¿Cuántos litros de gasolina gastará en 300 km?

b) Calcula los kilómetros que puede recorrer si solo le quedan 1,6 L de gasolina en el depósito.

15. smSaviadigital.com

PRACTICA **Identifica magnitudes directa e inversamente proporcionales.**

3 Porcentajes

MAT-TIC GeoGebra

Entra en smSaviadigital.com y relaciona fracciones con razones y porcentajes.

Ten en cuenta

Algunos porcentajes tienen una razón fácil de retener:

10 %	$\frac{1}{10}$
25 %	$\frac{1}{4}$
50 %	$\frac{1}{2}$

smSaviadigital.com

PRACTICA Calcula precios en rebajas aplicando porcentajes.

Los porcentajes aparecen habitualmente en situaciones cotidianas, en las rebajas, los impuestos, resultados de encuestas, etc.

Un **porcentaje**, o **tanto por ciento**, es una razón de proporcionalidad referida a 100 unidades.

Ejemplo ▸ Si una camisa que cuesta 30 € está rebajada un 20 %, ¿cuánto dinero nos descuentan?

El 20 % es otra forma de indicar una razón. Para calcular cuánto nos descontarán de 30 €, aplicamos la propiedad de las proporciones:

$$\frac{20}{100}=\frac{x}{30}\Rightarrow 20\cdot 30=100\cdot x\Rightarrow x=\frac{20\cdot 30}{100}=\frac{600}{100}=6\ €$$

También podemos calcularlo así:

$$20\ \%\ \text{de}\ 30\Rightarrow x=\frac{20}{100}\cdot 30=0{,}20\cdot 30=6\ €$$

Los porcentajes pueden expresarse también como razón o como número decimal:

Porcentaje	20 %	50 %	75 %	100 %	200 %
Razón	$\frac{20}{100}$	$\frac{50}{100}$	$\frac{75}{100}$	$\frac{100}{100}$	$\frac{200}{100}$
Decimal	0,2	0,5	0,75	1	2

Cálculo de la parte

Para calcular el porcentaje de una cantidad, multiplicamos la cantidad dada por la razón o la expresión decimal asociada al porcentaje.

Ejemplo ▸ Un abrigo tiene un precio de 160 €, pero tiene un 20 % de descuento. ¿Cuánto dinero nos ahorramos?

Aplicamos la proporción: $\frac{20}{100}=\frac{x}{160}\Rightarrow x=\frac{20\cdot 160}{100}=0{,}2\cdot 160=32$

Nos ahorramos 32 €.

Cálculo del total

Ejemplo ▸ El 40 % de los alumnos de una clase son chicos. Si hay 12 chicos, ¿cuántos alumnos hay en total en la clase?

Aplicamos la proporción: $\frac{40}{100}=\frac{12}{x}\Rightarrow x=\frac{100\cdot 12}{40}=30$

Hay 30 alumnos en total.

Cálculo del porcentaje o tanto por ciento

Ejemplo ▸ En una encuesta a 500 adolescentes, 130 reconocen ver la televisión más de 4 horas diarias. ¿Qué tanto por ciento representan?

Aplicamos la proporción: $\frac{130}{500}=\frac{x}{100}\Rightarrow x=\frac{130\cdot 100}{500}=26$

El 26 % de los adolescentes ven la televisión más de 4 horas.

ACTIVIDADES

16. Completa la siguiente tabla en tu cuaderno.

Porcentaje	5 %	12,5 %	55 %	●●●	250 %
Fracción irreducible	$\frac{1}{20}$	●●●	$\frac{11}{20}$	$\frac{3}{5}$	●●●
Decimal	●●●	0,125	●●●	●●●	2,5

17. Calcula mentalmente los siguientes porcentajes.

a) 10 % de 120
b) 10 % de 34
c) 25 % de 12
d) 50 % de 36
e) 50 % de 13
f) 75 % de 12

18. Calcula en tu cuaderno estos porcentajes.

a) 5 % de 325
b) 12 % de 25
c) 36 % de 415
d) 65 % de 1450
e) 85 % de 55
f) 99 % de 1000

19. Calcula el total en las siguientes expresiones.

a) El 20 % de un número es 15.
b) El 50 % de un número es 235.
c) El 8 % de un número es 1030.
d) El 80 % de un número es 43.

20. Calcula el tanto por ciento correspondiente a las siguientes razones.

a) 7 de cada 10 fumadores quieren dejar de fumar.
b) En un colegio hay 328 alumnas de un total de 630 alumnos.
c) Una sudadera costaba 65 € y en las rebajas cuesta 9,75 € menos.
d) En un paquete de galletas de 350 g te regalan 70 g más.

21. Copia en tu cuaderno y completa con los números que faltan en cada caso.

Porcentaje	Total	Parte
60 %	25	●●●
●●●	500	85
33 %	●●●	297
55 %	475	●●●
●●●	400	14
16 %	●●●	534

22. Un camión que transporta fruta ha tenido una avería y se ha estropeado el 20 % de la carga. Si transportaba 2300 kg de fruta en total, ¿cuántos kilos de fruta se han salvado?

23. Una familia dedica el 30 % de sus ingresos mensuales a pagar la hipoteca de su casa. Calcula cuánto pagan de hipoteca si sus ingresos son de 2700 €.

24. En un paquete de caramelos el 30 % son de menta. Si hay 5 caramelos de menta, ¿cuántos caramelos tiene la bolsa?

25. Me han descontado 10 € en unos pantalones que estaban rebajados un 20 %. ¿Cuánto costaban los pantalones? ¿Cuánto he pagado por ellos?

26. María ha invitado a 18 de sus compañeros de clase a su fiesta de cumpleaños. Si en total tiene 30 compañeros, ¿qué porcentaje de la clase ha ido a su fiesta?

27. Ha aparecido esta noticia en el periódico: "De cada 10 perros adoptados, 2 acaban siendo abandonados por sus dueños."

a) Calcula el porcentaje de perros que son abandonados.
b) ¿Qué te parece esta noticia?

28. En la etiqueta de un suéter figura la información sobre su composición.

El suéter pesa 350 g. Calcula la cantidad de lana, de poliéster y de elastán que contiene.

29. Para preparar 150 kg de tierra para unas jardineras se mezcla arena (82,5 Kg), arcilla (10,5 Kg) y limos (restos orgánicos). Calcula el porcentaje de cada elemento de la mezcla.

30. La masa media de una hormiga es de 3 mg y puede llegar a levantar una masa de 100 mg.

¿Cuánta masa debería levantar un hombre de 70 kg para ser tan fuerte como la hormiga?

31. Una botella de aceite cuesta 2,59 €. En una tienda hay una oferta 3 × 2, y en un supermercado, si compras 3 botellas, te hacen un descuento del 30 %. ¿Qué oferta es mejor?

4 Problemas con porcentajes

Ten en cuenta

El IVA es un Impuesto sobre el Valor Añadido.

Es un tanto por ciento que se aplica sobre el precio final del producto y que varía según el tipo de producto.

Aquí puedes encontrar más información sobre el IVA:

www.e-sm.net/sv1csoma03

Variaciones porcentuales

Los porcentajes que están a nuestro alrededor muchas veces indican cuánto hay que aumentar o disminuir una cantidad dada. Por ejemplo, si pasas delante de un banco verás carteles que anuncian intereses del 3 % o del 5 %. O si miras el ticket de una compra en un comercio verás que al final hay un incremento del precio inicial expresado en forma de porcentaje: es el IVA.

Ejemplo ▸ En una tienda de deportes el precio de una bicicleta de montaña es de 300 € y el IVA es del 21 %. ¿Cuánto hay que pagar en realidad por la bici?

- El incremento sobre el precio es el 21 % de 300 €:

$$\frac{21}{100}\cdot 300 = 0{,}21\cdot 300 = 63\ €$$

Tendremos que pagar:

300 € + 63 € = 363 €, en total.

- Lo podemos calcular de forma más directa. Si incrementamos un 21 % de IVA, en realidad pagamos el 100 % del precio más un 21 %, es decir, el 121 %.

Si operamos con la forma decimal del tanto por ciento pagamos:

$$1{,}21 \cdot 300 = 363\ €$$

MAT-TIC GeoGebra

Entra en smSaviadigital.com y:

- Calcula la cuenta de un restaurante.
- Calcula la factura de la lavadora.

Si en lugar de un aumento es una disminución, por ejemplo, en un descuento, podemos aplicar la misma técnica.

Ejemplo ▸ ¿Cuánto cuesta la cámara?

Si nos descuentan el 20 %, en realidad no pagamos el 100 %, sino el 80 % del precio.

$$0{,}80 \cdot 250 = 200$$

La cámara cuesta 200 €.

Variaciones sucesivas

Ejemplo ▸ En la tienda de electrodomésticos, el precio sin IVA de un ordenador es de 540 €, pero nos hacen un descuento del 15 %. ¿Qué es mejor, aplicar primero el descuento y luego el IVA, o al revés?

- Primero el descuento y después el IVA:
  - Aplicamos el descuento: $0{,}85 \cdot 540 = 459$ €
  - Aplicamos el IVA: $1{,}21 \cdot 459 = 555{,}39$ €
- Primero el IVA y después el descuento:
  - Aplicamos el IVA: $1{,}21 \cdot 540 = 653{,}4$ €
  - Hacemos el descuento: $0{,}85 \cdot 653{,}4 = 555{,}39$ €

¡En ambos casos se obtiene la misma cantidad!

Podemos calcularlo también de forma directa, aplicando las dos variaciones en la misma operación:

$1{,}21 \cdot 0{,}85 \cdot 540 = 555{,}39$ €.

Ten en cuenta

No es lo mismo aplicar un aumento del 21 % y una rebaja del 15 % que aplicar la diferencia de porcentajes:

21 % – 15 % = 6 %

$1{,}06 \cdot 540 = 572{,}4$ €

ACTIVIDADES

32. Copia y completa la tabla en tu cuaderno.

Si aumentas una cantidad un...	La multiplicas por...
15 %	1,15
21 %	●●●
●●●	1,07
75 %	●●●

33. Copia y completa la tabla en tu cuaderno.

Si disminuyes una cantidad un...	La multiplicas por...
15 %	0,85
24 %	●●●
●●●	0,75
70 %	●●●

34. El consumo eléctrico de una lavadora de clase A+ es el 42 % del de una lavadora de clase C. Si la lavadora de clase C consume 654 Kwh en un año, calcula el consumo anual de una de clase A+.

35. En la etiqueta de una lata de mejillones se lee:

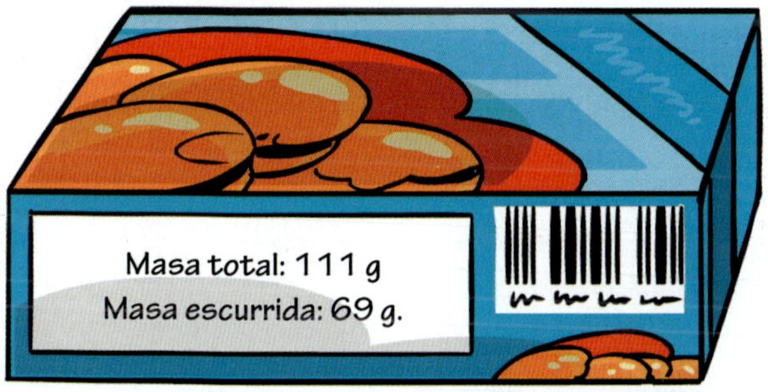

¿Qué porcentaje de líquido tiene la lata?

ACTIVIDAD **RESUELTA**

36. **El curso pasado había 400 alumnos en el instituto de Ana. Este año son 460. ¿Cuál ha sido el porcentaje de aumento?**

Planteamos la proporción teniendo en cuenta que el aumento ha sido de 60 alumnos y que el 100 % hace referencia a 400 alumnos:

$$\frac{x}{100} = \frac{60}{400} \Rightarrow x = \frac{100 \cdot 60}{400} = 15\ \%$$

El porcentaje de aumento es del 15 %.

37. Una camisa que estaba marcada a 27 € cuesta 20 € en rebajas. ¿Qué porcentaje la han rebajado?

38. La población de una ciudad ha pasado de 28 200 habitantes en el año 2000 a 28 764 en 2010. ¿Cuál es el porcentaje de incremento de la población en esa década?

39. Un tipo de queso pierde un 17 % de su peso después del secado. ¿Cuál debe ser el peso inicial para obtener un queso de 250 g?

40. Este año, en el municipio de Villanubla, el número de usuarios de las redes sociales ha alcanzado la cifra de 2604 lo que supone un aumento del 24 % respecto del año pasado. ¿Cuántos usuarios había el año pasado?

ACTIVIDAD **RESUELTA**

41. **Un anticuario adquiere un mueble por 720 €. Lo pone a la venta incrementando su precio en un 30 %, pero no consigue venderlo y tres meses después decide rebajarlo un 10 % del precio fijado. ¿Cuál es el precio final del mueble?**

El precio de venta inicial es de:

$$1{,}30 \cdot 720 = 936\ €$$

Al rebajarlo un 10 % el precio será un 90 % del precio inicial:

$$0{,}90 \cdot 936 = 842{,}40\ €$$

Se puede calcular directamente, aprovechando la propiedad asociativa de la multiplicación:

$$0{,}90 \cdot 1{,}30 \cdot 720 = 842{,}40\ €$$

42. Explica por qué en el problema anterior no obtenemos el mismo precio al aplicar primero un incremento del 30 % y luego una rebaja del 10 %, que al aplicar un incremento global del 20 %.

43. El porcentaje de inmigrantes en una ciudad de 120 000 habitantes es del 14 %. El 40 % de los inmigrantes son asiáticos.

a) ¿Cuántos asiáticos viven en la ciudad?

b) ¿Qué porcentaje de la población es asiática?

44. smSaviadigital.com

PRACTICA Realiza variaciones porcentuales en situaciones cotidianas.

Organiza tus ideas

RAZÓN Y PROPORCIÓN

La **razón numérica** entre dos números *a* y *b* es el cociente $\frac{a}{b}$ entre esos números.

- Una **proporción** es la igualdad entre dos razones.

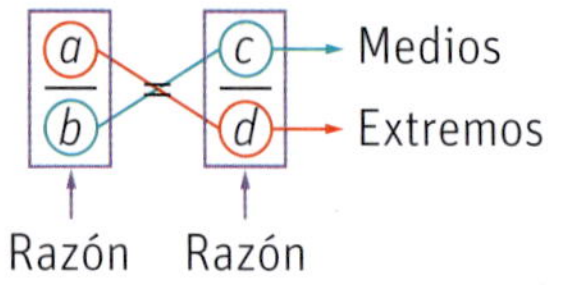

- En toda proporción el producto de los extremos es igual que el producto de los medios:

$$a \cdot d = b \cdot c$$

Aplicando esta propiedad podemos calcular el cuarto término si conocemos los otros tres:

$$\frac{a}{b} = \frac{c}{x} \Rightarrow x = \frac{b \cdot c}{a}$$

MAGNITUDES DIRECTAMENTE PROPORCIONALES

Dos magnitudes son **directamente proporcionales** cuando al multiplicar o dividir el valor de una de ellas por un número, distinto de cero, el valor de la otra se multiplica o se divide por el mismo número:

Las parejas de valores correspondientes forman proporción:

1.ª magnitud	*a*	*b*	*c*	...
2.ª magnitud	*a'*	*b'*	*c'*	...

$$\Rightarrow \frac{a}{a'} = \frac{b}{b'} = \frac{c}{c'} = \ldots = r$$

razón de proporcionalidad

Reducción a la unidad

- Se asigna a una de las magnitudes la unidad y se calcula el valor correspondiente de la otra. Para conocer otro par de valores basta con multiplicar por el número indicado.

12 : 4 = 3 L en 1 minuto

Tiempo (m)	1	4	6	10
Agua (L)	3	12	18	30

Regla de tres simple

- Se aplica la propiedad de los productos cruzados de las proporciones y a partir de tres términos, calculamos el cuarto.

Magnitud *A*	*a*	*c*
Magnitud *B*	*b*	*x*

$$\Rightarrow \frac{a}{b} = \frac{c}{x} \Rightarrow x = \frac{b \cdot c}{a}$$

PORCENTAJES

Un **porcentaje**, o **tanto por ciento**, es una razón de proporcionalidad referida a 100 unidades.

Cálculo de porcentajes: $20\ \%\ \text{de}\ 80 \Rightarrow \frac{20}{100} \cdot 80 = 0{,}20 \cdot 80 = 16$

Variaciones con porcentajes

- **Incrementar** una cantidad un 30 % es equivalente a calcular el 130 % de esa cantidad:

$$1{,}30 \cdot 120 = 156$$

- **Disminuir** una cantidad un 30 % es equivalente a calcular el 70 % de esa cantidad:

$$0{,}70 \cdot 120 = 84$$

Actividades

ACTIVIDADES PARA PRACTICAR

Razón y proporción

45. La razón entre 5 y 4 es 1,25. Escribe otros tres pares de números cuya razón sea también 1,25.

46. La razón entre 15 y un número a es $\frac{15}{a} = 0{,}8$. ¿De qué número se trata?

47. La razón entre un número n y 8 es 2,5. ¿Cuánto vale n?

48. Calcula el valor de x en cada caso.

a) $\frac{x}{5} = 5{,}4$

b) $\frac{0{,}75}{x} = 0{,}25$

c) $\frac{x}{1{,}4} = \frac{1{,}2}{9}$

d) $\frac{2{,}7}{x} = \frac{6{,}6}{14}$

49. Indica qué tablas de las siguientes forman proporción.

A.

A	6	9
B	4	6

B.

A	7	6
B	3	4

C.

A	6	9
B	8	12

D.

A	1	3
B	2	4

50. Completa en tu cuaderno los huecos para que las siguientes tablas formen proporción.

a)

A	12	54
B	96	●●●

b)

A	18	54
B	●●●	21

c)

A	9	●●●
B	●●●	4

d)

A	●●●	22
B	1	4

Magnitudes directamente proporcionales

51. Entre las siguientes parejas de magnitudes, di cuáles son directamente proporcionales y cuáles no.

a) La velocidad de un coche y el tiempo del viaje.

b) Los kilos de peras que compras y el precio total.

c) La edad de una persona y su peso.

d) La distancia caminada y el tiempo que se tarda en recorrerla.

52. Indica si en las siguientes tablas las magnitudes son directamente proporcionales.

A.

A	5	10	15
B	10	15	20

B.

A	12	18	15
B	8,4	12,6	10,5

C.

A	1,5	2	2,4
B	7,5	100	117

D.

A	1,2	5,4	6,6
B	9,6	45,6	52,8

53. Copia y completa las siguientes tablas para que las magnitudes A y B sean directamente proporcionales.

a)

A	1	2	3	●●●	10
B	●●●	6	●●●	15	

b)

A	1	4	●●●	●●●	16
B	●●●	6	9	12	●●●

ACTIVIDAD RESUELTA

54. Para hacer batido de fresa para cuatro personas necesitas 360 g de fresas y 0,8 L de leche. ¿Qué cantidades necesitarás si quieres hacerlo para 7 personas?

Las cantidades de fresas y de leche son proporcionales al número de personas.

Cantidad de fresas:

Personas	4	7
Fresas (g)	360	x

$$\frac{4}{7} = \frac{360}{x} \Rightarrow x = \frac{7 \cdot 360}{4} = 630 \Rightarrow \text{ 630 g de fresas}$$

Cantidad de leche:

Personas	4	7
Leche (L)	0,8	x

$$\frac{4}{7} = \frac{0{,}8}{x} \Rightarrow x = \frac{7 \cdot 0{,}8}{4} = 1{,}4 \Rightarrow \text{ 1,4 L de leche}$$

55. Calcula cuánto cuesta una merluza que pesa 2,3 kg si el precio es de 10,20 € el kilo.

56. Por 300 g de jamón me han cobrado 5,34 €. ¿Cuánto cuesta un kilogramo?

57. Una modista ha utilizado 2,25 m de tela para hacer 3 faldas. Ahora le han encargado otras 7 faldas. ¿Cuántos metros de tela necesitará?

58. En un supermercado por cada 5 € de compra dan 3 puntos. Para conseguir una sartén se necesitan 42 puntos. ¿Cuánto hay que gastar para conseguir la sartén?

59. Mi amigo Samuel dice que ha comprado 5 chicles por 0,70 € en la tienda de la esquina de su casa. Yo tengo 1,10 €, ¿cuántos podré comprar?

60. Por 5 bolsas de palomitas se han pagado 3,50 €.

a) Calcula el precio de 3 bolsas.

b) Cuántas bolsas puedes comprar con 5 €?

61. El precio de un aparcamiento es de 2,50 € la hora, pero cobran por minutos de estancia. ¿Cuánto costará tener el coche aparcado durante 35 minutos?

Actividades

Porcentajes

62. Calcula los siguientes porcentajes.

a) 10 % de 240
b) 150 % de 36
c) 0,75 % de 1200
d) 10 % de 84
e) 50 % de 132
f) 7,5 % de 24

63. Expresa en forma decimal y en forma de porcentaje las siguientes razones.

a) $\frac{5}{12}$ b) $\frac{22}{15}$ c) $\frac{1}{25}$ d) $\frac{1}{250}$

64. Completa la siguiente tabla en tu cuaderno.

Porcentaje	15 %	24 %	●●●	●●●
Fracción irreducible	$\frac{3}{20}$	●●●	$\frac{11}{25}$	●●●
Decimal	0,15	●●●	●●●	0,35

65. Completa en tu cuaderno.

a) El 15 % de 320 es ●●●.
b) El 18 % de ●●● es 81.
c) El ●●● % de 650 es 247.
d) 725 es el ●●● % de 580.

66. Completa la siguiente tabla en tu cuaderno.

Total	Porcentaje	Parte
30	15 %	4,5
52	27 %	●●●
74	80 %	●●●
44	●●●	10
110	●●●	40
50	●●●	63
●●●	10 %	15
●●●	31 %	20
●●●	62 %	34

Ejercicios de síntesis

67. Asocia en tu cuaderno cada razón con una expresión equivalente.

$\frac{3}{5}$	0,625
$\frac{5}{9}$	60 %
$\frac{2,5}{4}$	$\frac{20}{36}$

Variaciones con porcentajes

68. Este pantalón tiene una rebaja del 15 %.

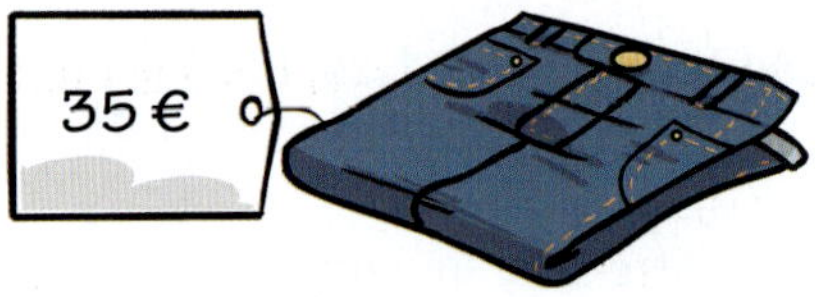

Calcula su precio después del descuento.

69. El director de una pequeña empresa de cuatro trabajadores les anuncia que para mantener todos los empleos debe rebajarles el sueldo un 12 %. Calcula los nuevos salarios si dos de los trabajadores cobran ahora 1050 € y los otros dos 1457 €.

70. Una persona deposita en un banco 6000 € a un interés del 2 % anual. ¿Cuánto dinero tendrá cuando termine el año?

71. Tras un descuento de un 15 %, un artículo cuesta 114,75 €. ¿Qué costaba al principio?

72. Tras un aumento de un 15 %, un artículo cuesta 1035 € ¿Cuál era su precio antes del aumento?

PROBLEMA **RESUELTO**

73. Un frigorífico tiene un precio inicial de 890 €. Por liquidación de existencias está rebajado un 15 %. Si se paga a plazos, el precio se incrementa en un 2,5 %. Calcula el precio final en esa modalidad de pago.

Si rebajan un 15 % el frigorífico, pagamos el 85 % del precio:

$$0,85 \cdot 890 \text{ €} = 756,50 \text{ €}$$

Al incrementarlo un 2,5 %, pagamos el 102,5 de 756,50 €:

$$1,025 \cdot 756,50 \text{ €} = 775,41 \text{ €}$$

También podemos calcularlo directamente:

$$890 \cdot 0,85 \cdot 1,025 \text{ €} = 775,41 \text{ €}$$

74. Observa el precio de un litro de gasolina en el mes de mayo. En junio aumentó un 2 % y en agosto aumentó un 1,5 %.

Calcula el precio del litro de gasolina después de estos aumentos.

75. En una encuesta se pregunta a 1500 personas por el tipo de yogur que prefieren. De ellas, 120 dicen que no les gusta el yogur y 725 contestan que toman yogures desnatados.

a) ¿A qué porcentaje del total de encuestados les gusta el yogur?
b) ¿Qué porcentaje de los que consumen yogur lo prefieren desnatado?

PROBLEMAS **PARA RESOLVER**

PROBLEMA **RESUELTO**

76. Una empresa de transportes tiene las siguientes tarifas.

Distancia (km)	Precio (€)
100	83,60
150	125,40
200	159,20
250	191

Averigua si el precio es proporcional a la distancia recorrida.

Las cantidades de las dos primeras filas son proporcionales:

$$\frac{100}{83,60}=\frac{150}{125,40}\Rightarrow 100\cdot 125,40=83,60\cdot 150=12\,540$$

Si nos fijamos en la primera y la tercera fila:

$$\frac{100}{83,60}\neq\frac{200}{159,20}\Rightarrow\begin{cases}100\cdot 159,20=15\,920\\ 83,60\cdot 200=16\,720\end{cases}$$

No se cumple la condición, por tanto los precios no son proporcionales a la distancia.

77. En esta tabla figuran las dimensiones de algunos billetes de euro.

Valor (€)	Largo (mm)	Ancho (mm)
	120	62
	127	67
	133	72

Averigua si existe proporcionalidad entre las magnitudes:

a) Valor y largo

b) Valor y ancho

c) Largo y ancho

78. Una impresora puede imprimir 21 páginas por minuto. Calcula el tiempo que tardará en imprimir un texto de 231 páginas.

79. En un comercio, por cada 25 € de gasto te dan dos cupones-descuento de 3 € cada uno.

a) ¿Cuántos cupones te darán si te gastas en tu compra 150 €?

b) ¿Cuánto tienes que gastar para tener 15 € en cupones?

80. En una empresa 3 de cada 8 empleados utiliza el transporte público para ir al trabajo y el resto va en su propio coche. Si hay 720 empleados, ¿cuántos van en su coche?

81. Los tamaños de los televisores se refieren a la longitud de la diagonal de la pantalla en pulgadas. Un televisor de 32 pulgadas (32") tiene una pantalla cuya diagonal mide 81,28 cm.

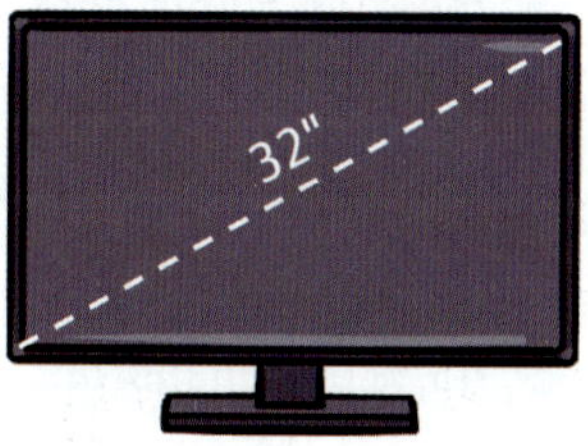

a) ¿Cuántos centímetros mide una pulgada?

b) ¿Cuánto mide en centímetros la diagonal de la pantalla de un televisor de 42"?

82. Un trabajador cobra por horas trabajadas. La semana pasada trabajó 18 horas y le pagaron 162 €.

a) ¿Cuánto ganará esta semana si ha trabajado 23 horas?

b) ¿Cuántas horas tiene que trabajar para ganar 270 €?

83. En el concurso de fotografía han participado 120 alumnos de los 600 que hay en el colegio.

a) ¿Qué porcentaje de alumnos no ha participado?

b) Un 8 % de los participantes han tenido premio. ¿Cuántos son los premiados?

84. Una tienda lanza una oferta de 3 × 2, es decir, por cada dos productos que compres te regalan uno. ¿Qué porcentaje de descuento te están aplicando?

85. Una lata de refresco que costaba 0,51 € ha bajado de precio.

¿Cuál ha sido el porcentaje de rebaja?

86. En tres momentos de una etapa, (una subida, un descenso y un llano), un ciclista ha utilizado estos tres desarrollos:

$$\frac{44}{28}\ ;\ \frac{44}{18}\ ;\ \frac{32}{28}$$

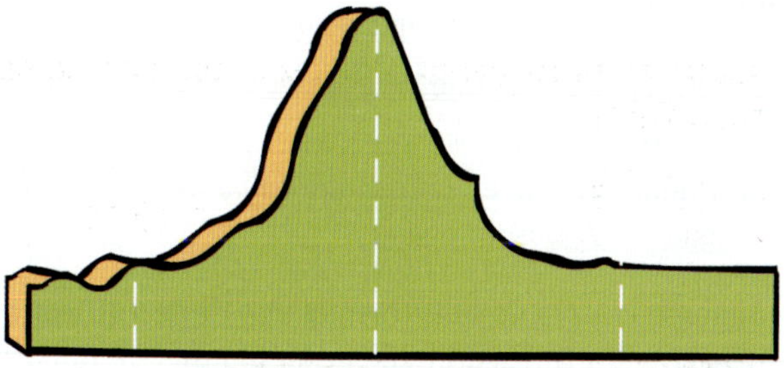

Cuanto mayor es la razón, más avanza en cada pedalada, pero ha de hacer mayor esfuerzo. Asocia en tu cuaderno cada desarrollo con cada momento de la etapa.

Actividades

87. Una máquina fabrica 305 tornillos en 3 horas. ¿Cuántos tornillos hará en 6 días trabajando 8 horas cada día?

88. En una fábrica de refrescos una máquina llena 450 botellas en media hora.

a) ¿Cuántos segundos tarda en llenar una botella?

b) ¿Cuánto tiempo necesita para llenar 10 000 botellas?

89. Un potito de 150 g de alimento para bebés contiene un 45 % de zanahorias.

a) ¿Cuántos kilos de zanahorias son necesarios para fabricar 1000 potitos?

b) ¿Cuántos potitos hay que consumir para comer 250 g de zanahorias?

PROBLEMA **RESUELTO**

90. En las elecciones municipales de una ciudad con 5400 votantes el partido *AJ* ha sacado el 42 % de los votos. El segundo partido, el *UF*, obtuvo 1890 votos.

a) ¿Cuántos votos tuvo *AJ*?

b) ¿Qué diferencia en tanto por ciento hubo entre los dos partidos?

a) Calculamos el 42 % de 5400:

$$42\ \%\ \text{de}\ 5400 = \frac{42}{100} \cdot 5400 = 0{,}42 \cdot 5400 = 2268$$

El partido *AJ* tuvo 2268 votos

b) Para calcular el tanto por ciento de votos del partido *UF*, planteamos la proporción:

$$\frac{5400}{1890} = \frac{100}{x} \Rightarrow x = \frac{1890 \cdot 100}{5400} = 35\ \%$$

$42\ \% - 35\ \% = 7\ \%$.

El partido *AJ* tuvo una ventaja de 7 puntos porcentuales sobre el *UF*.

91. Para hacer limonada, Julia mezcla 2 partes de zumo de limón por 5 partes de agua y Andrés mezcla 5 partes de zumo de limón por 9 de agua. Cada uno ha hecho un litro de limonada.

a) ¿Cuál de las dos tiene más zumo?

b) Calcula el porcentaje de agua de cada una de las limonadas.

c) ¿Qué diferencia en porcentaje hay entre la cantidad de agua de las dos limonadas?

92. Eugenio cultiva un huerto en el que tiene 140 matas de distintas hortalizas. El 20 % son plantas de tomates, y de estas, el 25 % son de tomates *cherry*.

a) ¿Cuántas matas de tomates ha plantado?

b) ¿Qué porcentaje del total de matas son tomates *cherry*?

93. Emprende

En tu clase vais a organizar una recogida de alimentos no perecederos para donarlos a un banco de alimentos. Para ello hay que dividir a la clase en grupos y cada grupo recogerá alimentos de un tipo.

a) ¿Cuántos grupos se forman? ¿Qué tipo de alimentos va a recoger cada grupo?

b) Si los grupos se forman teniendo en cuenta la importancia en una dieta equilibrada de cada tipo de alimento, ¿qué porcentaje de alumnos forma cada grupo?

c) Pon en común tu propuesta de organización con un compañero. ¿Cuál crees que es mejor? ¿Por qué?

94. Una determinada marca de leche contiene un 13 % de su masa en nata. ¿Cuánta nata obtendremos con 20 L de esa leche? (Un litro de leche tiene una masa de 1,040 kg)

95. Un bote de detergente para lavadoras de 4 kg cuesta 6 €.

a) ¿Cuánto costará otro bote de 3 kg de detergente si el precio y la cantidad son proporcionales?

b) Otro bote igual al anterior anuncia un 20 % adicional de producto y se vende a 5,60 €. ¿es una buena oferta?

PROBLEMA **RESUELTO**

96. En la última semana de diciembre la incidencia de la gripe fue de 28,44 casos por cada 100 000 habitantes.

a) Calcula el porcentaje de personas con gripe en esa semana.

b) Si la población de referencia es de 6 millones de habitantes, ¿cuántas personas estuvieron con gripe?

a) Escribimos la razón correspondiente y su expresión decimal:

$$\frac{28{,}44}{100\,000} = \frac{x}{100} \Rightarrow x = 0{,}02844$$

El porcentaje de personas con gripe es de 0,02844 %.

b) Para hallar el total de personas con gripe calculamos el 0,02844 % de 6 000 000 multiplicando por el decimal correspondiente:

$0{,}0002844 \cdot 6\,000\,000 = 170\,640$ personas.

97. La tasa de natalidad en España ha caído un 3,5 % en 2012 respecto de 2011. En 2012 nacieron 468 430 bebés. ¿Cuántas personas nacieron en 2011?

98. En una región el 14 % de la población es inmigrante. En total hay 2 356 000 habitantes.

a) ¿Cuántos son inmigrantes?

b) El número de inmigrantes se ha reducido un 2 % con respecto al año pasado. ¿Cuántos inmigrantes había el año anterior?

99. Luis Alberto trabaja como vendedor en unos grandes almacenes. Una parte de su sueldo depende de las ventas que consiga:

- Por cada 100 € que consiga vender, le corresponde una comisión de 2,5 €.
- Cuando las ventas superan los 500 €, la comisión es de 3,5 € por cada 100 € extra de ventas.

a) ¿Qué comisión recibe si las ventas son de 450 €?

b) ¿Y sí las ventas ascienden a 750 €?

c) Si ha cobrado 8,50 € de comisión. ¿Cuánto ha vendido?

d) El día de mayor venta recibió una comisión de 22 €. ¿Cuánto vendió?

100. En un supermercado, se anuncia la siguiente oferta de un producto:

Una unidad 4,39 €.
Comprando 3 unidades,
cada unidad sale a 2,93 €.

¿Qué porcentaje de descuento se obtiene con esta oferta?

101. Un pantano tiene una capacidad de 258 hm³. En febrero estaba lleno hasta el 60 % de su capacidad. En marzo llovió mucho y al terminar el mes el agua embalsada había aumentado un 10 % respecto del mes anterior, pero abril fue seco y el agua embalsada disminuyó un 4 %.

a) Calcula los metros cúbicos de agua embalsada que había a finales de marzo.

b) ¿En cuántos hectómetros cúbicos aumentó el agua embalsada en abril respecto de la que había en el mes de febrero?

102. Si partimos de la proporción $\frac{7}{4}=\frac{14}{8}$ y sustituimos los términos superiores por la suma de los términos de cada una de las razones, obtenemos:

$$\frac{7+4}{4}=\frac{14+8}{8}\Rightarrow\frac{11}{4}=\frac{22}{8}$$

Observa que también es una proporción ya que:

$$11\cdot 8=4\cdot 22=88$$

a) Prueba con otras proporciones. ¿Ocurrirá con cualquier proporción? ¿Será cierta esta afirmación?

$$\frac{a}{b}=\frac{c}{d}\Rightarrow\frac{a+b}{b}=\frac{c+d}{d}$$

b) ¿Y si en lugar de sumar, restamos los dos términos de cada razón? ¿Será cierta esta afirmación?

$$\frac{a}{b}=\frac{c}{d}\Rightarrow\frac{a-b}{b}=\frac{c-d}{d}$$

Argumenta y justifica tus respuestas.

ACTIVIDADES PARA PENSAR MÁS

103. El velocímetro de mi coche marca un 10 % más de la velocidad que realmente llevo. Si en un determinado momento marca 132 kilómetros por hora (km/h), ¿a qué velocidad voy realmente?

A. 118 km/h
C. 122 km/h
B. 120 km/h
D. 145,2 km/h

104. En una clase de 30 estudiantes el 40 % lleva gafas y de estos, tres son zurdos. ¿Cuál es el porcentaje de estudiantes zurdos entre los que llevan gafas?

A. 10 % B. 25 % C. 7,5 % D. 3 %

105. En una tienda han subido los precios un 25 %. ¿Qué porcentaje tienen que bajarlos para volver al precio inicial?

A. 12,5 % B. 25 % C. 50 % D. 20 %

106. Una bolsa contiene 100 bolas de las cuales un 95 % son rojas. Quitamos algunas bolas rojas, resultando que después de esto, el porcentaje de bolas rojas que hay en la bolsa es ahora el 75 %. ¿Cuántas bolas rojas hemos quitado?

A. 25 B. 50 C. 75 D. 80

107. Un tren de mercancías de 1 km de largo circula a 20 kilómetros por hora (km/h). Si entra en un túnel de 1 km de largo a las 10 de la mañana, ¿a qué hora sale la cola del último vagón?

A. 10.03 B. 10.05 C. 10.06 D. 10.20

Encuentra el error

108. Ante la bajada de los precios de la vivienda, Jesús decide comprar un piso.

Los precios disminuyeron en los tres últimos años, según la siguiente tabla:

Año	2012	2013	2014
Disminución (%)	7	6,5	5,5

El precio del piso que le interesa a Juan era en 2011 de 180 000 €.

Juan ofrece al vendedor una cantidad equivalente al precio de 2011 rebajado un 19 %, argumentando que es la suma de las disminuciones acumuladas de los tres años. Es decir: 180 000 · 0,81 = 145 800 €.

El vendedor le dice que el precio correspondiente a los descensos de esos años no es ese. Que el verdadero valor del piso es de 147 910,50 €.

a) ¿Cómo ha hecho el vendedor sus cálculos?

b) ¿Quién lleva razón? ¿Por qué?

Ponte a prueba

PROBLEMA RESUELTO La factura del gas

Observa esta factura de gas y trata de entender qué indica cada cosa para contestar después a las preguntas.

Lecturas y consumos	Detalle facturación			
Lectura actual	Fecha factura: 2 de Julio de 2014		N.º factura: 00000025	
01-07-2014 Real 92134				
Lectura anterior	Tipo gas: Natural		Emitida en ASTURIAS	
01-05-2014 Real 92012	Tarifa: 3.2		Precios BOE: 31-12-2013	
	Lote: 01-01592			
Consumo 122 m³	Conceptos gas.			Importe
	Consumo gas	1299,3 kWh	0,057273 €/kWh	74,41 €
1 m³ = 10,65 kWh	Impuesto hidrocarburos	1299,3 kWh	0,00234 €/kWh	3,04 €
122 m³ = 1299,3 kWh	Término fijo			8,35 €
	Total gas			85,80 €
	IVA 21 % (Base imponible 85,80)			18,02 €
	TOTAL A PAGAR			103,82 €

1. ¿En qué unidades se mide el consumo de gas?
2. ¿Cuántos euros cuesta el consumo de 1 kilovatio hora (kWh)? ¿Y consumir 1 m³ de gas?
3. ¿Cuáles son los conceptos por los que se debe pagar? ¿Qué crees que significa cada uno?
4. ¿Cuál es el porcentaje de IVA que se debe pagar?
5. Si en otra factura la lectura actual indica 89 452 m³, y la anterior, 89 076 m³, ¿de qué época del año crees que será?

SOLUCIÓN

1. Se mide en metros cúbicos (m³) y en kilovatios hora (kWh).
2. El precio de 1 kWh es de 0,057273 €, y el de 1 m³ es de $10,65 \times 0,057273 = 0,60995745$ €.
3. Los conceptos por los que se paga son:
   - Término fijo: Se paga siempre independientemente del consumo
   - Consumo: Cantidad de gas gastada entre dos lecturas.
   - IVA e impuesto especial sobre hidrocarburos: Impuesto
4. El 21 %
5. Consumo de gas: 376 m³ = 4004,4 kW h. Por el elevado consumo, es invierno.

De excursión

Nuestro tutor nos ha propuesto hacer una excursión a un embalse que está a 115 km del colegio. Nos ha pedido que busquemos en Internet la empresa de autocares más ventajosa y que calculemos cuánto tendrá que pagar cada alumno. En la tabla se muestran las tarifas que hemos encontrado.

Tarifas para viajes de un día (máximo 12 horas)				
Distancia	Número de plazas			
	25	35	55	70
200 km	305 €	325 €	389 €	469 €
250 km	345 €	362 €	420 €	535 €
300 km	374 €	388 €	471 €	583 €

En clase somos 27 alumnos y nos van a acompañar el tutor y el profesor de matemáticas.

En la empresa nos han dicho que el cálculo del coste por distancia se hace aplicando la tabla y sumando. Cuando la distancia esté entre dos tramos de la tabla, se añade la parte proporcional correspondiente a la diferencia entre esos tramos de distancia. No nos descuentan nada si queda alguna plaza vacía.

1. ¿Cuál es el coste total de la excursión?
2. Si el coste total del autobús lo asumen los alumnos, ¿cuánto tiene que pagar cada uno?
3. ¿Qué porcentaje del precio por alumno es para pagar la parte de los profesores?

Gigantes o molinos

En el Capítulo VIII del Quijote aparecen los gigantes más populares de la literatura universal.

En esto, descubrieron treinta o cuarenta molinos de viento que hay en aquel campo; y así como don Quijote los vio, dijo a su escudero:

–La ventura va guiando nuestras cosas mejor de lo que acertáramos a desear, porque ves allí, amigo Sancho Panza, donde se descubren treinta, o pocos más, desaforados gigantes, con quien pienso hacer batalla y quitarles a todos las vidas, con cuyos despojos comenzaremos a enriquecer; que esta es buena guerra, y es gran servicio de Dios quitar tan mala simiente de sobre la faz de la tierra.

–¿Qué gigantes? –dijo Sancho Panza.

–Aquellos que allí ves –respondió su amo– de los brazos largos, que los suelen tener algunos de casi dos leguas.

–Mire vuestra merced –respondió Sancho– que aquellos que allí se parecen no son gigantes, sino molinos de viento...

La envergadura (la longitud total de mano a mano con los brazos extendidos) suele coincidir con la altura de la persona, a eso se refiere Don Quijote cuando habla de dos leguas. La envergadura real de las aspas de los molinos de la Mancha suele ser de 8,5 m y una legua castellana equivalía a 4,19 Km.

1. ¿Cuántas veces es aproximadamente más alto un gigante que un molino real?

A. 2 veces **B.** 50 veces **C.** 500 veces **D.** 1000 veces

2. Si la envergadura media de una persona es de 1,70 m:

a) ¿Cuántas veces es más alto un molino que una persona?

b) ¿Y un gigante?

3. ¿Has leído la novela "El ingenioso hidalgo don Quijote de la Mancha"? ¿Qué sabes de ella? Ponlo en común con tus compañeros.

AUTOEVALUACIÓN

1. Completa las tablas en tu cuaderno para que las magnitudes sean proporcionales.

a)

A	2	●●●	7
B	8	12	●●●

b)

A	4	3,5	●●●
B	5	●●●	7,5

2. En una librería anuncian:

"2 cómics por 15 €, 5 por 35 €".

a) ¿Es el precio proporcional al número de cómics?

b) Si no lo es, ¿cuál debería ser para ser proporcional?

3. Juan ha pagado 5,10 € por 1,5 kg de mejillones.

a) ¿Cuánto deberá pagar Ana por 2,8 kg de los mismos mejillones?

b) Calcula la cantidad de mejillones que se podrá comprar con 1,5 €.

4. En un periódico de 60 páginas, el 15 % son de informaciones internacionales, el 20 %, de publicidad, y el resto, de acontecimientos nacionales.

a) Calcula el número de páginas de la sección de internacional.

b) Calcula la razón entre las páginas de noticias nacionales y las de noticias internacionales.

5. Al comprar unos pantalones cuyo precio era de 46 € nos han hecho un descuento y al final hemos pagado 39,10 €. ¿Qué descuento nos han aplicado?

6. El precio del barril de petróleo en los primeros meses de 2014 fue:

- Enero: 106,40 $
- Febrero: aumentó un 2,5 %
- Marzo: 107,76 $

a) Calcula el precio del barril en febrero.

b) Calcula el porcentaje de bajada entre febrero y marzo.

smSaviadigital.com VALORA LO APRENDIDO > Autoevaluación.

7 Ecuaciones

- ¿Cómo escribirías "el doble de un número" en lenguaje algebraico?
- ¿Qué número hay que sumar a 40 para obtener 100?
- ¿Cómo resolvemos problemas con ecuaciones?

Analiza y calcula

¿Por qué crees que Jesús le plantea un reto a su hermano en lugar de decirle directamente el número de páginas?

Mira cuántas páginas tiene este libro de texto. ¿Crees que el libro de Jesús tiene más o menos páginas que este?

¿Cuántas páginas tiene el libro de Jesús? ¿Cómo lo has calculado?

Lee y comprende

Vela Blanca, vela roja

Jesús estaba leyendo un libro en el que se explicaba cómo se había rodado la película El señor de los anillos.

El libro relataba cómo habían agrandado los pies de Frodo, los trucos de magia del mago Gandalf y todos los trucos digitales de la película.

Y leyendo estaba cuando entró en la habitación su hermano pequeño, que se llamaba Antonio, y le preguntó:

– ¿Qué haces?

– Pues ya ves, leyendo.

¿Cuántas páginas tiene ese libro? volvió a preguntar Antonio.

– No lo sé –contestó Jesús– pero para numerar las páginas de este libro se han utilizado 642 dígitos.

– Pero bueno, ¿cuántas páginas tiene? –preguntó Antonio.

– Calcúlalo –contestó Jesús.

– Es mucho más fácil que mires el número de la última página y que me lo digas: el libro tiene tantas páginas...

– Pero yo creo que no te vendría mal hacer un esfuerzo y calcular tú cuántas páginas tiene el libro, porque se puede calcular muy bien con los datos que tienes: ya sabes, para numerar las páginas se han utilizado 642 dígitos; venga, atrévete.

Y Antonio salió de la habitación dispuesto a calcular cuántas páginas tenía el libro que estaba leyendo su hermano

Joaquín Collantes, Antonio Pérez Sanz
Matecuentos, cuentamates Ed. Nivola 2007

Reflexiona y saca conclusiones

¿Sabes qué es un dígito? Un número de una cifra tiene un dígito, uno de dos cifras dos dígitos, uno de tres cifras tres dígitos...

Busca el origen de la palabra *dígito*.

1 Letras y números. Expresiones algebraicas

Sabías que...

Al-Jwarizmi es el autor del primer libro de álgebra, que se publicó alrededor del año 820.

El álgebra es la parte de las matemáticas que estudia las relaciones entre números, letras y signos de operaciones.

Letras y números

En lugar de utilizar el signo ? para representar un número desconocido, se suelen usar las letras x, y, z, a, b, c, n... Podemos escribir, por ejemplo, $2 \cdot n + 5 = 37$. Esta es una expresión en lenguaje algebraico.

El **lenguaje algebraico** utiliza números, letras y las operaciones habituales para expresar relaciones, propiedades o simples informaciones.

Utilizamos el lenguaje algebraico para expresar:

	Ejemplo
Propiedades generales	Propiedad conmutativa de la suma de números enteros: $a + b = b + a$
Fórmulas	Área de un rectángulo: $A = b \cdot h$ (rectángulo de base b y altura h)
Relaciones entre valores numéricos	Si la edad de Luis es x: • Dentro de 8 años tendrá $x + 8$. • El triple de la edad de Luis es $3 \cdot x$
Igualdades o desigualdades numéricas	• $3x + 4 = 19$ • $5n + 3 < 19$

Ten en cuenta

Habitualmente no se escribe el punto que representa la multiplicación:

$$A = b \cdot h \Leftrightarrow A = bh$$
$$3 \cdot x \Leftrightarrow 3x$$
$$5 \cdot n + 3 \Leftrightarrow 5n + 3$$
$$3 \cdot x^2 \cdot y \Leftrightarrow 3x^2y$$

Expresiones algebraicas

Cada uno de los ejemplos anteriores que expresan informaciones o relaciones en lenguaje algebraico son expresiones algebraicas.

Una **expresión algebraica** es un conjunto de números y letras relacionados mediante sumas, restas, multiplicaciones, divisiones y potencias.

Ejemplo ▸ Observa las expresiones algebraicas correspondientes a estas frases.

- La suma de 37 y un número $\Rightarrow 37 + n$
- Un número menos 3 $\Rightarrow n - 3$
- La mitad de un número $\Rightarrow \dfrac{n}{2}$
- Cuatro veces un número $\Rightarrow 4n$

Valor numérico de una expresión algebraica

Las letras que aparecen en las expresiones algebraicas pueden tener cualquier valor.

El **valor numérico** de una expresión algebraica es el número que se obtiene al sustituir las letras por un determinado valor y efectuar las operaciones indicadas.

Ejemplo ▸ La expresión algebraica para hallar el área de un triángulo es $\frac{b \cdot h}{2}$.

La letra b representa la longitud de la base y la letra h la altura del triángulo.

- Si tenemos un triángulo de base 5 cm y de altura 7 cm: $b = 5$ y $h = 7$

  El valor numérico de la expresión es: $\frac{5 \cdot 7}{2} = 17{,}5 \text{ cm}^2$.

- Si tenemos un triángulo de base 19 cm y de altura 12 cm: $b = 19$ y $h = 12$

  El valor numérico de la expresión es: $\frac{19 \cdot 12}{2} = 114 \text{ cm}^2$.

MAT-TIC GeoGebra

Entra en **smSavia**digital.com y calcula el valor numérico de una expresión algebraica.

ACTIVIDADES

1. Asocia en tu cuaderno cada frase con su expresión algebraica.

3 más que un número	$2n$
El doble de un número	$n + 2n$
3 menos que un número	$n - 1$
Un número más su doble	$n + 3$
El número anterior a n	$n - 3$

2. Escribe una expresión algebraica que se corresponda con estas oraciones.

a) Eva tiene 8 años menos que Ana, que tiene x años.

b) Tienes la mitad de dinero que yo, que tengo x euros.

c) Un kilo de fresas vale 2,35 €. ¿Cuánto cuestan x kilos?

d) El número siguiente al doble de n.

3. Si t es el tiempo en horas que Isa ha tardado en hacer una tarea, escribe en lenguaje algebraico estas afirmaciones:

a) Teresa ha tardado la mitad de tiempo.

b) Paco ha tardado el doble.

c) Juan ha tardado una hora menos.

4. Aurora tiene x años. Traduce al lenguaje algebraico:

a) La edad de Aurora dentro de 3 años.

b) La edad de Aurora hace 2 años.

c) El triple de la edad que tenía hace 4 años.

5. Pedro tiene x euros, Berta tiene 3 € más, Manuel tiene un tercio del dinero de Pedro, Jorge tiene el triple que Berta y Fernando tiene 3 € menos que Manuel. Escribe el dinero que tiene cada uno.

6. Escribe en cada caso las expresiones algebraicas que representan el área y el perímetro de las figuras.

a)

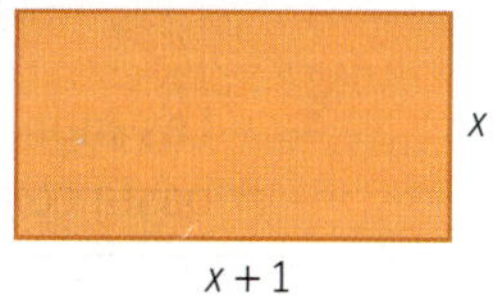

b)

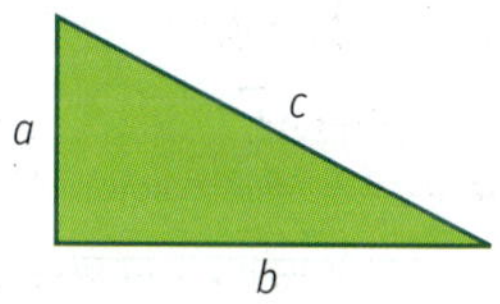

ACTIVIDAD **RESUELTA**

7. Calcula el valor numérico de las expresiones algebraicas para los valores indicados.

a) $7x^2 - 2x$, para $x = 2$

b) $-3a^2b$, para $a = 2$ y $b = 5$

c) $-3a^2 - b$, para $a = 1$ y $b = -3$

a) $7 \cdot 2^2 - 2 \cdot 2 = 24$

b) $-3 \cdot 2^2 \cdot 5 = -60$

c) $-3 \cdot 1^2 - (-3) = -3 + 3 = 0$

8. Calcula los siguientes valores numéricos.

a) $3w^2 - 5w + 3$, para $w = 2$

b) $5a^2 - 3b$, para $a = 1$ y $b = -2$

c) $\frac{x \cdot (y+1)}{y}$, para $x = 6$ y $y = -2$

d) $3xy$, para $x = -2$ e $y = 6$

2 Monomios. Operaciones con monomios

Monomios

Las expresiones algebraicas más sencillas son las formadas por productos de números y letras con exponentes naturales, como, por ejemplo, $27x^3y$.

> **Ten en cuenta**
> - Si una letra no lleva exponente, es de grado 1.
> - Cuando el coeficiente de un monomio vale 1, no es necesario escribirlo.

Un **monomio** es el producto de un número (**coeficiente**) por una letra o por el producto de varias letras con exponentes naturales (**parte literal**).

coeficiente $\frac{2}{5}$ a^2bc^3 parte literal

El **grado de un monomio** es la suma de los exponentes de sus letras.

Ejemplo ▸ Las siguientes expresiones algebraicas son monomios.

Monomio	Coeficiente	Parte literal	Grado
$7x^2y^3$	7	x^2y^3	$2 + 3 = 5$
x^2y	1	x^2y	$2 + 1 = 3$

Dos **monomios** son **semejantes** cuando tienen la misma parte literal, es decir, las mismas letras con los mismos exponentes.

Ejemplo ▸ Los monomios $7x^2y^3$ y x^2y^3 tienen las mismas letras con los mismos exponentes, por tanto, son semejantes.

Suma y resta de monomios

> **Ten en cuenta**
> Las operaciones con monomios tienen las mismas propiedades que las operaciones con números.

Los monomios solo se pueden **sumar** y **restar** si son **semejantes**. En tal caso, basta con sumar o restar los coeficientes y mantener la parte literal.

Ejemplos

▸ Suma de monomios semejantes

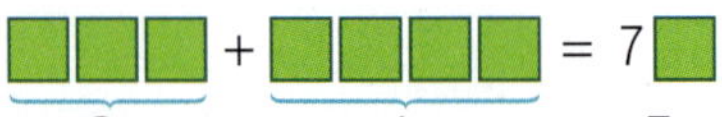

$3x + 4x = 7x$

▸ Suma de monomios no semejantes

$2x + 3y = 2x + 3y$

ACTIVIDADES

9. Identifica los monomios y determina su grado, su coeficiente y su parte literal.

a) $2a + b$
b) $-2xy^2$
c) $2ab$
d) $2x + y^2$
e) $2a^3bc^2$
f) $-2(x - 1)$

ACTIVIDAD **RESUELTA**

10. Simplifica la siguiente expresión algebraica.

$$5y^2 - (7y^2 + 3y) + y$$

$$5y^2 - (7y^2 + 3y) + y = 5y^2 - 7y^2 - 3y + y = -2y^2 - 2y$$

11. Realiza las sumas y restas, cuando sea posible.

a) $3x + 2x$
b) $-x^2 + 2x^2$
c) $5xy^3 - 2xy^2$
d) $4a^2b^2 - 2a^2b^2$
e) $-xy^3 + 3xy^3$
f) $3x^2y - 3yx^2$

12. Simplifica al máximo estas expresiones.

a) $7x^2 - 3x + x - 3x^2$
b) $3v^2 - 2v^2 - 3v$
c) $-2x^2 - 3x + x^2$
d) $-2a^2 + 2a - 3a^2$
e) $4x - (3x - x)$
f) $3x^2y - 5x + 3y - 3x^2y$
g) $2(x^2 - 2x) + 3x - 4x^2$
h) $4ab^2 - 3a^2b + 2ab - 3a^2b$

3 Igualdades, identidades y ecuaciones

Al igualar dos expresiones algebraicas se obtiene una **igualdad algebraica.**

Ejemplos

- La base de un triángulo, b, es el doble que su altura, h: $b = 2h$.
- La distancia, d, recorrida por un coche es $d = v \cdot t$, donde v es la velocidad, y t, el tiempo.

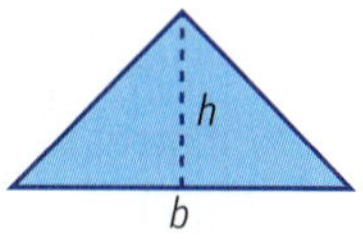

Las igualdades algebraicas pueden ser identidades o ecuaciones.

Una **identidad** es una igualdad algebraica que se verifica para cualquier valor de las letras.

Ejemplo ▶ Las propiedades de las operaciones son identidades algebraicas.

$a + b = b + a$ $\qquad$ $a \cdot (b + c) = a \cdot b + a \cdot c$

Una **ecuación** es una igualdad algebraica que se verifica solamente para ciertos valores de las letras, o **incógnitas.** Dichos valores son las **soluciones** de la ecuación.

El **grado de una ecuación** es el mayor grado de los monomios que contiene.

Ejemplo ▶ La igualdad algebraica $x^2 + 7x - 5 = 3x + 7$ es una ecuación.

términos

$$\underbrace{x^2 + 7x - 5}_{1.^{er}\ \text{miembro}} = \underbrace{3x + 7}_{2.^{o}\ \text{miembro}}$$

La incógnita de esta ecuación es x

El monomio de mayor grado es x^2. Por tanto, la ecuación es de segundo grado.

Comprobamos si $x = 3$ y $x = 2$ son solución de la ecuación. Para ello sustituimos el valor de x en cada miembro de la ecuación y comprobamos si se cumple la igualdad:

$x = 3$	$x = 2$
$3^2 + 7 \cdot 3 - 5 = 3 \cdot 3 + 7$ $9 + 21 - 5 = 9 + 7$ $25 \neq 16$ No es solución.	$2^2 + 7 \cdot 2 - 5 = 3 \cdot 2 + 7$ $4 + 14 - 5 = 6 + 7$ $13 = 13$ Es solución.

Sabías que...

- El **signo** = para designar la igualdad lo utilizó por primera vez Robert Recorde en 1557, porque "no hay nada más igual que dos rectas paralelas".
- Los árabes designaban a la **incógnita** con el término *shay* que significa "cosa".

  A los algebristas italianos del Renacimiento se les denominaba "cosistas".

Ten en cuenta

La ecuación del ejemplo tiene una incógnita, x. En este curso trabajaremos solo con ecuaciones con una incógnita y de primer grado.

ACTIVIDADES

13. Indica cuáles de estas igualdades algebraicas son identidades y cuáles ecuaciones.

a) $5n - 7 = 3n - 1$ $\qquad$ c) $7x - 3x + 3 = 4 + 4x - 1$

b) $5(n - 1) = 5n - 5$ $\qquad$ d) $7x - 3x = 6 - 2x$

14. Comprueba si $x = 7$ es solución de estas ecuaciones.

a) $x - 7 = 1$ $\qquad$ c) $x + 10 - 2x = 2x - 10$

b) $2x - x = 21$ $\qquad$ d) $3(x + 3) = 5x - 5$

15. Traduce a lenguaje algebraico esta situación.

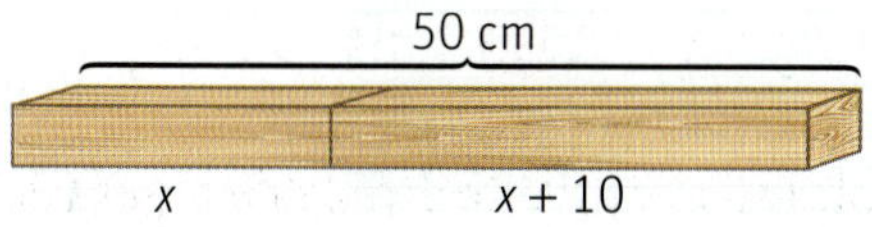

a) ¿Qué tipo de igualdad obtienes?

b) Calcula mentalmente cuánto mide cada trozo y comprueba si ese valor es solución de la ecuación.

4 Resolución de ecuaciones de primer grado con una incógnita

Utilizando tus conocimientos matemáticos y un poco de cálculo mental, ya puedes resolver algunas ecuaciones sencillas.

Ejemplo ▸ ¿Qué número hay que sumar a 40 para obtener 100?

No es difícil averiguar que el número desconocido es 60.

Si lo expresamos en lenguaje algebraico tenemos la ecuación $x + 40 = 100$ y la solución es $x = 60$.

Resolver una ecuación es encontrar el valor o los valores que ha de tomar la incógnita para que se cumpla la igualdad. Dichos valores se denominan **soluciones de la ecuación**.

Ecuaciones equivalentes

Ejemplo ▸ Observa estas dos balanzas.

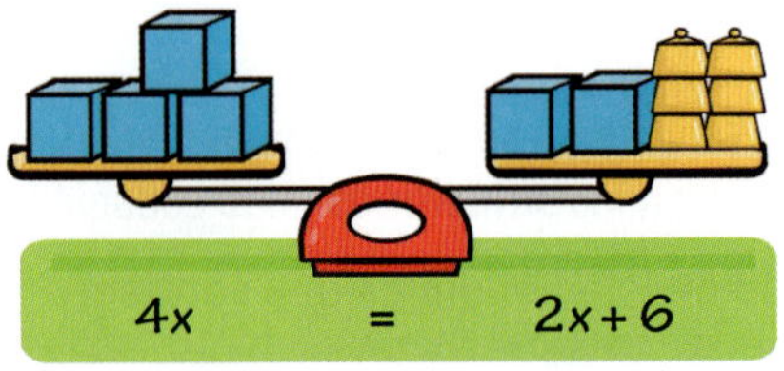

La solución de las dos ecuaciones es $x = 3$. Ambas ecuaciones son equivalentes.

Dos **ecuaciones son equivalentes** cuando tienen las mismas soluciones.

Regla de la suma y del producto

A partir de una ecuación podemos obtener otras ecuaciones equivalentes más sencillas aplicando estas reglas.

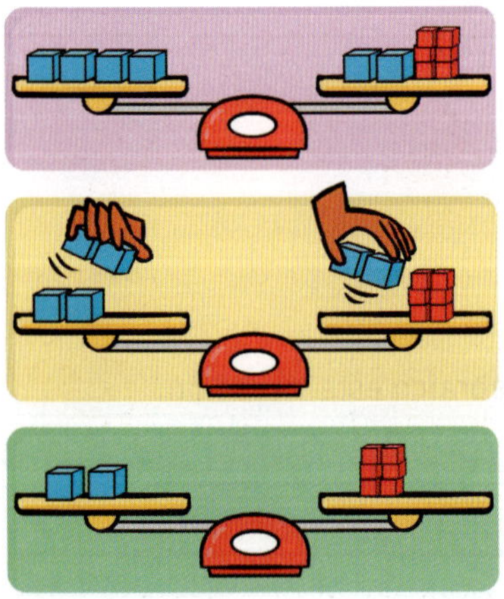

Regla de la suma. Si en una ecuación se suma o se resta el mismo número o la misma expresión algebraica en los dos miembros, se obtiene una ecuación equivalente.

Ejemplo ▸ Aplica la regla de la suma para que todos los términos con x queden en el primer miembro de la ecuación.

$$4x = 2x + 6$$
$$4x - 2x = 2x + 6 - 2x$$
$$2x = 6$$

Regla del producto. Si se multiplican o se dividen los dos miembros de una ecuación por un mismo número (distinto de cero), se obtiene una ecuación equivalente.

Ejemplo ▸ Aplica la regla del producto para despejar el valor de x en la ecuación.

$$2x = 6 \Rightarrow \frac{2x}{2} = \frac{6}{2} \Rightarrow x = 3 \text{ (Solución)}$$

Resolución de una ecuación

Para resolver una ecuación aplicamos técnicas que permitan encontrar otra ecuación equivalente más sencilla.

Ejemplo ▸ Resuelve la ecuación $9x - 15 - x + 5 = -4 + 4x + 6$

1.º Simplificamos los términos semejantes:

$$9x - 15 - x + 5 = -4 + 4x + 6$$
$$8x - 10 = 4x + 2$$

2.º Aplicamos la regla de la suma para pasar los términos con x al primer miembro, y los números, al segundo miembro.

$$8x - 4x - 10 = 4x - 4x + 2$$
$$4x - 10 + 10 = +2 + 10$$
$$4x = 12$$

3.º Aplicamos la regla del producto para despejar la x:

$$4x = 12 \Rightarrow \frac{4x}{4} = \frac{12}{4} \Rightarrow x = 3$$

La solución de la ecuación es $x = 3$.

MAT-TIC GeoGebra

Mantén equilibrada la balanza y resuelve la ecuación en smSaviadigital.com.

smSaviadigital.com

PRACTICA ¿Sabes resolver ecuaciones de primer grado?

ACTIVIDADES

16. Encuentra mentalmente el valor de x y comprueba la solución.

a) $x - 9 = 2$
b) $2x - 14 = 0$
c) $\frac{x}{4} = 8$
d) $5x - 3 = -18$
e) $3x = \frac{3}{4}$
f) $6 - x = 10$

ACTIVIDAD **RESUELTA**

17. Resuelve la siguiente ecuación utilizando la regla de la suma.

Ecuación	Regla de la suma	Solución
$150 = 200 - x$	$150 + x = 200 - x + x$ $150 + x - 150 = 200 - 150$	$x = 50$

18. Resuelve las ecuaciones utilizando la regla de la suma.

a) $x - 7 = 12$
b) $5 = x - 2$
c) $2x = x - 5$
d) $-4 = 2 - x$
e) $-x + 1 = -7$
f) $3x - 7 = 1 + 2x$

ACTIVIDAD **RESUELTA**

19. Resuelve las ecuaciones utilizando la regla del producto.

Ecuación	Regla del producto	Solución
$\frac{x}{3} = -7$	$\frac{x}{3} \cdot 3 = -7 \cdot 3$	$x = -21$
$13x = 156$	$\frac{13x}{13} = \frac{156}{13}$	$x = 12$

20. Resuelve estas ecuaciones con la regla del producto.

a) $3x = 126$
b) $-12 = 3x$
c) $6 = \frac{x}{3}$
d) $35 = 7x - 2x$
e) $7x + 2x = 27$
f) $\frac{x}{3} = \frac{5}{3}$

21. Resuelve las siguientes ecuaciones.

a) $5x + 7 = 12$
b) $5 - x = x - 3$
c) $2x = -x + 9$
d) $-4x + 9 = x - 1$
e) $-2x + 1 = -7$
f) $-4 - 2x = 2 - x$
g) $4x - 16 = x - 1$
h) $2x - 1 - 2x = 0$

22. Averigua el número secreto.

23. Calcular el doble de un número más su mitad es lo mismo que sumarle 3 a ese número. ¿Qué número es?

24. smSaviadigital.com

PRACTICA Resuelve ecuaciones de primer grado.

5 Resolución de ecuaciones con paréntesis y denominadores

Resolución de ecuaciones con paréntesis

Para resolver una ecuación en la que aparecen paréntesis, hay que empezar eliminando estos paréntesis para poder simplificarla.

Ejemplo ▸ Resuelve la ecuación: $3(x+7)=-(5-x)+6$

1.º En el primer miembro aplicamos la propiedad distributiva y en el segundo cambiamos de signo cada uno de sus términos, ya que tiene un signo menos delante.

$$3(x+7)=-(5-x)+6$$
$$3\cdot x+3\cdot 7=-5-(-x)+6$$
$$3\cdot x+21=-5+x+6$$

2.º Simplificamos los términos semejantes.

$$3x+21=x+1$$

3.º Aplicamos la regla de la suma.

$$3x-x+21=x-x+1$$
$$2x+21-21=+1-21$$
$$2x=-20$$

4.º Aplicamos la regla del producto.

$$\frac{2x}{2}=\frac{-20}{2}\Rightarrow x=-10$$

La solución de la ecuación es $x=-10$.

Resolución de ecuaciones con denominadores

Para resolver una ecuación en la que aparecen denominadores, hay que empezar eliminándolos. Para ello, multiplicamos los dos miembros de la ecuación por el m.c.m. de los denominadores.

Ejemplo ▸ Resuelve la ecuación: $\frac{x}{3}+3=x-\frac{3}{2}$.

1.º El m.c.m. $(2, 3)=6$.

$$6\cdot\left(\frac{x}{3}+3\right)=6\cdot\left(x-\frac{3}{2}\right)$$
$$2x+18=6x-9$$

2.º Aplicamos la regla de la suma.

$$2x-2x+18=6x-2x-9$$
$$18+9=4x-9+9$$
$$27=4x$$

3.º Aplicamos la regla del producto.

$$\frac{27}{4}=\frac{4x}{4}\Rightarrow x=\frac{27}{4}$$

La solución de la ecuación es $x=\frac{27}{4}$.

Ten en cuenta

Si al resolver una ecuación se eliminan los términos con la incógnita y queda un número igualado a cero, la ecuación no tiene solución, es decir, la igualdad no se cumple para ningún valor de x.

$$3x-5=3(x+1)$$
$$3x-5=3x+3$$
$$3x-3x=5+3$$
$$0=8$$

No tiene solución.

ACTIVIDADES

25. Encuentra las soluciones de las siguientes ecuaciones:

a) $8x-(2-3x)=18$

b) $12-(4x-6)=5x$

c) $4\cdot(x+3)-(1-x)=1$

d) $3\cdot(2x-1)+21=5\cdot(3x-2)+1$

e) $-2(x+6)+2=-4-(10-2x)$

26. Resuelve las siguientes ecuaciones.

a) $\frac{x+3}{3}=x+5$

b) $-8=\frac{x-1}{4}$

c) $\frac{2x+3}{3}=x-5$

d) $\frac{3}{4}=1-\frac{x}{2}$

e) $\frac{12x}{3}=\frac{3x}{2}+2$

f) $\frac{x+1}{6}-\frac{x-4}{3}=\frac{9}{4}$

6 Resolución de problemas mediante ecuaciones

El álgebra es un instrumento muy eficaz para resolver problemas de la vida real.

Aunque no existe una fórmula secreta para resolver todos los problemas, algunos matemáticos, como el húngaro George Polya, nos han sugerido **técnicas y etapas** para enfrentarnos a los problemas por difíciles que sean.

Etapas para resolver un problema.

1.º **Comprender el problema:** identificar los datos y las incógnitas y buscar sus relaciones.

2.º **Trazar un plan para resolverlo:** plantear la ecuación o ecuaciones que permitan resolver el problema.

3.º **Poner en práctica el plan:** resolver la ecuación o ecuaciones planteadas.

4.º **Comprobar los resultados:** comprobar si la solución tiene sentido en el contexto particular del problema.

Sabías que...

George Polya (1887 – 1985) dijo:
"Si no puedes resolver un problema, entonces hay una manera más sencilla de resolverlo: encuéntrala."
Descubre más sobre este matemático en:
www.e-sm.net/sv1esoma04

Ejemplo ▸ Calcula la edad de tres hermanos si el mayor tiene 3 años más que el segundo, el segundo 2 años más que el tercero y entre los tres tienen 37 años.

1.º Identificar lo que conoces (datos) y asignar una letra a lo que no conoces (incógnita).

Incógnita	La edad del tercero	x
Dato	El segundo tiene 2 años más que el tercero.	$x + 2$
Dato	El mayor tiene 3 años más que el segundo.	$(x + 2) + 3$
Dato	Entre los tres tienen 37 años.	37

2.º Traducir las relaciones entre los datos a una igualdad algebraica.

$$x + (x + 2) + (x + 2) + 3 = 37$$

3.º Resolver la ecuación.

$$x + (x + 2) + (x + 2) + 3 = 37 \Rightarrow 3x + 7 = 37 \Rightarrow 3x = 37 - 7 \Rightarrow$$

$$\Rightarrow 3x = 30 \Rightarrow x = \frac{30}{3} = 10$$

4.º Expresar la solución en su contexto y comprobarla.

El menor tiene 10 años, el mediano, 12 años, y el mayor, 15 años.

Comprobación: $10 + 12 + 15 = 37$

smSaviadigital.com

PRACTICA Resuelve paso a paso más problemas.

ACTIVIDADES

27. José y sus amigos fueron de excursión. El primer día anduvieron 5 km más que el segundo, y el tercero, el doble que el primer día. En total han recorrido 59 km. Calcula qué distancia han recorrido cada día.

28. Max ha comprado 1 kg de mangos, 1 kg de manzanas y 1 kg de peras y ha pagado 12 €. El kilogramo de mangos cuesta el doble que el de manzanas y éste último vale el triple que el de peras. Calcula el precio de un kilogramo de cada fruta.

29. ¿Qué edad tiene cada uno?

Organiza tus ideas

LENGUAJE ALGEBRAICO

Utiliza números, letras y las operaciones habituales para expresar relaciones, propiedades o informaciones cuantitativas.

Usos del lenguaje algebraico

- Expresar propiedades generales $\Rightarrow$ Propiedad distributiva: $a \cdot (b + c) = a \cdot b + a \cdot c$
- Escribir fórmulas $\Rightarrow A = b \cdot h$
- Expresar igualdades $\Rightarrow 2x + 3 = 13$

EXPRESIONES ALGEBRAICAS

Valor numérico

El valor de $n \cdot (n + 1)$ para $n = 5$ es:

$$5 \cdot (5 + 1) = 30$$

Monomio

Coeficiente

$$-3xy^2$$

Parte literal

Grado: $1 + 2 = 3$

Monomios semejantes

Tienen la misma parte literal.

Semejantes	$5xy^2$ y $-2xy^2$
No semejantes	$-3xy^2$ y $-4x^3y^2$

Sumas y restas de monomios

- Solo se pueden sumar o restar monomios semejantes.
- Para sumar (o restar) monomios semejantes, se suman (o restan) sus coeficientes y se mantiene la misma parte literal.

$$7x^2 + 3x^2 = 10x^2 \qquad 3a^2b - a^2b = 2a^2b$$

- Si los monomios no son semejantes se deja la suma (o la resta) indicada.

$$3x^2 + 4xy$$

Igualdades algebraicas

Identidad

$$a \cdot (b \cdot c) = (a \cdot b) \cdot c$$

Ecuación

$$5x - 12 = x + 4$$

RESOLUCIÓN DE ECUACIONES DE PRIMER GRADO CON UNA INCÓGNITA

Para resolver una ecuación:

1.º Se suprimen los paréntesis y denominadores, si los hubiera.

2.º Se simplifican términos semejantes.

3.º Se aplica la regla de la suma.

4.º Se aplica la regla del producto.

$$2x = 10 - (4x - 2)$$
$$2x = 10 - 4x + 2$$
$$2x = 12 - 4x$$
$$2x + 4x = 12 - 4x + 4x$$
$$\frac{6x}{6} = \frac{12}{6}$$
$$x = 2$$

RESOLUCIÓN DE PROBLEMAS CON ECUACIONES

Pasos a seguir:

1.º **Comprender el problema:** identificar los datos y las incógnitas y buscar sus relaciones.

2.º **Trazar un plan para resolverlo:** plantear la ecuación o ecuaciones que permita resolver el problema.

3.º **Poner en práctica el plan:** resolver la ecuación.

4.º **Comprobar los resultados:** comprobar si la solución tiene sentido en el contexto particular del problema.

Actividades

EJERCICIOS PARA PRACTICAR

Lenguaje algebraico

30. Contesta en tu cuaderno verdadero o falso.

a) $3 \cdot a$ es lo mismo que $a \cdot 3$.

b) $n + 2$ es lo mismo que $2 + n$.

c) $2 - a$ es lo mismo que $a - 2$.

d) $3 \cdot (5 + a)$ es lo mismo que $15 + a$.

e) $2 \cdot a$ es lo mismo que $a + a$.

31. Identifica los apartados que son iguales a $3m$.

A. $3 + m$
B. 3 y m
C. $3 \cdot m$
D. $3 + 3 + 3$
E. $m + m + m$
F. Ninguna de las anteriores

32. Indica en tu cuaderno qué expresiones equivalen a x^2.

A. $2x$
B. $2 + x$
C. $x + x$
D. $x + 2$
E. $x \cdot x$
F. Ninguna de las anteriores

ACTIVIDAD **RESUELTA**

33. Llamamos t al tiempo que tarda un tren de mercancías en ir de Jaén a Sevilla. Escribe las expresiones algebraicas de las siguientes situaciones.

a) El AVE tarda tres veces menos.

b) Un coche tarda la mitad.

c) Un camión tarda 2 horas menos.

Situación	Expresión algebraica
El AVE tarde tres veces menos.	$\frac{t}{3}$
Un coche tarda las tres cuartas partes del tiempo.	$\frac{3t}{4}$
Un camión tarda 2 horas menos.	$t - 2$

34. Copia en tu cuaderno, asociando cada frase con su expresión algebraica.

2 decenas más que un número	$n - 3n$
El cuadruple de un número	$\frac{n}{3}$
4 menos un número	$n + 20$
El tercio de un número	$4n$
Un número menos su triple	$4 - n$

35. Si llamamos x al número de DVD que tiene Luis, escribe de forma algebraica las siguientes afirmaciones.

36. Rogelio ha plantado un huerto con lechugas, tomateras y pimientos. Si el número de lechugas es x, expresa en lenguaje algebraico el número de tomateras y de pimientos sabiendo que:

- Las tomateras son una más que el doble de lechugas.
- Hay tantos pimientos como lechugas y tomateras juntas.

37. En un rectángulo de 40 cm de perímetro la base mide 4 cm más que la altura. Traduce estas informaciones a lenguaje algebraico.

Expresiones algebraicas. Valor numérico

ACTIVIDAD **RESUELTA**

38. Calcula el valor numérico de estas expresiones algebraicas.

a) $5x - 12$, para $x = 3$

b) $-3x^2 + x - 2$, para $x = 2$

c) $3x^2y$, para $x = -1$; $y = 4$

a) $5x - 12$, para $x = 3$ es $5 \cdot 3 - 12 = 15 - 12 = 3$

b) $-3x^2 + x - 2$, para $x = 2$ es $-3 \cdot 2^2 + 2 - 2 = -12$

c) $3x^2y$, para $x = -1$; $y = 4$ es $3 \cdot (-1)^2 \cdot 4 = 3 \cdot 1 \cdot 4 = 12$

39. Calcula los siguientes valores numéricos.

a) $x^2 - x + 3$ para $x = 2$

b) $x^2 - x + 3$ para $x = -2$

c) $x^2 - x + 3$ para $x = -1$

d) $5a - 3b$ para $a = 1$ y $b = -2$

e) $5a - 3b$ para $a = 2$ y $b = -1$

40. Copia y completa en tu cuaderno las siguientes tablas.

a)

n	1	2	3	•	10
$2n + 1$	•	•	•	11	•

b)

x	1	−2	5	7	12
$x^2 - x$	0	•	•	•	•

Actividades

41. Una identidad se cumple para cualquier valor que se asigne a la incognita. ¿Cuál de estas igualdades es una identidad?

a) $2x^2 = 18$
b) $2x - 8 = 2(x - 4)$
c) $3x + 2 - x = 2(x + 1)$
d) $x^2 - 4x + 3 = 0$
e) $x(x - 1) = x^2 - x$
f) $xy = 1$

42. Encuentra la fórmula general para el valor de n en las siguientes secuencias.

a)

1	2	3	4	10	n
1	3	5	7	19	•

b)

1	2	3	4	10	n
2	5	10	17	101	•

Monomios. Operaciones con monomios

43. Indica cuáles de estas expresiones son monomios.

A. $2m^n$
B. $3x + 3$
C. $3x^2$
D. $4(2 + x)$
E. $7x^2y^3$
F. $7x^2 + y^3$

ACTIVIDAD **RESUELTA**

44. Opera y simplifica las expresiones siguientes.

a) $7x^2 + 3x - x + 4x^2$
b) $x^2 - 2x^2 - x + 4x + 2$
c) $a^3 - 3a^2 + 2a - a^2 + 4a - 1$
d) $5x^2y - 3xy^2 + xy^2 - 2x^2y$

a) $7x^2 + 3x - x + 4x^2 = 11x^2 + 2x$
b) $x^2 - 2x^2 - x + 4x + 2 = -x^2 + 3x + 2$
c) $a^3 - 3a^2 + 2a - a^2 + 4a - 1 = a^3 - 4a^2 + 6a - 1$
d) $5x^2y - 3xy^2 + xy^2 - 2x^2y = 3x^2y - 2xy^2$

45. Asocia en tu cuaderno cada expresión con su correspondiente simplificada.

$3x - 3 + x + 1$	$x^2 - 3x$
$4x - (x - 3)$	-2
$4x^2 - x - 3x^2 - 2x$	$4x - 2$
$2x^2 - 3x^2 + x^2 - 2$	$2x^2$
$2x^2 - x + 3x - 2x$	$3x + 3$

46. Simplifica todo lo posible las siguientes expresiones e indica cuáles de los resultados finales son monomios.

a) $2x^2 - x^2 - 3x^2$
b) $2x^2 + x^2 - 3$
c) $2x^2y - 3x^2y$
d) $x^2y - 3x^2y^2$
e) $x^2y^2 - 3x^2y^2 - 3$
f) $x^2 - (2x^2 + x)$

Ecuaciones

47. Resuelve mentalmente las siguientes ecuaciones. Comprueba después tu resultado.

a) $x - 4 = 2$
b) $3 + x = 11$
c) $-4 + x = 3$
d) $3x = 21$
e) $\frac{x}{3} = 5$
f) $-2x = 6$

48. Inventa una ecuación de primer grado cuya solución sea $t = 11$.

49. Copia y completa esta tabla en tu cuaderno.

Enunciado	Ecuación	Solución
Un número menos 4 es igual a 17.	$x - 4 = 17$	$x = 21$
El doble de un número es igual a 18.	•••	•••
El anterior a un número es 123.	•••	•••
El tercio de un número es 54.	•••	•••
•••	$4x = 16$	•••
•••	$30 - x = 2$	•
•••	$\frac{x}{4} = 5$	•••
•••	$x + 7 = 67$	•••

50. Resuelve las siguientes ecuaciones.

a) $2x + 10 = 16$
b) $-2 + 3x = -14$
c) $3x - 5 = 4$
d) $5x - 30 = 0$
e) $6x - 5 = 4x + 7$
f) $2x + 9 = 4x + 3$

ACTIVIDAD **RESUELTA**

51. Resuelve esta ecuación.

$$3x+2=\frac{x-1}{2}-5$$

Multiplicamos los dos miembros por 2 para quitar el denominador.

$$2\cdot(3x+2)=2\cdot\left(\frac{x-1}{2}-5\right)\Rightarrow 6x+4=x-1-10$$

Para eliminar la x del segundo término, restamos x a ambos miembros de la ecuación y para quitar el 4 del primer miembro, restamos 4 en ambos miembros.

$$6x+4-x-4=x-1-10-x-4$$
$$5x=-15$$

Dividimos los dos miembros entre 5.

$$\frac{5x}{5}=\frac{-15}{5}\Rightarrow x=-3$$

52. Resuelve con técnicas algebraicas estas ecuaciones.

a) $6x - 42 = 0$
b) $3 + 2x = 11$
c) $3 - 6x = 21$
d) $28 - 13x = x$
e) $-1 = -x + 5 + 4x$
f) $3x - 1 = -x + 5 + 4x$
g) $x + 3(x - 2) = 3$
h) $3(x - 2) = 15$
i) $11(3x - 6) = 99$
j) $3(x - 1) = -(x + 5 + 4x)$

53. Resuelve las siguientes ecuaciones eliminando los paréntesis.

a) $2(x - 1) - (x + 1) = 1$
b) $9 - 2(3y - 3) = y$
c) $6(3t - 4) - 4t = 4(t - 2)$
d) $6(2 - n) + 4 = 1 - (n - 3)$
e) $3(y - 2) + 1 = 2(y - 3) + (y + 1)$
f) $3(2n - 5) + n = -3(n - 3) - (n + 1)$
g) $4t - 5 + 10 = 5t + 2(4 - t) + 1$

54. Resuelve las ecuaciones. Para ello, elimina los denominadores multiplicando todos los términos por su mínimo común múltiplo.

a) $\frac{x-1}{4} = 9$

b) $\frac{2a}{3} + \frac{1}{2} + \frac{a}{6} = 2$

c) $\frac{b-1}{4} + \frac{2b-3}{2} = b - \frac{1}{2}$

d) $\frac{c-1}{4} + \frac{2c+3}{6} = c - 1$

e) $\frac{2-d}{3} + \frac{3d-1}{2} = 2 + \frac{d}{4}$

55. Resuelve las siguientes ecuaciones con denominadores y paréntesis.

a) $3 \cdot \left(\frac{x}{2} - 4\right) = 5$

b) $2 \cdot \left(\frac{x}{2} - 3\right) = \frac{4x}{3}$

c) $\frac{5x+7}{2} - \frac{x+4}{5} = 1 - \left(\frac{3-x}{4}\right)$

d) $\frac{4x}{3} - 2 \cdot (x+1) = \frac{x}{2}$

e) $\frac{5x+7}{2} - (2x-4) = \frac{3x+9}{4}$

f) $\frac{3x-7}{12} = \frac{1}{6} \cdot (2x-3) - \frac{x-1}{8}$

g) $\frac{x}{3} - 2 \cdot (x+3) = \frac{3-x}{2} - \frac{1}{2}$

Ejercicios de síntesis

56. ¿Cuánto pesa un huevo?

57. Completa en tu cuaderno la tabla de sueldos de la empresa MATEMAS con las siguientes informaciones. Escribe los resultados en función de x.

- Luis cobra x euros.
- Pedro, su jefe, gana el doble que Luis.
- A Andrés, el gerente, le faltan 300 € para triplicar el sueldo de Pedro.
- Juana gana un 15 % menos que Luis.
- A Pepe, el becario, le faltan 150 € para llegar a los tres cuartos del sueldo de Juana.

Empleado	Luis	Pedro	Andrés	Juana	Pepe
Sueldo	x	●	●	●	●

58. En un triángulo isósceles cada uno de los lados iguales mide 5 cm más que el tercer lado.

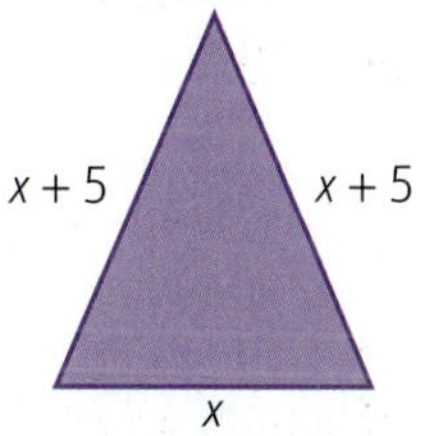

Si tiene 70 cm de perímetro, ¿cuánto mide cada lado?

59. A la base de un rectángulo le faltan 2 cm para que sea igual a su altura. Si su perímetro es de 72 cm, ¿cuáles son sus dimensiones?

60. Si cada ladrillo es la suma de los dos ladrillos en los que se apoya, ¿cuál es el valor de x en cada caso?

a)

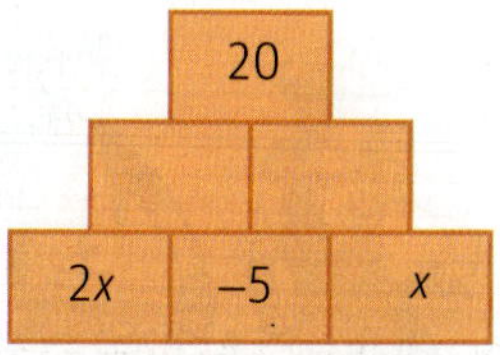

b)

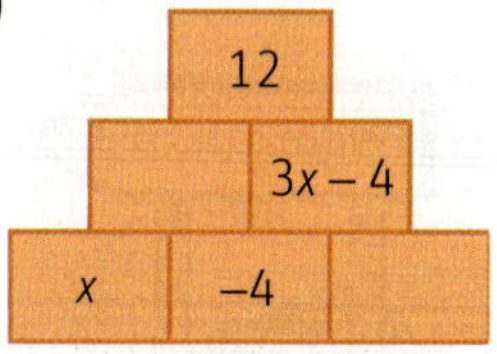

61. Un número decimal aumenta en 31,5 si desplazamos la coma de su posición inicial un lugar hacia la derecha. ¿De qué número se trata?

Actividades

PROBLEMAS PARA RESOLVER

62. Calcula en cada caso el número desconocido.

a) Sumando 20 al doble de un número se obtiene 30.

b) Un número aumentado en 60 es igual a su quíntuplo.

c) Un número más su mitad suman 72.

d) Si al doble de un número le restas 5 unidades obtienes lo mismo que si sumas al número 10 unidades.

63. La suma de tres números enteros consecutivos es igual a 66. Calcula esos números.

64. Dentro de 8 años, Manuela tendrá el triple de años que su hija y la suma de sus edades en ese momento será 48 años. Calcula la edad actual de cada una.

65. Un famoso cuento chino (Adaptación del libro "Los nueve capítulos del arte matemático". Año 100 a.C.).

¿Cuánto paga cada uno?

66. Arantxa tiene el doble de lápices de colores que Julio. Este tiene 10 lápices menos que Cristina. Pedro tiene 13 lápices más que Julio. Entre todos tienen 88 lápices. ¿Cuántos tiene cada uno?

67. Jaime tiene 1 año más que Beatriz, que tiene el doble de edad que su hermano pequeño. Entre los tres tienen 26 años. Calcula la edad de cada uno.

68. Esther y Ramón han recorrido, en total, 275 km del camino de Santiago. El primer día recorrieron 25 km más que el segundo, y el tercero, el doble de kilómetros que el primero. Calcula la distancia recorrida cada día.

69. En un gran almacén hay 5 dependientes por cada jefe de sección. Si en total trabajan 72 personas, ¿cuántos dependientes y cuántos jefes de sección hay?

70. Dos kilos de naranjas cuestan lo mismo que un kilo de plátanos. Juan ha comprado 3 kg de plátanos y 4 kg de naranjas y ha pagado 15 €. ¿Cuánto cuesta cada fruta?

PROBLEMA RESUELTO

71. Jonás tiene 5 € en monedas de 0,50 € y de 0,20 €. Si en total hay 16 monedas, ¿cuántas tiene de cada clase?

1.º Identifica los datos y la incógnita.

Incógnita	N.º de monedas de 0,50 €	x
Dato	Cantidad total	5 €
Dato	N.º de monedas	16
Dato	N.º de monedas de 0,20 €	$16-x$

2.º Traduce las relaciones a una ecuación.

Dinero total: $0{,}50 \cdot x + 0{,}20 \cdot (16-x) = 5$

3.º Resuelve la ecuación.

$0{,}50 \cdot x + 3{,}20 - 0{,}20 \cdot x = 5$

$0{,}30 \cdot x = 5 - 3{,}20$

$0{,}30 \cdot x = 1{,}80 \Rightarrow x = \dfrac{1{,}80}{0{,}30} = 6$

4.º Expresa la solución y compruébala.

Tiene 6 monedas de 0,50 € y 10 de 0,20 €.

Comprobamos: $0{,}50 \cdot 6 + 0{,}20 \cdot 10 = 3 + 2 = 5$

72. El patrocinador de un equipo deportivo juvenil se ha gastado 735 € en la compra del equipo de los 15 jugadores. Si una camiseta cuesta 3 € más que un pantalón, ¿cuánto cuesta cada prenda?

73. Marcos ha gastado 205 € en comprar 20 paquetes de folios y 15 carpetas para su oficina. Si una carpeta cuesta 2 € más que un paquete de folios, ¿Cuánto cuesta una carpeta? ¿Y un paquete de folios?

74. Miguel mete en su hucha todas las monedas de 2 € y de 50 CENT que consigue. Si ya tiene 32 monedas que hacen 32,50 €, ¿cuántas monedas tiene de cada tipo?

75. Luis ha regalado la mitad de los DVD que tenía a Juan. Después, le ha dado la tercera parte de los que le quedaban a su hermana. Al final se ha quedado con 6 DVD.

¿Cuántos DVD tenía al principio?

76. La edad de Elisa es la tercera parte de la de su madre. Si dentro de 15 años su madre tendrá el doble de edad que ella, ¿cuántos años tiene ahora cada una?

PROBLEMA **RESUELTO**

77. En un examen tipo test dan 3 puntos por cada pregunta acertada y quitan 2 puntos por cada fallo.

Si el examen tiene 50 preguntas y un alumno ha obtenido 80 puntos, ¿cuántas preguntas ha acertado? ¿Cuántas ha fallado?

1.º Identifica los datos y la incógnita.

Incógnita	Número de aciertos.	x
Dato	Preguntas totales.	50
Dato	Puntos sumados por aciertos.	$3x$
Dato	Número de fallos.	$50 - x$
Dato	Puntos quitados por fallos.	$2 \cdot (50 - x)$
Dato	Puntos totales.	80

2.º Traduce las relaciones a una ecuación.

$3x - 2(50 - x) = 80$

3.º Resuelve la ecuación.

$3x - 100 + 2x = 80$

$3x + 2x = 80 + 100$

$5x = 180 \Rightarrow x = \frac{180}{5} = 36$

4.º Expresa la solución y compruébala.

Aciertos: 36; fallos $50 - 36 = 14$

Puntos: $36 \cdot 3 - 14 \cdot 2 = 108 - 28 = 80$

78. Un examen de matemáticas consta de diez cuestiones. Por cada una bien resuelta te dan 10 puntos y por cada una mal te quitan 3 puntos. Si Ana contestó a todas las cuestiones y obtuvo 61 puntos, ¿qué cantidad de respuestas correctas obtuvo?

79. Al iniciar el día la nariz de Pinocho medía 2 cm. Cada vez que dice una mentira la nariz le crece 3 cm y cada vez que dice una verdad le disminuye 2 cm. Cuando termina el día, Pinocho ha dicho 7 mentiras y su nariz mide 17 cm. ¿Cuántas veces ha dicho la verdad a lo largo del día?

ACTIVIDADES **DE AMPLIACIÓN**

80. Un jinete recorre 567 km en seis días, pero cada día recorre la mitad que el día anterior. ¿Cuántos kilómetros recorrió el último día?

A. 7 **B.** 10 **C.** 9 **D.** 6

81. ¿Cuál es el valor de x en la ecuación $\frac{2}{15} = \frac{1}{8} + \frac{1}{x}$?

A. $\frac{15}{8}$ **B.** $\frac{1}{7}$ **C.** 7 **D.** 120

82. Definimos una nueva operación con los números, que representamos por ▲, así: $a▲b = 2a + 3b$.

Si $5▲x = 22$, el valor de x es:

A. 4,4 **B.** 4 **C.** 12 **D.** 11

83. Si ■ + ◊ = □; ■ = ◊ + ☼; ■ + ■ + ◊ = □ + ☼ + ☼, entonces ■ es igual a:

A. □ + □ **B.** ◊ **C.** ☼ + ☼ **D.** ◊ + □

84. Si m, n, p, q son números enteros positivos diferentes y $(7 - m) \cdot (7 - n) \cdot (7 - p) \cdot (7 - q) = 4$, entonces la suma $m + n + p + q$ es igual a:

A. 10 **B.** 21 **C.** 24 **D.** 28

Encuentra el error

85. ¡Sorpresa matemática: 2 = 1!

Abel sabe que la solución de esta ecuación es $x = 0$, pero decide aplicar las técnicas de resolución de problemas para comprobarlo:

$$x^2 - 2x = x^2 - x$$

Observa que puede escribir los dos miembros de la ecuación de esta forma.

$$x \cdot (x - 2) = x \cdot (x - 1)$$

Como hay un factor x en cada miembro, decide dividir los dos miembros por x para ahorrarse trabajo.

$$x - 2 = x - 1$$

Para seguir, resta a cada miembro x.

$$-2 = -1$$

Y por fin, cambiando de signo los dos miembros de la igualdad llega a una conclusión que le deja pasmado:

$$2 = 1$$

Decididamente, algo ha ido mal. Sin embargo Abel está convencido de que todas las reglas que ha aplicado son correctas. ¿Serías capaz de decir dónde está el fallo?

Ponte a prueba

PROBLEMA **RESUELTO** **El almacén**

En un almacén se utilizan cajas marrones, blancas y amarillas, y a cada color le corresponde un tamaño determinado.

Si se apilan 3 cajas marrones, se alcanza la misma altura que si se apilan 2 amarillas, y si se apilan 4 amarillas, la misma altura que con 4 marrones y una blanca. Si las cajas blancas miden 60 cm de altura, ¿cuánto miden las demás?

SOLUCIÓN

Sabemos que 3 marrones miden lo mismo que 2 amarillas, entonces 4 amarillas medirán lo mismo que 6 marrones.

Si llamamos x a la altura de la caja marrón, se cumple que $6x = 4x + 60$.

Resolvemos la ecuación:

$$6x = 4x = 60 \Rightarrow 2x = 60 \Rightarrow x = \frac{60}{2} = 30 .$$

Por tanto la caja marrón mide 30 cm.

Como 2 cajas amarillas miden lo mismo que 3 marrones, 2 cajas amarillas medirán $3 \cdot 30$ cm = 90 cm. Por lo que una caja amarilla mide la mitad: 45 cm.

Guía de montaña

José Luis es guía de montaña en Picos de Europa y planifica rutas para turistas. Un grupo de excursionistas le contrata una jornada para subir al monte Urriellu con el compromiso de estar de vuelta antes de las 8 de la tarde. La ruta desde el pueblo a la cima es de 9 km.

José Luis estima que el ritmo subiendo será, como mucho, de 1,5 km cada hora y descendiendo podrán ir el doble de rápido. Los excursionistas quieren pararse una hora en la cima para hacer fotos, reponer fuerzas y descansar. El guía quiere reservarse media hora de margen por si surge algún incidente y, además, va a parar 10 minutos por cada hora de marcha.

1. ¿Cuánto tardarán en el ascenso?
2. ¿A qué hora, como muy tarde, deben iniciar la marcha?

Videojuegos

Una tienda de alquiler de videojuegos ha lanzado una oferta para atraer a más clientes: un abono anual que cuesta 12 €. El precio por alquilar un videojuego una semana es:

- Abonados: 2,70 €
- No abonados: 3,50 €

1. El año pasado Juan pagó en la tienda 57,90 € en total, incluyendo el abono. Responde V o F en tu cuaderno.

	V	F
El año pasado alquiló más de 10 videojuegos.	●	●
El año pasado alquiló menos de 15 videojuegos.	●	●
El año pasado alquiló menos de 20 videojuegos.	●	●
El año pasado alquiló más de 15 videojuegos.	●	●

2. ¿Cuánto habría pagado si no hubiese estado abonado?
   - **A.** 60 €
   - **B.** 54,90 €
   - **C.** 59,50 €
   - **D.** 60,50 €
3. Si este año va a alquilar un videojuego al mes, ¿le interesa abonarse?
4. ¿A partir de cuántos videojuegos resulta más rentable comprar el abono?

Fiesta de cumpleaños

Los padres de Antonio le han propuesto que organice él mismo su fiesta de cumpleaños. Tendrá que decidir a cuántos amigos invita y el menú de su fiesta. Ellos le darán el dinero para pagarla y no quieren gastarse más de 250 €.

Antonio quiere invitar al mayor número de amigos posible. Ha pedido un presupuesto en la pizzería del barrio y le han dado estos precios:

www.e-sm.net/cumple

Pizza Loca

Pizzas | **Refrescos** | Patatas | Postres | Reservas

TARIFA PARA FIESTAS INFANTILES

Alquiler del local	2 horas: **120 €** 3 horas: **150 €**
Refrescos	1 refresco por persona: **0,80 € refresco** 2 refrescos por persona: **0,60 € refresco**
Pizzas	1 *pizza* para 4 personas: **6 €**
Patatas y similares	1 bolsa de patatas fritas para 3 personas: **1,50 €**
Dulces	Tarta (tamaño único) para 12 personas: **24 €**

1. Al principio Antonio se decide por la fiesta de 3 horas y 2 refrescos por persona. ¿A cuántos amigos puede invitar en este caso?
2. Descubre que, con esta opción, no puede invitar a todos sus amigos y decide acortar la fiesta a 2 horas. ¿Cuál es el máximo número de amigos que pueden asistir si beben 2 refrescos cada uno?
3. Aun así alguno de los amigos se queda fuera, así que opta por invitar al mayor número de amigos posible con la opción más económica por persona. ¿A cuántos puede invitar?

AUTOEVALUACIÓN

1. **Traduce a lenguaje algebraico estas frases.**
   a) La diferencia entre 11 y el doble de un número x.
   b) Adela tiene 5 años menos que Rosa, que tiene x años.
   c) Pedro tiene la mitad de lápices que Diego, que tiene x lápices.
   d) Los hermanos que tiene Berta, si Carmen, que tiene x hermanos, tiene el doble que Berta.

2. **Calcula el valor numérico de estas expresiones para los valores de las letras que se indican.**
   a) $2 \cdot a - 4$, para $a = 2$
   b) $x^2 + 3x - 1$, para $x = 3$
   c) $4x^2 - 5x - 1$, para $x = -1$

3. **Simplifica las siguientes expresiones.**
   a) $3x - 2 - 5x + 1$
   b) $x + 3 \cdot (x - 1)$
   c) $2x^2 - 5x^2$
   d) $x^2 + 3x - 1 - x$

4. **Comprueba si el valor de x es solución de la ecuación en cada caso.**
   a) $2x + 12 = 16$, para $x = 2$
   b) $x - 5 = -2$, para $x = -3$
   c) $\frac{x+9}{4} = 1 - x$, para $x = -1$

5. **Resuelve las siguientes ecuaciones.**
   a) $x - 4 = 3x + 2$
   b) $x - 4 = 2 - x$
   c) $4 \cdot (x - 1) = 6 \cdot (x - 3)$
   d) $1 - \frac{x}{4} = \frac{1}{2}$

6. **Calcula un número tal que su doble es igual a la diferencia entre su triple y 1.**

7. **La edad que tengo ahora mismo es el triple de la mitad de los años que me faltan para llegar a cumplir los 100. ¿Cuántos años tengo?**

smSaviadigital.com VALORA LO APRENDIDO > Autoevaluación.

8 Tablas y gráficas

- ¿En qué punto del plano está el Museo?
- ¿Si te doy una fórmula me pintas su gráfica?
- ¿Qué pasa si a un valor de una magnitud le corresponden dos valores de otra?

Piensa y saca conclusiones

Las coordenadas "cartesianas" se llaman así en su honor.
Se utilizan mucho en matemáticas, pero también en otras situaciones. Describe alguna en la que se empleen ejes y coordenadas cartesianas.

En el juego de los barcos se utiliza un tablero con una cuadrícula, ¿cómo se identifica cada posición?, ¿son coordenadas cartesianas?

Lee y comprende

Un matemático en la cama

En las historias de las Matemáticas no acostumbran a aparecer visiones críticas sobre matemáticos perezosos pues, si los ha habido, su pereza les ha condenado a no hacer nada y por tanto a desaparecer de las referencias universales. No obstante hay una excepción: el racionalista René Descartes (1596-1650) es el paradigma del hombre de cama por su obsesiva afición a permanecer tumbado en este célebre mueble tanto como pudo. [...]

Su nombre quedó unido al de la geometría analítica (geometría cartesiana) y a la idea de coordenadas cartesianas para identificar puntos con pares o ternas de números. La idea de "referir" un punto a dos ejes perpendiculares no era nueva: miles de pintores habían usado desde el siglo XV métodos de cuadrículas e instrumentos de dibujo para ir marcando puntos en sus cuadros siguiendo los métodos de la perspectiva. La gracia de Descartes es incorporar a esta geometría de puntos y referencias los números, es decir, poner la aritmética al servicio de la geometría, dar ecuaciones o fórmulas a objetos del plano o del espacio.
Descartes fue víctima de un error personal en un cálculo de coordenadas. Cuando aceptó ir a la corte sueca no ponderó suficientemente que las coordenadas de Estocolmo son más cercanas al Polo Norte que las de otras ciudades más al sur. [...] Pero tampoco previó que con la coordenada tiempo había un problema: la reina Cristina gustaba recibir lecciones de filosofía de Descartes tres veces por semana a las 5 de la madrugada. Frío en la cama y madrugones helados hicieron que su estancia en Suecia iniciada en 1649 acabara con su muerte en 1650.

CLAUDI ALSINA
El club de la hipotenusa.
Ed. Ariel 2008

Investiga y analiza datos

La latitud y la longitud de una ciudad son coordenadas sobre la superficie terrestre similares a las cartesianas. Localiza en un mapa Estocolmo y encuentra sus coordenadas. ¿Está cerca del Polo Norte como dice al autor?

Investiga en qué país nació René Descartes y si es cierta esa afición a levantarse muy tarde.

1 El plano cartesiano. Coordenadas

Los ejes de coordenadas

En el juego de los barquitos o en el ajedrez se puede describir la posición de una pieza indicando en qué columna y en qué fila se encuentra.

Para representar puntos del plano se utiliza un método similar.

Los **ejes cartesianos** o **ejes de coordenadas** son dos rectas perpendiculares graduadas, una horizontal y otra vertical.

El eje horizontal se llama **eje de abscisas**, y el eje vertical, **eje de ordenadas**.

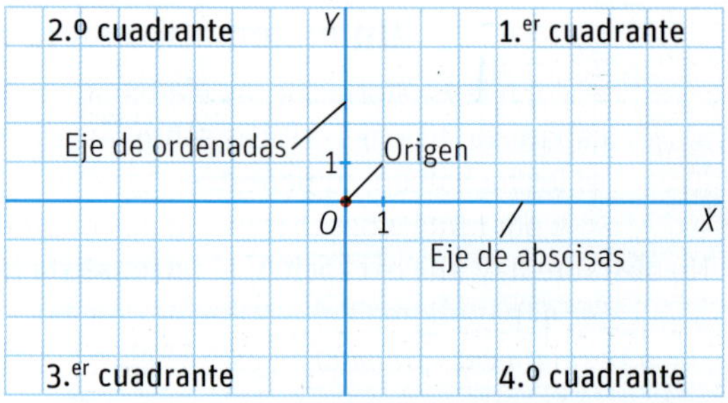

- El eje de abscisas se representa por *X*, y el de ordenadas, por *Y*.
- El punto donde se cortan los ejes se llama **origen de coordenadas**, y se representa por *O*.
- Los ejes dividen el plano en cuatro regiones o **cuadrantes**.

MAT-TIC GeoGebra

Entra en **smSavia**digital.com y averigua dónde están los puntos.

Coordenadas cartesianas de los puntos del plano

Para representar cualquier punto del plano debemos indicar su posición en el eje *X* y su posición en el eje *Y*, es decir, la distancia del punto a cada uno de los ejes.

Ejemplo ▸ Indica las coordenadas de los puntos *A* y *B*.

- Para llegar desde *O* hasta *A*, nos desplazamos 3 unidades hacia la derecha y 2 unidades hacia abajo. Las coordenadas del punto *A* son (3, –2).
- Para llegar desde *O* hasta *B*, nos desplazamos 2 unidades hacia la izquierda y 3 hacia arriba. Las coordenadas de *B* son (–2, 3).

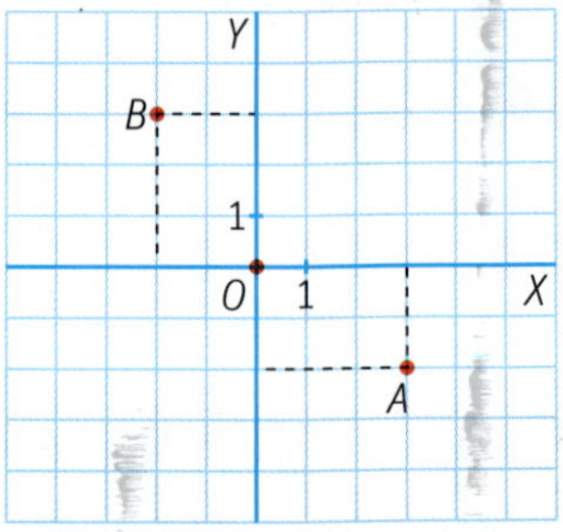

smSaviadigital.com

PRACTICA Trabaja en el plano cartesiano.

Las **coordenadas cartesianas** de un punto *P* del plano son un par ordenado de números (*a*, *b*) que indican su posición respecto de los ejes de coordenadas.

$$P(a, b)$$

- La primera coordenada, *a*, se denomina **abscisa** del punto. Representa la posición sobre el eje *X*.
- La segunda coordenada, *b*, se denomina **ordenada** del punto. Representa la posición sobre el eje *Y*.
- Las coordenadas del **origen** *O* son (0, 0).

Ejemplo ▸ Indica la abscisa y la ordenada del punto *P*(2, –6).

La abscisa es 2 y la ordenada es –6.

Ten en cuenta

- El orden en el que se escriben las coordenadas es importante, el punto (3, –2) es distinto del punto (–2, 3).
- Las coordenadas también pueden ser números decimales. En estos casos, se utiliza el punto y coma como separador.

ACTIVIDADES

ACTIVIDAD **RESUELTA**

1. Representa en unos ejes cartesianos estos puntos e indica en qué cuadrante están.

$A(4, 3)$ $C(-2, 1)$ $E(-3, -4)$

$B(0, 3)$ $D(3, -4)$ $F(2, 0)$

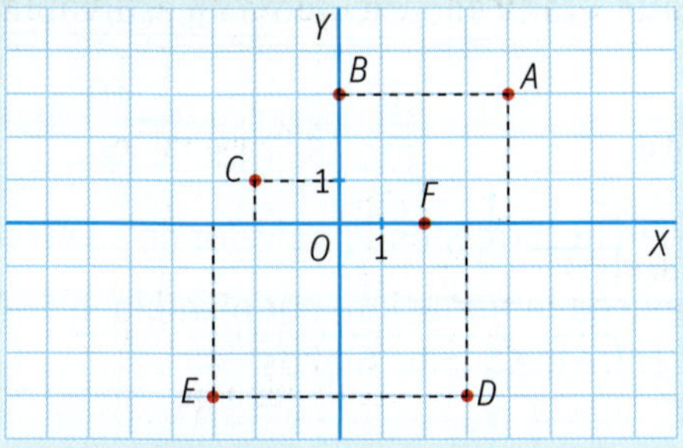

A está en el primer cuadrante; *B*, en el eje de ordenadas; *C*, en el segundo cuadrante; *D*, en el cuarto; *E*, en el tercero y *F*, en el eje de abscisas.

2. Representa en el plano cartesiano los siguientes puntos e indica en qué cuadrante se encuentra cada uno.

$A(6, -1)$ $D(-3, 4)$ $G(1, 3)$

$B(0, -3)$ $E(-4, -3)$ $H(-5, 2)$

$C(4, 3)$ $F(0, 2)$ $I(-4, 0)$

3. Escribe las coordenadas de los puntos que aparecen en la figura.

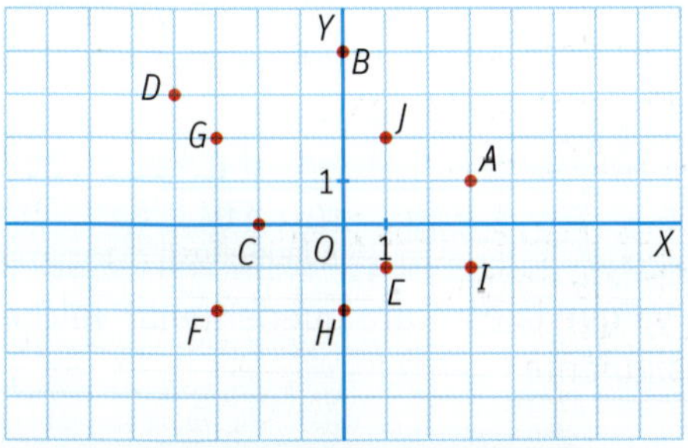

4. Indica las coordenadas de los puntos correspondientes a los vértices de esta figura.

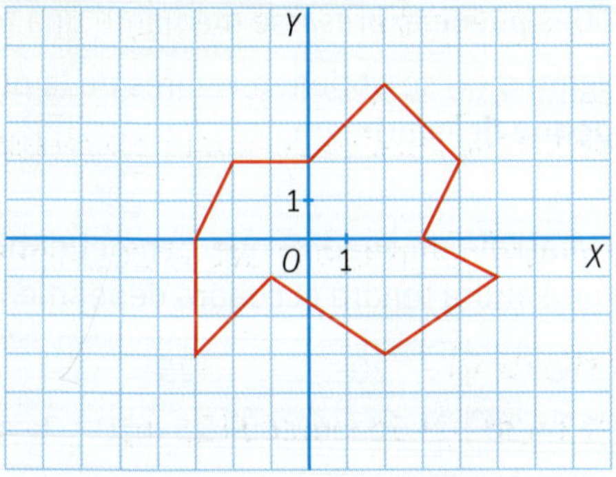

5. Realiza un dibujo similar al del ejercicio anterior. A continuación, intercambia con un compañero las coordenadas de los vértices de vuestros respectivos dibujos y tratad de reproducirlos.

6. Dibuja en el plano cartesiano puntos que cumplan las siguientes condiciones.

a) Dos puntos que tengan la misma ordenada, pero diferente abscisa.

b) Dos puntos que tengan la misma abscisa, pero diferente ordenada.

c) Dos puntos con la misma abscisa y ordenadas opuestas.

d) Dos puntos sobre el eje de ordenadas.

e) Dos puntos con la misma abscisa que estén a tres unidades de distancia.

f) Dos puntos que estén a la misma distancia del punto $(-3, 2)$.

7. Representa en los ejes cartesianos el punto $(1, 3)$. Dibuja con el compás una circunferencia de radio 5 centrada en ese punto. ¿Cuántos puntos de coordenadas enteras hay en esa circunferencia? Escribe las coordenadas de cada uno de ellos.

ACTIVIDAD **RESUELTA**

8. Representa los puntos $A(0{,}5;\ 0{,}25)$ y $B(1{,}25;\ -0{,}75)$. ¿Cómo debes graduar los ejes?

Para representar puntos cuyas coordenadas son números decimales o fraccionarios, conviene graduar los ejes de acuerdo con las coordenadas de los puntos. En este caso, marcamos las divisiones de los ejes cada 0,25 unidades. Así podremos colocar fácilmente los puntos *A* y *B*.

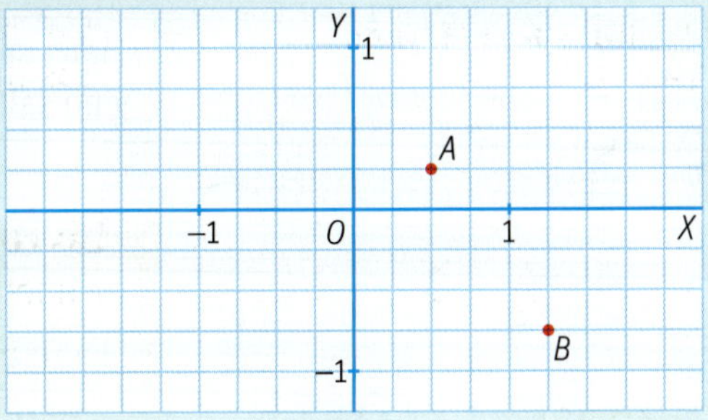

9. Representa en los ejes cartesianos los puntos $A\left(\frac{-1}{4}, \frac{1}{2}\right)$ y $B\left(\frac{3}{2}, -1\right)$.

10. smSaviadigital.com

PRACTICA Practica con las coordenadas.

2 Relaciones dadas por tablas, gráficas y fórmulas

Para expresar la relación que existe entre dos magnitudes podemos utilizar una tabla, una gráfica o una fórmula.

Relaciones dadas por tablas

En una **tabla de valores**, a cada valor de una magnitud le corresponde un valor de la otra. Se dice que la segunda magnitud **depende** de la primera.

Ejemplo ▸ Adrián mide su estatura cada año y lo anota en esta **tabla**.

Edad (años)	5	6	8	9	10	11
Estatura (cm)	105	110	120	130	135	145

A cada valor de la edad de Adrián le corresponde un valor de su estatura.

De la tabla podemos obtener mucha información, por ejemplo, que Adrián ha crecido más en el último año que entre los 5 y los 6 años.

Relaciones dadas por gráficas

En una **gráfica** se asocia cada eje con una magnitud. La magnitud asociada con el eje de ordenadas, *Y*, **depende** de la asociada con el eje de abscisas, *X*.

Ten en cuenta

Al representar datos en una gráfica, puede ser conveniente utilizar distintas graduaciones en cada eje.

También se puede "cortar" alguno de los ejes, como en la gráfica del ejemplo, donde solo tenemos valores de la edad desde 5 años y de la estatura a partir de 105 cm.

Ejemplo ▸ Adrián representa los datos de su tabla en esta gráfica.

Colocamos la edad en el eje de abscisas, y en el de ordenadas, la estatura.

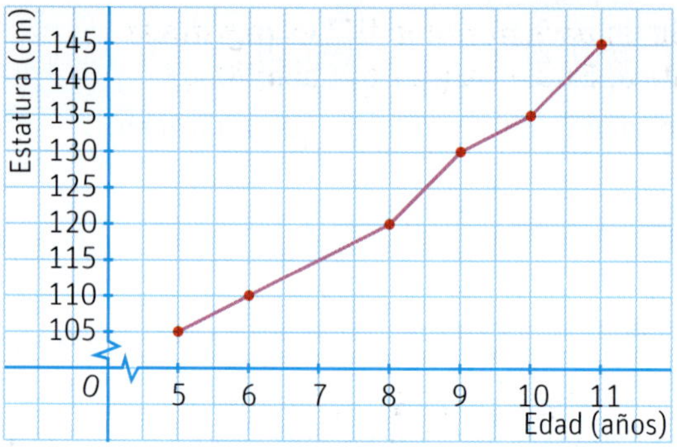

Tiene sentido unir los puntos, ya que la estatura puede tomar valores intermedios y no salta de una medida a la siguiente.

Relaciones dadas por fórmulas

La relación entre dos magnitudes puede expresarse mediante una **fórmula**.

A partir de valores de una magnitud (x) se obtienen valores de la otra magnitud (y). La segunda magnitud **depende** de la primera.

MAT-TIC GeoGebra

Entra en sm**Savia**digital.com y trabaja con tablas, gráficas y fórmulas.

Ejemplo ▸ Laura quiere copiar a escala un cuadro, que tiene el doble de alto que de ancho. En una tabla calcula qué altura tendrá el cuadro dependiendo del ancho.

Ancho (cm)	10	15	20	25	40	x
Alto (cm)	$2 \cdot 10 = 20$	$2 \cdot 15 = 30$	$2 \cdot 20 = 40$	$2 \cdot 25 = 50$	$2 \cdot 40 = 80$	$2x$

Llamando x al ancho del cuadro e y al alto, la relación entre ambos es $y = 2x$.

ACTIVIDADES

ACTIVIDAD **RESUELTA**

11. **La siguiente tabla muestra la distancia que ha recorrido Ana durante una excursión en bicicleta.**

Tiempo (min)	10	30	40	60	80
Distancia (km)	3	10	15	22	30

a) Realiza la gráfica.

b) ¿Cuánto tiempo ha durado la excursión?

c) ¿Qué distancia ha recorrido en total?

d) ¿Cuánto tiempo ha tardado en recorrer los últimos 20 kilómetros?

a) En el eje *X* representamos el tiempo y en el eje *Y* la distancia.

b) La excursión ha durado 80 minutos.

c) Ha recorrido en total 30 km.

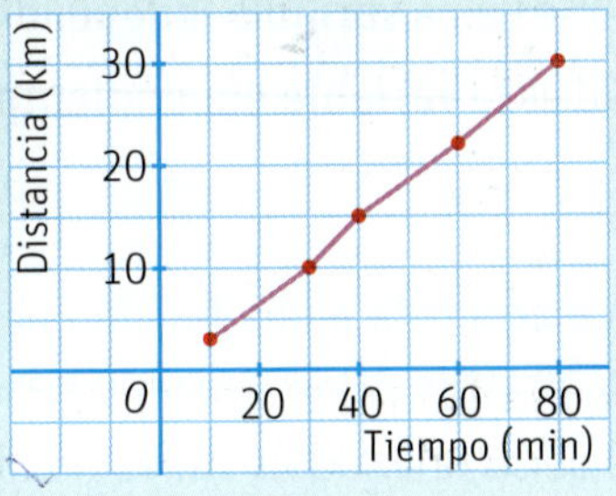

d) En la gráfica se puede ver que ha tardado 50 minutos en hacer los últimos 20 km.

12. **La temperatura de un paciente en la UCI es registrada de forma automática. Esta es la gráfica obtenida:**

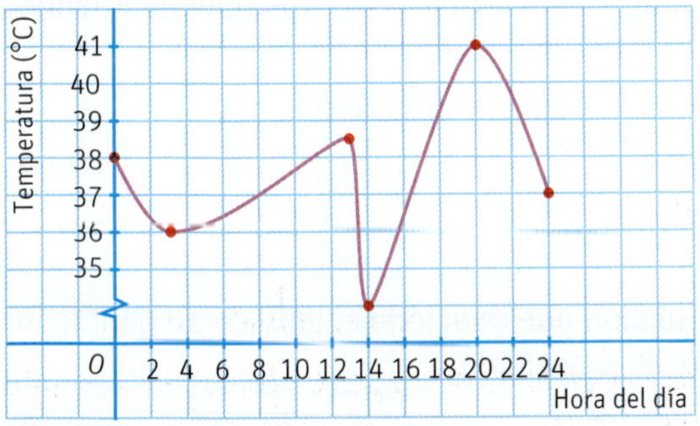

a) ¿Cuál era su temperatura a las 8 de la mañana?

b) ¿A qué hora tomó el paciente un medicamento que le produjo un brusco descenso de la temperatura?

c) ¿A qué hora tuvo la fiebre más alta?

13. **Durante este último año Marisa ha apuntado cada mes el peso de su bebé en esta tabla:**

Edad (meses)	1	2	3	6	9	12
Peso (kg)	4	5	6,2	8,2	9,5	11

a) ¿Qué magnitud depende de la otra?

b) ¿Cuánto pesaba el bebé a los seis meses?

c) ¿Ha variado de la misma forma el peso del bebé en cada semestre?

14. **La variación del precio de un DVD grabable se refleja en la siguiente gráfica:**

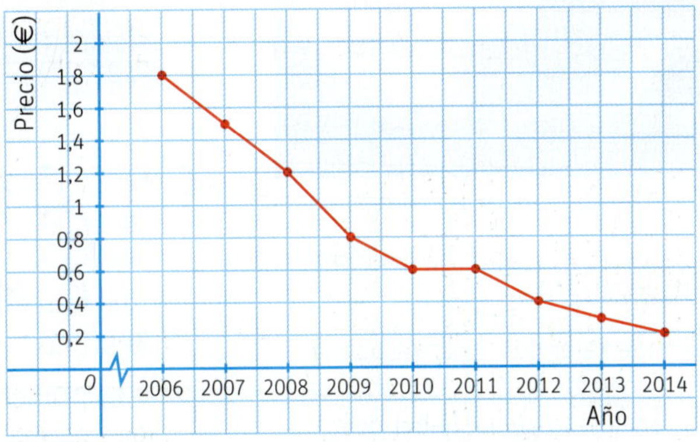

a) ¿Cuánto valía un DVD en 2006? ¿Y en 2014?

b) ¿En qué año bajó el precio hasta 1,25 €?

c) ¿Cuánto hubieran costado 10 DVD en 2007?

d) ¿Cuántos se podrían comprar con ese dinero en 2014?

15. **Si David tiene doce años menos que su hermana Julia, completa la tabla.**

Edad de David	10	●	15	●	30	●
Edad de Julia	●	24	●	32	●	52

a) ¿Qué fórmula relaciona las edades de ambos?

b) Representa la gráfica correspondiente.

c) ¿Ha sido la edad de Julia el triple que la de David en algún momento?

16.

Luis se confunde y hace las operaciones al revés: primero suma 5 y después multiplica por 3.

a) ¿Obtendrá el resultado que le pidió el mago?

b) Escribe las fórmulas que relacionan el número pensado con el resultado de las operaciones indicadas por el mago y con las que ha hecho Luis.

c) Completa la tabla en tu cuaderno y comprueba si los valores coinciden.

Número	1	3	5	10	20	100
Resultado del mago	●	●	●	●	●	●
Resultado de Luis	●	●	●	●	●	●

3 Funciones. Representación e interpretación

Concepto de función

Ejemplo ▸ ¿Sabes a qué velocidad te estás moviendo ahora mismo?

La Tierra gira alrededor del Sol a una velocidad aproximada de 29,5 kilómetros cada segundo. Observa la tabla que relaciona las dos magnitudes.

Tiempo (s)	0	1	2	3	4	5
Espacio recorrido (km)	0	29,5	59	88,5	118	147,5

Para cada valor del tiempo obtenemos un valor del espacio recorrido. Esta relación también se podría haber representado mediante una gráfica o una fórmula.

Ten en cuenta

Si a cada valor de x le corresponde un único valor de y, en la gráfica de una función no puede haber dos puntos con la misma abscisa.

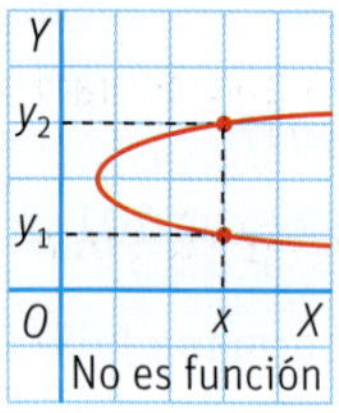

No es función

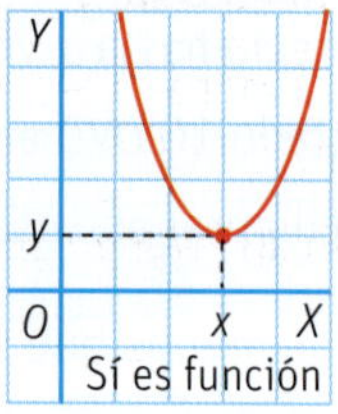

Sí es función

Una **función** es una relación entre dos magnitudes, de forma que a cada valor de la primera, le corresponde un **único** valor de la segunda.

- La primera magnitud se llama **variable independiente,** ***x***, y se fija previamente.
- La segunda magnitud es la **variable dependiente,** ***y***, que se obtiene a partir de la primera.

La fórmula, tabla o gráfica asociada a una función permite hallar los valores de y a partir de los valores de x. Se suele expresar como $y = f(x)$.

En el ejemplo, el tiempo sería la variable independiente y la distancia, la variable dependiente.

Representación gráfica e interpretación

Para **representar gráficamente una función**, se siguen estos pasos:

1.º Se construye una tabla, dando valores a la variable independiente, ***x***, y calculando los correspondientes valores de la variable dependiente, ***y***.

2.º Se representan los puntos en los ejes de coordenadas.

3.º Se analiza si tiene sentido unir los puntos, es decir, si las variables pueden tomar valores intermedios.

Sabías qué...

El matemático alemán **Leibniz** fue el primero que utilizó el término función.

La notación $y = f(x)$ se debe al matemático suizo **Euler**.

Ejemplo ▸ La fórmula de la función que relaciona el lado de un pentágono regular, x, y su perímetro, y, es $y = 5x$. Represéntala.

1.º Construimos la tabla.

Lado (x)	1	1,5	2	2,5	3
Perímetro (y)	5	7,5	10	12,5	15

2.º Representamos los puntos.

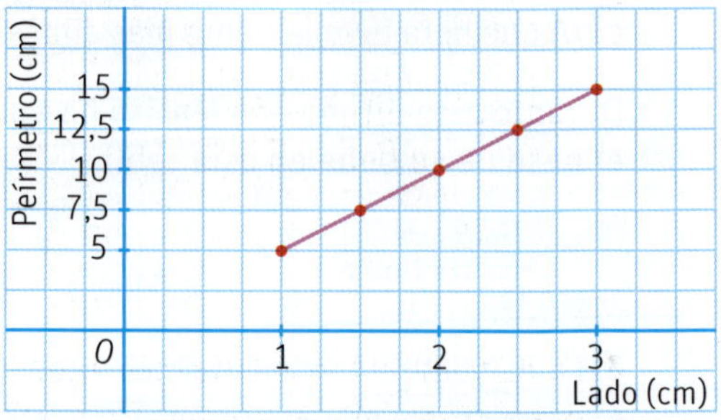

3.º Tiene sentido unir los puntos, ya que la longitud del lado del pentágono puede tomar cualquier valor positivo, por ejemplo, si el lado mide 2,71 el perímetro correspondiente mide $5 \cdot 2,71 = 13,55$.

ACTIVIDADES

17. **Identifica en cada caso la variable independiente y la variable dependiente.**

a) Dinero pagado en el aparcamiento y tiempo que ha estado aparcado el coche.

b) Altura de un cohete y tiempo transcurrido desde su lanzamiento.

c) Golosinas vendidas y dinero obtenido.

18. **Halla el valor de la variable dependiente en la fórmula $y = x^2 - 3$ para los siguientes valores de la variable independiente.**

a) $x = 1$ c) $x = -1$ e) $x = 0{,}25$

b) $x = 2$ d) $x = -2$ f) $x = \frac{1}{2}$

19. **La fórmula de una función es $y = 2x - 3$. Completa la tabla y representa la función.**

x	−1	0	1	2	3
y	●	●	●	●	●

20. **Pedro y Clara juegan con varios dados. En cada tirada pueden elegir cuántos dados tiran para superar al contrario; anotan en una tabla el número de dados que han usado cada vez y la puntuación obtenida.**

Dados	1	1	2	2	3	3	2	2
Puntuación	3	5	7	5	13	7	5	11

a) Representa la gráfica correspondiente.

b) Explica si la relación es una función.

21. **En la Vuelta Ciclista a España, el perfil de una de las etapas es el siguiente.**

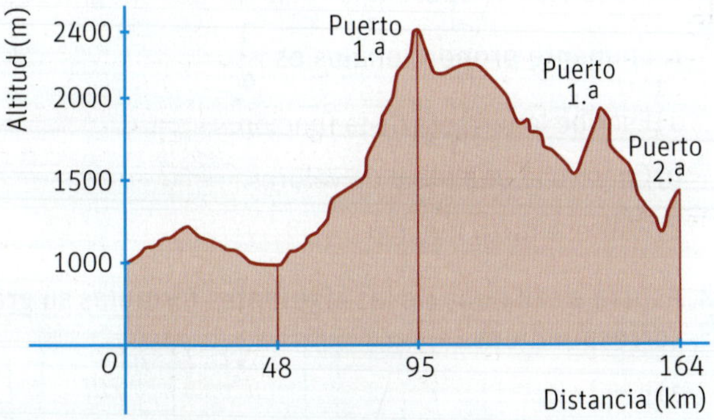

a) La relación entre la distancia recorrida y la altitud sobre el nivel del mar, ¿es una función?

b) ¿A qué distancia de la salida se halla el punto más alto?

c) ¿Cuántos kilómetros tiene la etapa?

22. **La fórmula de la función que relaciona el área de un cuadrado con su lado es:**

$$A = l^2$$

a) Construye una tabla de valores y representa esta función.

b) ¿Tiene sentido unir los puntos de la gráfica? ¿Por qué?

23. **La relación que asocia a cada valor el número 3 es una función.**

a) ¿Cómo es su tabla de valores?

b) Representa su gráfica.

24. **El tutor de un grupo pregunta a cada alumno su número de lista y su año de nacimiento.**

a) ¿La relación entre el número de lista y el año de nacimiento es una función?

b) Si representas la gráfica, ¿tiene sentido unir los puntos? ¿Por qué?

ACTIVIDAD RESUELTA

25. **Comprueba si los puntos $A(1, 3)$ y $B(-1, 4)$ pertenecen a la gráfica de la función $y = 3x^2$.**

Para comprobar si un punto pertenece a la gráfica de una función, debemos verificar la igualdad sustituyendo en la fórmula los valores correspondientes de la x y la y.

$A(1, 3) \Rightarrow y = 3x^2$
$3 = 3 \cdot 1^2$
$3 = 3$

$B(-1, 4) \Rightarrow y = 3x^2$
$4 = 3 \cdot (-1)^2$
$4 \neq 3$

$A(1, 3)$ pertenece a la gráfica de la función, pero el punto $B(-1, 4)$, no.

26. **Indica si la gráfica de cada una de las siguientes funciones pasa por el punto (2, 3).**

a) $y = 2x - 1$ c) $y = 3$

b) $y = 2 \cdot (x - 1)$ d) $y = x^2 - 1$

27. **Rosa va a celebrar su cumpleaños. En el local donde va a celebrar la fiesta le piden 30 € fijos y 5 € más por cada invitado que asista.**

a) Escribe la fórmula de la función.

b) Construye una tabla indicando lo que le costaría la fiesta según el número de invitados, hasta un máximo de 20 personas.

c) Dibuja la gráfica.

4 Función de proporcionalidad directa

En muchos casos, la relación entre dos magnitudes es de proporcionalidad directa.

Ejemplo ▸ Álex ha ido al mercado a comprar jamón cocido. En la siguiente tabla aparece la relación entre la cantidad comprada y el precio correspondiente.

Peso (kg)	0,100	0,200	0,250	0,300	0,500	1
Precio (€)	0,90	1,80	2,25	2,70	4,5	9

La relación entre ambas magnitudes es de proporcionalidad directa. La razón de proporcionalidad es:

$$\frac{\text{Precio (€)}}{\text{Peso (kg)}} = \frac{0{,}90}{0{,}100} = \frac{1{,}80}{0{,}200} = \ldots = 9 \text{ €/kg}$$

Por tanto, para hallar el precio de x kg de jamón hay que multiplicar por la razón de proporcionalidad, es decir, la fórmula es:

$$y = 9 \cdot x$$

La gráfica de la función es una recta, como se puede ver al representar los valores de la tabla.

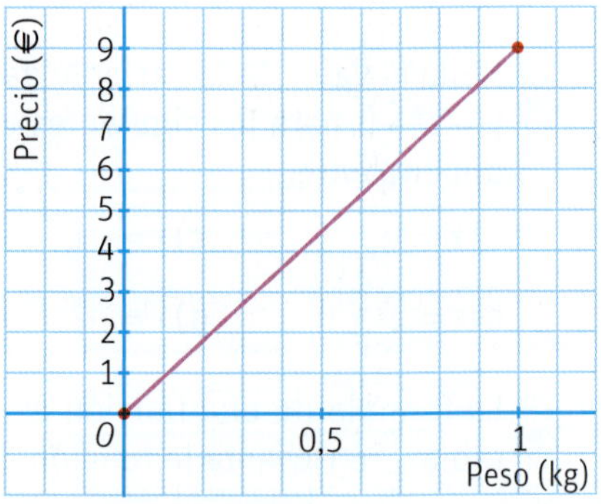

Ten en cuenta

Si la x no puede tomar cualquier valor, no tiene sentido unir los puntos de la recta. Por tanto, la gráfica no es toda la recta, solo está formada por algunos de sus puntos.

La gráfica de una **función de proporcionalidad directa** es una recta que pasa por el origen de coordenadas. Su fórmula es $\boldsymbol{y = m \cdot x}$, siendo $\boldsymbol{m}$ la razón de proporcionalidad.

A la razón m también se le llama **pendiente** de la recta. Cuanto mayor sea el valor de m, mayor será la **inclinación** de la recta en la gráfica.

ACTIVIDADES

28. Escribe la fórmula de las funciones de proporcionalidad directa cuyas razones de proporcionalidad son las siguientes.

a) 6 c) −3 e) $\frac{2}{3}$

b) 5 d) −5 f) $\frac{5}{2}$

29. Indica el valor de la pendiente en las siguientes funciones de proporcionalidad directa.

a) $y = 4x$ c) $y = x$ e) $y = -2x$

b) $y = 0{,}75x$ d) $y = -x$ f) $y = -\frac{1}{2}x$

30. Dibuja la gráfica de la función asociada a esta tabla. ¿Cuál es la razón de proporcionalidad?

x	−2	0	2	4	6	8
y	−3	0	3	6	9	12

31. Representa las siguientes funciones de proporcionalidad directa.

a) $y = 2x$ b) $y = x$ c) $y = -2x$

32. La razón de proporcionalidad de dos magnitudes directamente proporcionales es $\frac{3}{4}$.

a) Escribe la fórmula de la función.

b) Construye una tabla de valores.

c) Representa la función.

33. Asocia a cada una de las siguientes fórmulas su gráfica correspondiente.

a) $y = 2x$

b) $y = 3x$

c) $y = -2x$

d) $y = \frac{1}{2}x$

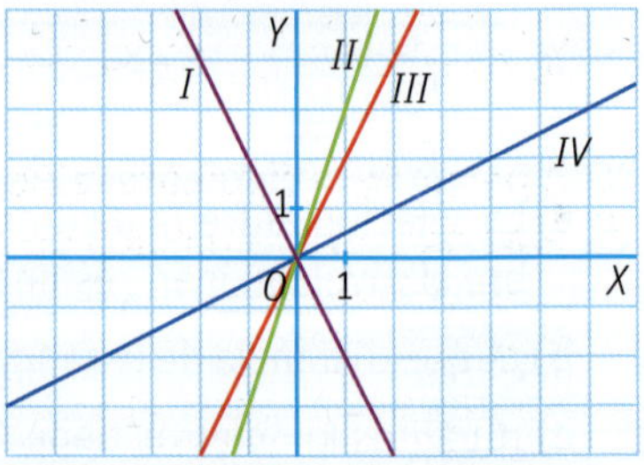

ACTIVIDADES

ACTIVIDAD **RESUELTA**

34. **Representa gráficamente las funciones $y = x^2$, $y = 3x$ e $y = 3x - 2$. A partir de las gráficas, explica si alguna de ellas no es una función de proporcionalidad directa.**

A partir de la fórmula de cada función construimos una tabla de valores y representamos los valores obtenidos.

x	0	1	2	3
$y = x^2$	0	1	4	9

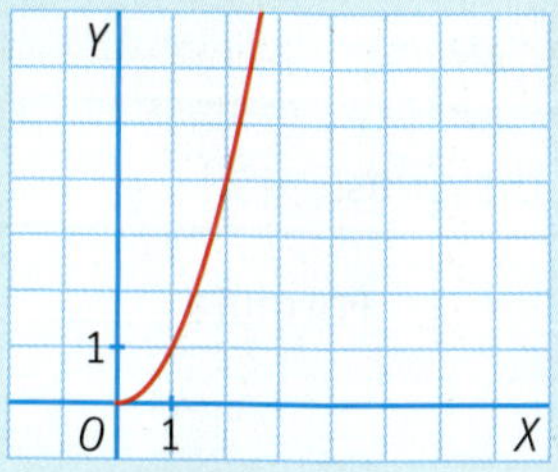

La gráfica pasa por el origen, pero no es una recta.
No es una función de proporcionalidad directa.

x	0	1	2	3
$y = 3x$	0	3	6	9

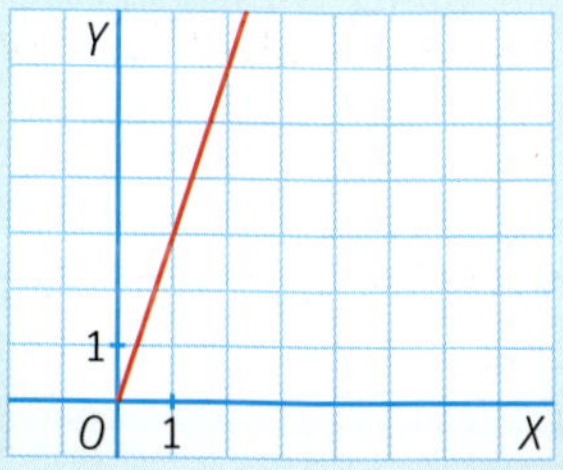

La gráfica es una recta que pasa por el origen.
Es una función de proporcionalidad directa.

x	0	1	2	3
$y = 3x - 2$	−2	1	4	7

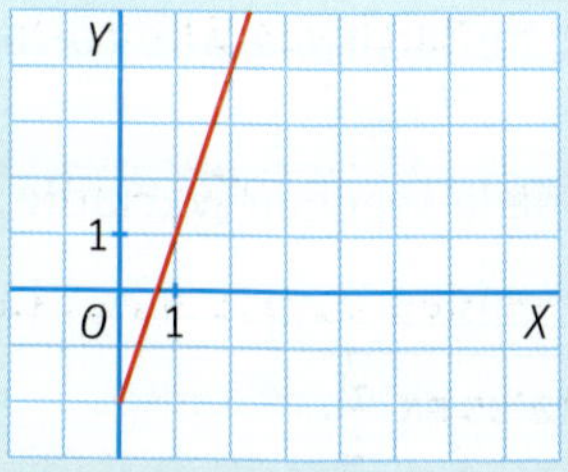

La gráfica es una recta, pero no pasa por el origen.
No es una función de proporcionalidad directa.

35. **Halla el valor de la variable dependiente para los valores −2, −1, 0, 1 y 2 en las siguientes funciones, e indica cuáles son funciones de proporcionalidad directa.**

a) $y = x - 3$ c) $y = 5x$ e) $y = x^2$

b) $y = -3x$ d) $y = \frac{1}{2}x$ f) $y = -\frac{1}{2}x$

36. **A partir de la siguiente tabla, representa la gráfica de la función. ¿Es una función de proporcionalidad directa?**

x	1	2	3	4	5
y	−3	−1	1	3	5

37. **Javier invita al cine a varios amigos para celebrar su cumpleaños. La entrada al cine cuesta 6 €.**

a) Halla la fórmula de la función que relaciona el número de entradas compradas y el precio que hay que pagar.

b) ¿Es una función de proporcionalidad directa?

c) Representa la gráfica de la función. ¿Tiene sentido unir los puntos?

38. **Una recta pasa por los puntos (2, 5) y (4, 15). Averigua gráficamente el punto en el que corta al eje de ordenadas. ¿Es una función de proporcionalidad directa?**

39. **Un litro de gasolina cuesta 1,20 €.**

a) Copia y completa la tabla de valores.

Litros (L)	0	10	20	30	50
Precio (€)	•	•	•	•	•

b) ¿Qué escala conviene utilizar en cada eje para representar la gráfica?

c) Representa la gráfica.

d) A partir de la gráfica, ¿cuánto cuestan 40 L?

e) Escribe la fórmula de la función.

f) Para calcular el precio de 17 L, ¿utilizarías la gráfica o la fórmula? ¿Por qué?

40. **El peso de un objeto en la Luna es la sexta parte de su peso en la Tierra.**

a) Si la báscula de Andrea en la Tierra marca 54, ¿cuánto marcará en la Luna?

b) Escribe la fórmula de la función que relaciona el peso de un objeto en la Luna con su peso en la Tierra. ¿Es una función de proporcionalidad directa?

c) Construye una tabla de valores. Si quieres obtener valores enteros de y, ¿qué valores de x debes tomar?

d) ¿Cuál es la variable independiente?

e) Representa la gráfica de la función.

f) Si la hermana menor de Andrea pesa la mitad que ella en la Tierra, ¿pesaría la mitad también en la Luna? Calcúlalo.

41. sm**Savia**digital.com

PRACTICA Trabaja con funciones de proporcionalidad directa.

Organiza tus ideas

EL PLANO CARTESIANO. COORDENADAS

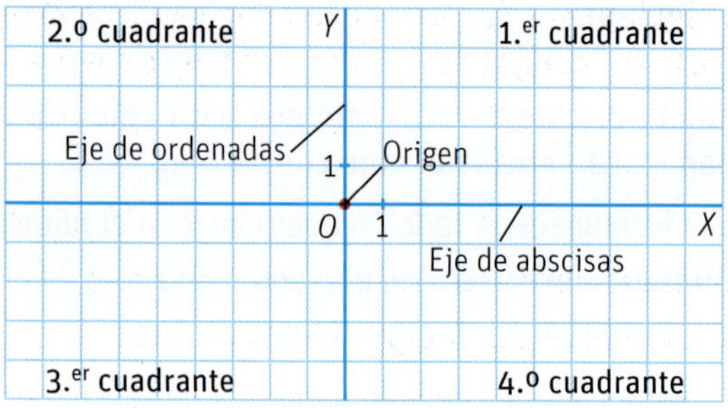

Coordenadas cartesianas de un punto: (x, y)

- x, representa la posición sobre el eje horizontal y se denomina **abscisa** del punto.
- y, representa la posición sobre el eje vertical y se denomina **ordenada** del punto.

RELACIONES DADAS POR TABLAS, GRÁFICAS Y FÓRMULAS

La relación entre dos magnitudes se puede expresar de varias formas distintas.

Tabla

x	y
−3	−5
−2	−3
−1	−1
0	1
1	3
2	5

Gráfica

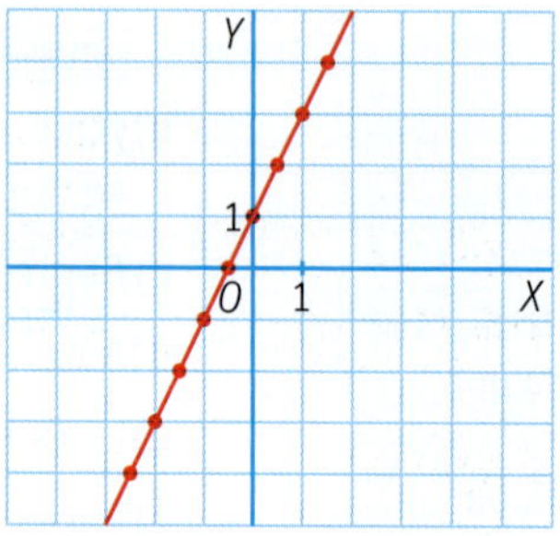

Fórmula

$y = 2x + 1$

FUNCIONES

- Una **función** $y = f(x)$ es una relación entre dos magnitudes, de forma que **a cada valor de la primera** le corresponde **un único valor de la segunda**.
- A partir de los valores de la primera magnitud (**variable independiente**), se obtienen los de la segunda (**variable dependiente**).
- Una función se puede expresar por medio de una **tabla**, una **gráfica** o una **fórmula**.

LA FUNCIÓN DE PROPORCIONALIDAD DIRECTA

- La gráfica de una **función de proporcionalidad directa** es una **recta que pasa por el origen** de coordenadas.
- Su **fórmula** es $y = m \cdot x$, siendo m la **razón** de proporcionalidad.
- A la razón m también se le llama **pendiente**.
- Cuanto mayor es el valor de m, mayor **inclinación** presenta la recta.

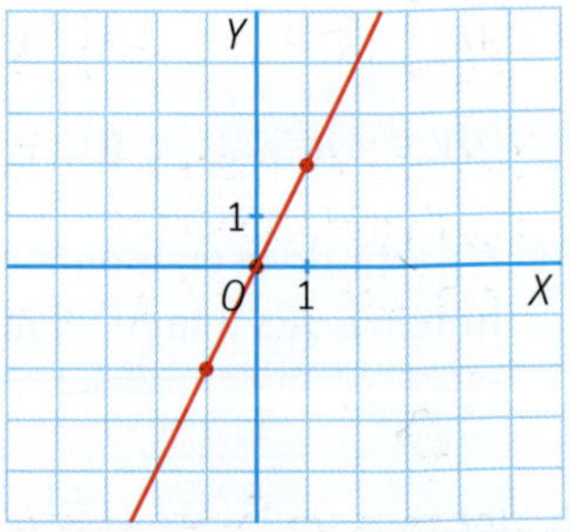

Actividades

ACTIVIDADES **PARA PRACTICAR**

El plano cartesiano. Coordenadas

42. Escribe las coordenadas de los puntos representados en la siguiente figura.

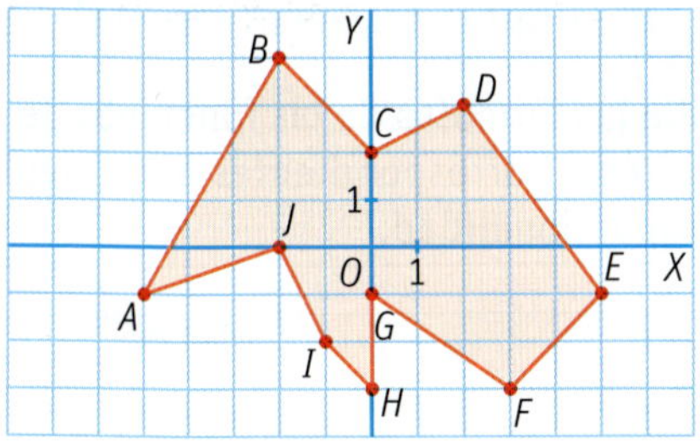

ACTIVIDAD **RESUELTA**

43. Las coordenadas de los vértices de una figura son, en orden, las siguientes:

$A(-4, 0)$	$B(-3, 0)$	$C(1, 3)$
$D(0, 4)$	$E(4, 3)$	$F(4, -1)$
$G(3, 0)$	$H(0, -3)$,	$I(0, -4)$

Representa la figura y encuentra las coordenadas de algún punto que esté dentro de la figura en cada cuadrante.

Se representan los puntos en los ejes de coordenadas y se unen siguiendo el orden indicado.

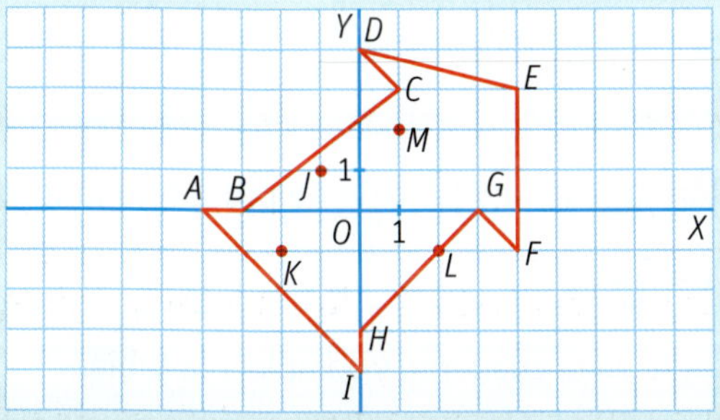

Los puntos $M(1, 2)$, $J(-1, 1)$, $K(-2, -1)$ y $L(2, -1)$ están dentro de la figura, en el primero, segundo, tercero y cuarto cuadrante, respectivamente.

44. Representa en el plano cartesiano los siguientes puntos.

$A(2, -5)$	$C(-5, -2)$	$E(1, 3)$
$B(-4, 3)$	$D(0, 5)$	$F(-4, 0)$

45. Indica, sin representarlos, en qué cuadrante están los siguientes puntos.

$A(3, -1)$	$C(-2, -2)$	$E(1{,}25; 1)$
$B(-4, 3)$	$D(-2{,}5; 0{,}5)$	$F(0, -3)$

46. Representa los puntos $A\left(\frac{4}{3}, -\frac{2}{3}\right)$ y $B\left(\frac{7}{3}, \frac{5}{6}\right)$.

Relaciones dadas por tablas, gráficas y fórmulas

47. En la siguiente tabla aparece la relación entre el número de chicles comprados y el precio pagado por ellos.

N.º de chicles	3	5	7	10	12
Precio (CENT)	15	25	35	50	60

a) Representa los puntos en el plano cartesiano.

b) ¿Tiene sentido unir los puntos?

48. La relación entre dos magnitudes se expresa mediante la fórmula $y = \frac{1}{2}x - 1$.

a) Copia la tabla en tu cuaderno y complétala.

x	−4	−2	0	2	4
y	●	●	●	●	●

b) Representa los puntos en los ejes cartesianos.

49. Un coche circula a 100 kilómetros por hora (km/h). Copia la tabla en tu cuaderno y complétala.

Tiempo (horas)	0	1	●	●	8
Espacio recorrido (km)	●	●	200	500	●

¿Cuál es la fórmula que relaciona las dos variables?

ACTIVIDAD **RESUELTA**

50. Paco coge el autobús para ir al instituto. En la gráfica aparece la distancia a la que se encuentra del instituto durante su recorrido.

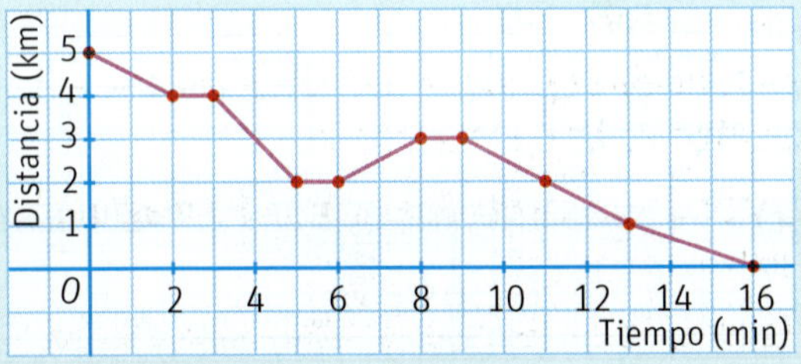

a) ¿A qué distancia del instituto está la parada en la que sube Paco?

b) ¿Cuánto tarda en llegar al instituto?

c) ¿Cuántas paradas hace el autobús?

a) La distancia aparece en el eje de ordenadas. La parada de Paco está a 5 km del instituto.

b) El tiempo aparece en el eje de abscisas. Paco llega al instituto a los 16 minutos, cuando la distancia al instituto es 0.

c) El autobús hace otras tres paradas de un minuto antes de llegar, en los minutos 2, 5 y 8. Son los tramos en los que la distancia no cambia, son horizontales.

Actividades

51. En la gráfica se refleja el número de espectadores que tuvo una obra de teatro durante sus primeras representaciones.

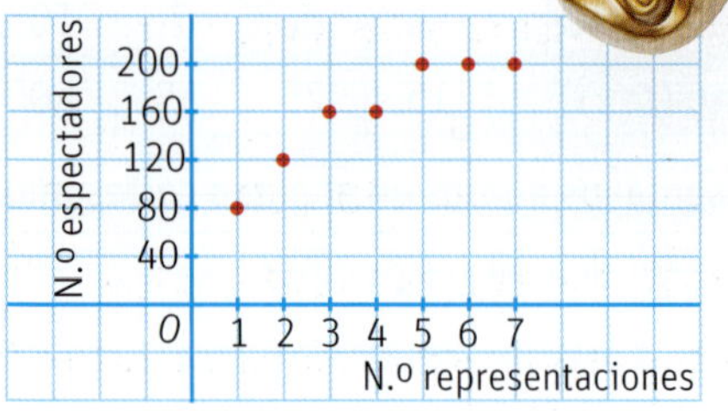

a) ¿Cuántos espectadores tuvo la obra en su primera representación? ¿Y en la quinta?

b) ¿Tiene sentido unir los puntos de la gráfica?

c) ¿Dirías que la obra ha tenido éxito?

d) El número de espectadores no ha seguido subiendo. ¿Qué razón puede haber?

52. A partir de los valores de la tabla, escribe la fórmula que relaciona las dos magnitudes.

x	1	2	3	6	9	12
y	3	4	5	8	11	14

Funciones

53. Explica si las siguientes relaciones dadas por tablas o gráficas son funciones.

a)

x	−2	−1	0	1	2
y	3	4	28	−6	3

b)

x	0	1	2	1	3
y	3	4	28	−6	3

c)

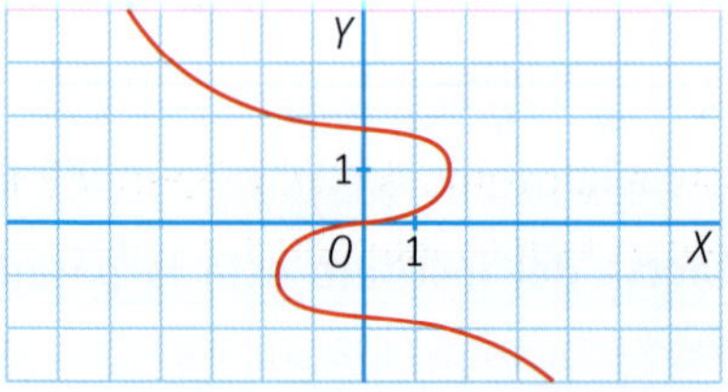

d)

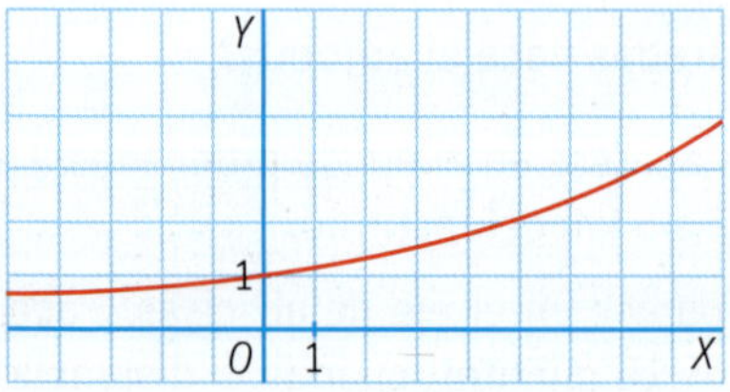

54. Una función asigna a cada valor su cubo.

a) Escribe su fórmula.

b) Halla los valores de la variable dependiente para $x = 0$, $x = 2$ y $x = -3$.

55. Una función asigna a cada valor de x el número 10.

a) Construye una tabla con cinco valores.

b) Escribe la fórmula de la función.

c) Representa la función.

Funciones de proporcionalidad directa

56. Escribe las fórmulas de las funciones de proporcionalidad directa correspondientes a las siguientes razones de proporcionalidad.

a) $m = 3$

b) $m = -4$

c) $m = \frac{2}{3}$

d) $m = -\frac{3}{4}$

57. ¿Cuáles de las siguientes gráficas no se corresponden con funciones de proporcionalidad directa? Razona tu respuesta.

a)

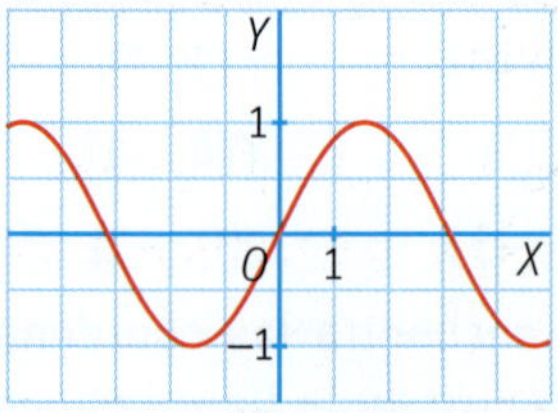

c)

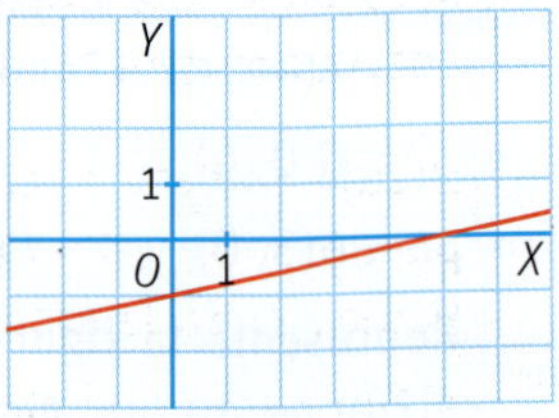

b)

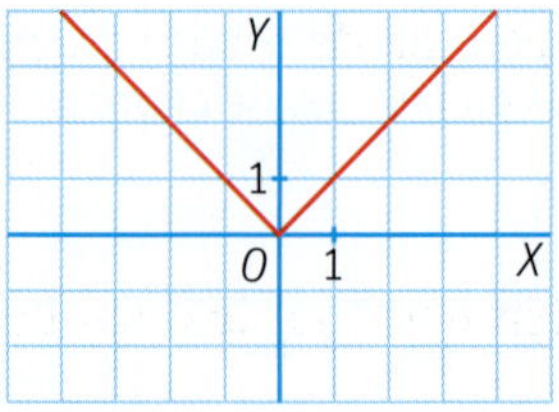

d)

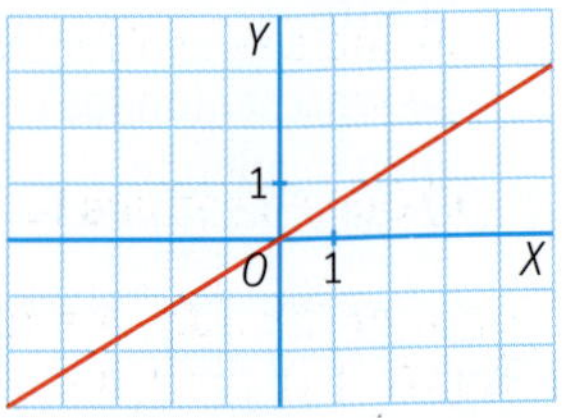

58. La fórmula de una función de proporcionalidad directa es $y = \frac{1}{3}x$.

a) Copia en tu cuaderno y completa la tabla.

x	−6	3	•	•	•
y	•	•	0	−1	2

b) Representa la función.

59. Las siguientes tablas corresponden a funciones de proporcionalidad directa. Complétalas en tu cuaderno.

a)

x	12	−6	0	1	•
y	•	•	•	−1	2

b)

x	−4	0	2	•	•
y	•	•	1	6	8

60. Representa las siguientes funciones de proporcionalidad directa.

a) $y = x$

b) $y = 5x$

c) $y = -x$

d) $y = \frac{1}{2}x$

61. Halla la fórmula de cada una de las siguientes funciones de proporcionalidad directa.

a) Su pendiente es –5.

b) Pasa por el punto $\left(\frac{1}{4}, \frac{3}{4}\right)$.

c) Su gráfica es la siguiente:

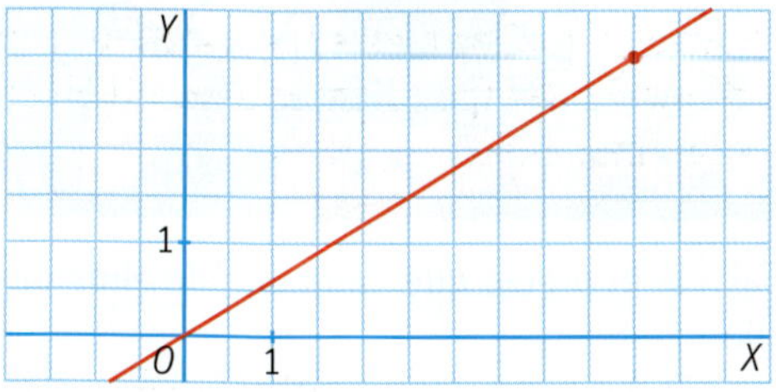

Ejercicios de síntesis

62. Los puntos $A(0, -1)$, $B(2, -4)$ y $C(8, 0)$ son vértices consecutivos de un rectángulo. Represéntalos y halla las coordenadas del cuarto vértice.

63. Dibuja en cada apartado una gráfica que pase por los puntos $A(-2, 4)$ y $B(1, -2)$ y que cumpla la condición pedida en cada caso.

a) Que sea una función de proporcionalidad directa.

b) Que sea una función, pero no de proporcionalidad directa.

c) Que no sea una función.

64. La gráfica de una función pasa por los puntos (2, 3), (10, 15) y (12, 18).

a) ¿Puede ser una función de proporcionalidad directa?

b) Dibuja la gráfica de una función que pase por esos puntos y no sea de proporcionalidad directa.

65. La siguiente gráfica representa la relación entre dos magnitudes.

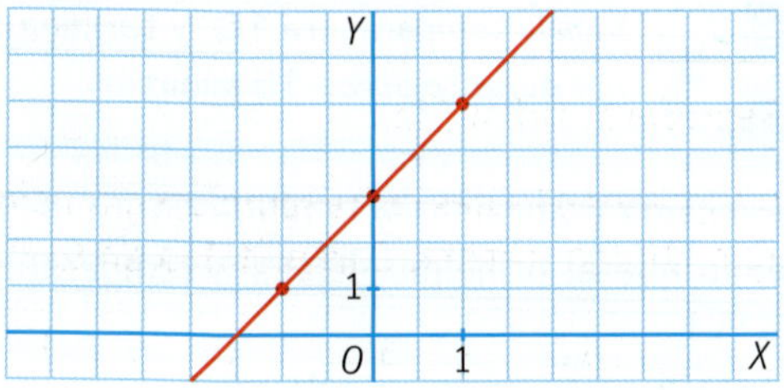

a) Construye una tabla de valores en la que aparezcan los puntos marcados en la gráfica.

b) Construye la tabla de otra función, que asigne a cada valor de x tres unidades menos que la función anterior.

c) ¿De qué tipo es la función que has obtenido? Halla su fórmula.

d) A partir de esa fórmula, ¿cuál sería el valor de la primera función para $x = 10$?

PROBLEMAS PARA RESOLVER

PROBLEMA RESUELTO

66. En la tabla siguiente se refleja el consumo de electricidad en casa de Roberto durante un día.

Hora	0	8	12	15	19	21	23
Consumo (kW/h)	40	60	50	60	70	75	50

a) Representa los valores en una gráfica.

b) ¿Podemos estar seguros de la cantidad de energía consumida a las 10 de la mañana?

a)

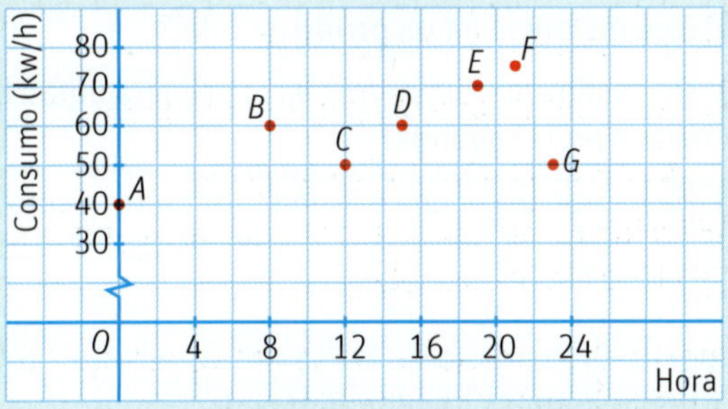

b) No, porque no conocemos la fórmula de la función.

67. La gráfica muestra el número de personas en una piscina durante un día de verano.

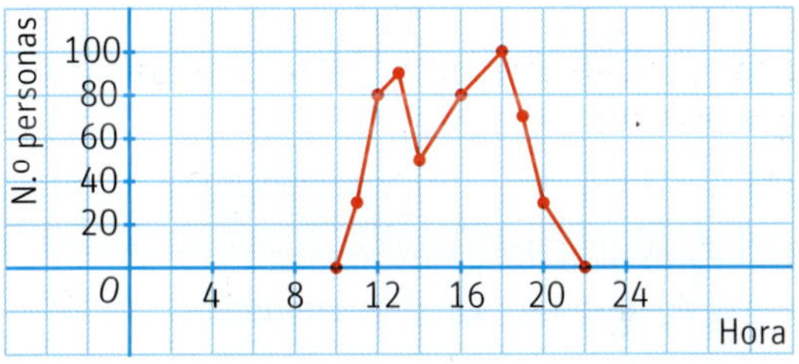

a) ¿Qué horario tiene la piscina?

b) ¿A qué hora había más gente?

c) ¿A qué hora salió más gente a comer fuera de la piscina?

68. La gráfica muestra la evolución del número de mosquitos en un pantano durante unos días.

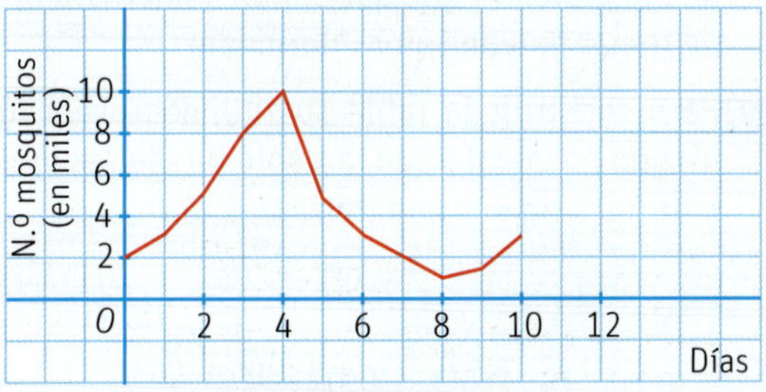

a) ¿Cuál era el número inicial de mosquitos?

b) En un determinado momento se libera un insecticida para eliminar esos mosquitos. ¿En qué momento?

c) ¿Ha conseguido el insecticida acabar con la plaga de mosquitos?

Actividades

69. La siguiente gráfica representa la distancia que ha recorrido Gabriela con su tabla de *snow* en una estación de esquí.

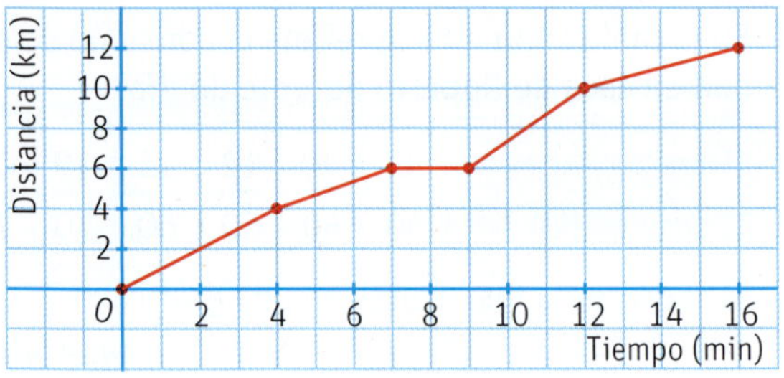

a) ¿Cuánto tiempo dura su recorrido?

b) ¿Qué distancia ha recorrido en total?

c) ¿Ha hecho más kilómetros en la primera mitad del recorrido o en la segunda?

d) ¿Ha parado en alguna ocasión? ¿Durante cuánto tiempo?

PROBLEMA **RESUELTO**

70. En una papelería venden bolígrafos en dos tipos de paquetes: de 3 bolígrafos, a 1,20 €, y de 10 bolígrafos, a 4 €. Queremos relacionar la cantidad de bolígrafos y su precio total.

a) ¿Es una función de proporcionalidad directa?

b) Escribe la fórmula de la función. ¿Cuál es la pendiente de la recta?

c) ¿Tiene sentido unir los puntos?

d) Construye una tabla y representa su gráfica.

a) Se escriben los datos en una tabla, para comprobar si las magnitudes son proporcionales.

Bolígrafos	3	10
Precio (€)	1,2	4

$$\Rightarrow \frac{1,2}{3} = \frac{4}{10} = 0,40$$

Las magnitudes son directamente proporcionales.

b) La fórmula es: $y = 0,40x$. La pendiente es 0,40, que es la razón de proporcionalidad.

c) No tiene sentido unir los puntos, porque x es el número de bolígrafos y tiene que ser un número natural, no puede tomar ningún valor intermedio.

d) Para construir la tabla sustituimos en la fórmula teniendo en cuenta que la x solo puede ser múltiplo de 3 o de 10 o de la suma de ambos.

x	y
0	0
3	1,2
6	2,4
10	4

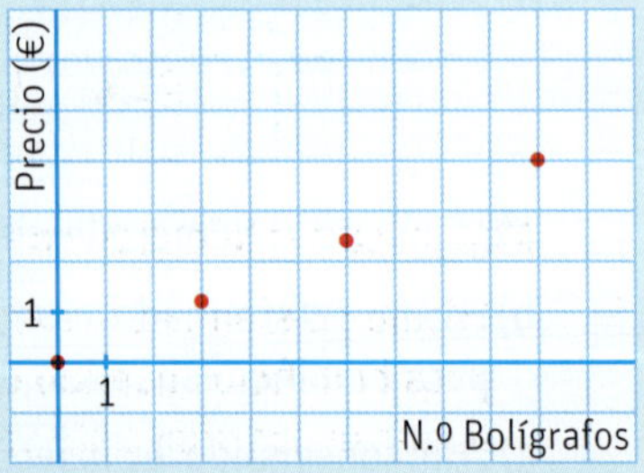

71. José ha comprado en la frutería una sandía de 8 kg por 9,60 €. Su amiga Teresa ha comprado otra de 10 kg, por 12 €.

a) Calcula el precio que cada uno de ellos paga por cada kilogramo.

b) Halla la fórmula que relaciona el peso y el precio de la sandía.

c) Usa esa fórmula para calcular el precio de una sandía de 12 kg.

72. Jorge trabaja como vendedor y una parte de su sueldo depende de las ventas que consiga. Por cada 100 € que consiga vender, le corresponde una comisión de 8 €.

a) Construye una tabla relacionando la cantidad vendida con el dinero que gana como comisión.

b) ¿Es una función de proporcionalidad directa?

c) Representa la gráfica de la función.

d) Escribe la fórmula de la función.

73. Julio está cocinando siguiendo las instrucciones de un libro de recetas. En el libro aparecen las siguientes indicaciones:

Instrucciones de cocción

Precalienta el horno 15 minutos, hasta que alcance los 200°; introduce el pastel y baja la temperatura a 190°.

Cocínalo durante 10 minutos, y después baja la temperatura 10° y termina de cocinar durante otros 15 minutos.

Representa gráficamente la temperatura del horno, suponiendo que al principio estaba a temperatura ambiente (20 ºC).

74. La longitud de una circunferencia se calcula mediante la fórmula $L = 2\pi r$.

a) Completa la siguiente tabla de valores en tu cuaderno.

r (cm)	1	2	3	4	5
L (cm)	●	4π	●	●	●

b) Representa la función graduando el eje Y utilizando π como unidad.

c) ¿Es una función de proporcionalidad directa?

75. Varios alumnos de la clase han representado en unos ejes de coordenadas sus notas en Matemáticas y en Lengua, señalando su nombre junto al punto que los representa.

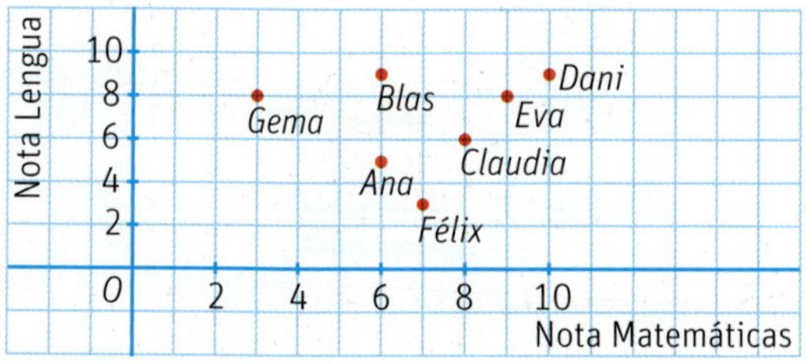

a) ¿Quién tiene la mejor nota en Matemáticas? ¿Y en Lengua?

b) ¿Quién es mejor en Matemáticas, Ana o Blas? ¿Y en Lengua?

c) ¿Es la gráfica de una función? Razona la respuesta.

76. En un parque de atracciones hay diferentes tarifas en función de la edad.

Niños menores de 5 años	No pagan
Niños hasta los 12 años	6 €
Jóvenes, entre 13 y 18 años	20 €
Adultos, hasta 65 años	30 €
Mayores de 65 años	3 €

a) ¿Puede haber dos personas de distinta edad que paguen lo mismo?

b) La familia de Arturo quiere entrar en el parque. Los miembros de la familia son: Arturo, que tiene 11 años; su hermana Alba, que tiene 4 años; sus padres, que tienen 35 y 38 años, y su abuelo, que tiene 66 años. ¿Cuánto tendrán que pagar en total?

c) ¿La relación entre la edad y el precio de la entrada es una función?

ACTIVIDADES PARA PENSAR MÁS

77. Entrenándose para una carrera, cuyo recorrido es el que se indica en la figura, Lucía comienza en lugares diferentes y no recorre siempre la misma distancia, pero siempre va más deprisa bajando que subiendo. En el camino, y a distancias iguales, están marcados los controles *A*, *B*, *C*, *D*, *E* (cima), *F*, *G*, *H*, *K* (meta). ¿En cuál de los siguientes trayectos tardará menos tiempo?

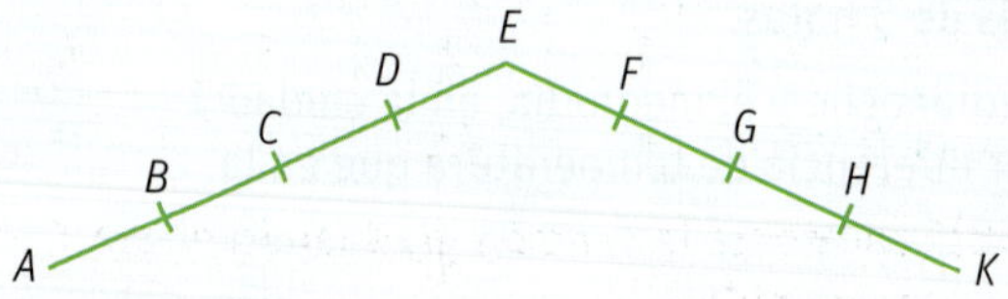

A. *CEGF* B. *BEG* C. *CEH* D. *DEKH*

78. Un barco navega desde *A* hasta *B*, describiendo una semicircunferencia centrada en la isla *X*; luego navega en línea recta desde *B* hasta *C*.

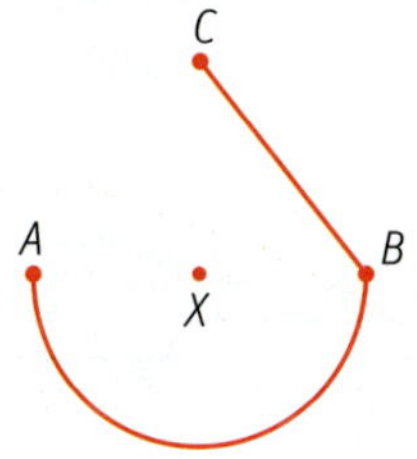

¿Cuál de las siguientes gráficas muestra la distancia del barco a la isla según la distancia recorrida?

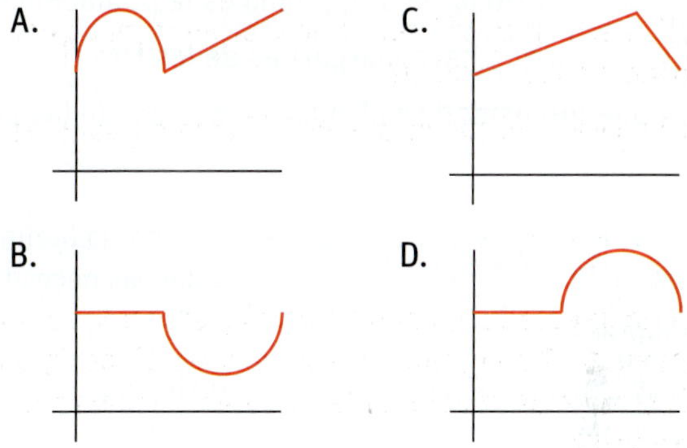

79. Una función asigna a cada entero positivo el producto del entero anterior por el número que le asigna la función a ese anterior. Si $f(1) = 1$, ¿cuánto vale $f(4)$?

A. $\frac{1}{6}$ C. 24

B. $\frac{1}{24}$ D. 6

Encuentra el error

80. Manuel es el encargado de una empresa desde 2003. Sus jefes quieren valorar su trabajo, y le han pedido un informe. Manuel presenta el siguiente gráfico.

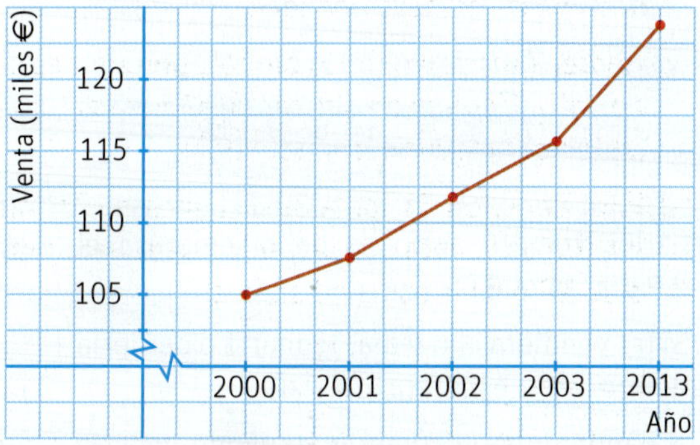

Manuel comenta el gráfico a sus jefes:

"Como pueden ver, la empresa va estupendamente, y los beneficios han ido creciendo más rápidamente que en los años anteriores."

¿Es correcto su análisis? ¿Dónde está el error?

Ponte a prueba

PROBLEMA RESUELTO Las margaritas

Observa la siguiente gráfica, que muestra la población de margaritas en función de la intensidad solar.

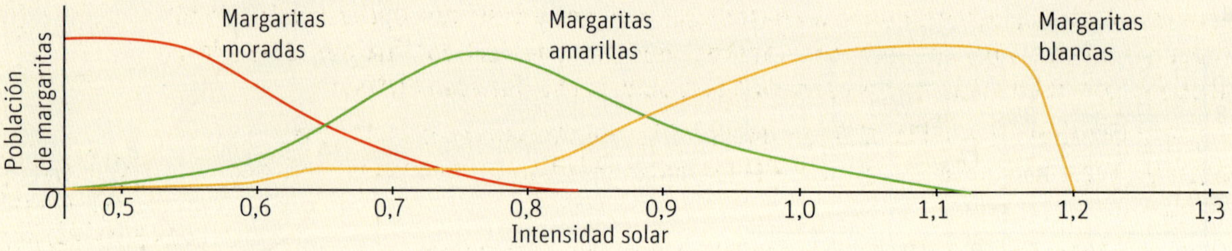

1. **Haz una descripción general de lo que representan las gráficas.**
2. **¿Cuáles son las margaritas más sensibles a la luz solar?**
3. **Con una intensidad de 0,9, ¿cómo es la población de las distintas margaritas?**
4. **Si queremos que haya margaritas de los tres tipos, ¿entre qué valores debe mantenerse la intensidad solar?**
5. **¿Con qué intensidad se alcanza el máximo de las poblaciones?**

SOLUCIÓN

1. Las moradas necesitan poca luz, al aumentar la luminosidad, van pereciendo. Las amarillas necesitan una intensidad media, si hay poca o mucha luz, mueren. Las blancas necesitan mucha luz, al aumentar la intensidad la población aumenta.
2. Las moradas
3. No hay margaritas moradas y hay aproximadamente las mismas margaritas amarillas que blancas.
4. Entre 0 y 0,83.
5. Las moradas con 0, las amarillas con 0,78 y las blancas con 1,1.

La Bolsa

La gráfica siguiente representa el precio de las acciones de una empresa en la Bolsa durante varios días.

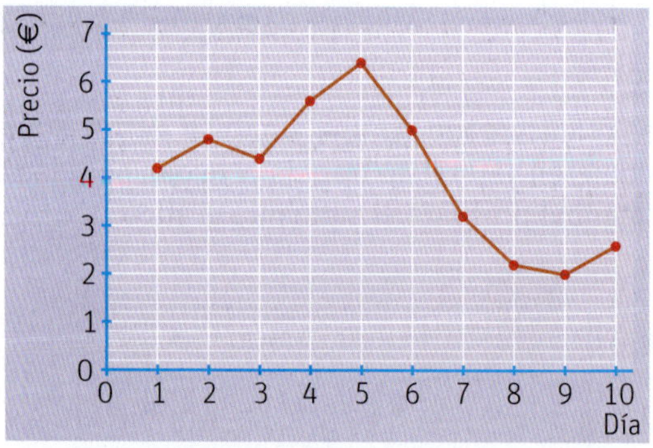

1. Carlos compró acciones de la empresa el 2.º día. ¿A qué precio?
2. Si las vendiera el 6.º día, ¿ganaría o perdería dinero? ¿Y si esperara al 7.º día?
3. ¿Cuándo debería comprar y cuándo debería vender para obtener el mayor beneficio? ¿Cuánto ganaría por cada acción?
   Una amiga suya tuvo peor suerte, y perdió 3 euros por acción. ¿En qué días compró y vendió sus acciones?

Temperaturas

En la siguiente tabla aparecen las temperaturas en dos ciudades durante 24 horas.

	Hora	16	18	20	22	00	02	04	06	08	10	12	14
Temp (ºC)	Ciudad 1	22	22	19	14	11	9	8	8	10	16	21	23
	Ciudad 2	19	18	16	15	15	15	15	15	16	17	19	20

1. Representa gráficamente los datos de la tabla.
2. Responde verdadero o falso en tu cuaderno.

	V	F
En la ciudad 1, se alcanzaron 11 ºC a medianoche.	●	●
En la Ciudad 2 se llegó a 15 ºC a las 10 de la mañana.	●	●
La temperatura máxima de la ciudad 1 superó a la de la ciudad 2.	●	●
La temperatura mínima de la ciudad 2 se mantuvo durante más de 5 horas.	●	●
Entre la medianoche y el mediodía, en la ciudad 1 hubo mayor diferencia de temperatura que en la ciudad 2.	●	●

3. ¿Qué variación de temperatura ha habido en cada ciudad?

Los fontaneros

El abuelo de Filo le explica algunas aplicaciones de las coordenadas cartesianas.

La semana pasada necesitaba un fontanero para hacer unos arreglos y pidió presupuesto a dos distintos para ver cuál era más económico. Ambos fontaneros cobraban una cantidad fija por el desplazamiento y otra en función del número de horas trabajadas, pero sus tarifas eran distintas.

El abuelo construyó una tabla, dibujó la gráfica y encontró la fórmula para cada fontanero. De ese modo comparó las tarifas y decidió cuál es el fontanero más barato según el número de horas trabajadas.

1. El primer fontanero cobra un fijo de 50 € y además 10 € por cada hora trabajada.

a) Construye una tabla que relacione varias horas de trabajo y el coste correspondiente.

b) Representa los valores obtenidos. ¿Los puntos están alineados? Únelos.

c) Si el fontanero no cobrara el desplazamiento, ¿el precio y el número de horas serían directamente proporcionales? ¿Cómo sería la fórmula de esa función?

d) Si ahora le añadimos el desplazamiento, ¿qué fórmula obtenemos para el primer fontanero?

2. Repite los pasos anteriores con las tarifas del segundo fontanero: 20 € de desplazamiento más 16 € por hora.

3. ¿Cuándo coinciden ambas tarifas? ¿En qué tramos es más barato cada fontanero?

4. Si a ambas tarifas hay que añadirles el IVA, ¿Qué fontanero es más barato si el abuelo supone que van a tardar 3 horas?

AUTOEVALUACIÓN

1. Escribe las coordenadas de los puntos de la gráfica e indica en qué cuadrante está cada uno de ellos.

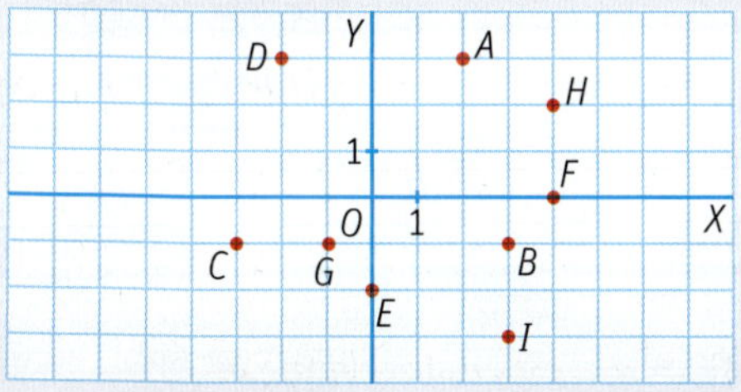

2. La siguiente tabla recoge la relación entre el número de lápices comprados y el precio total.

N.º de lápices	2	6	3	●	●	●
Precio (€)	0,5	●	●	3,5	4	5

a) Copia y completa la tabla en tu cuaderno.

b) Representa gráficamente los valores obtenidos.

c) ¿Tiene sentido unir los puntos?

d) ¿Es una función de proporcionalidad directa?

3. La fórmula de una función es $y = 5 - x$.

a) Construye una tabla dando cinco valores a x.

b) Representa gráficamente la función.

4. La gráfica de una función de proporcionalidad directa pasa por el punto (2, 4).

a) Representa la gráfica.

b) Calcula la fórmula de la función.

c) Halla gráficamente y mediante la fórmula el valor de y que se corresponde con $x = 3$.

5. En la siguiente gráfica se representa el número de habitantes de un pueblo durante varios años.

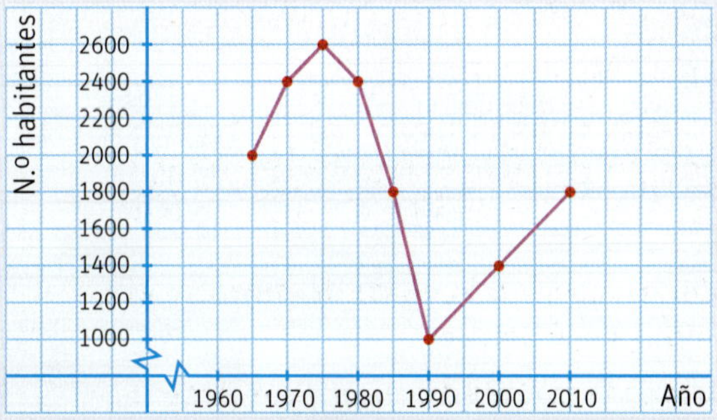

a) ¿En qué año fue mayor la población? ¿Cuántos habitantes tenía el pueblo ese año?

b) ¿Qué periodo de tiempo se observa en la gráfica?

c) Describe brevemente la evolución de la población en dicho periodo.

9 Estadística y probabilidad

- ¿Si realizas un estudio estadístico, ¿cómo organizas los datos?
- ¿Y cómo los representas?
- ¿Sabes calcular tu nota media?
- ¿Puedes predecir el resultado de un experimento?

Piensa y decide

Analiza mentalmente el juego, ¿qué crees que es más probable: ganar con número muy bajo o con un número muy alto?

¿Dependería tu elección del número de jugadores? Si hubiese 6 jugadores, ¿qué número elegirías?

Si jugases muchas veces con los mismos jugadores, ¿podrías descubrir una estrategia para ganar?

Lee y comprende

Una lotería a su medida

La ley fuerte de los números pequeños: no existen suficientes números pequeños para satisfacer todas las exigencias que se les hace.

Richard Guy

Si necesita un juego de salón sencillo [...] puede probar algo que llamo la lotería a su medida. Para empezar, pida a todos los participantes que elijan un número entero positivo y lo escriban en una tarjeta con su nombre. El objetivo es elegir el número más pequeño que no haya elegido ningún otro. ¿Hay alguna estrategia para ganar? Alguien podría pensar que lo que hay que hacer es apuntarse a los números más pequeños como 1 o 2. Pero dado que otras personas pueden haber llegado a la misma conclusión por este camino no se terminará con un número que nadie haya elegido. Si por el contrario elige un número muy grande con seguridad habrá perdido: que alguien elija un número más pequeño que el suyo es sencillamente demasiado fácil. Esto sugiere que los mejores números son los ubicados entre ambos extremos. ¿Pero dónde? ¿Qué tal 7 u 11? ¿Es seguro que nadie más pensará en escoger el 7? [...] La psicología es importante. Cada jugador intenta imaginar qué escogerán los demás. Pero la tentación de pensar que uno no razona como el resto es tan fuerte que casi todos tragaremos el anzuelo...

John D. Barrow
El salto del tigre. Ed. Crítica 2009

Analiza y saca conclusiones

Ganar o perder, ¿depende sólo de la suerte? ¿Puedes aumentar las probabilidades de ganar siguiendo un plan?

¿Qué pasaría si todos siguen ese mismo plan?

Y tú, ¿qué opinas?

¿Se podría "hacer trampas" en este juego? ¿Si pudieras las harías? ¿Cómo te sentirías si fuese un compañero el que te "hace trampas" a ti?

¿Nunca es justificable hacer trampas? Debátelo con tus compañeros.

1 Estadística. Datos y frecuencias

PON EN VALOR

En realidad no se sabe con certeza cuántas personas sufren hambre y desnutrición en el mundo. Por lo que se han ideado distintos métodos para estimar el hambre mundial.

Estos métodos dan distintos resultados, pero debemos ser capaces de analizar la **fiabilidad de la información** para poder hacer frente a este problema con **responsabilidad**. Entra en sm**Savia**digital.com y elabora un mural sobre la fiabilidad de la información.

El estudio estadístico

El curso de Jorge va a realizar un viaje. Tienen que decidir todavía el destino al que prefieren ir y la duración del viaje.

Para recoger sus opiniones, la profesora les pregunta qué opciones prefieren:

Con los datos que obtenga, sabrá qué tipo de viaje prefiere el grupo de alumnos.

La profesora de Jorge está realizando un **estudio estadístico.**

El curso de Jorge es el conjunto de personas que van a ser preguntadas, esa será nuestra **población.**

La **población** es el conjunto de elementos sobre el que se realiza un **estudio estadístico.**

Tipos de caracteres estadísticos

Sobre nuestra población, queremos analizar dos aspectos:

- El destino del viaje, que no se puede expresar con un número.
- La duración del viaje, que sí se puede expresar numéricamente.

Ten en cuenta

Algunos aspectos pueden estudiarse de las dos formas. Por ejemplo, una nota puede ser numérica (de 0 a 10) o expresarse de forma cualitativa (mal, regular, bien etc.)

En una población podemos estudiar distintos aspectos. Cada uno de ellos recibe el nombre de **carácter estadístico**, y puede ser de dos tipos:

- **Cuantitativo**, si se puede expresar con un número: edad, peso, etc.
- **Cualitativo**, si no se puede expresar con un número: color de ojos, país de nacimiento, etc.

Ejemplo ▸ Pablo quiere abrir una librería en su municipio, pero antes quiere conocer los hábitos de lectura de sus vecinos. Para ello va a realizar un estudio estadístico:

La población está formada por todos los vecinos del municipio.

Quiere recoger datos sobre dos aspectos:

- El número de horas de lectura semanales de cada uno. (Carácter cuantitativo)
- El tipo de libro que más le gusta: novela, aventuras o terror. (Carácter cualitativo)

Con este estudio conocerá mejor a sus posibles clientes.

Cuando el tamaño de la población es demasiado grande, se suele utilizar una parte de ella, a la que se llama **muestra.**

Datos y frecuencias

Para recoger la información necesaria se suelen utilizar diferentes métodos: encuestas, mediciones directas, observación, etc.

Los **datos estadísticos** son los valores que se obtienen al realizar un experimento. Estos resultados conviene representarlos en una tabla, llamada **tabla de frecuencias.**

- La **frecuencia absoluta** de un dato estadístico es el número de veces que se repite ese dato.
- La **frecuencia relativa** de un dato estadístico es el cociente entre su frecuencia absoluta y el número total de datos.

smSaviadigital.com

PRACTICA Trabaja con las frecuencias absolutas y relativas.

Ejemplo ▸ Al preguntar el destino favorito a sus 25 alumnos la profesora obtuvo estos resultados:

Respuesta	Recuento	Frecuencia absoluta	Frecuencia relativa
Playa	卌 卌 I	11	$\frac{11}{25}=0,44$
Montaña	卌 I	6	$\frac{6}{25}=0,24$
Ciudad	卌 III	8	$\frac{8}{25}=0,32$
		25	1

Ten en cuenta

Observa que la suma de las frecuencias absolutas es igual al número total de datos. Por tanto, **la suma de las frecuencias relativas siempre es igual a 1.**

ACTIVIDADES

1. Escribe tres ejemplos de caracteres estadísticos cualitativos y tres de caracteres cuantitativos.

ACTIVIDAD **RESUELTA**

2. Elabora la tabla de frecuencias con estos resultados obtenidos al tirar un dado de cuatro caras.

3 2 4 2 2 3 4 1 1 4 3 2 2 2 4
1 3 4 4 3 2 4 4 1 4 4 4 1 1 4

Resultado	Frecuencia absoluta	Frecuencia relativa
1	6	$\frac{6}{30}=\frac{1}{5}$
2	7	$\frac{7}{30}$
3	5	$\frac{5}{30}=\frac{1}{6}$
4	12	$\frac{12}{30}=\frac{2}{5}$
	30	1

3. En un concurso de televisión se realiza una pregunta a 100 personas, que eligen su respuesta entre tres posibles. Copia en tu cuaderno y completa la tabla.

Respuesta	Frecuencia absoluta	Frecuencia relativa
A	80	●●●
B	●●●	$\frac{11}{100}$
C	●●●	0,09
	●●●	●●●

4. A Isabel le encantan los cómics. Ha preguntado a sus compañeros de 1.º qué tipo de libros les gusta leer y ha obtenido las siguientes respuestas:

- Doce de ellos leen cómics.
- Cinco leen novelas de misterio.
- Ocho prefieren novelas de ciencia ficción.
- Los demás no han contestado.

Sabiendo que en clase son 30 alumnos, elabora la tabla de frecuencias. ¿De qué tipo de carácter estadístico se trata?

2 Gráficos estadísticos

Al realizar un estudio estadístico, las tablas de frecuencias sirven para realizar un análisis inicial de los datos, pero en ocasiones es conveniente presentar esos mismos datos de una forma más visual. Para ello utilizamos los **gráficos estadísticos**.

Los gráficos más frecuentes son los **diagramas de barras** y **los de sectores**.

Diagrama de barras

En un **diagrama de barras**, representamos los datos en un eje horizontal y sobre cada uno de ellos dibujamos una barra cuya altura es proporcional a su frecuencia absoluta.

Si unimos los extremos de las barras, obtenemos el **diagrama de líneas** o **polígono de frecuencias**.

Ten en cuenta

Al representar el diagrama de barras es necesario incluir la **leyenda**, para identificar el dato correspondiente a cada barra.

Ejemplo ▸ Alba tiene una colección de películas y ha representado cuántas tiene de cada estilo en un diagrama de barras. También ha representado su polígono de frecuencias.

Películas	Frecuencia absoluta
Comedia	6
Acción	4
Drama	1
Dibujos	5
	16

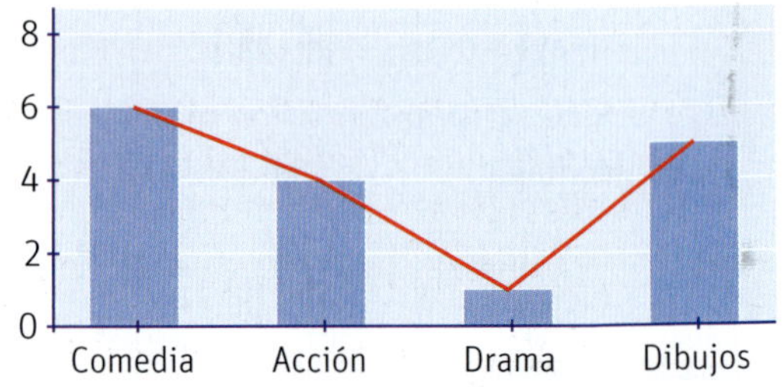

MAT-TIC GeoGebra

Entra en sm**Savia**digital.com y construye diagramas de barras y de sectores.

Diagrama de sectores

Se utiliza cuando queremos conocer la proporción que representa cada dato respecto del total de datos.

Ten en cuenta

Un círculo completo son 360°.

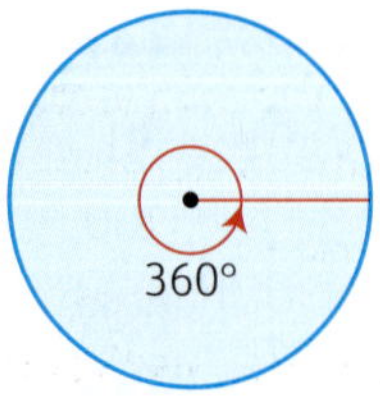

Para representar un **diagrama de sectores** dividimos un círculo en varios sectores, de amplitudes proporcionales a las frecuencias absolutas de los datos.

Para conocer la amplitud en grados de cada sector, usamos la siguiente proporción:

$$\frac{360°}{\text{n.º total de datos}} = \frac{\text{n.º grados del sector}}{\text{frecuencia absoluta correspondiente}}$$

Ejemplo ▸ Para representar en un diagrama de sectores cuántas películas tiene de cada estilo, primero calcula la amplitud de cada sector.

Comedia: $\frac{360°}{16} = \frac{n°}{6} \rightarrow n° = \frac{360° \cdot 6}{16} = 135°$

Acción: $\frac{360°}{16} = \frac{n°}{4} \rightarrow n° = \frac{360° \cdot 4}{16} = 90°$

Drama: $\frac{360°}{16} = \frac{n°}{1} \rightarrow n° = \frac{360° \cdot 1}{16} = 22{,}5°$

Dibujos: $\frac{360°}{16} = \frac{n°}{5} \rightarrow n° = \frac{360° \cdot 5}{16} = 112{,}5°$

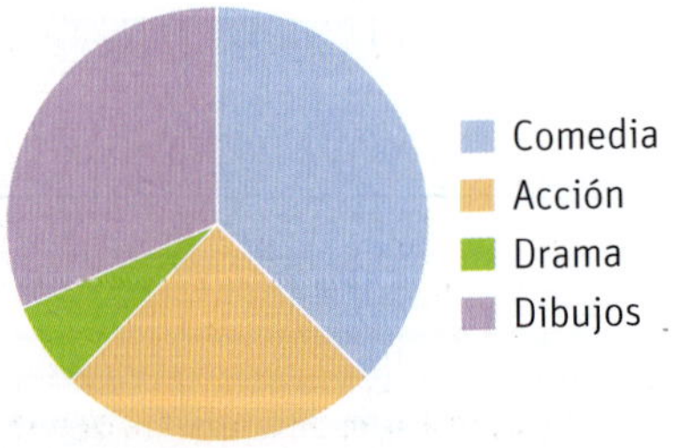

Ten en cuenta

Al representar el diagrama de sectores es necesario incluir la **leyenda**, para identificar el dato correspondiente a cada sector.

ACTIVIDADES

5. Se ha realizado una encuesta a varias personas, preguntando con qué frecuencia van al cine a lo largo de un mes. Los resultados de la encuesta se recogen en la siguiente tabla.

N.º de veces	Frecuencia absoluta
0	15
1	20
2	35
3	25
4	10

Dibuja el diagrama de barras y el polígono de frecuencias.

6. Durante un viaje en coche, Tomás se aburría tanto que se puso a mirar las matrículas de los coches que pasaban y fue apuntando la última cifra de cada una.

6, 3, 8, 6, 6, 6, 5, 4, 2, 0, 2, 1, 3,
5, 5, 5, 1, 5, 2, 2, 0, 3, 9, 9, 0, 5, 4,
3, 1, 7, 4, 8, 6, 5, 9, 2, 9, 4, 9, 6

a) Construye la tabla de frecuencias asociada.

b) ¿Cuál es la cifra más repetida? ¿Y la que menos aparece?

c) Dibuja el diagrama de barras y el polígono de frecuencias.

7. Un hotel ha hecho un estudio sobre el día de la semana pasada en el que llegaron sus huéspedes. Ha obtenido la siguiente gráfica, pero al imprimirlo se han borrado las barras del diagrama.

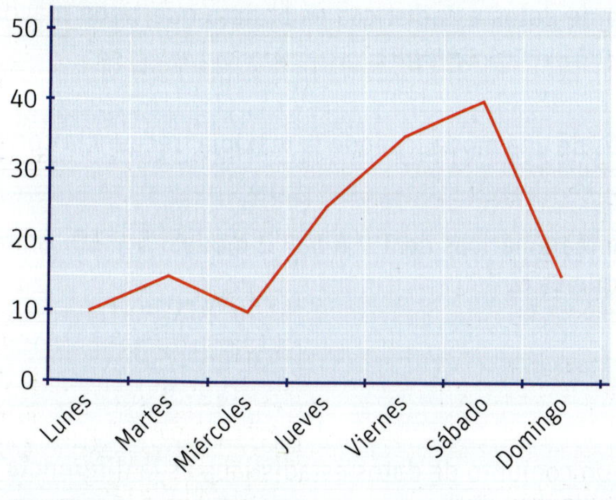

a) Completa el diagrama en tu cuaderno.

b) Construye la tabla de frecuencias asociada.

c) ¿Cuántos clientes llegaron esa semana?

ACTIVIDAD **RESUELTA**

8. **En una clase se ha preguntado a cada alumno cuál es su deporte favorito, obteniéndose los siguientes resultados:**

Fútbol: 15 alumnos

Baloncesto: 10 alumnos

Tenis: 5 alumnos

Dibuja el diagrama de sectores.

Calculamos los grados que tendrá cada sector.

Fútbol: $\frac{360°}{30} = \frac{n°}{15} \rightarrow n° = \frac{360° \cdot 15}{30} = 180°$

Baloncesto: $\frac{360°}{30} = \frac{n°}{10} \rightarrow n° = \frac{360° \cdot 10}{30} = 120°$

Tenis: $\frac{360°}{30} = \frac{n°}{5} \rightarrow n° = \frac{360° \cdot 5}{30} = 60°$

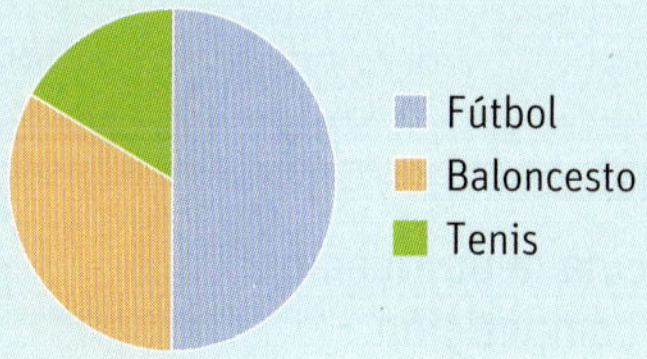

9. Una tienda ha dado a probar a varios clientes un helado de un sabor nuevo. A continuación les ha pedido que lo valoraran, obteniendo estos resultados:

Muy bueno: 25 personas

Bueno: 20 personas

Malo: 10 personas

Muy malo: 5 personas

a) Calcula la medida, en grados, que deberá tener el sector correspondiente a cada una de las respuestas.

b) Representa el diagrama de sectores.

10. El siguiente diagrama representa los resultados de una encuesta, en la que se preguntó a 120 personas su animal favorito.

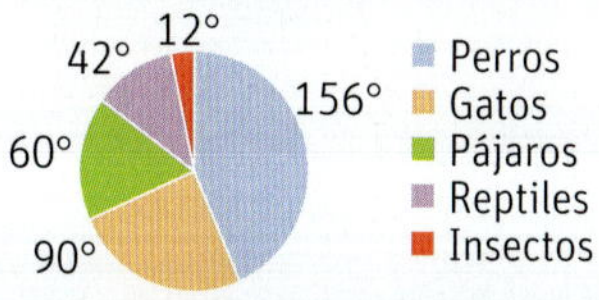

No conocemos las frecuencias correspondientes a cada uno de los sectores, pero si los ángulos correspondientes a cada uno. Reconstruye la tabla de frecuencias.

11. smSaviadigital.com

PRACTICA Con los gráficos estadísticos.

3 Parámetros estadísticos

MAT-TIC GeoGebra

Entra en sm**Savia**digital.com e identifica la media en un diagrama de barras.

sm**Savia**digital.com

PRACTICA **Calcula la puntuación media en una competición.**

Media aritmética simple y ponderada

La **media aritmética simple** o **media** es el cociente que se obtiene dividiendo la suma de todos los datos entre el número total de datos.

Ejemplo ▸ Calcula la nota media del último examen de Matemáticas de 1.º A. Las notas han sido las siguientes:

10, 10, 6, 7, 10, 10, 8, 9, 9, 5, 8, 7, 5, 9, 9, 6, 5, 10, 5, 5, 5, 7, 7, 10, 8, 6, 9, 6

Nota	Frecuencia absoluta
5	6
6	4
7	4
8	3
9	5
10	6

Para realizar el cálculo de forma rápida multiplicamos cada nota por su frecuencia absoluta, en lugar de sumar todos los números uno a uno.

La nota media de 1.º A será:

$$\frac{5\cdot 6+6\cdot 4+7\cdot 4+8\cdot 3+9\cdot 5+10\cdot 6}{28}=\frac{211}{28}=7{,}54$$

A veces no todos los datos tienen la misma importancia. En estos casos se utiliza la media ponderada.

Para hallar la **media ponderada** sumamos los productos de cada dato por su peso y dividimos el resultado entre la suma de los pesos.

Ejemplo ▸ El profesor calcula la nota final de cada alumno valorando dos aspectos: la nota del examen representará el 70 % de la nota final, y la de clase, el 30 %.

Un alumno tiene un 6 de nota de examen y un 8 de nota de clase. Su nota será:

$$\frac{6\cdot 70+8\cdot 30}{70+30}=6{,}6$$

Moda

La **moda** de un conjunto de datos estadísticos es el dato que tiene mayor frecuencia, es decir, el que más veces se repite.

Un conjunto puede tener más de una moda, cuando la máxima frecuencia corresponde a varios datos distintos.

Ejemplo ▸ En las notas de Matemáticas de 1.º A hay 2 modas: 5 y 10. Ambas tienen la mayor frecuencia, que es 6.

Rango o recorrido

El **rango o recorrido** de un conjunto de datos estadísticos es la diferencia entre el mayor y el menor de esos datos.

Ejemplo ▸ El rango de las notas de matemáticas de los alumnos de 1.º ESO A es:

$$10-5=5$$

ACTIVIDADES

12. Halla la media y la moda de los siguientes datos estadísticos.

4	1	1	6	3	5	2
1	1	4	1	5	2	3
5	3	5	3	4	5	6

13. Las temperaturas máximas en una ciudad durante un mes, en grados centígrados, han sido las siguientes:

25, 24, 24, 23, 21, 21, 23, 23, 24, 25
25, 26, 26, 26, 27, 26, 27, 30, 30, 30
27, 29, 29, 28, 23, 23, 24, 26, 30, 29

a) Construye la tabla de frecuencias.

b) Calcula la media de las temperaturas máximas.

14. El tutor de un grupo ha apuntado las edades de sus alumnos, por orden de lista.

14, 13, 14, 13, 13, 13, 12, 14, 12, 14
12, 12, 12, 13, 13, 12, 14, 12, 13, 13
13, 12, 13, 13, 12, 14, 13, 13, 13, 13

a) Calcula la media de edad de la clase.

b) Calcula la moda.

15. Durante los últimos partidos, un jugador de baloncesto ha conseguido las siguientes puntuaciones.

25, 22, 25, 25, 30, 22, 10, 22, 25, 30, 19, 4

Calcula su media anotadora en ese período.

ACTIVIDAD **RESUELTA**

16. Halla la media ponderada de los siguientes datos si el peso de los pares es 2 y de los impares es 3.

3 5 8 12 13

Para calcular la media ponderada multiplicamos cada dato por su peso y dividimos entre la suma de los pesos.

$$\frac{8\cdot2+12\cdot2+3\cdot3+5\cdot3+13\cdot3}{2+2+3+3+3}=7{,}92$$

17. Estas son las notas de los exámenes de Eva:

Calcula la media en los siguientes casos:

a) Si todos tienen el mismo peso.

b) Si el último examen es global y vale el triple que cualquiera de los otros.

18. En un concurso de ortografía hay 3 tres pruebas: rapidez, número de letras y palabras poco comunes. Cada una de las pruebas tiene distinta importancia, por lo que se asigna a cada una un peso: 7, 2 y 1, respectivamente.

Si un participante ha obtenido en las respectivas categorías 4, 7 y 9 puntos, ¿cuál será su media ponderada?

19. Con estos datos:

4	1	1	1	3	5	6	1	1	4
1	5	2	3	4	4	3	4	5	6
2	3	1	2	1	3	1	5	5	5

a) Halla la media y la moda.

b) Halla la media ponderada, sabiendo que el peso de los datos de la primera fila es 1, el de la segunda es 2, y el de la tercera, 3.

c) Calcula el rango.

20. Los estilos de música preferidos por 12 alumnos son:

Pop	Dance	Pop	Clásica
Rock	Pop	Dance	Rock
Clásica	Rock	Pop	Dance

a) ¿Es un carácter cualitativo o cuantitativo?

b) ¿Cuál es la moda?

c) ¿Es posible calcular el rango? ¿Por qué?

21. sm**Savia**digital.com

PRACTICA Practica con los parámetros estadísticos.

4 Sucesos y probabilidad

Sabías que...

En latín, la palabra *alea* significa *dado*. Se usaba también para hacer referencia a los juegos de azar.

Lo *aleatorio* es lo relativo al azar.

Experimentos aleatorios

No siempre podemos predecir el resultado de un experimento.

Podemos predecir con seguridad si el 20 de julio de 2028 caerá en miércoles... aunque quizás nos lleve algún tiempo realizar los cálculos necesarios.

En cambio, si Marta le pide a Luis que piense un número natural del 1 al 10, Marta puede intentar adivinar el número, pero no lo puede saber con seguridad.

Los experimentos se pueden clasificar en dos tipos: **aleatorios y deterministas.**

- Un experimento es **aleatorio** cuando no se puede predecir de antemano el resultado que se va a obtener.
- Un experimento es **determinista** si se puede conocer de antemano su resultado.

Sucesos

El **espacio muestral**, es el conjunto de todos los resultados posibles de un experimento aleatorio. Se representa con la letra ***E***.

Ejemplo ▸ En el experimento de Marta y Luis hay 10 resultados posibles, por tanto, el espacio muestral es:

$$E = \{1, 2, 3, 4, 5, 6, 7, 8, 9, 10\}$$

Un **suceso** es cualquier parte del espacio muestral.

- Un **suceso elemental** es aquel que no se puede descomponer en sucesos más sencillos.
- Un **suceso compuesto** se puede expresar como unión de sucesos elementales.
- El **suceso seguro** es el que se cumple siempre. Coincide con el espacio muestral, E.
- El **suceso imposible** es el que nunca se cumple. No contiene ningún elemento del espacio muestral. Se representa con el símbolo $\varnothing$, que representa el conjunto vacío.

Ejemplo ▸ En el experimento de Marta y Luis podemos encontrar, entre otros:

- Sucesos elementales: "Elegir el número 4" $\Rightarrow \{4\}$
- Sucesos compuestos: "Elegir un número par" $\Rightarrow \{2, 4, 6, 8, 10\}$
- Suceso seguro: "Elegir un número menor o igual que 10" $\Rightarrow E$
- Suceso imposible: "Elegir el número 11" $\Rightarrow \varnothing$

Probabilidad

Para analizar las posibilidades de que ocurra un determinado suceso, utilizamos la **probabilidad**.

La **probabilidad de un suceso** es un número entre 0 y 1, que indica la facilidad con la que ese suceso puede ocurrir.

Ten en cuenta

La probabilidad del suceso imposible es 0 y la del suceso seguro, 1.

Regla de Laplace

Si todos los resultados de un experimento tienen las mismas posibilidades de ocurrir, decimos que son **equiprobables**. En ese caso, la probabilidad de un suceso se determina usando la **regla de Laplace**.

Regla de Laplace: $P(A) = \dfrac{\text{n.º de casos favorables al suceso } A}{\text{n.º de casos posibles}}$

Ejemplo ▸ Calcular la probabilidad del suceso "salir par" en este dado.

$$\left.\begin{array}{l}\text{Casos favorables} = \{2,\ 4,\ 6\} \\ \text{Casos posibles} = \{1,\ 2,\ 3,\ 4,\ 5,\ 6\}\end{array}\right\} \Rightarrow P(\text{salga par}) = \frac{3}{6} = \frac{1}{2}$$

MAT-TIC GeoGebra

Entra en sm**Savia**digital.com y calcula probabilidades en distintas situaciones.

ACTIVIDADES

22. Indica si los siguientes experimentos son aleatorios.

a) Predecir en qué día de la semana caerá tu cumpleaños el año que viene.

b) Comprar un sobre de cromos que contenga el cromo que te falta para la colección.

c) Sacar una bola de una caja en la que hay bolas verdes, blancas y rojas.

d) Sacar una bola de una caja en la que solo hay bolas verdes.

23. Da tres ejemplos más de experimentos aleatorios y otros tres de experimentos deterministas.

24. En una rifa de un centro escolar se han vendido papeletas numeradas del 1 al 20.

a) Escribe el espacio muestral.

b) Da tres ejemplos de sucesos elementales y otros tres de sucesos compuestos.

c) Describe el suceso "obtener un número que sea múltiplo de 9".

d) Describe el suceso "obtener un número capicúa de dos cifras".

e) Describe el suceso "obtener un número mayor que 100".

25. Se lanza un dado cúbico con las caras numeradas de 1 a 6. Calcula la probabilidad de cada uno de los siguientes sucesos.

a) Obtener un 6.

b) Sacar un número impar.

c) Sacar un número menor que 3.

d) Sacar 1 o 6.

e) Sacar un número menor que 10.

f) Sacar un número menor que 1.

26. En una caja hay 3 bolas rojas, 5 bolas negras y 2 bolas blancas. Se saca una bola al azar. Calcula la probabilidad de cada uno de los siguientes sucesos.

a) Sacar una bola roja.

b) Sacar una bola negra.

c) Sacar una bola que no sea azul.

d) Sacar una bola que no sea blanca.

27. Para un juego se utiliza una ruleta que tiene la siguiente forma.

a) Calcula la probabilidad de caer en un 2.

b) Calcula la probabilidad de caer en un número negativo.

c) Calcula la probabilidad de no caer en verde.

28. Una persona nació en el mes de diciembre. Calcula la probabilidad de cada uno de los siguientes sucesos.

a) Que naciera el día de Navidad.

b) Que naciera el 22 o más tarde.

c) Que naciera en un día par.

d) Que naciera en un día impar.

29. sm**Savia**digital.com

PRACTICA Calcula probabilidades.

Organiza tus ideas

ESTADÍSTICA. DATOS Y FRECUENCIAS

- **Población:** conjunto de elementos sobre el que se realiza un **estudio estadístico**.
- **Carácter estadístico**:
  - **Cuantitativo:** se puede expresar con un número.
  - **Cualitativo:** no se puede expresar con un número.
- **Frecuencia absoluta:** número de veces que se repite ese dato.
- **Frecuencia relativa:** cociente entre su frecuencia absoluta y el número total de datos.

Tabla de frecuencias

Dato	Frecuencia absoluta	Frecuencia relativa
1	11	$\frac{11}{25}=0{,}44$
2	6	$\frac{6}{25}=0{,}24$
3	8	$\frac{8}{25}=0{,}32$
	25	1

GRÁFICOS ESTADÍSTICOS

Diagrama de barras y líneas

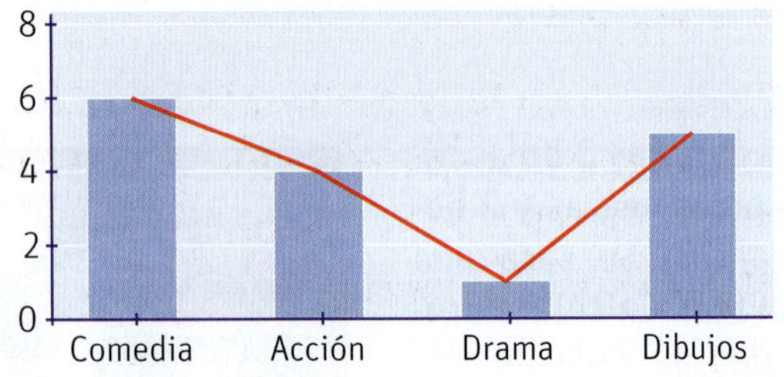

Diagrama de sectores

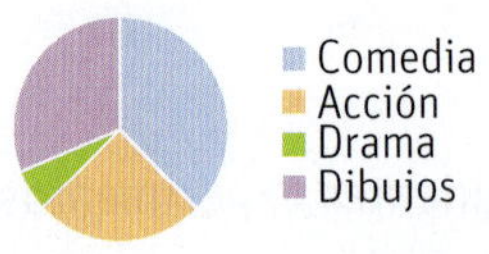

$$\frac{360°}{\text{n.º total de datos}}=\frac{\text{n.º grados sector}}{\text{frec. abs. correspondiente}}$$

PARÁMETROS ESTADÍSTICOS

- **Media aritmética simple:** es el cociente de la suma de todos los datos entre el número total de datos.
- **Media ponderada:** se obtiene sumando los productos de cada dato por su **peso** y dividiendo el resultado entre la suma de los pesos.
- **Moda:** es el dato que tiene mayor frecuencia.
- **Rango o recorrido:** es la diferencia entre el mayor y el menor valor de un conjunto de datos estadísticos.

EXPERIMENTOS ALEATORIOS. SUCESOS

- Un experimento es **aleatorio** cuando no podemos predecir de antemano el resultado que vamos a obtener.
- Un experimento es **determinista** si podemos conocer de antemano su resultado.
- El **espacio muestral**, *E*, es el conjunto de todos los resultados posibles de un experimento aleatorio.
- Un **suceso** es cualquier parte del espacio muestral.
  - **Suceso elemental**: no se puede descomponer en sucesos más sencillos.
  - **Suceso compuesto**: se puede expresar como unión de sucesos elementales.
  - **Suceso seguro**: se cumple siempre.
  - **Suceso imposible**: nunca se cumple.

PROBABILIDAD

- La **probabilidad de un suceso** es un número entre 0 y 1, que indica la facilidad con la que puede ocurrir.

Regla de Laplace: $P(A)=\frac{\text{n.º de casos favorables al suceso } A}{\text{n.º de casos posibles}}$

Actividades

EJERCICIOS **PARA PRACTICAR**

Estadística. Datos y frecuencias

30. **Al preguntar a 50 personas su sabor de chicle favorito, 18 eligieron menta, 27, fresa, y el resto, sandía.**

a) ¿Qué tipo de carácter estadístico es?

b) Construye la tabla de frecuencias.

31. **Copia en tu cuaderno y completa la siguiente tabla de frecuencias.**

Visitas	frecuencia absoluta	frecuencia relativa
0	25	0,125
1	●●●	0,225
2	50	●●●
3	●●●	0,3
4	15	●●●
5	●●●	0,025
	●●●	●●●

Gráficos estadísticos

32. **Se realiza una campaña para aumentar el consumo de fruta. Se ha preguntado a varios alumnos cuántas piezas de fruta comen cada día y se han obtenido los siguientes resultados:**

3, 0, 1, 1, 0, 1, 2, 2, 3, 1, 1, 3, 1, 1, 3, 1,
1, 3, 1, 3, 2, 0, 1, 1, 3, 1, 0, 1, 1, 2, 3, 1

a) Construye la tabla de frecuencias.

b) Representa los datos mediante un diagrama de barras.

c) Representa los datos mediante un diagrama de sectores.

33. **Se ha preguntado a varias personas qué medio de transporte usan para ir al trabajo. Con sus respuestas se ha elaborado el siguiente gráfico.**

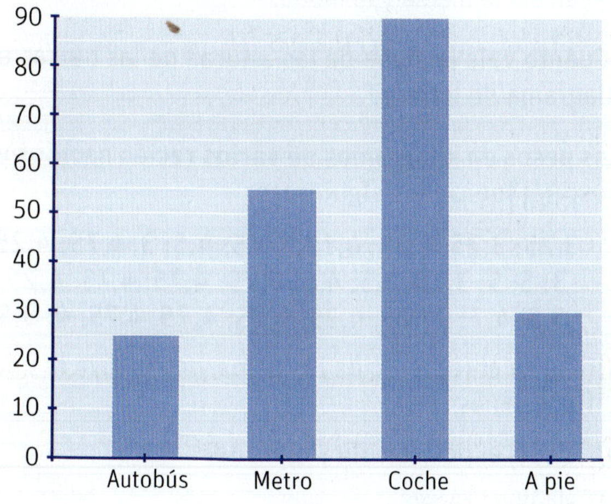

Construye la tabla de frecuencias asociada.

34. **El diagrama de sectores representa los resultados de un estudio estadístico realizado a 300 personas**

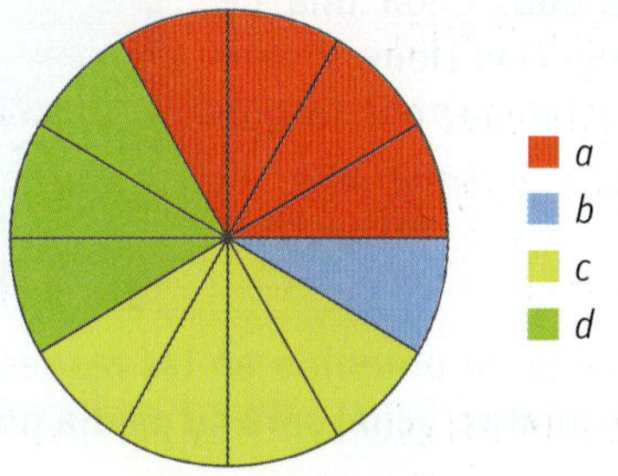

Construye la tabla de frecuencias asociada.

Parámetros estadísticos

35. **Las estaturas en centímetros de un grupo de personas son las siguientes:**

154, 160, 154, 158, 158, 158, 156, 158, 156, 150,
152, 154, 156, 156, 156, 150, 152, 158, 156

a) Calcula la estatura media.

b) Halla la moda y el recorrido.

ACTIVIDAD **RESUELTA**

36. **Julián ha realizado varios exámenes en esta evaluación. Algunos de ellos son globales y valen el triple que los parciales. Calcula su nota media ponderada, sabiendo que las notas de los parciales fueron 4, 7, 5 y 3, y de los globales 7 y 8. ¿Es mejor o peor que la media aritmética simple?**

Al calcular la media ponderada tenemos en cuenta que los globales puntúan el triple:

$$\frac{4+7+5+3+7\cdot3+8\cdot3}{4\cdot1+2\cdot3}=\frac{64}{10}=6,4$$

Calculamos la media simple y la comparamos con la ponderada.

$$\frac{4+7+5+3+7+8}{6}=\frac{34}{6}=5,67$$

En este caso es mejor la media ponderada, debido a que ha sacado mejores notas en los exámenes que tenían más peso.

37. **En un concurso, las puntuaciones de las pruebas de la segunda fase tienen el triple de peso que las de la primera. Una concursante obtuvo las siguientes puntuaciones:**

- 1.ª fase: 100, 90, 85, 95, 100
- 2.ª fase: 60, 75, 60, 50, 65

¿Cuál será su puntuación media ponderada?

38. **La media de cinco datos es 7. Si los cuatro primeros son 8, 4, 5 y 8, ¿cuánto vale el quinto dato?**

Actividades

39. Para elegir el mejor videojuego, una revista otorga tres puntuaciones distintas: gráficos, diversión y originalidad. Cada una de las categorías tiene distinta importancia, por lo que se asigna a cada una un peso: 3, 5 y 2, respectivamente.

Si un juego ha obtenido en las respectivas categorías 6, 8 y 7 puntos, ¿cuál será su media ponderada?

Sucesos. Probabilidad

ACTIVIDAD **RESUELTA**

40. Se lanza un dado de ocho caras, numeradas de 1 a 8.

a) Calcula la probabilidad de obtener 5.

b) Calcula la probabilidad de obtener número par.

c) Calcula la probabilidad de obtener un número mayor o igual que 3.

a) Suceso "obtener 5" $\Rightarrow A = \{5\}$

n.º de casos favorables = 1

n.º de casos posibles = 8 $\Rightarrow P(A) = \frac{1}{8}$

b) $B = \{2,4,6,8\} \Rightarrow P(B) = \frac{4}{8} = \frac{1}{2}$

c) $C = \{3,4,5,6,7,8\} \Rightarrow P(C) = \frac{6}{8} = \frac{3}{4}$

41. En una caja hay 3 lápices rojos, 2 negros y 1 azul. Se sacan a la vez dos lápices.

a) ¿El experimento es aleatorio? ¿Por qué?

b) Forma el espacio muestral.

c) Describe el suceso "sacar uno de los lápices azul".

d) Describe el suceso "sacar dos colores distintos".

42. En un sobre hay ocho tarjetas, numeradas del 1 a 8. Se saca una tarjeta al azar. Calcula la probabilidad de los siguientes sucesos.

a) Sacar el 3.

b) Sacar un múltiplo de 3.

c) No sacar 1 ni 8.

d) Sacar un 3 o menos.

43. Un equipo de fútbol está formado por los siguientes jugadores.

Si elegimos un jugador al azar, calcula la probabilidad de los siguientes sucesos.

a) Que sea un defensa.

b) Que no sea un delantero.

c) Que sea portero o defensa.

d) Que sea portero y centrocampista.

Actividades de síntesis

44. Se ha realizado una encuesta telefónica a varios hogares en la que se preguntó el número de teléfonos móviles que había en la casa, obteniendo estos resultados:

2, 3, 0, 2, 2, 1, 1, 1, 1, 1, 0, 2, 0, 3, 4,
2, 4, 4, 2, 1, 1, 2, 2, 4, 0, 4, 0, 4, 0, 1

a) Construye la tabla de frecuencias.

b) Representa el diagrama de barras y el polígono de frecuencias.

c) Construye el diagrama de sectores.

d) ¿En cuántos hogares no hay ningún móvil? ¿En qué proporción de hogares hay 4 teléfonos móviles?

e) Calcula la media y la moda.

45. ¿Cuánto vale la suma de las alturas de las barras en un diagrama de barras?

46. Los pesos en kilogramos de varios recién nacidos en un hospital fueron los siguientes.

3,25; 3,25; 4,25; 4,75; 4,75; 4,5; 3; 4,75; 4,25;
3; 5; 5; 3,75; 3,5; 4,5; 4,75; 4,75; 4,75; 4,25;
3,5; 4,75; 4,25; 4,25; 4,25; 4,75; 4,75; 4; 3,5

a) Realiza el recuento de los datos y construye la tabla de frecuencias.

b) Calcula el peso medio y la moda.

c) Calcula el rango.

d) Se elige un bebé al azar. ¿Cuál es la probabilidad de que haya pesado 3,25 kg?

47. Para elegir al ganador de un concurso musical, un programa de televisión pide a los espectadores que manden mensajes apoyando a los participantes. Los resultados han sido:

Si han votado 200 personas en total, representa el diagrama de sectores correspondiente.

48. En una clase se ha realizado la revisión médica. El médico ha apuntado los siguientes datos:

– Estatura media de las chicas: 1,45 m

– Estatura media de los chicos: 1,55 m

– Estatura media del grupo: 1,52 m

¿Puede ser que haya tantos chicos como chicas? Razona la respuesta.

PROBLEMAS **PARA RESOLVER**

49. Ricardo y Marga están jugando al parchís. Él juega con fichas rojas, y ella, con fichas azules. En un momento de la partida, es el turno de Ricardo y las fichas están en estas posiciones:

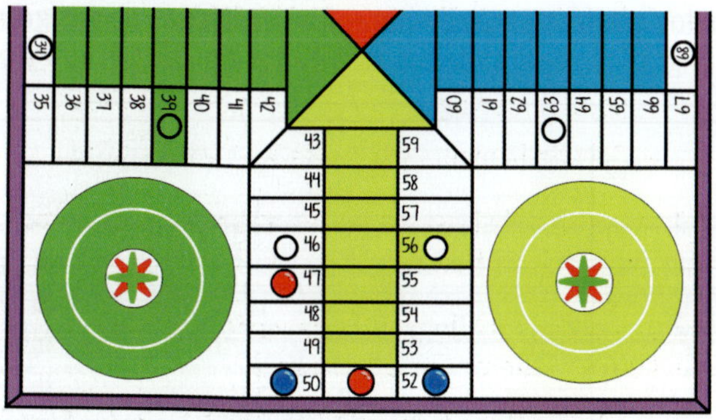

a) ¿Qué probabilidad hay de que la ficha más adelantada de Ricardo se coma alguna de las de Marga? ¿Y la más retrasada?

b) ¿Qué probabilidad hay de que Ricardo se coma alguna de las fichas de Marga?

c) ¿Para qué valores del dado, Ricardo no podrá comer ninguna ficha de Marga? ¿Qué probabilidad hay de que eso ocurra?

50. Un ratón recorre un laberinto yendo siempre de izquierda a derecha. Al llegar a cada cruce, la probabilidad de elegir un camino u otro es la misma.

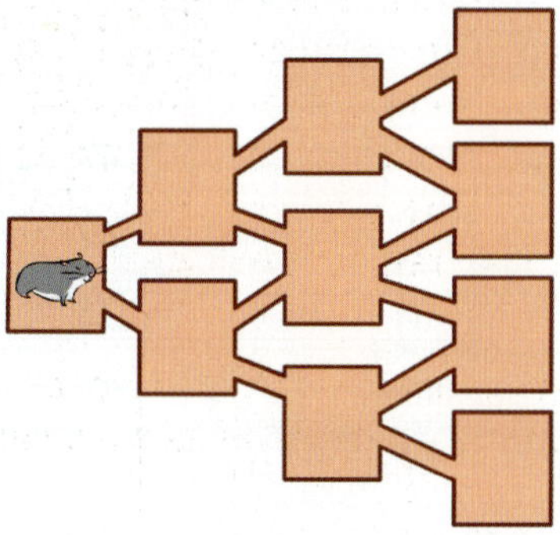

a) Copia el esquema en tu cuaderno y busca todos los recorridos posibles.

b) ¿En qué casilla es más probable que acabe?

c) Calcula la probabilidad de que termine en cada una de las casillas.

51. La nota media de cinco alumnos de la clase es 7, y la nota media de otros diez, 5. ¿Cuál es la nota media de los quince?

ACTIVIDADES **PARA PENSAR MÁS**

52. Un jugador de baloncesto encesta 12 de 30 tiros libres. Tiene que tirar 10 más. ¿Cuántos debe encestar para llegar al 50 % de aciertos?

A. 3 **B.** 4 **C.** 6 **D.** 8

53. La media de 6 números es 4,5. Añadimos dos más y la media sigue siendo 4,5. ¿Cuál es la suma de estos dos nuevos números?

A. 27 **B.** 9 **C.** 36 **D.** 4,5

54. Las caras de un dado están numeradas con 1, 1, 2, 2, 3, 3 y las de otro con 4, 4, 5, 5, 6, 6. Los tiramos. ¿Cuál es la probabilidad de que la suma de los números de las caras superiores sea impar?

A. $\frac{1}{3}$ **B.** $\frac{4}{9}$ **C.** $\frac{1}{2}$ **D.** $\frac{5}{9}$

Encuentra el error

55. Un juego de ordenador simula el lanzamiento con arco a una diana. Se van lanzando dos flechas negras y una morada, luego se aleja la diana y se vuelve a tirar. Los lanzamientos con flechas negras puntúan de 1 a 10, y los de flechas moradas multiplican su valor por 2.

Guillermo ha conseguido las siguientes puntuaciones:

10 10 10 8 7 9 6 5 6 4 4 7

Él asegura que su puntuación media es menor que 7,2. ¿Estás de acuerdo con él? Justifica tu respuesta.

Ponte a prueba

PROBLEMA **RESUELTO** **El teleférico**

En una estación de esquí, la ocupación del teleférico que sube a las pistas en el primer viaje de cada día de la semana, durante las cuatro semanas de enero, viene dada por la siguiente tabla.

	Lunes	Martes	Miércoles	Jueves	Viernes	Sábado	Domingo
1.ª semana	47	45	58	32	72	72	72
2.ª semana	42	38	52	17	55	70	59
3.ª semana	38	13	47	28	49	68	63
4.ª semana	14	29	37	19	24	58	61
Ocupación media (personas)	35,25	●●●	●●●	●●●	●●●	●●●	●●●
Ocupación media (porcentaje)	49 %	●●●	●●●	●●●	●●●	●●●	●●●

1. Calcula la capacidad máxima del teleférico.
2. Completa la tabla calculando los datos que faltan.
3. Calcula de dos formas diferentes la ocupación media a lo largo del mes.
4. La dirección quiere suprimir este viaje los días en que la tasa de ocupación sea menor al 45 %. ¿Qué días debe suprimir?

SOLUCIÓN

1. Como 35,25 representa el 49 %, entonces el 100 % son 72 personas.
2.

Ocupación media (personas)	35,25	31,25	48,5	24	50	67	63,75
Ocupación media (porcentaje)	49 %	43,4 %	67,36 %	33,33 %	69,44 %	93,06 %	88,54 %

3. Forma 1: Hacer la media de todos los viajeros que suben al teleférico: $\overline{x} = \frac{1279}{28} = 45{,}68$

   Forma 2: Hacer la media de la ocupación media: $\overline{x} = \frac{319{,}75}{7} = 45{,}68$

4. Debe suprimir los primeros viajes de los martes y los jueves.

Dando la nota

Los profesores de matemáticas de un centro escolar han elaborado dos gráficas para comparar los resultados de sus grupos en 1.º E.S.O. en la pasada evaluación. Uno de ellos ha elaborado el gráfico separando los resultados de cada grupo y otro ha agrupado los datos según las notas obtenidas.

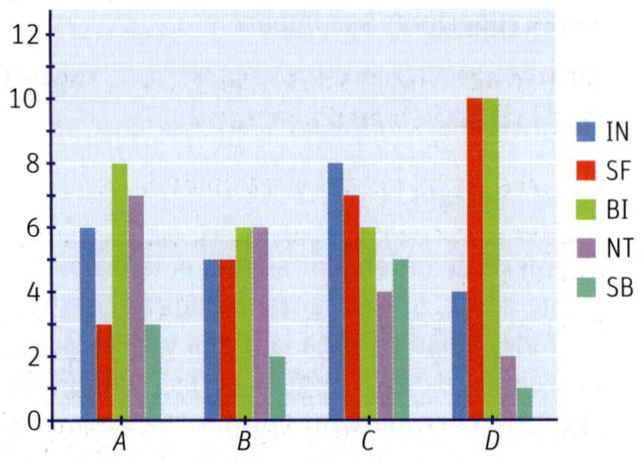

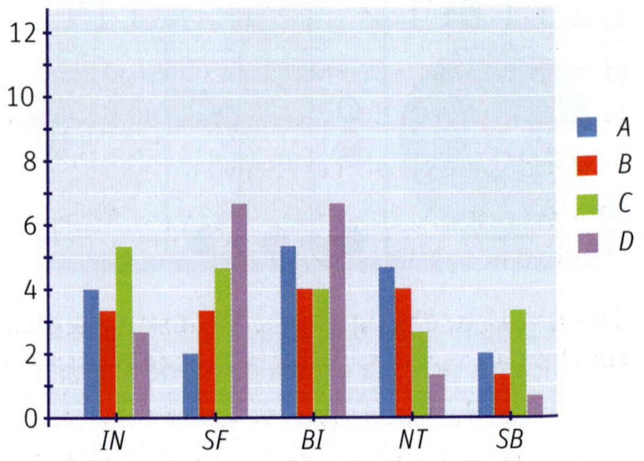

1. A partir de los gráficos, calcula el número de alumnos de cada clase.
2. ¿Qué gráfico crees que es mejor para estudiar los resultados de un grupo?
3. Calcula la nota media de cada grupo. Para hacerlo, considera las siguientes equivalencias: $IN = 4$; $SF = 5$; $BI = 6$; $NT = 7$; $SB = 9$.

¿Usas gafas?

La clase de María tiene 30 alumnos. María les ha clasificado teniendo en cuenta varias variables:

- Hay 20 chicos y 10 chicas.
- Hay 11 personas con gafas y 19 sin gafas.
- Hay 22 personas que tienen 13 años y 8 que tienen 14 años.

1. ¿Cuántos chicos de 13 años, con gafas, puede haber como máximo?
2. ¿Es posible que no haya ninguno?
3. ¿Cuántas chicas de 14 años que lleven gafas puede tener como máximo esa clase?
4. Forma una clase con esos datos, de manera que estén presentes todas las combinaciones posibles y haya al menos dos personas en cada una de ellas (es decir, al menos dos chicos con gafas de 13 años, dos chicos con gafas de 14 años, etc).

Juego justo

Julián y Ana juegan con un dado cada uno. El de Julián tiene 1 uno, 2 doses y 3 treses, y el de Ana, 2 unos, 2 doses y 2 treses. Quieren inventarse un juego que sea justo, de forma que si cada uno lanza su dado, los dos tengan la misma probabilidad de ganar.

1. Anota en tu cuaderno todos los resultados posibles y las probabilidades de que ocurran. Por ejemplo, como el dado de Julián tiene un uno y el de Ana tiene dos, hay dos formas de obtener dos 1. En cambio, hay $2 \cdot 2 = 4$ formas de sacar un 2 y un 1.
2. En el primer juego que inventan, Julián gana si la suma de los dados es par y pierde si es impar. ¿Cuál de los dos jugadores tiene ventaja?
3. Ana propone multiplicar los resultados. Ganará ella si el producto es par y ganará Julián si es impar. ¿Es un juego justo?
4. Si los dos dados fueran como el de Ana, ¿alguno de los dos juegos sería justo?

AUTOEVALUACIÓN

1. En las últimas elecciones en un pueblo, los resultados fueron los siguientes:

Candidato	Votos
Ana	80
Daniel	40
José Luis	30
Olga	20
Víctor	10

a) Calcula las frecuencias relativas.

b) Representa los datos en un diagrama de barras y en un polígono de frecuencias.

2. En una encuesta sobre el número de mascotas en varios hogares se obtuvieron las siguientes respuestas:

1, 2, 1, 1, 3, 0, 0, 0, 1, 0, 3, 4, 1, 3, 1

1, 1, 3, 2, 0, 0, 0, 1, 1, 2, 4, 1, 2, 1, 2

a) Forma la tabla de frecuencias.

b) Calcula la media y la moda.

3. En un grupo de 16 personas, 5 quieren ir al cine, 4 quieren ir a pasear, 6 quieren ir a cenar y la última quiere ir a bailar. Representa el diagrama de sectores correspondiente.

4. La calificación de una asignatura depende de tres notas: exámenes, ejercicios y trabajos. Para calcular la nota se asigna a cada parte un peso: 12, 5 y 3, respectivamente.

Alberto obtuvo unas notas de 8, 3 y 4, respectivamente. ¿Cuál será su media ponderada?

5. Observa las faldas del armario de Rosa.

Si elige una de ellas al azar, calcula la probabilidad de estos sucesos:

a) Sacar una falda roja.

b) No sacar una falda negra.

c) Sacar una falda azul o negra.

d) Sacar una falda que no sea ni azul ni roja.

e) No sacar una falda.

MATES + MAGIA

LA MÁGICA PROPIEDAD DEL DinA4

Vamos a realizar una ilusión óptica que consiste en construir un DIN A4 con 4 fragmentos de un DIN A4.

Colocaremos a cuatro alumnos en fila, a cierta distancia unos de otros. Cada uno tendrá un papel de distinto tamaño, pero de tal forma que al mirarlos desde un punto determinado parecerá que todos los trozos encajan formando una única figura.

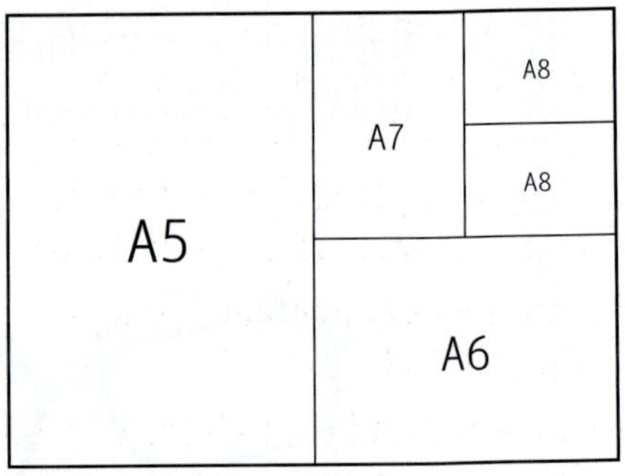

Observa como cortando un DIN A4 por la mitad sucesivamente obtenemos en total un DIN A5, un DIN A6, un DIN A7 y dos DIN A8.

- Pide cuatro voluntarios y entrega a cada uno de ellos una parte de distinto tamaño: DIN A5, DIN A6, DIN A7 y DIN A8. Dibuja una diagonal en cada papel, como se muestra en la imagen.

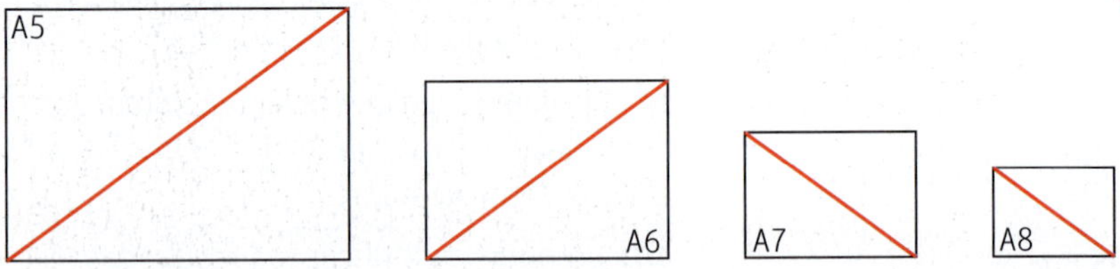

- Colocaos los cinco en fila india, sujetando el papel en alto. Sitúate en primer lugar, mirando de frente al resto de tus compañeros, que deberán estar colocados más cerca de ti según el tamaño del papel que lleve cada uno, de menor a mayor. Desde tu sitio da indicaciones a tus compañeros para que avancen o retrocedan un poco hasta que puedas ver la figura completa. Llegará un momento en el que podrás ver que las cuatro piezas forman un rectángulo, con un rombo perfecto en su interior.

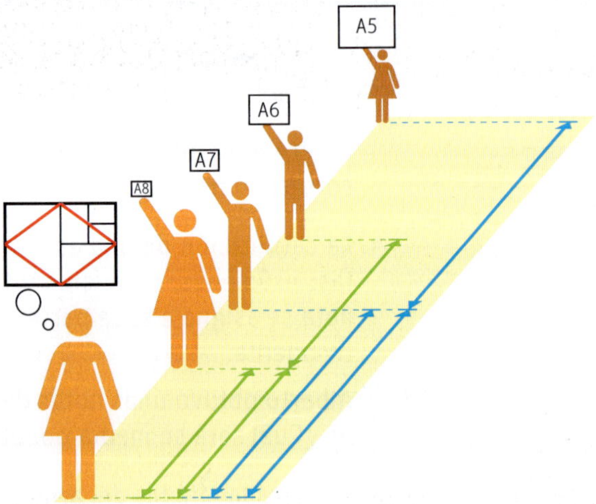

Mide las distancias desde tu sitio a cada uno de tus compañeros, ¿encuentras alguna relación entre estas distancias?

¿Cuál es el secreto?

Si llamamos *d* a la distancia entre tú y tu compañero más cercano, el resto de distancias se obtienen multiplicando sucesivamente por $\sqrt{2} = 1{,}4142...$

Esto se debe a que la proporción entre el largo y el ancho de un DIN A4 siempre es $\sqrt{2}$. Compruébalo, midiendo el tamaño original del papel.

Si doblamos un DIN A4 haciendo un cuadrado, su diagonal mide lo mismo que el largo del DIN A4 original.

Así, siempre que partimos un papel de formato DIN por la mitad obtenemos un papel con la misma proporción entre alto y ancho que el original.

EL RESTAURANTE "COMIDAS DE EUROPA"

Este restaurante tiene una carta muy completa, con platos típicos del sur de Europa.

El menú, que consiste en un entrante, un primer plato, un segundo plato y un postre, hay que elegirlo de tal forma que cada plato sea de un país diferente.

Lo curioso es que comas lo que comas, siempre pagas 34 €. ¿Magia?

Invita a tus amigos a elegir el menú y deja escrito en un papel que pagarán 34 €.

MENÚ

Entrantes:

- España Jamón Ibérico 11 €
- Italia Provolone al forno 12 €
- Grecia Horiatiki Salada (Ensalada) 9 €
- Portugal Francesinha 8 €

Primeros platos:

- España Gazpacho Andaluz 9 €
- Italia Spaguetti Carbonara 10 €
- Grecia Fassolada 7 €
- Portugal Sopa verde 6 €

Segundos platos:

- España Tortilla Española Especial 10 €
- Italia Escalope a la Milanesa 11 €
- Grecia Moussaka de berenjenas 8 €
- Portugal Buñuelos de Bacalao 7 €

Postres:

- España Crema catalana 8 €
- Italia Tiramisú 9 €
- Grecia Yogurt griego 6 €
- Portugal Pasteles de Belem 5 €

¿Cuál es el secreto?

Observa los precios de cada país. El primer plato cuesta 1 € más que el postre. El segundo plato cuesta 2 € más que el postre. Cada entrante cuesta 3 € más que el postre. Así, si llamamos al postre de cada país a, b, c y d, podríamos construir una tabla como esta.

	Entrante	1.er plato	2.º plato	Postre
España	$a+3$	$a+1$	$a+2$	a
Italia	$b+3$	$b+1$	$b+2$	b
Grecia	$c+3$	$c+1$	$c+2$	c
Portugal	$d+3$	$d+1$	$d+2$	d

Como para elegir el menú necesitamos elegir todos los países sólo una vez, en el precio total tendremos que sumar siempre $a+b+c+d$ y, como tenemos que elegir un entrante, un primer plato, un segundo plato y un postre, tendremos que sumar siempre $3+1+2+0$, independientemente de lo que elijamos.

Por tanto, el precio total del menú es $a+b+c+d+3+1+2+0$. Sustituyendo las letras por su valor obtenemos $8+9+6+5+3+1+2+0=34$.

10 Medida de magnitudes

- ¿Cómo medimos longitudes, masas y capacidades?
- ¿Y superficies y volúmenes?
- ¿Cómo se relacionan la capacidad y el volumen?
- ¿Medimos bien?

Reflexiona y saca conclusiones

¿Existía antes del metro una única unidad de longitud en Francia?

¿A qué se debe ese empeño en excluir elementos vinculados a Francia para definir la nueva unidad de longitud?

Investiga y contesta

La creación de la Asamblea Nacional supuso el inicio de la Revolución Francesa. ¿Qué rey de Francia fue destronado y ajusticiado durante la misma?

Lee y comprende

Para todos los tiempos, para todos los pueblos

Informe de Condorcet, presentado a la Asamblea Nacional, en marzo de 1791:

"La Academia trató de excluir todos los elementos arbitrarios, todos lo que pudiera despertar sospechas sobre el interés particular de Francia; quiso, en una palabra, que, en el caso de legar a la posteridad únicamente los fundamentos del sistema, no se supiera qué país lo había ordenado y ejecutado".

Las alternativas para la determinación de la unidad patrón fueron tres [...] Las tres alternativas pasaron a formularse de la siguiente forma: La primera, tomar como referencia la longitud del péndulo que bate segundos. La segunda, tomar una fracción de un arco de meridiano (la diezmillonésima parte del cuadrante). La tercera, considerar la fracción, no en el meridiano, sino en el ecuador.

[...] La Asamblea toma la decisión de pedir un dictamen a la Academia Real de las Ciencias, que, sorprendentemente, elaboró un informe en el que rechazaba la propuesta del péndulo y proponía la medida de un meridiano terrestre como patrón en que fundamentar el nuevo sistema de unidades.

José Antonio de Lorenzo Pardo
La Revolución del Metro
Celeste ediciones. 1998

Y tú, ¿qué opinas?

Una de las causas de la Revolución Francesa fue el desequilibrio económico entre clases sociales.

¿Conoces situaciones similares en la actualidad? Analiza las causas y las posibles consecuencias.

1 Medida de magnitudes. El Sistema Métrico Decimal

Una **magnitud** es una cualidad que se puede medir y cuantificar o expresar su valor mediante un número.

La cantidad de magnitud se mide comparando con otra medida fija que se llama **unidad de medida**, indicando el número de veces que la contiene.

Ejemplo ▸ Luis ha ido al supermercado, que está a 100 metros de su casa. Tiene una superficie de más de 1600 metros cuadrados. Entre otros productos, ha comprado 4 kilogramos de tomates y 2 litros de leche y en la caja ha tenido que pagar 78,25 euros.

En el recorrido de Luis aparecen varias magnitudes: longitud, superficie, masa, capacidad y precio. Para cada una de ellas se ha utilizado una unidad de medida distinta: metros, metros cuadrados, kilogramos, litros y euros.

El Sistema Métrico Decimal

Ejemplo ▸ Pedro y Sara miden el escritorio de su habitación. Pedro usa el palmo de su mano para medir el largo mientras que Sara utiliza un lápiz para medir el ancho.

	Magnitud	Unidad de medida	Medida
Largo del escritorio	Longitud	Palmo de Pedro	6 palmos de Pedro
Ancho del escritorio	Longitud	Lápiz de Sara	4 lápices de Sara

Las unidades de medida utilizadas por Sara y Pedro son distintas, lo que puede generar problemas a la hora de indicar o comparar las dimensiones de la mesa.

Ten en cuenta

El Sistema Métrico Decimal se utiliza en casi todos los países del mundo, salvo en tres: Estados Unidos, Liberia y Myanmar (Birmania), que aparecen marcados en el mapa.

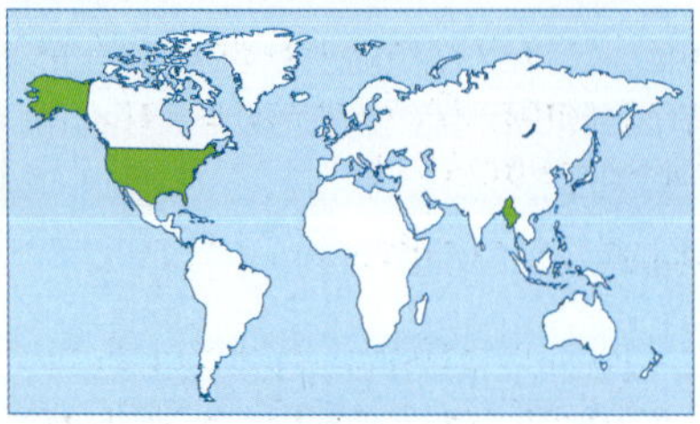

Para evitar confusiones, en casi todos los países se utiliza el mismo sistema de medidas, llamado **Sistema Métrico Decimal**.

Es un sistema **decimal** porque sus unidades se relacionan entre sí mediante potencias de 10.

Algunas unidades en el Sistema Métrico Decimal son:

- El **metro**, para medir **longitudes**.
- El **metro cuadrado**, para medir **superficies**.
- El **metro cúbico** para medir **volúmenes**.
- El **litro**, para medir **capacidades**.
- El **kilogramo**, para medir **masas**.

Cuando la unidad principal no resulta adecuada para medir una magnitud, se utilizan sus **múltiplos** y **submúltiplos**, que se nombran con los siguientes prefijos:

Múltiplos			Unidad	Submúltiplos		
kilo-	hecto-	deca-		deci-	centi-	mili-
1000 u	100 u	10 u	1 u	0,1 u	0,01 u	0,001 u

Ejemplo ▸ Para medir la distancia entre Huelva y Valencia se utiliza como unidad el kilómetro, que equivale a 1000 metros. En cambio, para medir el grosor de un folio se utiliza el milímetro, que equivale a 0,001 metros.

Sabías que...

La sonda espacial *Mars Climate* se estrelló contra el planeta Marte por errores en las unidades de medida. Si quieres saber más entra en **www.e-sm.net/sv1esoma05**

ACTIVIDADES

1. Indica cuáles de las siguientes variables son magnitudes, y la unidad que usarías para medirlas.

a) La simpatía de una persona

b) La temperatura de una bebida

c) El color de un coche

d) El precio de un coche

e) La cantidad de agua que cabe en una jarra

f) La nota de un examen

g) La belleza de una imagen

2. Mide el ancho y el largo de tu libro de matemáticas usando como unidad de medida el ancho de tu pulgar. ¿Cuánto mide? ¿Coincide con el resultado de tus compañeros?

3. Indica la unidad que utilizarías para expresar estas magnitudes.

a) La distancia de tu casa al instituto

b) La capacidad de un cartón de zumo

c) La masa que contiene una caja de galletas

4. Indica qué magnitud podrías medir con las siguientes unidades.

a) Grado centígrado

b) Centímetro

c) Gramo

d) Pulgada

e) MegaByte

f) Minuto

g) Centímetro cúbico

h) Píxel

5. Copia y completa en tu cuaderno.

a) 1 kilómetro = ●●● metros

b) 1 hectolitro = ●●● litros

c) 1 decagramo = ●●● gramos

d) 1 decímetro = ●●● metros

e) 1 centilitro = ●●● litros

f) 1 miligramo = ●●● gramos

6. Indica alguna unidad de medida que no forme parte del Sistema Métrico Decimal y que se use con cierta frecuencia.

7. La caloría (cal) es una unidad de energía. Se define como la cantidad de energía necesaria para elevar la temperatura de un gramo de agua pura de 14,5 °C a 15,5 °C, cuando la presión es de una atmósfera.

a) ¿Qué magnitudes aparecen en esta definición?

b) ¿Qué unidades se usan para medirlas?

c) Otra unidad de energía es el Julio (J). Una caloría equivale a 4,1868 J. ¿Cuántos Julios equivalen a 300 calorías?

8. La temperatura se puede expresar en varias unidades: Kelvin (K), grados Celsius o centígrados (°C) y grados Fahrenheit (°F).

En la siguiente imagen aparecen tres termómetros que usan esas escalas.

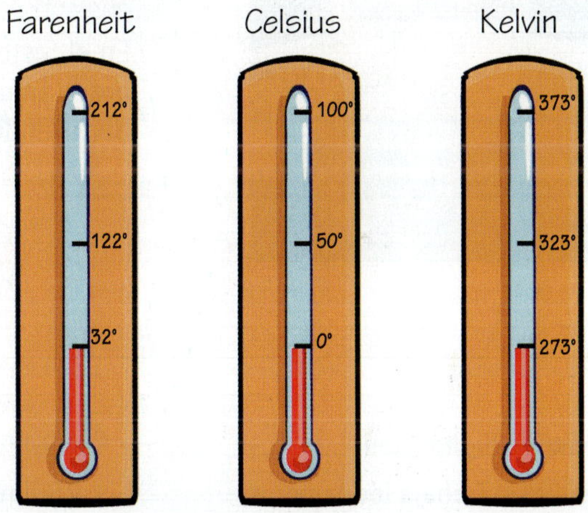

a) ¿Cuál es la equivalencia de 0 °C en las otras escalas? ¿Y la de 100 °C?

b) Para pasar de grados Celsius a grados Fahrenheit se multiplica por 1,8 y se suma 32. Expresa en grados Fahrenheit una temperatura de 35 °C.

c) ¿A cuántos grados centígrados equivalen 77 °F?

9. Para medir distintas magnitudes físicas como el tiempo, la velocidad o la temperatura, a veces se utilizan unidades distintas de las establecidas por el Sistema Métrico Decimal.

a) La unidad básica de tiempo es el segundo (s). ¿Qué otras unidades de tiempo conoces? ¿La escala es decimal, es decir, las unidades varían de 10 en 10?

b) La velocidad mide el desplazamiento de un objeto en un tiempo determinado. ¿Qué unidades utilizarías para medir la velocidad?

2 Unidades de longitud: el metro

En el Sistema Métrico Decimal se utiliza como unidad principal de longitud el **metro.** Se representa por **m.**

MAT-TIC GeoGebra

Entra en smSaviadigital.com y practica tomando medidas de longitud.

Para medir longitudes muy grandes o muy pequeñas, el metro puede no ser la unidad más adecuada. En su lugar se emplean sus **múltiplos** o **submúltiplos.**

Múltiplos			Unidad	Submúltiplos		
Kilómetro	Hectómetro	Decámetro	**Metro**	Decímetro	Centímetro	Milímetro
km	hm	dam	m	dm	cm	mm
1000 m	100 m	10 m	**1 m**	0,1 m	0,01 m	0,001 m

Ten en cuenta

Las unidades que aparecen en astronomía tienen esos valores porque están relacionadas con la velocidad de la luz y con la distancia de la Tierra al Sol.

Además de estas unidades, se utilizan otras para números muy grandes (astronomía) o muy pequeños (física, biología,...)

- El **micrómetro, μm**, que equivale a 0,000 001 m.
- El **nanómetro, nm**, equivalente a 0,000 000 001 m.
- La **unidad astronómica, UA**, que equivale aproximadamente a 150 000 millones de metros.
- El **año luz**, equivalente a unos 9500 billones de metros.

Cambio de unidades

En el Sistema Métrico Decimal cada unidad de longitud equivale a 10 unidades del orden inmediatamente inferior. El cambio de unidades se realiza **multiplicando o dividiendo sucesivamente por 10.**

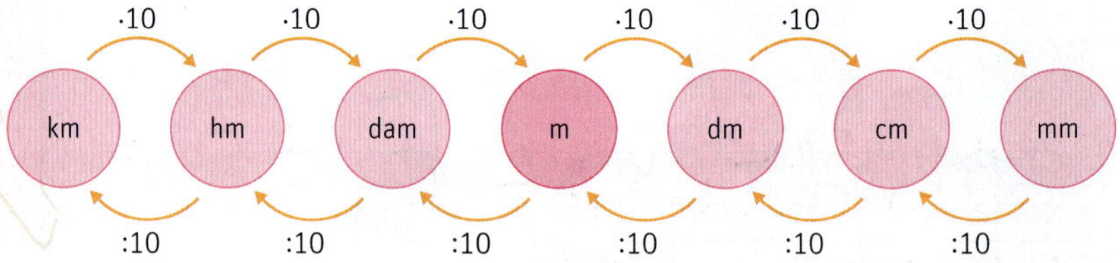

Ejemplo ▸ Expresa en metros estas cantidades:

- 250 mm ⇒ Dividimos tres veces por 10 ⇒ 250 mm = 25 cm = 2,5 dm = 0,25 m
  Obtenemos el mismo resultado dividiendo entre 1000
- 1,6 hm ⇒ Multiplicamos dos veces por 10 ⇒ 1,6 hm = 16 dam = 160 m
  Obtenemos el mismo resultado multiplicando por 100.

smSaviadigital.com

PRACTICA Trabaja los cambios de unidades de longitud.

Forma compleja e incompleja

Una misma medida se puede expresar con una sola unidad o como suma de varias.

Cuando una medida se expresa usando varias unidades decimos que está escrita en **forma compleja**, y si solo se utiliza una unidad, en **forma incompleja**.

Ejemplo ▸ Observa como pasar de forma compleja a incompleja y viceversa.

- 5 km 3 dam 7m 5 dm (Forma compleja) ⇒ 5037,5 m (Forma incompleja)
- 23,651 m (Forma incompleja) ⇒ 2 dam 3 m 6 dm 5 cm 1 mm (Forma compleja)

ACTIVIDADES

10. **Indica qué unidad utilizarías en cada una de las siguientes medidas.**

a) El grosor de tu DNI

b) La longitud de un autobús

c) La distancia diaria recorrida por un taxi

d) La altura de un jugador de baloncesto

e) La altura de un árbol

f) La longitud del ala de una mosca

11. **Expresa 6,4 cm en unidades de mayor orden hasta llegar a los hectómetros.**

12. **Expresa las siguientes medidas en metros, indicando todas las medidas intermedias.**

a) 35 km

b) 2 mm

c) 82 dam

d) 7 dm

e) 2700 hm

f) 2700 cm

13. **Expresa las siguientes medidas en decímetros.**

a) 9,8 km

b) 12,92 mm

c) 0,4 dam

d) 74,44 m

e) 0,27 hm

f) 900 cm

ACTIVIDAD **RESUELTA**

14. **a) Pasa de forma compleja a incompleja:**

5 km 3 hm 5 dam 7 m 6 dm

b) Pasa de forma incompleja a compleja:

19,047 hm

a) 5 km 3 hm 5 dam 7 m 6 dm =
= 5 km + 3 hm + 5 dam + 7 m + 6 dm

Expresamos todas las medidas metros:
5000 m + 300 m + 50 m + 7 m + 0,6 m = 5357,6 m

b) 19,407 hm = 1 km + 9 hm + 4 dam + 0 m + 7 dm =
= 1 km 9 hm 4 dam 7 dm

15. **Escribe las siguientes medidas en metros.**

a) 7 km 7 dam 7 dm 7 mm

b) 1 km 27 hm 58 dam 3 m

c) 60 hm 345 m 267 mm

d) 9 dm 57 cm 984 mm

16. **Escribe las medidas en forma compleja.**

a) 8848 m

b) 1,98 m

c) 23,552 hm

d) 0,010 09 km

17. **Efectúa las siguientes sumas.**

a) 78 hm 12 m 6 mm + 34 dam 41 dm

b) 1 km 37 m 23 cm 12 mm + 45 dam 8 m

c) 65 dam 14 m 15 cm + 40 hm 18 mm

d) 135 dam 89 cm + 75 m 26 dm 99 cm 11 mm

18. **Escribe los resultados del ejercicio anterior en metros.**

ACTIVIDAD **RESUELTA**

19. **La milla es una unidad de longitud del sistema anglosajón que equivale a 1609,344 m.**

Dos ciudades están situadas a 30 millas de distancia. ¿Cuántos kilómetros son?

Pasamos las millas a metros: 30 · 1609,344 = 48 280,32 m

Pasamos los metros a kilómetros dividiendo entre 1000:
48 280,32 m = 48,28032 km

20. **Para ir por carretera de Nueva York a Los Ángeles hay que recorrer 4490 km. ¿A cuántas millas equivalen?**

21. **Una medida de longitud anglosajona de uso frecuente es la pulgada. Una pulgada mide 25,4 mm, y se emplea principalmente para definir el tamaño de una pantalla.**

Se dice que una pantalla es de 20 pulgadas si su diagonal tiene esa medida.

a) ¿Cuántos centímetros mide la diagonal de un televisor de 46 pulgadas?

b) La diagonal de la pantalla de un móvil mide 20 cm. ¿Cuál es su tamaño en pulgadas?

22. smSaviadigital.com

PRACTICA **Trabaja con las unidades de longitud.**

3 Unidades de masa: el kilogramo

Las compañías aéreas establecen un límite para la masa del equipaje que puede llevar cada pasajero sin pagar un extra en el billete.

La unidad principal de medida de masa es el **kilogramo**. Se representa por **kg**.

En este caso, las unidades que más se utilizan son los **submúltiplos** del kilogramo.

Unidad	Submúltiplos					
Kilogramo	Hectogramo	Decagramo	Gramo	Decigramo	Centigramo	Miligramo
kg	**hg**	**dag**	**g**	**dg**	**cg**	**mg**
1 kg	0,1 kg	0,01 kg	0,001 kg	0,0001 kg	0,000 01 kg	0,000 001 kg
1000 g	100 g	10 g	1 g	0,1 g	0,01 g	0,001 g

La masa del elefante se mide en toneladas.

Para valores mayores se utilizan principalmente las siguientes unidades:

- **Miriagramo.** 1 mag = 10 kg
- **Quintal métrico.** 1 q = 100 kg
- **Tonelada métrica.** 1 t = 1000 kg. Es la que se utiliza con más frecuencia.

Cambio de unidades

Para cambiar de unidades **multiplicamos o dividimos sucesivamente por 10.**

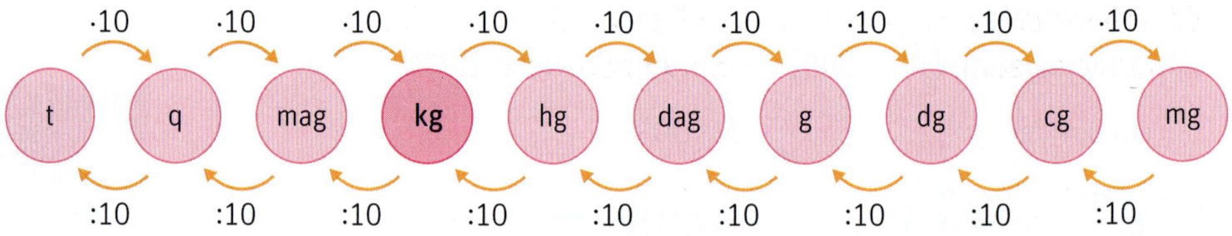

Ejemplo ▸ Escribe en gramos 250 mg.

Dividimos tres veces entre 10 ⇒ 250 mg = 25 cg = 2,5 dg = 0,25 g

Obtenemos el mismo resultado si dividimos entre 1000.

ACTIVIDADES

23. Indica en la unidad más apropiada la masa de estos animales.

a) Elefante: 7 500 000 g c) Perro: 35 000 g

b) Mosca: 0,000 000 02 t d) Ratón: 0,0004 t

24. Expresa en kilogramos las siguientes medidas.

a) 7,78 q b) 4,8 dag c) 4,8 dg d) 1,9 t

25. Expresa las siguientes medidas en gramos.

a) 3,5 t b) 67 mg c) 33,47 kg d) 0,082 q

ACTIVIDAD **RESUELTA**

26. Expresa 14 kg 25 dag 6 g 87 mg en gramos.

14 kg 25 dag 6 g 87 mg =

= 14 000 g + 250 g + 6 g + 0,087 g = 14256,087 g

27. Expresa las siguientes medidas en gramos.

a) 3 kg 8 hg 5 dag 7 g c) 3 kg 4 hg 20 dag 3678 mg

b) 20 dag 49 g 300 cg d) 15 hg 5 dag 3 g 67 cg

ACTIVIDAD **RESUELTA**

28. Expresa 45678,29 g en forma compleja.

45678,29 g = 4 mag 5 kg 6 hg 7 dag 8 g 2 dg 9 cg

29. Expresa en forma compleja.

a) 5540 kg c) 0,002 45 mag

b) 16005,472 t d) 1 700 000 mg

30. Un paquete de 500 folios tiene una masa de 4,25 kg. ¿Cuál es la masa de un folio? ¿Podremos usarlos en una impresora que solo admite folios de 9 g?

4 Unidades de capacidad: el litro

La unidad principal para medir la capacidad es el **litro**. Se representa por **L**.

Los **múltiplos** y **submúltiplos** del litro más utilizados son:

Múltiplos			Unidad	Submúltiplos		
Kilolitro	Hectolitro	Decalitro	Litro	Decilitro	Centilitro	Mililitro
kL	hL	daL	L	dL	cL	mL
1000 L	100 L	10 L	**1 L**	0,1 L	0,01 L	0,001 L

Ten en cuenta

Los símbolos de las unidades se escriben en minúscula, salvo que deriven de un nombre propio. Por ejemplo, la unidad de fuerza es el Newton (N).

El símbolo L se utiliza en mayúscula para evitar posibles confusiones con el número 1, aunque también se admite la l minúscula.

Cambio de unidades

El cambio de unidades lo realizamos **multiplicando o dividiendo sucesivamente por 10**.

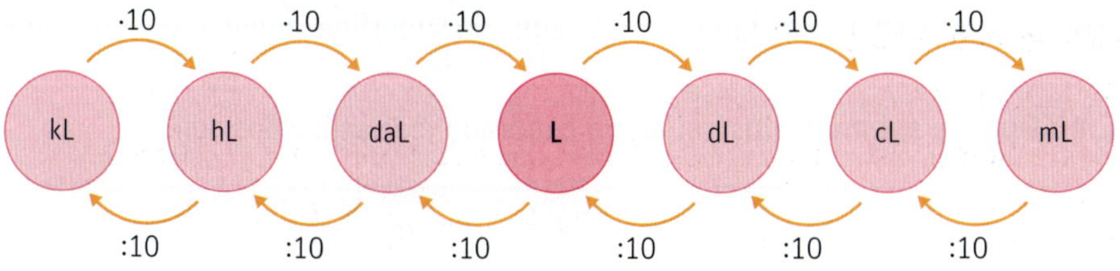

Ejemplo ▸ Escribe en litros 33 cL.

Dividimos dos veces entre 10 ⇒ 33 cL = 3,3 dL = 0,33 L

Obtenemos el mismo resultado dividiendo entre 100.

PON EN VALOR

El agua es esencial para la vida, pero hay muchas regiones desfavorecidas donde la población no tiene acceso a agua potable, debido en gran parte a su **situación económica**. Entra en **Saviadigital** y elabora un plan de acción **solidario** para ayudar a las regiones con esta situación.

ACTIVIDADES

31. Indica la unidad de capacidad adecuada en cada caso:

a) Capacidad de un botijo

b) Capacidad de una piscina olímpica

c) Capacidad de un camión cisterna

d) Capacidad de un vaso

e) Capacidad de una lata de refresco

32. Expresa las siguientes medidas en litros.

a) 35 mL
b) 720 cL
c) 0,8752 hL
d) 43,7721 dL

33. Expresa estas medidas en decilitros y decalitros.

a) 27 mL
b) 1,35 hL
c) 800 mL
d) 0,098 kL

34. Copia y completa en tu cuaderno las siguientes equivalencias.

a) 8,1 hL = ●●● daL = ●●● L = ●●● dL

b) ●●● kL = ●●● hL = 442 daL = ●●● L

c) ●●● L = 25 dL = ●●● cL = ●●● mL

d) ●●● kL = ●●● daL = ●●● dL = 3341 mL

ACTIVIDAD **RESUELTA**

35. Expresa en litros 7 kL 2 daL 4 dL 9 cL.

7 kL 2 daL 4 dL 9 cL = 7000 L + 20 L + 0,4 L + 0,09 L =
= 7020,49 L

36. Expresa estas medidas en litros.

a) 5 hL 7 daL 3 L 8 dL 6 cL

b) 8 kL 1 L 3 dL 9 mL

c) 0,7 kL 16 daL 588 dL

d) 3 kL 5 daL 1 mL

37. Calcula en decilitros.

a) (3 L 5 dL 8 cL) + (7 dL 9 cL 4 mL)

b) (9 hL 4 dL 85 mL) · 6

c) 7 kL + 15,5 daL + 3 L

d) (6 kL 15 daL 24 cL) : 6

38. Calcula en kilolitros.

a) 9,3 L · 360
b) 15,2 hL · 85
c) 99,9 daL · 65
d) 9,9 dL · 5000

5 Unidades de superficie: el metro cuadrado

MAT-TIC GeoGebra

Entra en **smSavia**digital.com y resuelve el misterio del cuadrado perdido.

La unidad de medida de superficie es el **metro cuadrado**. Se representa por **m²**. Es la medida de la superficie de un cuadrado de 1 m de lado.

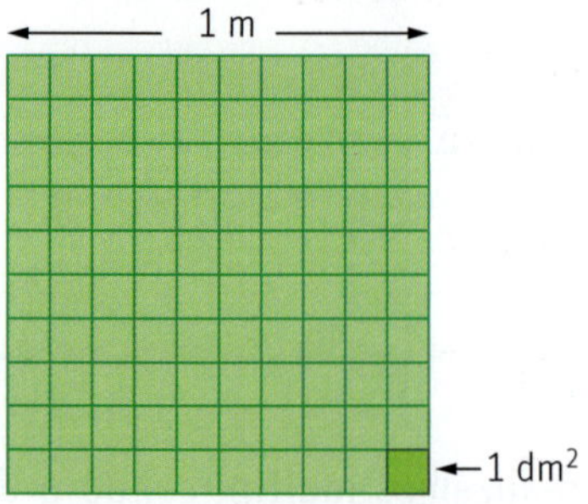

En 1 m^2 hay 100 dm^2, como puede verse en la imagen. Lo mismo ocurre en el resto de unidades de superficie. Por tanto las unidades de superficie aumentan y disminuyen de 100 en 100.

Los **múltiplos** y **submúltiplos** del metro cuadrado más utilizados son:

Múltiplos			Unidad	Submúltiplos		
Kilómetro cuadrado	Hectómetro cuadrado	Decámetro cuadrado	**Metro cuadrado**	Decímetro cuadrado	Centímetro cuadrado	Milímetro cuadrado
km^2	hm^2	dam^2	$\mathbf{m^2}$	dm^2	cm^2	mm^2
1 000 000 m^2	10 000 m^2	100 m^2	**1 $\mathbf{m^2}$**	0,01 m^2	0,0001 m^2	0,000 001 m^2

Cambio de unidades

smSaviadigital.com

PRACTICA Trabaja con las unidades de superficie.

Para cambiar de unidades **multiplicamos o dividimos sucesivamente por 100.**

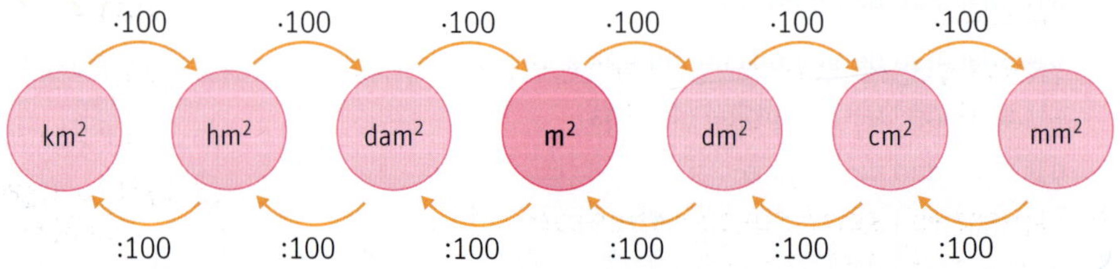

Ejemplo ▸ Escribe en metros cuadrados 900 cm^2.

Dividimos dos veces entre 100 $\Rightarrow$ 900 cm^2 = 9 dm^2 = 0,09 m^2

Se obtiene el mismo resultado si dividimos entre 10 000.

Unidades agrarias

Para medir terrenos, habitualmente se utilizan las siguientes **unidades agrarias**.

- El **área**, **a**, que equivale a 100 m^2 $\Rightarrow$ 1 a = 1 dam^2 = 100 m^2
- La **hectárea**, **ha**, igual a 100 a, equivale a 10 000 m^2 $\Rightarrow$ 1 ha = 1 hm^2 = 10 000 m^2
- La **centiárea**, **ca**, igual a 0,01 a, que equivale a 1 m^2 $\Rightarrow$ 1 ca = 1 m^2

Ejemplo ▸ ¿A cuántas hectáreas equivalen 700 000 m^2?

700 000 m^2 = 700 000 ca = 7000 a = 70 ha

ACTIVIDADES

39. Indica la unidad del Sistema Métrico Decimal y la unidad agraria más adecuadas para expresar las siguientes medidas.

a) Superficie de un campo de fútbol

b) Superficie de una hoja de papel A4

c) Superficie de tu casa

d) Superficie del desierto del Sahara

40. Copia y completa en tu cuaderno.

a) $1{,}6\ hm^2 =$ ●●● cm^2

b) $547{,}88\ mm^2 =$ ●●● dm^2

c) $0{,}004\ km^2 =$ ●●● mm^2

41. Expresa estas medidas en metros cuadrados y en hectómetros cuadrados.

a) $0{,}5\ km^2$

b) $43\ cm^2$

c) $173\ dam^2$

d) $8388\ dm^2$

e) $44\ cm^2$

f) $2\ 000\ 000\ mm^2$

42. Expresa en hectáreas y en metros cuadrados.

a) $65\ km^2$

b) $438\ dam^2$

c) 48 900 ca

d) 937,5 a

e) $126{,}5\ dam^2$

f) $126{,}5\ dm^2$

ACTIVIDAD **RESUELTA**

43. Escribe esta medida en metros cuadrados.

$$26\ hm^2\ 5\ dam^2\ 64\ m^2\ 8\ dm^2$$

Pasamos todas las medidas a metros cuadrados y las sumamos.

$26\ hm^2\ 5\ dam^2\ 64\ m^2\ 8\ dm^2 = 260\ 000\ m^2 + 500\ m^2 +$
$+ 64\ m^2 + 0{,}08\ m^2 = 260\ 564{,}08\ m^2$

44. Expresa estas medidas en metros cuadrados.

a) $6\ km^2\ 85\ m^2\ 94\ cm^2\ 18\ mm^2$

b) $33\ dam^2\ 1\ m^2\ 67\ dm^2\ 3000\ mm^2$

c) $0{,}43\ km^2\ 0{,}06\ hm^2\ 51\ m^2\ 1\ dm^2$

d) $3\ hm^2\ 16\ m^2\ 25\ cm^2\ 75\ mm^2$

45. Ordena de menor a mayor las siguientes cantidades. ¿Qué unidad es la más adecuada para expresarlas?

$0{,}005\ hm^2$ | $17\ 000\ dm^2$ | $7{,}3\ dam^2$ | 0,73 ha | 17 a

46. Expresa en forma compleja estas medidas de superficie.

a) $723{,}89\ dam^2$

b) $389\ 213{,}4\ cm^2$

c) $5206{,}135\ m^2$

d) $16\ 813{,}76\ dm^2$

47. Calcula.

a) $37\ 421\ mm^2 + (12\ dam^2 + 34\ m^2 + 17\ cm^2)$

b) $(9\ hm^2 + 16\ dam^2 + 23\ cm^2) - 1253{,}18\ m^2$

c) $7 \cdot (7\ dm^2\ 14\ dam^2\ 28\ cm^2)$

d) $(15\ km^2\ 7\ m^2\ 8\ mm^2) \cdot 12$

ACTIVIDAD **RESUELTA**

48. El acre es una medida anglosajona que equivale a 0,4 hectáreas aproximadamente. ¿Cuánto medirá en metros cuadrados un terreno de 30 acres?

$30\ \text{acres} = 30 \cdot 0{,}4\ ha = 12\ ha = 12\ hm^2 = 120\ 000\ m^2$

49. Andrés y Genoveva cultivan árboles frutales. Tienen un terreno de 25,3 ha de las cuales han sembrado $1580\ dam^2$. ¿Cuántos metros cuadrados les quedan disponibles para seguir sembrando? ¿Y acres?

50. Un agricultor quiere vender este terreno.

375 m

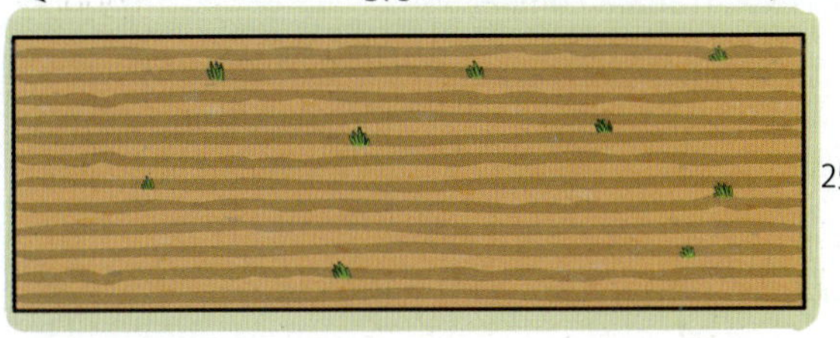

250 m

a) Calcula su superficie en metros cuadrados y en kilómetros cuadrados.

b) El comprador le ofrece 31 500 € por hectárea. ¿Cuál será el precio del terreno?

51. En el hipódromo hay que renovar el césped de la pista, que tiene 12 ha y 6 a de superficie. Para ello utilizan piezas de césped rectangulares como ésta.

7 m

3 m

a) ¿Cuántas piezas necesitarán?

b) Si cada pieza cuesta 80 €, ¿cuánto cuesta en total la renovación del césped?

6 Unidades de volumen: el metro cúbico

El **volumen** de un cuerpo es la cantidad de espacio que ocupa.

La unidad de medida del volumen es el **metro cúbico**. Se representa por **m³**. Es la medida del volumen de un cubo de 1 metro de lado.

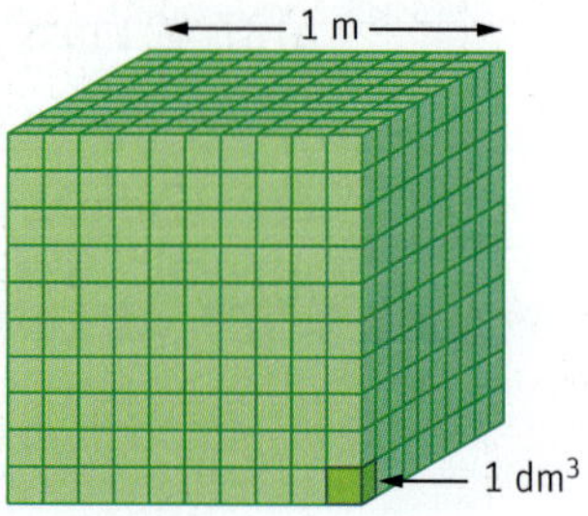

En 1 m³ hay 1000 dm³.

Lo mismo ocurre en el resto de unidades de volumen. Por tanto las unidades de volumen aumentan y disminuyen de 1000 en 1000.

Los **múltiplos** y **submúltiplos** más utilizados del metro cúbico son:

Múltiplos			Unidad	Submúltiplos		
Kilómetro cúbico	Hectómetro cúbico	Decámetro cúbico	**Metro cúbico**	Decímetro cúbico	Centímetro cúbico	Milímetro cúbico
km³	**hm³**	**dam³**	**m³**	**dm³**	**cm³**	**mm³**
1 000 000 000 m³	1 000 000 m³	1000 m³	**1 m³**	0,001 m³	0,000 001 m³	0,000 000 001 m³

Cambio de unidades

smSaviadigital.com
PRACTICA Trabaja con las unidades de volumen.

Para cambiar de unidades **multiplicamos o dividimos sucesivamente por 1000**.

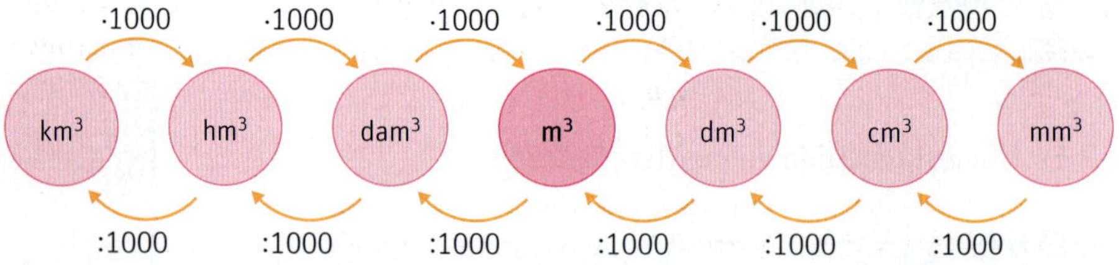

Ejemplo ▸ Expresa 1650 m³ en hectómetros cúbicos.

Dividimos dos veces por 1000 ⇒ 1650 m³ = 1,65 dam³ = 0,00165 hm³

Relación entre unidades de capacidad y unidades de volumen

Para poder **relacionar unidades de capacidad y de volumen** se utiliza que un cubo de 1 dm de arista, cuyo volumen es **1 dm³**, tiene una capacidad de **1 L** de agua.

Un **litro** equivale a la capacidad de un recipiente de **1 dm³** de volumen.

1 dm³ = 1 L **1 cm³ = 1 mL** **1 m³ = 1 kL**

Ejemplo ▸ Un acuario tiene un volumen de 15 000 cm³. ¿Cuántos litros de agua puede contener?

Podemos hacerlo de dos maneras:

1. Expresarlo en decímetros cúbicos y establecer la equivalencia con los litros:

   15 000 cm³ = 15 dm³ = 15 L

2. Establecer la equivalencia entre el centímetro cúbico y los mililitros y pasar los mililitros a litros:

   15 000 cm³ = 15 000 mL = 15 L de agua.

ACTIVIDADES

52. **Indica la unidad de volumen adecuada en cada caso.**

a) Volumen de un bote de refresco

b) Volumen de un edificio

c) Volumen de una clase

d) Volumen de un grano de arroz

e) Volumen de un planeta

53. **Expresa los siguientes volúmenes en metros cúbicos.**

a) 0,017 km^3

b) 4,03 hm^3

c) 9952 dm^3

d) 1,73 dam^3

e) 4 000 000 cm^3

f) 80 000 000 mm^3

54. **Ordena los siguientes volúmenes de menor a mayor.**

a) 45 dam^3; 0,087 hm^3; 7500 m^3; 10 000 mm^3

b) 2 hm^3; 345 m^3; 0,0001 km^3; 10 cm^3

ACTIVIDAD **RESUELTA**

55. **Expresa en forma compleja: 2 258 776,34 cm^3.**

Las unidades de volumen van de 1000 en 1000, así que separamos grupos de tres cifras a partir de la coma decimal.

2 258 776,340 cm^3 = 2 m^3 258 dm^3 776 cm^3 340 mm^3

56. **Expresa los siguientes volúmenes en forma compleja.**

a) 41 326 596,5 m^3

b) 80 005 004 152,76 mm^3

c) 16 485,74215 dam^3

d) 2,057 781 442 69 km^3

57. **Expresa los siguientes volúmenes en metros cúbicos.**

a) 13 hm^3 25 dam^3 428 m^3 20 dm^3

b) 512 dam^3 1465 dm^3 7 cm^3 3248 mm^3

c) 0,012 km^3 3 dam^3 0,25 cm^3

d) 512 hm^3 15 dam^3 7822 cm^3 32 mm^3

58. **Expresa en litros estas medidas de volumen.**

a) 458,2 cm^3

b) 31 546,4 mm^3

c) 0,8 km^3

d) 0,752 m^3

e) 0,016 dam^3

f) 256 hm^3

59. **Expresa en centímetros cúbicos estas medidas.**

a) 1,05 daL

b) 415,3 mL

c) 20,08 cL

d) 33 L

60. **Para hallar el volumen de una piscina, se multiplican sus tres dimensiones (largo por ancho por profundidad).**

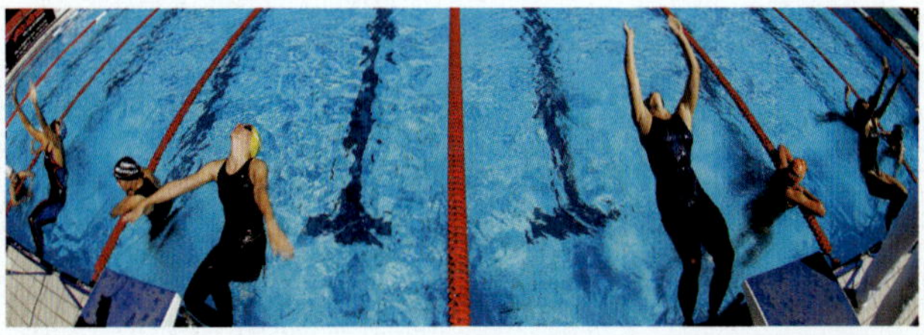

Una piscina olímpica debe medir 50 m de largo, al menos 21 m de ancho y como mínimo 2 m de profundidad. ¿Cuál es su capacidad en litros?

61. **Ordena de menor a mayor.**

45 cm^3	10 cL	0,0095 m^3
18 700 mL	2 dm^3	6 dL

62. **Observa la capacidad de este bote de refresco.**

a) Exprésala en centímetros cúbicos y en litros.

b) ¿Cuántos botes harían falta para llenar un cubo con una capacidad de 165 dL?

63. **La pinta es una unidad usada en el sistema anglosajón. En el Reino Unido equivale a unos 568 mL. ¿Cuántas pintas tendrá 1 m^3?**

64. **Si la arista de un cubo mide medio metro, ¿su volumen es medio metro cúbico? Compruébalo.**

65. **Cuando se habla de la capacidad de los embalses, se suele expresar utilizando hectómetros cúbicos.**

El embalse de La Serena, el mayor de España, se encuentra en la provincia de Badajoz, y tiene una capacidad de 3219 hm^3.

a) Calcula su capacidad en litros.

b) Si el embalse está a $\frac{4}{5}$ de su capacidad, ¿cuánta agua contiene?

7 Unidades monetarias: el euro

En 2002 se reemplazó la moneda oficial de España, la peseta, por el euro. Se estableció que un euro equivaldría exactamente a 166,386 pesetas.

Sabías que...

En la actualidad existen varios billetes y monedas de euro.

Billetes	Monedas
500 €	2 €
200 €	1 €
100 €	0,5 €
50 €	0,2 €
20 €	0,1 €
10 €	0,05 €
5 €	0,02 €
	0,01 €

El **euro** es la unidad monetaria de la Unión Europea. Su símbolo es **€**, y cada euro se divide en 100 partes iguales, llamadas **céntimos**.

Las monedas oficiales de otros países reciben el nombre de **divisas**. Entre las divisas de cada país existe una relación, que se llama **tipo** o **tasa de cambio**.

Ejemplo ▸ Cristina va a viajar a Nueva York y antes de salir tiene que cambiar euros (€) por dólares ($). ¿Cómo podrá hacerlo?

Cuando Cristina va a su banco, observa que el tipo de cambio fijado es 1 € = 1,34 $.

Como quiere llevarse unos 300 €, para hallar la cantidad equivalente en dólares solo tiene que multiplicar por 1,34.

$$300 \cdot 1{,}34 = 402 \Rightarrow 300\ € = 402\ \$$$

A la vuelta de su viaje le sobraron 80 $, para pasarlos a euros tiene que dividir entre 1,34.

$$80 : 1{,}34 = 59{,}7014...$$

Redondeando, le sobran 59,70 €.

Sabías que...

El tipo de cambio entre divisas no es fijo, y suele experimentar variaciones a lo largo del tiempo.

Para realizar un **cambio de divisas** entre la divisa *A* y la divisa *B*, hay que conocer el **tipo de cambio**, *c*, es decir, a cuántas unidades de *B* equivale una unidad de *A*.

- Para pasar de *A* a *B* se multiplica por *c* y se redondea.
- Para pasar de *B* a *A* se divide por *c* y se redondea.

ACTIVIDADES

66. Busca cuatro formas distintas de pagar 3,75 €.

ACTIVIDAD **RESUELTA**

67. En un día determinado, un euro equivalía a 130,84 yenes. Ana compró yenes por valor de 200 €. ¿Cuántos yenes recibió?

Para saber la cantidad recibida, multiplicamos los 200 € por los 130,84 yenes que nos dan por cada euro.

$$200 \cdot 130{,}84 = 26\,168 \Rightarrow 200\ € = 26\,168 \text{ yenes}$$

68. Si 1 € = 1,41 $, indica el valor en dólares de las siguientes cantidades.

a) 1000 €
b) 221,43 €
c) 100 000 €
d) 125 €

69. Noelia quiere llevar 300 libras esterlinas (£) a Londres. El cambio oficial es de 0,86 £ por cada euro. ¿Cuántos euros tendrá que cambiar?

70. Un euro (€) equivale a 0,86 libras esterlinas (£), y una libra esterlina equivale a 19,56 pesos mexicanos ($).

a) ¿A cuántos pesos mexicanos equivale un euro?

b) ¿A cuántos euros y pesos mexicanos equivalen 100 £?

71. En un periódico aparece la siguiente tabla de conversión de divisas.

Par	USD	EUR	GBP	JPY
USD	1	0,7495	0,6448	96,26
EUR	1,3343	1	0,8604	128,43
GBP	1,5507	1,1623	1	149,26
JPY	0,0104	0,0078	●●●	1

a) ¿Qué significa el 1 que aparece en la diagonal?

b) En la tabla falta uno de los valores. Calcúlalo.

c) Calcula el valor de 25 € en cada una de las divisas restantes.

8 Medidas directas, instrumentos, precisión y estimación

- Una medida es **directa** si se obtiene utilizando un **instrumento de medición**.
- Una medida es **indirecta** si se obtiene mediante operaciones matemáticas a partir de medidas directas.

Ejemplo ▸ Laura quiere comprar un mantel para la mesa del comedor. Como no conoce las medidas, utiliza una cinta métrica y toma las medidas que necesita. Estas medidas son directas.

Para calcular la superficie de la mesa usa la fórmula del área de un rectángulo: Área = largo × ancho. Es una medida indirecta.

Errores. Precisión en la medida

Siempre que se realiza una medida directa se cometen errores por la **precisión** con la que el instrumento nos permite medir.

El error cometido al realizar una medición se llama **error absoluto**, y es el valor absoluto de la diferencia entre el valor aproximado y el valor real.

Ten en cuenta

El error absoluto es siempre positivo, independientemente de si es mayor el valor real o el aproximado.

Ejemplo ▸ En la receta de una tarta aparece la cantidad de harina en gramos, 200 g, y de forma aproximada, una taza de harina. Un cocinero utiliza una taza de harina, cuyo peso real en la balanza es de 204,5 g. ¿Qué error ha cometido?

Se calcula el error absoluto:

$$|200 - 204{,}5| = |-4{,}5| = 4{,}5$$

Ha cometido un error de 4,5 g.

Estimación

Cuando no se dispone del instrumento adecuado, se puede hacer una estimación, comparando con objetos cuya medida se conoce.

Estimar una medida es dar un valor aproximado sin usar los instrumentos de medición.

Al realizar una estimación se suele cometer un error mayor que al realizar una medida directa.

ACTIVIDADES

72. Enumera cinco instrumentos de medida distintos.

73. En una receta aparecen los siguientes ingredientes:

1 taza de arroz	4 champiñones
una pizca de sal	abundante aceite
1 diente de ajo	1 loncha de jamón

a) ¿Cuáles de estas medidas son menos precisas?

b) Si una persona sigue esta receta, ¿con qué ingredientes puede cometer algún error?

74. Con una regla milimetrada se ha medido la longitud de una tira de papel, y se ha obtenido 12,3 cm.

a) ¿La medida real puede ser 12,33 cm? ¿Y 12,27 cm?

b) ¿Es posible que la tira mida 13 cm?

c) ¿Qué error se ha cometido, como máximo?

75. Un palmo de Julio mide entre 15 y 16 cm. ¿Entre qué dos valores estará comprendida la altura de su hermano si ha medido 9 palmos? ¿Cuál es el error máximo de la estimación?

Organiza tus ideas

UNIDADES DE LONGITUD: EL METRO

km		hm		dam		**m**		dm		cm		mm
	·10 →		·10 →		·10 →		·10 →		·10 →		·10 →	
	← :10		← :10		← :10		← :10		← :10		← :10	

UNIDADES DE MASA: EL KILOGRAMO

t		q		mag		**kg**		hg		dag		g		dg		cg		mg
	·10 →		·10 →		·10 →		·10 →		·10 →		·10 →		·10 →		·10 →		·10 →	
	← :10		← :10		← :10		← :10		← :10		← :10		← :10		← :10		← :10	

UNIDADES DE CAPACIDAD: EL LITRO

kL		hL		daL		**L**		dL		cL		mL
	·10 →		·10 →		·10 →		·10 →		·10 →		·10 →	
	← :10		← :10		← :10		← :10		← :10		← :10	

UNIDADES DE SUPERFICIE: EL METRO CUADRADO

km^2		hm^2		dam^2		$\mathbf{m^2}$		dm^2		cm^2		mm^2
	·100 →		·100 →		·100 →		·100 →		·100 →		·100 →	
	← :100		← :100		← :100		← :100		← :100		← :100	

UNIDADES DE VOLUMEN: EL METRO CÚBICO

km^3		hm^3		dam^3		$\mathbf{m^3}$		dm^3		cm^3		mm^3
	·1000 →		·1000 →		·1000 →		·1000 →		·1000 →		·1000 →	
	← :1000		← :1000		← :1000		← :1000		← :1000		← :1000	

RELACIÓN ENTRE LAS UNIDADES DE VOLUMEN Y DE CAPACIDAD

Un **litro** equivale a la capacidad de un recipiente de **1 dm^3** de volumen.

1 dm^3 = 1 L **1 cm^3 = 1 mL** **1 m^3 = 1 kL**

UNIDADES MONETARIAS: EL EURO

Tipo de cambio, *c*: a cuántas unidades de la moneda del país *B* equivalen a una unidad de la moneda del país *A*.

- Para pasar de *A* a *B* se multiplica por *c* y se redondea.
- Para pasar de *B* a *A* se divide por *c* y se redondea.

Actividades

EJERCICIOS PARA PRACTICAR

Unidades de longitud

76. Expresa las siguientes medidas en metros.

a) 32,5671 km
b) 145 267 mm
c) 13,2 dam
d) 25,42 dm
e) 0,012 hm
f) 155,5 cm

77. Expresa las siguientes medidas en kilómetros.

a) 156,482 hm
b) 23 001 cm
c) 3325 dam
d) 42 000 dm
e) 502 m
f) 2 650 000 mm

78. Copia y completa la siguiente tabla de equivalencias.

hm	dam	m	dm	cm
45	●●●	●●●	●●●	●●●
●●●	●●●	●●●	●●●	652
●●●	●●●	256,7	●●●	●●●
●●●	12,33	●●●	●●●	●●●
●●●	●●●	●●●	0,789	●●●

79. Copia y completa en tu cuaderno las siguientes igualdades.

a) 17 hm = ●●● dam = ●●● dm
b) 0,0458 km = 4,58 ●●● = 4580 ●●●
c) 15 421 mm = ●●● m = 154,21 ●●●
d) 167 dm = ●●● mm = 0,0167 ●●●

80. Expresa las siguientes medidas en metros.

a) 3 km 7 hm 2 dam 5 m
b) 16 dam 5 m 3 dm 5 cm
c) 7 hm 3 m 5 cm
d) 4,3 dam 58 m 73,4 dm
e) 5 km 9 dam 2 dm 3 cm
f) 0,86 km 3 hm 16 dam 22,45 dm

81. Escribe en forma compleja.

a) 652,4 dam
b) 1682,45 cm
c) 35,908 m
d) 3,4178 hm

ACTIVIDAD **RESUELTA**

82. Realiza la siguiente suma.

16,752 hm + 45 m + 13 603 mm

Para poder hacer la suma hay que expresar todas las cantidades en la misma unidad.

16,752 hm + 45 m + 13 603 mm =
= 1675,2 m + 45 m + 13,603 m =
= 1733,803 m

83. Realiza las siguientes operaciones.

a) 0,74 km + 16,33 dam + 4588 dm
b) 6 hm 5 dam 7 m − 3 dam 8 dm 9 cm
c) 5 · (4 dam 7 m 3 cm 6 mm)
d) (8 hm 9 m 6 dm 5 cm 5 mm) : 11

Unidades de masa

84. Expresa las siguientes medidas en gramos, decagramos y kilogramos.

a) 485 hg
b) 46 mg
c) 0,0024 t
d) 15 428 cg
e) 0,06 q
f) 439 dg

85. Expresa las siguientes masas en gramos.

a) 17 dg 6 cg
b) 7 hg 1 dg
c) 2 dag 9 g 3 dg 9 cg
d) 6 kg 477 dag

86. Expresa en forma compleja.

a) 5415,62 kg
b) 76,499 hg
c) 10,109 dag
d) 9 962 235 mg

87. Realiza las siguientes operaciones.

a) 5 t + 4 q + 12 900 kg
b) 99,37 kg − 165 992 dg
c) 10 · (2 mag 5 kg 9 hg)
d) (6 kg 9 hg 5 g 7 dg) : 4

Unidades de capacidad

88. Expresa las siguientes medidas de capacidad en litros.

a) 16 daL
b) 0,05 hL
c) 520 cL
d) 14 612 mL

89. Expresa las siguientes medidas de capacidad en centilitros.

a) 5 L
b) 0,0067 kL
c) 2 daL 3 L 3 dL 8 cL
d) 1,6 L 488 mL

90. Expresa en forma compleja.

a) 3,457 68 kL
b) 21,903 daL
c) 290 672 mL
d) 348,2 dL

91. Copia y completa en tu cuaderno las siguientes igualdades.

a) 15 L = ●●● kL = ●●● dL = ●●● daL
b) 8,89 hL = 8890 ●●● = ●●● kL = 889 000 ●●●
c) 345,179 kL = ●●● daL = ●●● dL = 345 179 ●●●
d) 5321 mL = 5,321 ●●● = 0,005 321 ●●● = ●●● L

Actividades

ACTIVIDAD **RESUELTA**

92. Indica cuánto falta o cuánto sobra para completar un litro en cada caso.

a) 0,36 daL b) 7 dL 6 cL 8 mL

Expresamos las medidas en litros y restamos.

a) 0,36 daL = 3,6 L ⇒ sobran 3,6 − 1 = 2,6 L.

b) 7 dL 6 c L 8 mL = 0,768 L ⇒ faltan 1 − 0,768 = 0,232 L.

93. Indica en cada caso cuánto falta o cuánto sobra para completar un litro.

a) 23 cL 48 mL c) 92 cL 92 mL

b) 1 dL 7 mL d) 0,0073 kL

94. Realiza las siguientes operaciones.

a) 2 L 3 dL 7 cL + 7 L 6 dL 8 cL

b) 24,37 kL − 4555 daL

c) 7 · (2 hL 5 daL 6 L)

d) (6 kL 5 daL 5 L 2 dL) : 5

Unidades de superficie

95. Expresa las siguientes medidas en metros cuadrados.

a) 36 dam^2 c) 1,9 hm^2

b) 1255 mm^2 d) 150 cm^2

96. Expresa las siguientes medidas en centímetros cuadrados.

a) 8 hm^2 6 dam^2 c) 1,9 m^2 16,88 dm^2

b) 37 dam^2 15 m^2 d) 1 m^2 150 cm^2 488 mm^2

97. Copia y completa en tu cuaderno las siguientes igualdades.

a) 6 hm^2 = ●●● dam^2 = ●●● dm^2

b) 0,047 km^2 = 4,7 ●●● = 47 000 ●●●

c) 3 600 000 mm^2 = ●●● m^2 = 0,036 ●●●

d) 8,45 dm^2 = ●●● mm^2 = 0,000 845 ●●●

98. Expresa las siguientes medidas en áreas.

a) 167 m^2 c) 4,858 dam^2

b) 15 000 mm^2 d) 3 km^2 76 hm^2

99. Expresa las siguientes medidas en metros cuadrados.

a) 25 ha d) 3 ha 45 a 77 ca

b) 47 205 ca e) 56,8 ha 311,5 a

c) 175 843 ca f) 5,6 ha 9 a 63,2 ca

100. Escribe en forma compleja.

a) 2216,43 dm^2 c) 59 359,08 dam^2

b) 3621,5 m^2 d) 1670,54 mm^2

101. Suma las siguientes medidas de superficie.

a) 2 hm^2 + 165 dam^2 + 98 200 m^2

b) 16 ha + 475 a + 9900 ca

c) 16 hm^2 25 dam^2 88 m^2 + 7 ha 19 a 45 ca

d) 288 dm^2 + 4915 cm^2 + 77,4 m^2

Unidades de volumen

102. Expresa las siguientes medidas en metros cúbicos.

a) 415 dam^3 c) 0,079 hm^3

b) 22 000 000 mm^3 d) 250 dm^3

103. Expresa en forma compleja.

a) 4 778 558 m^3 c) 2251,4778 cm^3

b) 26 623 165 cm^3 d) 9988,007 421 hm^3

104. Expresa las siguientes medidas en centímetros cúbicos.

a) 18 dm^3 675 cm^3 c) 0,12 m^3 441 dm^3

b) 0,00715 m^3 d) 150 cm^3 4988 mm^3

105. Copia y completa en tu cuaderno las siguientes igualdades.

a) 3548 dm^3 = ●●● dam^3 = ●●● m^3

b) 0,007 km^3 = 7 ●●● = 7 000 000 ●●●

c) 3 600 000 mm^3 = ●●● m^3 = 3,6 ●●●

d) 1211,4 dm^3 = ●●● mm^3 = 0,0012114 ●●●

106. Ordena de menor a mayor las siguientes medidas.

1 dam^3 | 0,000 18 hm^3 | 1675 m^3 | 0,001 km^3 | 0,000 11 m^3 | 12,35 cm^3 | 12 880 mm^3

107. Indica en cada caso la cantidad que hace falta para completar un decímetro cúbico.

a) 0,534 dm^3 c) 120 cm^3 488 mm^3

b) 25 cm^3 d) 645 778 mm^3

Relación entre unidades de volumen y de capacidad

108. Expresa estas medidas de capacidad en decímetros cúbicos.

a) 8,75 daL c) 6 kL 8 hL 3 L 9 dL

b) 560 mL d) 470 L 366 cL

109. Expresa estas medidas de capacidad en centímetros cúbicos.

a) 3,2 L c) 5 hL 4 daL 2 L 8 dL

b) 26 cL d) 160 cL 488 mL

110. Expresa estas medidas de volumen en litros.

a) 333 cm^3

b) 2000 mm^3

c) 2 dm^3 45 cm^3

d) 588 cm^3 9 mm^3

111. Ordena de menor a mayor.

980 cm^3	0,99 L	0,095 m^3
94 900 mL	0,9 dm^3	0,009 kL

112. Realiza las siguientes operaciones.

a) 0,74 kL + 230 dm^3 − 45881 cm^3

b) 2 dam^3 5 m^3 7000 dm^3 − 3 hL 8 daL

c) 250 mL − 250 mm^3

d) 3,6 m^3 − 455 dL − 28,4 daL − 7540,45 cm^3

Unidades monetarias

113. Expresa en euros las siguientes cantidades.

a) 28 € 30 CENT

b) 28 € 3 CENT

c) 147 CENT

d) 4890 CENT

114. Indica cómo pagar las siguientes cantidades usando la menor cantidad posible de monedas y billetes.

a) 76,29 €   b) 10,93 €   c) 127,81 €

115. En la tabla aparecen las equivalencias entre varias divisas.

Euro (€)	1
Dólar ($)	1,3296
Libra (£)	0,8605
Yen (¥)	130,3806

Realiza las siguientes conversiones.

a) 25 € en dólares

b) 2000 € en yenes

c) 40 £ en euros

d) 1000 $ en libras

Medidas directas, precisión y estimación

116. Calcula el error absoluto cometido en cada una de las siguientes situaciones.

a) Una bolsa de naranjas tiene una masa de 1,98 kg y en la báscula pone 2 kg.

b) El alcalde de un pueblo de 2521 habitantes dice que tiene unos 2500.

c) Un pívot mide 213 cm, y en el periódico afirman que mide 2,15 m.

d) En una lata de espárragos pone que tiene una masa de 200 g y en realidad tiene 208 g.

e) Una barra de cortina indica en la etiqueta que mide 2 m y en realidad mide 198,5 cm.

117. Al realizar varias mediciones se han redondeado los resultados. Indica el error absoluto cometido en cada caso.

Valor real	Aproximación
2,57 hg	260 g
924,33 cm^3	1 dm^3
0,333 L	33 cL
2857,43 dam	29 km
0,049 ha	5 dam^2
15,368 kg	15370 g

118. Alfonso mide el patio de su casa, que es rectangular. Como no tiene ningún instrumento para medirlo, decide hacerlo en pasos. Obtiene unas medidas de 8 pasos de largo y unos 13 pasos y medio de ancho.

La longitud de su paso es de 0,65 m.

Si las dimensiones reales del patio son 5,5 m de ancho y 8,6 metros de largo, ¿cuál es el error cometido por Alfonso al medir? ¿Y al calcular la superficie a partir de sus pasos?

Actividades de síntesis

ACTIVIDAD **RESUELTA**

119. Explica mediante un dibujo por qué 1 dm^2 equivale a 100 cm^2.

Un decímetro cuadrado es el área de un cuadrado de un decímetro de lado.

Si dividimos los lados en unidades de 1 cm, se forma una cuadrícula de 100 cuadrados, cada uno de los cuales mide 1 cm^2.

120. Justifica que 1 dm^3 = 1000 cm^3 ayundándote de un dibujo.

121. Un decímetro cúbico de agua destilada tiene una masa de un kilogramo.

a) Determina el volumen de 5 kg 4 hg 21 g de agua destilada y exprésalo en centímetros cúbicos.

b) ¿Existe alguna relación entre la masa del agua destilada expresada en gramos y su volumen dado en centímetros cúbicos?

Actividades

PROBLEMAS **PARA RESOLVER**

122. Mario mide 165 cm. Ha ido a ver la Torre Eiffel, en París, que tiene una altura de 324 m.

¿Cuántas veces es la torre más alta que Mario?

123. Julián ha comprado 10 m de cuerda, y la ha dividido en tres trozos. El primer trozo mide 257 cm, y el segundo mide 67 dm. ¿Cuánto medirá el tercer trozo?

124. En un restaurante han comprado 10 L de aceite y lo quieren repartir en aceiteras pequeñas de 15 cL de capacidad.

a) ¿Cuántas aceiteras se pueden llenar completamente?

b) ¿Qué cantidad de aceite sobra?

125. ¿Cuál es el volumen del depósito de esta motocicleta en centímetros cúbicos?

PROBLEMA **RESUELTO**

126. Para embaldosar un suelo se han usado piezas rectangulares de 10 cm de largo y 5 cm de ancho.

Si en total se han utilizado 1920 baldosas, ¿qué superficie, en metros cuadrados, se ha embaldosado?

Cada pieza mide $10 \cdot 5 = 50$ cm^2.

Como se han utilizado 1920 baldosas, para calcular la superficie multiplicamos.

$$1920 \cdot 50 = 96\,000 \text{ cm}^2 = 9{,}6 \text{ m}^2$$

El suelo tiene una superficie de 9,6 m^2.

127. Un campo de fútbol tiene 7140 m^2 de superficie. La selva amazónica tiene una superficie aproximada de seis millones de kilómetros cuadrados. ¿A cuántos campos de fútbol equivale?

128. Nuria mide la distancia que hay desde su casa hasta la casa de sus abuelos. En total ha dado 537 pasos. Si cada uno de sus pasos mide aproximadamente 60 cm, ¿a qué distancia se encuentra la casa de sus abuelos?

129. Un tanque de agua tiene un volumen de 15,43 m^3.

a) El tanque está lleno hasta los $\frac{2}{5}$ de su capacidad. ¿Cuántos metros cúbicos de agua contiene?

b) ¿Cuántos litros de agua faltan para llenar ese tanque?

130. Hemos construido un pequeño cubo de 5 cm de lado con el que queremos llenar un recipiente de 4 L.

a) ¿Cuántos cubos harán falta para llenar el recipiente?

b) Si el recipiente tuviera una capacidad de 0,75 L, ¿se podría llenar con un número exacto de cubos?

131. Emprende

Para medir el tiempo sin reloj se suelen emplear varios trucos. En Estados Unidos, por ejemplo, se cuentan "Mississippis", ya que en decir esa palabra se tarda aproximadamente un segundo. Así, la frase "un Mississippi, dos Mississippis, tres Mississippis", leída a un ritmo normal, dura unos 3 segundos.

a) Cuenta 10 segundos de esta forma, mientras alguien cronometra ese tiempo. ¿Cuál es el error que cometes?

b) En español se puede utilizar alguna palabra de parecida longitud. Busca una palabra adecuada y realiza la misma prueba. Calcula el error que cometes con la palabra que has elegido y compara tu resultado con tus compañeros.

132. La arroba era una unidad de masa usada en España durante siglos. La arroba castellana equivalía a 11,5 kg, y era la cuarta parte del quintal.

a) ¿Cuál era la masa de un quintal castellano?

b) El cerdo ibérico suele tener una masa de 14 o 15 arrobas. ¿A cuántos kilogramos equivalen?

133. El médico ha mandado a un enfermo un medicamento en polvo. Estas son las instrucciones:

"Administrar 12 mg por cada kilogramo de masa del paciente, hasta un máximo de 0,75 g".

a) ¿Qué dosis debe tomar un paciente que tenga una masa de 60 kg?

b) ¿A partir de qué masa se alcanza la dosis máxima?

134. Olga ha comprado una estantería para colocar sus libros. En la tienda le han dicho que cada balda puede soportar una masa máxima de 20 kg.

Olga tiene 300 libros, cada uno de los cuales tiene una masa de unos 800 g de media.

¿Cuántas baldas necesitaría para poder colocar toda su colección?

135. Un turista de Estados Unidos viaja a México durante sus vacaciones. En ese momento, el tipo de cambio es de 12,8 pesos por dólar.

a) Si cambió 375 dólares, ¿cuántos pesos lleva?

b) En una tienda, un pequeño recuerdo se vende por 15 dólares o por 190 pesos. ¿Qué moneda debe elegir para pagar menos?

136. Marta va todos los días de su casa al instituto andando, pero no sabe qué distancia recorre.

Para poder medirla, cuenta el tiempo que tarda en hacer el trayecto, 17 minutos. El patio del instituto tiene 525 m de perímetro, y andando al mismo ritmo tarda 7 minutos en recorrerlo.

a) ¿Cuántos kilómetros recorrerá en una hora?

b) ¿Qué distancia hay, aproximadamente, entre su casa y el instituto?

137. Guillermo viaja por el mundo con cierta frecuencia, y se ha hecho un lío con los cambios de divisas. Primero viajó a Londres, donde la moneda es la libra, que estaba a 1,16 euros. Después viajó a Noruega, donde la moneda es la corona, que equivalía a 0,9 libras. Para terminar, viajó a Rusia, donde el rublo cotizaba a 0,18 coronas.

En Rusia compró un reloj que le costó 4500 rublos. ¿Qué precio tiene el reloj en euros?

ACTIVIDADES **PARA PENSAR MÁS**

138. Colocamos seis toallas idénticas extendidas en la playa como indica la figura, formando un rectángulo cuyo perímetro medía 1260 cm.

¿Cuál es, en decímetros, el perímetro de cada toalla?

A. 54 C. 27

B. 30 D. 21

139. La distancia entre dos ciudades es de 150 km. Juan tiene un mapa en el que estas ciudades distan 300 mm. ¿Cuál es la escala del mapa de Juan?

A. 1:500 000 C. 1:500

B. 30:150 D. 1:2000

140. Una botella llena de cierto líquido tiene una masa de kilo y medio. Cuando está solo hasta la mitad su masa es 1200 g. Un camión que puede transportar hasta 9 toneladas, ¿cuántas botellas vacías podrá llevar?

A. 100 C. 10 000

B. 1000 D. 100 000

141. En el laboratorio del instituto tienen cuatro tipos de vasos de 100 mL, con las siguientes graduaciones.

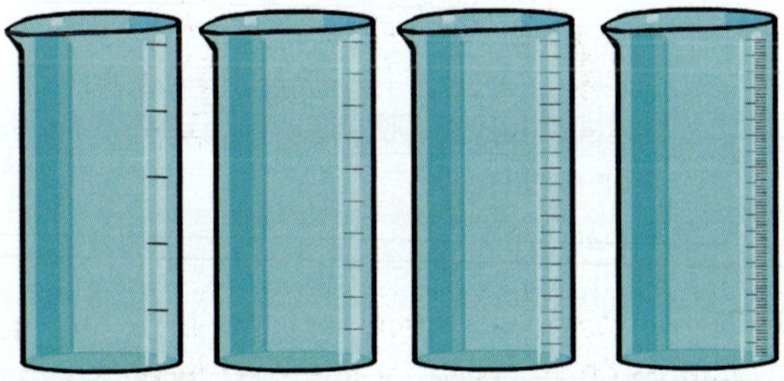

A. 20 mL B. 10 mL C. 5 mL D. 1 mL

¿Qué vaso utilizarías para medir 47 ml de una sustancia?

Encuentra el error

142. Observa esta conversación entre dos personas:

– La masa de esta botella es 80 g mayor que la de su tapón.
– ¿Cuál es la masa de cada cosa?
– Entre los dos, 85 g.
– Entonces es fácil... la masa del tapón es 5 g.

¿Es cierto?

Ponte a prueba

PROBLEMA **RESUELTO** **Pequeños gestos que suman mucho**

Los reductores de caudal son unos dispositivos muy sencillos que se ponen en los grifos para disminuir el caudal sin que se produzca la sensación de que sale poca agua. Ahorran hasta un 40 % de agua en cada ducha. Pero no solo ahorras agua, como te duchas con agua caliente también ahorras energía y no produces CO_2. Al calentar 1 L de agua se emiten unos 10 g de CO_2 a la atmósfera.

1. Si en cada ducha puedes ahorrar 25 L de agua, ¿cuántos metros cúbicos de agua ahorrará una familia de cuatro personas al año?
2. ¿Cuántos kilos de CO_2 dejará de emitir a la atmósfera dicha familia?
3. Las bolsas de plástico tardan unos cuatrocientos años en degradarse. Solo un 10 % se recicla, y el resto va a parar a los basureros o, en el peor de los casos, a los océanos. Además, al producir una bolsa de plástico se emiten a la atmósfera unos 30 g de CO_2. Si la misma familia anterior usa 15 bolsas de basura a la semana, ¿cuántos kilogramos de CO_2 suponen?

SOLUCIÓN

1. Suponiendo que una persona se ducha una vez al día, se estima que dicha familia ahorra 100 L al día, es decir, 36 500 L al año. Ahorrarán 36 500 L = 36,5 kL = 36,5 m^3 de agua al año.
2. $36\,500 \cdot 10$ g = 365 000 g. Dejarán de emitir 365 kg de CO_2 al año.
3. Como gastan 9 bolsas a la semana, en un año gastarán $9 \cdot 52 = 450$ bolsas. Al año suponen $450 \cdot 0{,}03 = 13{,}5$ kg de CO_2.

La sal de la vida

La Organización Mundial de la Salud (OMS) recomienda no consumir más de 5 g de sal al día. Sin embargo, el consumo medio en España casi duplica esa cantidad.

Carmen está siguiendo una dieta en la que no debe tomar más de 3 g de sal al día. A la hora de comer, tiene varios productos para elegir.

Producto	Cantidad de sal por cada 100 g de producto
Patatas fritas	6,5 dg
Atún en lata	0,31 g
Tomate frito	42 cg
Embutido	1,235 g
Judías	0,6 cg
Mantequilla	0,000 285 kg
Hamburguesa	0,056 dag
Galletas	6 dg
Pan	49 cg
Queso	0,45 g
Leche	5 mg

1. Ordena los alimentos en función de la proporción de sal que contienen, de menor a mayor.
2. Antes de ver la lista, Carmen había elegido una hamburguesa de 150 g, 50 g de pan, 100 g de patatas fritas y 20 g de tomate frito. ¿Cuánta sal le aportaría esta comida?
3. Carmen decide que solo comerá los tres alimentos de la lista que contengan menos sal, ya que así podrá consumir más cantidad y no pasará hambre. ¿Es recomendable esa dieta? ¿Por qué?

Densidad

El agua y el aceite tienen distinta densidad. La densidad del aceite es, aproximadamente, 900 kg/m³, lo que quiere decir que un metro cúbico de aceite pesa 900 kg, mientras que la densidad del agua es 1000 kg/m³. En la tabla aparecen las densidades de algunas sustancias.

Sustancia	Densidad (kg/m³)
Agua	1000
Agua de mar	1030
Alcohol	780
Cuerpo humano	950
Gasolina	680
Madera	700
Mercurio	13 580
Oro	19 300
Plomo	11 340
Sangre	1060

1. Las sustancias aparecen por orden alfabético. Ordénalas de menor a mayor densidad.
2. ¿Cuántos kilogramos pesará un litro de gasolina? ¿Y un litro de mercurio?
3. Al mezclar agua y aceite, el aceite flota, por ser menos denso. ¿Qué ocurre cuando hay un vertido de gasolina en el mar?
4. ¿Dónde flotaría mejor una persona?
   A. En una piscina B. En el mar C. En un contenedor de gasolina D. En un depósito lleno de alcohol
5. El hielo tiene una densidad de 0,92 kg/m³. Si congelamos un litro de agua, ¿el volumen de hielo será mayor o menor que un decímetro cúbico? Razona la respuesta y da un ejemplo que apoye tu teoría.

AUTOEVALUACIÓN

1. **Expresa las siguientes medidas en decámetros.**
   a) 3,8996 km
   b) 677 cm
   c) 0,03485 hm
   d) 15 312 dm
2. **Realiza las siguientes operaciones.**
   a) 5 kg 6 hg 9 g + 82 900 mg
   b) 361,5 kg – 0,235 q
   c) 6 · (7 kg 9 dag 5 g 5 dg)
   d) (9 mag 6 hg 8 g) · 16
3. **Un terreno mide 360 m². Expresa esta medida en las siguientes unidades.**
   a) Decímetros cuadrados
   b) Hectáreas
   c) Decámetros cuadrados
4. **Expresa las siguientes medidas en forma compleja.**
   a) 25 771 488 m³
   b) 556 766,4992 dm³
5. **Expresa estas medidas en decímetros cúbicos y ordénalas de menor a mayor.**
   415 L 0,0415 dam³ 41 500 mL 4,15 m³
6. **Una pared mide 5,6 m de largo y 3,2 m de alto. ¿Cuánto costará empapelarla con un papel que tiene un precio de 7 € por metro cuadrado?**
7. **Un termo tiene un depósito de 98 000 cm³. ¿Qué capacidad tiene?**
8. **En un viaje a Nueva York, Paula quiere comprar una cámara de fotos que cuesta 526 dólares. Si el tipo de cambio es de 1,35 dólares por euro, ¿cuál es el precio en euros de la cámara?**
9. **Para medir el grosor de una hoja de su libro, Daniel cuenta el número de páginas, 270, y mide el grosor de todas juntas, 0,12 dm. ¿Qué grosor tendrá cada hoja? Exprésalo en la unidad más apropiada.**
10. **Calcula el error cometido al tomar 4,8 kg como valor aproximado de 4797,36 g.**

smSaviadigital.com VALORA LO APRENDIDO > Autoevaluación.

11 Elementos geométricos

- ¿Qué elementos geométricos puedes dibujar en un plano?
- ¿Cómo puedes dividir un segmento por la mitad? ¿Y un ángulo?
- ¿Qué tipos de ángulos conoces?
- ¿Cómo se miden? ¿Los puedes sumar? ¿Y restar?
- ¿Qué es una circunferencia? ¿Y un círculo?

Lee y comprende

Sobre la naturaleza de Planilandia

Llamo a nuestro mundo Planilandia, no porque nosotros le llamemos así, sino para que os resulte más clara su naturaleza a vosotros, mis queridos lectores, que tenéis el privilegio de vivir en el espacio.

Imaginad una vasta hoja de papel en la que líneas rectas, triángulos, cuadrados, pentágonos, hexágonos y otras figuras, en vez de permanecer fijas en sus lugares, se moviesen libremente, en o sobre la superficie, pero sin capacidad de elevarse por encima ni de hundirse por debajo de ella, de una forma muy parecida a las sombras (aunque unas sombras duras y de bordes luminosos) y tendréis entonces una noción bastante correcta de mi patria y de mis compatriotas…

En un país de estas características, comprenderéis inmediatamente que es imposible que pudiese haber nada de lo que vosotros llamáis género "sólido"; pero me atrevo a decir que supondréis que nosotros podríamos al menos distinguir con la vista los triángulos, los cuadrados y otras figuras, moviéndose de un lado a otro tal como las he descrito yo. Por el contrario, no podríamos ver nada de ese género, al menos no hasta el punto de distinguir una figura de otra. Nada era visible, ni podía ser visible para nosotros salvo líneas rectas; y demostraré enseguida la inevitabilidad de esto.

Poned una moneda en el centro de una de vuestras mesas de Espacio; e inclinándoos sobre ella miradla. Parecerá un círculo.

Pero ahora, retroceded hasta el borde de la mesa, id bajando la vista gradualmente (situándoos poco a poco en la condición de los habitantes de Planilandia) y veréis que la moneda se va haciendo oval a la vista; y por último, cuando hayáis situado la vista exactamente en el borde de la mesa (hasta convertiros realmente, como si dijésemos, en un planilandés) la moneda habrá dejado por completo de parecer ovalada y se habrá convertido, desde nuestro punto de vista, en una línea recta.

Edwin A. Abbott
Planilandia. Ed. José J. de Olañeta 2011

Reflexiona y saca conclusiones

¿Cómo verías a un habitante de Planilandia, un triángulo, un cuadrado, si se acerca a ti?, ¿podrías distinguirlos?

En Planilandia las clases sociales se clasifican según el número de lados del polígono: los triángulos son la clase más baja y según aumenta el número de lados se asciende socialmente, ocupando la cúspide los círculos. Busca una explicación geométrica a esta clasificación.

Imagina y contesta

Nosotros vivimos en un universo de tres dimensiones. Si pudiésemos entrar en Planilandia ¿cuál sería tu forma? ¿Por qué?

1 Puntos, rectas y ángulos

KANDINSKY, V.: *Composición VIII* (1923).

Puntos y rectas

El pintor Vassily Kandinsky (1866-1944) plasmó en su obra, como otros muchos artistas, dibujos de puntos, rectas y otros objetos.

Una mota de polvo, un grano de arena, una marca redondeada con un lápiz afilado, una estrella lejana, sugieren la idea de **punto**.

Pero el punto solo lo podemos imaginar porque... ¡no tiene ni longitud ni anchura!

- Un **punto** es un elemento geométrico sin largo ni ancho. Se utiliza para indicar una posición en el espacio.

  Los puntos se nombran con letras mayúsculas *A*, *B*, *C*...
- Una **recta** es una línea sin principio ni fin formada por infinitos puntos que se extienden en la misma dirección. La recta no tiene ancho pero sí largo.

  Las rectas se nombran con letras minúsculas *r*, *s*, *t*...

Ejemplo ▸ ¿Cuántas rectas pasan por un punto? ¿Y por dos? ¿Y por tres?

- Por un punto pasan infinitas rectas.

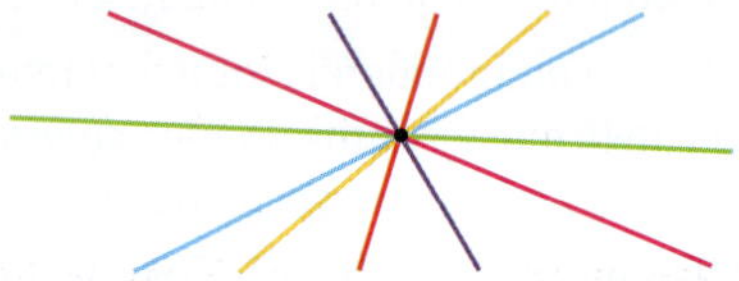

- Por dos puntos sólo pasa una recta.

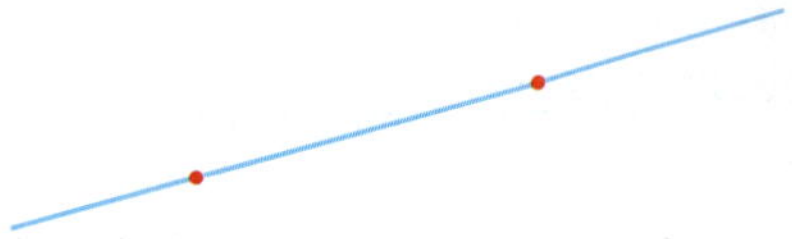

- Por tres puntos pasa una única recta si están alineados, o tres rectas si no lo están.

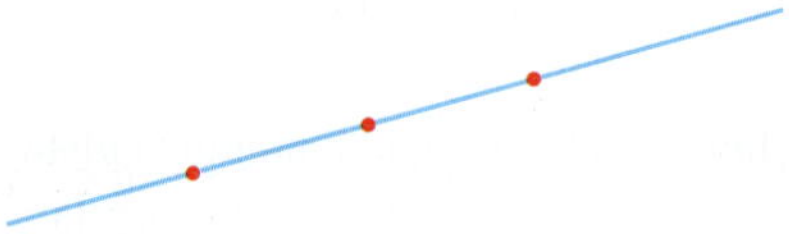

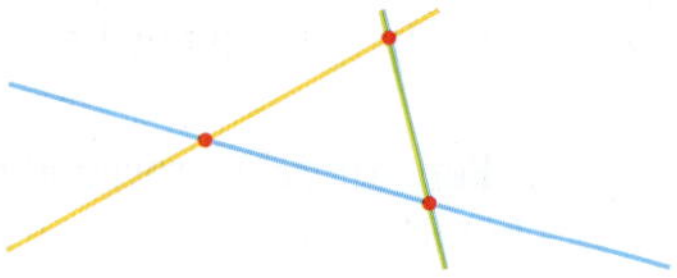

MAT-TIC GeoGebra

Entra en smSaviadigital.com y familiarízate con las herramientas de GeoGebra.

- Un punto sobre una recta determina dos **semirrectas**.

  Una semirrecta tiene principio y no tiene final.

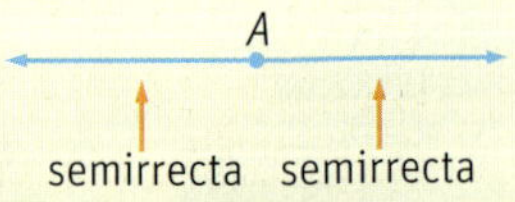

- Un **segmento** es la porción de recta comprendida entre dos puntos.

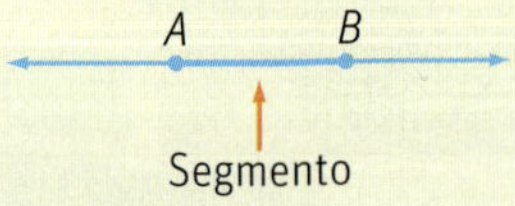

Ten en cuenta

Las posiciones de puntos, rectas..., se llaman "relativas" porque se definen una respecto de la otra.

Decir que un punto es exterior no tiene sentido, pero decir que un punto es exterior a una recta sí tiene sentido.

La posición relativa de dos rectas en el plano depende del número de puntos que tengan en común.

Paralelas	Secantes	Coincidentes
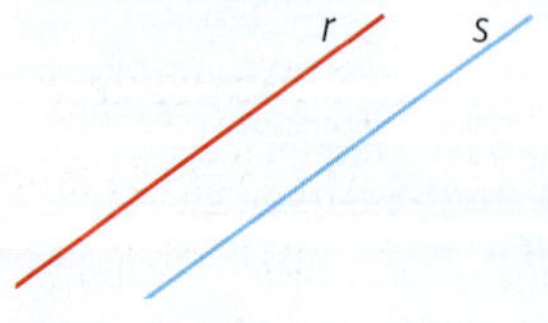	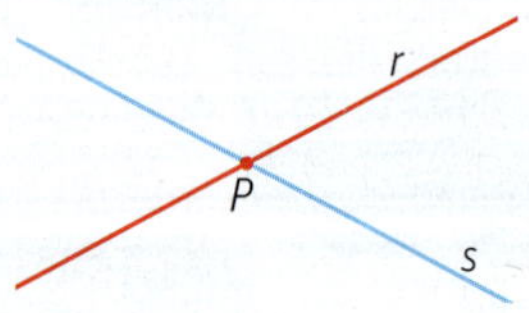	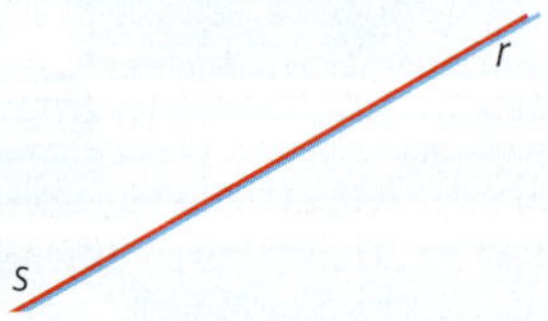
No tienen ningún punto común.	Se cortan en un punto.	Todos sus puntos son comunes.

Ángulos

Dos rectas secantes dividen el plano en cuatro partes o regiones. Cada una de esas partes se llama **ángulo**.

- Cada una de las semirrectas que limitan un ángulo se llama **lado**.
- El punto de inicio común a las dos semirrectas se llama **vértice**.

Los ángulos se nombran habitualmente poniendo el símbolo ^ encima de una letra mayúscula: $\hat{A}$, $\hat{B}$, $\hat{C}$...

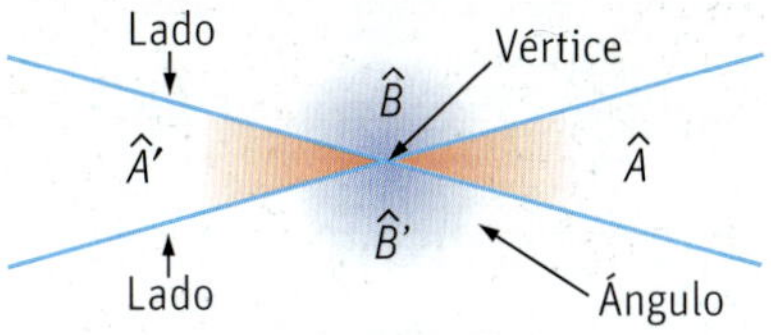

Cuando las rectas dividen al plano en cuatro partes iguales son **rectas perpendiculares** entre sí. Cada uno de los ángulos que forman es un **ángulo recto**.

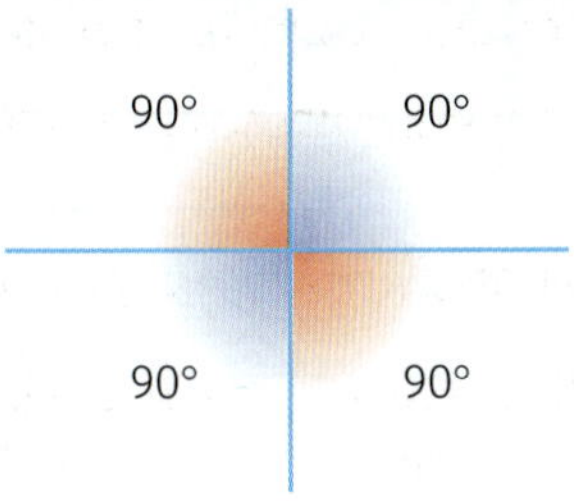

MAT-TIC GeoGebra

Entra en sm**Savia**digital.com y practica con los ángulos.

ACTIVIDADES

1. Representa cada una de las siguientes situaciones:

a) El punto *P* está contenido en dos rectas.

b) Los puntos *A*, *B* y *C* están alineados.

c) El punto *M* no pertenece a la recta *r*.

d) La recta *s* contiene al punto *C* y *D* pero no contiene al *P* ni al *Q*.

ACTIVIDAD **RESUELTA**

2. Dibuja una recta que sea paralela a la recta *r* y que pase por el punto *P* usando escuadra y cartabón.

1.º Colocamos la escuadra y el cartabón como se muestra en el dibujo y deslizamos la escuadra hacia el punto *P*.

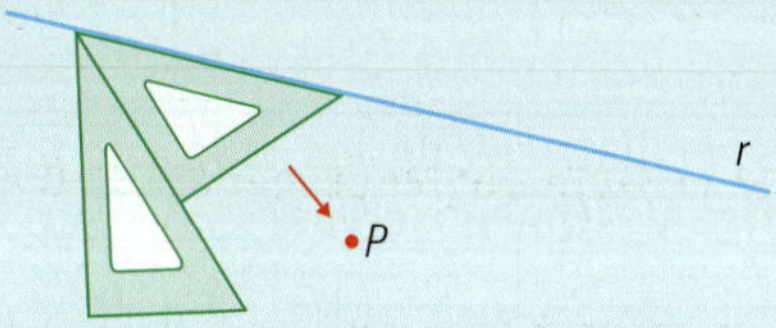

2.º Trazamos la recta pedida.

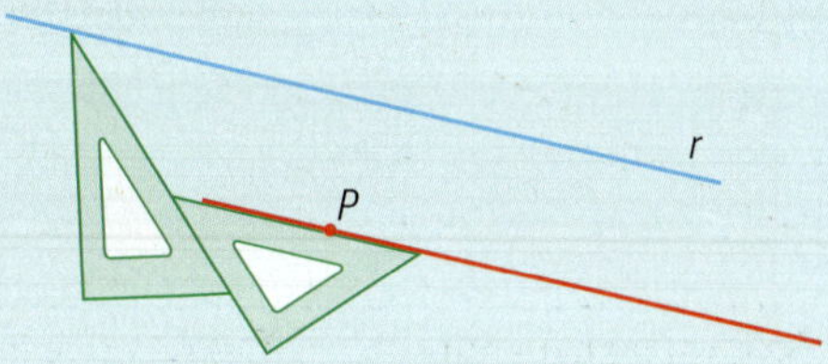

3. Copia y dibuja en tu cuaderno una recta paralela a *s* que pase por *P*.

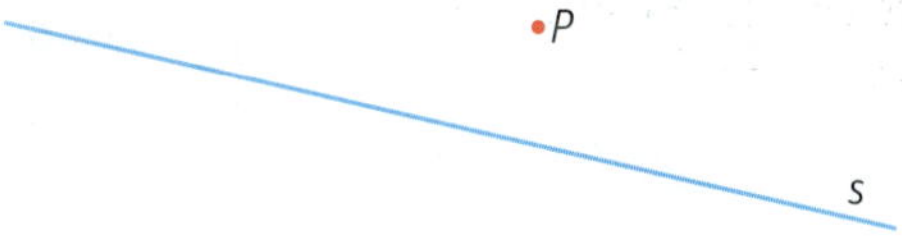

4. Indica qué rectas del siguiente dibujo son secantes, perpendiculares o paralelas. ¿Cuántos ángulos se forman?

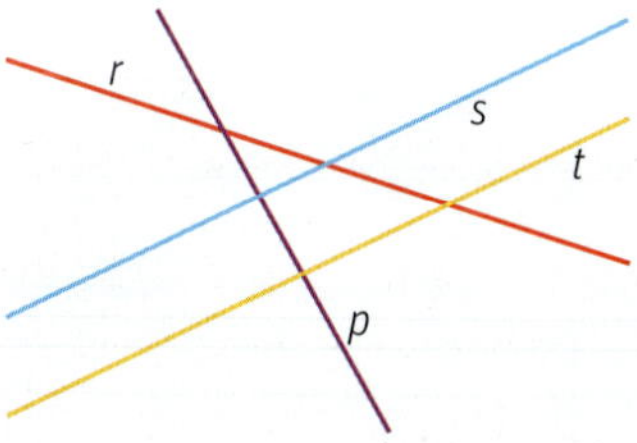

5. Copia y dibuja todas las rectas que pasen al menos por dos de los puntos. ¿Cuántos segmentos se forman?

a) 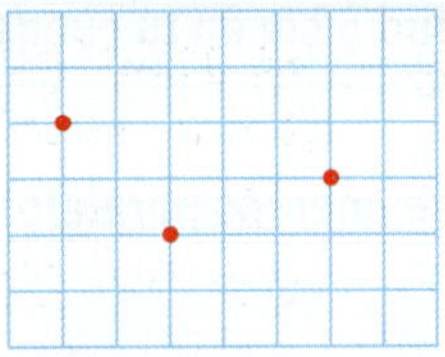

b) 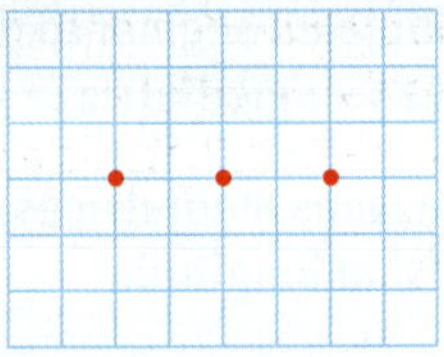

6. Responde verdadero o falso en tu cuaderno.

a) Por dos puntos cualesquiera solo puede pasar una recta.

b) Por tres puntos cualesquiera solo puede pasar una recta.

c) Por tres puntos cualesquiera pasan como mínimo dos rectas.

2 Mediatriz de un segmento

La **mediatriz** de un segmento es la recta perpendicular a dicho segmento y que pasa por su punto medio.

Todos los puntos de la mediatriz están a la misma distancia de los dos extremos del segmento.

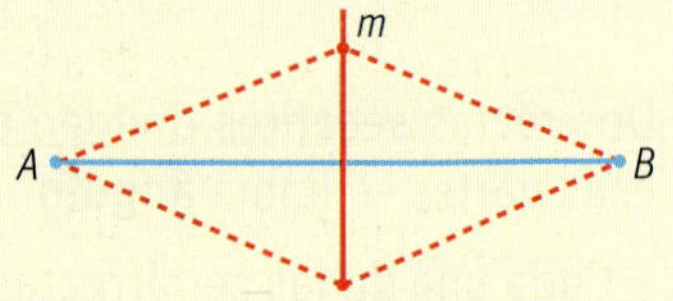

MAT-TIC GeoGebra

Entra en sm**Savia**digital.com y construye mediatrices y descubre todas sus propiedades.

Para construir la mediatriz del segmento *AB* seguimos estos pasos:

1.º Abrimos el compás con una abertura mayor que la mitad del segmento y, con centro en uno de los extremos, trazamos un arco.

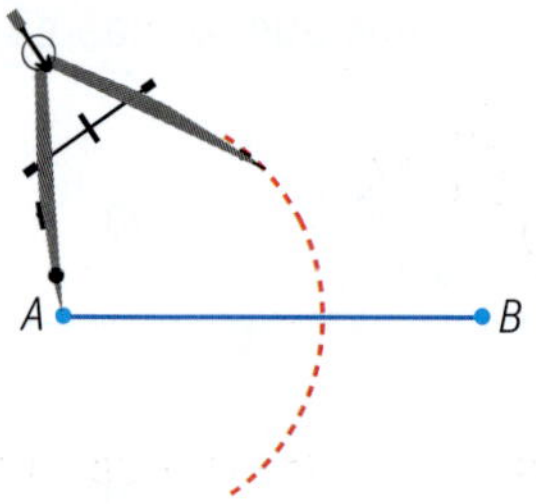

2.º Trazamos otro arco con centro en el otro extremo del segmento y la misma abertura del compás.

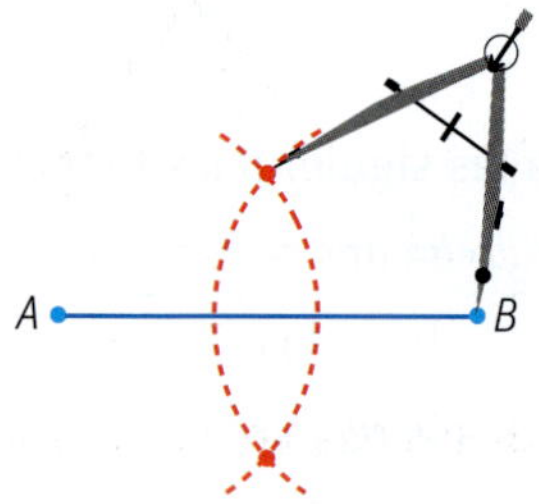

3.º Unimos los puntos donde esos arcos se han cortado y obtenemos la mediatriz, *m*.

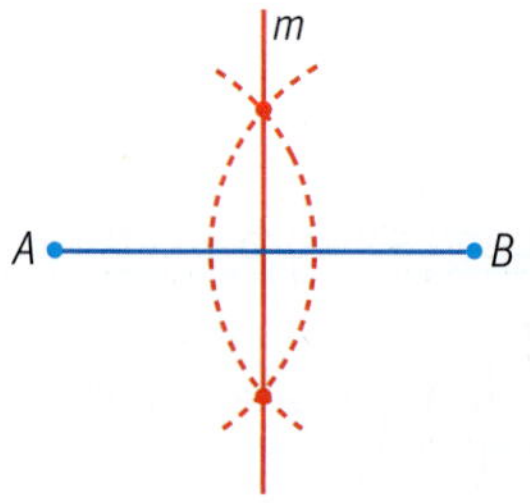

ACTIVIDADES

7. Dibuja un segmento de longitud 5 cm en tu cuaderno y traza su mediatriz.

8. Traza las mediatrices de dos segmentos paralelos de la misma longitud.

9. Copia la figura en tu cuaderno y traza la mediatriz del lado *AB*. ¿Qué observas?

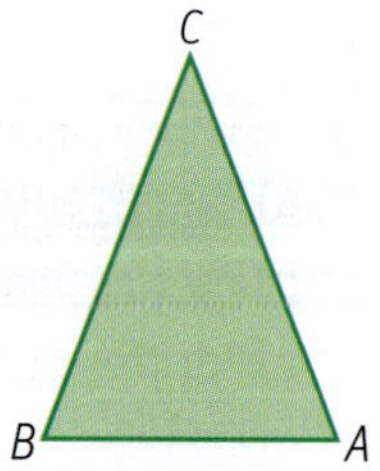

10. Traza las mediatrices de los lados *AF* y *CD* de la siguiente figura. ¿Qué observas?

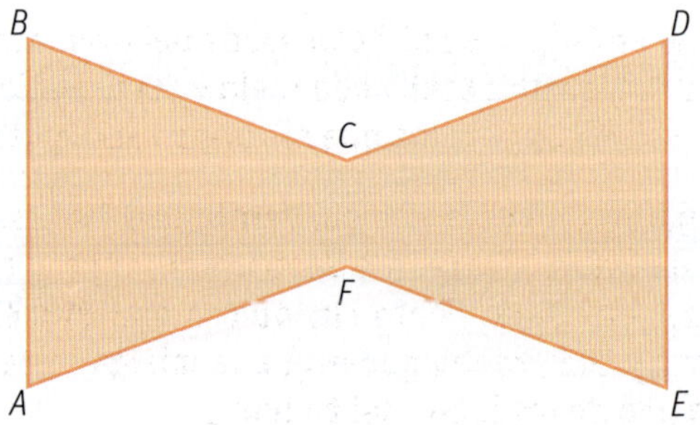

3 Bisectriz de un ángulo

La **bisectriz** de un ángulo es la semirrecta que divide al ángulo en dos partes iguales.

Todos los puntos de la bisectriz están a la misma distancia de los dos lados del ángulo.

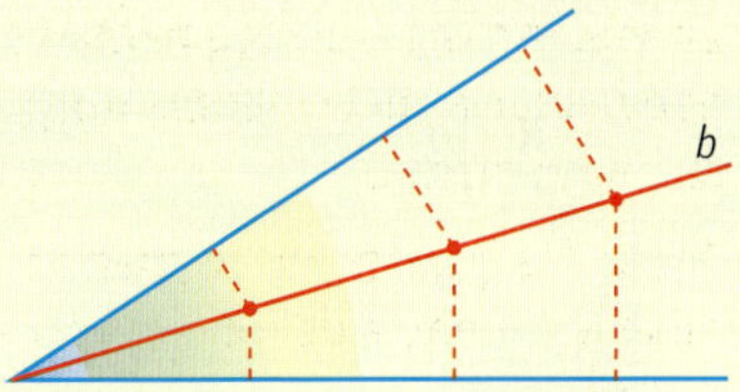

Para construir la bisectriz del ángulo $\hat{O}$ seguimos estos pasos:

1.º Con el compás y centro en el vértice trazamos el arco correspondiente al ángulo.

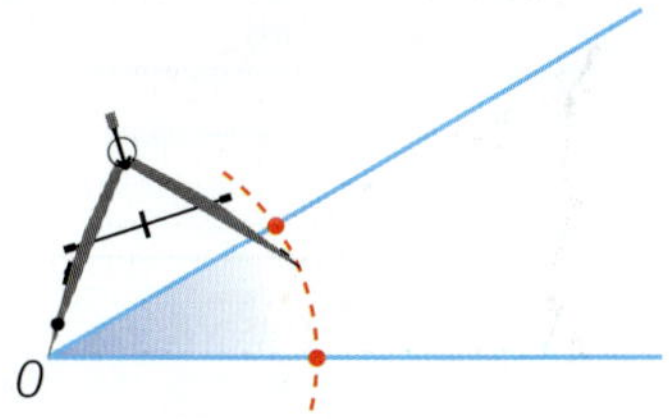

2.º Desde cada uno de los extremos de ese arco, trazamos un arco con la misma abertura.

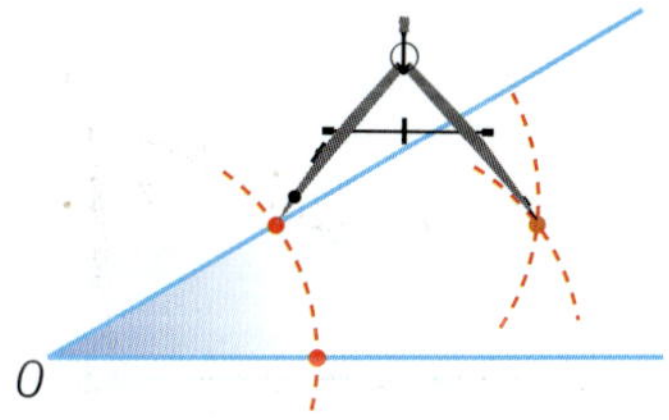

3.º Unimos el punto de corte de los dos arcos con el vértice del ángulo y obtenemos la bisectriz, *b*.

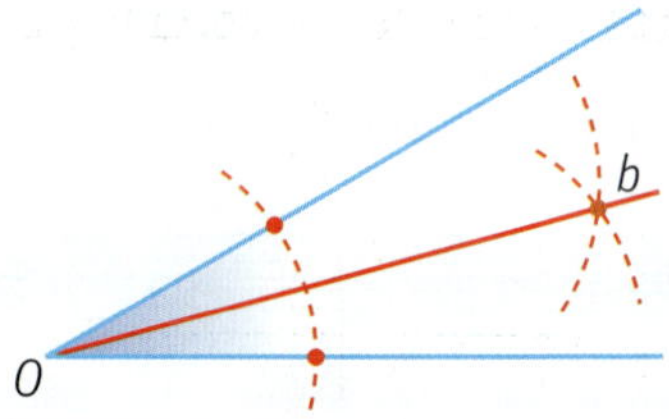

MAT-TIC GeoGebra

Entra en smSaviadigital.com y construye bisectrices.

ACTIVIDADES

11. Traza la bisectriz de un ángulo recto. ¿Cuánto mide cada uno de los ángulos resultantes?

12. Dibuja un ángulo de 55° con ayuda del transportador y traza su bisectriz utilizando regla y compás. Comprueba que los dos ángulos que se forman son iguales.

13. Dibuja un ángulo en tu cuaderno de 120° usando el transportador. Traza la bisectriz con regla y compás. Después elige un punto cualquiera que esté en la bisectriz y comprueba que está a la misma distancia de cada uno de los lados del ángulo.

14. Copia la figura en tu cuaderno y traza las bisectrices de los ángulos $\hat{A}$ y $\hat{B}$. ¿Qué observas?

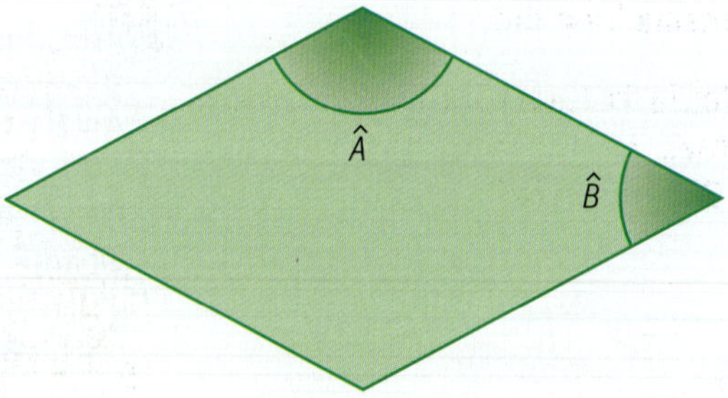

4 Clasificación y relaciones entre ángulos. Medida

MAT-TIC GeoGebra

Entra en smSaviadigital.com y clasifica distintos ángulos.

Clasificación de los ángulos

Recto	Agudo	Obtuso
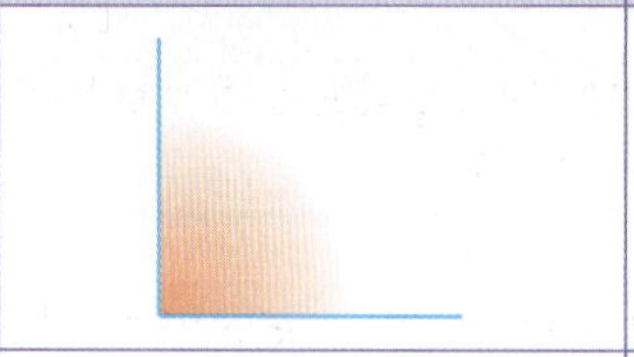	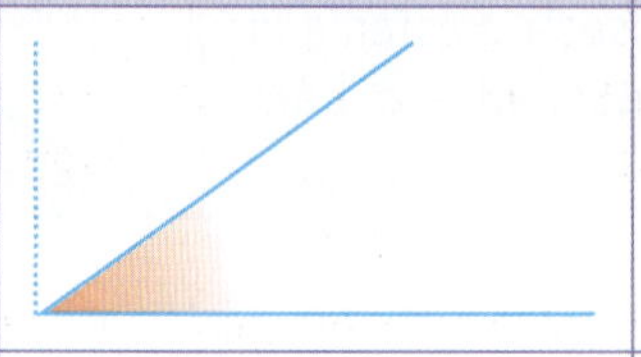	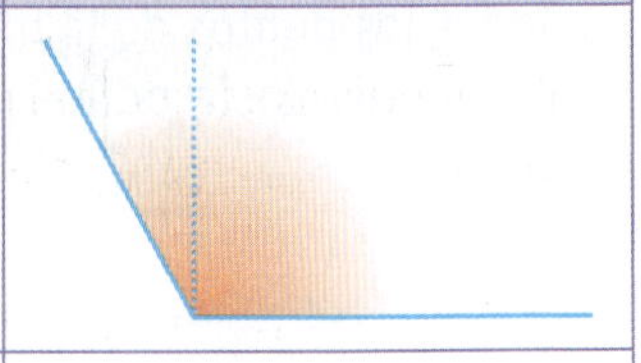
Sus lados son perpendiculares.	Su abertura es menor a la de un ángulo recto.	Su abertura es mayor a la de un ángulo recto.

Llano	Convexo	Cóncavo
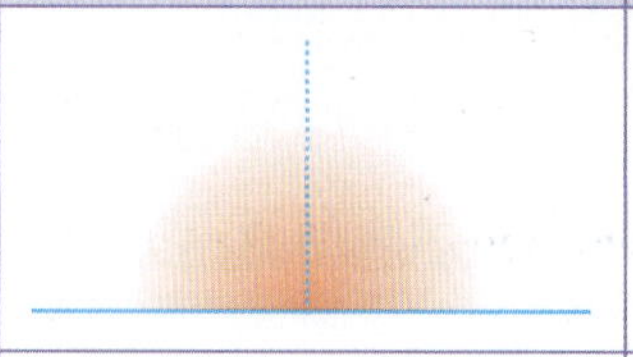	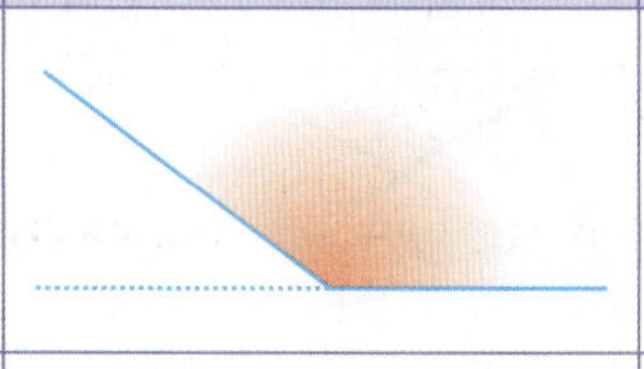	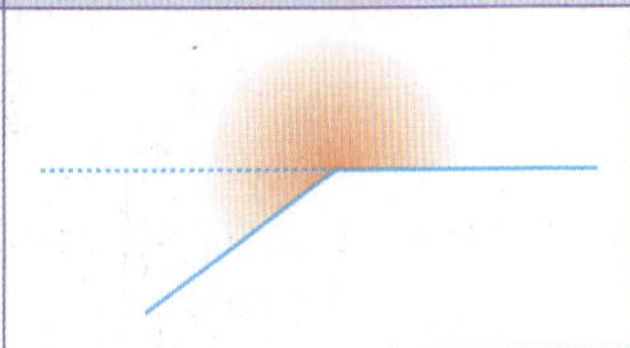
Sus lados están sobre la misma recta pero no son coincidentes.	Su abertura es menor a la de un ángulo llano.	Su abertura es mayor a la de un ángulo llano.

Ten en cuenta

Si dibujamos un ángulo tal que sus lados son dos semirrectas coincidentes, el ángulo convexo que se forma es el ángulo nulo y el cóncavo es el ángulo completo.

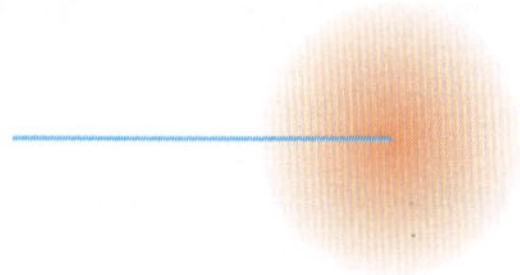

Relaciones entre ángulos

Consecutivos	Adyacentes	Opuestos por el vértice
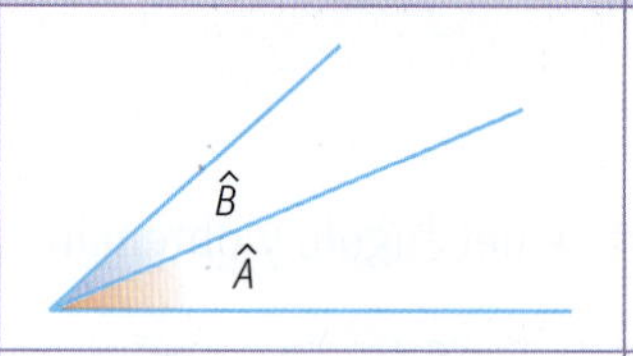	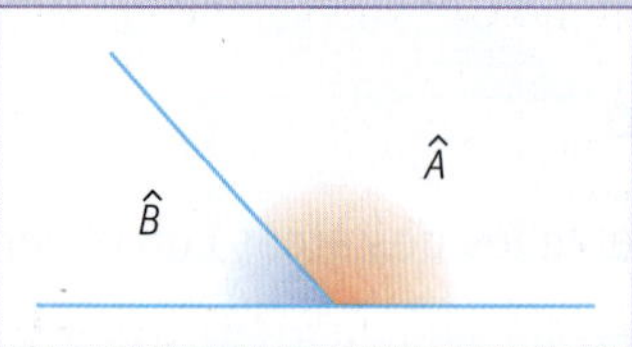	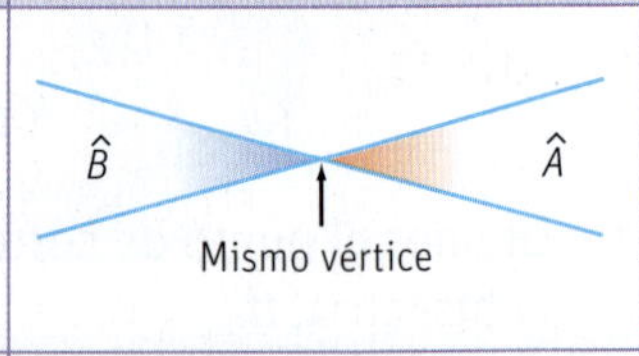
Tienen el vértice y un lado en común.	Tienen el vértice y un lado en común y los lados no comunes están sobre la misma recta.	Tienen el vértice en común y sus lados están sobre las mismas rectas. Son iguales.

Ten en cuenta

Todos los ángulos adyacentes son suplementarios, pero dos ángulos suplementarios son adyacentes solo cuando los colocamos de forma consecutiva, pero no por separado.

Complementarios	Suplementarios
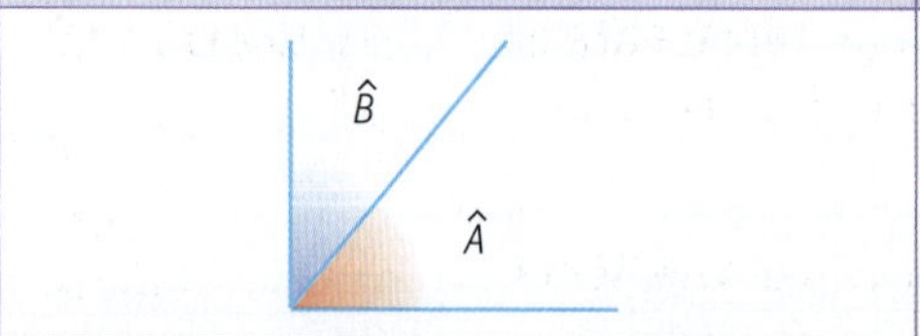	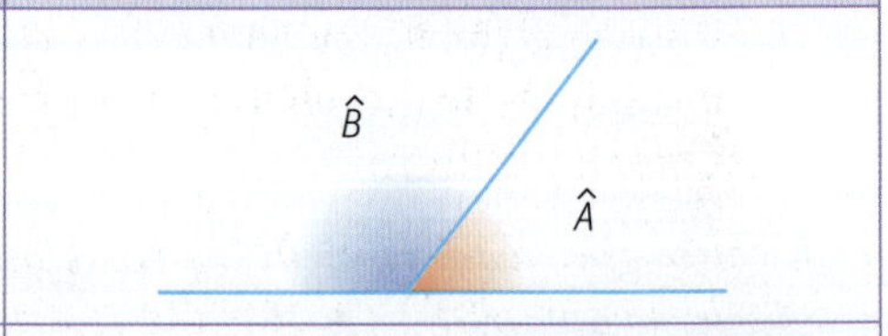
Forman un ángulo recto al colocarlos de forma consecutiva.	Forman un ángulo llano al colocarlos de forma consecutiva.

Cuando dos ángulos tienen sus lados paralelos, o son iguales o son suplementarios.

A partir de esto, podemos estudiar los ángulos que se forman cuando una recta corta a otras dos rectas paralelas entre sí:

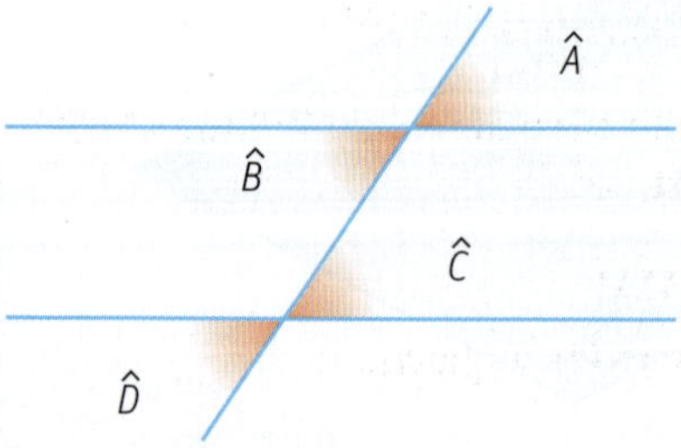

- $\hat{A} = \hat{B}$ y $\hat{C} = \hat{D}$: **ángulos opuestos por el vértice.**
- $\hat{A} = \hat{D}$: **ángulos alternos externos.** Están en lados opuestos respecto a la recta secante y por fuera de las paralelas.
- $\hat{B} = \hat{C}$: **ángulos alternos internos.** Están en lados opuestos respecto a la recta secante y por dentro, de las paralelas.

Medida de ángulos

La **amplitud** o abertura de un ángulo se mide en grados sexagesimales.

> Un **grado sexagesimal** es la amplitud de cada uno de los ángulos que resultan al dividir un ángulo completo en 360 partes. Se escribe **1°**.

La palabra **sexagesimal** se refiere a un sistema de medida en el que una unidad contiene 60 veces a la unidad inmediatamente inferior.

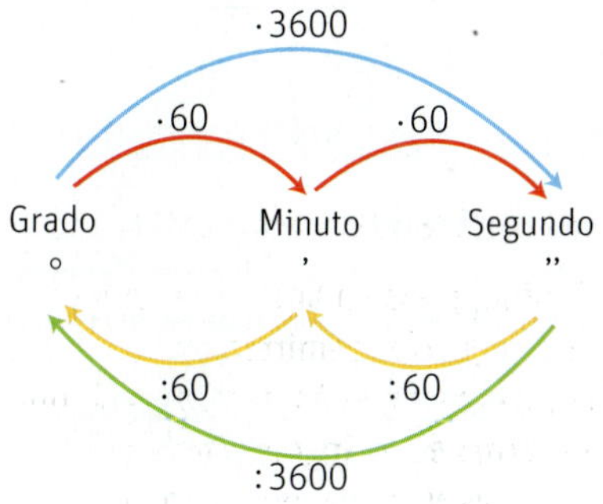

> Hay dos unidades menores que el grado:
> - Cada grado se divide en 60 minutos: **1° = 60'**
> - Cada minuto se divide en 60 segundos: **1' = 60''**

La medida de un ángulo se puede expresar en forma **compleja** e **incompleja**.

Ejemplo

- Para pasar de forma compleja a incompleja, convertimos cada cantidad a la unidad en la que queremos expresarlo y las sumamos:

$$15° \; 10' \; 35'' = 54\,000'' + 600'' + 35'' = 54\,635''$$

(15 · 60 · 60 = 54 000''; 10 · 60 = 600'')

- Para pasar de forma incompleja a compleja, dividimos entre 60, hasta llegar a los grados:

```
54 635"  | 60
63         910'  | 60
35"        10'     15°
```

$\Rightarrow 54\,635'' = 15° \; 10' \; 35''$

smSaviadigital.com
PRACTICA Trabaja con los ángulos en forma compleja e incompleja.

ACTIVIDADES

15. Utilizando los instrumentos de dibujo, representa en tu cuaderno los siguientes ángulos: recto, llano, nulo, cóncavo y obtuso.

16. Dibuja un ángulo de 45° y sus ángulos complementario y suplementario. ¿Cuánto miden?

17. Copia la siguiente figura y nombra todos los ángulos.

Indica los pares de ángulos que son opuestos por el vértice y los que son adyacentes.

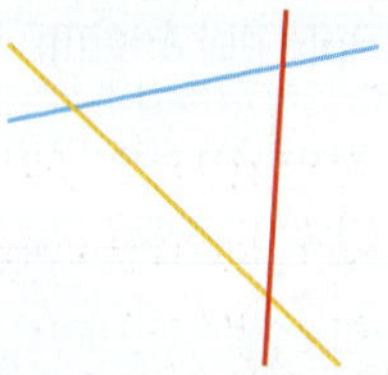

18. Copia en tu cuaderno la siguiente trama y colorea dos ángulos alternos internos. ¿Son iguales?

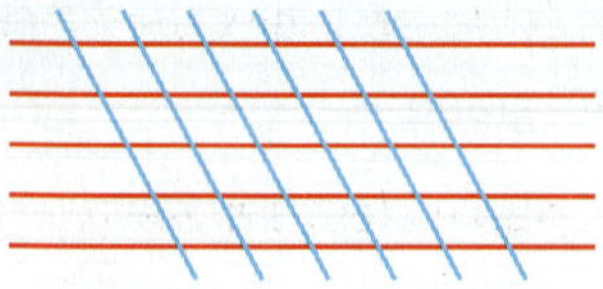

19. Copia en tu cuaderno y completa la tabla.

Grados	Minutos	Segundos
25°	●●●	●●●
●●●	3600'	●●●
●●●	●●●	288 000''

20. Expresa en segundos los ángulos:

a) 35° 25' 42'' b) 110° 5' 30''

21. Expresa en forma compleja los siguientes ángulos.

a) 3330'' b) 253 512''

22. Dibuja dos ángulos que sean al mismo tiempo consecutivos y complementarios.

23. **smSaviadigital.com**
PRACTICA Juega con los ángulos.

5 Operaciones en el sistema sexagesimal

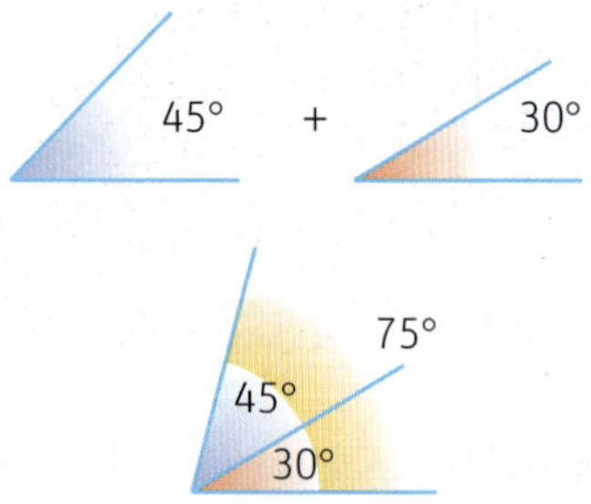

Suma de ángulos de forma gráfica.

Suma

> Para **sumar** medidas angulares, se suman por separado los grados, minutos y segundos.

Ejemplo ▸ ¿Cuánto suman los ángulos $\hat{A} = 30° \, 27' \, 38''$ y $\hat{B} = 15° \, 40' \, 12''$?

1.º Sumamos por separado los grados, minutos y segundos.

$$\begin{array}{r} 30° \; 27' \; 38'' \\ +\, 15° \; 40' \; 12'' \\ \hline 45° \; 67' \; 50'' \end{array}$$

2.º Transformamos cada 60' en un grado: $1° \; 7'$

El resultado es: $46° \; 7' \; 50''$

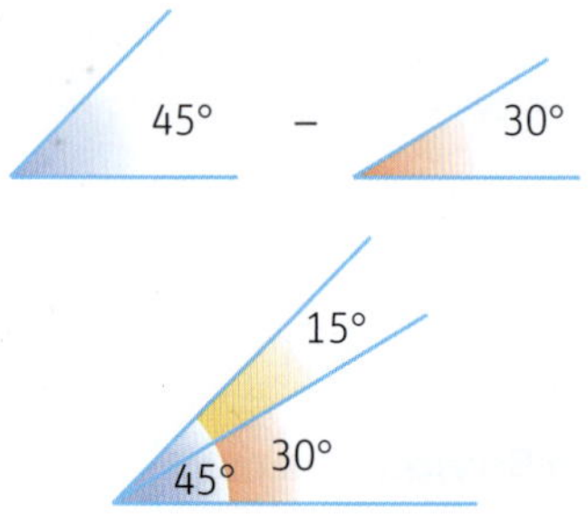

Resta de ángulos de forma gráfica.

Resta

> Para **restar** medidas angulares, se restan por separado los grados, minutos y segundos.

Ejemplo ▸ ¿Cuál es la diferencia de los ángulos $\hat{A} = 30° \, 27' \, 38''$ y $\hat{B} = 15° \, 40' \, 12''$?

1.º Comprobamos que los grados, minutos y segundos del minuendo sean mayores que los del sustraendo.

Como los minutos del minuendo son menores que los de sustraendo, convertimos un grado en minutos.

$$\begin{array}{r} 29° \; 60' \\ 30° \; 27' \; 38'' \\ -\, 15° \; 40' \; 12'' \\ \hline \end{array}$$

2.º Restamos por separado los grados, minutos y segundos.

$$\begin{array}{r} 29° \; 87' \; 38'' \\ -\, 15° \; 40' \; 12'' \\ \hline \end{array}$$

El resultado es: $14° \; 47' \; 26''$

Multiplicación de un ángulo por un número natural

> Para **multiplicar** numéricamente una medida angular por un número natural se multiplican por separado los grados, minutos y segundos.

Ejemplo ▸ ¿Cuál es el triple del ángulo $\hat{A} = 30° \, 27' \, 38''$?

1.º Multiplicamos los grados, los minutos y los segundos por 3.

$$\begin{array}{r} 30° \; 27' \; 38'' \\ \times \quad\quad\quad 3 \\ \hline 90° \; 81' \; 114'' \end{array}$$

2.º Cada 60'' los transformamos en un minuto. $1' \; 54''$

$$90° \; 82' \; 54''$$

3.º Cada 60' los transformamos en un grado. $1° \; 22'$

El ángulo producto es: $91° \; 22' \; 54''$

smSaviadigital.com

PRACTICA Realiza operaciones en el sistema sexagesimal.

División de un ángulo entre un número natural

Para **dividir** una medida angular entre un número natural:

- Se dividen los grados. El resto se expresa en minutos y se suma a los minutos del dividendo.
- Se dividen los minutos. El resto se expresa en segundos y se suma a los segundos del dividendo.
- Se dividen los segundos.

La amplitud entre dos varillas consecutivas del abanico es:

180°			33
15° → 900'			5° 27' 16"
	9' → 540"		
		12"	

Ejemplo ▸ ¿Qué ángulo resulta al dividir $\hat{A} = 30°\ 27'\ 38''$ en cuatro partes iguales?

1.º Dividimos los grados y el resto lo expresamos en minutos y lo sumamos a los que teníamos:

30°	27'	38"	4
2°			7°
	120'		

2.º Dividimos los minutos y el resto lo expresamos en segundos y lo sumamos a los que teníamos:

30°	27'	38"	4
2°	147'		7° 36'
	3'		
		180"	

3.º Dividimos los segundos:

30°	27'	38"	4
2°	147'		7° 36' 54"
	3'	218"	
		2"	

El resultado de la división es: 7° 36' 54", resto = 2"

ACTIVIDADES

ACTIVIDAD **RESUELTA**

24. **¿Cuál es la medida del ángulo complementario al ángulo $\hat{A} = 34°\ 20'$? ¿Y del suplementario?**

- Dos ángulos complementarios suman 90°:

$$\begin{array}{r} 90°\ 0' \\ -\ 34°\ 20' \\ \hline \end{array} \Rightarrow \begin{array}{r} 89°\ 60' \\ -\ 34°\ 20' \\ \hline 55°\ 40' \end{array}$$

$\hat{B} = 55°\ 40'$ será el complementario de $\hat{A}$.

- Dos ángulos suplementarios suman 180°.

$$\begin{array}{r} 180°\ 0'\ 0'' \\ -\ 34°\ 20'\ 0'' \\ \hline \end{array} \Rightarrow \begin{array}{r} 179°\ 60'\ 0'' \\ -\ 34°\ 20'\ 0'' \\ \hline 145°\ 40'\ 0'' \end{array}$$

$\hat{C} = 145°\ 40'$ será el suplementario de $\hat{A}$.

25. **Realiza las siguientes sumas y restas.**

a) 12° 24' 13" + 24° 35' 50"

b) 45° 32' 46" + 55° 49' 14"

c) 38° 43' 46" – 24° 15' 50"

d) 13° 35' 10" – 12° 48' 13"

26. **Realiza las multiplicaciones y divisiones.**

a) (12° 24' 13") · 2

b) (24° 35' 50") · 5

c) (27° 73' 25") · 3

d) (55° 49' 14") : 3

e) (38° 43' 46") : 7

f) (14° 53' 49") : 4

27. **Si $\hat{A}$ y $\hat{B}$ son ángulos suplementarios, ¿cuánto mide el ángulo $\hat{B}$ si $\hat{A}$ mide 27° 1' 44"?**

28. smSaviadigital.com

PRACTICA Realiza más operaciones con ángulos.

6 Circunferencia y círculo. Posiciones relativas

Clava una estaca en el suelo y átale una cuerda. Mantén tensa la cuerda y dibuja la figura que obtienes al mover el otro extremo. Has dibujado una **circunferencia**. Observa que todos los puntos del dibujo están a la misma distancia de la estaca.

Una **circunferencia** es una curva cerrada y plana cuyos puntos están a la misma distancia de un punto fijo llamado centro.

Los **elementos** de una circunferencia son:

- **Centro:** es el punto que se encuentra a la misma distancia de todos los puntos de la circunferencia.
- **Radio:** es un segmento que une el centro con cualquier punto de la circunferencia.
- **Cuerda:** es un segmento que une dos puntos cualesquiera de la circunferencia.
- **Diámetro:** es una cuerda que pasa por el centro de la circunferencia.
- **Arco:** es la parte de la circunferencia entre los extremos de una cuerda.
- **Semicircunferencia:** es la mitad de una circunferencia.

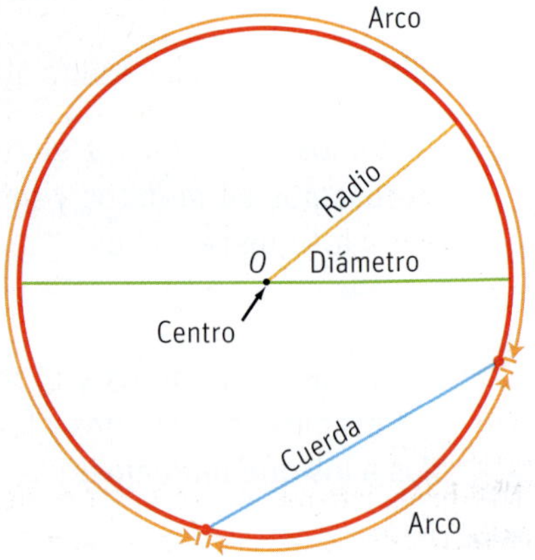

La circunferencia junto con la superficie del plano contenida dentro de ella, forman el **círculo**.

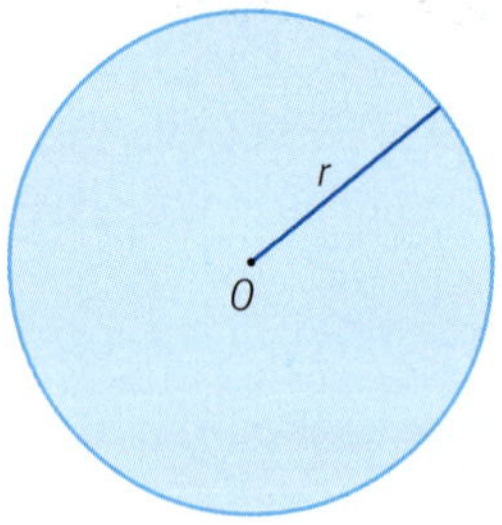

Un **círculo** es una región del plano cuyos puntos están a una distancia del centro menor o igual que la longitud del radio.

Ángulos en la circunferencia

Ángulo central	Ángulo inscrito
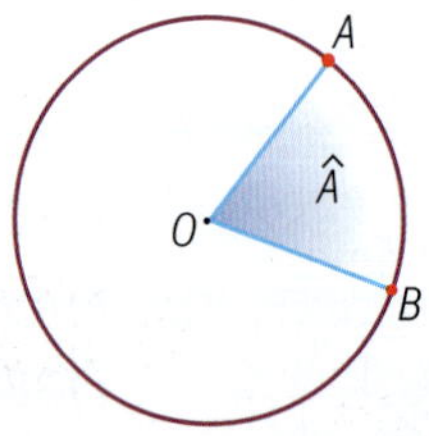	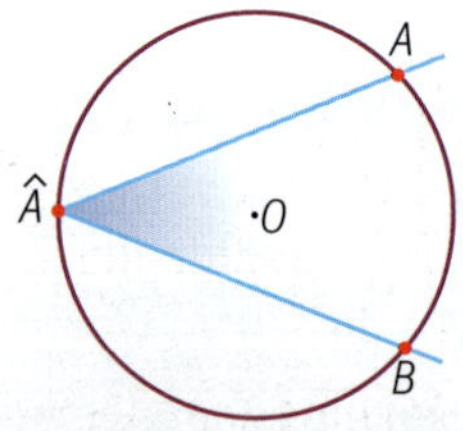
El vértice del ángulo coincide con el centro de la circunferencia y sus lados son dos radios.	El vértice del ángulo está sobre la circunferencia y sus lados son dos cuerdas. Mide la mitad que el ángulo central correspondiente.

MAT-TIC GeoGebra

Entra en smSaviadigital.com y representa ángulos en la circunferencia.

Ejemplo ▸ Calcula la medida del ángulo central y del ángulo inscrito de la figura.

- La circunferencia está dividida en 5 arcos iguales y la amplitud del ángulo central se corresponde con la de uno de los arcos. Como el ángulo completo mide 360°, cada uno de los arcos tendrá una amplitud: $\hat{A} = 360° : 5 = 72°$.
- El ángulo inscrito abarca el mismo arco que el central, por lo que su amplitud será la mitad: $\hat{B} = 72° : 2 = 36°$.

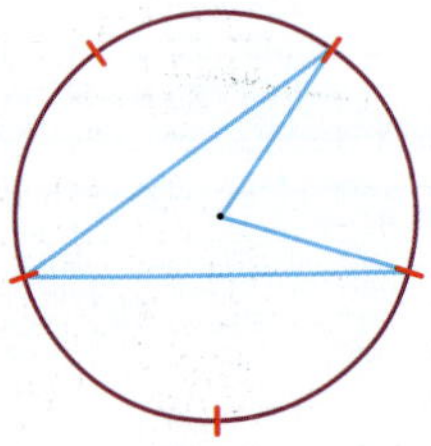

Posición relativa de una recta y una circunferencia

Recta exterior	Recta tangente	Recta secante
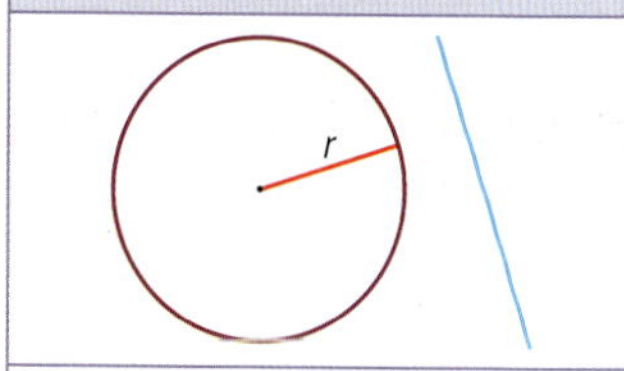	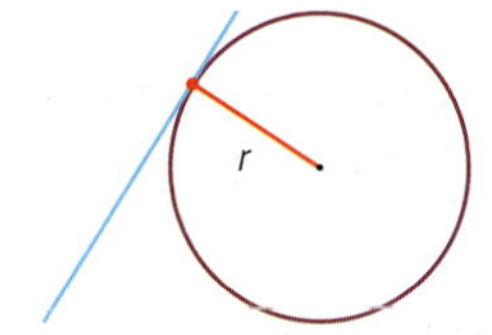	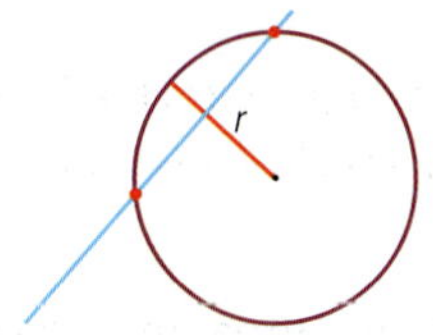
No tienen ningún punto en común.	Tienen un único punto en común.	Tienen dos puntos en común.

Posición relativa de dos circunferencias

Exteriores	Interiores	Secantes
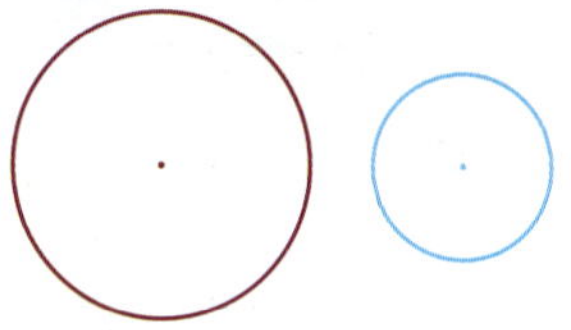	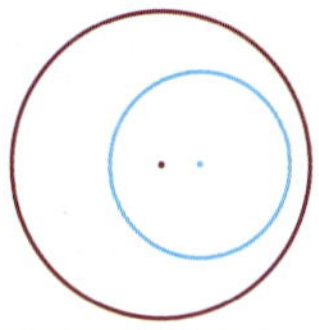	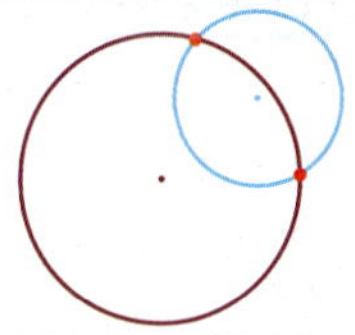
No tienen ningún punto en común y una está fuera de la otra.	No tiene ningún punto en común y una está dentro de la otra.	Tienen dos puntos en común.

Tangentes exteriores	Tangentes interiores	Concéntricas
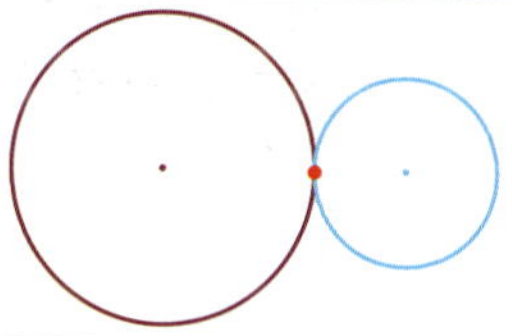	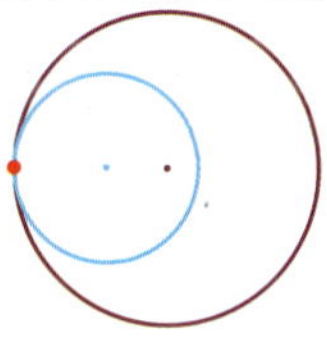	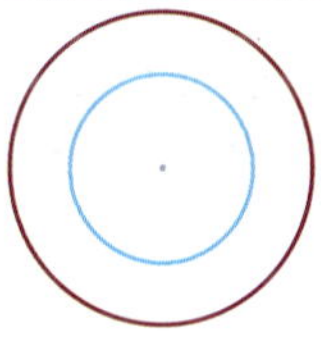
Tienen solo un punto en común y los demás puntos de una son exteriores a la otra.	Tienen solo un punto en común y los demás puntos de una son interiores a la otra.	Tienen el mismo centro y distinto radio.

¿Qué elementos y posiciones relativas identificas en la imagen?

ACTIVIDADES

ACTIVIDAD **RESUELTA**

29. **A partir del dibujo de una circunferencia, encuentra su centro.**

- Dibujamos una cuerda.
- Trazamos la mediatriz de la cuerda, que tiene que contener al centro puesto que todos sus puntos están a la misma distancia de los extremos de la cuerda.
- Dibujamos otra cuerda y trazamos su mediatriz.
- El centro es el punto de corte de las dos mediatrices.

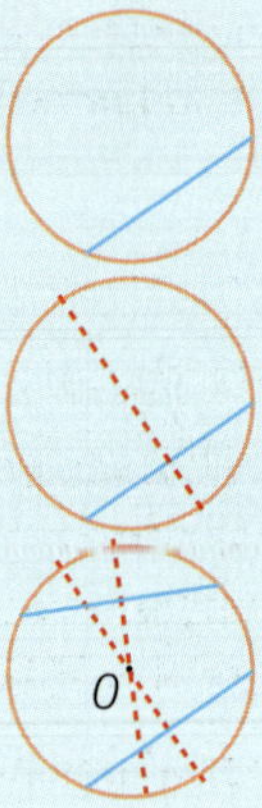

30. **Con ayuda de un bote de refresco u otro objeto circular, dibuja una circunferencia y encuentra su centro.**

31. **Indica la posición relativa:**

a) De las rectas respecto de la circunferencia.

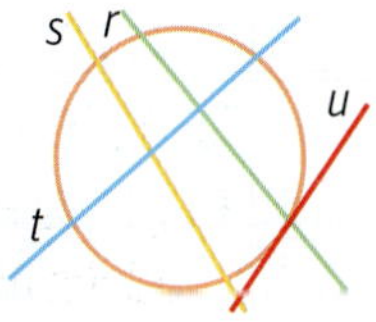

b) De las circunferencias entre sí.

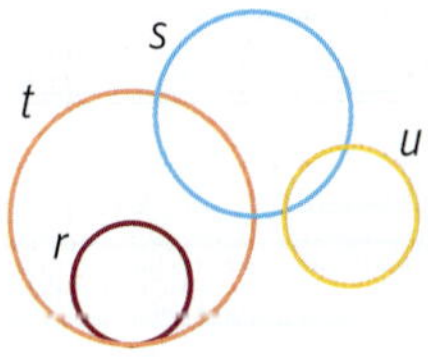

32. **Dos circunferencias tienen radios de 3 y 4 cm, respectivamente. Si sus centros se encuentran a 7 cm, ¿cuál es su posición relativa?**

Organiza tus ideas

ELEMENTOS GEOMÉTRICOS

- **Punto:** es un elemento geométrico sin longitud ni anchura. Se utiliza para indicar una posición en el espacio.
- **Recta:** es una línea sin principio ni fin formada por infinitos puntos que se extienden en la misma dirección. La recta no tiene anchura pero sí longitud.

Partes de una recta

Semirrecta	Segmento

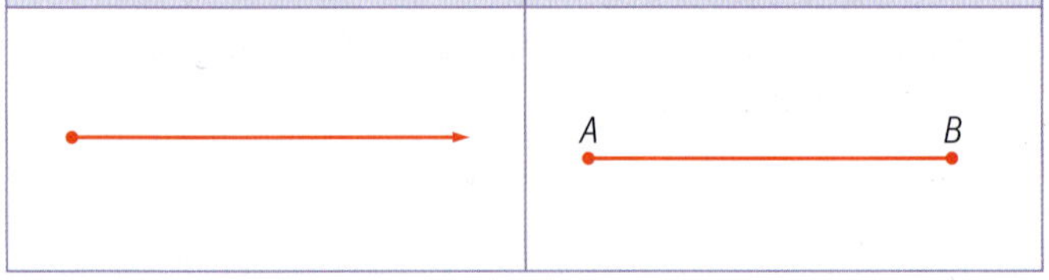

Posiciones relativas de dos rectas

Paralelas	Secantes	Coincidentes

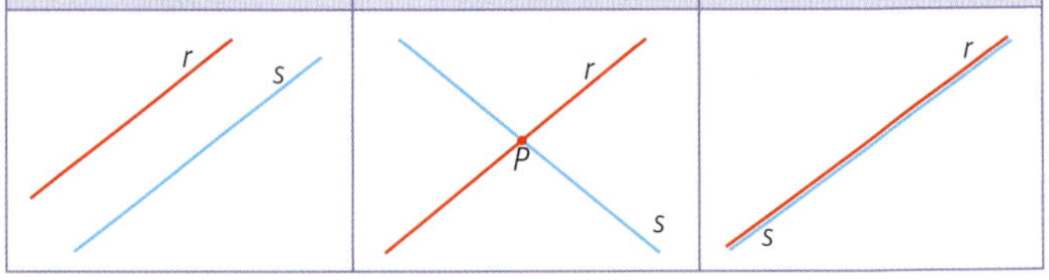

- **Ángulo:** región del plano delimitada por dos semirrectas que tienen un punto en común llamado **vértice**.

Clasificación de los ángulos

Recto	Agudo	Obtuso	Llano	Cóncavo	Convexo

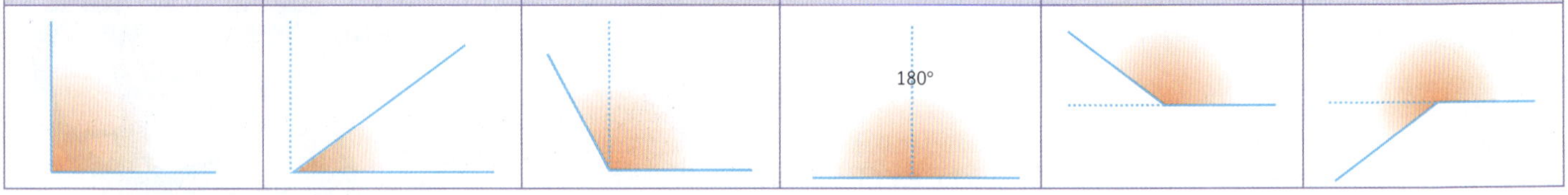

Relaciones entre ángulos

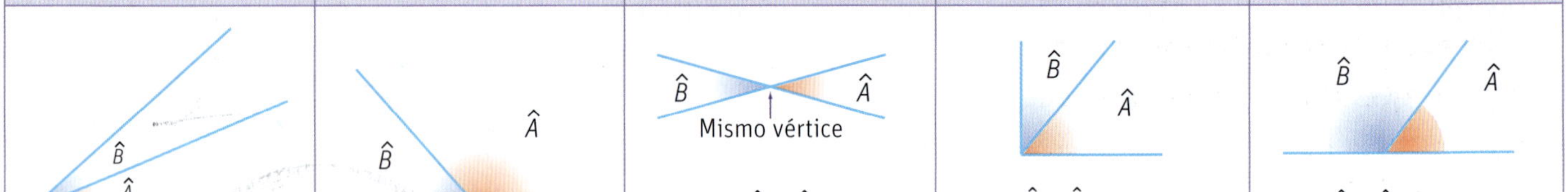

Consecutivos	Adyacentes	Opuestos por el vértice	Complementarios	Suplementarios
		$\hat{A}=\hat{B}$	$\hat{A}+\hat{B}=90°$	$\hat{A}+\hat{B}=180°$

CIRCUNFERENCIA Y CÍRCULO

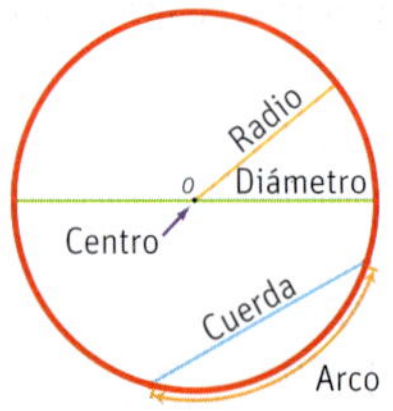

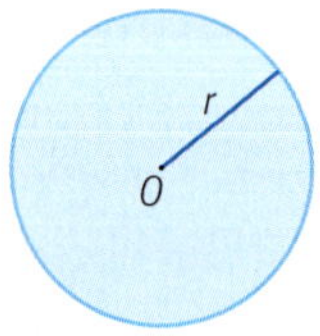

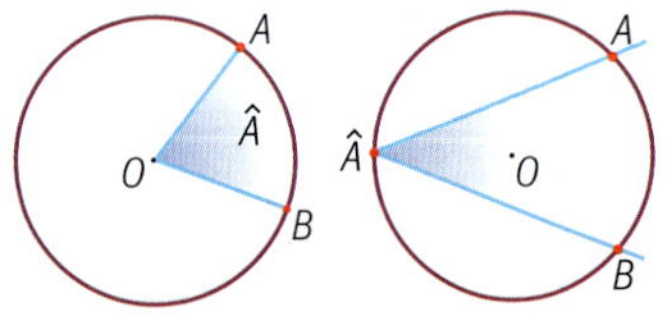

Posiciones relativas de una recta y una circunferencia

Exteriores	Tangentes

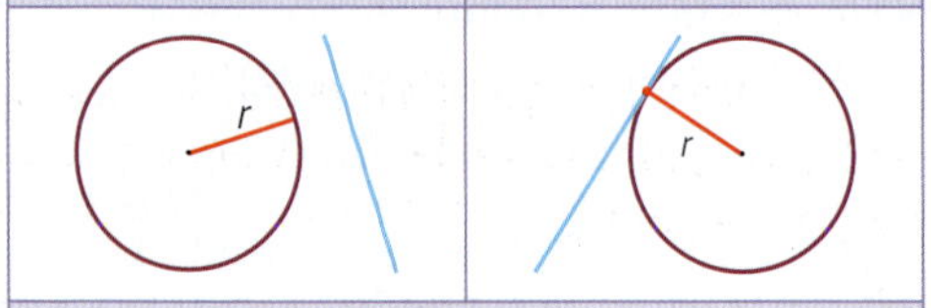

Secantes

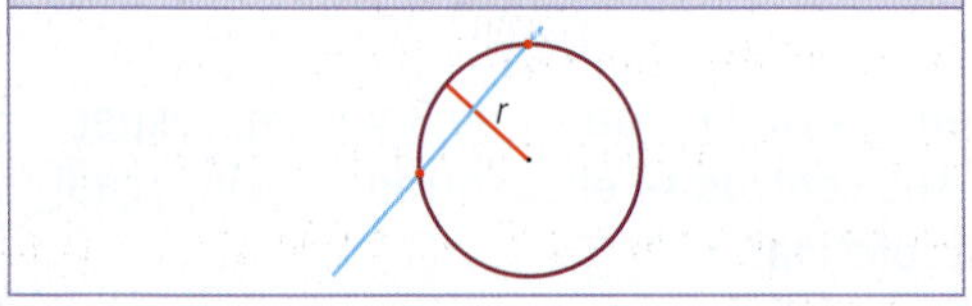

Posiciones relativas de dos circunferencias

Exteriores	Interiores	Secantes

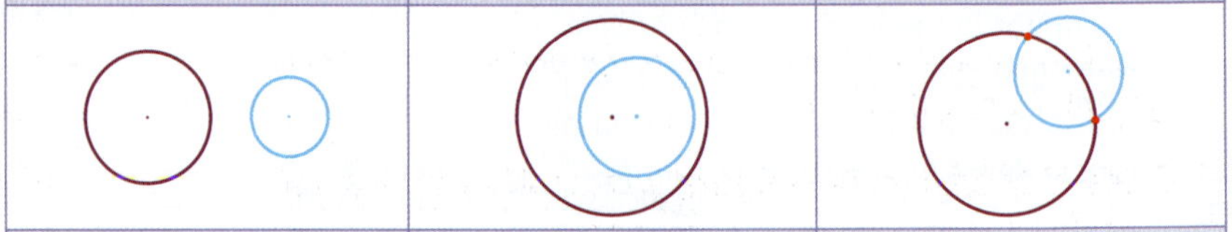

Tangentes exteriores	Tangentes interiores	Concéntricas

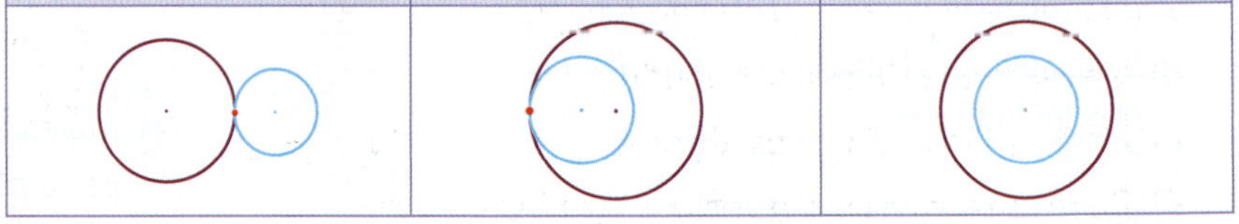

Actividades

EJERCICIOS PARA PRACTICAR

Puntos, rectas y ángulos

33. Observa la siguiente figura y completa la tabla en tu cuaderno, indicando las posiciones relativas de cada par de rectas:

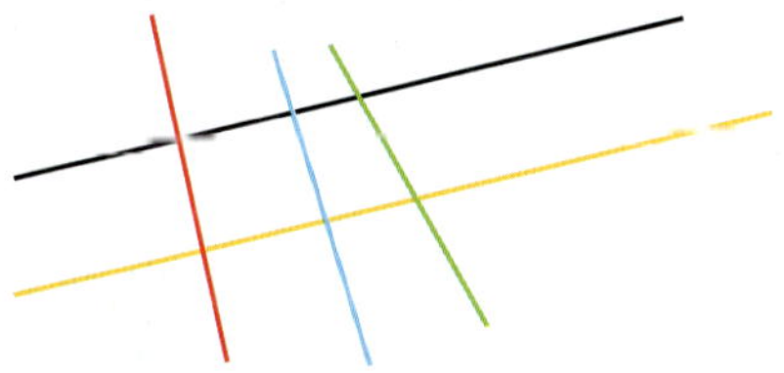

	Roja	Azul	Verde	Negra	Amarilla
Roja	●●●	●●●	●●●	●●●	●●●
Azul	●●●	●●●	●●●	●●●	●●●
Verde	●●●	●●●	●●●	●●●	●●●
Negra	●●●	●●●	●●●	●●●	●●●
Amarilla	●●●	●●●	●●●	●●●	●●●

34. Dibuja una recta y señala sobre ella tres puntos *A*, *B* y *C* con la condición de que *B* esté situado entre *A* y *C*.

a) ¿El punto *A* pertenece al segmento *AC*?

b) ¿El segmento *BC* contiene al punto *A*?

c) ¿Pertenece el punto *B* al segmento *AC*?

d) ¿El punto *B* está contenido en la semirrecta de origen *A* y que contiene a *C*?

e) ¿Pertenece el punto *A* a la semirrecta de origen *B* y que contiene a *C*?

35. Copia en tu cuaderno estos puntos y dibuja los elementos que se indican.

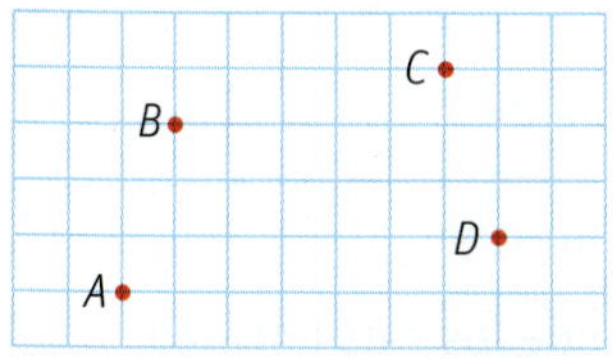

a) El segmento *AB* y su mediatriz.

b) Una semirrecta con origen en *C* y que pase por *D*.

c) Una recta que pase por *D* y por *B* y una paralela a esta última que pase por *A*.

36. Copia el triángulo de la figura y sobre él, dibuja las siguientes rectas con regla y escuadra:

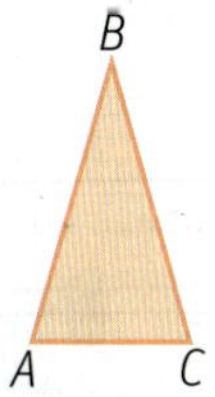

a) Una perpendicular a *AB* que pase por *C*.

b) Una paralela a *AC* que pasa por *B*.

c) Una paralela a *CB* que pase por *A*.

d) ¿Dónde se cortan las tres rectas? ¿Qué figura se obtiene?

Medida de ángulos

ACTIVIDAD **RESUELTA**

37. Dibuja con ayuda del transportador un ángulo de 200°.

El transportador de ángulos sólo mide 180° así que si el ángulo dado es mayor lo restamos a 360°.

$$360° - 200° = 160°$$

Dibujamos este ángulo, pero recuerda, el ángulo que buscamos es el cóncavo.

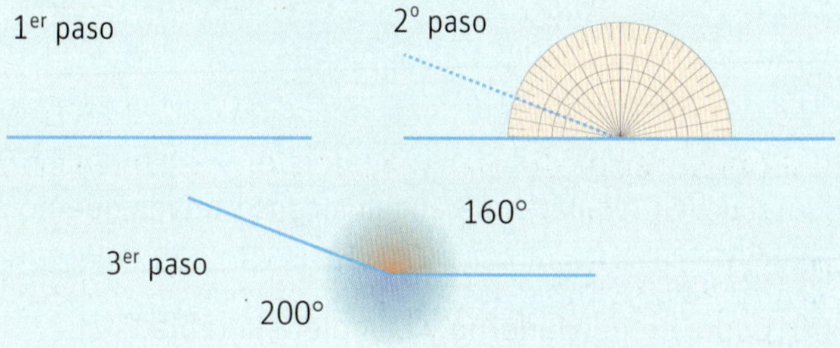

38. Dibuja en tu cuaderno, con ayuda del transportador, los siguientes ángulos.

a) 48° b) 145° c) 230° d) 300°

39. Clasifica los ángulos señalados en la figura.

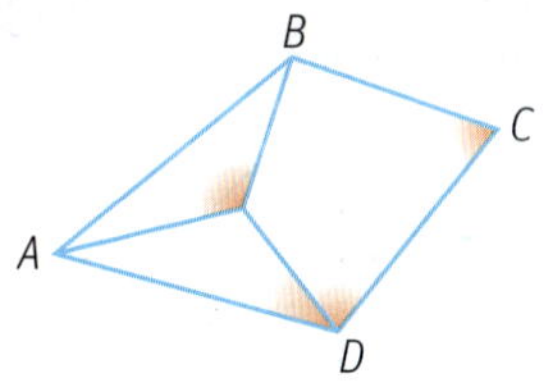

ACTIVIDAD **RESUELTA**

40. Calcula el valor de los ángulos indicados en la figura.

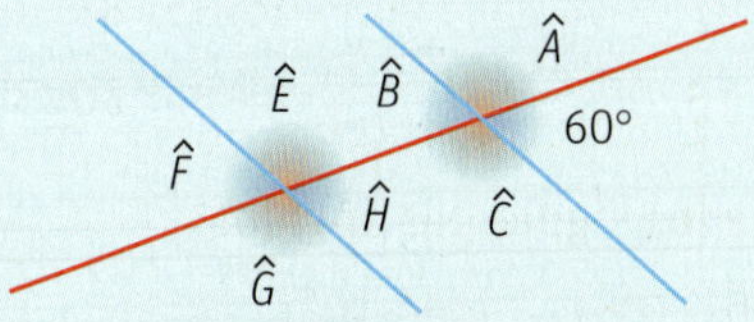

- $\hat{B} = 60°$, por ser ambos opuestos por el vértice.
- $\hat{A} = 120°$, por ser adyacente al de 60°.
- $\hat{C} = 120°$, por ser adyacente al de 60° y por ser opuesto por el vértice a $\hat{A}$.
- $\hat{F} = 60°$, por ser ambos ángulos alternos externos, ya que están en lados opuestos respecto a la recta secante y por fuera de las paralelas.
- $\hat{E} = \hat{C} = 120°$, por ser ambos alternos internos, ya que están en lados opuestos respecto a la recta secante y por dentro de las paralelas. También es adyacente a $\hat{F}$.
- $\hat{G} = \hat{E} = 120°$, por ser ambos opuestos por el vértice.
- $\hat{H} = 60°$, por ser adyacente a $\hat{E}$. También por ser junto a $\hat{B}$ alternos internos.

Actividades

41. ¿Cuál es el valor de los ángulos $\hat{A}$ y $\hat{B}$?

a)

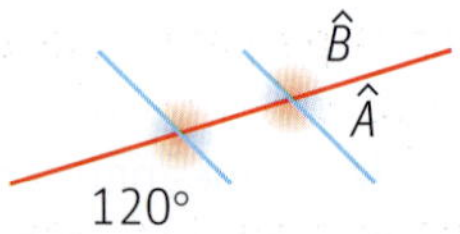

b)

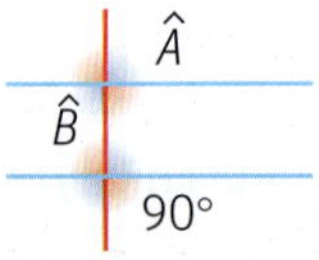

42. Copia la figura en tu cuaderno e indica los pares de ángulos adyacentes que encuentres.

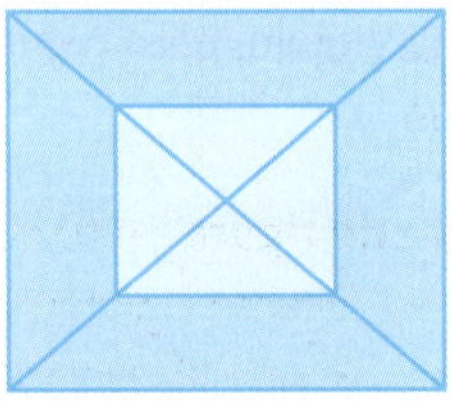

¿Encuentras pares de ángulos consecutivos que no sean adyacentes?

43. Copia en tu cuaderno y completa la tabla.

Grados	Minutos	Segundos
●●●	●●●	46 800
●●●	9000	●●●
5	●●●	●●●
●●●	●●●	324 000

44. Expresa las siguientes medidas angulares en segundos.

a) 24° 42'
b) 16° 35' 23"
c) 54° 15' 11"
d) 120° 30"

45. Expresa las siguientes amplitudes en forma compleja.

a) 936' b) 145 510" c) 74 875" d) 269 550"

46. ¿Cuáles de los siguientes ángulos son iguales?

a) 36° 27'
b) 36° 1620"
c) 35° 87'
d) 35° 3623"

47. Ordena los siguientes ángulos:

105' 1° 10" 1° 1' 9"

48. ¿Son paralelas las rectas *u* y *v* en cada caso?

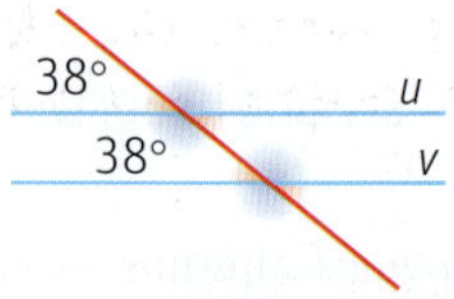

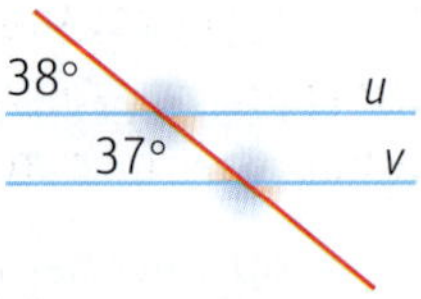

a) A partir de lo que has observado, ¿cuándo dos rectas son paralelas?

b) Utiliza el criterio que has establecido para decir si las rectas *r* y *s* son paralelas.

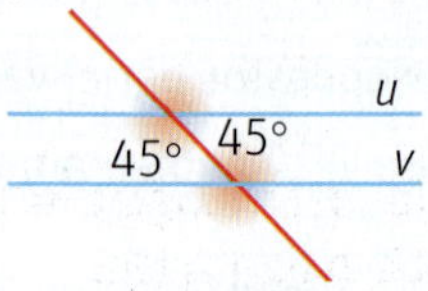

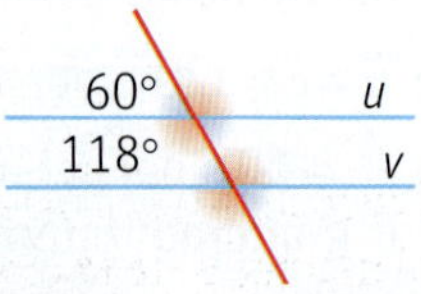

Operaciones en el sistema sexagesimal

49. Realiza gráficamente en tu cuaderno las siguientes operaciones con los ángulos $\hat{A}$, $\hat{B}$ y $\hat{C}$.

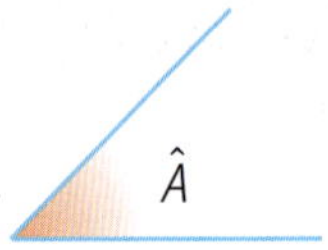

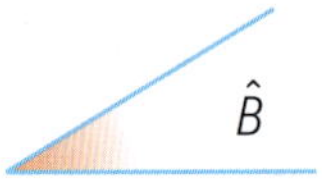

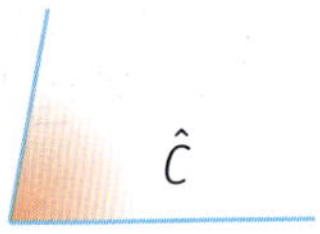

a) $\hat{A}+\hat{B}$ b) $\hat{C}-\hat{B}$ c) $3\hat{C}$

50. Mide cada uno de los ángulos de la actividad anterior con el transportador de ángulos, realiza las operaciones numéricamente y comprueba la solución obtenida.

51. El ángulo $\hat{A}$ mide 37° 23' 52". Calcula:

a) El ángulo suplementario de $\hat{A}$
b) La mitad de $\hat{A}$
c) El triple de $\hat{A}$
d) El complementario de $\hat{A}$

52. Realiza las siguientes operaciones.

a) 58° 23' 15" + 12° 47' 33"
b) 62° 14' 25" – 55° 45' 18"
c) (24° 38' 15") · 2
d) (28° 12' 36") : 3

53. Completa las siguientes igualdades.

a) 23° 32' 34" + 34° 53' 42" = ●●●
b) 45° 54' 37" – ●●● = 31° 35' 10"
c) ●●● · 2 = 31° 40'
d) ●●● : 3 = 15° 12' 13"

54. En el siguiente triángulo isósceles, cada uno de los ángulos iguales mide 43° 22'.

Si la suma de los tres ángulos de un triángulo es 180°, ¿cuánto mide el tercero?

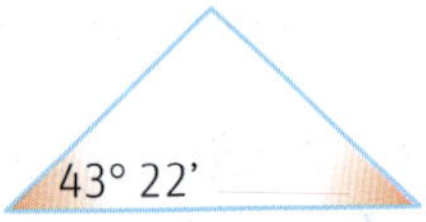

55. Sabiendo que $\hat{A}$ mide 26° 32' 54":

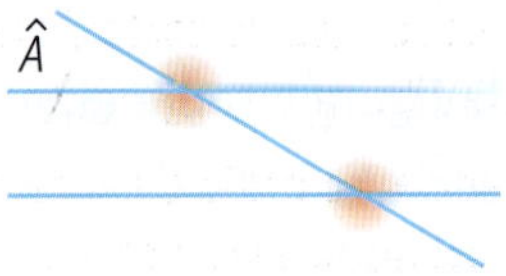

a) Calcula el valor de todos los ángulos que encuentras en la figura.

b) Indica cuáles son adyacentes y cuáles son alternos internos.

Circunferencia. Posiciones relativas

56. Dibuja una circunferencia de radio 5 cm y señala el centro, un radio, una cuerda, un arco y un diámetro.

57. Indica cuál es la posición relativa de cada una de las rectas respecto de la circunferencia.

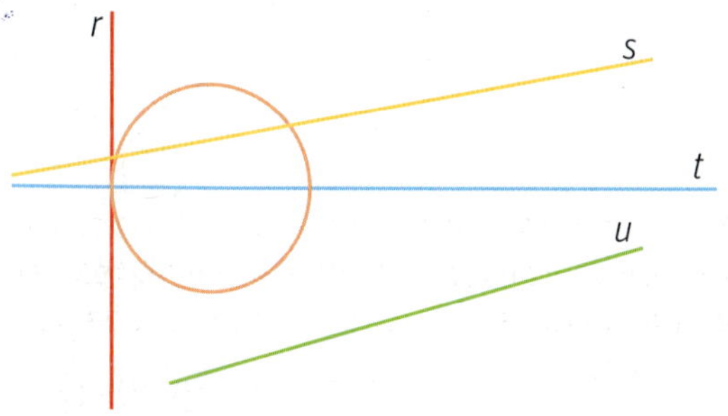

58. Calcula el valor de los ángulos desconocidos en la siguientes figuras.

a)

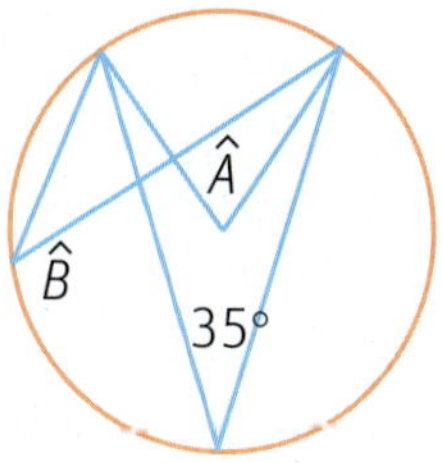

b)

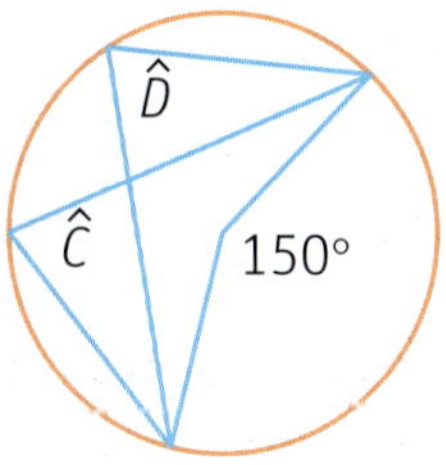

59. Dibuja dos circunferencias de radios 5 cm y 3 cm respectivamente que sean tangentes interiores. ¿A qué distancia se encuentran sus centros?

60. Dibuja las mismas circunferencias anteriores, pero esta vez en posición de tangentes exteriores. ¿A qué distancia se encuentran ahora sus centros?

61. Dibuja dos puntos *A* y *B* que disten 5 cm.

a) Dibuja todos los puntos que estén situados a 3 cm de *A*.

b) Dibuja todos los puntos que estén situados a 3 cm de *B*.

c) Sitúa todos los puntos que están a 3 cm de *A* y de *B* simultáneamente.

62. Dibuja tres puntos *A*, *B* y *C* que no estén alineados.

a) Traza la mediatriz del segmento *AB*. ¿Qué se puede decir de todos sus puntos con relación a *A* y *B*?

b) Traza la mediatriz de *BC*. ¿Qué se puede decir de todos sus puntos con relación a *B* y *C*?

c) ¿Qué puedes afirmar del punto de corte de las mediatrices *O* respecto de *A*, *B* y *C*?

d) Dibuja una circunferencia de radio *OA* y centro *O*. ¿Tres puntos no alineados siempre están contenidos en una circunferencia?

63. Dibuja circunferencias iguales que pasen todas por un mismo punto. ¿Qué figura determinan los centros de esas circunferencias?

Actividades de síntesis

64. ¿Las rectas secantes son todas perpendiculares? ¿Las rectas perpendiculares son todas secantes?

65. Clasifica las siguientes palabras en distintos grupos. Justifica tu respuesta.

Recta, perpendicular, agudo, complementario, oblicuo, ángulo, cuerda, obtuso, segmento, recto, suplementario, secante, vertical, paralelo, punto, adyacente, circunferencia, radio, diámetro.

66. Copia la siguiente figura en tu cuaderno.

a) Señala los ángulos agudos.

b) Señala los ángulos rectos.

c) Señala ángulos consecutivos.

d) Señala ángulos adyacentes.

e) Señala ángulos suplementarios.

f) ¿Hay ángulos opuestos por el vértice?

g) Nombra dos segmentos más pequeños que el lado del cuadrado exterior.

h) Nombra un segmento mayor que el lado del cuadrado exterior.

i) Indica dos segmentos situados sobre rectas perpendiculares.

j) Indica dos segmentos situados sobre rectas paralelas.

67. Traza las bisectrices de dos rectas secantes.

a) ¿Qué ángulo forman?

b) Demuestra que son perpendiculares.

68. En la figura siguiente puedes ver tres circunferencias cada una de las cuales es tangente a las otras dos. Los puntos *A*, *B* y *C* son los centros.

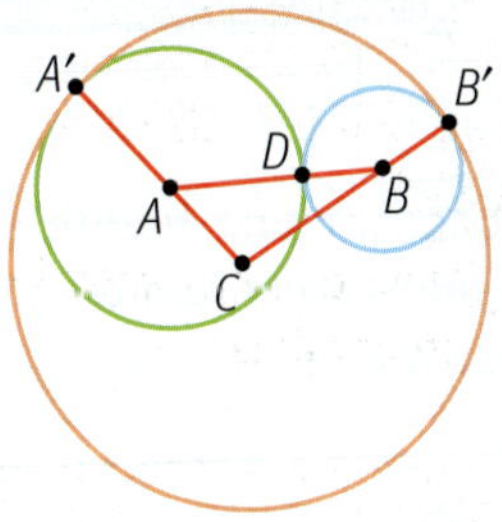

Prueba que la suma de los lados del triángulo *ABC* es igual al diámetro de la circunferencia más grande.

Actividades

PROBLEMAS **PARA RESOLVER**

69. Describe los elementos geométricos que ves en la siguiente imagen del Puente del Alamillo en Sevilla.

70. Víctor ha estado enfermo y no ha podido asistir a clase, de manera que ha llamado a su compañero Alejandro para que le explique lo que habían hecho.

Esto ha sido lo que le ha contado:

"Dibujamos un ángulo $\widehat{AOB}$. En el lado OA señalamos un punto C y en el lado OB un punto D. Trazamos la recta r perpendicular al lado OA por el punto C, y la recta s perpendicular al lado OB por el punto D. Las rectas r y s se cortan en el punto P".

¿Qué dibujo reprodujo Víctor?

71. Ana y Juan viven separados 4 km. Ambos afirman que viven a 3 km del instituto. Dibuja la situación.

72. ¿Qué ángulo forman las agujas de un reloj a las 5 de la tarde? ¿Formarán el mismo ángulo a otra hora?

73. Las calles Tales, Eratóstenes y Euler confluyen en la plaza Pitágoras. Las calles Tales y Eratóstenes forman un ángulo de 55° 50' 30", y las calles Tales y Euler forman un ángulo de 270°.

¿Qué ángulo forman las calles Eratóstenes y Euler?

74. Queremos construir una fuente con 4 dragones que sustenten el plato de la fuente. Los 4 dragones deben estar dispuestos a igual distancia.

Dibuja la disposición sobre la circunferencia utilizando únicamente regla y compás. ¿Y si fuesen 8 dragones?

75. Un topógrafo pretende medir un terreno con forma de triángulo rectángulo. Para ganar tiempo no quiere medir todos los ángulos y afirma que los ángulos $\hat{A}$ y $\hat{B}$ son iguales.

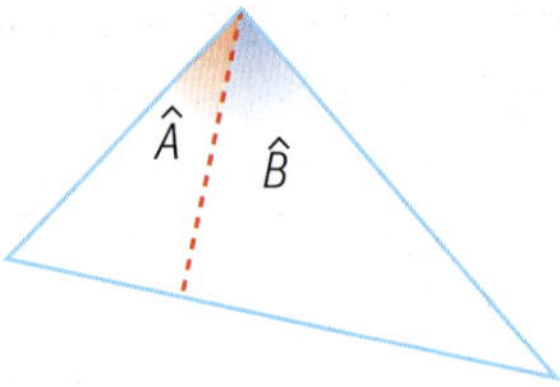

¿Está en lo cierto? ¿Por qué?

76. En la figura se puede ver el plano del Palacio de Carlos V en Granada.

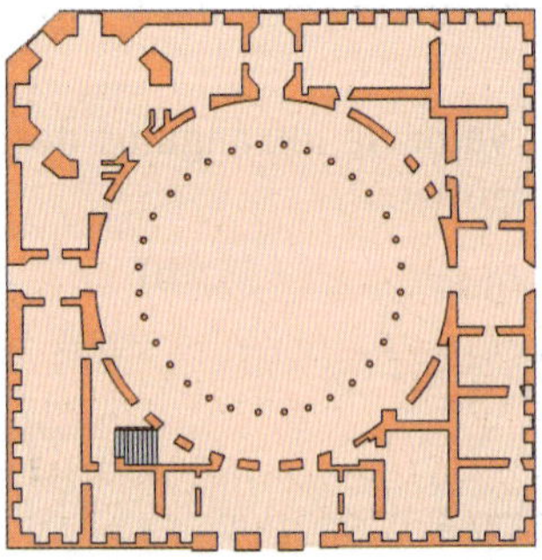

a) Desde el centro del patio, ¿qué ángulo forman dos columnas consecutivas?

b) Desde una de las columnas, ¿qué ángulo forman otras dos columnas consecutivas?

PROBLEMA **RESUELTO**

77. En una noria queremos colocar 20 vagones. ¿Cómo lo haremos para que estén a la misma distancia entre ellos?

Para que estén los vagones igualmente espaciados vamos a calcular cuál sería el ángulo central entre dos vagones.

$$360° : 20 = 18°$$

Dibujamos los dos primeros vagones separados 18° y medimos su abertura con el compás. Pinchando en un vagón vamos marcamos la situación del siguiente.

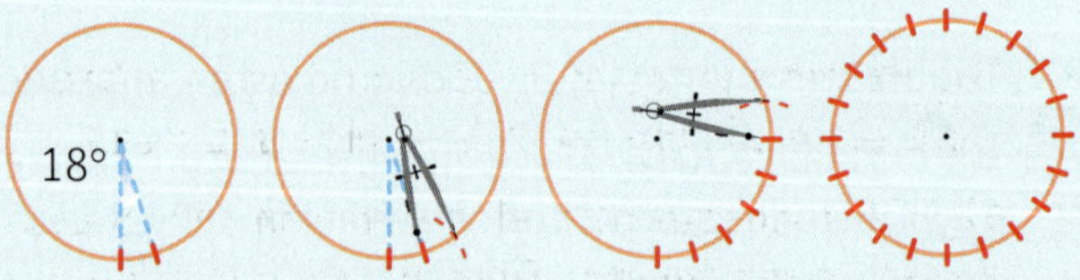

78. El patio de una casa tiene planta cuadrada de lado 10 m. Queremos colocar en su interior seis columnas en una disposición circular. ¿Podrías dibujar el plano?

79. Dibuja una circunferencia y marca en ella nueve puntos igualmente espaciados.

a) ¿Cuántos triángulos diferentes puedes formar si uno de los vértices es el centro?

b) Calcula el ángulo del centro en cada uno de ellos.

PROBLEMA **RESUELTO**

80. Una cadena de supermercados quiere construir un nuevo establecimiento para abastecer a estas tres urbanizaciones y busca un sitio que se encuentre exactamente a la misma distancia de las tres.

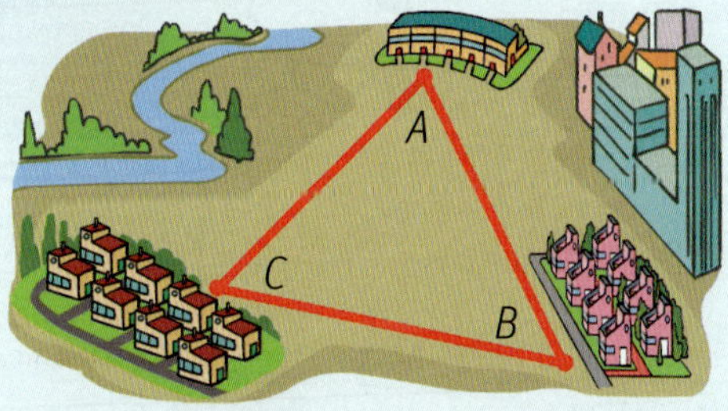

¿Dónde debe construir el nuevo comercio?

Los puntos de la mediatriz del segmento que une las urbanizaciones *A* y *B* están a la misma distancia de ellas dos.

Como la mediatriz del segmento que une las urbanizaciones *B* y *C* contiene todos los puntos que están a la misma distancia de ambas, el punto donde las dos mediatrices se cortan estará a la misma distancia de las tres urbanizaciones por pertenecer a las dos mediatrices.

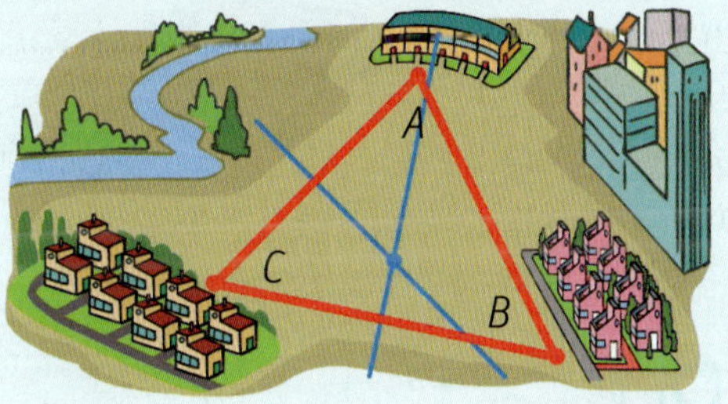

81. Un cortijo tiene tres viviendas. Los vecinos quieren situar un pozo a la misma distancia de las tres casas. ¿Dónde deberán situarlo?

82. Se quiere colocar una fuente en el centro de una plaza que tiene forma circular. Dibuja en un plano dónde ubicar la fuente exactamente.

83. Cuatro vecinos quieren construir una barbacoa y un merendero a la misma distancia de sus casas.

a) ¿Dónde construirán el merendero si sus casas forman un rectángulo? Dibújalo en tu cuaderno.

b) ¿Podrán encontrar un lugar equidistante de las cuatro casas independientemente de la situación de estas?

c) Copia este dibujo en tu cuaderno e intenta encontrar el lugar que equidista de las cuatro casas.

ACTIVIDADES **PARA PENSAR MÁS**

84. La figura muestra dos círculos iguales dentro de un rectángulo de 4,5 cm de largo por 2,5 cm de alto. ¿Cuál es la distancia entre los dos centros?

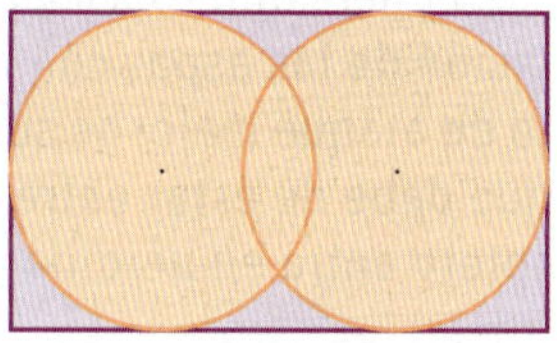

A. 2,5 cm **B.** 3 cm **C.** 1,5 cm **D.** 2 cm

85. ¿Cuánto mide el mayor de los ángulos que se indican en la figura?

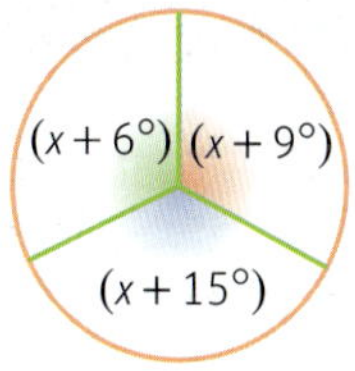

A. 110°
B. 116°
C. 120°
D. 125°

86. En el dibujo, *O* es el centro del círculo. ¿Cuánto mide $\hat{x}$?

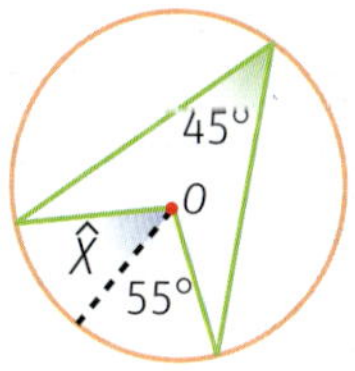

A. 30°
B. 35°
C. 40°
D. 125°

87. En la siguiente figura, *r* es la bisectriz del ángulo $\hat{A}$ y *s* es la bisectriz del ángulo $\hat{B}$. ¿Cuánto mide $\hat{X}$?

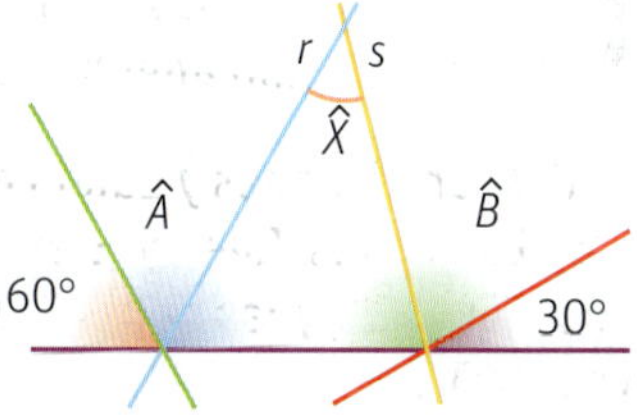

A. 45° **B.** 50° **C.** 60° **D.** 65°

Encuentra el error

88. Dos amigos mantienen la siguiente discusión. Para Álex el ángulo $\hat{A}$ de la figura vale 42° por ser correspondientes. Para Pablo su valor es 45° por ser el suplementario de 135°.

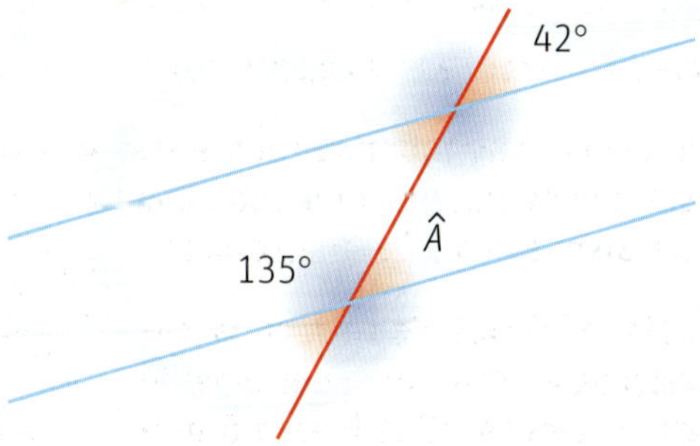

¿Quién tiene razón y cómo se justifica el error del otro?

Ponte a prueba

PROBLEMA **RESUELTO**

El helicóptero

Los helicópteros son utilizados por sus grandes ventajas: quedan suspendidos en el aire, son capaces de girar sobre sí mismos y aterrizan y despegan en vertical.

Lo que hace que un helicóptero ascienda o descienda es el ángulo de ataque, es decir, la inclinación de las aspas con respecto a la corriente de aire. Cuanto mayor es el ángulo de ataque mejor se sostiene el helicóptero en el aire. Eso sí, este ángulo de ataque debe de estar entre los 3° y los 14°, ya que por encima de ese valor, el helicóptero entra en pérdida y cae rápidamente.

Observa los ángulos de ataque de los siguientes helicópteros y responde en tu cuaderno verdadero o falso.

El helicóptero *A* se sostiene mejor en el aire que el *C*.	●●●
El helicóptero *B* entra en pérdida y cae rápidamente.	●●●
El único helicóptero que no se cae es el *A*.	●●●
Todos los helicópteros se sostienen en el aire.	●●●

A. 13º 57' 200"

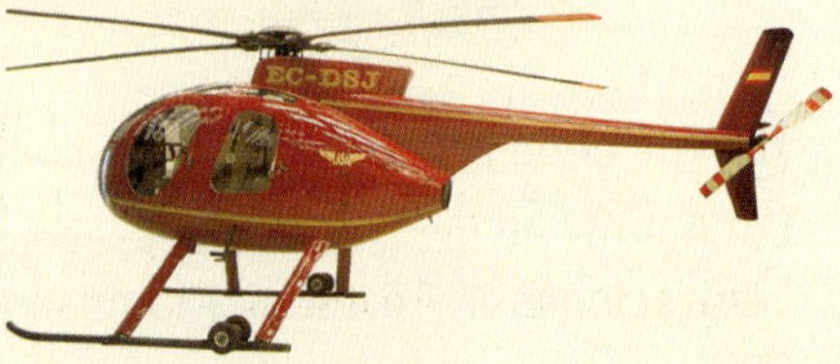

B. 800' 2500"

C. 12º 72' 2800'

SOLUCIÓN

Expresamos todas las medidas en grados, minutos y segundos:

A: 13° 57' 200" = 14° 20"

B: 800' 2500" = 14° 1' 40"

C: 12° 72' 2800" = 13° 58' 40"

El helicóptero *A* se sostiene mejor en el aire que el *C*.	Falso
El helicóptero *B* entra en pérdida y cae rápidamente.	Verdadero
El único helicóptero que no se cae es el *A*.	Falso
Todos los helicópteros se sostienen en el aire.	Falso

El agente secreto

El agente secreto 008 debe indicar en clave el lugar en el que se encuentra. Para ello cuando llama a la Central de Inteligencia indica el ángulo que forman las agujas de su reloj en ese momento.

¿Dónde se encuentra cuando al llamar dice que forman un ángulo de 120º?

Bogotá

Santiago de Chile

Berlín

El relojero

La maquinaria de los relojes está formada por numerosos engranajes y volantes circulares.

Un relojero necesita reparar el interior de un antiguo reloj y lo único que recuerda es que tres de los engranajes están dispuestos de forma que sean tangentes exteriores entre sí.

Dibuja en tu cuaderno tres formas distintas de cómo se pueden colocar.

En educación física

Juan, Ana, Carolina, Fernando y Jesús están jugando al balón prisionero en clase de Educación Física.

El profesor les ha dicho a Juan, Ana, Carolina y Fernando que se coloquen formando un cuadrado y se han colocado como puede verse en la figura.

A Jesús le ha dicho que debe colocarse en una zona del interior del cuadrado en la que se cumpla que:

- Esté más cerca de Carolina que de Ana.
- Esté más cerca de Juan que de Fernando.
- Esté más cerca de Carolina que de Juan.

Dibuja un esquema en tu cuaderno y señala en qué zona del interior del cuadrado puede colocarse Jesús.

AUTOEVALUACIÓN

1. Describe los elementos geométricos más representativos de este edificio:

2. Si las rectas *r* y *s* son paralelas, ¿puedes decir, sin necesitad de prolongar *t*, cuánto mide el ángulo obtuso que forman las rectas *t* y *r*?

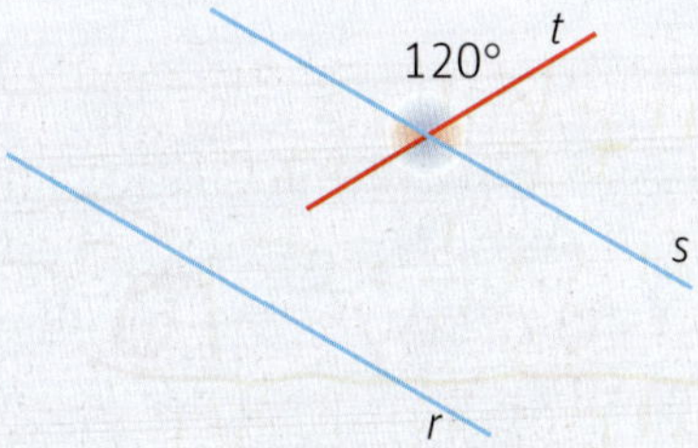

3. Traza con el transportador un ángulo de 30° y otro de 45°. Dibuja los ángulos complementarios de cada uno de ellos y calcula sus medidas.

4. Dibuja un ángulo de 42° y traza su bisectriz. ¿Cuánto mide cada ángulo resultante?

5. Calcula el complementario y el suplementario del ángulo $\hat{A}$ = 35° 23' 16".

6. Calcula la medida de un ángulo cuya amplitud es $\frac{2}{3}$ de la de otro ángulo que mide 18° 27' 54".

7. Halla el valor de $\hat{A}$.

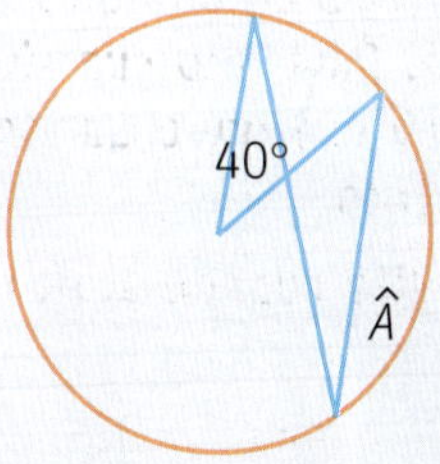

8. La comarca de Remedal pretende que se construya una gasolinera al pie de la autovía con la condición de que esté a la misma distancia de los dos pueblos principales, Villanueva y Cantorral. Haz un esquema en tu cuaderno e indica dónde se situaría la gasolinera.

12 Figuras geométricas

- ¿Cómo tiene que ser una figura para llamarse polígono?
- ¿Qué triángulos conoces? ¿Y cuadriláteros?
- ¿Qué necesitas para dibujar triángulos?
- ¿Y un triángulo inscrito en una circunferencia?
- ¿Cuándo dos figuras son simétricas?

Reflexiona y saca conclusiones

Denis Guedj le dice a su hija que los triángulos son los polígonos más importantes. ¿Estás de acuerdo con esa afirmación?

En el texto se afirma que el triángulo es estable. Intenta explicar por qué. Construye distintos polígonos con varillas unidas por los vértices. Sólo hay uno rígido, es decir, que no se deforma, ¿cuál es?

Lee y comprende

Geometría

-Sí, pero ¿por qué los triángulos son tan importantes?

–Porque con los triángulos se pueden fabricar todos los polígonos, sea cual sea su número de lados. ¿El rombo? Dos triángulos isósceles idénticos unidos por su base. ¿El cuadrado? Dos triángulos rectángulos isósceles idénticos unidos por la hipotenusa. ¿El rectángulo? Dos triángulos rectángulos idénticos unidos por la hipotenusa. Si te marchas de viaje no hace falta que te lleves todos los polígonos. Llévate solamente los triángulos. Si necesitas un pentágono, saca tres triángulos de tu bolso y tendrás un pentágono. ¿Un octógono? Saca seis.

Otra cosa, ¡la "visibilidad" del triángulo! Un coche circula en medio de la niebla, el conductor ve, de repente, un triángulo rojo en la calzada y frena. Hay un camión parado en medio de la carretera. El conductor ha evitado el accidente. Pon un cuadrado, un pentágono, un círculo y un triángulo, aléjate, ¿cuál se distingue mejor?

[...] Otra cosa, ¿has visto las nuevas motocicletas con dos ruedas delante? Son totalmente estables y, cuando se detienen, el conductor no tiene que poner el pie en el suelo para mantener la motocicleta en equilibrio. ¡Porque con tres ruedas, si no están en línea, forman un triángulo!, y el triángulo es estable. Para disponer de un vehículo estable, no se necesita un coche de cuatro ruedas.

–¡Por eso empecé con un triciclo!

–Ya ves, las mates son útiles.

DENIS GUEDJ
Las matemáticas explicadas a mi hija.
Ed. Paidós. 2009

Busca y analiza

Busca señales de tráfico con forma triangular. Todas tienen en común, además de la forma, que advierten de un peligro. ¿Qué otras formas geométricas tiene las señales de tráfico? ¿Hay relación entre la forma y el tipo de señal?

1 Polígonos

Fíjate en el borde de las celdas de los panales de abejas. Están formados por segmentos que se unen de forma consecutiva, de manera que el origen y el final coinciden. Esta forma geométrica recibe el nombre de **línea poligonal cerrada**.

> La región del plano que queda delimitada por una línea poligonal cerrada se llama **polígono**.

Sus elementos son:

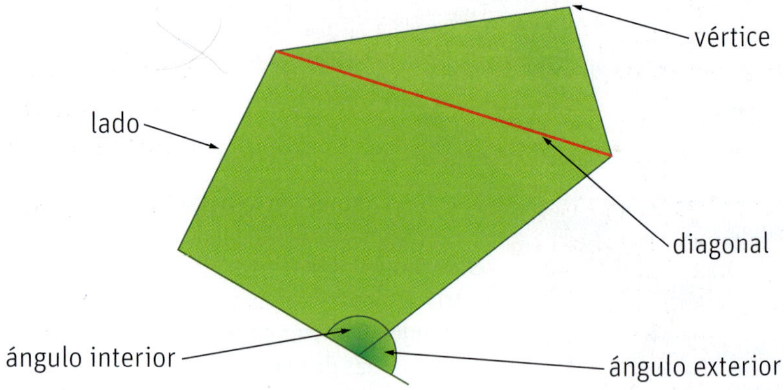

Sabías que...

Polígono es una palabra de origen griego que está formada por:

Poli-: significa varios, muchos.
-gono: significa ángulo.

Clasificación de polígonos

Los polígonos se pueden clasificar de distintas maneras.

- **Según el número de lados o de ángulos interiores:**
  - Triángulos
  - Cuadriláteros
  - Pentágonos
  - Hexágonos
  - Heptágonos
  - Octógonos
  - Eneágonos
  - Decágono
  - Undecágono...

Cuadrilátero	Pentágono	Octógono	Dodecágono
		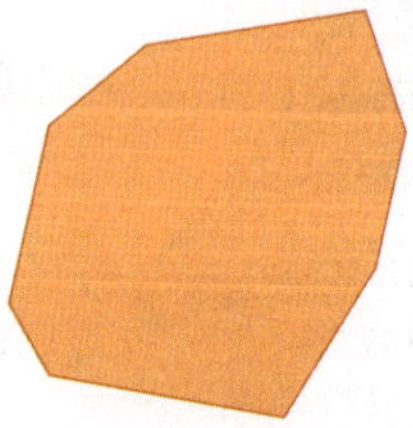	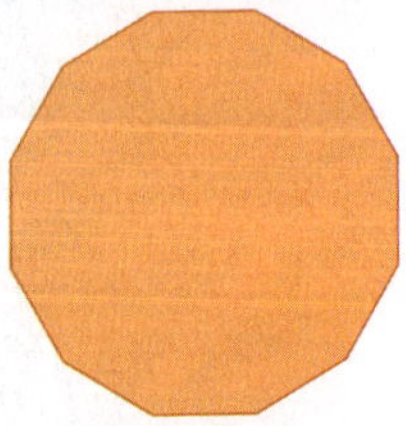
4 lados	5 lados	8 lados	12 lados

- **Según la amplitud de los ángulos:**

Convexo	Cóncavo

Todos sus ángulos interiores son menores que 180°.	Alguno de sus ángulos interiores es mayor que 180°.

Ten en cuenta

Observa que en un polígono convexo siempre podemos ir de un punto interior a otro sin salir del polígono.

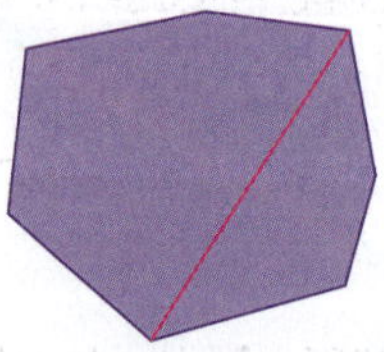

En un polígono cóncavo no siempre es posible.

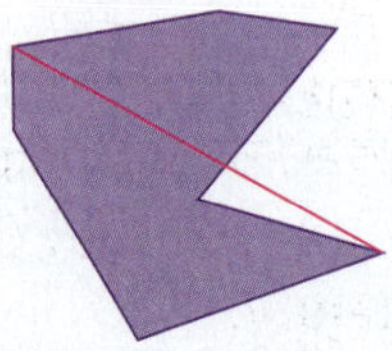

Polígono regular

> Un polígono es **regular** si sus lados y sus ángulos son iguales.

Radio: segmento que une el centro con un vértice.

Ángulo central: cualquier ángulo determinado por dos radios consecutivos.

Lado

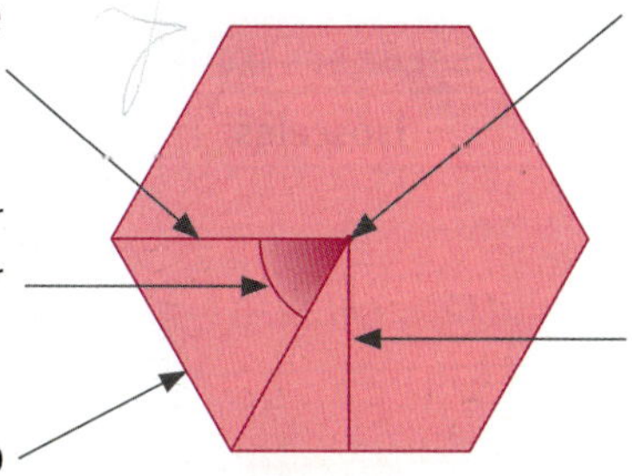

Centro: Punto que está a la misma distancia de todos los vértices.

Apotema: segmento que une el centro con el punto medio de un lado.

Cualquier polígono regular se puede inscribir en una circunferencia cuyo radio será igual al radio del polígono.

MAT-TIC GeoGebra

Entra en sm**Savia**digital.com y:

- Construye polígonos regulares.
- Analiza los ángulos de un polígono regular.

ACTIVIDADES

1. Indica qué figuras son un polígono.

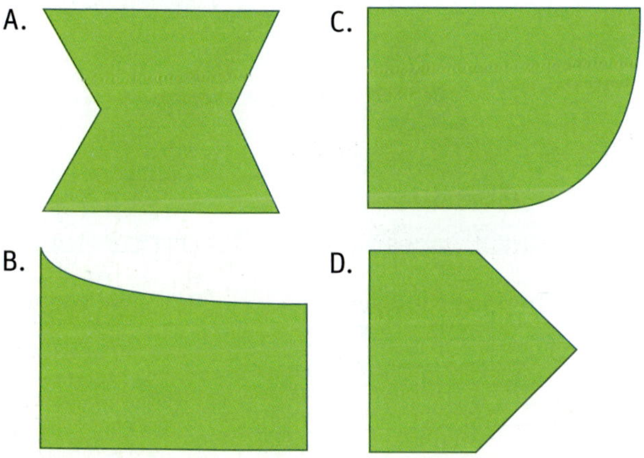

2. **Indica tres elementos de la naturaleza o tres objetos de tu entorno con una forma que recuerde a la de un polígono. ¿A qué polígonos se parecen?**

3. **Clasifica los siguientes polígonos según sus lados y según la amplitud de sus ángulos interiores.**

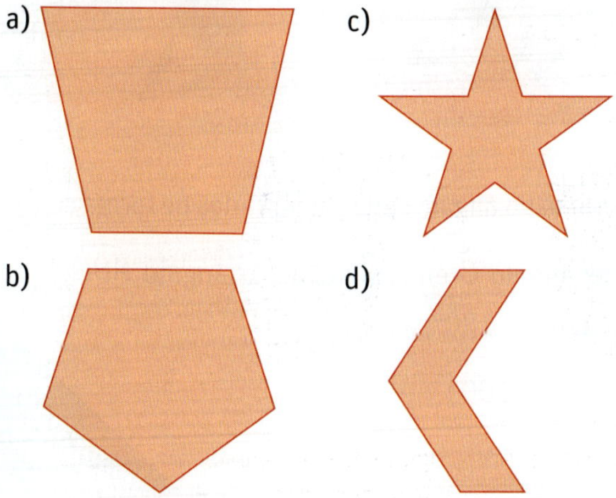

4. **Dibuja en tu cuaderno:**

a) Un polígono convexo de tres lados y otro de cinco.

b) Tres polígonos cóncavos de 4, 5 y 6 lados.

5. **Dibuja un polígono regular de tres lados y un polígono regular de cuatro lados. Señala su centro, un radio y una apotema.**

ACTIVIDAD **RESUELTA**

6. **Si el ángulo central de un polígono regular mide 72°, ¿de qué polígono se trata?**

En los polígonos regulares, todos los ángulos centrales son iguales.

Si dividimos el ángulo completo (360°) entre el valor del ángulo central, obtenemos el número de ángulos centrales iguales y por tanto el número de lados del polígono.

$$360° : 72° = 5$$

El polígono es un pentágono.

7. **Si el ángulo central de un polígono regular mide 45°, ¿de qué polígono se trata? ¿Y si mide 60°?**

8. **¿Cuánto mide el ángulo central de un eneágono? ¿Y de un decágono?**

9. **Dibuja un octógono y un eneágono regulares siguiendo estos pasos:**

1.º Dibuja una circunferencia cualquiera.

2.º Calcula el ángulo central del polígono que quieras dibujar y divide la circunferencia en arcos de esa amplitud.

3.º Une los puntos que has marcado sobre la circunferencia y obtendrás tu polígono regular.

2 Triángulos y cuadriláteros

Propiedad de rigidez del triángulo.

Clasificación de triángulos

Muchas estructuras como grúas, torres de alta tensión, puentes,... están formados por triángulos. Es debido a que es el único polígono rígido, es decir, no se deforma.

Los triángulos se pueden clasificar según sus lados y según sus ángulos.

Según sus lados		
Equilátero	Isósceles	Escaleno
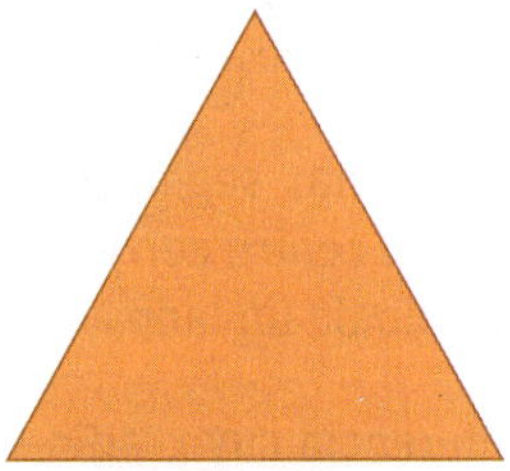		
Tres lados iguales	Dos lados iguales	Ningún lado igual

Según sus ángulos		
Rectángulo	Acutángulo	Obtusángulo
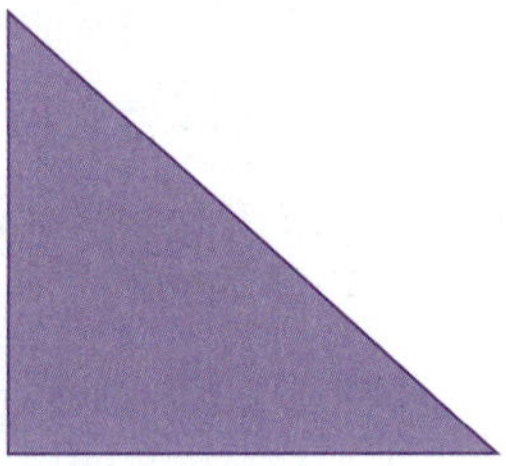	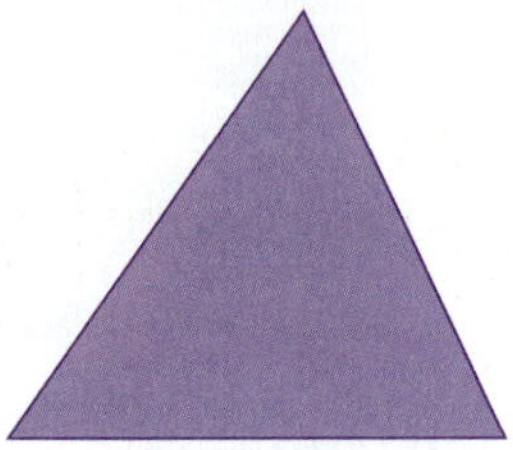	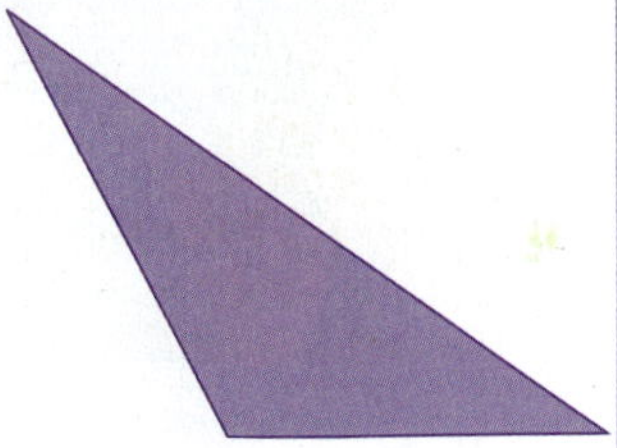
Un ángulo recto	Tres ángulos agudos	Un ángulo obtuso

MAT-TIC GeoGebra

Entra en sm**Savia**digital.com y:

- Construye triángulos equiláteros.
- Comprueba que los ángulos de un triángulo suman 180°.

Suma de los ángulos interiores de un triángulo

La suma de los ángulos interiores de un triángulo cualquiera es **180°**.

Recorta un triángulo y sigue estos pasos para comprobar esta propiedad.

Los tres vértices del triángulo forman un ángulo llano al colocarlos de forma consecutiva.

Ejemplo ▸ Calcula el valor del ángulo $\hat{C}$ en el siguiente triángulo $\widehat{ABC}$.

La suma de los ángulos interiores es 180°, así:

$$\hat{C} = 180° - 42° - 38° = 100°$$

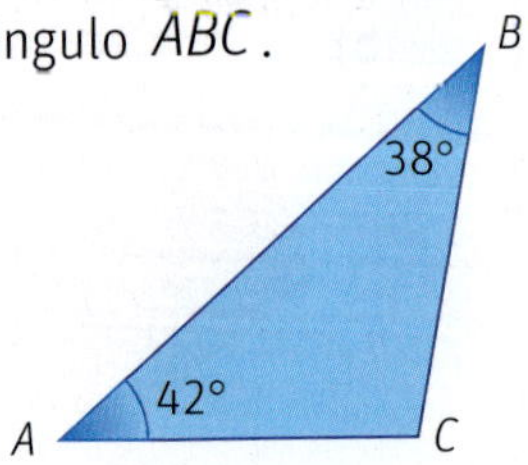

Cuadriláteros

Clasificamos los cuadriláteros según el paralelismo de sus lados:

Paralelogramos: Dos pares de lados paralelos			
Cuadrado	Rectángulo	Rombo	Romboide

4 lados iguales	Lados paralelos iguales	4 lados iguales	Lados paralelos iguales

Trapezoides: Ningún par de lados paralelos	**Trapecios:** Dos lados paralelos		
	Rectángulo	Isósceles	Escaleno
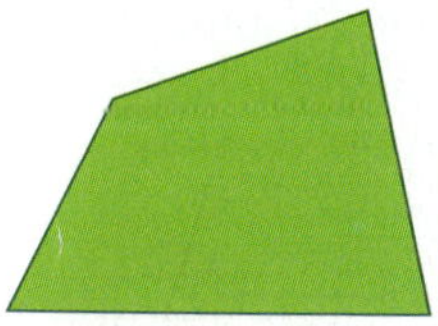	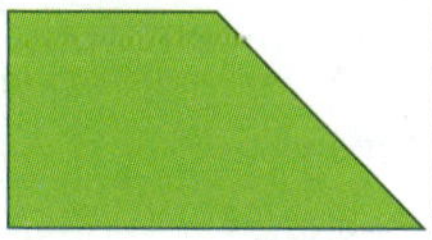	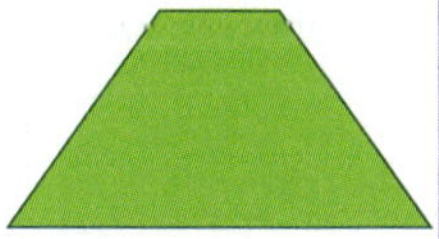	
	Dos ángulos rectos	Lados no paralelos iguales	Lados no paralelos desiguales, sin ángulos rectos

Los únicos cuadrílateros que pueden ser cóncavos son los trapezoides.

MONDRIAN, P.: *Cuadro II* (1922)

MAT-TIC GeoGebra

Entra en sm**Savia**digital.com y descubre por qué clasificamos así los cuadriláteros.

ACTIVIDADES

10. En un triángulo isósceles, uno de los ángulos iguales mide 25°. ¿Cuánto mide el tercer ángulo?

11. Un triángulo es a la vez isósceles y rectángulo, ¿cuánto miden sus ángulos?

12. ¿Qué tipos de triángulos se forman al cortarse las diagonales de los diferentes tipos de paralelogramos?

13. Copia en tu cuaderno una trama como la siguiente y , colocando cada vértice en un punto, dibuja tres cuadriláteros que no tengan lados paralelos, tres con los lados paralelos dos a dos y otros tres que tengan solo dos lados paralelos.

14. Dibuja en tu cuaderno polígonos que cumplan las condiciones de cada zona del diagrama.

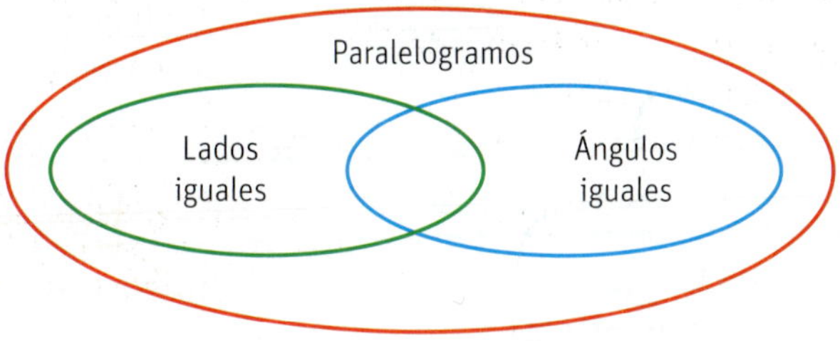

15. ¿Qué paralelogramos tienen sus diagonales iguales? ¿Y perpendiculares?

16. Teniendo en cuenta el valor de la suma de los ángulos interiores de un triángulo, calcula cuánto suman los ángulos interiores de un cuadrilátero cualquiera.

17. sm**Savia**digital.com

PRACTICA Clasifica polígonos.

3 Construcción de triángulos. Criterios de igualdad

Ten en cuenta

Los vértices de los triángulos se nombran con letra mayúscula. Los lados se nombran con la misma letra que su vértice opuesto en minúsculas.

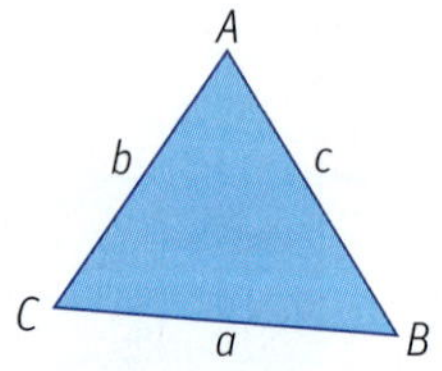

Un triángulo tiene tres lados y tres ángulos. Para su construcción necesitamos conocer, al menos, tres datos.

Construir un triángulo conocidos tres lados

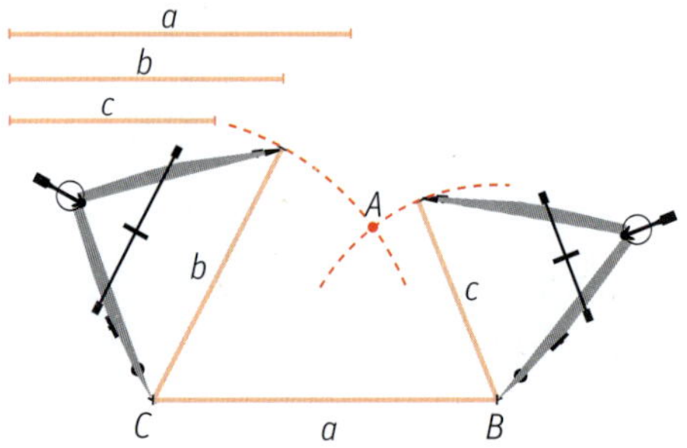

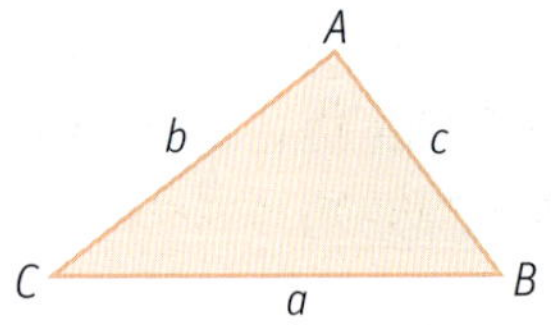

1.º Dibujamos el segmento *a*. Con centro en cada extremo y tomando como radio las medidas de *b* y *c*, trazamos dos arcos hasta que se corten en un punto *A*.

2.º Unimos los vértices *B* y *C* con *A* y obtenemos el triángulo.

Observa que si los arcos no se cortan, el tercer vértice no se puede obtener.

> Se puede formar un triángulo con tres segmentos siempre que la suma de las longitudes de los dos menores sea mayor que la longitud del segmento mayor.

Construir un triángulo conocidos dos lados y el ángulo comprendido entre ellos

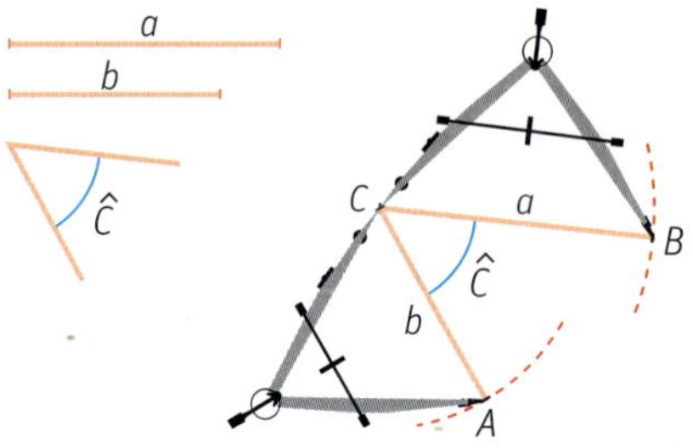

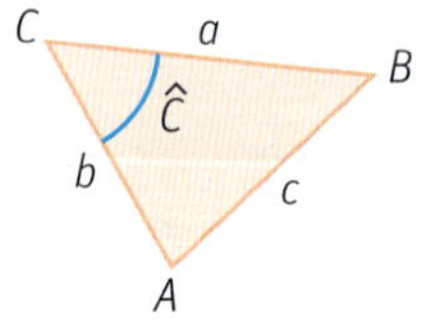

1.º Dibujamos el ángulo. A partir del vértice, y sobre cada uno de sus lados, dibujamos los segmentos *a* y *b*.

2.º Unimos los extremos de los segmentos y obtenemos el triángulo.

Construir un triángulo dados dos ángulos y el lado común a ambos

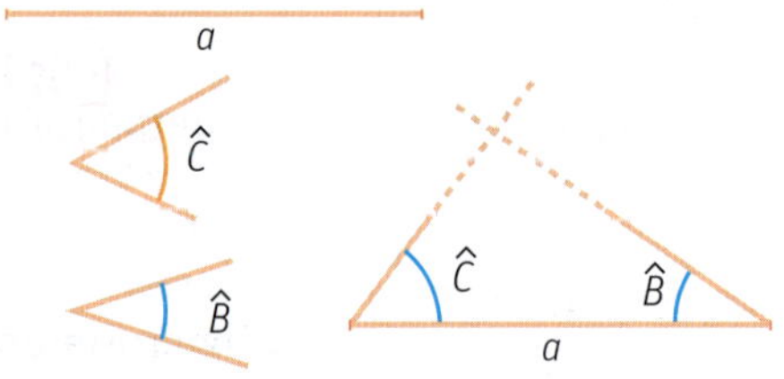

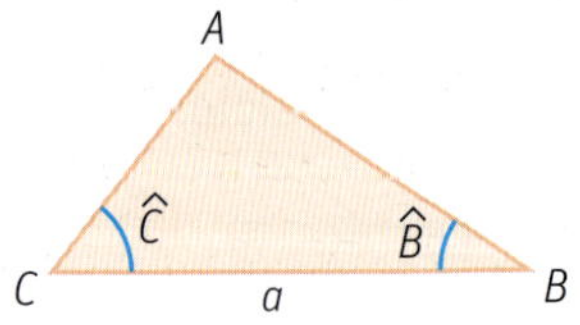

1.º Dibujamos el segmento *a* y utilizando como vértice cada extremo, construimos los ángulos $\hat{B}$ y $\hat{C}$.

2.º El punto de corte es el vértice *A* del triángulo.

MAT-TIC GeoGebra

Entra en smSaviadigital.com y decide si es posible construir triángulos.

Criterios de igualdad de triángulos

Dos triángulos son **iguales** si coinciden la longitud de sus lados y la medida de sus ángulos, es decir, si al superponerlos coinciden.

Los métodos de construcción de triángulos nos permiten establecer los siguientes **criterios de igualdad de triángulos**:

> Dos triángulos son iguales si:
>
> 1. Tienen los **tres lados** iguales.
> 2. Tienen iguales **dos lados** y **el ángulo comprendido entre ellos**.
> 3. Tienen igual **un lado** y sus **dos ángulos** contiguos.

Ejemplo ▸ ¿Son iguales los siguientes triángulos?

En el primer triángulo conocemos dos ángulos. Podemos calcular la medida del tercer ángulo, ya que la suma de los ángulos interiores de un triángulo es 180°.

$$\hat{A} = 180° - (60° + 80°) = 40°$$

Observa que los dos triángulos tienen un lado igual, de 60 mm, y los ángulos contiguos, de 60° y 40°, coinciden.

Por el tercer criterio de igualdad podemos decir que son iguales.

ACTIVIDADES

18. Dibuja en tu cuaderno un triángulo cuyos lados midan 5 cm, 6 cm y 7 cm.

19. Justifica cuáles de los siguientes triángulos no pueden construirse.

A. $a = 5$ cm, $b = 5$ cm, $c = 5$ cm

B. $a = 9$ cm, $b = 8$ cm, $c = 2$ cm

C. $a = 1$ cm, $b = 1$ cm, $c = 5$ cm

D. $a = 3$ cm, $b = 6$ cm, $c = 4$ cm

20. Construye en tu cuaderno triángulos con las siguientes características.

a) Lados de 5, 8 y 6 cm

b) Un ángulo de 110° y lados 4 y 5 cm

c) Un lado de 5 cm y los ángulos contiguos 25° y 40°

21. Construye un triángulo *ABC* sabiendo que la longitud del lado *a* es 6 cm y la medida de los ángulos $\hat{B}$ y $\hat{C}$ es 60°. ¿Puedes dibujar otro triángulo distinto?

22. Justifica si son iguales los siguientes pares de triángulos utilizando los criterios de igualdad.

a)

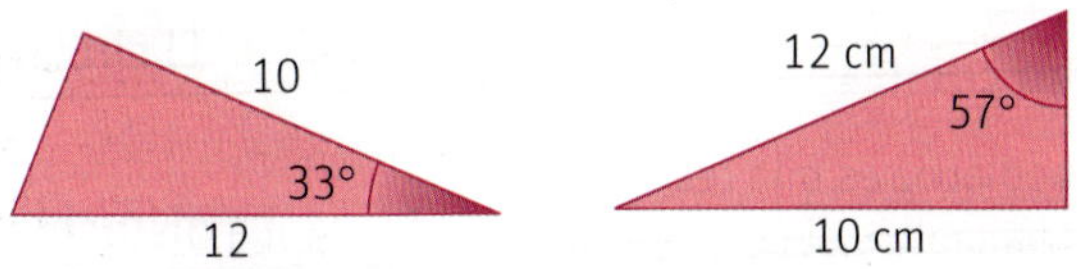

b)

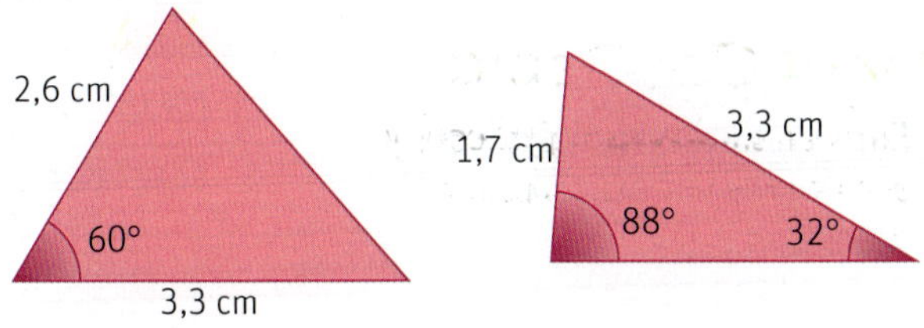

23. Construye un triángulo en tu cuaderno cuyos ángulos sean $\hat{A} = 70°$, $\hat{B} = 50°$ y $\hat{C} = 60°$.

¿Puedes construir más de uno? Si la respuesta es afirmativa, ¿en qué se distinguen?

4 Mediatrices y bisectrices de un triángulo

Mediatrices de un triángulo

Las **mediatrices de un triángulo** son las mediatrices de sus lados.

Ejemplo ▸ Una comarca formada por tres pueblos quiere construir un parque eólico para abastecerse de electricidad. Si quieren que se encuentre a la misma distancia de los tres. ¿Dónde deberían situarlo?

El parque eólico estará a la misma distancia del pueblo *A* y del pueblo *B* si está en la mediatriz del segmento que une *A* y *B*.

Por la misma razón tiene que estar en la mediatriz del segmento *BC* y en la mediatriz de *AC*.

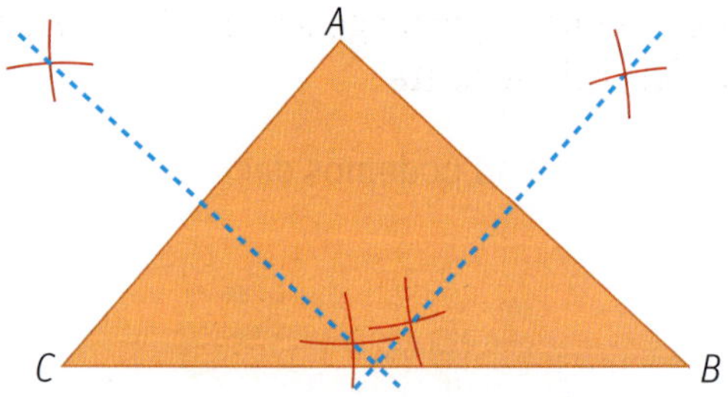

Entonces, el punto donde se cortan las tres mediatrices estará a la misma distancia de los tres pueblos, es decir, será el lugar idóneo para situar el parque eólico.

MAT-TIC GeoGebra

Entra en sm**Savia**digital.com y construye mediatrices de diferentes triángulos.

El **circuncentro** es el punto donde se cortan las tres mediatrices del triángulo.

Ten en cuenta

La mediatriz es una recta notable del triángulo y el circuncentro, es un punto notable del triángulo.

La distancia del circuncentro a cada uno de los vértices es la misma, por tanto, podemos construir una circunferencia que tenga como centro este punto y que contenga a los tres vértices. Esta circunferencia se llama **circunferencia circunscrita**.

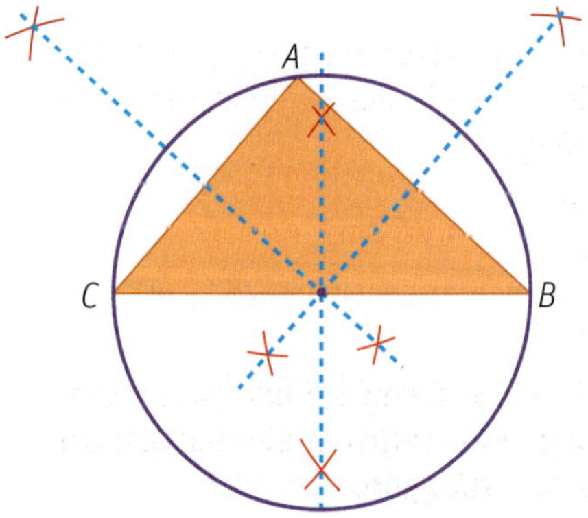

Bisectrices del triángulo

Las **bisectrices de un triángulo** son las bisectrices de sus ángulos.

Ejemplo ▸ Se quiere situar una cámara de tráfico que esté a igual distancia de las tres carreteras que unen los pueblos. ¿Dónde debemos situarla?

Los puntos de la bisectriz del ángulo que forman dos de las carreteras están a la misma distancia de ambas carreteras.

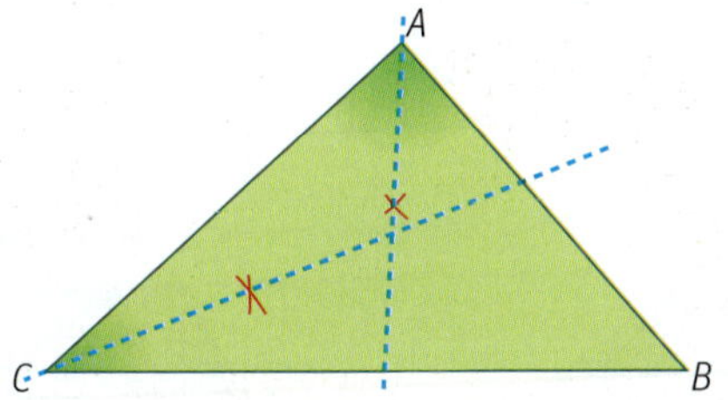

Por tanto, el punto donde se cortan las tres bisectrices estará a la misma distancia de las tres carreteras.

MAT-TIC GeoGebra

Entra en smSaviadigital.com y dibuja las bisectrices de un triángulo.

El **incentro** es el punto donde se cortan las tres bisectrices del triángulo.

La distancia del incentro a los tres lados del triángulo es la misma por tanto podemos dibujar una circunferencia que toque tangencialmente a los tres lados. Esta circunferencia se llama **circunferencia inscrita**.

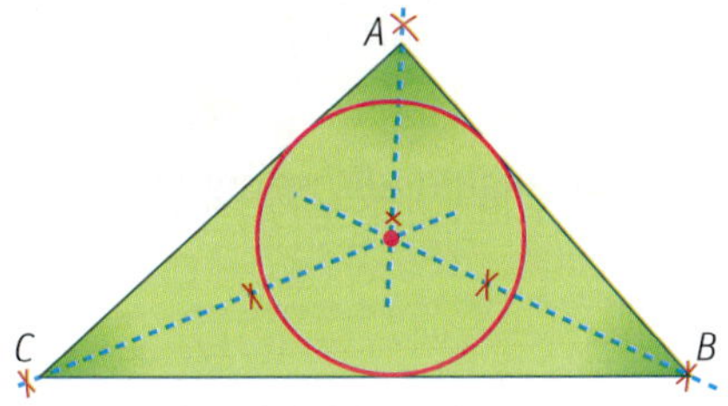

ACTIVIDADES

24. Dibuja las mediatrices y la circunferencia circunscrita de estos triángulos. Indica si el circuncentro está dentro o fuera del triángulo.

a) Triángulo acutángulo

b) Triángulo rectángulo

c) Triángulo obtusángulo

25. Dibuja las bisectrices de los siguientes triángulos, traza la circunferencia inscrita e indica si el incentro está dentro o fuera del triángulo.

a) Triángulo acutángulo

b) Triángulo rectángulo

c) Triángulo obtusángulo

26. Dibuja un triángulo de lados 6 cm; 5,5 cm y 4 cm. Clasifícalo según sus ángulos e indica si el circuncentro estará dentro o fuera del triángulo.

27. Copia en tu cuaderno el siguiente triángulo. Encuentra el circuncentro y el incentro y traza las circunferencias circunscrita e inscrita.

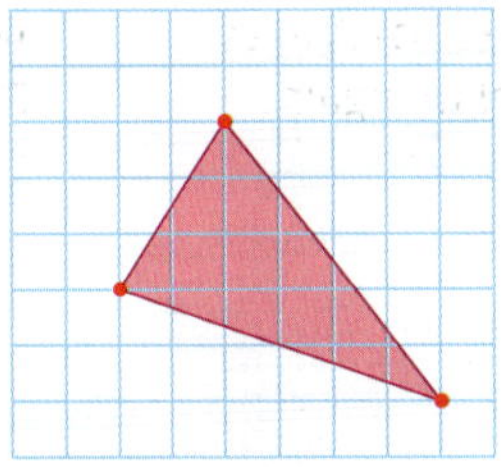

28. Jaime ha dibujado una circunferencia con ayuda de un bote. ¿Cómo puede hallar el centro de la circunferencia?

Pista: Utiliza la definición del circuncentro.

29. ¿Existe algún tipo de triángulo en el que coincidan el circuncentro y el incentro? Ayúdate de un dibujo.

5 Alturas y medianas de un triángulo

Alturas de un triángulo

Ten en cuenta

En algunos casos las alturas hay que trazarlas sobre la prolongación del lado.

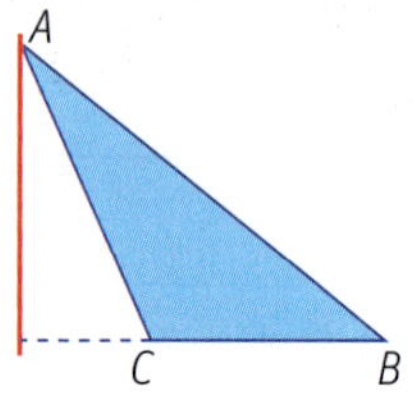

Las **alturas de un triángulo** son las rectas perpendiculares trazadas desde cada vértice hasta el lado opuesto o su prolongación.

El **ortocentro** es el punto donde se cortan las tres alturas del triángulo.

Para trazar el ortocentro del triángulo *ABC* se siguen estos pasos:

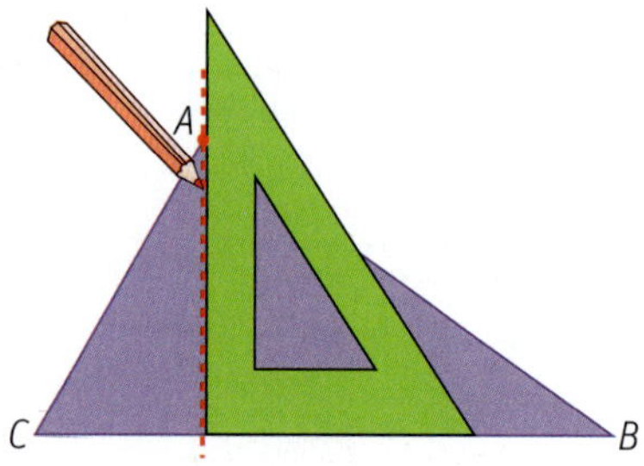

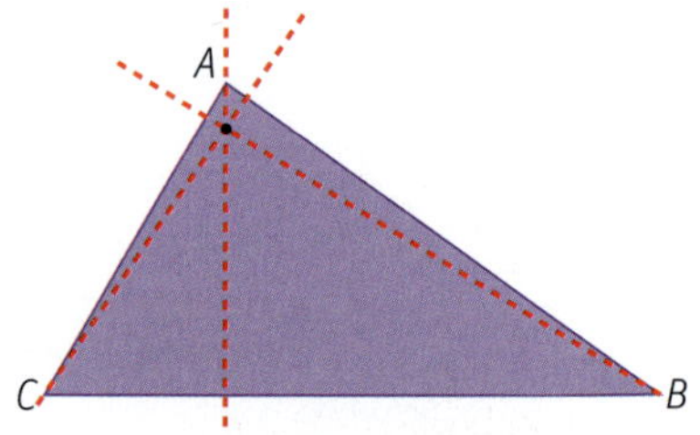

1.º Dibujamos la altura desde *A* trazando, con una escuadra, el segmento perpendicular a *BC* y pasa por *A*.

2.º Repetimos el procedimiento para todas las alturas. El punto donde se cortan las tres es el ortocentro.

Medianas de un triángulo

Las **medianas de un triángulo** son las rectas que pasan por un vértice y el punto medio del lado opuesto.

El **baricentro** es el punto donde se cortan las tres medianas.

Para trazar el baricentro en el triángulo *ABC* se siguen estos pasos:

MAT-TIC GeoGebra

Entra en sm**Savia**digital.com y construye las alturas y las medianas de un triángulo.

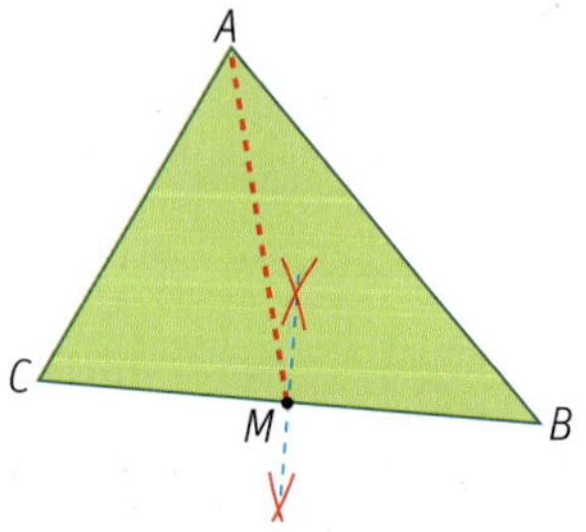

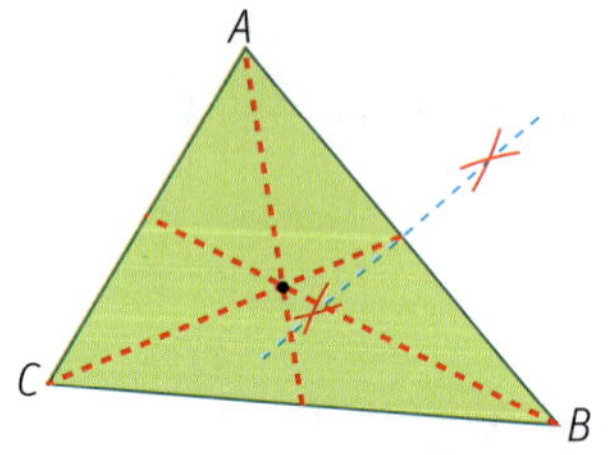

1.º Dibujamos la mediatriz del lado *BC*. Unimos el punto medio *M* con el vértice *A*. Esta recta es la mediana correspondiente al lado *BC*.

2.º Repetimos el proceso para cada lado. El baricentro es el punto de corte de las tres medianas.

ACTIVIDADES

30. Dibuja las alturas de un triángulo rectángulo e indica el ortocentro. ¿Dónde está situado?

31. Dibuja las medianas de un triángulo escaleno e indica el baricentro. ¿Dónde está situado?

32. Dibuja el baricentro y el ortocentro de un triángulo isósceles. ¿Coinciden?

33. Dibuja las alturas y las medianas de un triángulo rectángulo isósceles. Indica el ortocentro y el baricentro. ¿Cuál es su posición respecto al triángulo?

34. ¿El baricentro y el ortocentro pueden coincidir en algún tipo de triángulo? Justifica tu respuesta.

Sobre el mismo triángulo, dibuja su circuncentro y su incentro. ¿Qué observas?

6 Simetrías en las figuras planas

Observa esta mariposa. Si la doblamos por la línea vertical, las dos partes se superponen y coinciden perfectamente. Decimos que la mariposa es **simétrica**. En la naturaleza encontramos muchos ejemplos de simetrías.

Un **eje de simetría** es la recta que divide a una figura plana en dos partes que coinciden exactamente al doblarla por esta recta.

Los **polígonos regulares** tienen tantos ejes de simetría como lados.

Triángulo equilátero	Cuadrado
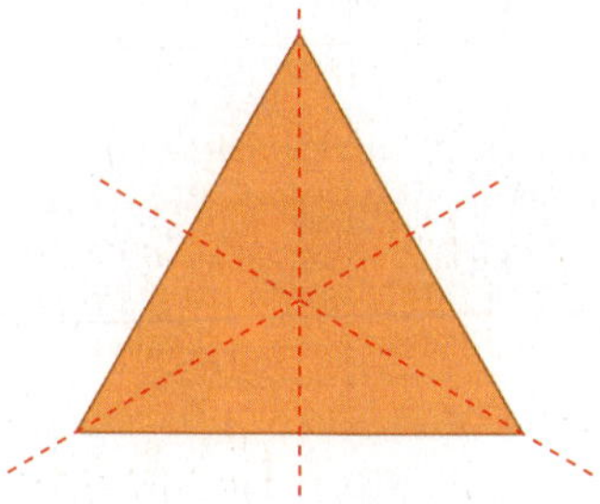	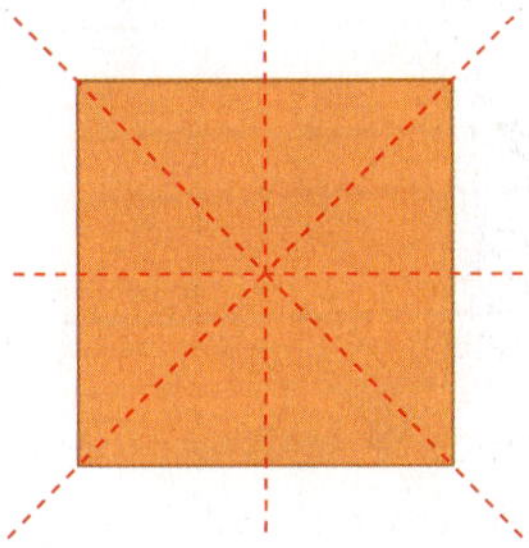
Tres ejes de simetría	Cuatro ejes de simetría
Pentágono	**Hexágono**
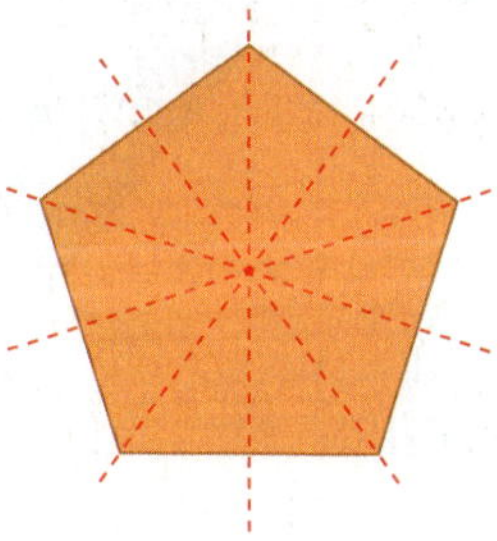	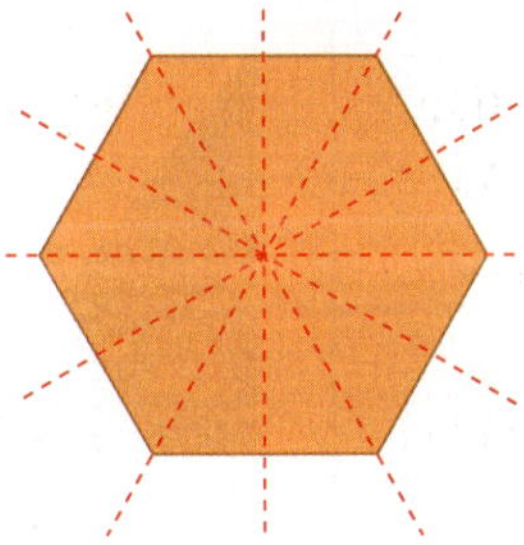
Cinco ejes de simetría	Seis ejes de simetría

Ten en cuenta

En un triángulo equilátero coinciden los ejes de simetría con las alturas, las mediatrices y las bisectrices del triángulo.

ACTIVIDADES

35. En la naturaleza se encuentran muchos ejemplos de simetrías. ¿Se te ocurren algunos? Compara tus respuestas con las de tus compañeros.

36. Dibuja en tu cuaderno un rectángulo y un triángulo isósceles y traza sus ejes de simetría. ¿Cuántos ejes tienen?

37. Copia las siguientes figuras en tu cuaderno y dibuja sus ejes de simetría.

a) 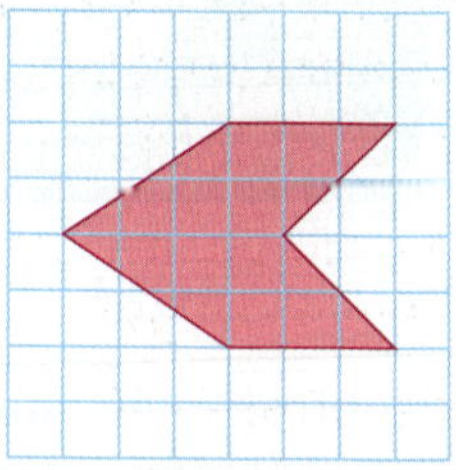

b) 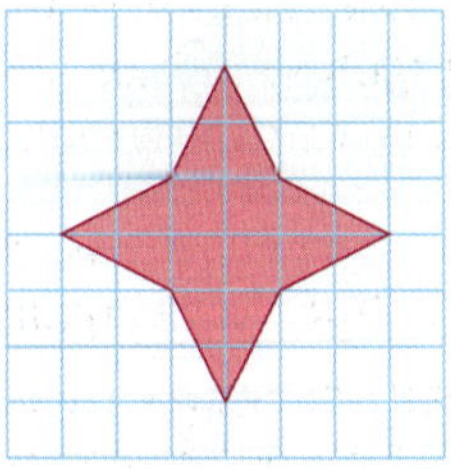

38. Señala los ejes de simetría de las siguientes figuras.

a) 

c) 

b) 

d) 

39. ¿Cuántos ejes de simetría tiene una circunferencia?

40. smSaviadigital.com

PRACTICA Comprueba lo que sabes de triángulos.

Organiza tus ideas

POLÍGONOS

Elementos de un polígono

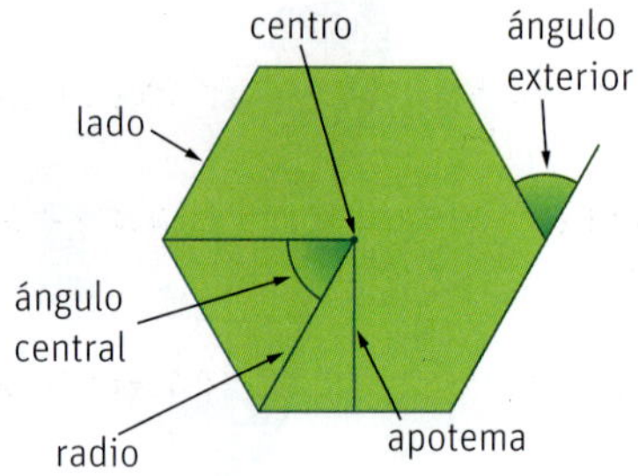

CLASIFICACIÓN POLÍGONOS SEGÚN SUS ÁNGULOS INTERIORES	
 Convexo	 Cóncavo

CUADRILÁTEROS					
 Cuadrado	 Rectángulo	 Rombo	 Romboide	 Trapecio	 Trapezoide

TRIÁNGULOS					
Según sus lados			Según sus ángulos		
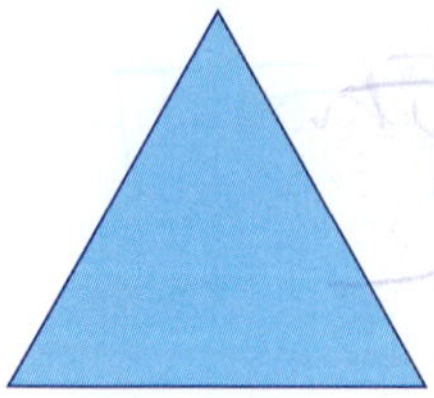 Equilátero	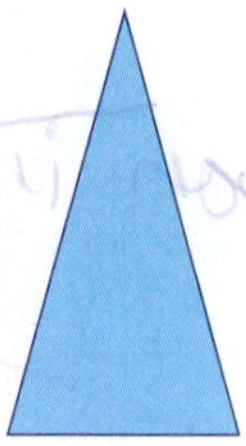 Isósceles	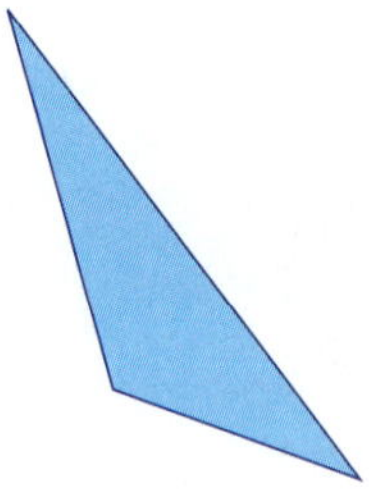 Escaleno	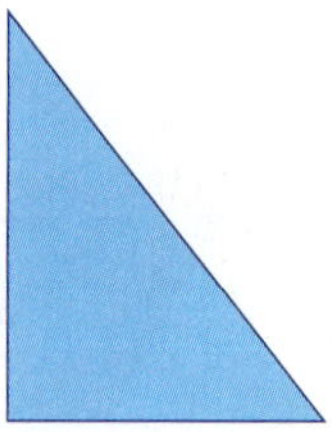 Rectángulo	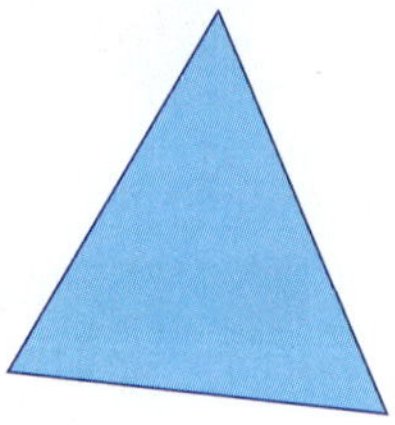 Acutángulo	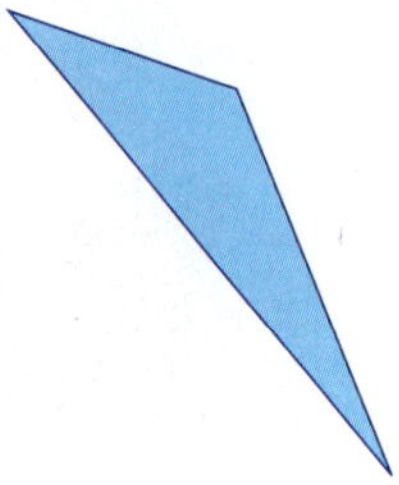 Obtusángulo

CRITERIO DE IGUALDAD DE TRIÁNGULOS

1. Dos triángulos son iguales si tienen los **tres lados iguales**.
2. Dos triángulos son iguales si tienen **iguales dos lados** y el **ángulo comprendido entre ellos**.
3. Dos triángulos son iguales si tienen **igual un lado** y **sus dos ángulos contiguos**.

MEDIATRICES, BISECTRICES, ALTURAS Y MEDIANAS DE TRIÁNGULO

MEDIATRICES	BISECTRICES	ALTURAS	MEDIANAS
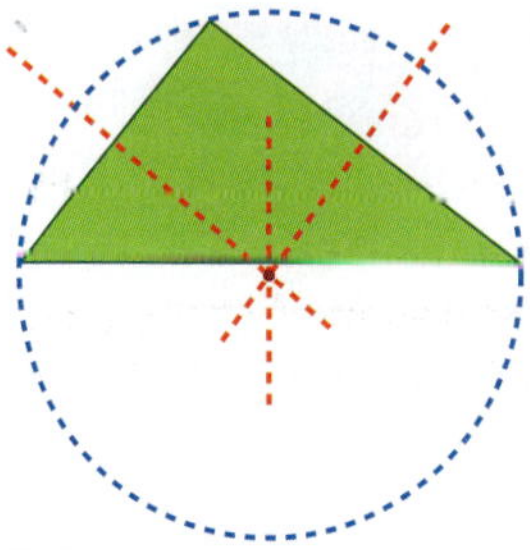	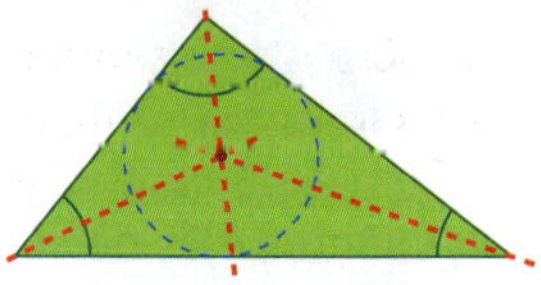	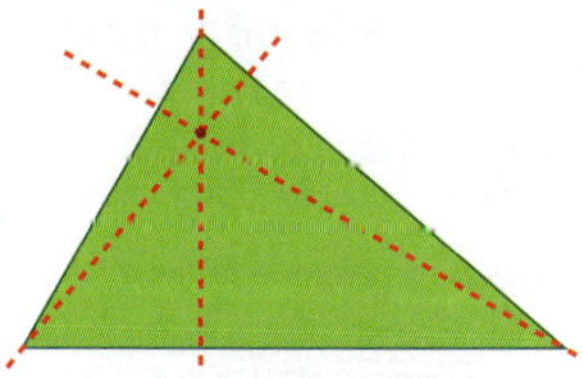	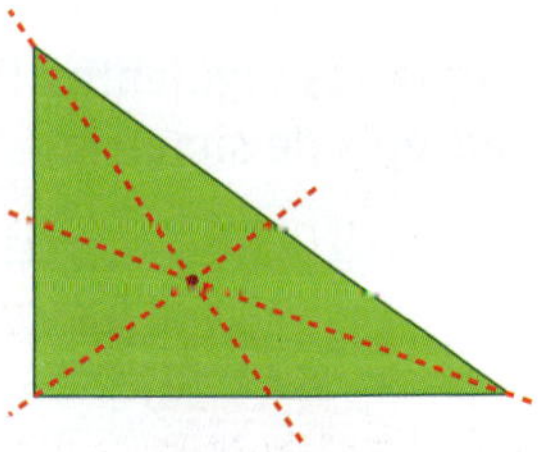
Circuncentro: Punto de corte de las mediatrices	**Incentro:** Punto de corte de las bisectrices	**Ortocentro:** Punto de corte de las alturas	**Baricentro:** Punto de corte de las medianas

Actividades

EJERCICIOS **PARA PRACTICAR**

Polígonos

41. Identifica polígonos en la siguiente fotografía.

42. Nombra y clasifica los siguientes polígonos según el número de lados y según sus ángulos.

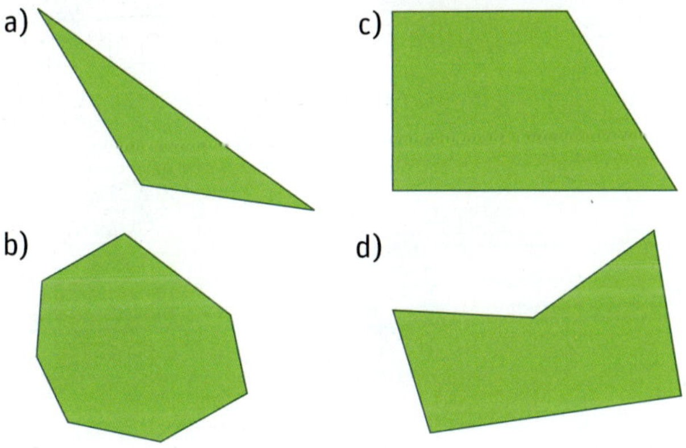

43. Dibuja en tu cuaderno los siguientes polígonos.

a) Un polígono de 5 lados cóncavo

b) Un polígono de 6 lados regular

c) Un polígono de 11 lados convexo

d) Un polígono de 4 lados cóncavo

44. ¿Cuánto vale el ángulo $\hat{A}$?

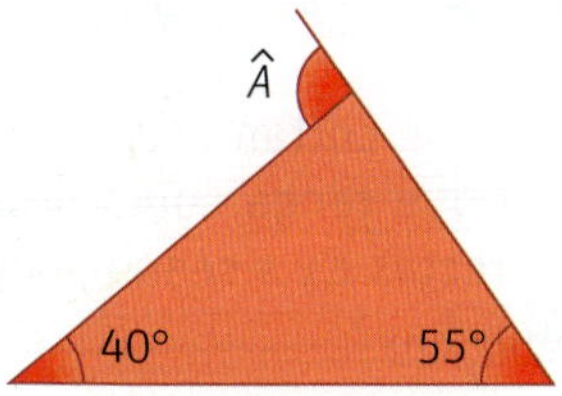

45. Calcula el ángulo central de estos polígonos.

a) Un octógono regular

b) Un cuadrilátero regular

c) Un polígono regular de *n* lados

Triángulos y cuadriláteros

46. ¿Cuánto miden los ángulos de un triángulo equilátero?

47. Un triángulo rectángulo tiene un ángulo de 35°, ¿cuánto miden sus otros ángulos?

48. ¿Cuánto suman dos ángulos consecutivos de un paralelogramo?

49. Traza un par de rectas paralelas. Traza otro par de rectas paralelas que corten a las anteriores. Dibuja el cuadrilátero obtenido.

a) ¿Qué nombre recibe? ¿Podrías haber obtenido otro?

b) ¿Cómo son los ángulos opuestos del cuadrilátero? ¿Por qué?

PROBLEMA **RESUELTO**

50. **Calcula la suma de los ángulos interiores de un pentágono regular y el valor de cada ángulo interior.**

Si trazamos las diagonales desde un vértice, obtenemos 3 triángulos.

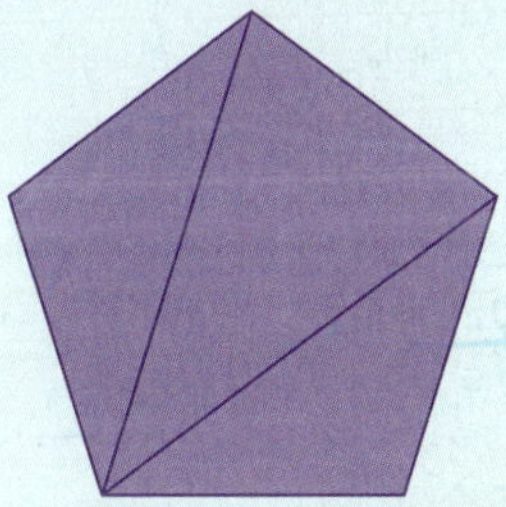

La suma de los ángulos interiores de un triángulo es 180°. Por tanto, la suma de los ángulos interiores del pentágono será:

$$180° \cdot 3 = 540°$$

Teniendo en cuenta que en los polígonos regulares todos los ángulos interiores son iguales, calculamos el valor del ángulo interior dividiendo la suma entre el número de ángulos.

$$540° : 5 = 108°$$

Cada uno de los ángulos interiores del pentágono mide 108°.

51. Calcula la suma de todos los ángulos interiores de los siguientes polígonos regulares. Halla también el valor de los ángulos interiores correspondientes a cada uno de ellos.

a) Un cuadrado

b) Un octógono

c) Un decágono

d) Un dodecágono

Actividades

52. ¿Cuánto miden los ángulos interiores de los siguientes paralelogramos?

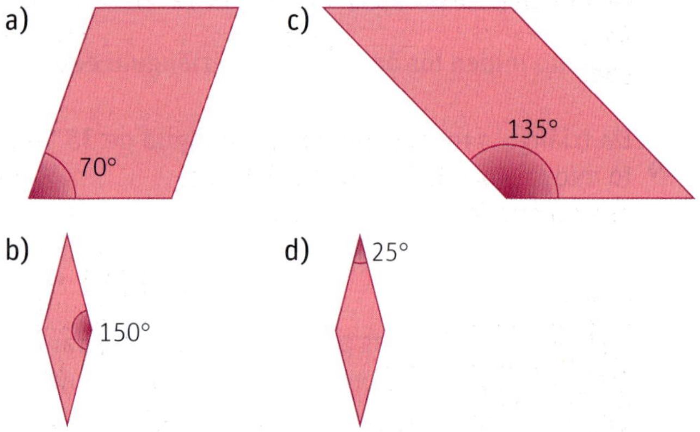

53. Halla el número de lados del polígono regular sabiendo que la suma de sus ángulos interiores vale 540°.

54. Halla el número de lados del polígono cuya suma de sus ángulos interiores vale 1260°.

Criterios de igualdad de triángulos

55. Analiza si los siguientes triángulos se pueden construir.

a) 3,5 cm; 2 cm y 7,5 cm

b) 7 cm; 15 cm y 20 cm

c) 3 cm; 5,1 cm y 9,3 cm

56. Estudia si son iguales los siguientes triángulos.

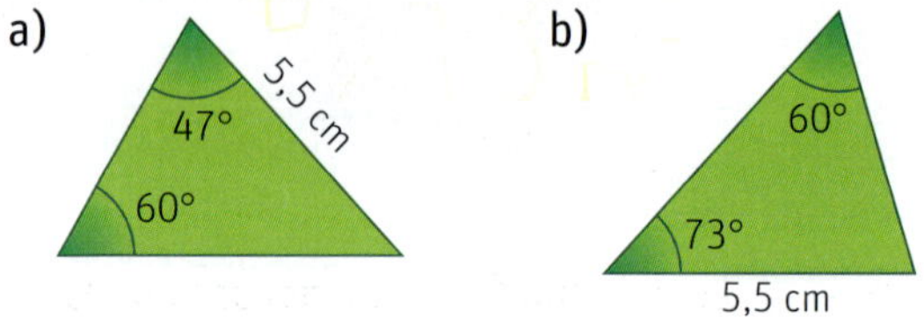

57. Construye todos los triángulos posibles con un lado de 5 cm, un ángulo de 35° y otro 25°.

58. Utilizando la igualdad de triángulos demuestra que las diagonales de un paralelogramo se cortan en su punto medio.

Rectas y puntos notables de un triángulo

59. Construye el circuncentro de un triángulo equilátero de 28 mm de lado y traza su circunferencia circunscrita.

60. Dibuja un triángulo rectángulo con un ángulo de 30° y traza su circunferencia inscrita.

61. Construye un triángulo que tenga un ángulo de 50° y que los lados que lo forman midan 4,5 cm y 2,8 cm. Encuentra el baricentro.

62. ¿Es posible que el circuncentro de un triángulo esté situado en uno de los lados? ¿Y el incentro? Justifica razonadamente tu respuesta.

63. Dibuja un triángulo isósceles de lados 7, 7 y 10 cm y traza su altura respecto al lado desigual.
Recorta el triángulo y doblando por la altura comprueba si las siguientes propiedades son ciertas.

a) La altura es la bisectriz del ángulo desigual.

b) La altura es la mediatriz de la base.

Utilizando los criterios de igualdad de triángulos, demuestra las propiedades anteriores.

Simetrías en figuras planas

ACTIVIDAD **RESUELTA**

64. Dibuja todos los ejes de simetría de los siguientes polígonos:

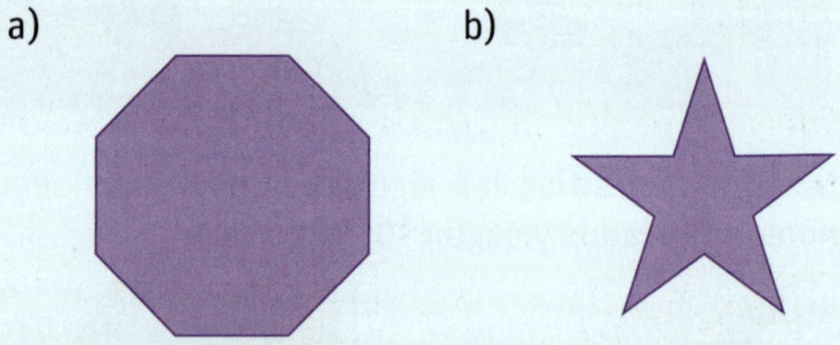

Los ejes de simetría dividen las figuras en dos partes que coinciden al doblar por dicho eje.

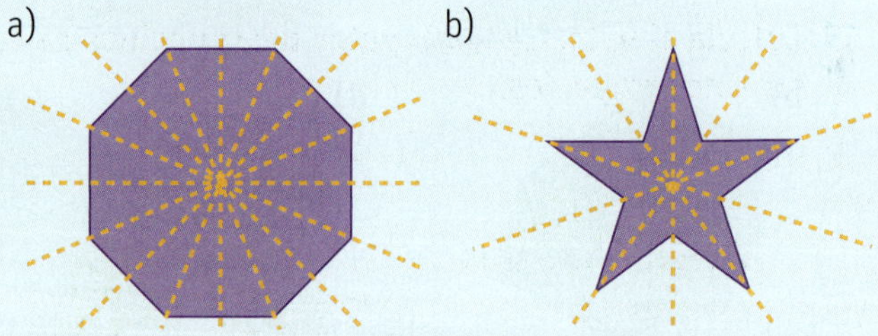

65. Copia el alfabeto griego y dibuja los ejes de simetría de las letras que poseen simetría.

Α Β Γ Δ Ε Ζ Η Θ

Ι Κ Λ Μ Ν Ξ Ο Π

Ρ Σ Τ Υ Φ Χ Ψ Ω

66. Las rectas *r* y *s* se cortan perpendicularmente. Dibuja un rectángulo que tenga como uno de los vértices el punto *A* y las rectas *r* y *s* sean ejes de simetría. ¿Cuántos rectángulos hay?

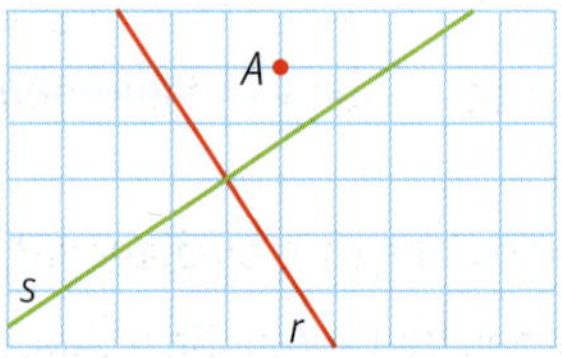

Ejercicios de síntesis

67. Copia y completa la tabla en tu cuaderno.

Polígono	
¿Es convexo o cóncavo?	●●●
¿Es regular?	●●●
N.º de ejes de simetría	●●●
N.º de lados	●●●
Nombre	●●●

68. Completa una tabla como la anterior para cada uno de estos polígonos.

a) 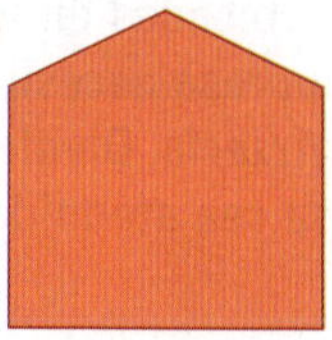
b) 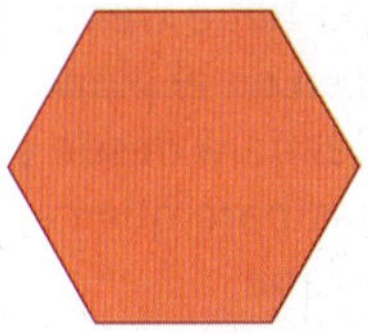
c) 

69. Calcula el valor de los ángulos desconocidos de los siguientes trapecios.

a) 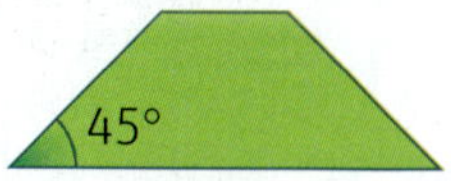

b) 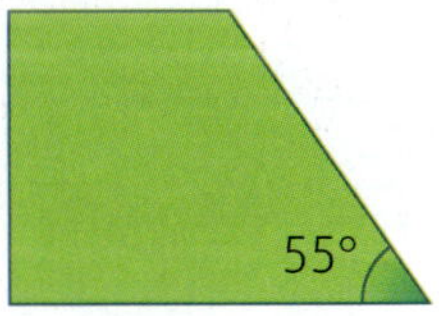

70. Dibuja un triángulo isósceles sabiendo que el ángulo desigual mide 20° y la longitud de los lados iguales es 5 cm. ¿Cuánto miden los otros ángulos?

71. Dibuja el incentro y el circuncentro de un triángulo rectángulo isósceles cuyo cateto mide 9 cm.

72. ¿Puede haber un triángulo cóncavo? Razona tu respuesta.

73. Si divides una circunferencia en nueve partes iguales y unes cada par de puntos consecutivos...

a) ¿Qué polígono obtienes?

b) ¿Cuánto mide el ángulo central?

c) ¿Cuánto mide el ángulo interior?

74. Razona y contesta:

a) ¿Qué polígonos tienen menos diagonales que lados?

b) ¿Qué polígonos tienen el mismo número de diagonales que de lados?

c) ¿Qué polígonos tienen más diagonales que lados?

d) ¿Qué polígonos no tienen diagonales?

PROBLEMAS PARA RESOLVER

75. Una escalera está apoyada en una pared formando un ángulo de 35°, ¿qué ángulo forma la escalera con el suelo?

76. Se quiere enmarcar una fotografía triangular. Se sabe que uno de los lados mide 1,30 m, otro, 2,1 m y que el ángulo que forman es de 32°.

¿Con estos datos, es posible construir el marco?

77. Un ebanista recibe el encargo de construir cuatro piezas que encajen en el vértice indicado. En realidad sólo le han dado la información que aparece en el dibujo y necesita conocer los ángulos $\hat{A}$, $\hat{B}$, $\hat{C}$ y $\hat{D}$.

¿Podrías ayudarle?

78. Tenemos un terreno con forma de decágono regular. Lo hemos dividido en parterres como los que se ven en la figura.

En cada uno de ellos hemos plantado diferentes hortalizas, que necesitan una cantidad de agua distinta.

Por ello hemos comprado un aspersor al que se le puede indicar el ángulo de giro.

¿Qué ángulo deberíamos indicarle para regar un parterre cada vez?

79. Juan piensa que para que un polígono sea paralelogramo es suficiente que: "tenga sus lados paralelos dos a dos". ¿Podrías decirle si es correcto o le faltan características a la definición? Utiliza ejemplos para ilustrar tu explicación.

PROBLEMA **RESUELTO**

80. Se desea construir una antena de telefonía móvil para emitir con igual intensidad en los tres puertos de una isla. Para que emita con igual intensidad deberá situarse a la misma distancia de los tres. ¿Dónde la situaríamos?

Podemos identificar los puertos con tres puntos y, al no estar alineados, forman un triángulo.

La mediatriz de uno de los lados está formada por todos los puntos que están a la misma distancia de los puertos que forman los extremos de ese lado. Como sabemos que en un triángulo las mediatrices se cortan en un punto, entonces el circuncentro estará a igual distancia de los tres puertos (los tres vértices del triángulo).

Sólo tenemos que calcular esas mediatrices y situar la antena en el circuncentro.

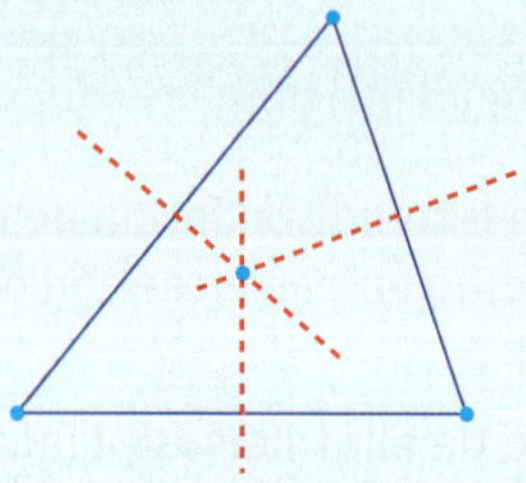

81. Los tres pueblos del mapa tienen un centro de atención médica primaria. El Gobierno pretende construir un hospital situado a la misma distancia de los tres para mejorar la atención médica de la zona.

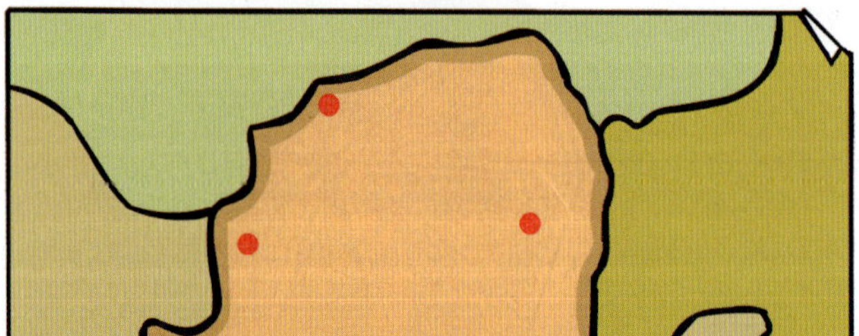

Copia la situación de los pueblos en tu cuaderno e indica dónde deben situar el hospital.

82. Buddy es el perro que vigila la finca de mi abuelo. La finca tiene forma triangular. No queremos que invada el huerto de los vecinos.

¿En qué lugar debemos atarlo de manera que la correa sea lo más larga posible sin que Buddy pueda salirse de la finca y molestar a los vecinos?

83. En una oficina debe ubicarse un teléfono a igual distancia de las mesas de Abel, de Borja y de Cintia ¿Dónde lo ubicarías? ¿Cuántas soluciones has encontrado?

84. Pizzavelocísima tiene tres tiendas ubicadas en los puntos que aparecen en el plano. La empresa necesita saber qué zona se atenderá desde cada pizzería. Divide el plano en tres zonas para que cada casa sea atendida por la tienda más cercana.

85. Los responsables de los parques acuáticos de Oviedo, Málaga y Castellón quieren saber quiénes son los habitantes más cercanos a cada uno para emprender una campaña de publicidad.

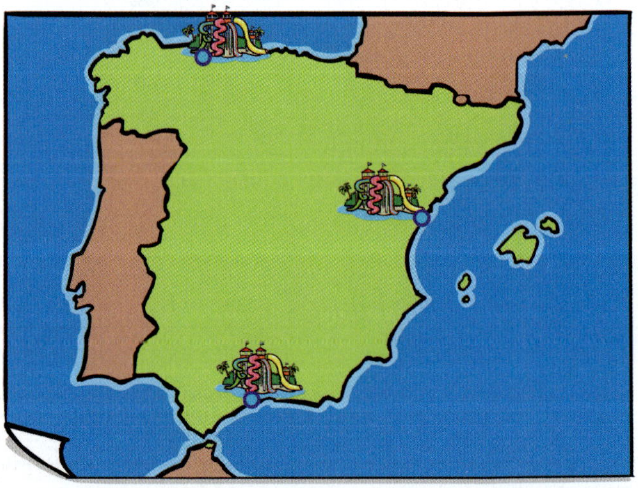

Divide el mapa de la península ibérica en tres partes para que cada una corresponda a los posibles clientes de cada parque acuático.

86. Javier y Miguel Ángel quieren construir un juguete móvil con distintos triángulos. ¿Dónde deberá unir el hilo a los triángulos para que se mantengan horizontales? ¿Cualquier tipo de triángulo serviría?

87. Dibuja los ejes de simetría de un triángulo equilátero y de un cuadrado. Hazlo también de un pentágono y de un hexágono cualquiera, pero que presenten alguna simetría. Enuncia una propiedad para los ejes de simetría según tengan los polígonos un número de lados impar o par.

88. Dibuja una recta *r*, un punto *A* fuera de la recta y un punto *O* dentro de la recta. Dibuja un rectángulo que tenga a *A* como un vértice, a *r* como eje de simetría y a *O* como punto de corte de las diagonales.

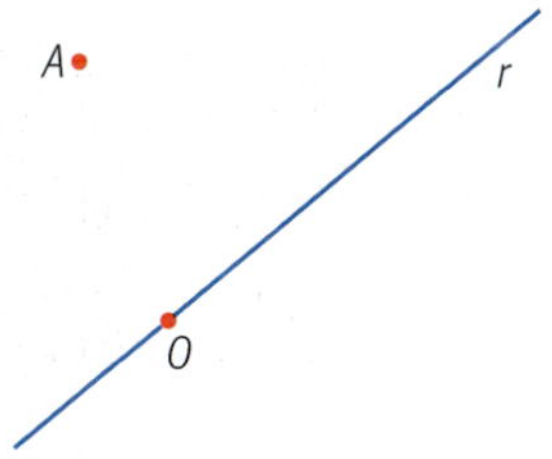

¿Cuántos rectángulos hay?

ACTIVIDADES **PARA PENSAR MÁS**

89. En la figura adjunta, el punto *B* es el simétrico de *A* respecto de la recta *s*, y el punto *C* es el simétrico de *B* respecto de la recta *r*.

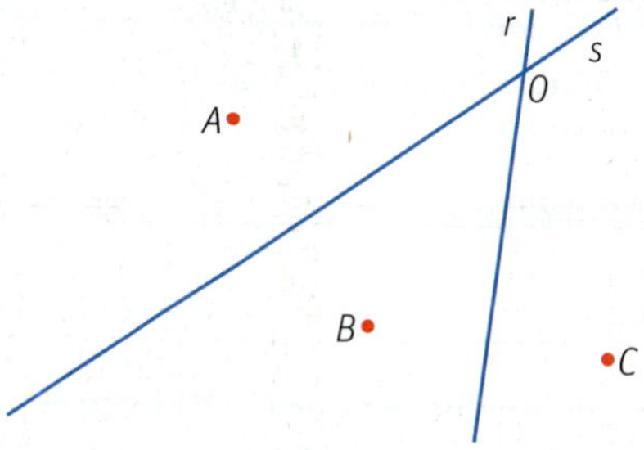

¿Qué es el punto *O* en el triángulo *ABC*?

A. El circuncentro **C.** El incentro
B. El baricentro **D.** El ortocentro

90. En el cuadrilátero *PQRS*, el ángulo $\widehat{SPQ}$ (de vértice *P*) es de 120°, y el ángulo $\widehat{PQR}$ es el cuádruple del ángulo $\widehat{RSP}$. Si el ángulo $\widehat{QRS}$ es recto, ¿cuántos grados mide el ángulo $\widehat{RSP}$?

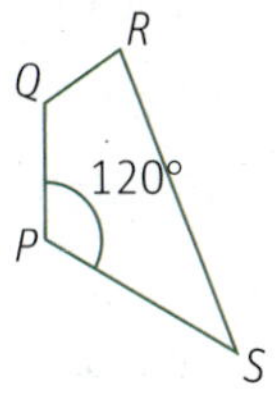

A. 28° **B.** 30° **C.** 32° **D.** 34°

91. Los puntos (−1, 5), (0, 0) y (3, 1) son tres vértices de un paralelogramo. ¿Cuántas posiciones posibles puede tener el cuarto vértice?

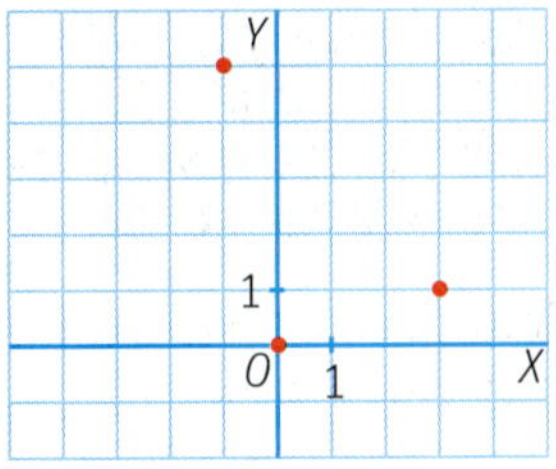

A. 0 **B.** 1 **C.** 2 **D.** 3

92. Uno de los siguientes números no puede ser el número de diagonales de un polígono convexo. ¿Cuál?

A. 9 **B.** 27 **C.** 45 **D.** 54

93. El ángulo $\widehat{PQR}$ (de vértice *Q*) es de 12°. Dibujamos una sucesión de triángulos isósceles como indica la figura.

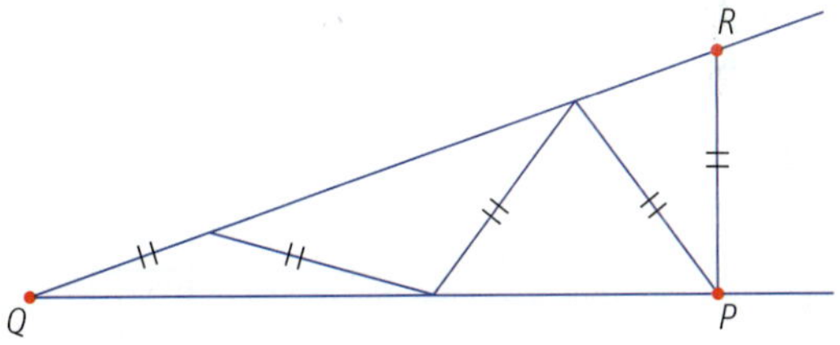

¿Cuántos podemos dibujar como máximo?

A. 8 **B.** 7 **C.** 5 **D.** 4

Encuentra el error

94. El profesor ha planteado la siguiente actividad:

- "Calcula la medida del ángulo interior de un hexágono regular."

Miguel ha pensado lo siguiente:

- Los lados del polígono son paralelos dos a dos.

  Es entonces un paralelogramo. En ese caso la suma de los ángulos interiores es 360°.

  Como hay 6 ángulos iguales, entonces cada ángulo interior valdrá $\frac{360°}{6} = 60°$.

Explica si el razonamiento de Miguel es correcto.

Ponte a prueba

PROBLEMA **RESUELTO** **Pin, Pan y Pun**

Los ayuntamientos de Pin, Pan y Pun quieren construir una piscina pública para los habitantes de los tres pueblos. Pin está situado en el punto de coordenadas (9, 12), Pan en el punto (11, 8), y Pun, en el (5, 3).

1. Dibuja un esquema con la posición de los tres pueblos. ¿Qué figura forman?
2. Si se quiere que la piscina esté a la misma distancia de los tres pueblos, ¿cuáles deben ser sus coordenadas?
   A. (6, 3) **B.** (6, 8) **C.** (9, 8) **D.** (8, 6)
3. ¿Dónde deberá estar si debe equidistar de Pin y Pan y estar más cerca de Pun?

SOLUCIÓN

1. Los tres pueblos forman un triángulo escaleno.
2. Para que la piscina equidiste de los tres pueblos debe de estar situada en el circuncentro del triángulo formado por Pin, Pan y Pun.

   A partir del trazado geométrico vemos que las coordenadas del circuncentro son (6, 8). Respuesta B.
3. Estará en la mediatriz del lado que une Pin y Pan y más cerca de Pun. Está marcado en azul en la figura.

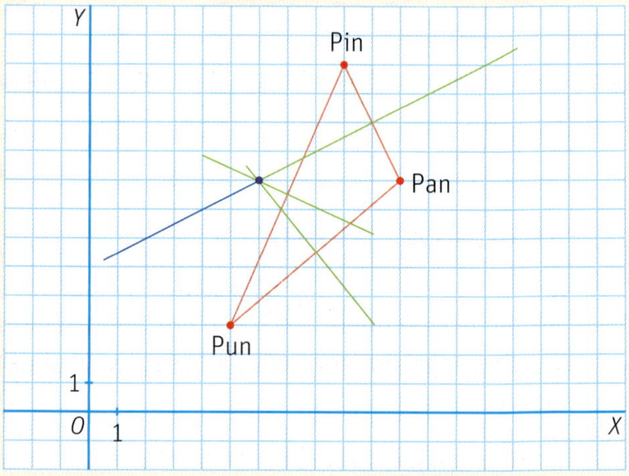

Amueblando la buhardilla

Martín quiere cubrir de estanterías una de las paredes de su buhardilla. Observa el catálogo y contesta.

ESTANTERÍAS SERIE BÁSICA	A1	A2	B1	B2	Altillo 1	Altillo 2	Porta CD A	Porta CD A
	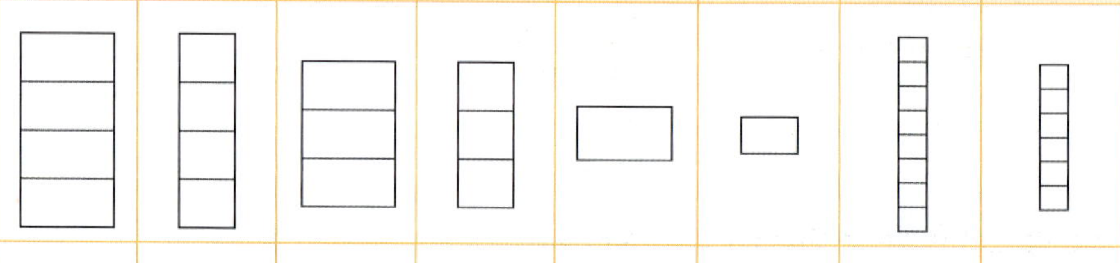							
Alto	180 cm	180 cm	140 cm	140 cm	50 cm	28 cm	180 cm	140 cm
Ancho	100 cm	60 cm	100 cm	60 cm	100 cm	60 cm	25 cm	25 cm
Fondo	30 cm	30 cm	30 cm	30 cm	30 cm	30 cm	17 cm	17 cm
Precio	44,95 €	32,95 €	26,95 €	20,95 €	15,95 €	13,95 €	28,95 €	19,95 €

La pared en la que Martín quiere que vayan las estanterías tiene la forma de la figura.

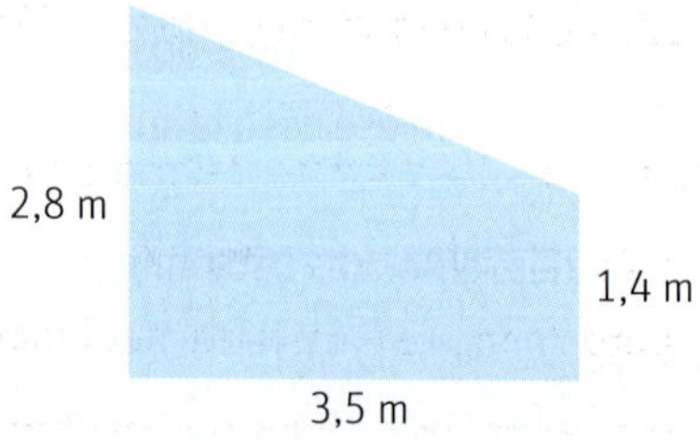

1. ¿Qué polígono forma la pared de la buhardilla?
2. Observa las dimensiones de la pared y diseña una forma de cubrirla con estanterías.
3. ¿Cuál es el precio de la combinación más económica?
   A. 196,65 € **C.** 200,05 €
   B. 184,13 € **D.** 178,15 €

Un poquito de geometría

Observa las siguientes figuras.

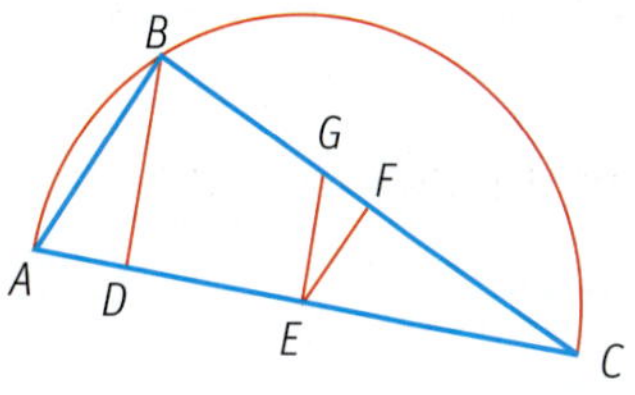

Figura 1

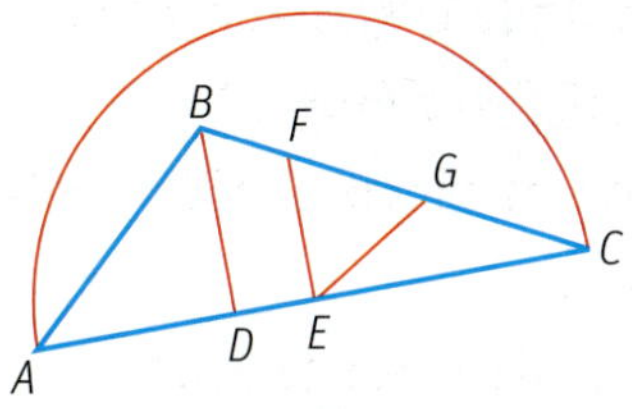

Figura 2

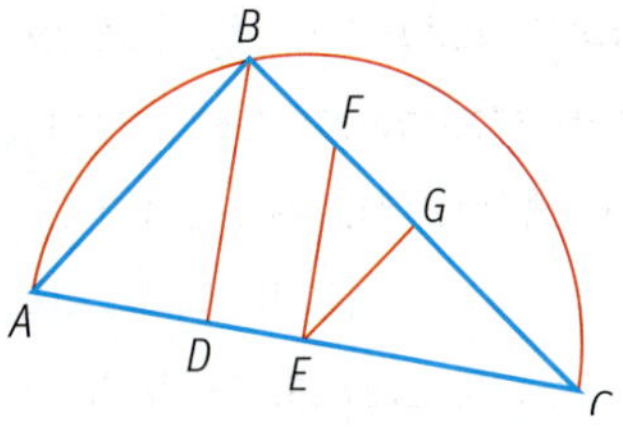

Figura 3

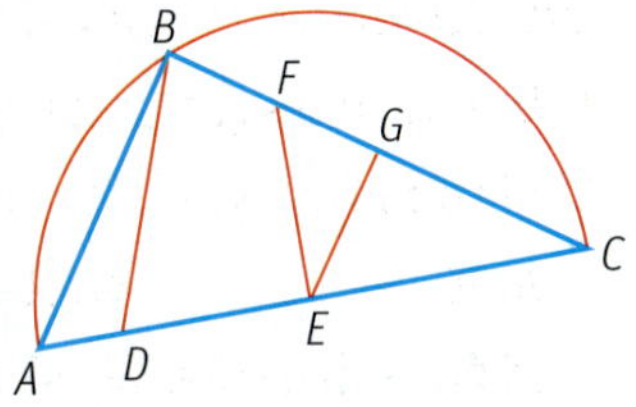

Figura 4

Copia la tabla en tu cuaderno y completa, indicando si son verdaderos o falsos los siguientes enunciados para cada figura.

	Figura 1		Figura 2		Figura 3		Figura 4	
	V	F	V	F	V	F	V	F
1. El triángulo *ABC* es rectángulo en $\hat{B}$.	●	●	●	●	●	●	●	●
2. $\overline{BD}$ es una altura del triángulo *ABC*.	●	●	●	●	●	●	●	●
3. $\overline{EF}$ es un segmento contenido en una mediatriz del triángulo *ABC*.	●	●	●	●	●	●	●	●
4. $\overline{GE}$ es perpendicular a $\overline{CB}$ en su punto medio.	●	●	●	●	●	●	●	●
5. *E* es el circuncentro del triángulo *ABC*.	●	●	●	●	●	●	●	●

AUTOEVALUACIÓN

1. Clasifica los siguientes polígonos.

a) 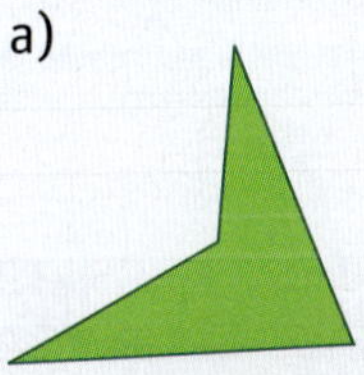

b) 

c) 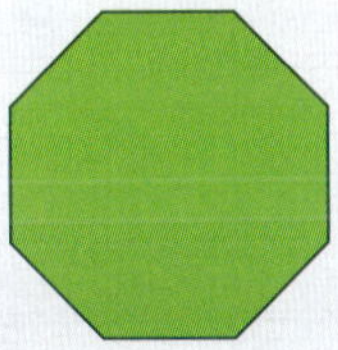

2. Halla el número de lados del polígono cuya suma de sus ángulos interiores vale 720°.

3. ¿Cuánto mide el ángulo $\hat{A}$?

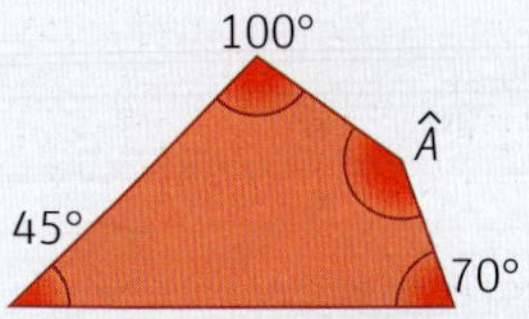

4. Construye, si es posible, los siguientes triángulos.

a) Sus lados miden 3,5, 4 y 5,2 cm.

b) Sus lados miden 4 y 6 cm y el ángulo que forman es de 40°.

c) Sus lados miden 3 cm; 5,1 cm y 9,3 cm.

5. Copia en tu cuaderno el siguiente triángulo y encuentra su circunferencia circunscrita.

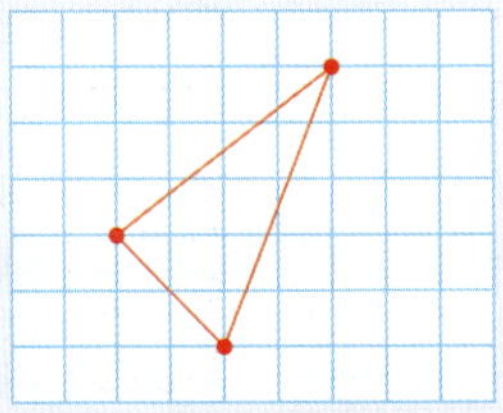

6. Corrige en tu cuaderno las afirmaciones que no sean ciertas.

a) Las medianas de un triángulo se cortan en el circuncentro.

b) Las alturas son perpendiculares a las bases del triángulo.

c) El incentro es el centro de la circunferencia inscrita al triángulo.

d) El baricentro equidista de los tres vértices de un triángulo.

e) El circuncentro equidista de los vértices del triángulo.

f) El incentro equidista de los lados del triángulo.

g) El ortocentro es el punto donde se cortan las medianas.

smSaviadigital.com VALORA LO APRENDIDO > Autoevaluación.

13 Longitudes y áreas

- ¿Qué podemos calcular en un terreno?
- Si de un triángulo conocemos dos lados, ¿podemos calcular el otro?
- ¿Cuánto mide la superficie de un terreno según su forma?
- ¿Y si es circular?

Reflexiona y saca conclusiones

Nadie duda de que si dos pentágonos son iguales tiene los mismos lados. Pero, ¿es cierto al revés?, es decir, si los lados de dos pentágonos miden lo mismo, ¿son iguales?, ¿tienen la misma área?

¿Ocurre lo mismo si se trata de dos cuadriláteros con lados de las mismas longitudes? Intenta construir dos cuadriláteros cuyos lados tengan las mismas longitudes y compara sus áreas.

Aimapep descubre que las únicas parcelas que no pueden alterarse son las triangulares. ¿Puedes explicar por qué ocurre esto?

Lee y comprende

El agrimensor desaprensivo

Estamos en el Antiguo Egipto, bajo el reinado de Keops, faraón de la IV dinastía.

Tras la crecida del Nilo, cuando las aguas habían vuelto ya al cauce normal dejando su fértil limo sobre la tierra, Ohcumásis se disponía a cumplir con su cometido de agrimensor. Oifemón se le acercó y, con cierto tono de queja, en el que Ohcumásis vio impertinencia, le dijo que procurase no equivocarse en el tamaño de su parcela.

Después de que Ohcumásis hubiera reconstruido las parcelas de los campesinos, Oifemón se abalanzó sobre la suya, miró sus lados y vio que las medidas de estas eran correctas, pero, nuevamente, tuvo la sensación de que su parcela era menor que antes de la crecida; estaba convencido de que Ohcumásis le había engañado otra vez.

Oifemón, que le contó lo ocurrido a su esposa Aimapep, se quejaba con amargura. Aimapep pensó largamente el problema y se le ocurrió reproducir, a pequeña escala, el contorno de la parcela. Esta era pentagonal; Aimapep tomó unas varillas de dimensiones convenientes y al intentar representar la parcela se dio cuenta de cómo Ohcumásis los engañaba; había caído en la cuenta de que con las mismas dimensiones de los lados se podían construir muchos pentágonos, unos con menor área que otros.

Al ir a reclamar se enteraron de que de las parcelas sólo quedaba constancia de las longitudes de sus lados... Su indignación fue enorme.

Aimapep se puso nuevamente a cavilar; buscaba ahora cómo evitar que Ohcumásis les robara en el futuro. Se dio cuenta de que, al quedar sólo constancia de las longitudes de los lados, las únicas parcelas que no podía alterarse impunemente eran las triangulares. Otra vez tuvo una provechosa idea. Se trataba de dividir la parcela en tres parcelas triangulares mediante las diagonales que partían de un vértice...

JUAN DE BURGOS
Los relatos de Gudor Ben Jusá.
Fundación General Universidad Politécnica de Madrid. 1994

Y tú, ¿qué opinas?

Las crecidas del Nilo propiciaron el nacimiento de la geometría (medida de la tierra). Tras cada crecida, había que volver a repartir las tierras de las orillas del río entre los propietarios.

¿Se te ocurren otras formas que hubiesen evitado conflictos a la hora de volver a repartir las tierras?

¿Te parece justo el comportamiento de Ohcumásis? Y la solución propuesta por Aimapep?

1 Longitudes y áreas de polígonos

El **perímetro** de un polígono es la suma de las longitudes de sus lados.

Ejemplo ▸ Los alumnos de 1.º ESO han terminado sus murales en el patio. Para protegerlos de pisadas, los van a rodear con una cinta. Lorenzo mide la longitud de los lados del mural usando como unidad el lado de los adoquines del suelo.

El perímetro es 15 + 13 + 15 + 13 = 56 unidades.

Una **superficie** es cualquier porción limitada del plano. El **área** es la medida de la superficie.

MAT-TIC GeoGebra

Entra en smSaviadigital.com y calcula el perímetro y el área de diferentes rectángulos y cuadrados.

Ejemplo ▸ Además, para proteger los murales de la lluvia van a colocar tela impermeable. Lorenzo mide la superficie del mural utilizando como unidad un adoquín.

El área del mural es 195 adoquines.

ACTIVIDADES

1. Calcula el perímetro de las siguientes figuras.

a) 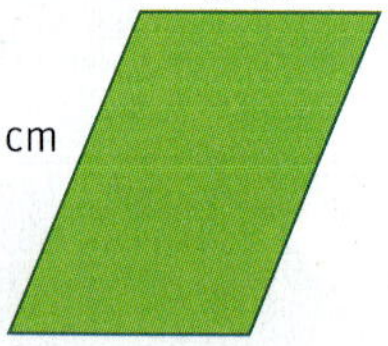

b) 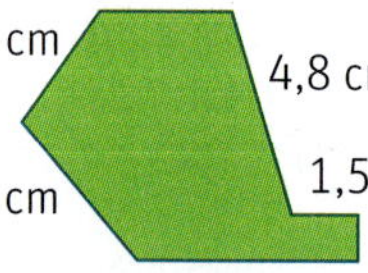

2. Se quiere cercar un campo con forma de pentágono regular de 15 m de lado. Se pondrán tres filas de alambre. ¿Cuántos metros se necesitan?

3. Mide el perímetro de estas figuras utilizando las unidades indicadas.

Compara los resultados obtenidos para un mismo perímetro al utilizar distintas unidades.

4. Dibuja un rectángulo que tenga el mismo perímetro que un cuadrado de 8 cm de lado.

5. Utiliza estas unidades para medir la superficie de las siguientes figuras.

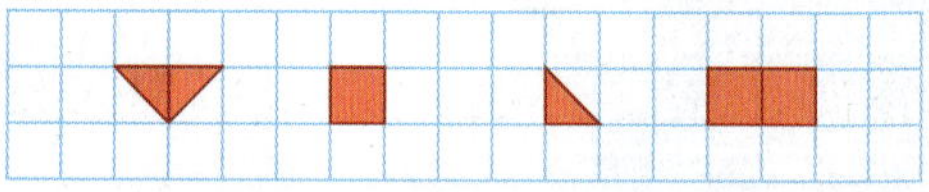

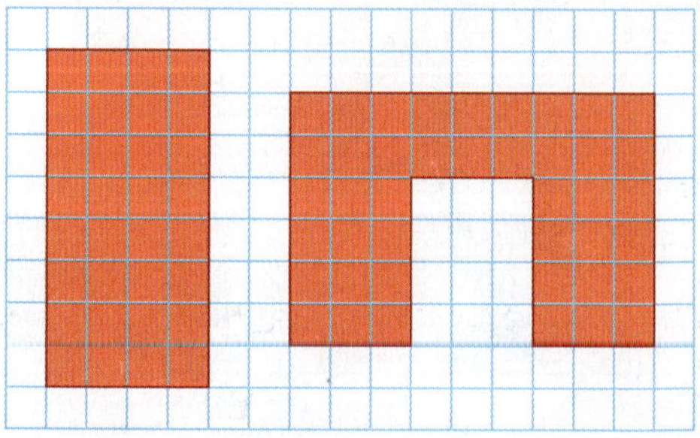

Compara los resultados obtenidos para una misma superficie al utilizar distintas unidades.

6. Un rectángulo tiene 28 cm de perímetro, de los cuales, 10 son de la base. ¿Cuál es su altura?

2 Longitudes de figuras circulares

Si quisiéramos medir la longitud de una rueda de bicicleta podríamos seguir este proceso: colocamos una marca de pintura en un punto de la rueda y echamos a rodar. En el suelo aparecerán dos marcas de pintura. La distancia entre las dos marcas será la longitud de esa circunferencia.

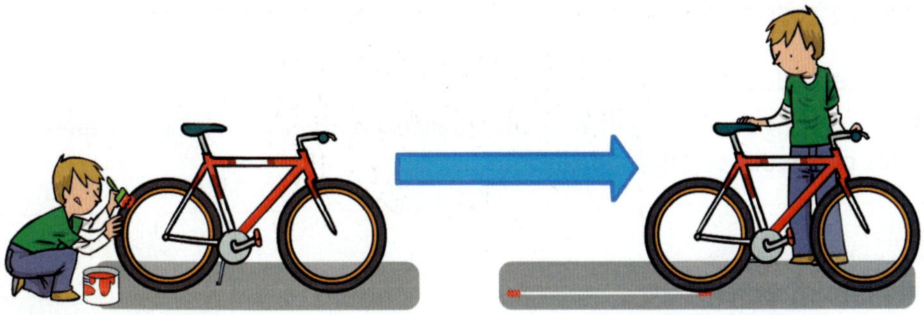

Como no siempre es posible medir la longitud, observamos que la razón entre la longitud de cualquier circunferencia y su diámetro es siempre la misma cantidad.

$$\frac{L}{d} = 3{,}141592653...$$

Esta cantidad es un número con infinitos decimales y se llama **pi** (se escribe π).

> La **longitud de una circunferencia** se puede calcular con la expresión: $L = \pi \cdot d$
> Como el diámetro es dos veces el radio, también se puede expresar: $L = 2 \cdot \pi \cdot r$

MAT-TIC GeoGebra

Entra en smSaviadigital.com y comprueba que la razón entre el diámetro y la longitud de una circunferencia es siempre π.

Ten en cuenta

El número π tiene infinitos decimales. Para poder realizar cálculos lo podemos aproximar por 3,14.

Arco de circunferencia

El **arco de circunferencia** es una parte de la circunferencia. Como la circunferencia abarca un ángulo de 360° y su longitud es $2\pi r$, podemos establecer la siguiente proporción:

$$\frac{\text{longitud de arco }(L)}{\text{amplitud del arco }(n°)} = \frac{2\pi r}{360°}$$

A partir de esta expresión, podemos calcular la longitud de un arco de circunferencia.

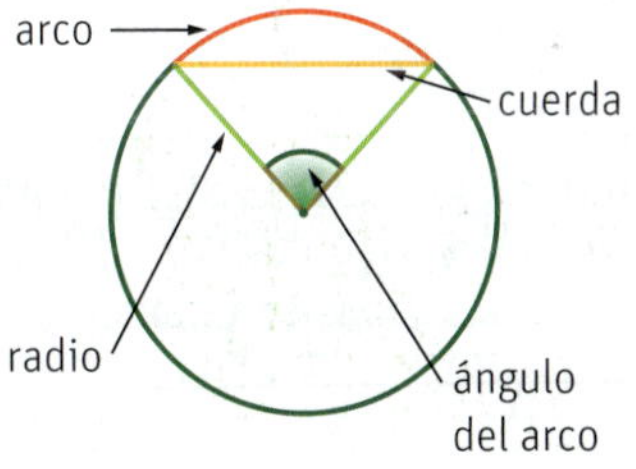

> Si la amplitud del arco es $n°$, la **longitud del arco de circunferencia** es:
>
> $$L = \frac{2 \cdot \pi \cdot r \cdot n°}{360°}$$

ACTIVIDADES

7. Calcula la longitud de las circunferencias de radios:
   a) 10 cm
   b) 2,2 hm
   c) 1,2 m
   d) 3,32 m

8. La longitud de una circunferencia es de 28,26 mm. ¿Cuál es el radio?

9. Calcula la longitud de un arco de circunferencia de radio 6 cm y amplitud 75°.

10. Alejandra quiere construir un aro de baloncesto con un cable de 2 m de longitud. Sabe que el diámetro de un aro oficial mide 45,7 cm. ¿Tendrá suficiente con el cable del que dispone?

11. Juan tiene 80 cm de alambre y quiere hacer anillas de 2 cm de radio. ¿Cuántas anillas podrá construir?

12. Calcula la longitud de una semicircunferencia inscrita en un rectángulo de 16 m de base y 8 m de altura.

3 Teorema de Pitágoras. Aplicaciones

Desde la antigüedad, los agrimensores egipcios, indios, babilonios... sabían construir ángulos rectos. Los egipcios usaban una cuerda dividida en doce partes iguales mediante nudos para formar un triángulo rectángulo.

En un triángulo rectángulo los lados que forman el ángulo recto se llaman **catetos** y el lado opuesto al ángulo recto, **hipotenusa**.

Teorema de Pitágoras:

En un triángulo rectángulo, **el cuadrado de la hipotenusa es igual a la suma de los cuadrados de los catetos**.

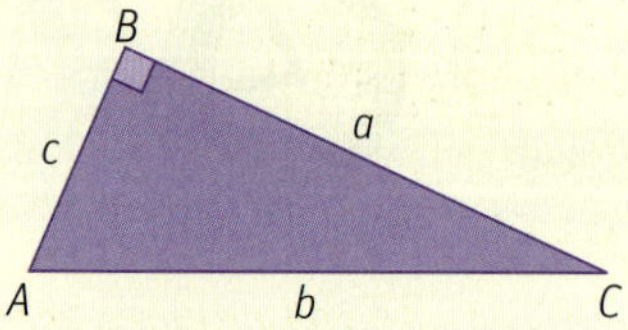

$$b^2 = a^2 + c^2$$

Ten en cuenta

Se llama teorema a un enunciado matemático que describe una relación que se cumple siempre.

MAT-TIC GeoGebra

Entra en smSaviadigital.com y comprueba el teorema de Pitágoras en otros triángulos.

Podemos comprobar el teorema de Pitágoras geométricamente:

1.º Dibujamos cuadrados sobre cada lado del triángulo y los dividimos en partes iguales.

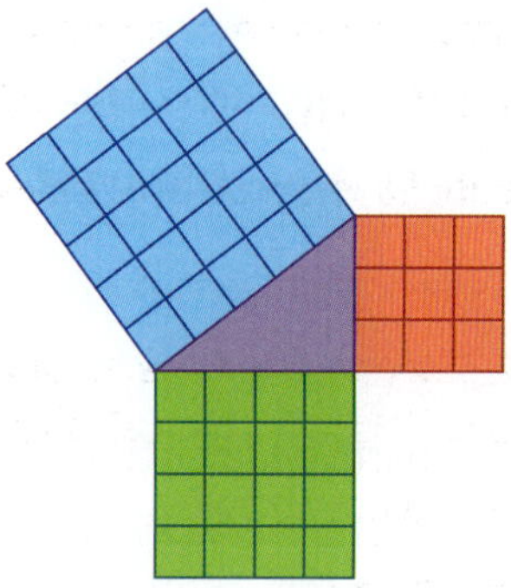

2.º Observa que el área del cuadrado de lado la hipotenusa es la suma de las áreas de los cuadrados formados por los catetos.

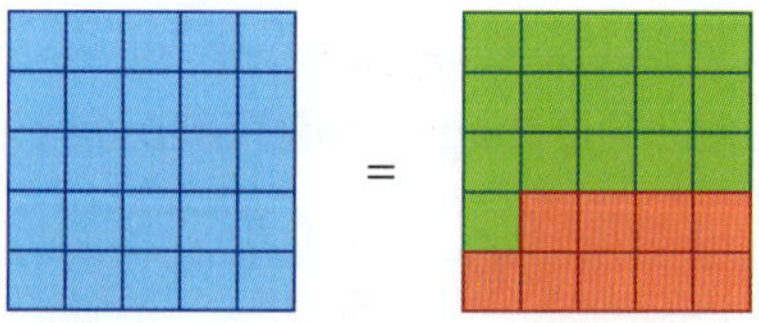

Sabías que...

Un triángulo rectángulo es un **triángulo pitagórico** cuando las longitudes de sus lados son números enteros positivos.

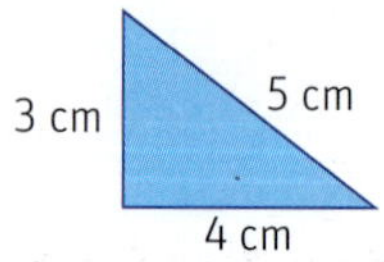

Ejemplo ▸ Comprueba si se cumple el teorema de Pitágoras con el siguiente triángulo rectángulo.

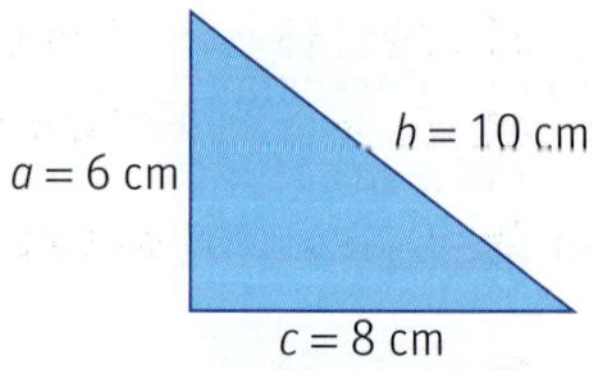

Los catetos son los lados a y c y la hipotenusa es el lado b. Por tanto, para que se cumpla el teorema de Pitágoras debe verificarse la igualdad $b^2 = a^2 + c^2$.

$$10^2 = 6^2 + 8^2 \Rightarrow 100 = 36 + 64$$

Ten en cuenta

Un triángulo que no cumple el teorema de Pitágoras no puede ser rectángulo.

Aplicaciones

El teorema de Pitágoras se utiliza para calcular **medidas indirectas**, es decir, para obtener aquellas medidas que no se pueden medir directamente.

Ejemplo ▸ Quieren construir un tendido eléctrico que atraviese en diagonal una finca rectangular. Calcula la longitud del cable que van a necesitar.

Para resolver el problema seguimos los siguientes pasos:

1.º Representamos la situación con un dibujo.

2.º Identificamos los elementos.

El tendido eléctrico divide la finca en dos triángulos rectángulos. Los catetos son los lados de la finca y el cable es la hipotenusa.

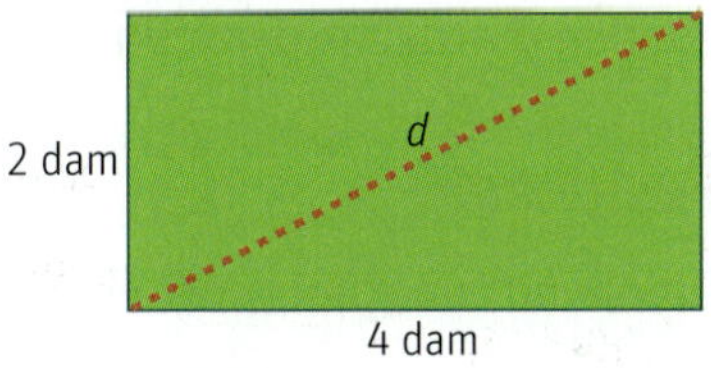

3.º Calculamos la hipotenusa aplicando el teorema de Pitágoras.

$$d^2 = 2^2 + 4^2 = 4 + 16 = 20 \Rightarrow d = \sqrt{20} = 4{,}47$$

4.º Interpretamos el resultado: La longitud del cable es 4,47 dam.

Ejemplo ▸ Una escalera de 2,5 m está apoyada en una pared. El pie de la escalera está colocada a medio metro de la pared. ¿A qué altura llega la escalera?

Aplicamos el teorema de Pitágoras.

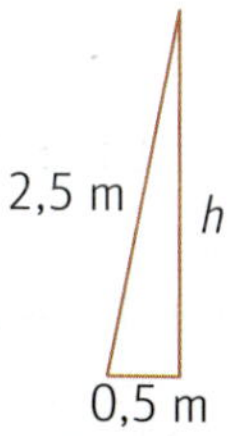

$$2{,}5^2 = 0{,}5^2 + h^2$$
$$6{,}25 = 0{,}25 + h^2$$
$$h^2 = 6{,}25 - 0{,}25 = 6$$
$$h = \sqrt{6} = 2{,}45$$

La escalera llega a una altura de 2,45 m.

PON EN VALOR

Las **largas distancias** que tienen que recorrer muchos niños diariamente para poder llegar a la escuela desde sus hogares, dificultan mucho su asistencia. En muchas ocasiones tienen que atravesar zonas peligrosas o de difícil acceso. Entra en sm**Savia**digital.com y elabora un mural con las alternativas y consecuencias para asegurar el **derecho a la educación.**

ACTIVIDADES

13. Comprueba si los siguientes segmentos forman triángulos rectángulos:

a) 25 mm, 24 mm, 7 mm
b) 12 mm, 15 mm, 4 mm
c) 8 mm, 15 mm, 17 mm
d) 2,5 cm, 10 mm, 14 mm

14. Calcula la medida del lado desconocido en los siguientes triángulos.

a)

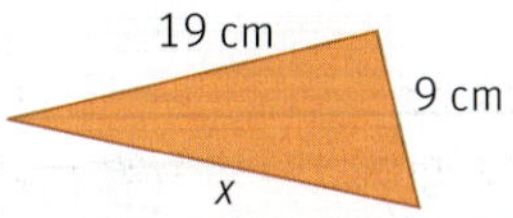

b)

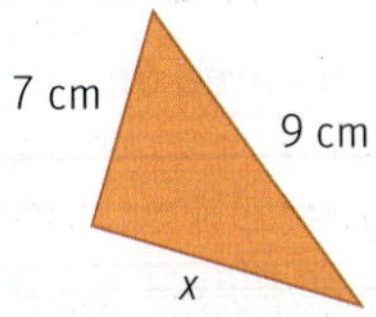

15. Los catetos de un triángulo rectángulo miden 5 cm y 8 cm. Calcula cuánto mide la hipotenusa.

16. La hipotenusa de un triángulo rectángulo mide 17 cm. Uno de los catetos 15 cm. ¿Cuánto mide el otro?

17. Una torre de 10 m de altura está sujeta por un cable de seguridad fijado al suelo a 5 m de la base de la torre. Calcula la longitud del cable.

18. sm**Savia**digital.com

PRACTICA Aplica el teorema de Pitágoras.

4 Áreas de cuadriláteros

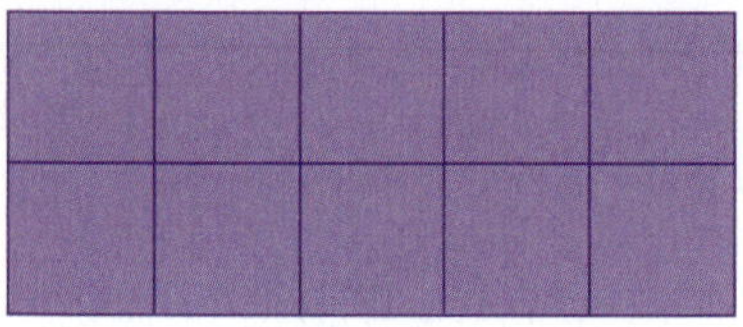

$A = 5 \cdot 2$

MAT-TIC GeoGebra

Construye paralelogramos y calcula su área y su perímetro en **smSavia**digital.com.

Rectángulo y cuadrado

Para calcular el área de un rectángulo, podemos dividirlo en cuadrados. El área será el producto del número de cuadrados de la base por el número de cuadrados de la altura.

El **área de un rectángulo** de base b y altura h es: $\boldsymbol{A = b \cdot h}$

Un cuadrado es un caso particular de rectángulo en el que la longitud de la base y de la altura coinciden.

El **área de un cuadrado** de lado l es: $\boldsymbol{A = l \cdot l = l^2}$

Cualquier paralelogramo se puede descomponer en partes más pequeñas que se pueden reordenar para formar un rectángulo, lo que nos permite calcular sus áreas.

Romboide

Dibujamos un **romboide**, con base b y altura h.

1.º Trazamos la altura por uno de los vértices.

2.º Trasladamos el triángulo que se ha formado hasta el vértice opuesto. Así se completa un rectángulo que tiene la misma base y altura que el romboide.

El **área de un romboide** con base b y altura h es: $\boldsymbol{A = b \cdot h}$

Trapecio

Dibujamos un **trapecio** de bases B y b, y altura h.

Colocamos a su lado el mismo trapecio invertido y obtenemos un romboide de base $B + b$ y altura h.

MAT-TIC GeoGebra

Observa otra forma de obtener un rectángulo de a partir de un trapecio y deduce la expresión de su área en **smSavia**digital.com.

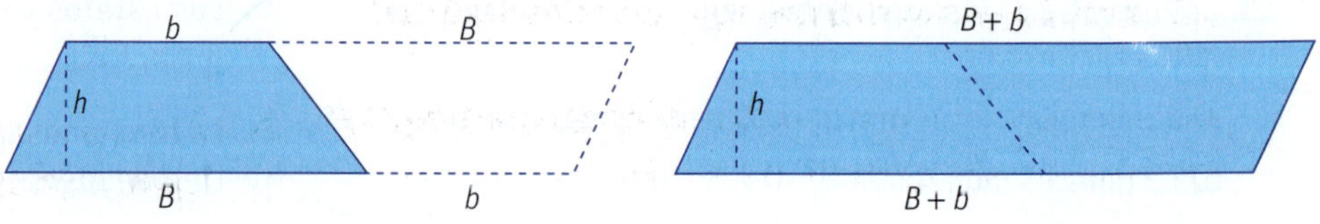

El área del romboide obtenido es: $A = (B + b) \cdot h$.

El área del trapecio es la mitad del área del romboide.

El **área de un trapecio** de base mayor B y base menor b es: $\boldsymbol{A = \dfrac{(B + b) \cdot h}{2}}$

Rombo

Dibujamos un **rombo**, con diagonal mayor D y diagonal menor d.

1.º Trazamos las diagonales.

2.º Trasladamos los triángulos inferiores hasta completar un rectángulo de base d y altura $\frac{D}{2}$.

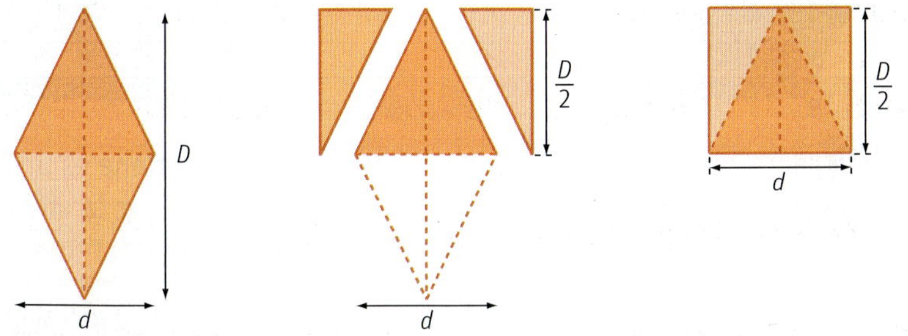

MAT-TIC GeoGebra

Construye rectángulos de otra forma a partir de un rombo y deduce la expresión de su área en smSaviadigital.com.

El **área de un rombo** con diagonal mayor D y diagonal menor d es: $A = \dfrac{D \cdot d}{2}$

ACTIVIDADES

19. Calcula el área de los siguientes paralelogramos.

a)

c)

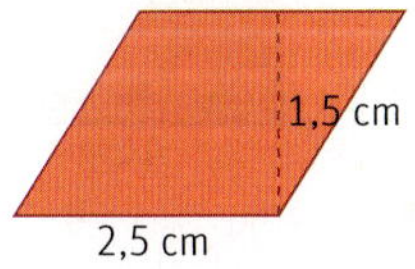

b)

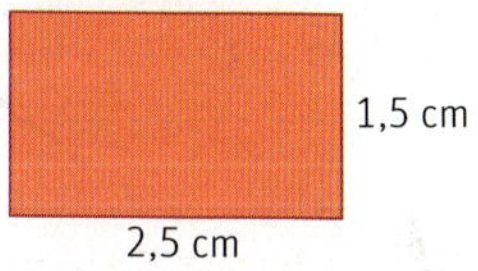

d)

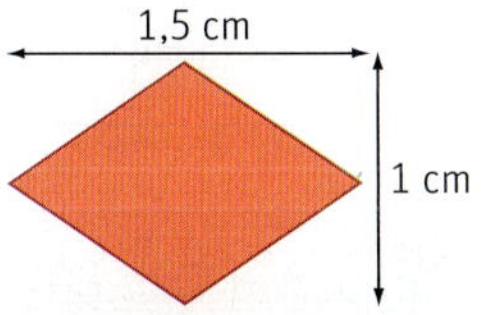

20. Dibuja y calcula el área de los siguientes rectángulos.

a) Longitud de la base 12,75 cm y altura 7 cm.

b) Longitud de la base 9,5 cm y altura 7 cm.

21. Calcula el área de un romboide de base 10 cm y altura 5 cm.

22. ¿Cuál es el área de un rombo de diagonales 8 y 6 cm?

23. Calcula el área de un trapecio rectángulo cuyas bases miden 10 y 12 mm y su altura 5 mm.

24. Calcula el área de estas figuras:

a)

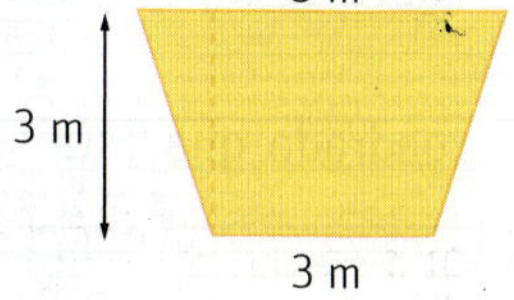

b)

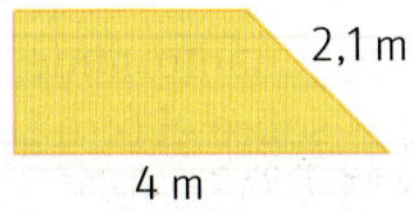

ACTIVIDAD **RESUELTA**

25. Calcula el área y el perímetro del trapecio.

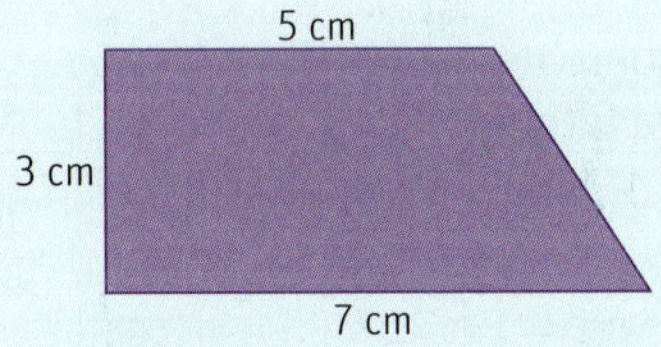

El área es: $A = \dfrac{(B+b) \cdot h}{2} = \dfrac{(7+5) \cdot 3}{2} = 18$

El área mide 18 cm^2.

Para hallar el perímetro calculamos la longitud del lado que desconocemos utilizando el teorema de Pitágoras:

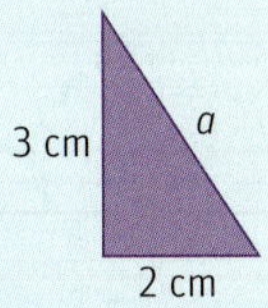

$a^2 = b^2 + c^2 = 3^2 + 2^2 = 9 + 4 = 13$

$a^2 = 13 \Rightarrow a = \sqrt{13} = 3{,}6$ cm

El perímetro, p, es la suma de todos sus lados:

$p = 5 + 7 + 3 + 3{,}6 = 18{,}6$ cm

26. Dibuja un trapecio isósceles de bases 3 y 5 cm, y lados iguales de 4 cm. Calcula su área y su perímetro.

27. ¿Cuál es el área de un trapecio isósceles cuyo perímetro es 28 cm si sus bases miden 6 y 12 cm?

28. Halla el área de un cuadrado cuya diagonal mide 18 cm.

29. Calcula el perímetro y el área de un rombo de 7 cm de lado y cuya diagonal menor mide 5 cm.

5 Área del triángulo

Observa el triángulo *ABC*.

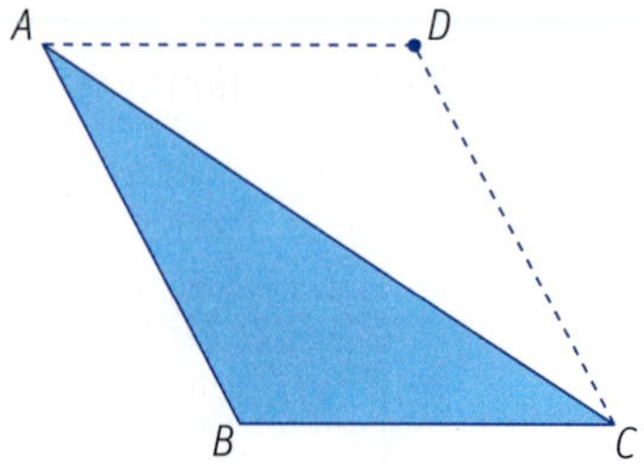

Trazamos una recta paralela al lado *BC* que pase por *A* y una paralela al lado *AB* que pase por *C*.

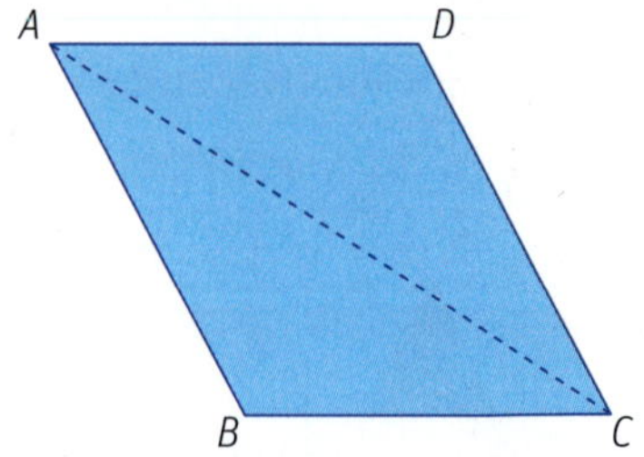

La figura que se obtiene es un romboide con la misma base y la misma altura que el triángulo *ABC*.

El área del romboide es $A = b \cdot h$ y el área del triángulo es la mitad del área del romboide.

> El **área de un triángulo** de base *b* y altura *h* es: $\boldsymbol{A = \frac{b \cdot h}{2}}$

Ejemplo ▸ Calcula el área del siguiente triángulo.

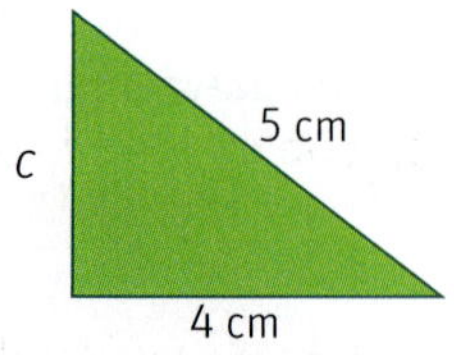

Del triángulo conocemos la base, pero no conocemos la altura *c*. Como el triángulo es rectángulo, para calcular la altura utilizamos el teorema de Pitágoras:

$$5^2 = 4^2 + c^2 \Rightarrow c^2 = 25 - 16 = 9 \Rightarrow c = \sqrt{9} = 3$$

La altura mide 3 cm.

Ahora podemos calcular el área: $A = \frac{4 \cdot 3}{2} = 6$

El área es 6 cm^2.

MAT-TIC GeoGebra

Construye rectángulos de otra forma a partir de un triángulo y deduce la expresión de su área en sm**Savia**digital.com.

sm**Savia**digital.com

AMPLIA También se puede calcular el área de un triángulo aplicando la fórmula de Herón:

$$A = \sqrt{\frac{p}{2} \cdot \left(\frac{p}{2} - a\right) \cdot \left(\frac{p}{2} - b\right) \cdot \left(\frac{p}{2} - c\right)}$$

Donde *p* es el perímetro del triángulo y *a*, *b* y *c* son sus lados.

Descubre más sobre Herón de Alejandría y está fórmula.

ACTIVIDADES

30. Calcula el área de un triángulo de 7 cm de base y 4 cm de altura.

31. Calcula el área de un triángulo rectángulo cuyos catetos miden 10 cm y 6 cm.

32. Calcula el área de los siguientes triángulos.

a)

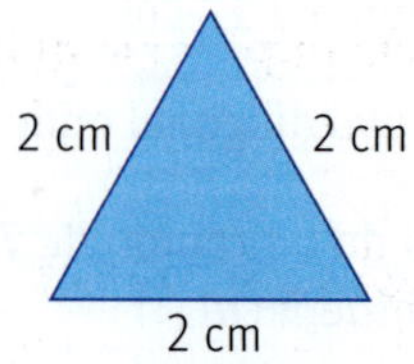

b)

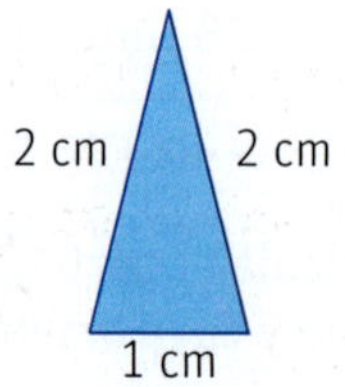

33. Calcula el área de un triángulo isósceles cuyo lado desigual mide 12 cm y su perímetro es 32 cm.

34. La hipotenusa de un triángulo rectángulo isósceles mide 12,72 cm. ¿Cuánto miden los catetos? Calcula su perímetro.

35. El área de un cuadrado que está situado sobre el cateto de un triángulo rectángulo mide 144 mm^2 y el área del cuadrado que está situado sobre la hipotenusa mide 169 mm^2.

a) ¿Cuánto mide el área del cuadrado que está situado sobre el otro cateto?

b) ¿Cuál es el área del triángulo?

6 Áreas de polígonos regulares

Podemos descomponer cualquier polígono regular en triángulos iguales. El número de triángulos que se forman en cada polígono regular es igual al número de lados.

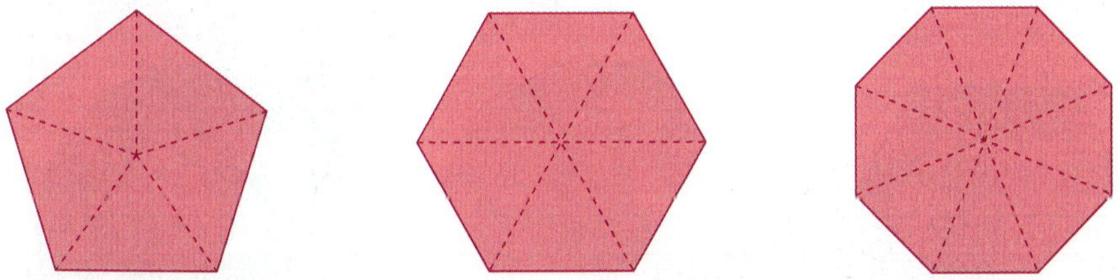

Las bases de los triángulos coinciden con los lados del polígono, y las alturas con las apotemas. Por tanto, el área de cada triángulo es $A=\frac{a\cdot l}{2}$.

Si el número de lados del polígono regular es n, el área será:

$$A=\underbrace{\left(\frac{l\cdot a}{2}\right)+\left(\frac{l\cdot a}{2}\right)+\ldots+\left(\frac{l\cdot a}{2}\right)}_{n \text{ triángulos}}=n\cdot\frac{l\cdot a}{2}$$

Como el perímetro del polígono de n lados es $p = n \cdot l$, obtenemos:

$$A=\frac{\overbrace{n\cdot l}^{\text{perímetro}}\cdot a}{2}=\frac{p\cdot a}{2}$$

> El **área de un polígono regular** con perímetro p y apotema a es: $\mathbf{A=\frac{p\cdot a}{2}}$

Ejemplo ▸ Calcula el área del pentágono regular de lado $l = 6$ cm y radio $r = 5,1$ cm.

- El perímetro es: $p = 5,1 \cdot 6$ cm $= 30$ cm.
- Para calcular la apotema descomponemos el polígono como se muestra en la figura y aplicamos el teorema de Pitágoras al triángulo rectángulo obtenido:

$$(5,1)^2=\left(\frac{6}{2}\right)^2+a^2 \Rightarrow 26=9+a^2 \Rightarrow 26-9=a^2 \Rightarrow 17=a^2 \Rightarrow a=\sqrt{17}=4,1$$

La apotema mide 4 cm.

Por tanto, el área del pentágono es: $A=\frac{30\cdot 4,1}{2}=61,5$

El área del pentágono es 61,5 cm^2.

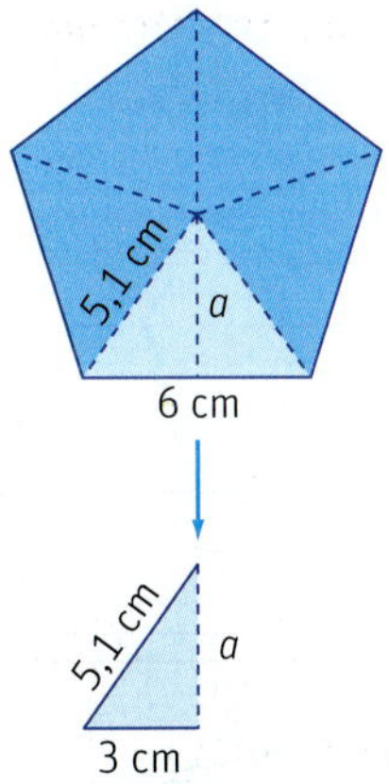

ACTIVIDADES

36. Calcular el área de un hexágono de apotema 1,7 cm y perímetro 12 cm.

37. Calcula el área del siguiente polígono.

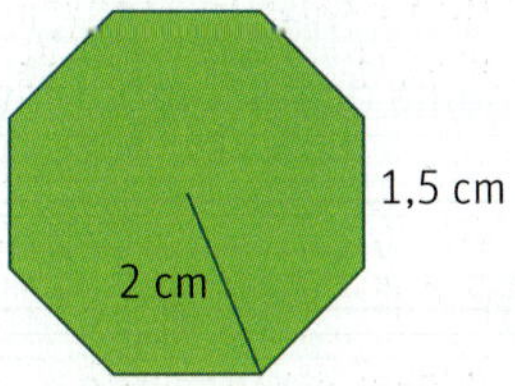

38. Calcula el área de un octógono regular de lado 2 cm y radio 2,6 cm.

39. Calcula la apotema de un pentágono regular cuyo lado mide 3 cm, y su área, 15,48 cm^2.

40. Calcular el área de un hexágono regular de radio 3 cm.

41. smSaviadigital.com

PRACTICA ¿Cuál es el área de las figuras?

7 Áreas de figuras circulares

Área del círculo

Cuanto mayor es el número de lados de un polígono, más se parece a un círculo.

MAT-TIC GeoGebra

Entra en sm**Savia**digital.com y observa cómo los polígonos se parecen cada vez más a un círculo al aumentar su número de lados.

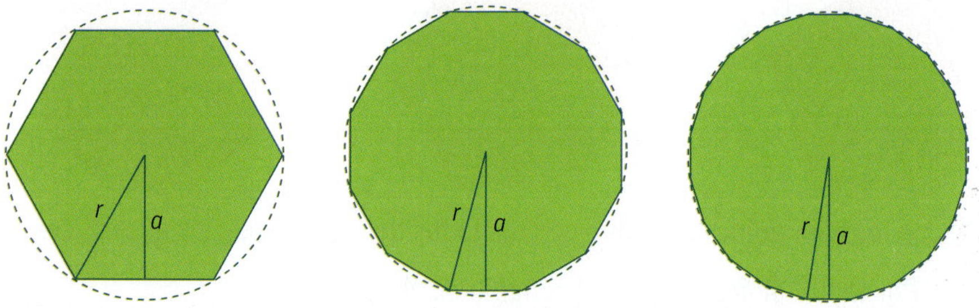

Por ello, el área del círculo se puede calcular a partir del área de un polígono regular, $A = \dfrac{p \cdot a}{2}$, cuando tiene muchos lados.

- El perímetro del círculo es la longitud de la circunferencia: $p = 2 \cdot \pi \cdot r$
- La apotema, a, se aproxima al radio, r.

$$A = \frac{\cancel{2} \cdot \pi \cdot r \cdot r}{\cancel{2}} = \pi \cdot r^2$$

El **área de un círculo** de radio r es: $\boldsymbol{A = \pi \cdot r^2}$

Área de un sector circular

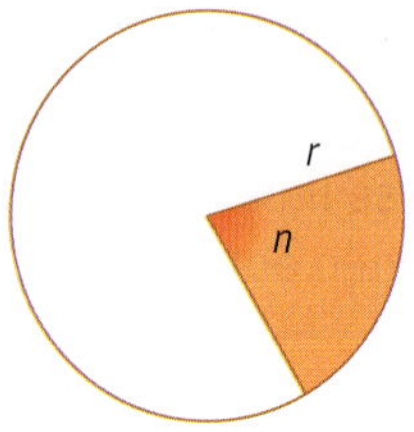

El área del sector circular es proporcional al ángulo que abarca.

El área del círculo completo es πr^2 y abarca un ángulo de 360°. Por tanto, a cada grado le corresponde una superficie de $\dfrac{\pi \cdot r^2}{360°}$.

El **área de un sector circular** de ángulo $n°$ es: $\boldsymbol{A = \dfrac{\pi \cdot r^2 \cdot n°}{360°}}$

Ejemplo ▸ Calcula el área y el perímetro del sector circular de la figura:

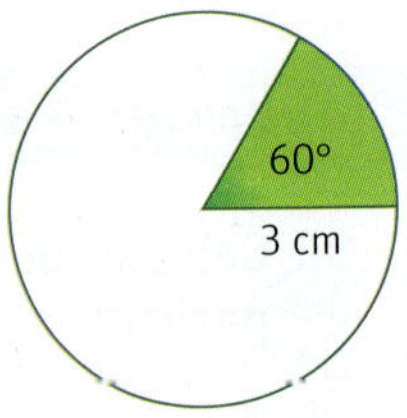

- El sector circular abarca un ángulo de 60° y el radio es $r = 3$ cm.

$$A = \frac{\pi \cdot 3^2 \cdot 60°}{360°} = \frac{9 \cdot \pi}{6} = \frac{3 \cdot \pi}{2} = 4{,}71$$

El área es 4,71 cm².

- El perímetro de sector circular es la suma de las longitudes de los dos radios y del arco de circunferencia.

$$p = r + r + 2 \cdot \pi \cdot r \cdot \frac{60°}{360°} = 6 + 6 \cdot \pi \cdot \frac{1}{6} = 6 + \pi = 9{,}14$$

El perímetro mide 9,14 cm.

Área de una corona circular

Consideramos la corona circular de radios R y r.

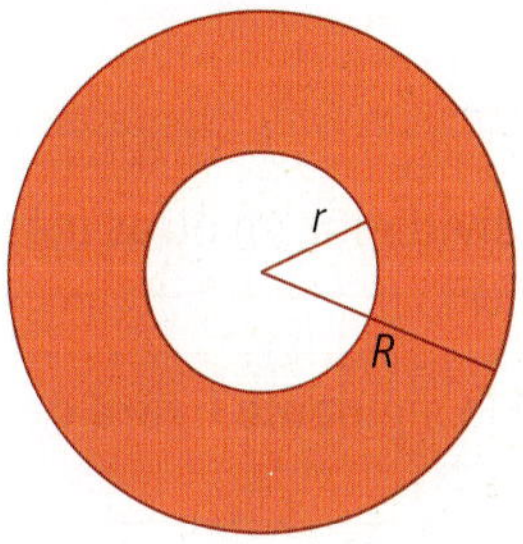

El área de una corona circular es la diferencia entre el área del círculo mayor y el área del círculo menor.

$$A = \pi \cdot R^2 - \pi \cdot r^2 = \pi(R^2 - r^2)$$

↑ se extrae factor común

El **área de una corona circular** de radios R y r es: $\mathbf{A = \pi \cdot (R^2 - r^2)}$

Ejemplo ▶ Calcular el área y el perímetro de la siguiente corona circular.

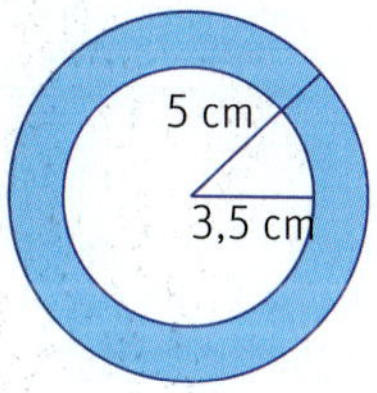

$A = \pi \cdot (R^2 - r^2)$

$A = 3,14 \cdot (5^2 - (3,5)^2) = 3,14 \cdot (25 - 12,25) = 40,04$

El área de la corona es 40,04 cm^2.

El perímetro de la corona circular será la suma de las longitudes de las dos circunferencias.

$p = 2 \cdot \pi \cdot R + 2 \cdot \pi \cdot r = 2 \cdot \pi \cdot (R + r) = 2 \cdot \pi \cdot 8,50 = 53,38$

El perímetro de la corona circular es 53,38 cm.

ACTIVIDADES

42. Calcula el área de cada círculo sabiendo su radio.

Radio	Área
50 cm	●●●
7 km	●●●
0,25 m	●●●

43. Calcula el área de las siguientes figuras.

a)

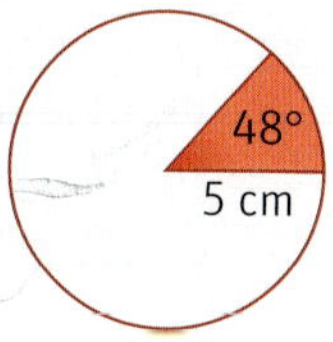

b)

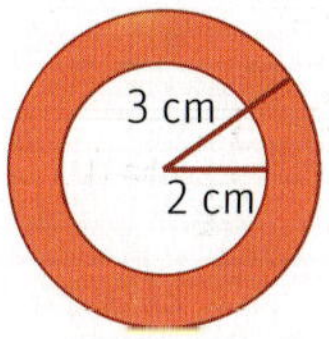

44. Calcula el área de un sector circular de radio 2 dm y amplitud 12°.

45. Calcula el área comprendida entre dos circunferencias de radios $r = 6$ mm y $R = 8$ mm.

46. Calcula el área de las siguientes figuras.

a)

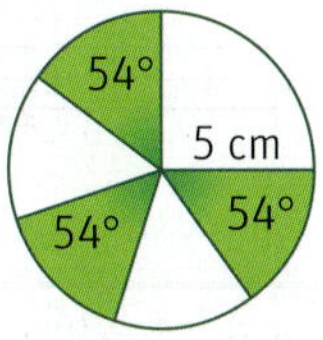

b)

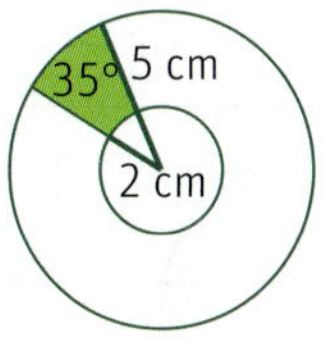

47. Calcula el área de la fuente y el área del arbusto de flores rojas.

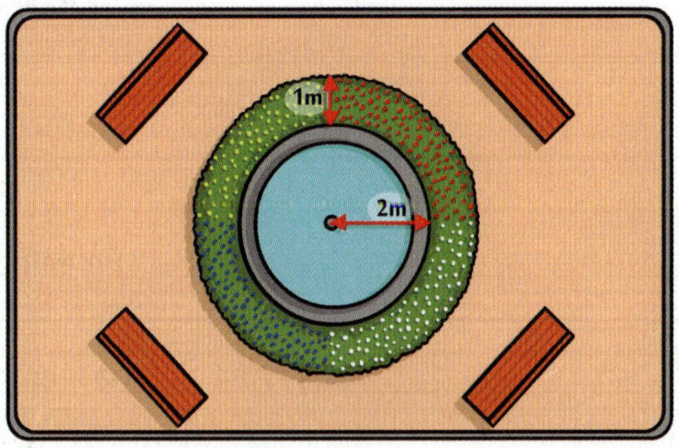

8 Áreas por descomposición y composición

Las superficies no siempre tienen la forma de polígonos o figuras circulares conocidas. Para calcular el área de estas figuras planas utilizamos las técnicas de **descomposición**, **composición** o ambas a la vez.

Descomposición de figuras

Al descomponer una figura, la dividimos en otras más sencillas cuyas áreas sepamos calcular.

Ejemplo ▸ Calcula el área de la siguiente figura descomponiéndola en figuras más sencillas.

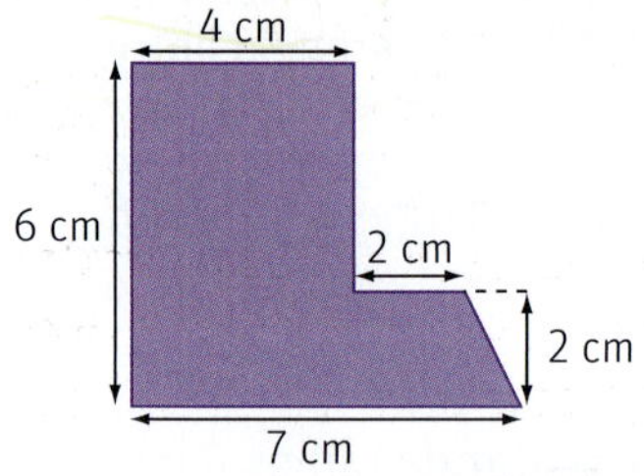

Podemos descomponer la figura de diferentes maneras:

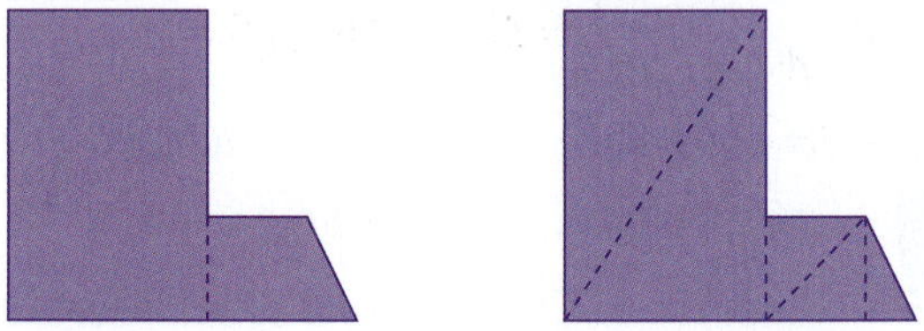

Veamos que, en ambas descomposiciones se obtiene el mismo valor para el área de la figura:

1. El área de la figura es la suma de las áreas del rectángulo y del trapecio:

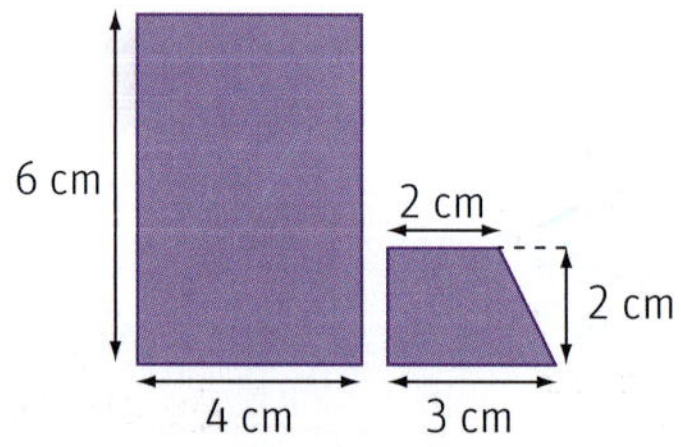

- $A_{\text{rectángulo}} = b \cdot h = 4 \cdot 6 = 24$
- $A_{\text{trapecio}} = \dfrac{(B+b)\cdot h}{2} = \dfrac{(3+2)\cdot \not{2}}{\not{2}} = 5$

$A_{\text{figura}} = A_{\text{rectángulo}} + A_{\text{trapecio}} = 24 + 5 = 29$

El área de la figura es 29 cm^2.

2. En este caso se ha dividido la figura en triángulos rectángulos.

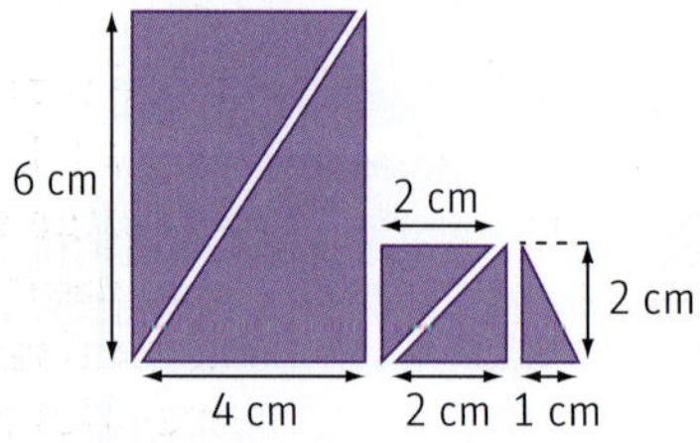

- 2 triángulos de $b = 4$ cm y $h = 6$ cm
- 2 triángulos de $b = 2$ cm y $h = 2$ cm
- 1 triángulo de $b = 1$ cm y $h = 2$ cm

$A = 2\cdot\dfrac{4\cdot 6}{2} + 2\cdot\dfrac{2\cdot 2}{2} + \dfrac{1\cdot 2}{2} = 24 + 4 + 1 = 29$

El área de la figura es 29 cm^2.

En ambos casos, se obtiene el mismo valor para el área de la figura.

Una técnica de descomposición muy aplicada es la **triangulación**. Consiste en dividir la superficie en triángulos. La tecnología del GPS y la construcción de mapas, por ejemplo, se basan en la triangulación de la superficie terrestre.

MAT-TIC GeoGebra

Entra en sm**Savia**digital.com y utiliza el geoplano para calcular áreas de figuras.

Composición figuras

En algunas ocasiones es más sencillo completar la superficie hasta formar figuras de área conocida que descomponerla. Este proceso se llama **composición**.

Ejemplo ▸ Calcula el área de la siguiente figura.

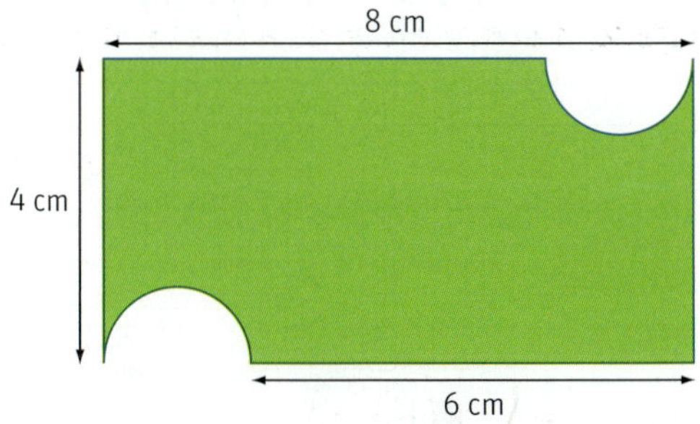

Podemos completar esta figura con dos semicírculos de radio 1 cm para formar un rectángulo de 8 cm de base y 4 cm de altura. Así, el área de la figura será igual al área del rectángulo completo menos el área de los dos semicírculos.

- $A_{\text{rectángulo}} = b \cdot h = 8 \cdot 4 = 32 \text{ cm}^2$
- $A_{\text{círculo}} = \pi \cdot r^2 = \pi \cdot 1 = \pi \text{ cm}^2$

$A_{\text{figura}} = A_{\text{rectángulo}} - A_{\text{círculo}} = 32 - \pi = 32 - 3{,}14 = 28{,}86$

El área de la figura es 28,86 cm^2.

ACTIVIDADES

48. Calcula el área de la figura utilizando las descomposiciones que se proponen. ¿Qué observas?

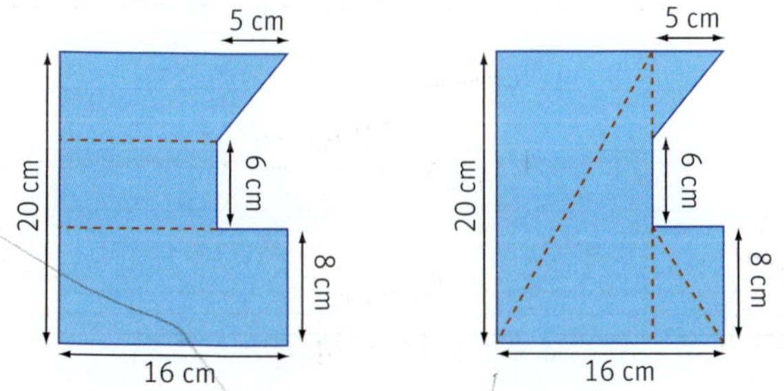

49. Calcula el área de la siguiente figura.

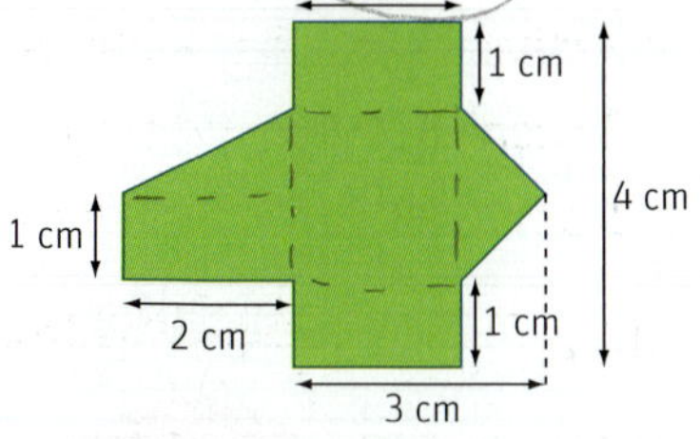

50. ¿Cuál es el perímetro y el área de esta figura?

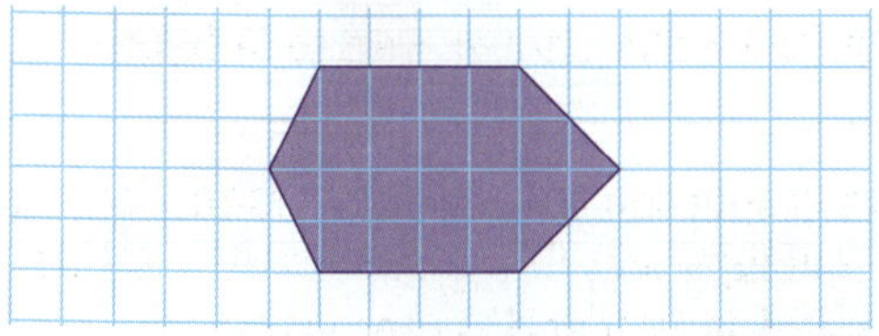

51. Calcula el área de la siguiente figura

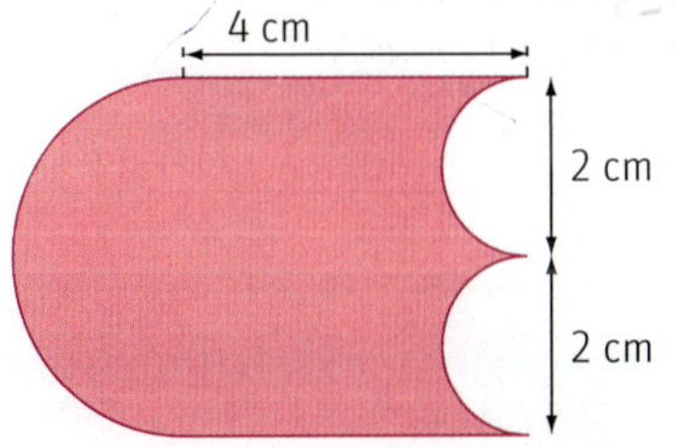

52. Quiero hacer el mural que aparece en el dibujo para la última semana de curso.

¿Qué superficie de papel continuo tengo que pedir a mi tutor si las medidas están dadas en centímetros?

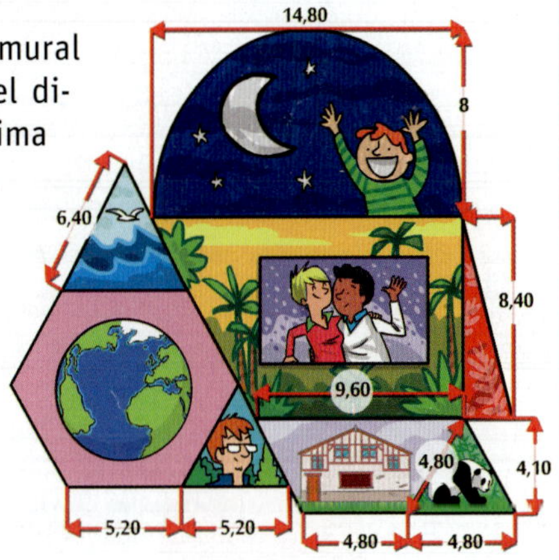

53. smSaviadigital.com

PRACTICA Calcula el área de cualquier figura.

Organiza tus ideas

PERÍMETRO Y ÁREA

Perímetro es la longitud del contorno de una figura plana.

El **área** es la medida de la superficie de una figura plana.

TEOREMA DE PITÁGORAS

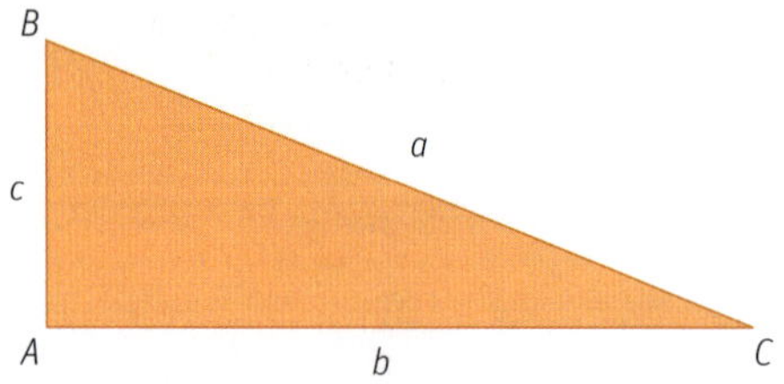

En un triángulo rectángulo, **el cuadrado de la hipotenusa es igual a la suma del cuadrado de los catetos.**

$$a^2 = b^2 + c^2$$

POLÍGONOS

Rectángulo

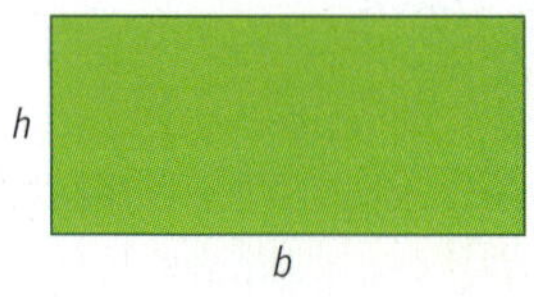

$$A = b \cdot h$$

Cuadrado

$$A = l^2$$

Rombo

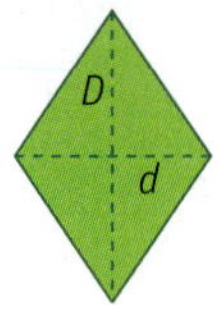

$$A = \frac{D \cdot d}{2}$$

Romboide

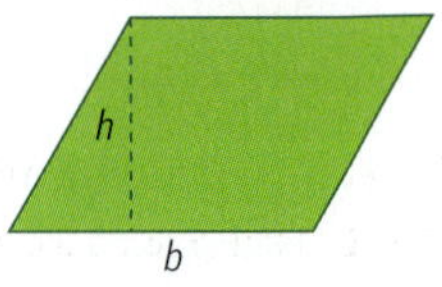

$$A = b \cdot h$$

Triángulo

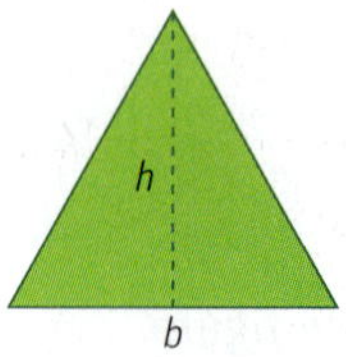

$$A = \frac{b \cdot h}{2}$$

Trapecio

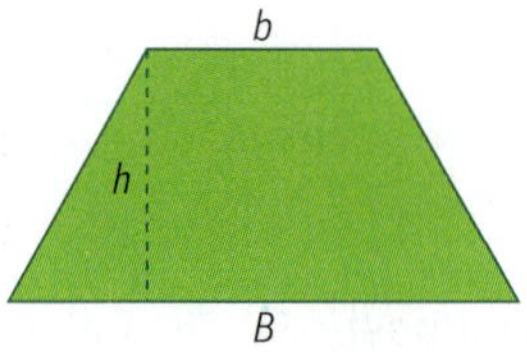

$$A = \frac{(B + b) \cdot h}{2}$$

Polígono regular

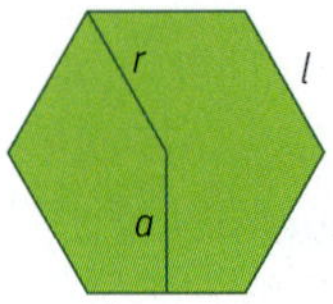

$$A = \frac{p \cdot a}{2}$$

FIGURAS CIRCULARES

Longitud de una circunferencia

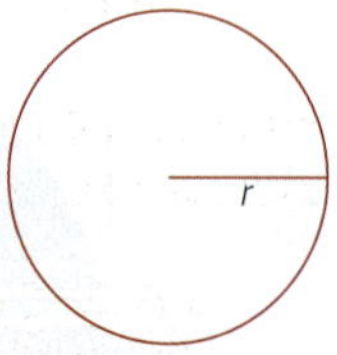

$$L = 2 \cdot \pi \cdot r$$

Longitud de un segmento circular

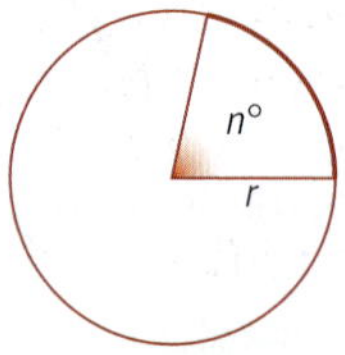

$$L = \frac{2 \cdot \pi \cdot r \cdot n°}{360°}$$

Área de un círculo

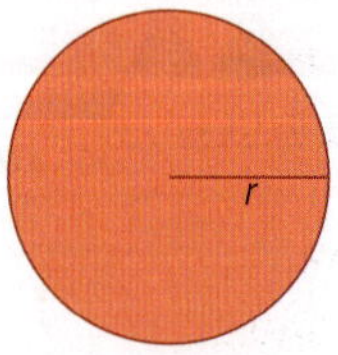

$$A = \pi \cdot r^2$$

Área de un sector circular

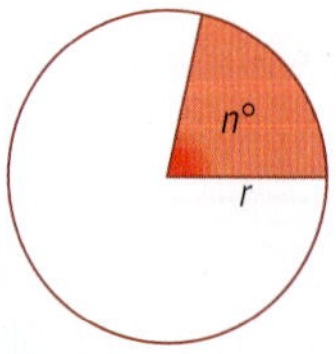

$$A = \frac{\pi \cdot r^2 \cdot n°}{360°}$$

Área de una corona circular

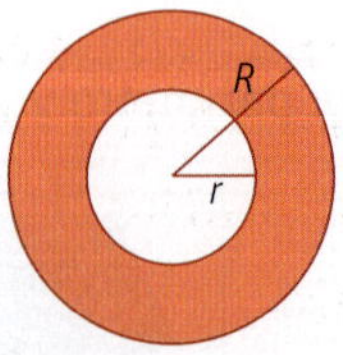

$$A = \pi \cdot (R^2 - r^2)$$

Actividades

EJERCICIOS **PARA PRACTICAR**

Perímetros y áreas de figuras planas

54. ¿Cuál es el área de las siguientes figuras tomando cada una de las unidades indicadas?

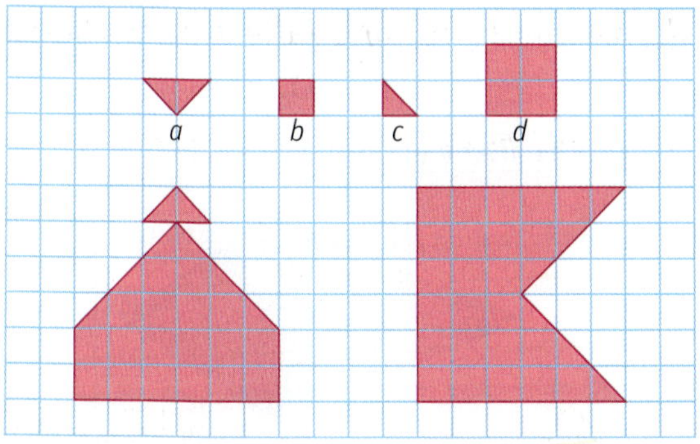

55. Calcula el lado desconocido sabiendo que el perímetro de cada figura es 120 cm.

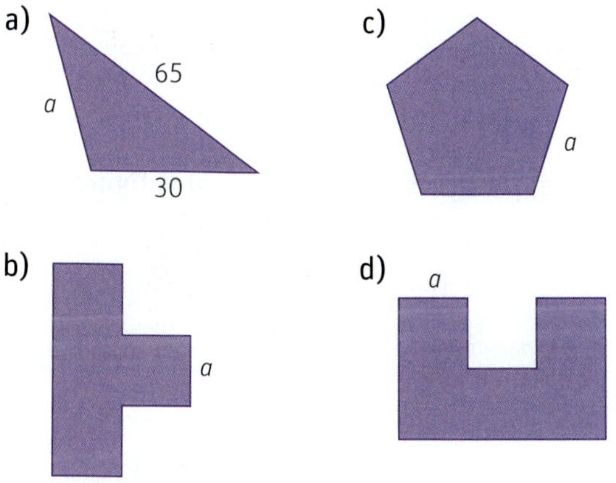

56. Dibuja un rectángulo. Después dibuja otro con un perímetro doble que el primero. Explica como lo has realizado.

57. Se quiere cubrir el canto de una mesa con forma de trapecio isósceles con un protector de goma. Las bases miden 80 cm y 150 cm y los lados iguales 90 cm. ¿Qué longitud debe tener el protector?

58. Calcula la longitud de una circunferencia de 4,5 m de diámetro.

59. Calcula la longitud de un arco que abarca la tercera parte de la circunferencia de radio 3,73 cm.

Teorema de Pitágoras

60. Las siguientes medidas corresponden a los lados de algunos triángulos. ¿Cuáles son rectángulos?

a) 22 m, 17 m, 10 m

b) 12 cm, 35 cm, 37 cm

c) 25 cm, 28 cm, 32 cm

d) 40 cm, 41 cm, 9 cm

61. Averigua el lado desconocido de los siguientes triángulos rectángulos.

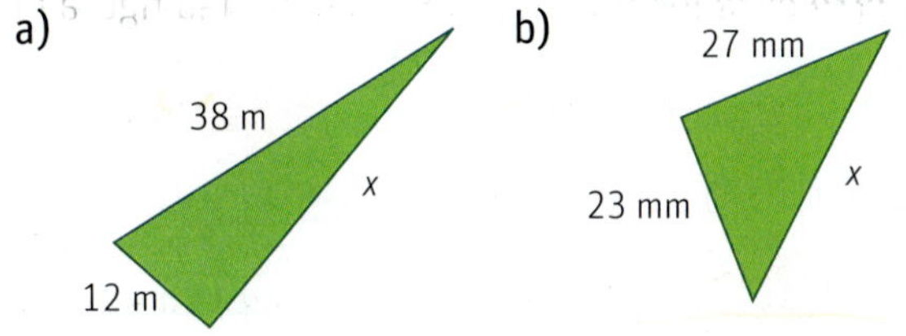

ACTIVIDAD **RESUELTA**

62. Calcula la altura relativa al lado desigual del siguiente triángulo:

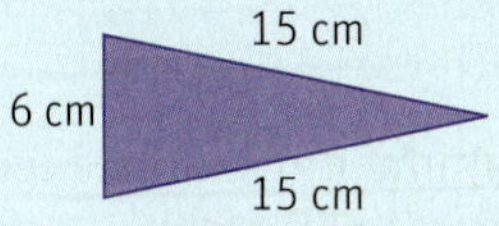

El triángulo de la figura es isósceles. La altura lo divide en dos triángulos rectángulos.

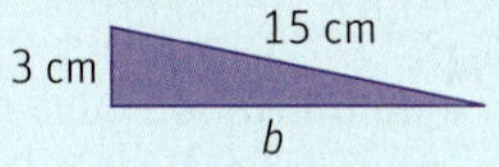

Aplicamos el teorema de Pitágoras en uno de ellos para calcular la altura.

$$15^2 = b^2 + 3^2 \Rightarrow 225 = b^2 + 9$$

$$b^2 = 225 - 9 = 216 \Rightarrow b = \sqrt{216} = 14{,}7$$

La altura del triángulo mide 14,7 cm.

63. Calcula la altura de un triángulo isósceles cuyos lados iguales miden 15 m, y el lado desigual, 9 m.

64. Calcula la altura de un triángulo equilátero de lado $l = 7$ cm.

65. Calcula la longitud de la hipotenusa de un triángulo rectángulo si los cuadrados que se construyen sobre los catetos tienen áreas de 9 cm² y 16 cm².

66. Calcula el perímetro del cuadrado rojo sabiendo que el lado del cuadrado mayor mide 4 cm.

67. Un círculo cuyo radio mide 1 cm, está inscrito en un cuadrado, y este, a su vez, está inscrito en otro círculo, como se muestra en la figura. ¿Cuántos centímetros mide el radio de éste último círculo?

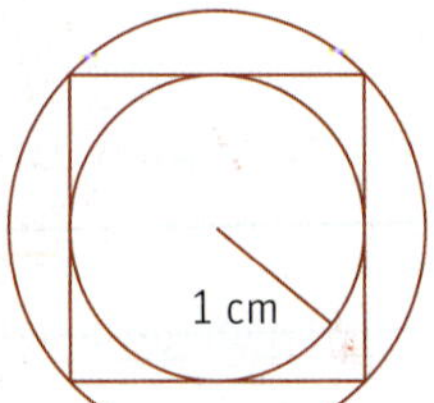

Actividades

Áreas de los cuadriláteros

68. Calcula el área de los siguientes polígonos.

a)

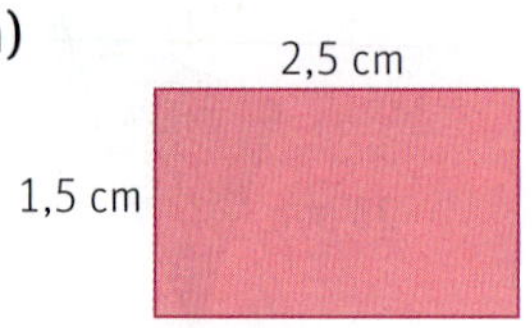

b)

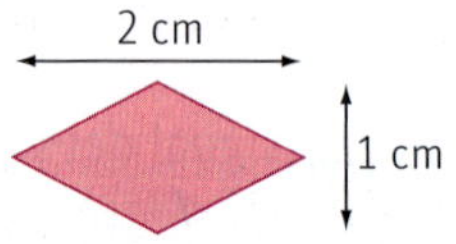

c)

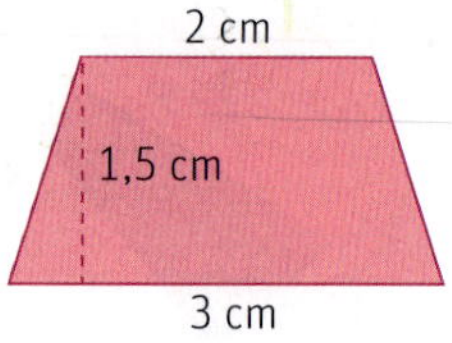

d)

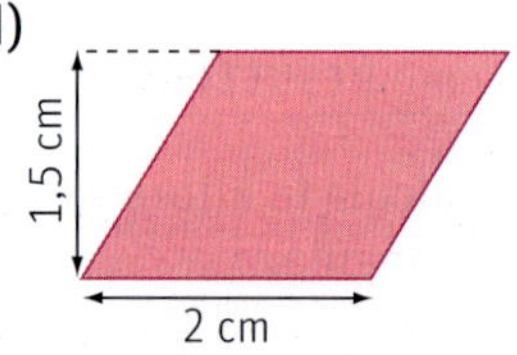

69. Calcula la altura de un rectángulo cuya base mide 10 cm y su área es 60 cm^2.

70. Calcula el área de un romboide de base $b = 6$ mm y altura $h = 3{,}2$ mm.

71. Calcula el área de un rombo cuya diagonal mayor mide 6,18 cm, y su diagonal menor, 4,5 cm.

72. Calcula el área de un cuadrado cuyo perímetro es 2,8 m.

73. El perímetro de un rectángulo mide 72,5 mm. Sabiendo que la base mide 18,25 mm, calcula el área.

ACTIVIDAD **RESUELTA**

74. Calcula el área y el perímetro del siguiente rombo.

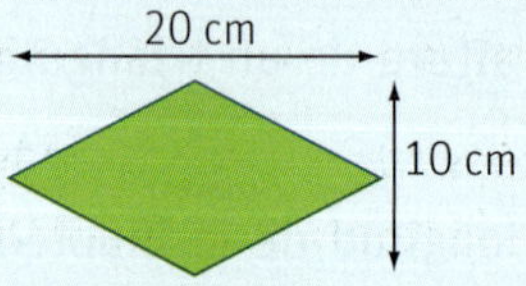

El área será: $A = \dfrac{D \cdot d}{2} = \dfrac{20 \cdot 10}{2} = 100 \text{ cm}^2$.

Como un rombo tiene cuatro lados iguales, para calcular el perímetro tenemos que hallar la longitud del lado.

Las diagonales dividen al rombo en cuatro triángulos rectángulos. Seleccionamos uno de ellos.

La longitud de sus catetos será la mitad de la longitud de las diagonales.

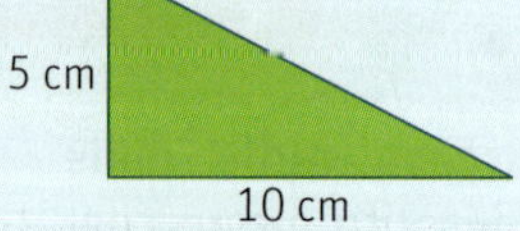

Utilizamos el teorema de Pitágoras:

$$l^2 = 5^2 + 10^2 = 25 + 100 = 125 \Rightarrow l = \sqrt{125} = 11{,}2$$

La longitud del lado es 11,2 cm.

El perímetro es: $p = 4 \cdot 11{,}2 \text{ cm} = 44{,}8$ cm.

75. ¿Cuál es el área de un rombo cuyas diagonales miden 12 m y 6 m? ¿Cuánto mide su perímetro?

76. Calcula el área y el perímetro del romboide.

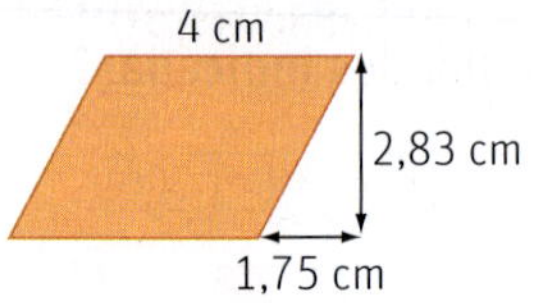

77. Calcula el área y el perímetro de la figura.

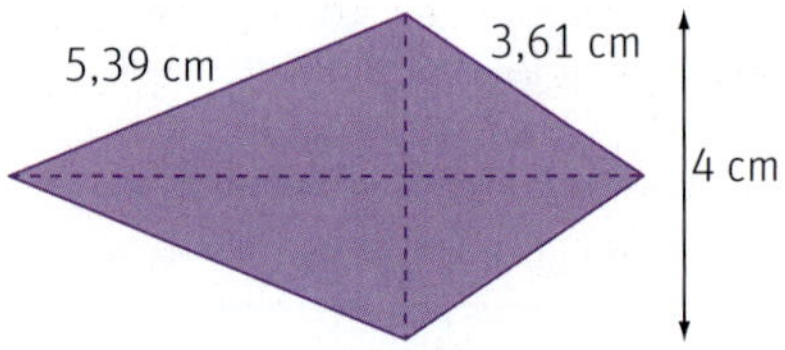

78. Calcula el área de un trapecio rectángulo de altura 3 dm, una de sus bases mide 10 dm y la otra base es $\dfrac{3}{10}$ de la anterior.

Área de un triángulo y de un polígono regular

79. Calcula el perímetro y el área de estas figuras.

a)

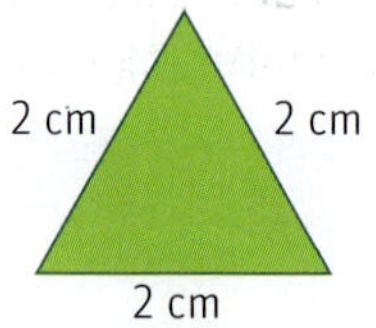

b)

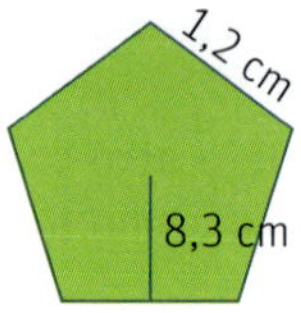

c)

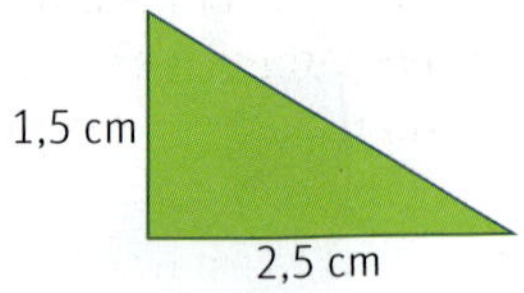

d)

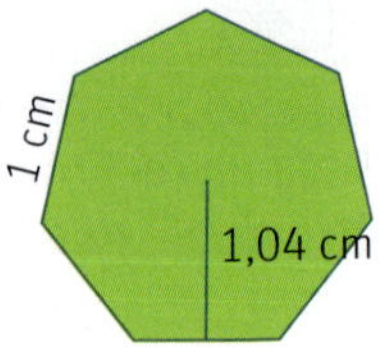

80. Calcula el área de un decágono regular de apotema 9,23 cm y perímetro 60 cm.

81. Calcula el área de los siguientes triángulos.

a)

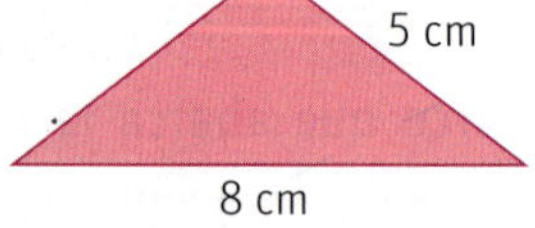

b)

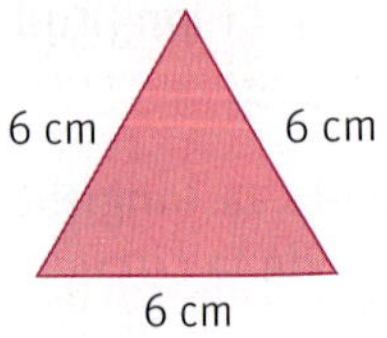

82. El radio de la circunferencia circunscrita del siguiente pentágono regular mide 3 cm.

Calcula el área del pentágono.

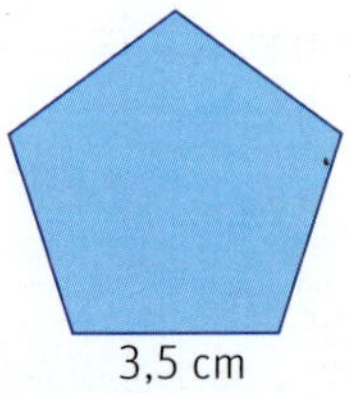

83. Dos triángulos tienen la misma base, pero el área de uno es el doble que el área del otro. ¿Qué relación hay entre sus alturas?

84. El lado de un hexágono regular mide 4. Calcula su apotema y su área.

Áreas de las figuras circulares

85. Calcula el área de un círculo de radio $r = 3{,}75$ cm.

86. Calcula el área encerrada entre dos circunferencias concéntricas de radios 4 cm y 7 cm.

87. Calcula el perímetro y el área de las siguientes figuras.

a)

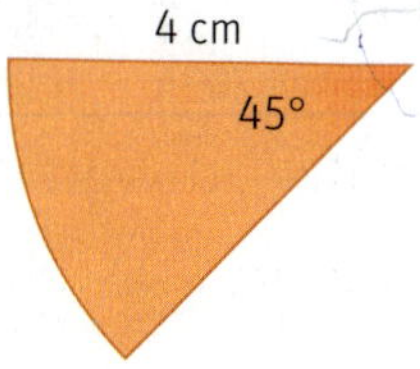

b)

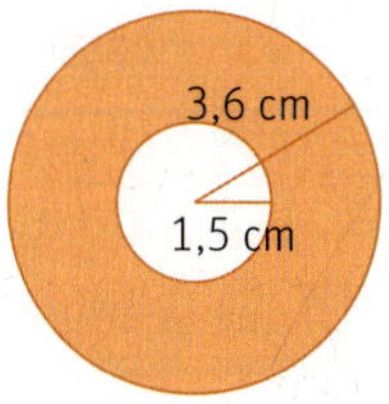

88. El área de un sector circular de radio $r = 13$ cm es $48{,}57\ \text{cm}^2$. ¿Qué amplitud tiene el sector?

89. Calcular el área de la corona circular determinada por las circunferencias inscrita y circunscrita a un cuadrado de 9 m de diagonal.

Áreas por descomposición y composición

90. Descompón la figura y averigua su área.

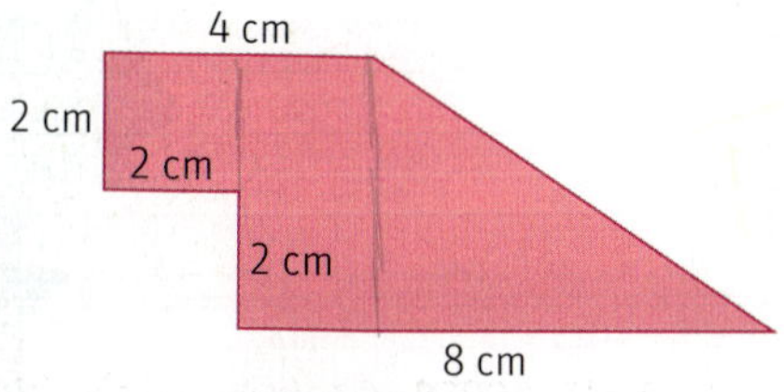

91. Calcula el perímetro y el área.

a)

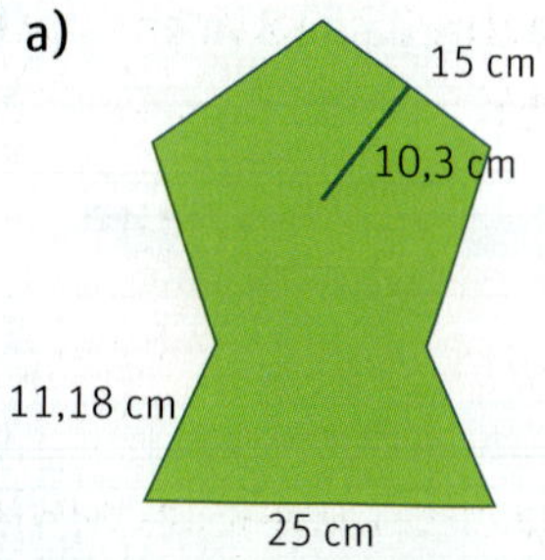

b)

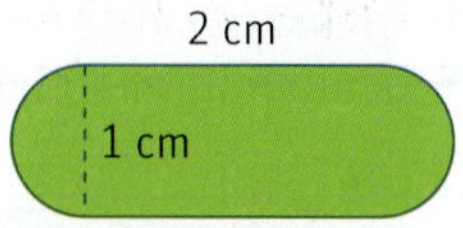

92. ¿Cuál es el área del cuadrilátero si los ángulos $\hat{B}$ y $\hat{D}$ son rectos?

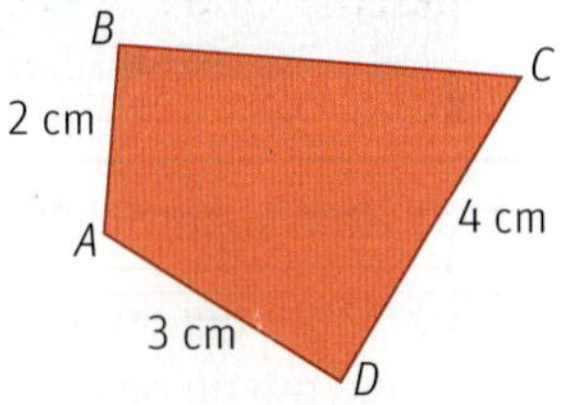

93. Calcula el área de las siguientes figuras.

a)

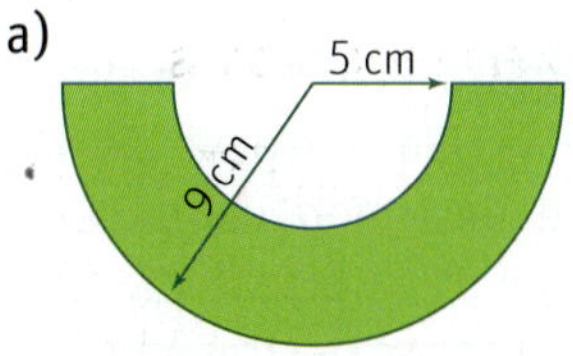

b)

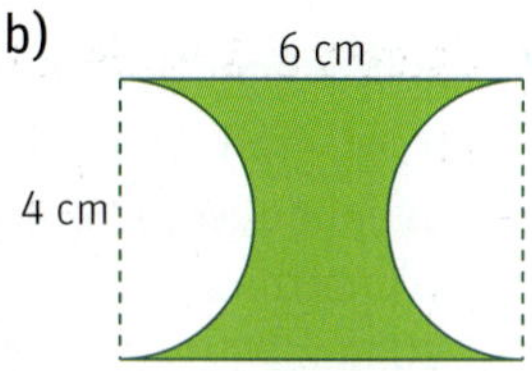

Ejercicio de síntesis

94. Las dimensiones del siguiente campo de fútbol son $90\ \text{m} \times 120\ \text{m}$.

Expresa en ha la superficie del campo.

95. Calcula el área y el perímetro de las siguientes figuras.

a)

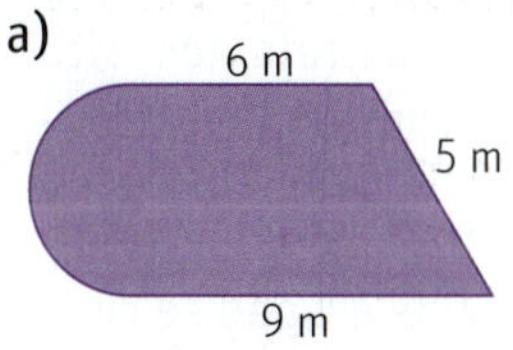

b)

96. Halla el área del triángulo de base, el diámetro de una circunferencia de radio 1 m y el vértice opuesto a la base está sobre la circunferencia a 1 m de otro vértice.

97. Las dimensiones de un patio rectangular de $10\ \text{m} \times 14\ \text{m}$, se reducen a la mitad. ¿Cuánto ha disminuido su área?

98. Calcula el área de un hexágono regular que tiene el mismo perímetro que un cuadrado de área $3969\ \text{m}^2$.

99. En el dibujo siguiente, el radio de los círculos grandes es 2 cm. ¿Cuánto mide el área blanca?

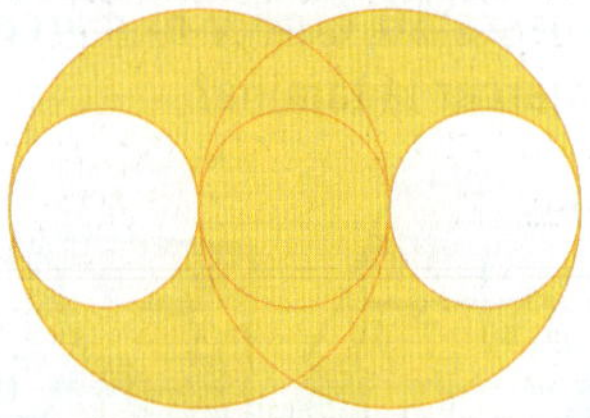

100. En esta figura, el área del cuadrado mayor es $1\ \text{m}^2$. La diagonal está dividida en tres segmentos de la misma longitud. ¿Cuál es el área del cuadrado pequeño?

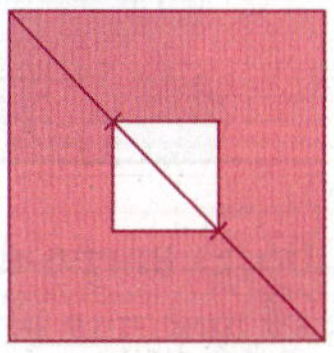

Actividades

PROBLEMAS PARA RESOLVER

101. En la noche del 16 de agosto de 1790 se produjo el tercer gran incendio de la Plaza Mayor de Madrid, quedando completamente destruido un tercio de su perímetro. Las dimensiones de la plaza entonces eran 120 m × 94 m. ¿Cuántos metros se destruyeron?

102. Quiero hacer un tapete para una mesa cuadrada de 85 cm de lado. ¿Qué cantidad de tela necesito? Si le pongo una cinta alrededor, ¿cuánta necesito?

103. Un aspersor que da una vuelta completa, tiene un alcance de 5 m. ¿Qué superficie de césped se riega?

104. Una ruleta tiene seis sectores iguales, 3 rojos y tres negros. Si el radio de la ruleta es 3 cm, calcula el área de cada sector.

105. El abuelo quiere enmarcar una lámina de 50 cm × 70 cm. El cristal cuesta 10 €/m² y el marco 15 €/m. ¿Cuánto costará enmarcar la lámina?

106. El ancho de una parcela rectangular es tres veces mayor que el largo. Si el perímetro es 720 m, ¿cuál es el área?

PROBLEMA RESUELTO

107. Una cometa está sujeta con una cuerda de longitud 25 m. Por efecto del viento se ha alejado de la vertical 15 m. Calcula la altura de la cometa.

Por tratarse de un triángulo rectángulo, podemos utilizar el teorema de Pitágoras:

$$25^2 = 15^2 + b^2$$

$$b^2 = 625 - 225 = 400$$

$$b = \sqrt{400} = 20$$

Así que la altura de la cometa es 20 m.

108. Queremos sujetar un mástil de 1,5 m de altura de una tienda de campaña con cuatro vientos. La separación entre la parte inferior del viento y la base del poste es de 5 m. ¿Cuánta cuerda necesitaremos comprar?

109. Vamos a construir una tirolina entre un árbol y un poste que está a 35 m. Si la diferencia de altura entre los dos puntos de anclaje de la cuerda es de 4,5 m, ¿cuánto mide la cuerda?

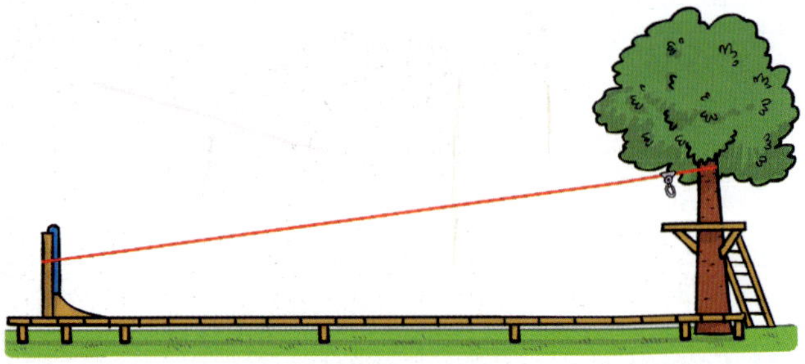

110. Un perro está atado con una cuerda de 3 m en una finca como muestra el dibujo.

a) ¿Qué superficie tiene el perro para correr?

b) Manteniendo la cuerda estirada, ¿qué distancia máxima puede recorrer en cada semi vuelta?

111. ¿Cuántas vueltas da la rueda de una bicicleta de 56 cm de radio al recorrer un kilómetro?

112. El torno de un pozo tiene 20 cm de diámetro. Para recoger la cuerda hemos dado 43 vueltas. Calcula la longitud de la cuerda.

113. En un parque de forma rectangular, el estanque tiene forma de círculo de radio 80 dm. La rosaleda ocupa una zona cuadrada de lado $l = 19$ m y la dalieda una zona rectangular de 2350 dm^2. El resto son jardines que ocupan 562 m^2. ¿Cuánto mide la superficie del parque?

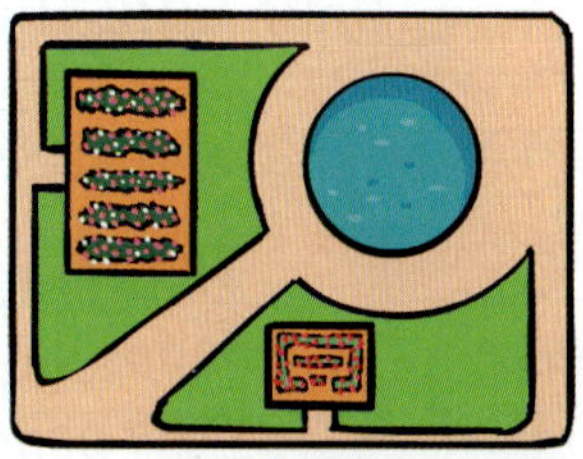

114. La Luna está llena de cráteres como consecuencia del impacto de numerosos meteoritos. En la fotografía se ve el cráter Euler, en honor al famoso matemático. Su diámetro mide 28 km.

a) ¿Qué superficie ocupa?

b) ¿Cuántos campos de fútbol se pueden construir dentro, si un campo de fútbol mide 90×120 m?

115. Un faro barre con su luz un ángulo de 120°. El alcance máximo del faro es de 10 millas náuticas, ¿cuál es la longitud máxima en metros del arco correspondiente? (1 milla náutica = 1852 m)

116. En la plaza del ayuntamiento se ha producido una concentración de ciudadanos. Por los vídeos la densidad era de 1,5 personas por metro cuadrado. Según los organizadores se concentraron 9000 personas. ¿Estás de acuerdo con la organización si la plaza es rectangular con dimensiones $b = 96$ m y $h = 54$ m?

ACTIVIDADES **PARA PENSAR MÁS**

117. En la figura se observan dos rectángulos: *ABCD* y *DBEF*. ¿Cuál es el área del rectángulo *DBEF*?

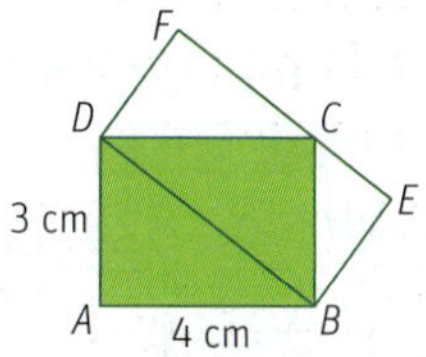

A. 10 cm^2

B. 16 cm^2

C. 14 cm^2

D. 12 cm^2

118. ¿Cuál de las regiones sombreadas tiene área distinta a todas las demás?

A. 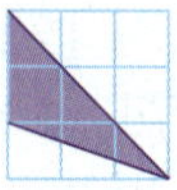 B. 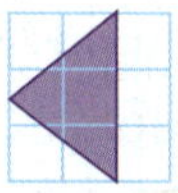 C.  D. 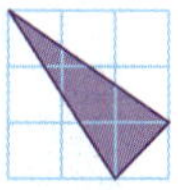

119. Las circunferencias de la figura son tangentes entre sí. ¿Cuánto mide, en centímetros cuadrados, el área sombreada?

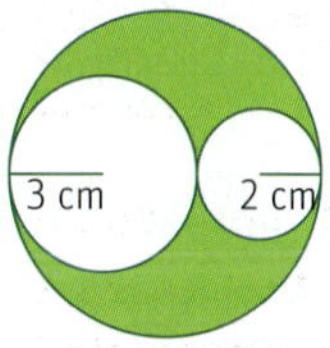

A. 4π

B. 6π

C. 9π

D. 12π

120. Los radios de las circunferencias de la figura son 1 cm y 4 cm y el segmento *PQ* es tangente a ambas circunferencias. ¿Cuál es su longitud?

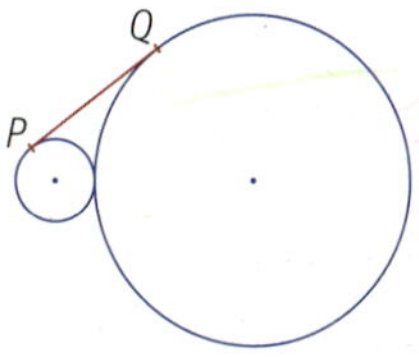

A. $\sqrt{17}$ cm

B. 4 cm

C. 3 cm

D. $\sqrt{18}$ cm

Encuentra el error

121. Un triángulo está dividido por la mitad, como muestra el dibujo. Queremos conocer la medida del lado *l*.

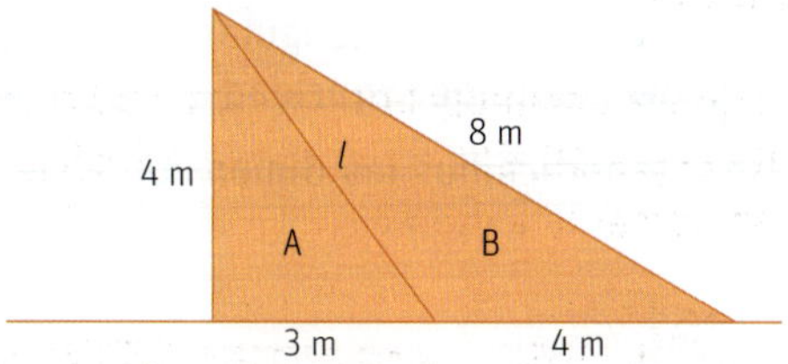

- Juan, utilizando el triángulo A, lo calcula así:

  Por el teorema de Pitágoras:

  $$l^2 = 4^2 + 3^2 = 25 \Rightarrow l = 5 \text{ m}$$

- Alejandro utiliza el triángulo B para calcularlo:

  Por el teorema de Pitágoras:

  $$8^2 = l^2 + 4^2 \Rightarrow l^2 = 64 - 16 = 48 \Rightarrow l = 6{,}9 \text{ m}$$

¿Por qué no obtienen el mismo resultado? ¿Quién tiene razón?

Ponte a prueba

PROBLEMA **RESUELTO** **La parcela**

Joaquín está buscando una parcela urbanizable para construirse un chalet. Hoy ha encontrado estos cuatro anuncios:

1\. **SOLAR** cuadrado en urbanización de 30 años de antigüedad, situada a 10 km del casco urbano. 828 m^2, 50 000 €.

2\. **OCASIÓN:** urbano + rústico 15 dam^2. 72 000 €. Terreno urbano llano de 29 m × 17 m. Muy buenas vistas, a 20 minutos del centro. Acometidas de saneamiento, agua y electricidad pegadas a la finca.

3\. **SE VENDE** PARCELA DE 500 M^2 EN TERRENO URBANIZABLE. LUZ Y AGUA EN EL TERRENO. BIEN COMUNICADO. IDEAL PARA CONSTRUIR CASA. 40 000 €.

4\. **TERRENO 20 m × 12 m. 16 000 €. Todos los servicios, agua y luz. Vista panorámica. A 5 minutos de la estación y a 25 del centro.**

1. Calcula cuál es el precio de un metro cuadrado de terreno en cada caso.

2. En el primer anuncio, ¿cuánto mide aproximadamente el lado de la parcela?

3. En el segundo anuncio, la superficie del terreno urbanizable es:

A. 493 m^2 B. 598 m^2 C. 463 m^2 D. 515 m^2

SOLUCIÓN

1. 1. $\frac{50\,000}{828} = 60{,}39$ €/m^2 2. $\frac{72\,000}{1500} = 48$ €/m^2 3. $\frac{40\,000}{500} = 80$ €/m^2 4. $\frac{16\,000}{240} = 66{,}67$ €/m^2

2. Mide $\sqrt{828}$, aproximadamente 29 m.

3. La solución es la opción A, porque $29 \cdot 17 = 493$ m^2.

El concierto

Un grupo de música quiere celebrar un concierto muy especial al aire libre. Se esperan unos 25 000 asistentes y las normas de seguridad establecen que el aforo se calcule considerando 3 personas por metro cuadrado.

Se necesita un escenario rectangular de dimensiones 20 m × 12 m. El perímetro de seguridad es de 25 m × 15 m.

A continuación, te indicamos las dimensiones de algunos recintos.

Recinto	Dimensiones
Campo de fútbol	129 m × 94 m
Patio del castillo	Aprox. 81 m × 81 m
Parque	Aprox. 112 m × 37 m
Velódromo	120 m × 80 m

Selecciona aquellos recintos en los que se pueda celebrar el concierto.

La reforma

Los dueños de la vivienda que se muestra en el plano quieren hacer obra.

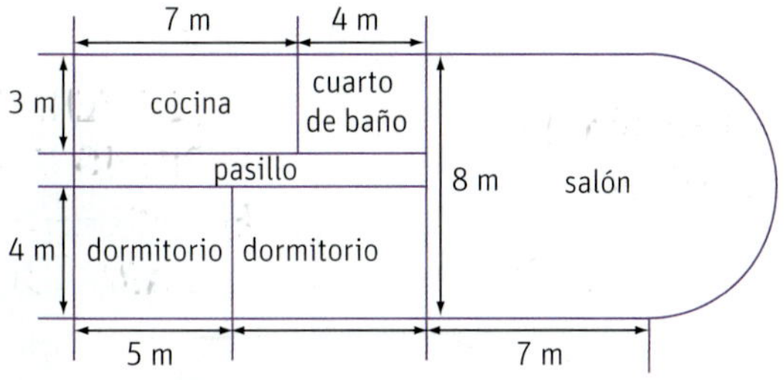

En la tabla se presenta el coste de los materiales.

Material	€/m²
Azulejos	11
Tarima	20
Mármol	20
Solería cocina	25

Haz un presupuesto de materiales para una reforma con las siguientes características:

- Todo el piso tiene tarima menos el cuarto de baño y la cocina.
- En el suelo del cuarto de baño se utilizará mármol.
- En el suelo de la cocina se utilizará solería de barro cocido.
- En las paredes del cuarto de baño y de la cocina se colocará azulejo hasta una altura de 1,5 m.

AUTOEVALUACIÓN

1. ¿Cuánto mide el perímetro de la siguiente figura?

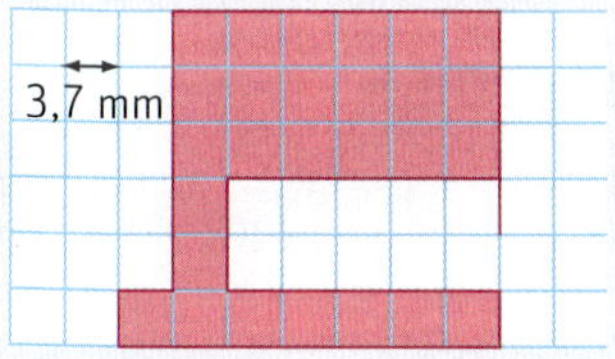

2. Averigua el área de las siguientes figuras.

a)

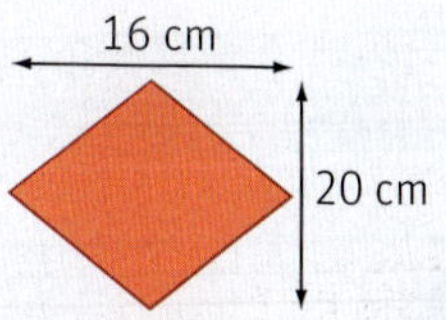

c)

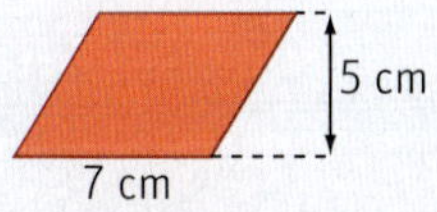

b)

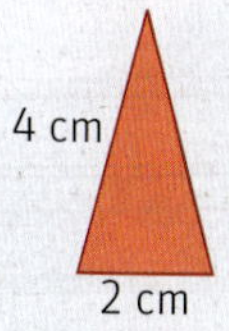

d)

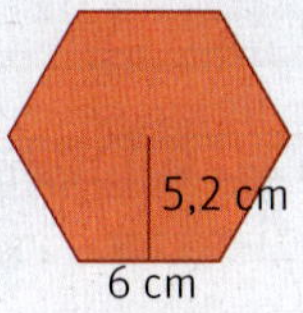

3. Halla el área de estas figuras circulares.

a)

b)

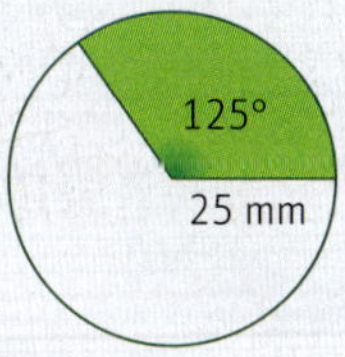

4. ¿Cuál es el área y el perímetro de una corona circular de radios 7 cm y 4 cm?

5. Calcula la longitud de una circunferencia de radio 5,57 mm. Si recorto un arco que mide 5 mm, ¿qué ángulo abarca dicho arco?

6. Calcula el área y el perímetro de la siguiente figura.

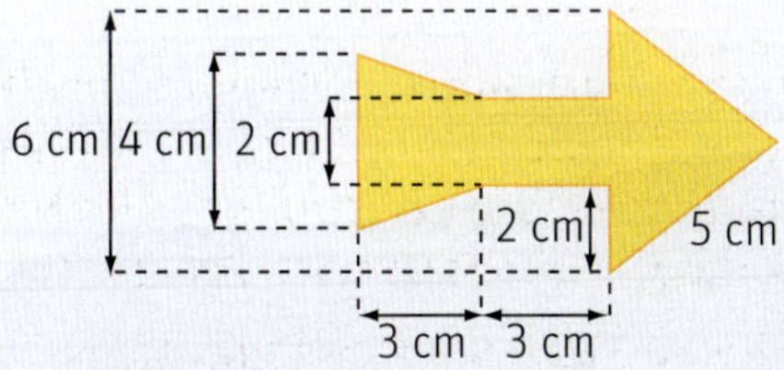

7. Un ratón está en la esquina de una habitación de dimensiones 5 m × 4 m. En la esquina opuesta hay un trozo de queso. ¿Cuál es el camino más corto que recorre el ratón para apoderarse el queso? ¿Qué longitud tiene?

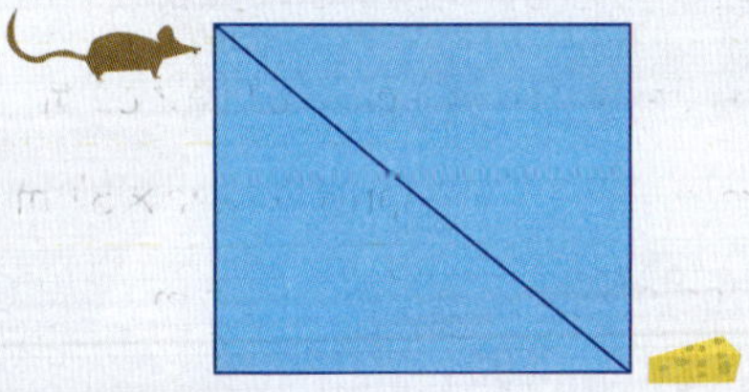

14 Cuerpos geométricos. Volúmenes

- ¿Qué cuerpos geométricos conoces? ¿Cómo se construyen?
- ¿Cómo calculas el volumen de un cartón de leche?
- ¿Cómo calculas el volumen de un cono de helado?

Analiza y contesta

¿Cuál fue el último poliedro regular que se conoció? ¿Qué polígonos forman sus caras?

¿Qué poliedro regular es el más parecido a la esfera? ¿A qué crees que es debido?

Lee y comprende

Los sólidos platónicos en la tradición

Los científicos y los filósofos griegos realizaron una descripción geométrica de la estructura del universo, asociaron los cuatro poliedros regulares conocidos en un principio a cada uno de los cuatro elementos básicos: el fuego, la tierra, el aire y el agua. Platón (s. V a. C.) describió esta asignación de los poliedros en su Diálogo Timeo:

"El fuego tiene la forma del tetraedro, pues el fuego es el elemento más pequeño, ligero, móvil y agudo.

La tierra debe tener la forma del cubo, el sólido más estable de los cinco, mientras que el agua, el más móvil y fluido de los elementos, debe tener forma propia o "semilla", el icosaedro, el sólido más cercano a la esfera y, por tanto, el que con mayor facilidad puede rodar.

El aire, de tamaño, peso y fluidez, en cierto modo intermedio, se compone de octaedros."

Como ya había asignado los cuatro elementos, dejaba sin pareja al dodecaedro. De forma un tanto forzada lo relacionó con el Universo como conjunción de los cuatro:

"La forma del dodecaedro es la que los dioses emplean para disponer las constelaciones en los cielos."

José Antonio Mora
Un Omnipoliedro
Excmo. Ayto. de Alicante. 2001

Reflexiona y saca conclusiones

Los sólidos platónicos son los poliedros regulares. Todas sus caras son polígonos regulares iguales y en cada vértice confluyen el mismo número de caras.

¿Puede haber un poliedro regular en cuyos vértices confluyan seis triángulos equiláteros?

¿Cuántos pentágonos confluyen en cada vértice del dodecaedro?

En el cubo, en cada vértice convergen tres caras cuadradas. ¿Puede haber otro poliedro regular en el que en cada vértice converjan cuatro cuadrados?, ¿por qué?

1 Poliedros

Sabías que...

Poliedro es una palabra de origen griego que está formada por:

Poli-: varios, muchos

-edro: cara, base

Las fachadas de los siguientes edificios están formadas con diferentes polígonos.

Un **poliedro** es un cuerpo geométrico limitado por polígonos.

Los elementos de un poliedro son:

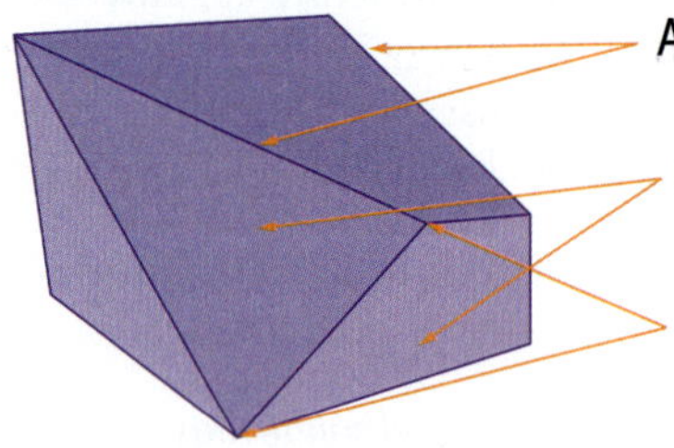

Aristas: son los segmentos comunes a dos caras.

Caras: son los polígonos que delimitan el poliedro.

Vértices: son los puntos comunes de las aristas.

Si cortamos un poliedro por sus aristas y lo desplegamos obtenemos su desarrollo plano.

Poliedro regular

Un **poliedro** es **regular** si sus caras son polígonos regulares iguales y en cada vértice coincide el mismo número de caras.

Sólo hay cinco poliedros regulares o sólidos platónicos:

Tetraedro	Cubo	Octaedro	Dodecaedro	Icosaedro
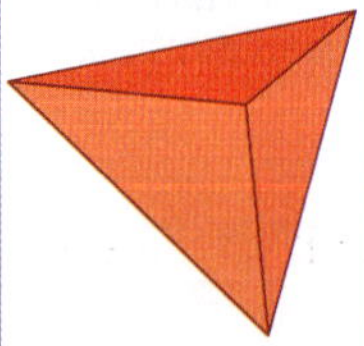	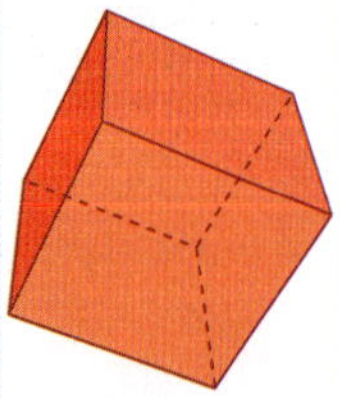	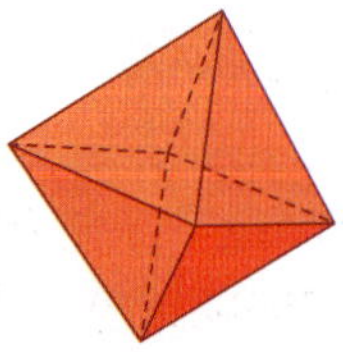	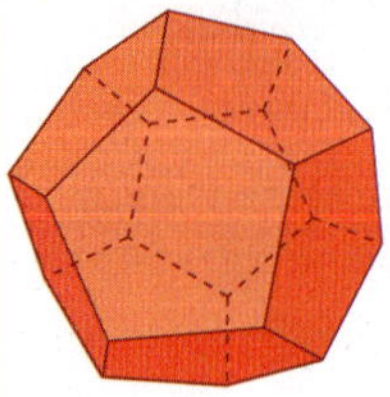	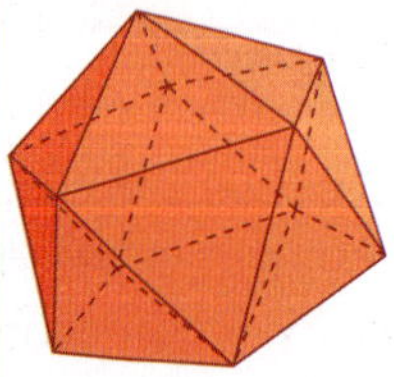
Las 4 caras son triángulos equiláteros.	Las 6 caras son cuadrados.	Las 8 caras son triángulos equiláteros.	Las 12 caras son pentágonos regulares.	Las 20 caras son triángulos equiláteros.

Ten en cuenta

Observa el poliedro.

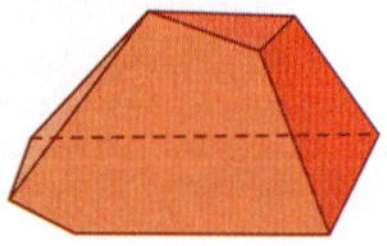

No es regular porque sus caras no son polígonos regulares iguales.

MAT-TIC GeoGebra

Entra en sm**Savia**digital.com e investiga los sólidos platónicos.

ACTIVIDADES

1. Indica cuál de las siguientes figuras no es un poliedro. Explica por qué.

A. 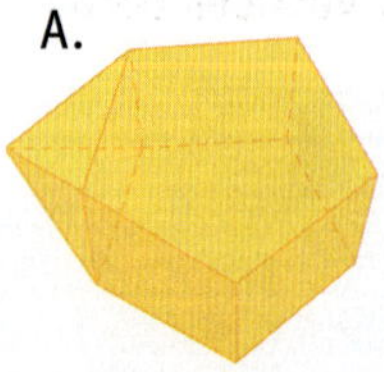
B. 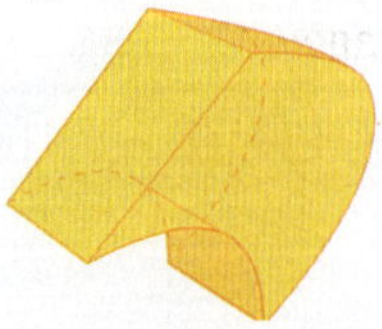
C. 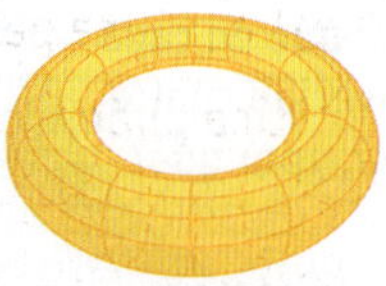

2. Indica el número de caras, aristas y vértices de cada uno de los siguientes poliedros.

a) 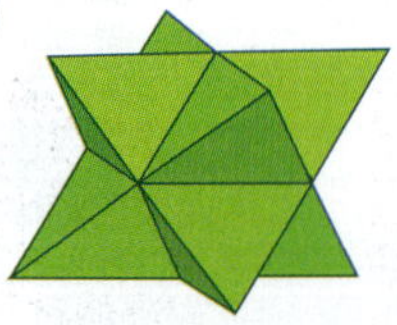
b) 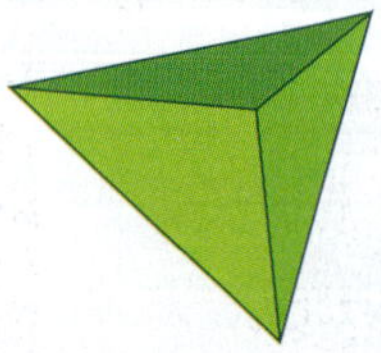

2 Prismas y pirámides

Un **prisma** es un poliedro que tiene dos caras iguales y paralelas entre sí que se llaman **bases**, y el resto de caras que son paralelogramos llamadas **caras laterales**.

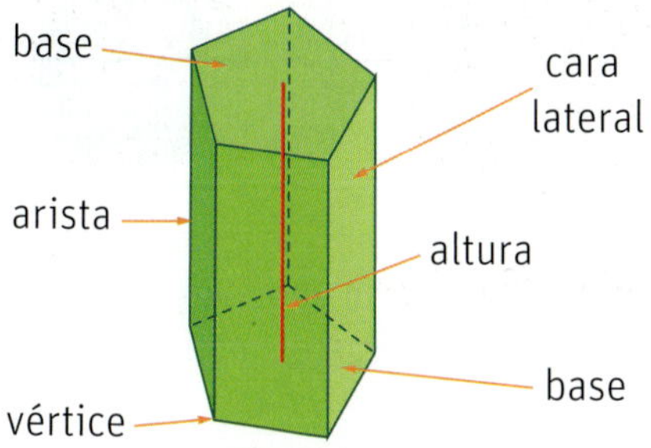

Los prismas se nombran según el polígono que forma las bases: prisma triangular, prisma cuadrangular, prisma pentagonal...

Se pueden clasificar en:

- **Recto:** Sus caras laterales son rectángulos.
  - **Regular:** Sus bases son polígonos regulares.
  - **Irregular:** Sus bases son polígonos irregulares.
- **Oblicuo:** Sus caras laterales no son rectángulos.

MAT-TIC GeoGebra

Entra en sm**Savia**digital.com y construye desarrollos de prismas.

Sabías que...

- **Paralelepípedo:** prisma cuyas bases son paralelogramos.
- **Ortoedro:** prisma cuyas bases son rectángulos.
- **Cubo:** prisma que tiene todas sus caras cuadradas.

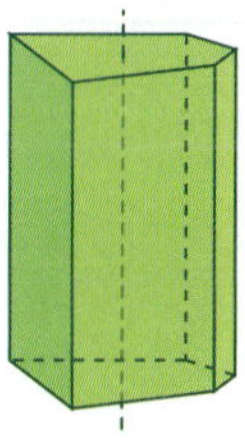

Prisma recto irregular

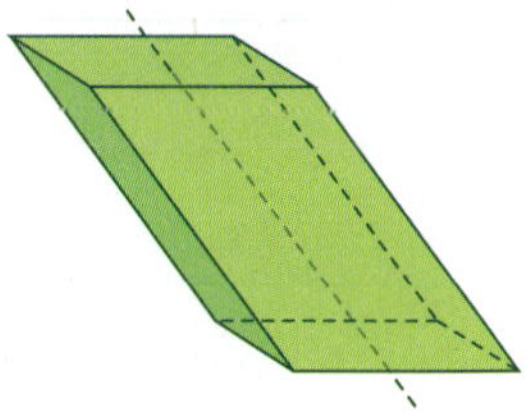

Prisma oblicuo

Pirámides

Una **pirámide** es un poliedro con una cara llamada **base** y las demás caras son triángulos que tienen un **vértice** común. Estas caras se llaman **caras laterales**.

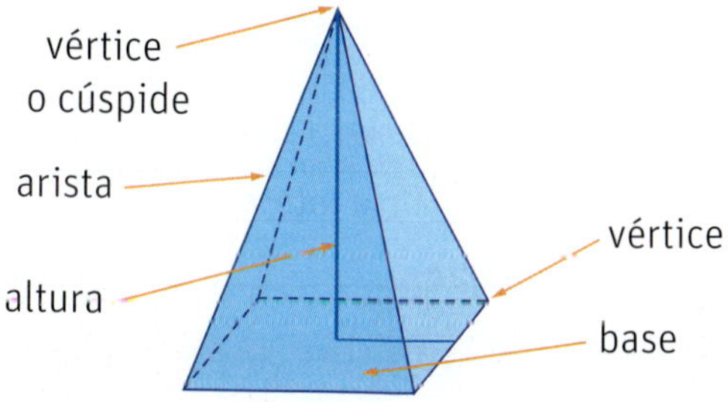

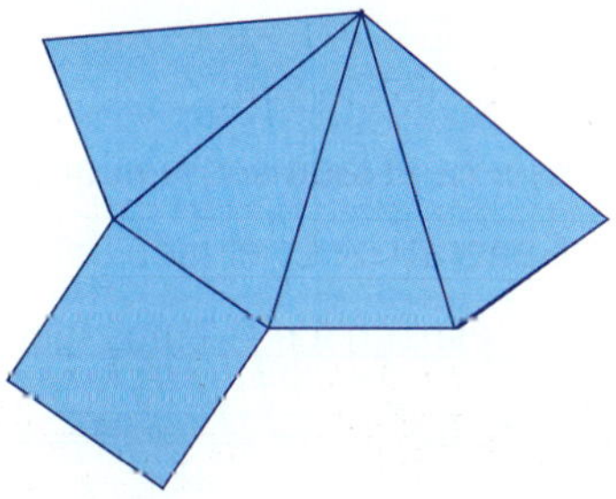

Las pirámides se nombran según el polígono que forma las bases: pirámide triangular, pirámide cuadrangular, pirámide pentagonal,...

Se pueden clasificar en:

- **Recta:** Si todas sus caras laterales son triángulos isósceles.
  - **Regular:** Su base es un polígono regular.
  - **Irregular:** Su base no es un polígono regular.
- **Oblicua:** Todas sus caras no son triángulos isósceles.

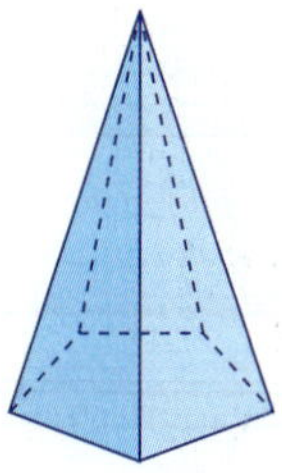

Pirámide recta regular

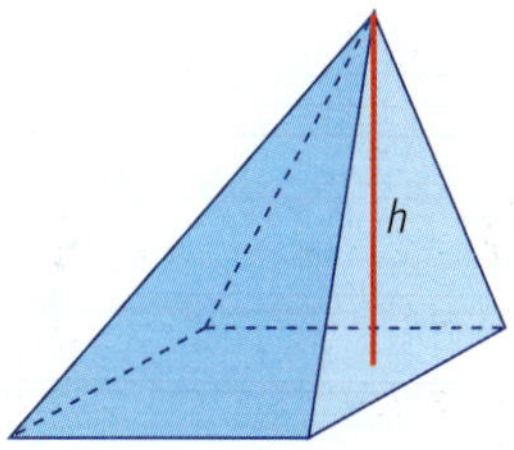

Pirámide oblicua

ACTIVIDADES

3. Nombra los siguientes poliedros.

a) 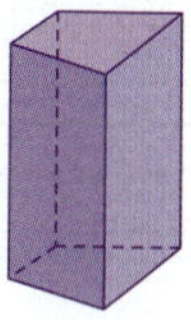

b) 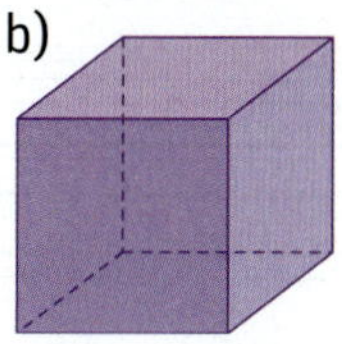

c) 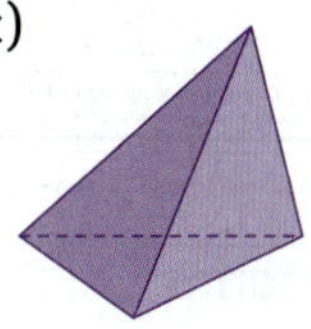

4. Indica el número de caras, aristas y vértices de:

a) Un prisma pentagonal.

b) Una pirámide hexagonal.

c) Un ortoedro.

d) Un octaedro

3 Cuerpos redondos

En nuestra vida diaria estamos acostumbrados a ver objetos como estos:

Los **cuerpos redondos** son cuerpos geométricos que se obtienen haciendo girar una superficie plana alrededor de un eje. La cara curva del cuerpo redondo es **superficie lateral**.

Cilindro

Un **cilindro** recto es el cuerpo que se forma al hacer girar un rectángulo alrededor de uno de sus lados.

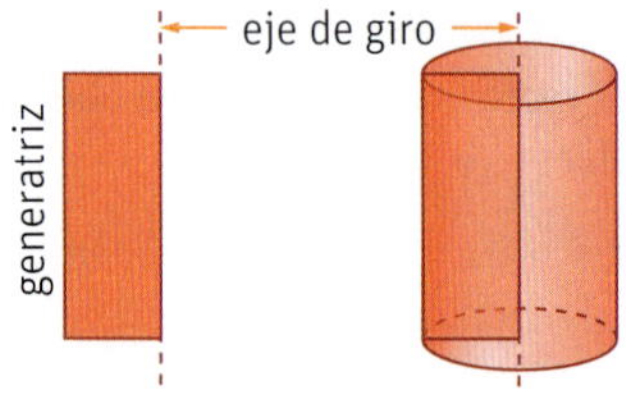

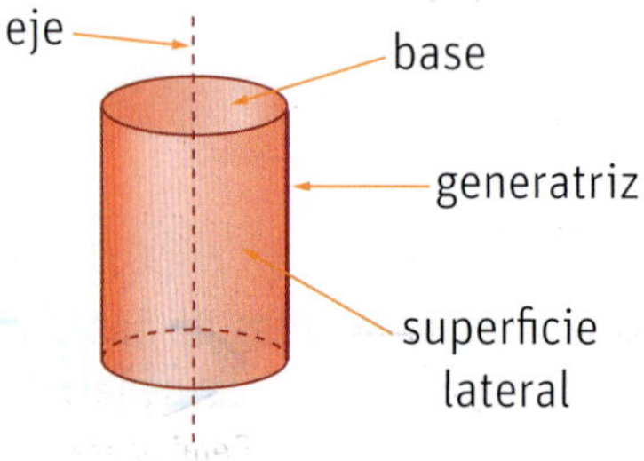

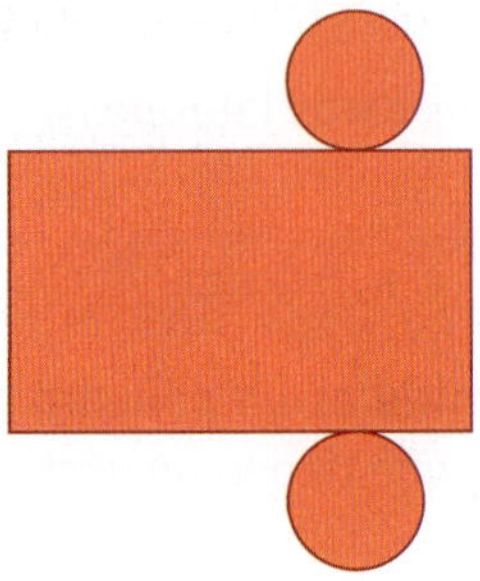

Sus elementos son:

- **Eje:** Es el lado sobre el que gira el rectángulo.
- **Generatriz:** Es el lado del rectángulo que genera la superficie lateral.
- **Bases:** Son los círculos iguales y paralelos que se forman.

Cono

Un **cono** recto es el cuerpo que se forma al girar un triángulo rectángulo sobre uno de sus catetos.

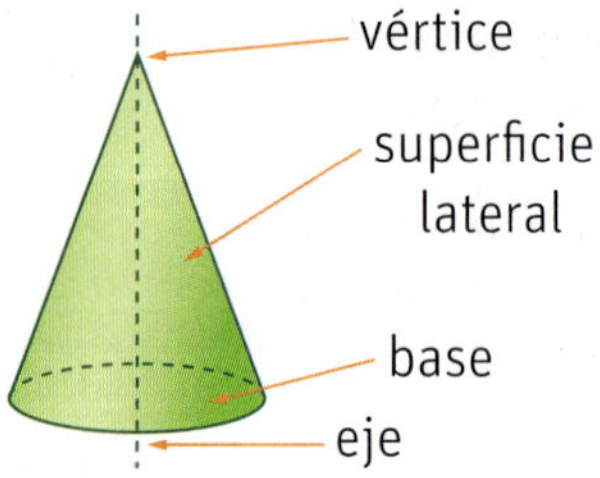

Sus elementos son:

- **Eje:** Es el cateto sobre el que gira el triángulo rectángulo.
- **Generatriz:** Es la hipotenusa del triángulo que genera la superficie lateral.
- **Base:** Es el círculo que se forma.
- **Vértice:** Es el punto dónde se cortan la generatriz y el eje.

MAT-TIC GeoGebra

Entra en sm**Savia**digital.com y construye los desarrollos de cilindros y conos.

Esfera

> Una **esfera** es el cuerpo que se forma al girar un semicírculo alrededor de su diámetro. No tienen desarrollo plano como los demás cuerpos geométricos.

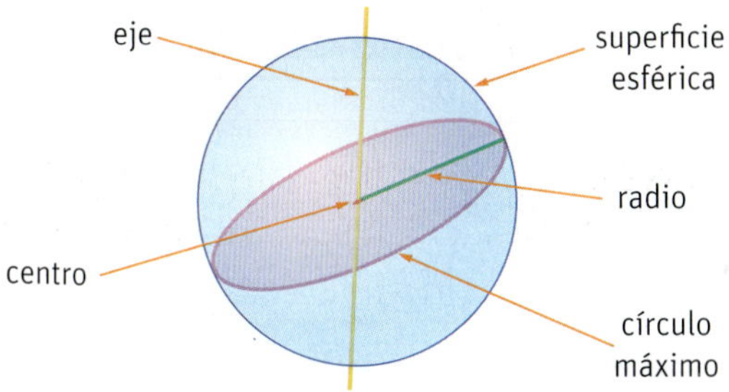

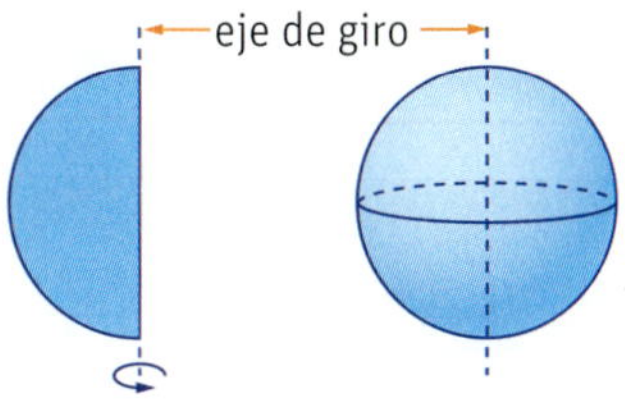

Al cortar una esfera con un plano:

- La sección es un círculo. Se llama **círculo máximo** si el plano corta a la esfera por cualquiera de sus diámetros.
- Este plano divide a la esfera en 2 partes llamadas **casquetes esféricos**. Si la sección es un círculo máximo, las partes se llaman **semiesferas**.

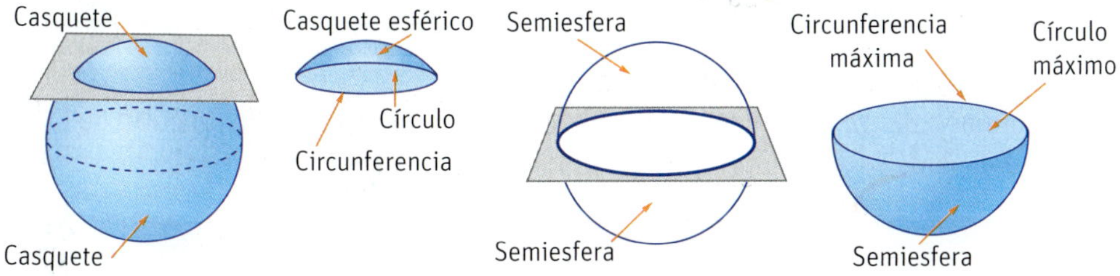

ACTIVIDADES

5. ¿Qué cuerpos geométricos obtenemos al girar los siguientes polígonos por el eje señalado? Indica sus elementos.

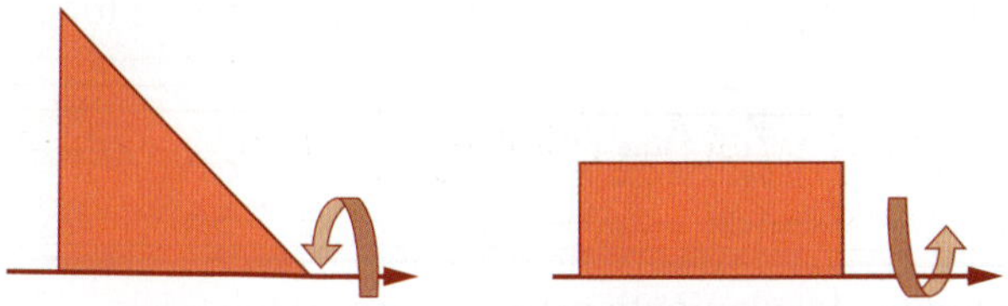

6. Si cogemos un rectángulo, ¿se obtiene el mismo cilindro si lo hacemos girar por la base o por la altura?

7. ¿Qué cuerpo geométrico se genera al girar este trapecio alrededor de su lado izquierdo? Trata de dibujarlo en tu cuaderno. ¿Qué nombre le pondrías?

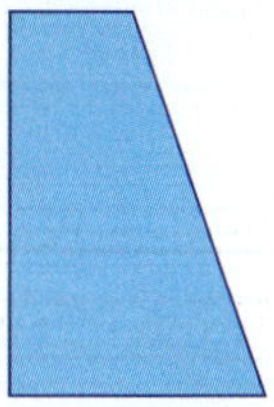

8. ¿Qué figura se genera al girar este polígono alrededor de la base?

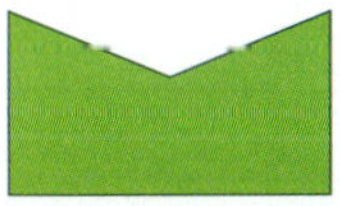

9. ¿Qué figura obtenemos al girar un cuarto de círculo por uno de los radios que lo limitan?

10. Indicar la figura que debemos hacer girar para obtener los objetos siguientes. Indica dónde se situaría el eje de giro.

a) 

c) 

b) 

d) 

11. smSaviadigital.com

PRACTICA Estudia cuerpos geométricos.

4 Volúmenes de poliedros

El **volumen** es la cantidad de espacio que ocupa un cuerpo. En el caso de los cuerpos geométricos podemos calcular el volumen de varias maneras.

Ejemplo ▸ Calcular el volumen del siguiente ortoedro:

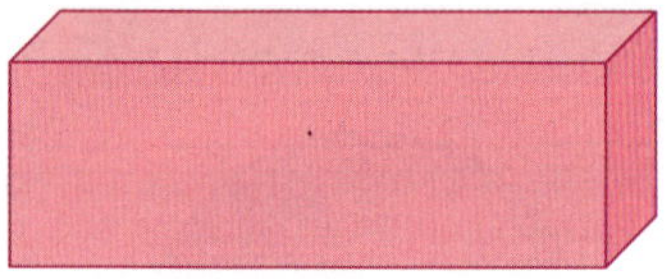

Utilizamos como unidad de medida cubos de 1 cm^3. Para obtener el volumen, rellenamos la figura con estos cubos.

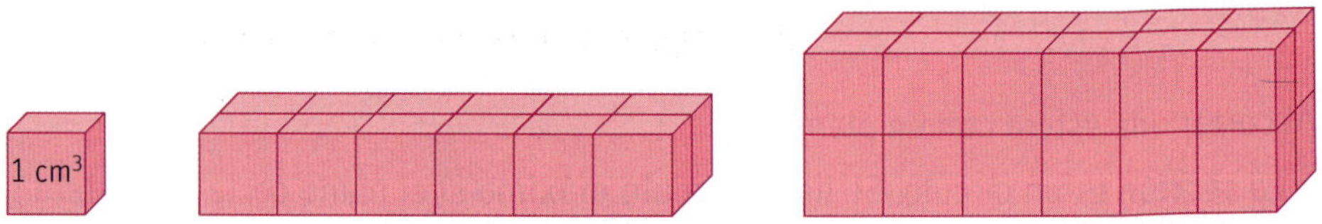

El área de la base es: $6 \cdot 2 = 12$.

Como la figura tiene dos filas, el número de cubos será: $6 \cdot 2 \cdot 2 = 24$ cubos.

Por tanto, el volumen del ortoedro es 24 cm^3.

Ten en cuenta

- El **volumen** es el espacio que ocupa un cuerpo mientras que **capacidad** es el espacio que puede contener ese cuerpo.
- La unidad de capacidad es el litro y la unidad de volumen es el metro cúbico en el Sistema Internacional de Medidas (SI).

Recuerda que 1 L = 1 dm^3

- El volumen de un **ortoedro** de dimensiones *a*, *b* y *h*, será:

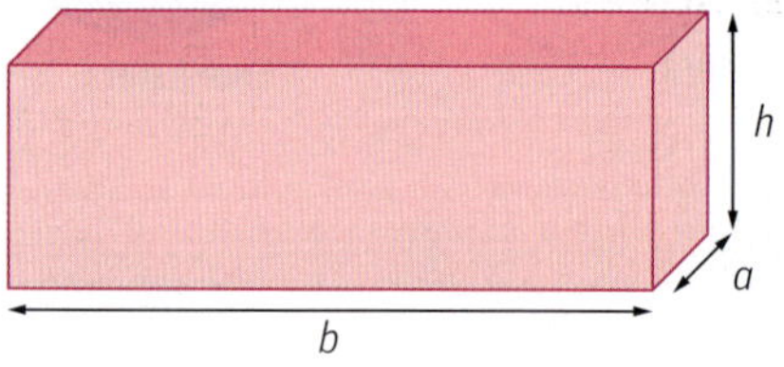

$$V = a \cdot b \cdot h$$

- El volumen de un **cubo** de lado *a*, será:

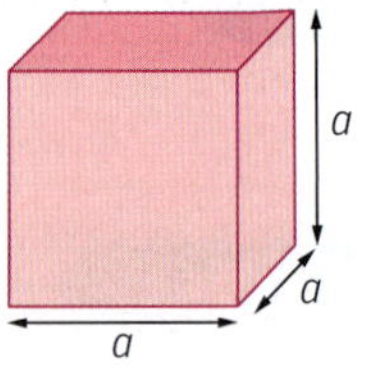

$$V = a^3$$

El **volumen de un prisma**, es el producto del área de la base por la longitud de la altura.

$$V = A_{base} \cdot h$$

Ejemplo ▸ Calcular el volumen del siguiente prisma pentagonal:

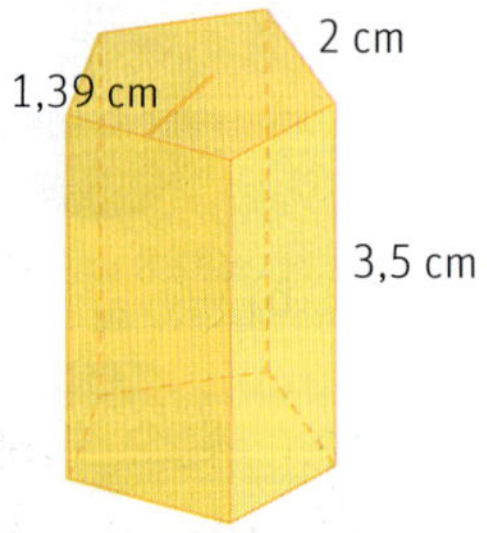

El volumen de un prisma es:

$$V = A_{base} \cdot h$$

Calculamos primero el área de la base, que es un pentágono regular:

$$A_{base} = \frac{p \cdot a}{2} = \frac{10 \cdot 1{,}39}{2} = 6{,}95$$

Sustituimos en la fórmula del volumen y calculamos:

$$V = 6{,}95 \cdot 3{,}5 = 24{,}32$$

El volumen del prisma es 24,32 cm^3.

Pirámide

Si llenamos una pirámide de arena y la vertemos en un prisma que tenga la misma base y altura, observamos que para rellenar el prisma hay que repetir el proceso tres veces.

El **volumen de una pirámide** es la tercera parte del volumen de un prisma con la misma base y la misma altura.

$$V = \frac{1}{3} A_{base} \cdot h$$

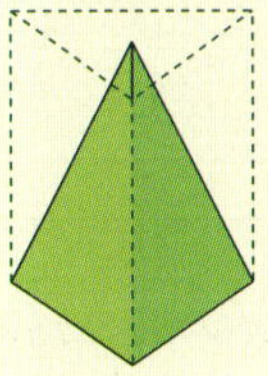

Ejemplo ▸ Calcula el volumen de la siguiente pirámide cuadrangular.

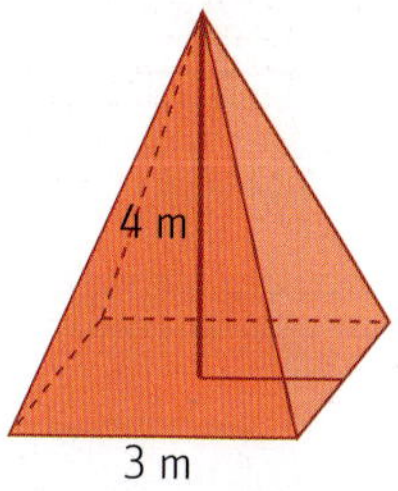

$$V = \frac{1}{3} \cdot A_{base} \cdot h$$

$$A_{base} = l^2 = 3^2 = 9$$

$$V = \frac{1}{3} \cdot A_{base} \cdot h = \frac{1}{3} \cdot 9 \cdot 4 = 12$$

El volumen de la pirámide es 12 m^3.

ACTIVIDADES

12. Calcula el volumen de las siguientes figuras.

a)

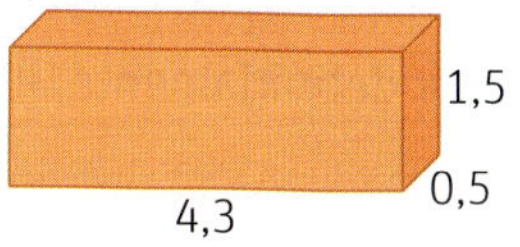

b)

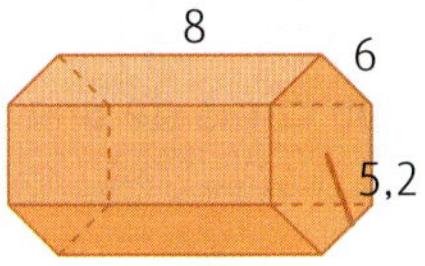

13. Calcula el volumen de las siguientes figuras.

a)

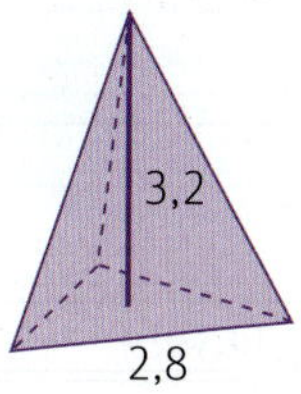

b)

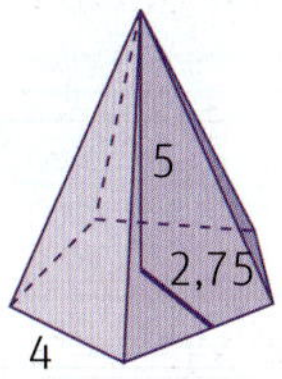

14. Dibuja un cubo de 3,5 cm de lado y calcula su volumen.

15. Dibuja un ortoedro cuya base mida 0,5 dm de largo y 3,5 cm de ancho y cuya altura sea 4,3 cm. Calcula su volumen.

16. ¿Cuál es el volumen de una pirámide cuadrangular de lado 4 m y altura 23 dm?

17. El volumen de un prisma pentagonal es 980 cm^3. Sabiendo que su altura es 7 cm, ¿cuál es el área de la base?

ACTIVIDAD **RESUELTA**

18. Calcula el volumen del prisma triangular regular.

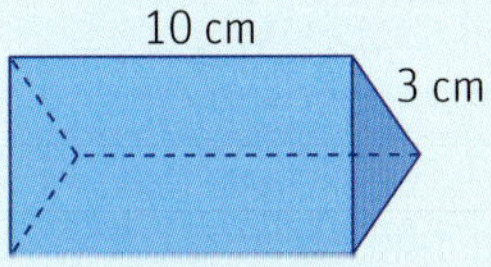

El volumen del prisma es: $V = A_{base} \cdot h$

La base es un triángulo equilátero. Para calcular su área necesitamos conocer su altura.

Utilizamos el teorema de Pitágoras:

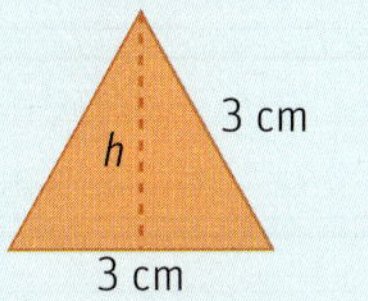

$h^2 + 1,5^2 = 3^2$

$h^2 = 9 - 2,25 = 6,75$

$h = 2,6$ cm

El área de la base será: $A = \frac{1}{2} \cdot 3\ cm \cdot 2,6\ cm = 3,9\ cm^2$

El volumen será: $V = 3,9\ cm^2 \cdot 10\ cm = 39\ cm^3$

19. Calcula el volumen de las siguientes pirámides.

a) Una pirámide de altura 5 cm y cuya base es un triángulo rectángulo isósceles de catetos 4 cm.

b) Una pirámide de altura 4 m y cuya base es un triángulo equilátero de lado 6,5 m.

5 Volúmenes de cuerpos redondos

Cilindro

Si hacemos crecer el número de caras de un prisma indefinidamente, éste se parece cada vez más a un cilindro.

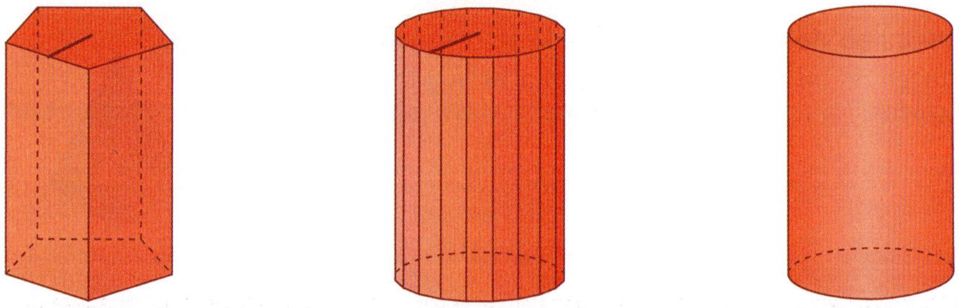

Por tanto, podemos calcular el volumen del cilindro como el de un prisma, solo que la base es un círculo, por lo que el área de la base es $\pi \cdot r^2$.

El **volumen del cilindro** es: $V = A_{base} \cdot h = \pi \cdot r^2 \cdot h$

Ejemplo ▸ Calcula el volumen de este cilindro:

La base es un círculo de radio 2,5 m.

La altura mide 6 m.

Por tanto: $V = \pi \cdot r^2 \cdot h = 3,14 \cdot (2,5)^2 \cdot 6 = 117,75$

El volumen del cilindro es 117,75 m^3.

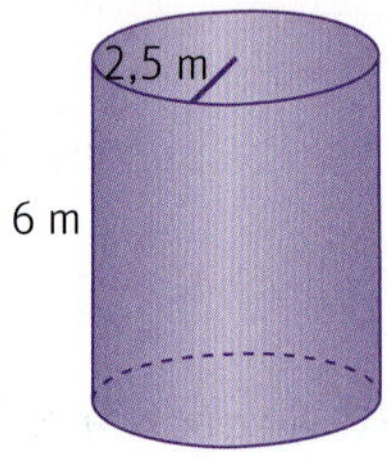

Cono

Si hacemos crecer el número de caras de una pirámide indefinidamente, ésta se parece cada vez más a un cono.

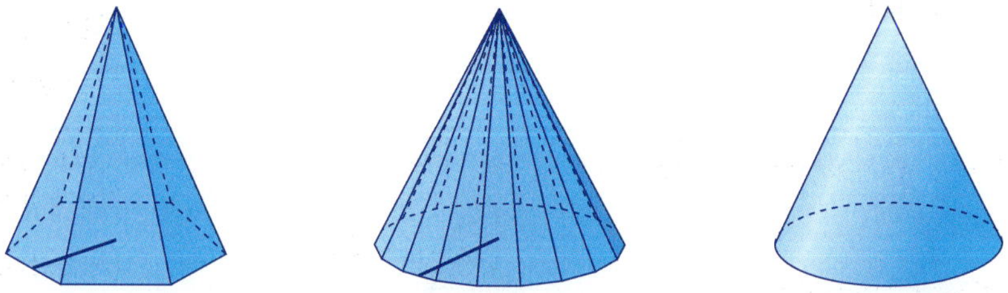

Entonces, el volumen del cono se calcula como el volumen de la pirámide. Como la base del cono es un círculo de área $\pi \cdot r^2$,

El **volumen de un cono** es: $V = \frac{1}{3} \cdot A_{base} \cdot h = \frac{1}{3} \pi \cdot r^2 \cdot h$

Ejemplo ▸ Calcula el volumen del cono:

La base es un círculo de radio 2,2 m.
La altura mide 3 m.

Por tanto: $V = \frac{1}{3} \cdot \pi \cdot 2,2^2 \cdot 3 = 15,20$

El volumen del cono es 15,20 m^3.

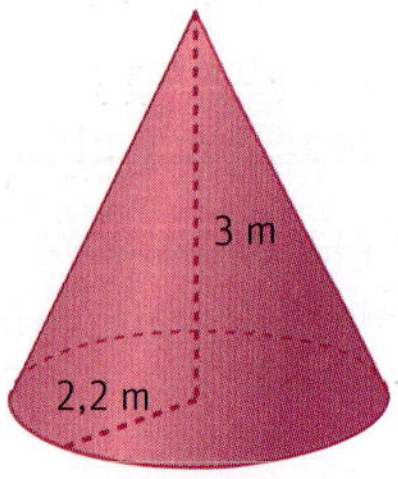

Ten en cuenta

El volumen de un cono es un tercio del volumen de un cilindro con la misma altura y radio de la base.

Esfera

Introducimos una esfera en un cilindro, cuyo radio es igual al radio de la esfera y cuya altura es igual al diámetro de la esfera.

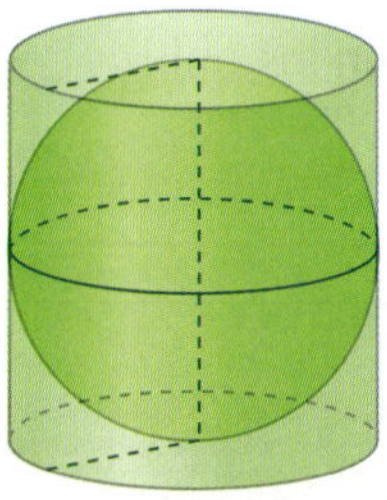

Si llenamos de agua el cilindro, al extraer la esfera, comprobamos que el agua ocupa sólo la tercera parte del cilindro. Por tanto, la esfera ocupaba dos tercios del volumen del cilindro.

$$V_{esfera} = \frac{2}{3}V_{cilindro} = \frac{2}{3}\cdot\pi\cdot r^2\cdot 2\cdot r = \frac{4}{3}\pi\cdot r^3$$

El **volumen de la esfera** es: $\mathbf{V = \frac{4}{3}\cdot\pi\cdot r^3}$

Ejemplo ▸ Calcula el volumen de una esfera de radio 6,7 cm.

$$V = \frac{4}{3}\pi\cdot r^3 = \frac{4}{3}\cdot 3{,}14\cdot(6{,}7)^3 = 1259{,}19$$

El volumen de la esfera es 1259,19 cm^3.

ACTIVIDADES

20. Calcula el volumen de un cilindro de 2 m de radio y 3 m de alto.

ACTIVIDAD **RESUELTA**

21. Calcula el volumen del cono.

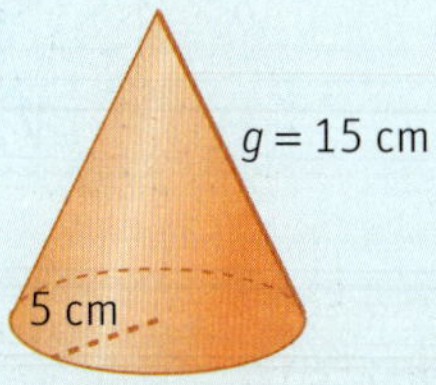

El volumen del cono es:

$$V = \frac{1}{3}\cdot\pi\cdot r^2\cdot h$$

El área de la base es: $A = \pi\cdot 5^2 = 78{,}5\ m^2$.

La generatriz, el radio y la altura forman un triángulo rectángulo, utilizando el teorema de Pitágoras:

$h^2 + r^2 = g^2$

$h^2 + 25 = 225$

$h^2 = 225 - 25 = 200$

$h = 14{,}14$ cm

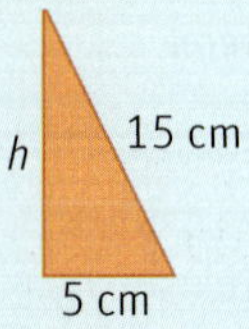

Entonces: $V = \frac{1}{3}\ 78{,}5\cdot 14{,}14 = 370\ cm^3$

22. Calcula el volumen de estos conos:

a) La generatriz mide 15 m y el radio de la base es 6 m.

b) La altura mide 12 mm y su generatriz mide 15 mm.

23. En un pozo cilíndrico de 2 m de diámetro y 10 m de profundidad, ¿cuánta agua cabría?

24. Un heladero tiene que decidir qué cucurucho ofertar: uno mide 4 cm de diámetro y 15 cm de altura y el otro mide 3 cm de radio y 7 cm de generatriz.

¿Cuál tiene mayor capacidad? ¿Cuál elegirías? ¿Por qué?

25. smSaviadigital.com

PRACTICA ¿Sabes calcular volúmenes?

Organiza tus ideas

POLIEDROS

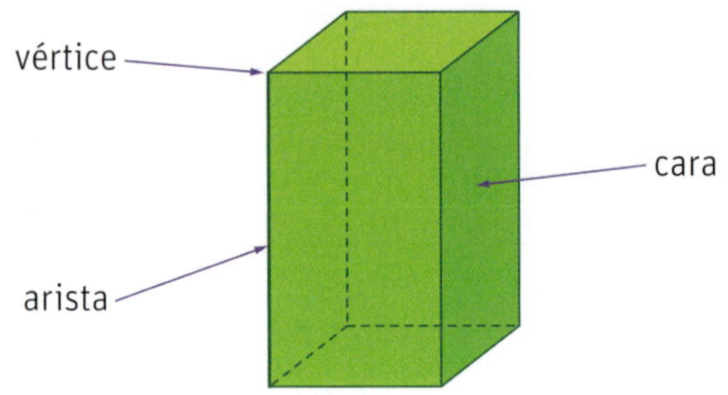

Un **poliedro** es un cuerpo geométrico limitado por polígonos.

- **Caras:** son los polígonos que delimitan el poliedro.
- **Aristas:** son los segmentos comunes a dos caras.
- **Vértices:** son los puntos comunes de las aristas.

POLIEDROS REGULARES

Tetraedro

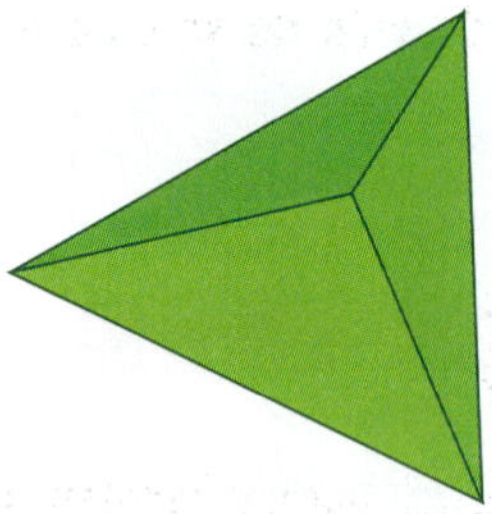

Las 4 caras son triángulos equiláteros.

Cubo

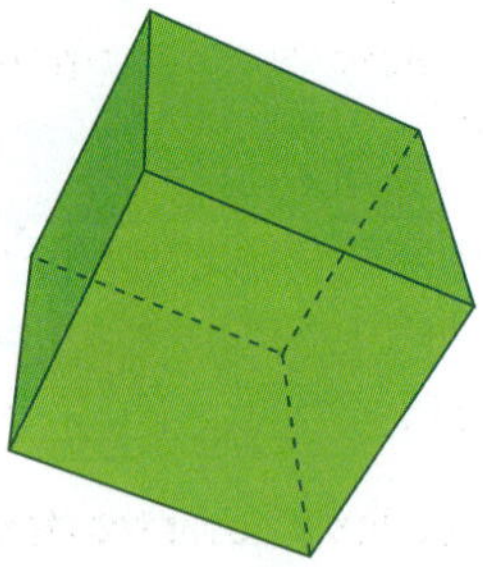

Las 6 caras son cuadrados.

Octaedro

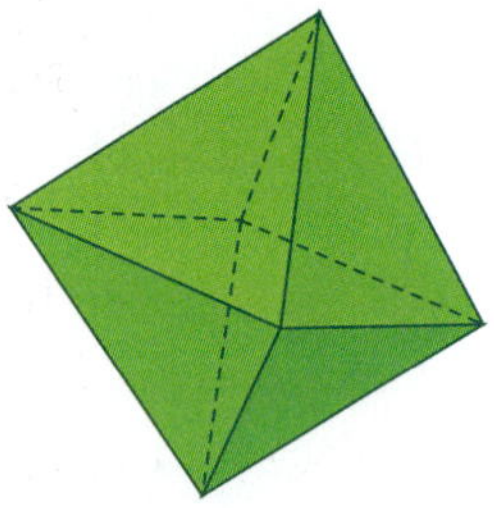

Las 8 caras son triángulos equiláteros.

Dodecaedro

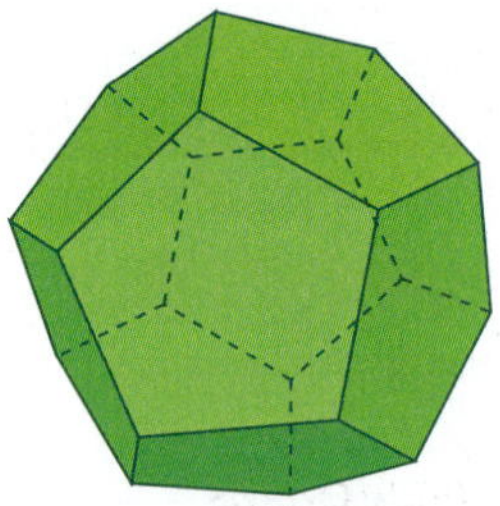

Las 12 caras son pentágonos regulares.

Icosaedro

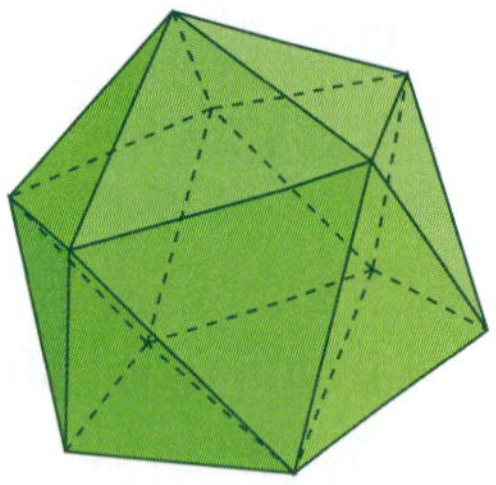

Las 20 caras son triángulos equiláteros.

PRISMAS Y PIRÁMIDES

Prisma

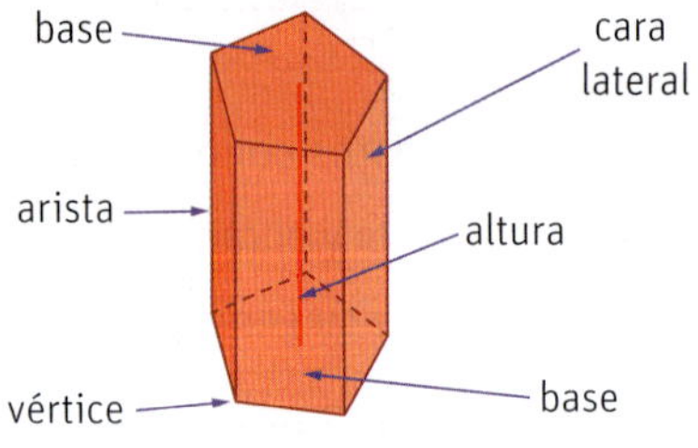

$$V = A_{base} \cdot h$$

Pirámide

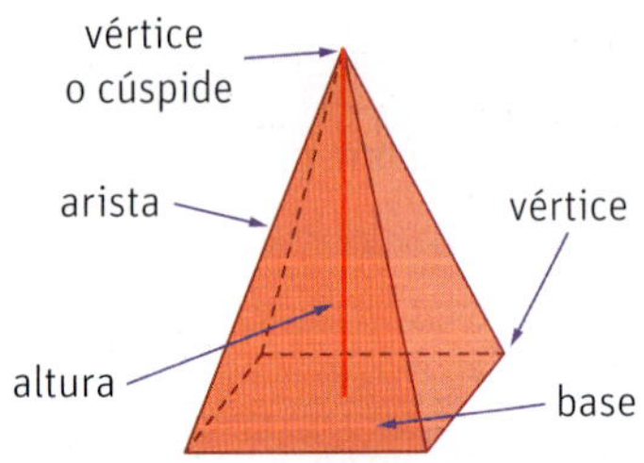

$$V = \frac{1}{3} \cdot A_{base} \cdot h$$

CUERPOS REDONDOS

Cilindro

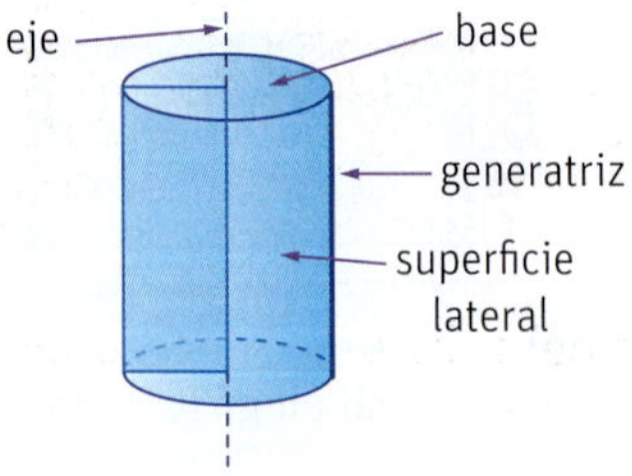

$$V = \pi \cdot r^2 \cdot h$$

Cono

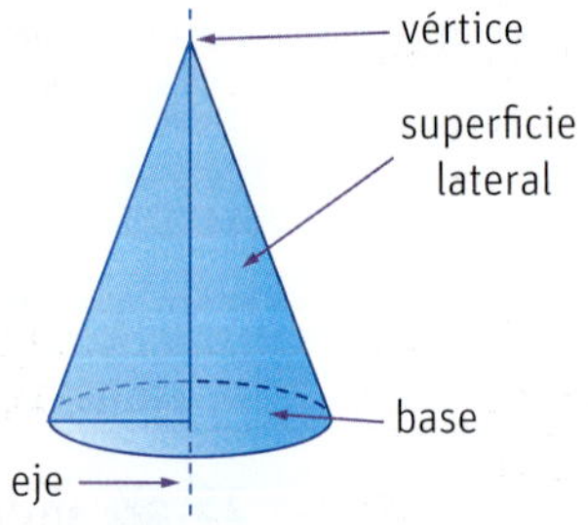

$$V = \frac{1}{3} \pi \cdot r^2 \cdot h$$

Esfera

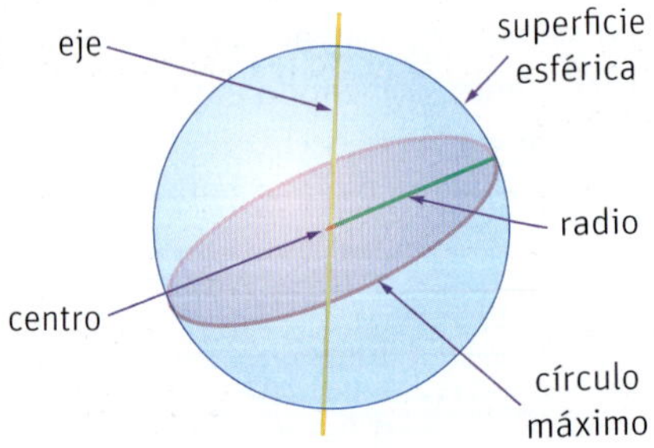

$$V = \frac{4}{3} \pi \cdot r^3$$

Actividades

EJERCICIOS **PARA PRACTICAR**

Poliedros

26. ¿Son poliedros los siguientes cuerpos geométricos? ¿Por qué?

a)

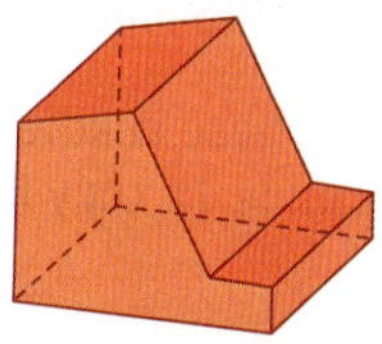

b)

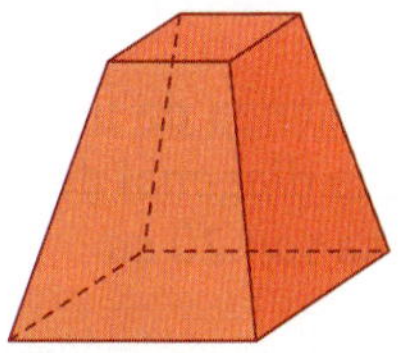

c)

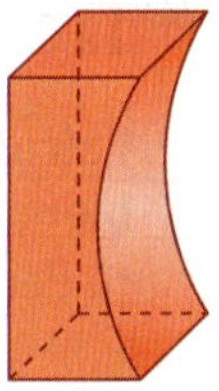

27. Nombra los siguientes cuerpos geométricos.

a)

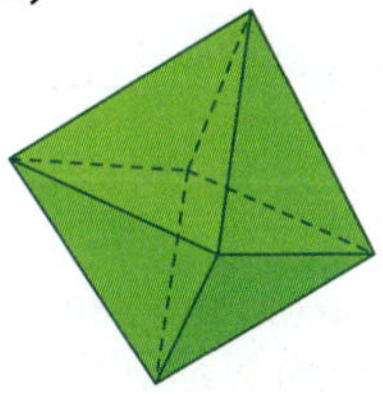

b)

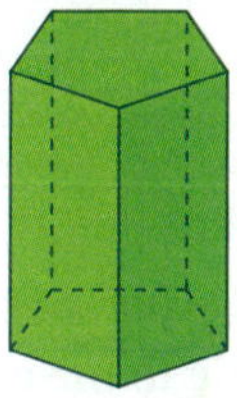

c)

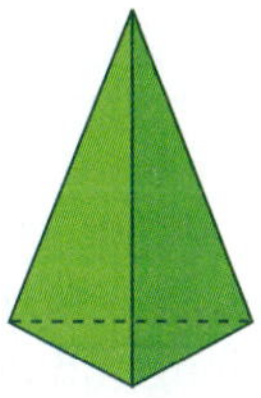

28. Completa los siguientes enunciados.

a) Un poliedro regular con 6 vértices, ●●● aristas y 8 caras se llama ●●●.

b) El dodecaedro tiene ●●● aristas, ●●● vértices y sus 12 caras son ●●●.

c) Un dado es un ●●●. Tiene ●●● caras, 12 aristas y el número de vértices es ●●●.

29. Dibuja un prisma triangular y su desarrollo plano. ¿Cuántas aristas tiene? ¿Y caras?

ACTIVIDAD **RESUELTA**

30. Completa la siguiente tabla sobre prismas.

Base del prisma	N.º de vértices	N.º de aristas
Triángulo	●●●	●●●
Cuadrilátero	●●●	●●●
Pentágono	●●●	●●●
Polígono de *n* lados	●●●	●●●

Para completar la tabla, nos fijamos en la relación entre el número de lados de las bases y el número de vértices y de aristas.

Base del prisma	N.º de vértices	N.º de aristas
Triángulo	$3 \cdot 2 = 6$	$3 \cdot 3 = 9$
Cuadrilátero	$4 \cdot 2 = 8$	$4 \cdot 3 = 12$
Pentágono	$5 \cdot 2 = 10$	$5 \cdot 3 = 15$
Polígono de *n* lados	$n \cdot 2 = 2n$	$n \cdot 3 = 3n$

31. Completa en tu cuaderno la siguiente tabla sobre pirámides.

Pirámide	Nº de vértices	Nº de aristas
Triangular	●●●	●●●
Cuadrangular	●●●	●●●
Pentagonal	●●●	●●●
Polígono de *n* lados	●●●	●●●

32. ¿Qué figura se obtiene al unir dos cubos por una de sus caras? ¿Y dos tetraedros?

33. ¿Puede haber paralelepípedos de más de seis caras? ¿Por qué?

34. Contesta de forma razonada:

a) ¿Una pirámide recta es regular?

b) ¿Una pirámide regular es recta? Explícalo.

35. ¿Cuáles de los siguientes desarrollos planos corresponden a un cubo?

A.

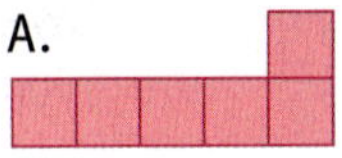

D.

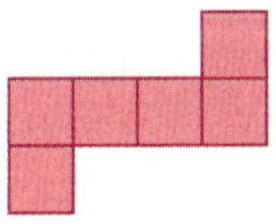

G.

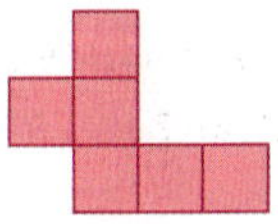

B.

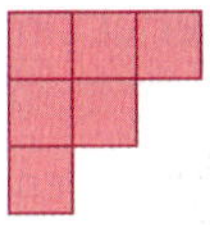

E.

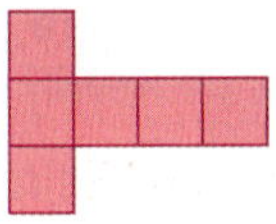

H.

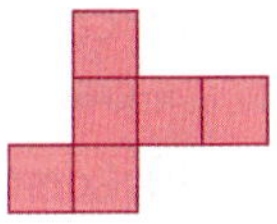

C.

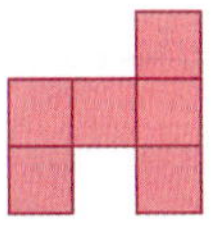

F.

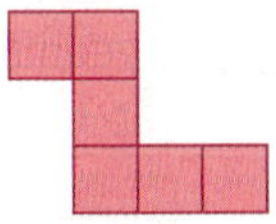

I.

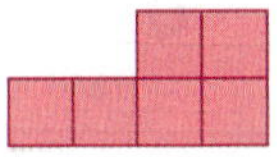

36. ¿Cuáles de los siguientes desarrollos planos corresponden a una pirámide?

a)

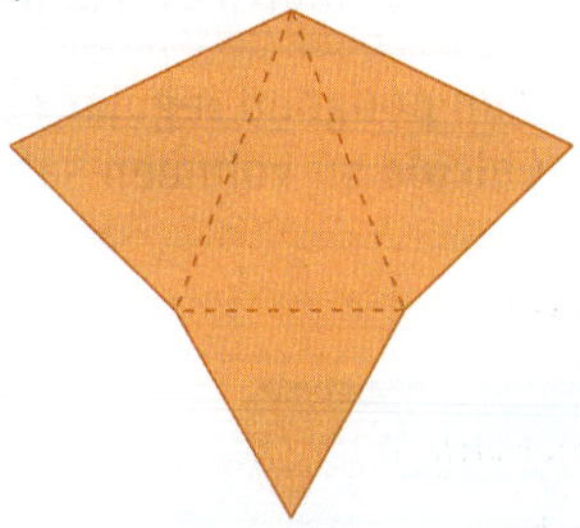

b)

37. Dibuja el desarrollo del cubo que corresponde a estas vistas.

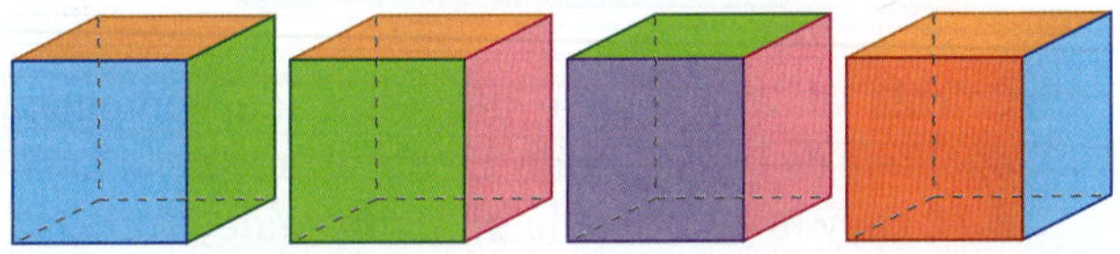

Actividades

Cuerpos redondos

38. Si cogemos un triángulo rectángulo de base 6 cm y altura 20 cm y lo hacemos girar sobre su altura, ¿cuánto mide la generatriz del cono obtenido?

39. El rollo de papel higiénico tiene un cartón de 7 cm de altura y 4 cm de diámetro. Si cortamos por una generatriz, ¿qué forma tiene la figura plana resultante?

40. ¿Qué cuerpos se obtienen al hacer girar las figuras siguientes por el eje que se indica? Dibújalas en tu cuaderno.

a)

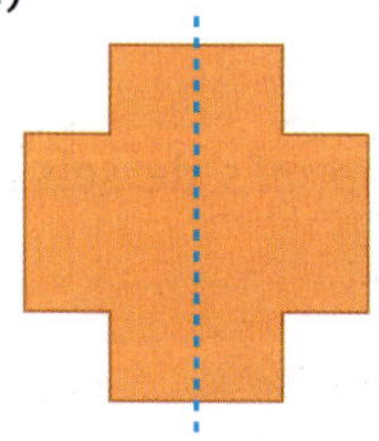

b)

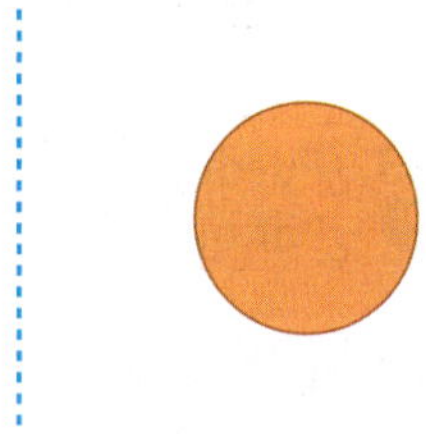

41. Si tienes estos tres cuerpos redondos:

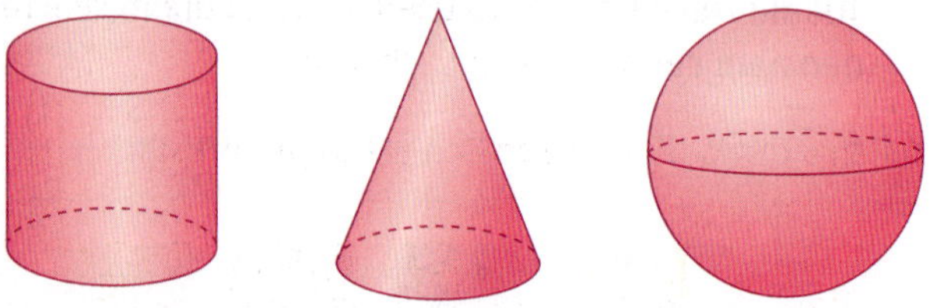

a) ¿Cómo cortarías la esfera para obtener el círculo más grande?

b) ¿Cómo conseguirías el círculo más grande en el cilindro? ¿Y en el cono?

c) ¿Cuál de las formas geométricas anteriores utilizarías para obtener el círculo más pequeño?

Volúmenes de poliedros

42. Calcula el volumen de un cubo de 2 m de arista.

43. Calcula el volumen de un prisma cuadrangular de altura 5,3 m y cuya base tiene un perímetro de 7,2 m.

44. La base de este prisma es un polígono regular de lado 1,5 cm y apotema 1 cm. Calcula su volumen sabiendo que su altura es 4 cm.

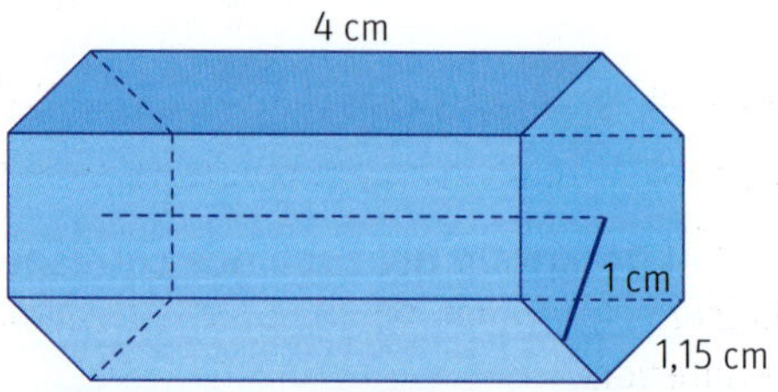

45. Calcula el volumen de una pirámide pentagonal. La apotema de la base mide 12 cm, el lado de la base mide 8,72 cm y la altura de la pirámide mide 30 cm.

46. Calcula volumen de un paralelepípedo de 25 cm de alto, 15 cm de ancho y 10 cm de largo.

47. Halla el volumen de un prisma de 40 cm de altura, cuya base es un triángulo equilátero de 25 cm de arista.

48. Una pirámide ocupa 332,55 cm^3 y tiene una altura de 12 cm. Si la base es un cuadrado, ¿cuánto mide su lado?

49. Calcula el volumen de un prisma de base cuadrada sabiendo que la diagonal de la base mide 14 cm y la altura del prisma son 20 cm.

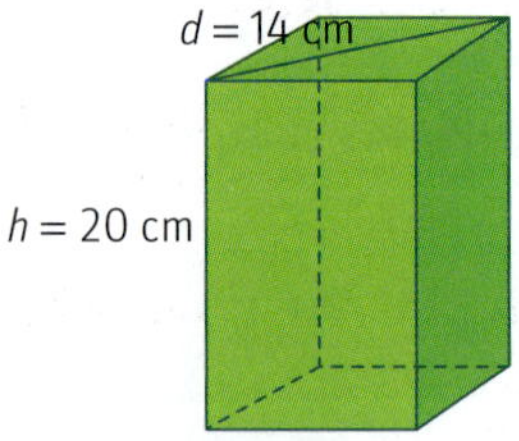

50. Una pirámide tiene por base un hexágono regular. La longitud del lado de la base es 1,3 cm. Calcula su volumen sabiendo que su altura es 3 cm.

51. ¿Qué cantidad es mayor, 2 m^3 o el volumen de un cubo de 2 m de arista? Razona la respuesta.

ACTIVIDAD **RESUELTA**

52. Dibuja un cubo. Con otro color señala el lugar por el que cortarías el cubo para obtener dos prismas triangulares rectos con un único corte.

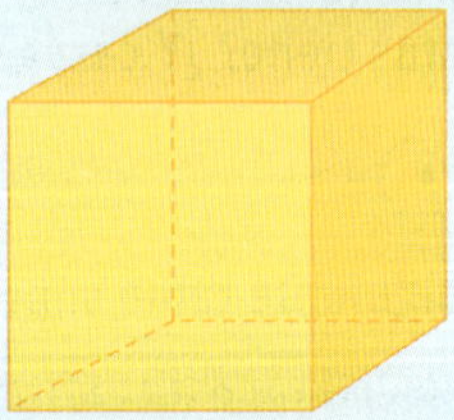

Como solo podemos hacer un corte y debemos obtener dos prismas triangulares, debemos dejar dos triángulos iguales para cada base.

Por ser un prisma recto haremos los cortes con un plano perpendicular a la base del cubo.

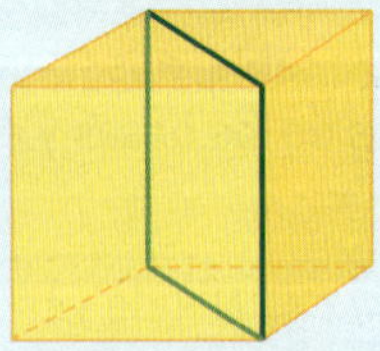

53. Dibuja un cubo en tu cuaderno. Con otro color señala el lugar por el que lo cortarías para obtener dos prismas cuadrangulares rectos.

Compara tu respuesta con un compañero. ¿Habéis encontrado la misma solución? ¿Por qué?

Volúmenes de cuerpos redondos

54. Calcula el volumen del siguiente cilindro.

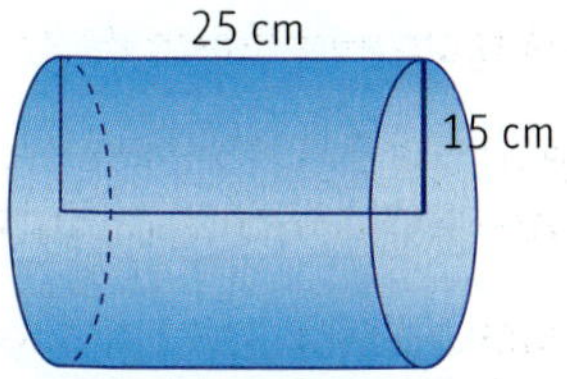

55. Calcula la altura de un cilindro de 3393 cm^3 de volumen y 6 cm de radio de la base.

56. El radio de la base de un cono es 4 m y la generatriz mide 15 m. Calcula su volumen.

57. ¿Cuál es el radio de un cono de 678,58 m^3 si su altura son 6 m?

58. Calcula el volumen de las siguientes esferas.

a) Una esfera de radio 4 m.

b) Una esfera de 24 m de diámetro.

c) Sabemos que el área de uno de los círculos máximos de la esfera es 156,86 m^2.

59. Se echan 5 cm^3 de agua en un recipiente cilíndrico de 2 cm de radio. ¿Qué altura alcanzará el agua?

60. Si el volumen de un cubo es 1 m^3, calcula:

a) ¿Qué volumen tiene un cilindro inscrito en cubo?

b) ¿Qué volumen tiene una esfera inscrita en cubo?

c) ¿Qué volumen tiene el cono inscrito en la semiesfera anterior?

ACTIVIDAD **RESUELTA**

61. El radio de la Tierra es 6370 km y el diámetro de la Luna es 3476 km. Si se considera que tanto la Tierra como la Luna son esferas, ¿cuántas veces es mayor el volumen de la Tierra que el de la Luna?

Calculamos el volumen de cada cuerpo.

- $V_{\text{Tierra}} = \frac{4}{3}\pi \cdot r^3 = \frac{4}{3} \cdot 3{,}14 \cdot (6370)^3 = 1{,}08 \cdot 10^{12}$

  Como el diámetro de la Luna es 3476, su radio es la mitad.

- $V_{\text{Luna}} = \frac{4}{3}\pi \cdot r^3 = \frac{4}{3} \cdot 3{,}14 \cdot (1738)^3 = 2{,}19 \cdot 10^{10}$

Dividimos el volumen de la Tierra entre el volumen de la Luna.

$$\frac{V_{\text{Tierra}}}{V_{\text{Luna}}} = \frac{1{,}08 \cdot 10^{12}}{2{,}19 \cdot 10^{10}} = 49{,}32$$

La Tierra es casi 50 veces mayor que la Luna.

62. El radio de la Tierra es 6370 km, y el de Júpiter, 70 000 km aproximadamente. Suponemos que los dos planetas tienen forma de esfera.

a) ¿Cuántas veces es mayor el radio de Júpiter al de la Tierra?

b) ¿Cuántas veces es mayor el volumen de Júpiter que el de la Tierra?

Actividades de síntesis

63. Si cogemos un triángulo isósceles de base 6 cm y altura 20 cm y lo hacemos girar sobre su altura, ¿cuánto mide la generatriz del cono obtenido?

64. Al cortar un cilindro de altura menor que el radio con un plano, ¿es posible obtener un cuadrado? Dibuja la situación en tu cuaderno de forma aproximada.

65. ¿Cuál es el volumen de una esfera inscrita en un cilindro de 4 m de altura y 4 de diámetro?

a) Calcula el volumen del cilindro.

b) Comprueba que el volumen de la esfera es dos terceras partes del volumen del cilindro.

66. Las caras de un dado son las siguientes:

Si nos dan las siguientes vistas del dado,

copia en tu cuaderno el desarrollo plano del dado y sitúa cada cara en el lugar que corresponda.

67. Calcula el volumen de una pelota de 5 cm de radio.

a) Calcula el volumen de una pelota de radio el doble de la anterior.

b) Calcula el volumen de una pelota de radio la mitad de la anterior.

c) Calcula el volumen de una pelota de radio el triple que la anterior.

¿Qué relación hay entre los volúmenes?

Actividades

68. Cualquier cubo se puede dividir en seis pirámides iguales con la misma base como se indica en la figura. Expresa el volumen de cada pirámide si la arista del cubo mide 4 m.

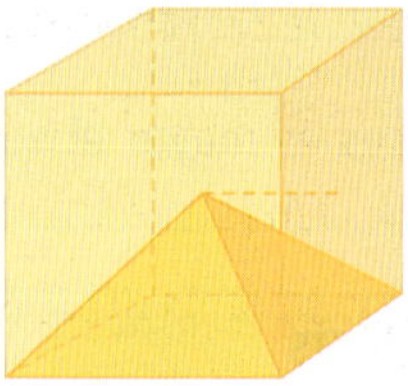

69. Halla el volumen del siguiente cuerpo geométrico.

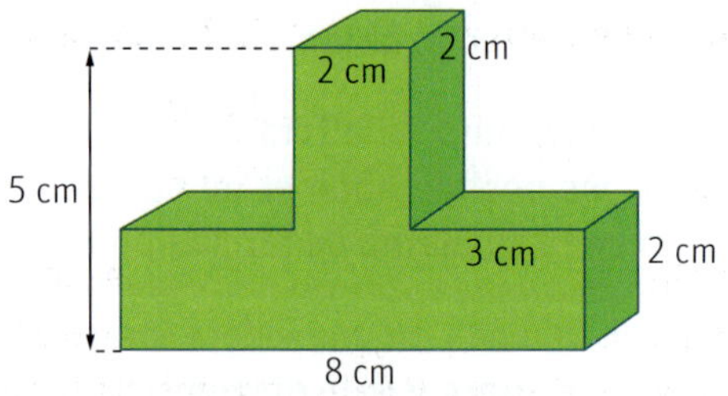

70. El área total de un cubo es de 486 cm^2. ¿Cuál es el volumen del octaedro cuyos vértices son los centros de las caras de dicho cubo?

PROBLEMAS **PARA RESOLVER**

71. La Gran Pirámide de Giza actualmente tiene una altura de 137 m y la base es un cuadrado de 230 m de lado.

¿Cuál es su volumen?

72. El dueño de un circo quiere construir una carpa con forma de pirámide octogonal. La altura de la pirámide es 25 m, el lado de la base mide 10,5 m y la apotema 12,67 m. ¿Qué volumen encerrará la carpa?

73. Una piscina tiene forma de paralelepípedo. Sus medidas son 25 m de largo, 12,5 m de ancho y 20 dm de profundidad. Se han llenado dos terceras partes. ¿Cuántos litros de agua harían falta para llenarla completamente?

74. Durante una tormenta se registraron unas precipitaciones de 80 L por metro cuadrado. ¿Qué altura alcanzaría el agua en un pluviómetro cilíndrico de 10 cm de diámetro?

75. Cuando el agua se transforma en hielo, aumenta un décimo su volumen.

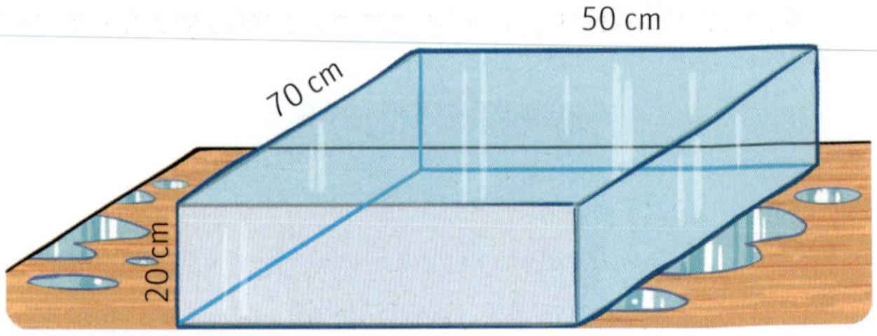

Calcular los litros de agua que se obtienen al fundirse el bloque de hielo.

76. Las dimensiones de una lata de tomate triturado con forma cilíndrica son 7,5 cm de diámetro y 10,5 cm de alto.

a) Calcula el volumen.

b) Averigua las dimensiones de un prisma cuadrangular que tenga aproximadamente el mismo volumen.

¿Por qué crees que las compañías alimentarias eligen como envase una lata cilíndrica?

PROBLEMA **RESUELTO**

77. Una caja de 3 cm de altura, 2,5 cm ancho y 4 cm de largo contiene una bola de plomo, de 1,5 cm de radio en su interior.

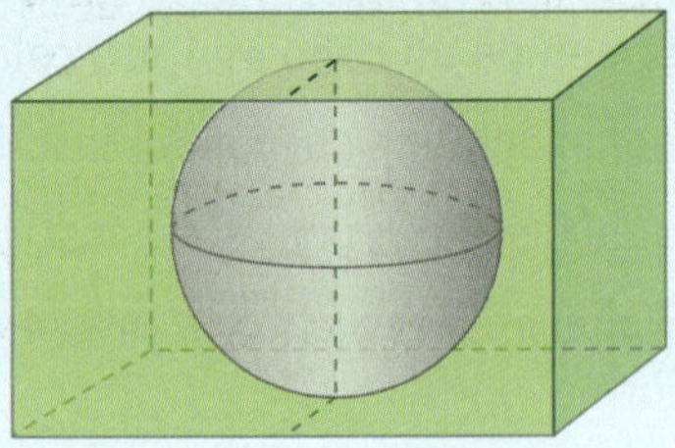

Calcula el volumen de agua necesario para llenar el recipiente.

El volumen de agua necesario será el volumen de la caja menos el volumen que ocupa la bola de plomo, es decir,

$$V_{agua} = V_{caja} - V_{bola}$$

$$V = a \cdot b \cdot h - \frac{4}{3}\pi \cdot r^3 = 4 \cdot 2{,}5 \cdot 3 - \frac{4}{3} \cdot 3{,}14 \cdot (1{,}5)^3 = 20{,}58$$

Se necesitan 20,58 cm^3.

78. Las pelotas de tenis tienen un diámetro de 6,3 cm. Se venden en latas cilíndricas con capacidad para tres pelotas.

a) ¿Cuál es el volumen de una pelota de tenis?

b) ¿Cuál es el volumen del espacio no ocupado por las pelotas?

79. David quiere guardar un globo terráqueo de radio 2,2 dm en una caja en forma de ortoedro. Las medidas son 60 cm de largo, y 54 cm de ancho y 2,5 dm de alto.

¿Cabrá? ¿Cuál debería ser el radio máximo del globo para poder guardarlo en la caja?

80. El maletero del coche mide 1,95 m de ancho, 0,6 m de alto y 0,9 m de profundidad. Si se abaten los asientos traseros su capacidad se triplica. ¿Cuál es la capacidad máxima?

81. Se han fabricado unos radiadores eléctricos para calentar recintos de entre 60 m^3 y 65 m^3. ¿Comprarías un radiador de este tipo para una habitación que tiene 6 m de largo, 3,8 m de ancho y 2,8 m de altura?

82. Un depósito tiene forma de prisma hexagonal regular. El lado de la base mide 1 m y la altura del prisma es 2 m. Si se echa agua a razón de 100 L por minuto. ¿Cuánto tiempo tardará en llenarse?

83. Elena está preparando su fiesta de cumpleaños. Para calcular las botellas de refresco que necesita ha medido el diámetro de la base de los vasos cilíndricos y su altura.

Con una botella de refresco de 2 L, ¿cuántos vasos se pueden llenar?

84. La altura de una torre cónica es tres quintas partes del diámetro de su base, que mide 8 m. Calcula el volumen de la torre.

85. ¿Cuál es el menor número de tubos de ensayo necesarios para contener 1 L de líquido si cada uno tiene 2 cm de diámetro, siendo su fondo una semiesfera y la altura total del tubo 1,6 dm?

ACTIVIDADES **PARA PENSAR MÁS**

86. Las dimensiones de una caja rectangular son r, s y t cm con $r < s < t$. Si aumentamos en 1 cm solamente una de las tres dimensiones, entonces el volumen verifica:

A. Aumenta más cuando la dimensión que aumenta es r.

B. Aumenta más cuando la dimensión que aumenta es s.

C. Aumenta más cuando la dimensión que aumenta es t.

D. Aumenta igual, sea cual sea la dimensión que aumente.

87. ¿Cuál es el volumen, en centímetros cúbicos, del mayor cilindro que cabe en un cubo de 10 cm de arista?

A. 25 π C. 250 π

B. 100 π D. 500 π

88. La arista mayor de una caja rectangular mide 10 cm, y la menor, 6 cm. De los siguientes números, ¿cuál podría representar el volumen, en cm^3, de la caja?

A. 60 C. 300

B. 120 D. 480

89. En la figura que ves, todos los escalones tienen igual altura que anchura. ¿Cuál es su volumen?

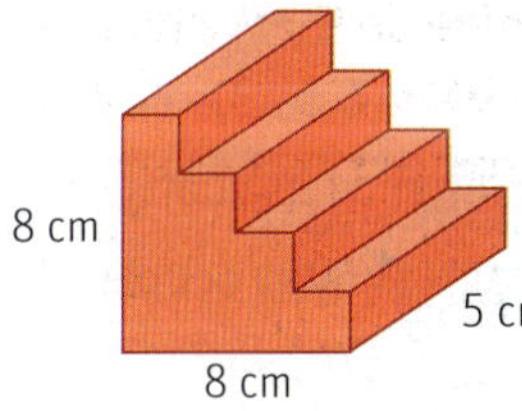

A. 200 cm^3 C. 21 cm^3

B. 320 cm^3 D. 80 cm^3

Encuentra el error

90. Javier tenía que calcular el volumen de la siguiente pirámide pentagonal.

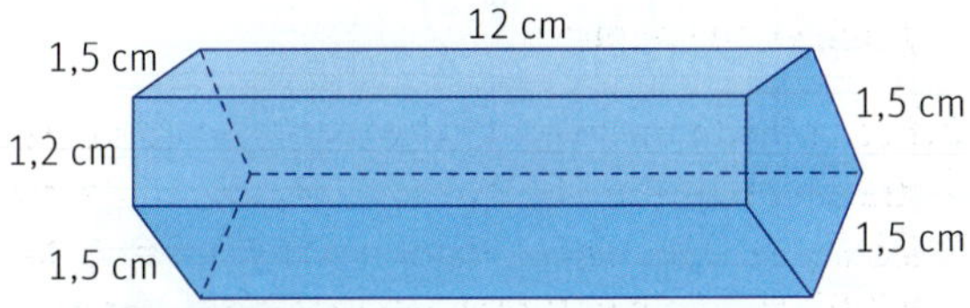

Pensó lo siguiente:

"Mido la apotema con la regla, $a = 1,5$ cm.

Luego calculo el área de la base:

$$A = \frac{\text{perímetro} \cdot \text{apotema}}{2} = \frac{7,2 \cdot 1,5}{2} = 5,4 \text{ cm}^2$$

Por tanto, el volumen será:

$$V = A_{\text{base}} \cdot \text{altura} = 5,4 \cdot 12 = 64,8 \text{ cm}^3."$$

¿Es correcto? Justifica tu respuesta.

Ponte a prueba

PROBLEMA **RESUELTO** **¿Botella, lata o *briks*?**

Las bebidas se comercializan generalmente en botellas, latas o *briks*. Una empresa de bebidas desea lanzar al mercado un refresco en envases de 35 cL. Para ello se plantea dos posibilidades:

- Latas de 7 cm de diámetro de la base.
- *Briks* de 6,5 cm × 4 cm de base.

1. ¿Qué forma geométrica tiene cada envase?
2. ¿Cuál debe ser la altura de cada envase?
3. El volumen que ocupa cada lote es importante a la hora del transporte, ya que si ocupan menos espacio, cabrán más en un camión.
   a) ¿Qué volumen ocupa en cada caso un lote de 6 envases?
   b) ¿Cuál de los dos envases es más económico desde el punto de vista del transporte?

SOLUCIÓN

1. Las latas tienen forma de cilindro. Los *briks* tienen forma de ortoedro.
2. EL volumen de cada envase debe ser: 35 cL = 350 cm³

   Lata: $h = \dfrac{350}{\pi \cdot 3{,}5^2} = 9{,}1$ cm *Brik* : $h = \dfrac{350}{6{,}5 \cdot 4} = 13{,}5$ cm

3. a) Suponiendo que en el lote de 6 envases estos se colocan formando un ortoedro, tendremos:
   - Lote de 6 latas: $14 \cdot 21 \cdot 9{,}1 = 2675{,}4$ cm³
   - Lote de 6 *briks*: $(6{,}5 \cdot 3) \cdot (4 \cdot 2) \cdot 13{,}5 = 2106$ cm³

   Aunque el contenido es el mismo, al agruparlas en lote, las latas dejan espacio entre ellas.

   b) El *brik*, porque los lotes ocupan menos espacio.

La fábrica de pelotas

Una fábrica de pelotas de pimpón tiene que encargar las cajas de envasado. Quieren cajas que sus operarios puedan montar sin tener que utilizar herramientas.

1. Dibuja el recortable de una caja de 6 pelotas para que la fabriquen, teniendo en cuenta que la medida oficial de una pelota de pimpón es 40 mm de diámetro.
2. El responsable del almacén está preocupado por el espacio que ocuparán las cajas. ¿Qué volumen ocuparán las 3000 pelotas envasadas en la caja que has diseñado?
3. ¿Cuánto costará como mínimo envasar 3000 pelotas al mes si el coste del material con el que se construye la caja es 0,04 € por decímetro cuadrado (€/dm²)?

Midiendo la lluvia

Alicia y su vecino Raúl tienen en el jardín dos recipientes para medir la cantidad de lluvia. Han escuchado en la radio que la tormenta de ayer dejó 15 L por metro cuadrado.

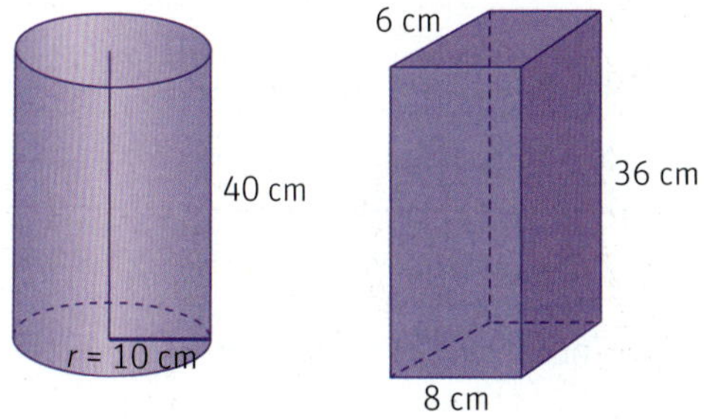

1. ¿Qué altura ha alcanzado el agua en cada uno de los recipientes según esa información?
2. La última vez que tomaron datos la altura en el recipiente cilíndrico era de 25 cm. ¿Cuántos litros por metro cuadrado llovió?
3. Calcula la capacidad de cada recipiente e indica la respuesta correcta.

	Capacidad del cilindro	Capacidad del prisma	¿Cual es mayor?
A.	12,57 dm^3	17,28 L	El prisma
B.	12 566 cm^3	1,728 L	El prisma
C.	12,57 L	1,728 dm^3	El cilindro
D.	0,1257 m^3	1728 cm^3	El cilindro

Caminos de hormigas

La figura representa el desarrollo de un cubo y el trayecto que ha seguido una hormiga al caminar sobre su superficie. Elige el cubo por el que ha caminado la hormiga.

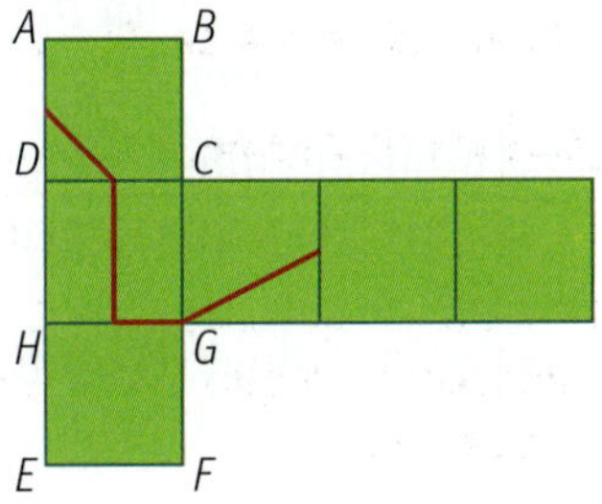

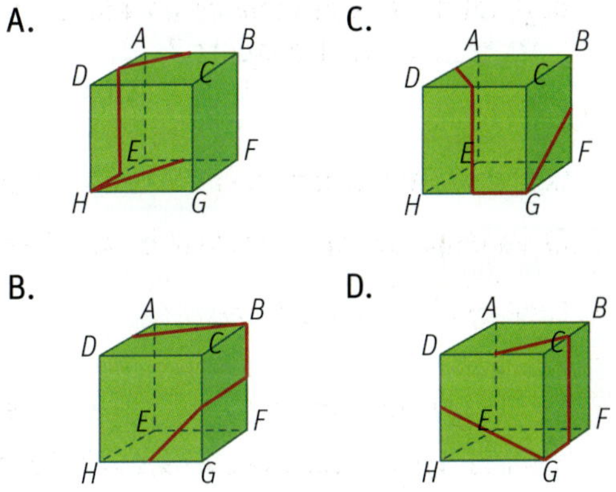

AUTOEVALUACIÓN

1. ¿Qué nombre reciben los dos poliedros siguientes?

2. Dibuja un prisma triangular y responde:
   a) ¿Cuántas aristas tiene un prisma triangular?
   b) ¿Cuántos vértices?
   c) ¿Qué polígonos forman sus bases?
   d) ¿Y sus caras laterales?
3. Calcula el volumen de una pirámide rectangular con 30 cm de arista, y cuya base mide 15 cm de ancho y 10 cm de largo.
4. Dibuja el desarrollo plano de un cilindro de 5 cm de diámetro y 7 cm de altura y calcula su volumen.
5. El diámetro de un cono mide 1,3 dm y la altura mide tres cuartas partes del diámetro. Calcula el volumen.
6. Calcula el volumen de una esfera de 10 cm de diámetro.
7. Las dimensiones de una caja de leche son 19,2 cm de ancho, 5,9 cm largo y 9 cm, de altura. Calcula la capacidad del *brik*.

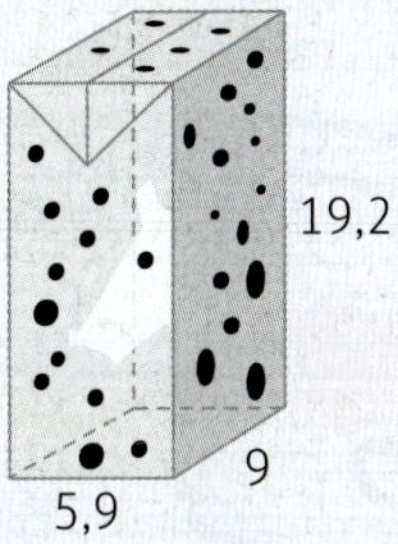

Si la leche ocupa el 90 % del *brik*, ¿qué volumen del envase queda vacío?

MATES + MAGIA

EL CUADRADO PERDIDO DE CURRY

Paul Curry era un mago que hacía mucha magia para otros magos, a los que dejaba sorprendidos con sus ideas.

Tú mismo puedes reproducir una de sus ilusiones geométricas más conocidas siguiendo estas instrucciones:

- Copia el dibujo (cuanto más grande mejor) y recorta las figuras por las líneas azules, de forma que tengas 4 piezas.

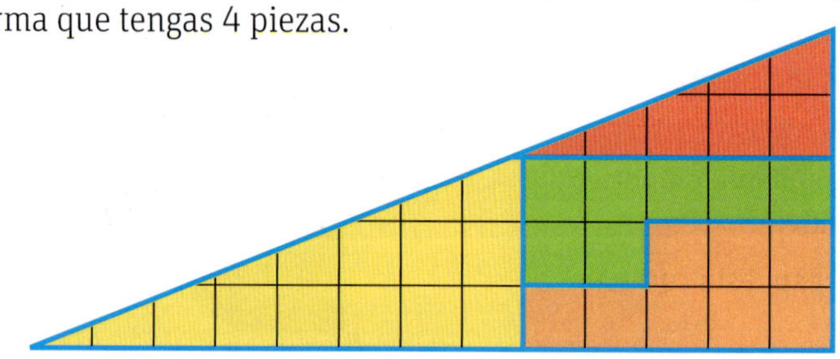

- Recoloca las piezas como en la imagen.

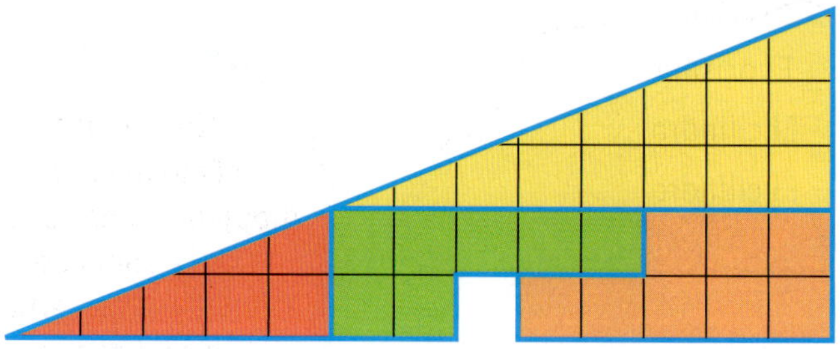

¿Qué ha pasado? ¡Falta un cuadrado!

¿Cuál es el secreto?

En realidad, la hipotenusa del triángulo amarillo y la del triángulo rojo no tienen la misma inclinación. Esto hace que entre la posición inicial y la final exista una diferencia de área.

En la imagen aparecen superpuestos dos triángulos. Uno de color rojo, que es como queda en la posición final, y otro, de color blanco, que es como queda en la posición inicial.

Puedes ver cómo en la hipotenusa queda un espacio en rojo que no lo cubren las piezas en la posición inicial. El área de ese espacio es equivalente al área del cuadradito que faltaba.

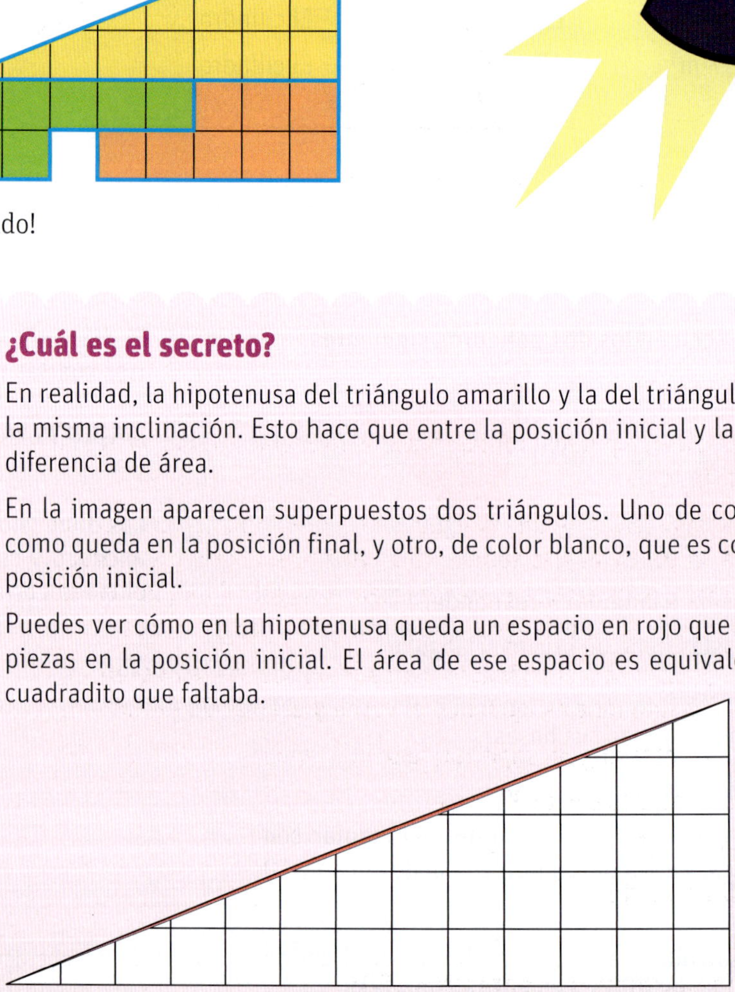

Comprueba qué ocurre con el cuadrado perdido usando GeoGebra.

LA MAGIA DE LA ESTRELLA DE 5 PUNTAS

La estrella de 5 puntas o pentagrama siempre ha fascinado a los matemáticos.

Los pitagóricos, discípulos del genial Pitágoras, la eligieron como símbolo de su sociedad secreta. Quizás fue por sus mágicas propiedades, como la que vamos a ver a continuación.

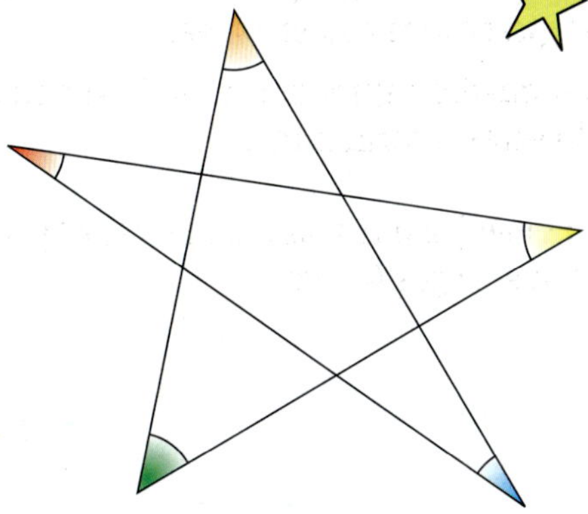

- Dibuja un pentagrama en un papel. Es muy importante que uses una regla para hacer un buen dibujo. No importa que el pentagrama tenga los brazos diferentes, así será más sorprendente, pero todas las líneas deben de ser rectas. Colorea el ángulo de las puntas de la estrella.

- Dibuja una línea con regla en el papel que te ha sobrado. Recorta el pentagrama y quítale los brazos. Coloca los brazos del pentagrama como en la imagen.

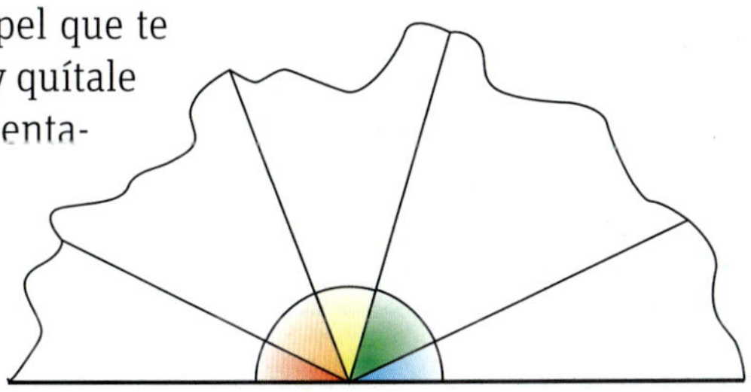

¡Cuando los hayas juntado todos verás que la suma es 180°!

No importa cómo lo hayas dibujado, si has usado regla. La suma de los ángulos de los vértices coloreados es siempre 180°.

¿Cuál es el secreto?

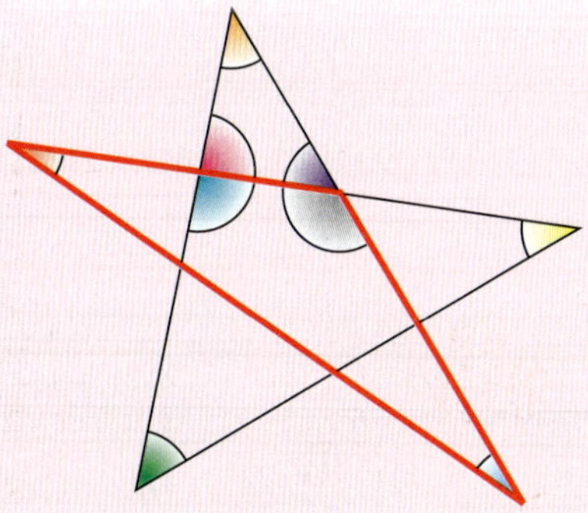

Dentro del pentagrama se pueden formar muchos triángulos. Observa el que aparece marcado en rojo.

Como la suma de los ángulos de un triángulo siempre es 180°, sabemos que el ángulo naranja, el azul y el gris suman 180°. Además, el gris y el morado también suman 180°, pues ambos juntos forman el ángulo llano. Por tanto, sabemos que el ángulo morado es igual que el naranja y el azul juntos.

De manera similar, utilizando el triángulo marcado en azul de la imagen, deduciríamos que el ángulo rosa es igual que el verde y el amarillo juntos.

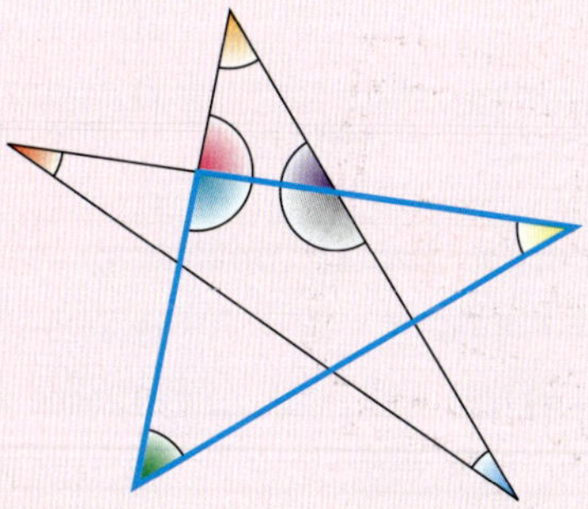

Ahora, fijándonos en el triángulo superior, tenemos que:

- morado + rosa + naranja = 180°
- morado = rojo + azul
- rosa = amarillo + verde

Entonces:

rojo + azul + verde + amarillo + naranja = 180°

Soluciones de las autoevaluaciones

UNIDAD 1

1. a) 2742: dos mil setecientos cuarenta y dos
   b) 20 823: veinte mil ochocientos veintitrés
   c) 20 402: veinte mil cuatrocientos dos
2. a) MDLXXXII b) DCCXXXV c) CDIII d) DXXIII
3. a) $48 + 99 = 99 + 48 \Rightarrow$ Conmutativa
   b) $3 \cdot 8 \cdot 15 = 3 \cdot (8 \cdot 15) \Rightarrow$ Asociativa
   c) $4 \cdot (13 - 9) = 52 - 16 \Rightarrow$ Distributiva
   d) $121 - 49 = (121 + 1) - (49 + 1) \Rightarrow$ Resta
4. a) 66 b) 1440 c) 256 d) 64
5. 204, 210, 216, 222, 228, 234, 240, 246
6. 1, 2, 3, 4, 5, 6, 10, 12, 15, 20, 30, 60
7.

	Divisible entre								
	2	3	4	5	9	10	11	25	100
124	si	no	si	no	no	no	no	no	no
165	no	si	no	si	no	no	si	no	no
2348	si	no	si	no	no	no	no	no	no
90915	no	si	no	si	no	no	si	no	no

8. a) $2^4 \cdot 5$ b) $2^2 \cdot 31$ c) $2^7 \cdot 3$ d) $2^3 \cdot 3^2 \cdot 5 \cdot 7$
9. a) 6 y 720 b) 4 y 15 620 c) 2 y 193 600
10. A los 360 minutos, es decir, a las 18:00.

UNIDAD 2

1. a) −200 € b) −200 m c) −10 °C
2. $-8 < -3 < -2 < -1 < 0 < 4 < 5 < 7$
3. El número es −7.
   Su valor absoluto es 7.
   Su opuesto es 7.
4. a) −4 b) 13 c) 11
5. a) 60 b) 1 c) 72 d) −80
6. a) $12 \cdot (-9) = -108$ y $-60 - 48 = -108$
   b) $(-6) \cdot 6 = -36$ y $-150 + 114 = -36$
   c) $(-7) \cdot 11 = -77$ y $-42 + 63 - 98 = -77$
   d) $21 \cdot (-3) = -63$ y $12 - 15 - 60 = -63$
7. a) $4(-45 - 43) = -352$ b) $-3(70 - 73) = 9$ c) $-3(12 + 16 + 21) = -147$
8. a) 6 b) 200 c) −38
9. $30\,000 - [(12 + 9) \cdot 10 + 9 \cdot 15] = 29\,655 \Rightarrow 29\,655$ L

UNIDAD 3

1. a) 128, base = 2, exp = 7 c) 81, base = 3, exp = 4
   b) 729, base = 3, exp = 6 d) 1, base = 1, exp = 53
2. a) $3^4 = 81$ b) $(-2)^5 = -32$ c) $10^4 = 10\,000$ d) $5^0 = 1$
3. a) $5^3 \cdot 7^3$ b) $42^6 : 7^6$ c) $(-2)^{10} \cdot 7^5$ d) $(-18)^4 : 2^4$
4. a) $2^{11} = 2048$ c) $2^3 = 8$ e) $2^{10} = 1024$
   b) $(-3)^5 = -243$ d) $(-4)^2 = 16$ f) $-2^{10} = -1024$
5. a) 2916 b) 2 c) 64 d) −2
6. $36 = 6^2$, $81 = 9^2$, $144 = 12^2$, $169 = 13^2$, $225 = 15^2$
7. a) $\sqrt{61} = 7$, $R = 12$ c) $\sqrt{420} = 20$, $R = 20$
   b) $\sqrt{196} = 14$, $R = 0$ d) $\sqrt{6400} = 80$, $R = 0$
8. $83^2 = 6889$, $84^2 = 7056$, raíz entera = 83, resto $= 7000 - 83^2 = 111$
9. a) Sobran 9 pasteles. b) 66 pasteles más
10. a) 5 b) 4617 c) 1 d) 58

UNIDAD 4

1. a) $\frac{3}{7}$ b) $\frac{6}{15}$
2. a) Sí b) No c) No
3. a) $\frac{90}{324} = \frac{5}{18}$ b) $-\frac{108}{234} = -\frac{6}{13}$ c) $\frac{320}{540} = \frac{16}{27}$
4. $\frac{2}{3} < 1 < \frac{12}{11} < \frac{23}{20} < \frac{6}{5}$
5. a) $\frac{131}{24}$ b) $-\frac{52}{75}$ c) $\frac{4}{7}$ d) $\frac{8}{21}$
6. a) $\frac{11}{20}$ b) $-\frac{25}{28}$
7. 45 € la hora
8. a) El blanco b) Hay 180 coches en total.
9. a) Le queda $\frac{1}{8}$ del total. b) Tenía 240 €.

UNIDAD 5

1. $1{,}036 < 1{,}3 < 1{,}306 < 1{,}33 < 1{,}333... < 1{,}336$
2.

Número	Truncamiento	Redondeo
6,744	6,7	6,7
0,49	0,4	0,5
8,93	8,9	8,9
3,96	3,9	4,0
6,052	6,0	6,1
2,007	2,0	2,0

3. a) Periódico mixto, período: 3 d) Periódico mixto, período: 8
   b) Decimal exacto e) Periódico puro, período: 49
   c) Decimal exacto f) Periódico puro, período: 1
4. a) 12,251 b) 35,825 c) 13,42 d) 159,14 e) 10,68408
5. a) 0,143 b) 2500 c) 74,41 d) 9,66
6. a) 924,5 b) 0,12736 c) 0,006809 d) 250
7. Le quedan 3,08 €.
8. La velocidad media ha sido 12,23 km/h.

UNIDAD 6

1. a)

A	2	3	7
B	8	12	28

b)

A	4	3,5	6
B	5	4,375	7,5

2. a) No b) "2 comics por 15 €, 5 por 37,50 €"
3. a) Ana pagará 9,52 €. b) 0,441 kg
4. a) 9 páginas b) $\frac{65}{15} = \frac{13}{3}$
5. 15 % de descuento
6. a) 109,06 $ b) Entre febrero y marzo hay una bajada del 1,19 %.

UNIDAD 7

1. a) $11 - 2x$ b) $x - 5$ c) $\frac{x}{2}$ d) $\frac{x}{2}$
2. a) 0 b) 17 c) 8
3. a) $-2x - 1$ b) $4x - 3$ c) $-3x^2$ d) $x^2 + 2x - 1$
4. a) Si b) No c) Si
5. a) $x = -3$ b) $x = 3$ c) $x = 7$ d) $x = 2$
6. El número es 1.
7. Mi edad es 60 años.

UNIDAD 8

1. 1.er Cuadrante: $A(2,3)$ y $H(4,2)$
   2.º Cuadrante: $D(-2,3)$
   Sobre el eje X: $F(4,0)$
   3.er Cuadrante: $C(-3,-1)$ y $G(-1,-1)$
   4.º Cuadrante: $B(3,-1)$ y $I(3,-3)$
   Sobre el eje Y: $E(0,-2)$

2. a)

N.º lápices	2	6	3	14	16	20
Precio (€)	0,5	1,5	0,75	3,5	4	5

b) 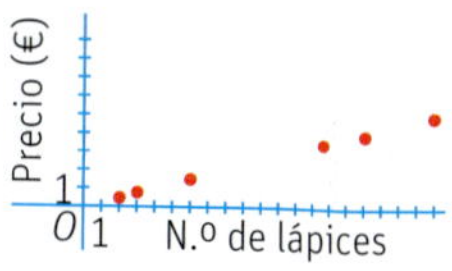

c) No, porque el rango de valores de x no es continuo.
d) Sí, $r = 0,25$

3.

x	–2	–1	0	1	2
y	7	6	5	4	3

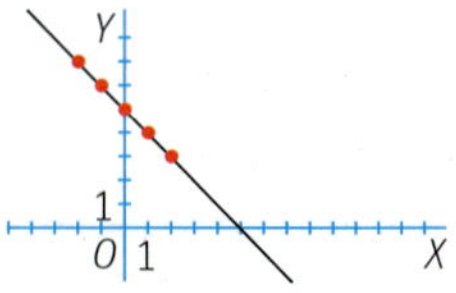

4. a) 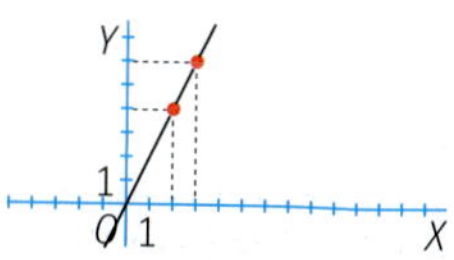

b) $m = \frac{4}{2} = 2$; $y = 2x$
c) $x = 3 \Rightarrow y = 2 \cdot 3 = 6$

5. a) En 1975. Había 2600 habitantes. b) Desde 1965 hasta 2010
   c) Crece entre 1965 y 1975 y alcanza su valor máximo. Luego decrece bruscamente hasta 1990, y llega a su mínimo. A partir de ahí crece hasta 2010.

UNIDAD 9

1. a) Ana: $\frac{4}{9}$, Daniel: $\frac{2}{9}$,
   José Luis: $\frac{1}{6}$, Olga: $\frac{1}{9}$, Víctor: $\frac{1}{18}$

   b) 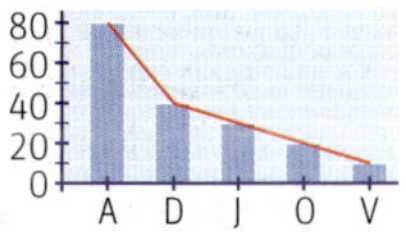

2.

N.º de mascotas	Fr. absoluta	Fr. relativa
0	7	0,233
1	12	0,4
2	5	0,167
3	4	0,133
4	2	0,067

b) Media: 1,4;
Moda: 1

3. 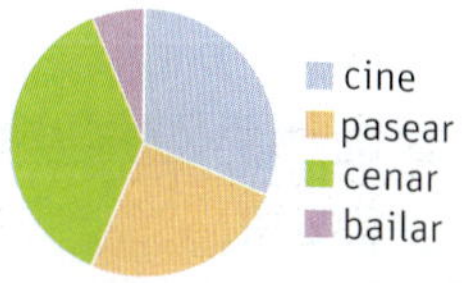

4. 6,15

5. a) $\frac{3}{10}$ b) $\frac{4}{5}$ c) $\frac{7}{10}$ d) $\frac{1}{5}$ e) 0

UNIDAD 10

1. a) 389,96 dam b) 0,677 dam c) 0,3485 dam d) 153,12 dam
2. a) 5691,9 g b) 338 kg c) 42573 g d) 1449728 g
3. a) 36000 dm^2 b) 0,036 ha c) 3,60 dam^2
4. a) 25 hm^3 771 dam^3 488 m^3 b) 556 m^3 766 dm^3 499 cm^3 200 mm^3
5. 41500 mL < 415 L < 4,15 m^3 < 0,0415 dam^3
6. 125,44 €
7. 98 L
8. 389,63 €
9. 0,044 mm
10. Error absoluto = 2,64 g Error relativo = 0,00055

UNIDAD 11

1. Rectas paralelas, perpendiculares, oblicuas. Planos. Ángulos rectos, agudos, obtusos, etc.
2. 120º
3. 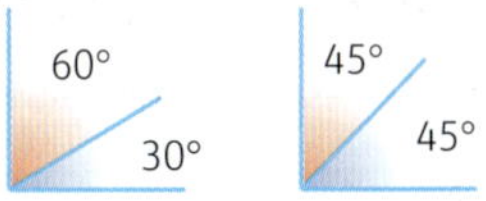

4. 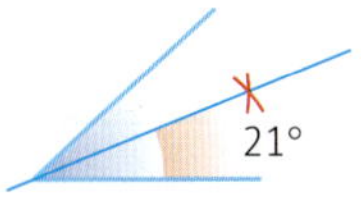

5. $\hat{C} = 54° \, 36' \, 44''$; $\hat{S} = 144° \, 36' \, 44''$
6. 12º 18' 36"
7. 20º
8. Se traza la mediatriz entre los dos pueblos y en la intersección de la mediatriz con la carretera debe construirse la gasolinera.:

UNIDAD 12

1. a) Cuadrilátero cóncavo b) Hexágono cóncavo c) Octógono regular
2. 6 lados
3. 145º
4. a) 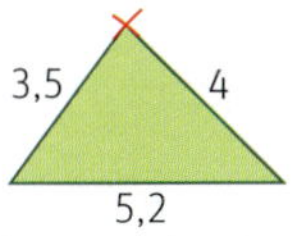

   b) 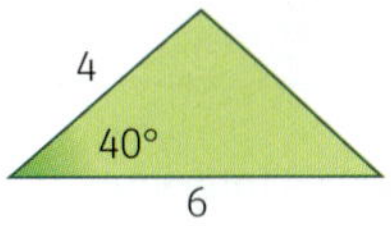

   c) No se puede construir
5. 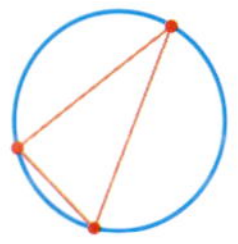
6. a) Falso. “Las medianas se cortan en el baricentro”
   b) Verdadero
   c) Verdadero
   d) Falso. “El circuncentro equidista de los tres vértices”
   e) Verdadero
   f) Verdadero
   g) Falso: “El ortocentro es donde se cortan las alturas”

UNIDAD 13

1. 133,2 mm
2. a) 160 cm^2 b) 3,87 cm^2 c) 35 cm^2 d) 93,6 cm^2
3. a) 390,57 cm^2 b) 681,77 mm^2
4. $A = 103,67$ cm^2; $p = 69,12$ cm
5. 35 mm y 51,43º
6. $A = 27$ cm^2; $p = 30,32$ cm^2
7. La diagonal: $\sqrt{41}$ m = 6,40 m

UNIDAD 14

1. Pirámide regular de base pentagonal Tetraedro
2. a) 9 aristas
   b) 6 vértices
   c) triángulos
   d) rectángulos

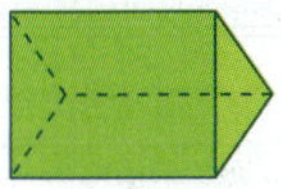

3. V - 1431 cm^3
4. $V = 137,375$ cm^3
5. $V = 0,43$ dm^3
6. $V = 523,33$ cm^3
7. La capacidad del *brick* es 1,02 L. El volumen vacío es 0,10 dm^3.

El libro **Matemáticas para 1.º de ESO** forma parte del Proyecto Editorial de Educación Secundaria de SM. En su realización ha participado el siguiente equipo:

Autoría
Miguel Nieto, Antonio Moreno, Antonio Pérez, Divermates (Mates+Magia)

- Proyecto MAT-TIC con Geogebra: Antonio Pérez, José Luis Álvarez, José Manuel Arranz, Rafael Losada, José Antonio Mora, Manuel Sada

Edición
Oiana García, Ana Mª Casado, Juan Alberto Torresano, Eva Béjar, Teresa Gómez, Jesús Macías, Natividad Juarros

Asesoría pedagógica
José Ramón Vizmanos, Vicente Rivière

Corrector científico
Juan Jesús Donaire, Salvador Canet

Corrección
Javier López

Ilustración
Alberto Díaz, Juan Antonio Rocafort

Fotografía
SHUTTERSTOCK (entrada), Sonsoles Prada, Javier Calbet, Sergio Cuesta / ARCHIVO SM; Olimpia Torres; Ricardo Azoury / Keydisc; Liz Leyden / iStock; PRISMA; G TRES ON LINE; LATINSTOCK; CORBIS; PHOTONONSTOP; INGIMAGE; THINKSTOCK; Brand x Pictures; CORDON PRESS; 123RF; SHUTTERSTOCK; NASA; AGE FOTOSTOCK;

Edición gráfica
Sergio Cuesta

Diseño de cubierta e interiores
Estudio SM

Responsable del proyecto
Eva Béjar

Coordinación de contenidos digitales
Mara Mañas

Coordinación editorial de Matemáticas
Josefina Arévalo

Dirección de Arte del proyecto
Mario Dequel

Dirección editorial
Aída Moya

Todas las actividades contenidas en este libro han de ser realizadas en un cuaderno aparte, nunca en el propio libro.
Los espacios incluidos son meramente indicativos y su finalidad es puramente didáctica.

Gestión de las direcciones electrónicas

Debido a la naturaleza dinámica de internet, Ediciones SM no puede responsabilizarse de los cambios o las modificaciones en las direcciones y los contenidos de los sitios web a los que remite en este libro.

Con el objeto de garantizar la adecuación de las direcciones electrónicas de esta publicación, SM emplea un sistema de gestión que redirecciona las URL que con fines educativos aparecen en la misma hacia diversas páginas web; entre otras de uso frecuente: http://es.wikipedia.org, www.youtube.es. SM declina cualquier responsabilidad por los contenidos o la información que pudieran albergar, sin perjuicio de adoptar de forma inmediata las medidas necesarias para evitar el acceso desde las URL de esta publicación a dichas páginas web en cuanto tenga constancia de que pudieran alojar contenidos ilícitos o inapropiados. Para garantizar este sistema de control es recomendable que el profesorado compruebe con antelación las direcciones relacionadas y que comunique a la editorial cualquier incidencia a través del correo electrónico ediciones@grupo-sm.com.

ISBN General: 978-84-675-7594-1
ISBN Andalucía: 978-84-675-8622-0
Depósito legal: M-02184-2016
Impreso en la UE / *Printed in EU*

Este libro está impreso en papel procedente de bosques gestionados de manera sostenible.